Teubner Studienbücher Mechanik

G. Böhme

Strömungsmechanik nichtnewtonscher Fluide

Leitfäden der angewandten Mathematik und Mechanik LAMM

Unter Mitwirkung von

Prof. Dr. Dr. h. c. mult. G. Hotz, Saarbrücken
Prof. Dr. P. Kall, Zürich
Prof. Dr. Dr.-Ing. E. h. K. Magnus, München
Prof. Dr. E. Meister, Darmstadt

Band 52

Die Lehrbücher dieser Reihe sind einerseits allen mathematischen Theorien und Methoden von grundsätzlicher Bedeutung für die Anwendung der Mathematik gewidmet; andererseits werden auch die Anwendungsgebiete selbst behandelt. Die Bände der Reihe sollen dem Ingenieur und Naturwissenschaftler die Kenntnis der mathematischen Methoden, dem Mathematiker die Kenntnisse der Anwendungsgebiete seiner Wissenschaft zugänglich machen. Die Werke sind für die angehenden Industrie- und Wirtschaftsmathematiker, Ingenieure und Naturwissenschaftler bestimmt, darüber hinaus aber sollen sie den im praktischen Beruf Tätigen zur Fortbildung im Zuge der fortschreitenden Wissenschaft dienen.

Strömungsmechanik nichtnewtonscher Fluide

Von Dr. rer. nat. Gert Böhme
Professor an der Universität
der Bundeswehr Hamburg

2., völlig neubearbeitete und erweiterte Auflage
mit 154 Abbildungen und 49 Aufgaben

B. G. Teubner Stuttgart · Leipzig · Wiesbaden

Prof. Dr. rer. nat. Gert Böhme

Geboren 1942 in Freital bei Dresden. Von 1961 bis 1966 Studium der Mathematik an der Technischen Hochschule Darmstadt. Von 1966 bis 1972 wiss. Assistent am Institut für Mechanik, von 1972 bis 1975 Dozent am Fachbereich Mechanik der Technischen Hochschule Darmstadt. 1968 Promotion, 1974 Habilitation für das Fach Mechanik. Seit 1975 Professor für Strömungslehre an der Universität der Bundeswehr Hamburg.

Die Deutsche Bibliothek – CIP-Einheitsaufnahme
Ein Titeldatensatz für diese Publikation ist bei
Der Deutschen Bibliothek erhältlich.

1. Auflage 1981
2., völlig neubearbeitete und erweiterte Auflage November 2000

Der Verlag Teubner ist ein Unternehmen der Fachverlagsgruppe BertelsmannSpringer.

www.teubner.de

Gedruckt auf säurefreiem Papier
Umschlaggestaltung: Peter Pfitz, Stuttgart

ISBN-13: 978-3-519-12354-5 e-ISBN-13: 978-3-322-80140-1

DOI: 10.1007/978-3-322-80140-1

Vorwort

Das Buch ist aus Vorlesungen und Vorträgen hervorgegangen, die ich an der Universität der Bundeswehr Hamburg und andernorts gehalten habe. Es enthält die Grundlagen und Methoden, die zur theoretischen Modellierung und zur Analyse von Strömungsvorgängen mit nichtnewtonschen Fluiden erforderlich sind. Das Buch ist zum Gebrauch an Universitäten und Technischen Hochschulen, aber auch als Hilfe für in der Praxis stehende Ingenieure und Naturwissenschaftler bestimmt, die mit solchen Strömungsproblemen zu tun haben.

Die Inhalte und Schwerpunkte meiner Lehrveranstaltungen änderten sich im Laufe der Zeit wesentlich. So wurde bereits Mitte der 90er Jahre mit dem Verlag eine Neuauflage des Buchs vereinbart, dessen erste Auflage von den Lesern freundlich aufgenommen worden war. Bei den inhaltlichen und methodischen Änderungen, die mir vorschwebten (nur ca. 30% der Abbildungen konnten aus der ersten Auflage übernommen werden), war es nötig, das Material, das jetzt berücksichtigt werden sollte, neu zu ordnen und den Text weitgehend neu zu formulieren.

Mit einem einführenden Lehrbuch werden andere Ziele verfolgt als mit Berichten über aktuelle Forschungsarbeiten oder mit Übersichtsartikeln. Ich halte es für besonders wichtig, zunächst die wissenschaftlichen Grundlagen und Methoden des Fachgebiets deutlich herauszuarbeiten. Nur wer klare Vorstellungen vom Modellcharakter einer Theorie, von den eingebrachten Idealisierungen und von den Grenzen der Anwendbarkeit erworben hat, wird praxisrelevante Aufgaben erfolgreich bearbeiten können. Die Anwendung des Basiswissens kann in einem Lehrbuch exemplarisch anhand ausgewählter Probleme erläutert werden, die typische Phänomene widerspiegeln.

Nach einer kurzen Einleitung, in der einige nichtnewtonsche Strömungsphänomene gezeigt werden, behandle ich deshalb zunächst die kinematischen, die kontinuumsmechanischen und die stofflichen Grundlagen ausführlich. Den drei Grundlagenkapiteln folgen drei Anwendungskapitel, in denen Strömungsvorgänge betrachtet werden, die maßgeblich von den nichtlinearen Fließeigenschaften, von den Normalspannungsdifferenzen bzw. vom Gedächtnis der Flüssigkeit beeinflußt werden. Ganz neu hinzugekommen ist das siebte Kapitel, in dem die Grundzüge einer numerischen Strömungssimulation unter Berücksichtigung komplexer rheologischer Stoffmodelle erläutert werden. Aufgaben mit unterschiedlichem Schwierigkeitsgrad am Ende eines jeden Kapitels fordern die Leser zur aktiven Mitarbeit auf.

In das Buch sind zahlreiche Anregungen aus der Literatur eingegangen. Ich habe mich jedoch nicht darauf beschränkt, die aufgegriffenen Strömungsprobleme mehr oder weniger zusammenhanglos aneinanderzureihen, sondern war stets bestrebt, unter didaktischen Gesichtspunkten das Wesentliche herauszuarbeiten, unnötiges Beiwerk wegzulassen und die einzelnen Teile zu einer Einheit zu verschmelzen. Manchmal waren dabei nur die Problemstellung und das Ergebnis eines Beitrags für meine Zwecke brauchbar, der Lösungsweg wurde stets auf die im Buch beschriebenen Methoden abgestimmt. Der Literatur entnommene Abbildungen wurden durch Quellenangaben gekennzeichnet. Ich habe aber davon abgesehen, die vielen anderen Publikationen aufzuführen, die einen Bezug zum Thema dieses Buches besitzen und die mir nützlich waren. Vollständigkeit wäre ohnehin nicht zu erreichen gewesen.

In einem Lehrbuch kann nicht "alles" dargestellt werden, d. h. der Autor muß eine sinnvolle Stoffauswahl treffen. So werden hier durchweg nur laminare Strömungen behandelt, und bei den meisten Anwendungen wird Inkompressibilität vorausgesetzt, obwohl die Theorie weitgehend auch für kompressible Fluide gilt. Für den Umgang mit hochviskosen Flüssigkeiten, die z. B. bei der Kunststoffverarbeitung oder der Herstellung von Lebensmitteln vorkommen, bedeutet dies keine wesentliche Einschränkung. Auf Mehrphasenströmungen unter Beteiligung eines nichtnewtonschen Fluids und auf thermische Effekte konnte nur vereinzelt eingegangen werden. Wer das Buch durchgearbeitet hat, sollte sich aber auch in diesen und anderen Teilgebieten zurechtfinden können.

Bei der Vorbereitung dieser Neuauflage haben mich ehemalige und jetzige Mitarbeiter auf verschiedene Weise tatkräftig unterstützt. Die Herren Dr.–Ing. L. Rubart, D. Nikolakis, M. Stenger, J. Broszeit und C. Lund haben mit ihren Dissertationen jeweils beachtenswerte Beiträge zu verschiedenen Teilgebieten geleistet und dadurch meine Stoffauswahl beeinflußt, obwohl sie der Universität inzwischen nicht mehr angehören. Herr Dipl.–Ing. W. Warnecke machte die in der Einleitung wiedergegebenen Fotos und lieferte mir die Diagramme mit Stoffdaten, soweit sie nicht aus der Literatur übernommen wurden. Herr Dipl.–Ing. O. Pust hat einige Abbildungen elektronisch bearbeitet. Frau R. Schmitt hat das Manuskript mit allen Formeln geschrieben, sich dabei mit den Besonderheiten des Textverarbeitungssystems auseinandergesetzt, für das ich mich entscheiden mußte, und geduldig auch spezielle Wünsche bezüglich des Schriftbilds ausgeführt. Ihnen allen gilt mein herzlicher Dank. Großen Anteil an der Entwicklung der Neuauflage hat Herr PD Dr.–Ing. O. Wünsch, mit dem ich oft über einzelne Themen gesprochen habe. Er gab mir nicht nur inhaltlich wertvolle Ratschläge, sondern erzeugte auch viele Grafiken mit numerischen Ergebnissen, fügte zuletzt alle Abbildungen in den Text ein und stellte die reproduktionsreife Druckvorlage her. Dafür danke ich ihm sehr.

Hamburg, im Mai 2000 Gert Böhme

Inhalt

Zusammenstellung der wichtigsten Symbole

Symbol	SI–Einheit	Bedeutung
$\mathbf{a}$	ms^{-2}	Beschleunigungsvektor
A	m^2	Fläche
$\mathbf{A}_n$	s^{-n}	Rivlin–Ericksen–Tensoren (n ganzzahlig)
b	m	Breite
Bi	–	Bingham–Zahl
c	$Nmkg^{-1}K^{-1}$	spezifische Wärmekapazität
c	ms^{-1}	Wellengeschwindigkeit
$\mathbf{C}$	–	Cauchyscher Verzerrungstensor
$\mathbf{C}_t$	–	relativer Rechts–Cauchy–Green–Tensor
d	m	Durchmesser
$\mathbf{D}$	s^{-1}	Verzerrungsgeschwindigkeitstensor
D/Dt	s^{-1}	materielle Zeitableitung
De	–	Deborah–Zahl
e	$Nmkg^{-1}$	spezifische innere Energie
$\mathbf{e}$	–	Einheitsvektor
E	m^{-2}	Differentialoperator
$\mathbf{f}$	Nm^{-3}	Vektor der Volumenkraftdichte
F	$N = kgms^{-2}$	Kraft
$\mathbf{F}$	–	absoluter Deformationsgradient
$\mathbf{F}_t$	–	relativer Deformationsgradient
g	ms^{-2}	Schwerebeschleunigung
G		Strömungsgebiet
G	$Pa = Nm^{-2}$	Relaxationsfunktion
$G^* = G' + iG''$	Pa	komplexer Schubmodul
h	–	Dämpfungsfunktion
h	m	Höhe, Spaltweite
H	–	Heavisidesche Sprungfunktion
I, II, III		Grundinvarianten eines symmetrischen Tensors
K	Pas^n	Konsistenzparameter im Ostwald–de Waele–Modell
ℓ, L	m	Länge

L	s^{-1}	Geschwindigkeitsgradiententensor
m	kg	Masse
$\dot{m}$	$kg\,s^{-1}$	Massenstrom
M	Nm	Drehmoment
n	s^{-1}	Drehzahl
n	–	Fließindex
n	–	äußerer Normaleneinheitsvektor
N_1, N_2	Pa	Normalspannungsfunktionen
N_i	–	lokale Formfunktionen
p	$bar = 10^5\,Pa$	Druck
p	s^{-1}	Variable bei der Laplace–Transformation
P	$W = Nms^{-1}$	Leistung
q	–	skalare Gewichtsfunktion
q	Wm^{-2}	Vektor der Wärmestromdichte
r	m	Zylinderkoordinate, Radius
r	m	Ortsvektor
R	m	Kugelkoordinate
Re	–	Reynolds–Zahl
s	s	retardierte Zeit
S	Pa	Spannungstensor
t	s	Zeit
t	Pa	Spannungsvektor
T	Pa	Tensor der Extraspannungen
u, v, w	ms^{-1}	kartesische Geschwindigkeitskomponenten
v	ms^{-1}	Geschwindigkeitsvektor
V	m^3	Volumen
$\dot{V}$	m^3s^{-1}	Volumenstrom
w	–	vektorielle Gewichtsfunktion
W	s^{-1}	Drehgeschwindigkeitstensor
We	–	Weissenberg–Zahl
x, y, z	m	kartesische Koordinaten
Z	m	Schraubenkoordinate
α_1, α_2	$Pa\,s^2$	Stoffkoeffizienten zweiter Ordnung
$\beta_1, \beta_2, \beta_3$	$Pa\,s^3$	Stoffkoeffizienten dritter Ordnung
γ	–	Scherung

$\dot{\gamma}$	s^{-1}	Schergeschwindigkeit
Γ		Rand des Strömungsgebiets
Δ	m^{-2}	Laplacescher Differentialoperator
Δ	s	Umlaufzeit zyklischer Bewegungen
ε	–	Dehnung, Entwicklungsparameter
$\dot{\varepsilon}$	s^{-1}	Dehngeschwindigkeit
η	Pa s	Scherviskosität
η_0	Pa s	untere newtonsche Grenzviskosität
η_∞	Pa s	obere newtonsche Grenzviskosität
$\hat{\eta}$	Pa s	differentielle Viskosität
η^+	Pa s	Spannviskosität
$\eta^* = \eta' - i\eta''$	Pa s	komplexe Viskosität
$\eta_D, \eta_{Db}, \eta_{De}$	Pa s	Dehnviskositäten
ϑ	–	Kugelkoordinate, Winkel
Θ	K	absolute Temperatur
λ	$W m^{-1} K^{-1}$	Wärmeleitfähigkeit
λ	s	Relaxationszeit, stoffspezifische Eigenzeit
μ	Pa s	Viskosität eines newtonschen Fluids
ν_1, ν_2	$Pa\,s^2$	Normalspannungskoeffizienten
ρ	$kg\,m^{-3}$	Massendichte
$\sigma_1, \sigma_2, \sigma_3$	Pa	Hauptspannungen
σ_{ij}	Pa	Gesamtspannungen, Elemente von **S**
τ	Pa	Schubspannung
τ_f	Pa	Fließspannung
τ_{ij}	Pa	Extraspannungen, Elemente von **T**
τ_*	Pa	stoffspezifische Spannung
φ	–	Zylinderkoordinate, Winkel
ϕ_k, ψ_j	–	globale Formfunktionen
Ψ	$m^2 s^{-1}$	Stromfunktion bei ebenen Strömungen
Ψ	$m^3 s^{-1}$	Stromfunktion bei rotationssymmetrischen Strömungen
ω	s^{-1}	Kreisfrequenz, Wirbelvektor
Ω	s^{-1}	Winkelgeschwindigkeit
$\Omega, \overline{\Omega}$	$W m^{-3}$	Fließpotentiale

Einleitung

Strömungen reibungsbehafteter Fluide werden in der Regel unter Verwendung der Navier–Stokesschen Differentialgleichungen theoretisch analysiert. Viele wichtige Erkenntnisse über deren Eigenschaften und über geeignete Lösungsmethoden sowie zahllose Ergebnisse, die daraus erzeugt wurden, sind in der Literatur dokumentiert. Dabei wird leicht übersehen, daß die Navier–Stokes–Gleichungen recht spezielle Annahmen über die Stoffeigenschaften des strömenden Fluids beinhalten. Sie beruhen nämlich auf der Hypothese, daß der Tensor der Reibungsspannungen $\mathbf{T}$ am Ort $\mathbf{r}$ im Fluid zur Zeit t isotrop und linear mit dem Tensor der Verzerrungsgeschwindigkeiten $\mathbf{D}$ am gleichen Ort zur gleichen Zeit verknüpft ist. Bei volumenbeständigen Flüssigkeiten lautet das Stoffgesetz einfach $\mathbf{T}(\mathbf{r},t) = 2\mu\mathbf{D}(\mathbf{r},t)$, wobei die dynamische Viskosität μ der Flüssigkeit voraussetzungsgemäß unabhängig von den Verzerrungsgeschwindigkeiten ist. Viele in Natur und Technik vorkommende niedermolekulare Flüssigkeiten wie Wasser, Mineralöle, Alkohole oder einfache Kohlenwasserstoffverbindungen genügen diesem newtonschen Reibungsansatz unter "normalen" Prozeßbedingungen weitgehend.

In der Verfahrenstechnik, im Chemieingenieurwesen, in der Biotechnologie und in anderen Bereichen, z. B. bei der Herstellung von Baustoffen, Kosmetika oder Lebensmitteln begegnet man aber oft Flüssigkeiten mit komplexeren rheologischen Eigenschaften. Kunststoffschmelzen, Polymerlösungen, Klebstoffe, Lacke, synthetische Öle, Schlämme, Duschgel, Zahnpasta, Brotteig und Buttermilch sind Beispiele dafür. Wer nur mit newtonschen Flüssigkeiten vertraut ist, wird beim Umgang mit solchen Stoffen gewisse Überraschungen erleben. In den verfahrenstechnischen Apparaten oder den zugehörigen Modellversuchen treten nämlich ungewöhnliche Effekte auf, die auf der Basis der Navier–Stokes–Gleichungen nicht erklärt werden können und die somit darauf hinweisen, daß es sich um *nichtnewtonsche Fluide* handelt.

Am bekanntesten ist wohl der sogenannte *Weissenberg–Effekt*, wonach eine makromolekulare Flüssigkeit mit freier Oberfläche unter gewissen Voraussetzungen an einem eingetauchten Stab emporsteigt, wenn dieser rotiert. Abb. E.1 zeigt eine abgewandelte Form der Erscheinung. Das stabförmige Rührorgan befindet sich am Boden der Flüssigkeit in stationärer Rotation um eine vertikale Achse. Bei newtonschen Flüssigkeiten bildet sich dabei unter Wirkung der Massenkräfte eine Trombe mit niedrigstem Flüssigkeitsstand im Zentrum. Bei der hier verwendeten Polymerflüssigkeit sieht man dagegen einen Anstieg des Flüssigkeitsspiegels in der Mitte mit einer Wölbung der Oberfläche nach außen.

Preßt man eine solche Flüssigkeit durch eine Düse, so kommt es hinter der Mündung zu einer *Strangaufweitung* (Abb. E.2). Der aus dem vertikalen Rohr nach unten austretende Freistrahl verbreitert sich zunächst deutlich, bevor er sich unter Wirkung der Schwerkraft wieder zusammenschnürt.

Abb. E.1 Modifizierte Form des Weissenberg-Effekts (1% Polyacrylamid (PAA) in Wasser)

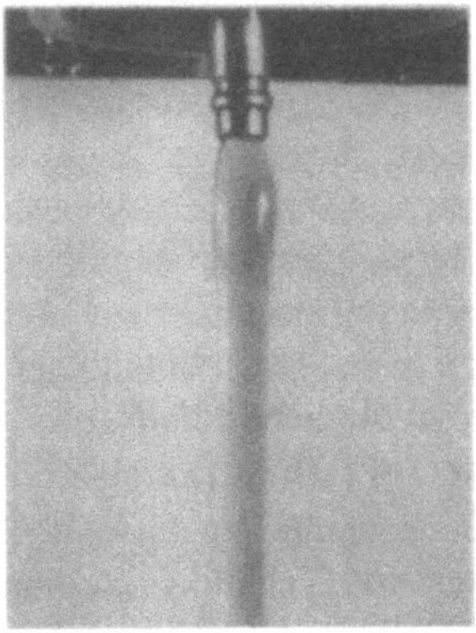

Abb. E.2 Strangaufweitung (2,5% wäßrige PAA-Lösung)

In Abb. E.3 wird eine makromolekulare Flüssigkeit aufgrund einer Druckdifferenz aus einem offenen Gefäß entgegen der Schwerkraft nach oben gesaugt. Um die Strömung zu initialisieren, muß das Steigrohr in die Flüssigkeit eingetaucht werden. Danach kann es aber über den Flüssigkeitsspiegel angehoben werden, ohne daß der Faden abreißt!

Abb. E.3 Offener Siphon (0,25% Separan AP 30 in Glyzerin)

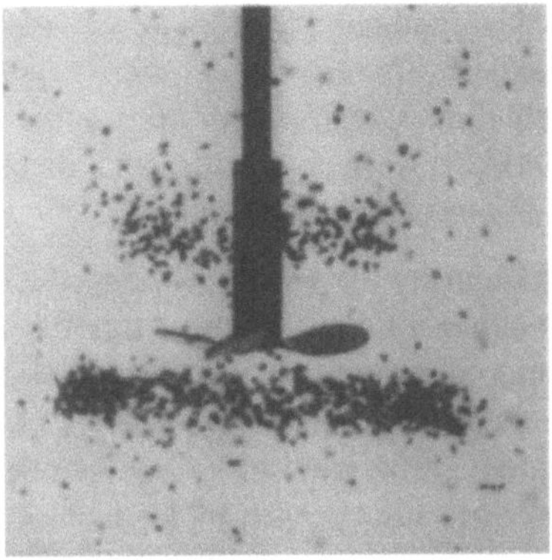

Abb. E.4 Entmischen durch Rühren (1% wäßrige Carboxymethylcellulose-Lösung, auftriebsneutrale Feststoffpartikel)

Die zuvor beschriebenen Phänomene deuten mehr auf elastische als auf viskose Eigenschaften der jeweiligen Flüssigkeit hin.

Abb. E.4 zeigt das Ergebnis eines ungewöhnlichen *Driftphänomens*. Ein Schraubenpropeller rotiert stationär in einer nichtnewtonschen Flüssigkeit, die kleine Feststoffpartikel annähernd gleicher Dichte enthält. Ausgehend von einer statistischen Anfangsverteilung der Partikel sammeln sich diese allmählich in zwei ringförmigen Wolken in der Nähe des Propellers. Herkömmliches Rühren führt also unter gewissen Bedingungen zu einer Entmischung der Suspension!

Nichtnewtonsche Effekte anderer Art entdeckt man bei der instationären Materialprüfung. Exemplarisch betrachten wir eine homogene zyklische Schubbeanspruchung der Flüssigkeitsprobe. Mit kommerziellen Schwingungsrheometern können z. B. harmonisch oszillierende Deformationen vorgegebener Amplituden und Frequenzen erzeugt und die jeweilige Schubspannungsantwort in ihrem zeitlichen Verlauf registriert werden. Abb. E.5 zeigt einen typischen experimentellen Befund, der ein nichtlinear viskoelastisches Stoffverhalten widerspiegelt: Schon bei einer relativ geringen Schwingungsfrequenz durchläuft der Zustandspunkt *Hysteresekurven*, deren Orientierung und Form sich mit der Deformationsamplitude ändern. Der Unterschied zu einem linear–viskosen newtonschen Fluid wird deutlich, wenn man beachtet, daß dann im dargestellten Zustandsdiagramm bei jeder Deformationsamplitude stets ein und dieselbe gerade Linie (mit der Viskosität μ als Steigung) durchlaufen würde. Die Hysterese kann für periodische Strömungsprozesse sehr bedeutsam sein.

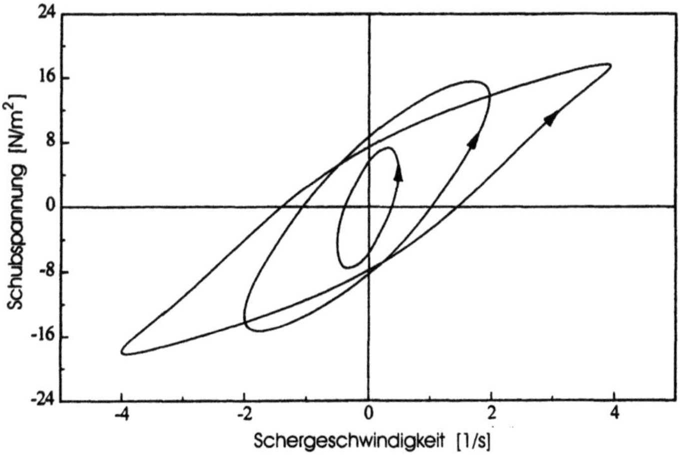

Abb. E.5 Hysterese bei zyklischer Schubdeformation einer 1,5% wäßrigen PAA–Lösung (Kreisfrequenz 0,5 s^{-1}; Deformationsamplituden 1, 4 und 8)

Aber sogar in rein viskosen Flüssigkeiten werden Strömungsphänomene beobachtet, die sich qualitativ von den newtonschen Erscheinungen unterscheiden. Abb. E.6 zeigt beispielhaft das *Wirbelaufplatzen* in einer rotierenden scherentzähenden Flüssigkeit. Sie befindet sich in einem zylindrischen Behälter, dessen Deckel mit konstanter Drehzahl rotiert. Die Zirkulation im Behälter ist derart, daß die Mittelachse, die den Wirbelkern bildet, von unten nach oben durchströmt wird. Innerhalb gewisser Grenzen der Prozeßparameter entstehen dort aber stationäre blasenförmige Rückströmgebiete, deren Lage und Größe empfindlich von der Reynolds–Zahl abhängen. Der rheologische Effekt besteht hier darin, daß in einer Geometrie, in der mit newtonschen Flüssigkeiten zwei Blasen gefunden werden, bei der scherentzähenden Flüssigkeit nur ein Rückströmgebiet auftritt.

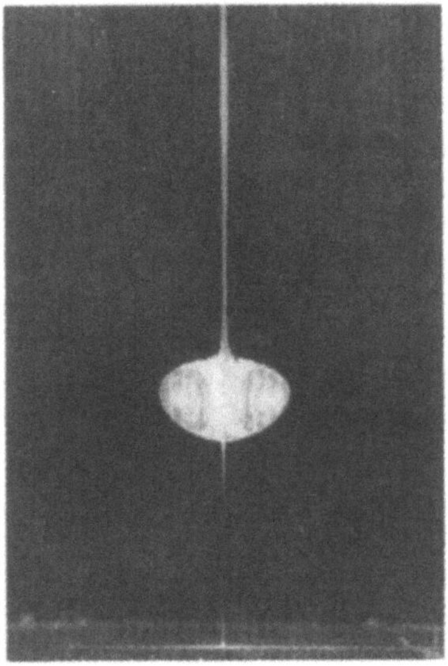

Abb. E.6 Wirbelaufplatzen in einer rotierenden scherentzähenden Flüssigkeit ($Re = 1231$; rheologischer Prozeßparameter $\beta = 0{,}13$ [20])

Selbst in Fluiden, die gemeinhin als newtonsch gelten, können stoffliche Anomalien wirksam werden und die Strömungsform wesentlich ändern. In Abb. E.7 ist ein ebener Lichtschnitt durch die dreidimensionale Strömung eines Silikonöls zu sehen, die von einer langsam rotierenden Scheibe erzeugt wird. Bei dem zuvor beschriebenen Schwingungstest zeigt das Öl im relevanten Frequenzbereich newtonsche Eigenschaften. Trotzdem widerspricht das Wirbelmuster der rotationssymmetrischen *Sekundärströmung* den theoretischen Prognosen auf der Basis der Navier–Stokes–Gleichungen. Die Flüssigkeit wird in der Höhe der Scheibe nicht etwa nach außen geschleudert, sondern strömt dort radial nach innen, und nur die achsnahen Wirbel haben den "richtigen" Drehsinn.

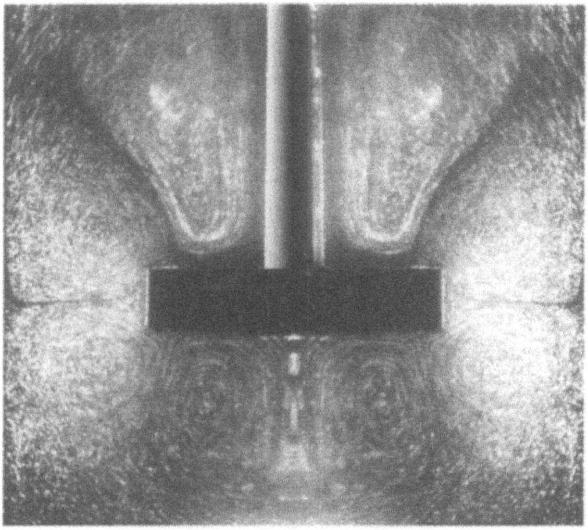

Abb. E.7 Von einer rotierenden Scheibe verursachte Sekundärströmung im Lichtschnitt (Silikonöl, mittleres Molekulargewicht ca. 60.000)

Viele andere nichtnewtonsche Phänomene sind in der Literatur dokumentiert. Die theoretische Analyse solcher Strömungsvorgänge erfordert eine Verbindung allgemeiner, stoffunabhängiger Prinzipien der Kontinuumsmechanik mit adäquaten rheologischen Zustandsgleichungen. Dabei ist zu beachten, daß die wirksamen Stoffeigenschaften i. allg. davon abhängen, wie das Fluid deformiert wird. Deshalb sind zunächst kinematische Konzepte zu entwickeln, mit deren Hilfe die Stoffmodelle formuliert werden können, die z. B. eine Scherentzähung, eine Dehnverfestigung oder die Normalspannungs– und Gedächtniseigenschaften der jeweiligen Flüssigkeit realistisch beschreiben.

Auf der Basis dieser kinematischen, kontinuumsmechanischen und stofflichen Grundlagen können dann konkrete Strömungsvorgänge studiert werden. Dabei geht es nicht nur um die qualitative Erklärung ungewöhnlicher beobachteter Strömungsphänomene, sondern auch um geeignete analytische und numerische Methoden, mit denen nichtnewtonsche Strömungsprozesse berechnet werden können. Die zu lösenden Rand– und Anfangswertprobleme besitzen dann allerdings wesentlich andere Merkmale als bei newtonschen Fluiden, und die Theorie mehrdimensionaler Strömungen ist noch keineswegs voll entwickelt. Vor allem in Zusammenhang mit den Integrodifferentialgleichungen und den nichtlinearen Differentialgleichungssystemen höherer Ordnung, auf die man bei Berücksichtigung viskoelastischer Stoffeigenschaften stößt, gibt es noch manches Neuland zu entdecken und manchen Pfad, der noch wenig begangen wurde, zu einem soliden Fundament auszubauen.

1 Kinematik fluider Kontinua

1.1 Einige Grundbegriffe

Die Strömungsmechanik ist in weiten Bereichen eine Kontinuumstheorie. Sie beschreibt die beobachteten Erscheinungen phänomenologisch aus makroskopischer Sicht, wobei die fluide Materie als *Kontinuum* angesehen wird; ihr realer atomarer Aufbau bleibt außer Betracht. Diese Modellbildung setzt voraus, daß der molekulare Längenmaßstab klein gegen die makroskopischen Abmessungen bleibt. Bei realen Strömungsvorgängen in Natur und Technik ist die Voraussetzung in der Regel gut erfüllt. Zwei Zahlenwerte sollen das verdeutlichen: Der mittlere Abstand von Wassermolekülen (bei 20° C) beträgt etwa $3 \cdot 10^{-10}$ m, die mittlere freie Weglänge von Luftmolekülen unter Normalbedingungen etwa $5 \cdot 10^{-8}$ m. Dagegen sind die makroskopisch relevanten Abmessungen (z. B. die Spaltweite eines durchströmten Kanals oder die Grenzschichtdicke an einem umströmten Körper) im allgemeinen vergleichsweise sehr groß. Unter solchen Bedingungen ist ein Kontinuumsmodell zur Beschreibung der Vorgänge angemessen. Es wird in diesem Buch durchgängig verwendet.

Die kleinsten Bausteine, aus denen sich ein Kontinuum zusammensetzt, werden *materielle Punkte* genannt. Zur Vorstellung eines materiellen Punktes ist es zweckmäßig, von einem kleinen, jedoch endlich ausgedehnten Teil des fluiden Körpers, einem fluiden "Teilchen" auszugehen, das man sich angefärbt denken mag. Je kleiner der Farbfleck, d. h. je kleiner das herausgegriffene Fluidteilchen gewählt wird, umso besser approximiert es einen materiellen Punkt. Die Bahn des Farbflecks bei irgendeiner Bewegung des Fluids, die wir möglicherweise mit dem Auge verfolgen können, approximiert also die Bahn eines materiellen Punktes.

Zur Beschreibung einer Strömung eignen sich grundsätzlich zwei methodisch verschiedene Betrachtungsweisen. Bei der sogenannten *Lagrange*schen Betrachtungsweise verfolgt man die Bewegung der materiellen Punkte in ihrem zeitlichen Verlauf. Da sich die Vorgänge, die uns beschäftigen werden, stets im dreidimensionalen Raum unserer Anschauung abspielen, benötigen wir zur Beschreibung der Lage eines materiellen Punktes den *Ortsvektor* $\mathbf{r}$ innerhalb eines räumlichen Bezugssystems. Die Bewegung eines materiellen Punktes, der sich zu einer Referenzzeit t_0 am Ort $\mathbf{r}_0$ befand, wird dann durch Angabe seines Ortsvektors $\mathbf{r}$ als Funktion der Zeit t beschrieben:

$$\mathbf{r} = \mathbf{r}(\mathbf{r}_0, t_0, t) . \tag{1.1}$$

Der Einfachheit halber verwenden wir hier (und sinngemäß auch später gelegentlich) für das Funktionssymbol auf der rechten Seite den gleichen Buchstaben wie für die abhängige Größe auf der linken Seite. Bewußt notieren wir als Argumente auch die Referenzzeit t_0 und den zugehörigen Lagevektor $\mathbf{r}_0$. Die "Anfangsbedingung" $\mathbf{r} = \mathbf{r}_0$ für $t = t_0$ kommt dann durch folgende Eigenschaft der vektorwertigen Funktion in Gl. (1.1) zum Ausdruck:

$$\mathbf{r}(\mathbf{r}_0, t_0, t_0) = \mathbf{r}_0 . \tag{1.2}$$

Solange man $\mathbf{r}_0$ konstant hält, beschreibt Gl. (1.1) naturgemäß die Bewegung eines einzelnen materiellen Punktes im Raum. Faßt man aber $\mathbf{r}_0$ als variablen Ortsvektor auf und erstreckt ihn über den Teil des Raumes, den der fluide Körper zur Zeit t_0 ausfüllt, so beschreibt Gl. (1.1) den Bewegungsablauf aller materieller Punkte des Kontinuums und somit dessen Bewegungsgeschichte insgesamt. Man spricht deshalb von einer *materiellen Beschreibung*.

Im Gegensatz dazu verfolgt man bei der sogenannten *Euler*schen Betrachtungsweise den zeitlichen Verlauf des Strömungszustands an festen Stellen des Raumes. Dabei passieren im allgemeinen immer neue materielle Punkte den jeweils betrachteten Ort. Unter der Vorstellung, daß die "Beobachtungsstationen" räumlich hinreichend dicht liegen (könnten), faßt man die zeitabhängigen Strömungsgrößen zugleich als Funktionen des Ortes auf. Diese *Feldbeschreibung* ist für viele Strömungsprobleme zweckmäßiger und wird deshalb in der Strömungsmechanik bevorzugt. Als primäre kinematische Zustandsgröße verwendet man dabei den *Geschwindigkeitsvektor* $\mathbf{v}$:

$$\mathbf{v} = \mathbf{v}(\mathbf{r}, t) . \tag{1.3}$$

Neben dem Geschwindigkeitsfeld kommen in der Kontinuumstheorie noch andere Vektorfelder vor (z. B. Beschleunigung und Wärmestromdichte), aber auch skalare Feldfunktionen (z. B. Druck und Temperatur) sowie Tensorfelder zweiter Stufe (z. B. Verzerrungstensoren und Spannungstensor). Vektoren werden wir konsequent durch kleine, Tensoren durch große lateinische Buchstaben in Fettdruck kennzeichnen. *Tensoren zweiter Stufe* können anschaulich als lineare Abbildungen im Raum der Vektoren gedeutet werden: $\mathbf{v} = \mathbf{L} \cdot \mathbf{r}$. In dieser linearen Beziehung zwischen $\mathbf{r}$ und $\mathbf{v}$ "verwandelt" (transformiert) der Tensor $\mathbf{L}$ den Vektor $\mathbf{r}$ in einen Vektor $\mathbf{v}$.

Um Vektoren und Tensoren im Raum unserer Anschauung zahlenmäßig darstellen zu können, benötigt man ein Koordinatensystem. Es wird durch Wahl eines Ursprungs und einer linear unabhängigen Basis fixiert. Im allgemeinen legen wir eine kartesische Basis $\mathbf{e}_x, \mathbf{e}_y, \mathbf{e}_z$ (ortsfest, orthogonal und normiert) und die zugehörigen *kartesischen Koordinaten* x, y, z zugrunde. Der Ortsvektor besitzt dann die Darstellung

$$\mathbf{r} = x\,\mathbf{e}_x + y\,\mathbf{e}_y + z\,\mathbf{e}_z \,. \tag{1.4}$$

Die kartesischen Komponenten irgendeines anderen Vektors $\mathbf{n}$ oder eines Tensors $\mathbf{L}$ werden wir im allgemeinen durch tiefgestellte Indizes x, y, z kennzeichnen:

$$\mathbf{n} = n_x\,\mathbf{e}_x + n_y\,\mathbf{e}_y + n_z\,\mathbf{e}_z \,, \tag{1.5}$$

$$\begin{aligned} \mathbf{L} = {} & L_{xx}\,\mathbf{e}_x\,\mathbf{e}_x + L_{xy}\,\mathbf{e}_x\,\mathbf{e}_y + L_{xz}\,\mathbf{e}_x\,\mathbf{e}_z \\ & + L_{yx}\,\mathbf{e}_y\,\mathbf{e}_x + L_{yy}\,\mathbf{e}_y\,\mathbf{e}_y + L_{yz}\,\mathbf{e}_y\,\mathbf{e}_z \\ & + L_{zx}\,\mathbf{e}_z\,\mathbf{e}_x + L_{zy}\,\mathbf{e}_z\,\mathbf{e}_y + L_{zz}\,\mathbf{e}_z\,\mathbf{e}_z \,. \end{aligned} \tag{1.6}$$

Eine Ausnahme machen wir beim häufig auftretenden Geschwindigkeitsvektor $\mathbf{v}$, dessen kartesische Komponenten mit unterschiedlichen Buchstaben u, v, w bezeichnet werden:

$$\mathbf{v} = u\,\mathbf{e}_x + v\,\mathbf{e}_y + w\,\mathbf{e}_z \,. \tag{1.7}$$

Man beachte, daß bei Wahl einer orthonormierten Basis die Vektor– und Tensorkomponenten als Skalarprodukte der Vektoren bzw. Tensoren mit den Basisvektoren gedeutet werden können, z. B. $n_x = \mathbf{n}\cdot\mathbf{e}_x$, $L_{xy} = \mathbf{e}_x\cdot\mathbf{L}\cdot\mathbf{e}_y$, $w = \mathbf{v}\cdot\mathbf{e}_z$. Nach Festlegung der Basis genügt es, nur diese Komponente anzugeben:

$$\mathbf{n} \mathrel{\hat{=}} \begin{bmatrix} n_x \\ n_y \\ n_z \end{bmatrix}, \quad \mathbf{L} \mathrel{\hat{=}} \begin{bmatrix} L_{xx} & L_{xy} & L_{xz} \\ L_{yx} & L_{yy} & L_{yz} \\ L_{zx} & L_{zy} & L_{zz} \end{bmatrix}, \quad \mathbf{v} \mathrel{\hat{=}} \begin{bmatrix} u \\ v \\ w \end{bmatrix}. \tag{1.8}$$

Das Symbol $\hat{=}$ soll andeuten, daß es sich nicht um Gleichungen im strengen Sinn handelt, sondern um eine Repräsentation der Vektoren und Tensoren durch Komponentenmatrizen.

Für bestimmte Anwendungen kann es zweckmäßiger sein, andere Ortskoordinaten, insbesondere Zylinder– oder Kugelkoordinaten zu verwenden. Wir werden dies bei der Analyse konkreter Strömungen von Fall zu Fall entscheiden. Zur Herleitung allgemeiner Aussagen ist es jedenfalls vorteilhaft, von kartesischen Koordinaten auszugehen.

Durch das Vektorfeld der Strömungsgeschwindigkeit wird jedem Punkt im Raum eine Richtung zugeordnet, die sich möglicherweise mit der Zeit verändert. Die Integralkurven an dieses Richtungsfeld zu fester Zeit, d. h. die Kuven, die überall vom Vektor $\mathbf{v}$ tangiert werden, heißen *Stromlinien*. Beim Fortschreiten längs einer Stromlinie gilt demnach $dx : dy : dz = u : v : w$ (t fest). Die Stromlinien genügen somit dem folgenden System gewöhnlicher Differentialgleichungen (σ ist der Kurvenparameter auf den Stromlinien; die Zeit t bleibt konstant):

$$\frac{dx}{d\sigma} = u(x,y,z,t), \quad \frac{dy}{d\sigma} = v(x,y,z,t), \quad \frac{dz}{d\sigma} = w(x,y,z,t). \tag{1.9}$$

Die bei der Integration dieses Gleichungssystems auftretenden Integrationskonstanten werden z. B. durch Vorgabe der Lagekoordinaten eines Punktes festgelegt, durch den die betreffende Stromlinie hindurchführen soll. Verschiedene Stromlinien zeichnen sich durch verschiedene Werte der Integrationskonstanten aus. Eine aus lauter Stromlinien aufgebaute Fläche heißt *Stromfläche.*

Unter einer *Bahnlinie* versteht man die von einem materiellen Punkt durchlaufene Bahn. Bei gegebenem Geschwindigkeitsfeld erhält man die Bahnlinien durch Integration des Gleichungssystems

$$\frac{dx}{dt} = u(x,y,z,t), \quad \frac{dy}{dt} = v(x,y,z,t), \quad \frac{dz}{dt} = w(x,y,z,t). \tag{1.10}$$

Man beachte, daß dabei die Zeit t die Rolle des Kurvenparameters spielt. Bei Vorgabe der Lagekoordinaten x_0, y_0, z_0 des materiellen Punktes zur "Anfangszeit" t_0 erbringt die Integration grundsätzlich folgende Zusammenhänge:

$$x=x(x_0,y_0,z_0,t_0,t), \quad y=y(x_0,y_0,z_0,t_0,t), \quad z=z(x_0,y_0,z_0,t_0,t). \tag{1.11}$$

Das ist nichts anderes als die in Gl. (1.1) bereits kompakt formulierte Bewegung in materieller Beschreibung. Hält man in diesen Beziehungen außer x_0, y_0 und z_0 auch t_0 konstant, so liegt also die Parameterdarstellung einer Bahnlinie vor.

Hält man andererseits t konstant und betrachtet t_0 als variablen Parameter, so handelt es sich um die Verbindungslinie derjenigen materiellen Punkte zur aktuellen Zeit t, die früher $(t_0 < t)$ alle den gleichen Ort x_0, y_0, z_0 passiert haben. Eine solche materielle Linie bezeichnet man als *Streichlinie.* Beispiele für Streichlinien sind Wasserstrahlen oder Farbfäden, die bei punktförmiger Injektion von Farbe in der Strömung sichtbar werden (Abb. 1.1).

Man nennt eine Strömung *stationär*, wenn das Eulersche Geschwindigkeitsfeld zeitunanhängig ist $(\partial \mathbf{v}/\partial t = \mathbf{0})$, andernfalls *instationär.* Bei einer stationären Strömung ergibt sich nach Gl. (1.9) offenbar zu allen Zeiten dasselbe Stromlinienbild, und Stromlinien, Bahnlinien und Streichlinien fallen zusammen. Bei einer instationären Strömung ändert sich aber im allgemeinen das Stromlinienbild mit der Zeit, und Strom–, Bahn– und Streichlinien sind verschieden.

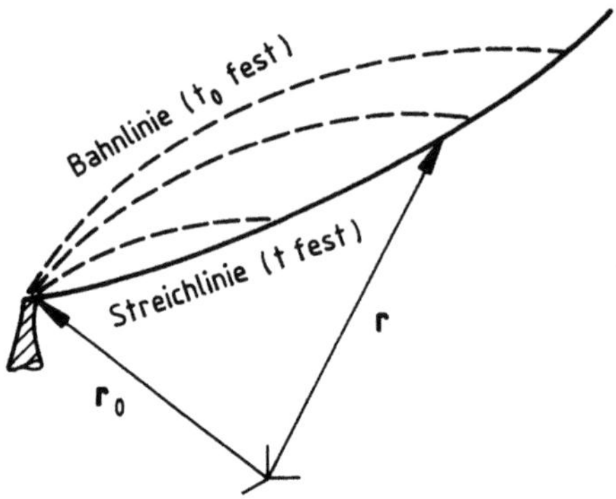

Abb. 1.1 Bahnlinien und Streichlinie

Als erstes Beispiel betrachten wir eine stationäre Strömung mit dem Geschwindigkeitsfeld

$$u = ax\,, \quad v = -ay\,, \quad w = 0\,. \tag{1.12}$$

Dabei ist a eine Konstante mit der Dimension $(\text{Zeit})^{-1}$. Durch Integration der Gln. (1.10) erhalten wir als Parameterdarstellung der durch den Punkt $x = x_0, y = y_0, z = z_0$ verlaufenden Bahnlinie

$$x = x_0\, e^{a(t-t_0)}, \quad y = y_0\, e^{-a(t-t_0)}, \quad z = z_0\,. \tag{1.13}$$

Es handelt sich um eine ebene Kurve (innerhalb der Ebene $z = z_0$). Der Kurvenparameter t kann offenbar leicht eliminiert werden. Das Ergebnis

$$xy = x_0\, y_0 \tag{1.14}$$

zeigt, daß die Bahnlinien und mit ihnen die Strom– und die Streichlinien gleichseitige Hyperbeln sind (Abb. 1.2). Der singuläre Punkt im Koordinatenursprung repräsentiert übrigens einen *Staupunkt*, denn dort verschwinden alle Geschwindigkeitskomponenten.

Es ist lehrreich, die relative Bewegung dreier materieller Punkte zu betrachten, die zur Zeit $t = t_0$ bei $x = x_0, y = y_0$, bei $x = x_0', y = y_0$ bzw. bei $x = x_0, y = y_0'$ (jeweils in derselben Ebene $z = z_0$) lagen. Man kann sich leicht klarmachen, daß diejenigen Punkte, die anfangs die gleiche x–Koordinate besaßen und demnach in Abb. 1.2 übereinander lagen, zu allen Zeiten in ihrer x–Koordinate übereinstimmen. Da die Geschwindigkeitskomponente u nur von x, jedoch nicht von y abhängt, bewegen sich diese beiden Punkte nämlich allzeit mit gleicher Geschwindigkeit in x–Richtung und besitzen demnach stets die gleiche x–Koordinate. Die gerade flüssige Linie mit den beiden materiellen Punkten als Endpunkten bleibt also stets parallel zur y–Achse orientiert und wird im Laufe der Zeit lediglich

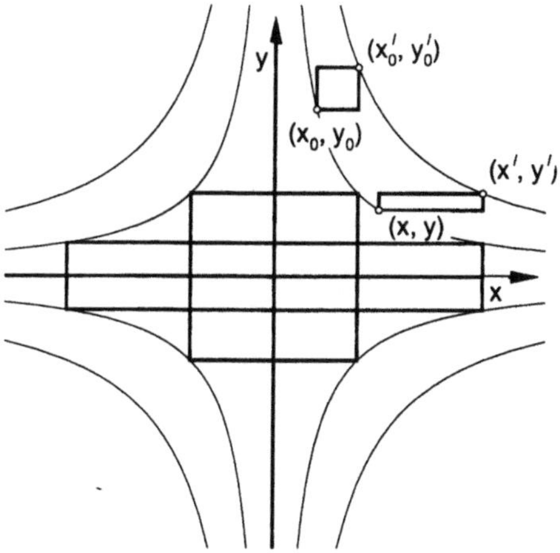

Abb. 1.2 Ebene Dehnströmung

gestaucht, jedoch nicht gedreht. Entsprechend wird eine ursprünglich zur x–Achse parallele flüssige Linie gedehnt, dreht sich aber nicht. Die Grundfläche eines quaderförmigen materiellen Volumenelements, dessen Kanten ursprünglich parallel zu den Koordinatenachsen orientiert sind, verformt sich also in der in Abb. 1.2 skizzierten Weise, während die Höhe des Quaders konstant bleibt. Da an einem solchen Volumen nur (positive oder negative) Dehnungen in zwei zueinander senkrechten Richtungen auftreten, spricht man von einer *ebenen Dehnströmung*. Dabei bleibt übrigens der Rauminhalt jedes Fluidelements zeitlich konstant. Nach Gl. (1.13) gilt nämlich zwischen den Ortskoordinaten der ursprünglich bei x_0, y_0 und bei x_0', y_0' gelegenen materiellen Punkte die Beziehung

$$(x'-x)(y'-y) = (x_0'-x_0)(y_0'-y_0)\,, \tag{1.15}$$

in der die Flächengleichheit der skizzierten Rechtecke und damit die Volumengleichheit der zugehörigen Quader zum Ausdruck kommt.

Strömungen, bei denen das Volumen jedes fluiden Teilchens konstant bleibt, heißen *isochor*. Strömungen, bei denen die Fluidelemente zwar gedehnt, aber nicht gedreht werden, heißen *drehungsfrei*. Eine Dehnströmung mit dem Geschwindigkeitsfeld (1.12) besitzt beide Merkmale. (Später erkennen wir einen Zusammenhang mit den Eigenschaften $\operatorname{div} \mathbf{v} = 0$ und $\operatorname{rot} \mathbf{v} = \mathbf{0}$ des Geschwindigkeitsfeldes.) Sie besitzt darüber hinaus weitere bemerkenswerte Eigenschaften: Nach (1.12) und (1.13) sind sowohl das Eulersche Geschwindigkeitsfeld $\mathbf{v}(\mathbf{r})$ als auch die Lagrangesche Bewegungsgeschichte $\mathbf{r}(\mathbf{r}_0, t-t_0)$ räumlich *homogen* in folgendem Sinne:

$$\mathbf{v}(\alpha\,\mathbf{r}) = \alpha\,\mathbf{v}(\mathbf{r})\,, \tag{1.16}$$

$$\mathbf{r}(\alpha\,\mathbf{r}_0, t-t_0) = \alpha\,\mathbf{r}(\mathbf{r}_0, t-t_0)\,. \tag{1.17}$$

Deshalb erfahren geometrisch ähnliche Fluidelemente unabhängig von ihrer Lage in gleichen Zeitintervallen die gleiche Gestaltänderung. Diese kann somit auch an einem beliebig großen Fluidelement abgelesen werden, dessen Zentrum im Staupunkt liegt und sich gar nicht verschiebt (Abb. 1.2).

Man nennt eine Strömung *eben*, wenn die Geschwindigkeitskomponente in einer festen Richtung, z. B. in z–Richtung überall und zu allen Zeiten verschwindet und das Geschwindigkeitsfeld von z nicht abhängt, wenn also

$$u = u(x, y, t)\,, \qquad v = v(x, y, t)\,, \qquad w = 0 \tag{1.18}$$

gilt. Die Stromlinien können dann ohne den in Gl. (1.9) verwendeten Kurvenparameter σ auch aus der Beziehung

$$\frac{dy}{dx} = \frac{v(x, y, t)}{u(x, y, t)} \qquad (t \text{ fest}) \tag{1.19}$$

berechnet werden, die Bahnlinien aber nur dann, wenn sich die rechte Seite als zeitunabhängig herausstellt.

Um die Unterschiede zwischen Strom–, Bahn– und Streichlinien aufzuzeigen, betrachten wir eine instationäre ebene, isochore Strömung mit dem Geschwindigkeitsfeld

$$\frac{u}{u_0} = 1 + \frac{1}{2}ky + \frac{1}{10}ky\, e^{-k^2 y^2/2} \sin(kx - \omega t)\,,$$

$$\frac{v}{u_0} = \frac{1}{10}\, e^{-k^2 y^2/2} \cos(kx - \omega t) \tag{1.20}$$

(die Überlagerung einer Scherströmung mit einer internen fortschreitenden Welle). Dabei sind k, ω und u_0 konstante Parameter, die als Wellenzahl, Kreisfrequenz und Bezugsgeschwindigkeit gedeutet werden können. Bei geeigneter Normierung der Koordinaten, der Zeit und der Geschwindigkeitskomponenten tritt nur noch ein einziger dimensionsloser Parameter, die reziproke *Strouhal–Zahl* $u_0 k / \omega$ auf. Mit ausgewählten Anfangsbedingungen und für den Parameterwert $u_0 k / \omega = 1$ wurden die Differentialgleichungen (1.10) und (1.19) numerisch integriert. Abb. 1.3a zeigt einige Stromlinien zur Zeit $\omega t = 0$. Dieses Stromlinienbild verschiebt sich übrigens mit der Zeit lediglich in x–Richtung und kehrt periodisch zu den Zeiten $\omega t = 2\pi i$ (i ganzzahlig) wieder. In Abb. 1.3b sind die Bahnen einiger materieller Punkte aufgezeichnet, die zur Zeit $t_0 = 0$ am Ort

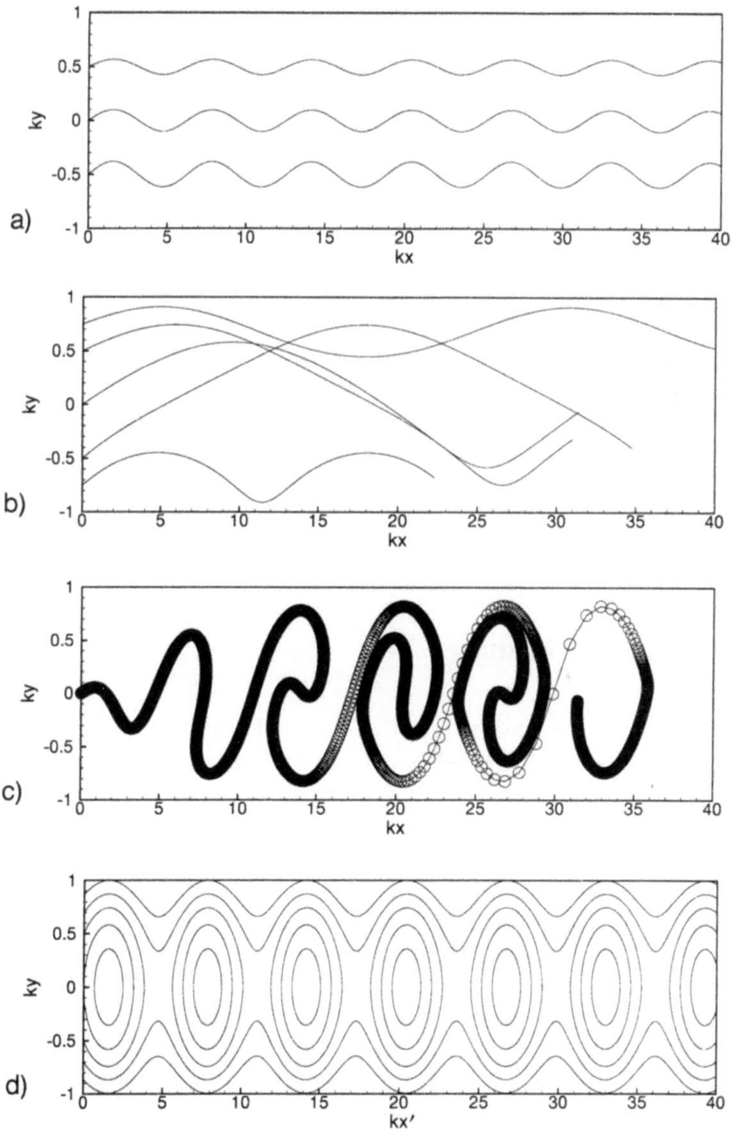

Abb. 1.3 a) Stromlinen zur Zeit $\omega t = 0$,
b) Bahnen materieller Punkte im Zeitintervall $\omega t \in [0, 10\pi]$,
c) Streichlinie zur Zeit $\omega t = 10\pi$; jeweils für $u_0\, k / \omega = 1$,
d) Strom–, Bahn– und Streichlinien im Relativsystem

$x = 0$ waren. Das rechte "Ende" dieser Bahnlinien gibt jeweils die Lage zur Zeit $\omega t = 10\pi$ an. Abb. 1.3c zeigt die Momentaufnahme einer Streichlinine (zur Zeit $\omega t = 10\pi$). Die auf ihr markierten materiellen Punkte haben den Ort $x_0 = 0, y_0 = 0$ in gleichen zeitlichen Abständen innerhalb des Zeitintervalls $\omega t_0 \in [0, 10\pi]$ verlassen.

Dieses zweite Beispiel macht deutlich, daß zwischen Stromlinien, Bahnlinien und Streichlinien markante Unterschiede bestehen können. Bei instationären Strömungen muß also sorgfältig zwischen diesen Begriffen unterschieden werden. Das Beispiel eignet sich aber zugleich zur Illustration der folgenden bemerkenswerten Aussage: Eine im "Absolutsystem" instationäre Strömung kann unter gewissen Voraussetzungen stationär erscheinen, wenn sie in einem geeignet bewegten "Relativsystem" betrachtet wird. Im vorliegenden Fall sieht ein Beobachter, der sich mit der Geschwindigkeit ω/k in x–Richtung bewegt, in seinem mitgeführten Bezugssystem (Relativkoordinate $x' = x - \omega t/k$) eine stationäre Strömung. Für ihn fallen somit Strom–, Bahn– und Streichlinien zusammen (Abb. 1.3d). Später werden auch Strömungen betrachtet, die in einem rotierenden Bezugssystem stationär erscheinen.

1.2 Materielle Zeitableitung

Wir betrachten ein skalares Feld $\Phi(x, y, z, t)$, z. B. das Temperaturfeld eines strömenden Fluids und fragen nach den zeitlichen Änderungen von Φ, die ein ortsfester Beobachter und ein mit einem fluiden Teilchen mitbewegter Beobachter feststellen. Der ortsfeste Beobachter registriert offenbar die *lokale Zeitableitung* $\partial\Phi(x, y, z, t)/\partial t$. Dagegen wird die zeitliche Änderung für ein fluides Teilchen als *materielle* oder *substantielle Zeitableitung* und mit dem Symbol $D\Phi/Dt$ bezeichnet. Der Zusammenhang zwischen beiden Zeitableitungen ergibt sich aus folgender Überlegung: Der matierielle Punkt, der sich zur Zeit t am Ort x, y, z befindet, verschiebt sich entsprechend seiner aktuellen Geschwindigkeit im kurzen Zeitintervall Δt um die Strecken $u\Delta t, v\Delta t, w\Delta t$, befindet sich also zur Zeit $t + \Delta t$ am Ort $x + u\Delta t$, $y + v\Delta t$, $z + w\Delta t$. Die materielle Zeitableitung ergibt sich aus dem an dieser Stelle zur Zeit $t + \Delta t$ vorgefundenen Wert $\Phi(x + u\Delta t, y + v\Delta t, z + w\Delta t, t + \Delta t)$, dem ursprünglichen Wert $\Phi(x, y, z, t)$ und der verstrichenen Zeit Δt gemäß

$$\frac{D\Phi}{Dt} := \lim_{\Delta t \to 0} \frac{\Phi(x+u\Delta t, y+v\Delta t, z+w\Delta t, t+\Delta t) - \Phi(x,y,z,t)}{\Delta t} . \qquad (1.21)$$

Hieraus folgt

$$\frac{D\Phi}{Dt} = \underbrace{\frac{\partial \Phi}{\partial x} u + \frac{\partial \Phi}{\partial y} v + \frac{\partial \Phi}{\partial z} w}_{\text{konvektiver Anteil}} + \underbrace{\frac{\partial \Phi}{\partial t}}_{\text{lokaler Anteil}} \quad . \tag{1.22}$$

Die materielle Zeitableitung $D\Phi/Dt$ unterscheidet sich also von der lokalen Zeitableitung $\partial\Phi/\partial t$ durch drei Summanden, die von der Verschiebung des materiellen Punktes herrühren und in denen deshalb die Geschwindigkeitskomponenten auftreten. Man bezeichnet diese Summanden als konvektiven Anteil zur materiellen Zeitableitung. Sie können als Skalarprodukt der Vektoren grad Φ und $\mathbf{v}$ aufgefaßt werden:

$$\frac{D\Phi}{Dt} = (\operatorname{grad}\Phi) \cdot \mathbf{v} + \frac{\partial \Phi}{\partial t} \quad . \tag{1.23}$$

Diese Darstellung der materiellen Zeitableitung eines Skalarfelds behält auch bei Verwendung krummliniger Koordinaten ihre Gültigkeit, während Gl. (1.22) auf kartesische Koordinaten zugeschnitten ist.

Setzt man in Gl. (1.22) für Φ der Reihe nach die Geschwindigkeitskomponenten u, v und w, so erhält man die kartesischen Komponenten des *Beschleunigungsvektors* $\mathbf{a}$ eines materiellen Punkts, dargestellt durch die Geschwindigkeitskomponenten und deren Ableitungen:

$$\begin{aligned} a_x &:= \frac{Du}{Dt} = \frac{\partial u}{\partial x} u + \frac{\partial u}{\partial y} v + \frac{\partial u}{\partial z} w + \frac{\partial u}{\partial t} \quad , \\ a_y &:= \frac{Dv}{Dt} = \frac{\partial v}{\partial x} u + \frac{\partial v}{\partial y} v + \frac{\partial v}{\partial z} w + \frac{\partial v}{\partial t} \quad , \\ a_z &:= \frac{Dw}{Dt} = \underbrace{\frac{\partial w}{\partial x} u + \frac{\partial w}{\partial y} v + \frac{\partial w}{\partial z} w}_{\text{konvektiver Anteil}} + \underbrace{\frac{\partial w}{\partial t}}_{\text{lokaler Anteil}} \quad . \end{aligned} \tag{1.24}$$

Diese Beziehungen können vektoriell zusammengefaßt und analog zu Gl. (1.23) folgendermaßen notiert werden:

$$\mathbf{a} := \frac{D\mathbf{v}}{Dt} = (\operatorname{grad}\mathbf{v}) \cdot \mathbf{v} + \frac{\partial \mathbf{v}}{\partial t} \quad . \tag{1.25}$$

Das Objekt grad $\mathbf{v}$ bewirkt demnach eine lineare Transformation des Geschwindigkeitsvektors $\mathbf{v}$ in den Vektor der konvektiven Beschleunigung $\mathbf{a} - \partial\mathbf{v}/\partial t$ und ist deshalb ein Tensor zweiter Stufe. Er beschreibt die räumlichen Ableitungen des Geschwindigkeitsfelds, wird deshalb als *Geschwindigkeitsgradiententensor* bezeichnet und kann koordinatenunabhängig definiert werden (Anhang A). Zur Abkürzung verwenden wir zukünftig den Buchstaben **L**,

$$\mathbf{L} := \operatorname{grad} \mathbf{v} \ . \tag{1.26}$$

Nach Wahl einer linear unabhängigen Basis wird **L** durch eine quadratische Matrix mit 9 grundsätzlich unabhängigen Elementen repräsentiert. Die kartesische Matrixdarstellung lautet

$$\mathbf{L} \mathrel{\hat{=}} \begin{bmatrix} \frac{\partial u}{\partial x} & \frac{\partial u}{\partial y} & \frac{\partial u}{\partial z} \\ \frac{\partial v}{\partial x} & \frac{\partial v}{\partial y} & \frac{\partial v}{\partial z} \\ \frac{\partial w}{\partial x} & \frac{\partial w}{\partial y} & \frac{\partial w}{\partial z} \end{bmatrix} \ . \tag{1.27}$$

Die Auswertung des Punktprodukts in Gl. (1.25) erfolgt dann einfach nach den Regeln der Matrizenmultiplikation.

Für einige Anwendungen ist es nützlich zu wissen, daß man den Zusammenhang (1.25) zwischen dem Beschleunigungsfeld **a** und dem Geschwindigkeitsfeld **v** auch in der folgenden koordinateninvarianten Form schreiben kann:

$$\mathbf{a} = \operatorname{grad} \frac{|\mathbf{v}|^2}{2} + (\operatorname{rot} \mathbf{v}) \times \mathbf{v} + \frac{\partial \mathbf{v}}{\partial t} \ . \tag{1.28}$$

Hierin bezeichnet $|\mathbf{v}|$ den Betrag des Geschwindigkeitsvektors, und das Symbol $\times$ kennzeichnet das Vektorprodukt der beiden Faktoren.

Bei der Formulierung von Stoffgleichungen werden die materiellen Zeitableitungen $D\mathbf{b}/Dt$ und $D\mathbf{A}/Dt$ gewisser Vektorfelder **b** und Tensorfelder **A** benötigt. Solange eine kartesische Basis zugrunde gelegt wird, gilt für die Komponenten der Ableitungen in sinngemäßer Verallgemeinerung der Gln. (1.24):

$$\left(\frac{D\mathbf{b}}{Dt}\right)_x = \frac{Db_x}{Dt} \ ,$$

$$\left(\frac{D\mathbf{A}}{Dt}\right)_{xy} = \frac{DA_{xy}}{Dt} \qquad \text{usw.}$$

Gelegentlich ist es aber zweckmäßig, krummlinige Koordinatensysteme mit ortsabhängigen Basisvektoren zu verwenden. In diesem Buch genügen Zylinderkoordinaten r, φ, z und Kugelkoordinaten R, ϑ, φ (Abb. B.1 im Anhang). Es wäre falsch, in den zuletzt notierten Gleichungen dann bloß die Indizes auszutauschen. Zwischen den Komponenten der materiellen Zeitableitungen und den materiellen Zeitableitungen der Komponenten bestehen dann komplexere Zusammenhänge. Sie resultieren aus den Identitäten

$$\frac{\mathrm{D}\mathbf{b}}{\mathrm{D}t}\cdot\mathbf{e}=\frac{\mathrm{D}}{\mathrm{D}t}(\mathbf{b}\cdot\mathbf{e})-\mathbf{b}\cdot\frac{\mathrm{D}\mathbf{e}}{\mathrm{D}t}\ ,$$

$$\mathbf{e}\cdot\frac{\mathrm{D}\mathbf{A}}{\mathrm{D}t}\cdot\tilde{\mathbf{e}}=\frac{\mathrm{D}}{\mathrm{D}t}(\mathbf{e}\cdot\mathbf{A}\cdot\tilde{\mathbf{e}})-\frac{\mathrm{D}\mathbf{e}}{\mathrm{D}t}\cdot\mathbf{A}\cdot\tilde{\mathbf{e}}-\mathbf{e}\cdot\mathbf{A}\cdot\frac{\mathrm{D}\tilde{\mathbf{e}}}{\mathrm{D}t}\ , \tag{1.29}$$

wenn man e und $\tilde{\mathbf{e}}$ mit den Basisvektoren identifiziert. Zur Illustration betrachten wir ein Zylinderkoordinatensystem, dessen Basisvektoren $\mathbf{e}_r$ und $\mathbf{e}_\varphi$ von der Koordinate φ abhängen (Abb. 1.4):

$$\mathbf{e}_r=\cos\varphi\,\mathbf{e}_x+\sin\varphi\,\mathbf{e}_y\ ,\quad \mathbf{e}_\varphi=-\sin\varphi\,\mathbf{e}_x+\cos\varphi\,\mathbf{e}_y\ . \tag{1.30}$$

Demnach gilt

$$\frac{\partial\mathbf{e}_r}{\partial\varphi}=\mathbf{e}_\varphi\ ,\qquad \frac{\partial\mathbf{e}_\varphi}{\partial\varphi}=-\mathbf{e}_r\ . \tag{1.31}$$

Hieraus folgt unmittelbar für die materiellen Zeitableitungen der Basisvektoren

$$\frac{\mathrm{D}\mathbf{e}_r}{\mathrm{D}t}=\frac{v_\varphi}{r}\mathbf{e}_\varphi\ ,\qquad \frac{\mathrm{D}\mathbf{e}_\varphi}{\mathrm{D}t}=-\frac{v_\varphi}{r}\mathbf{e}_r\ . \tag{1.32}$$

Somit resultieren aus den Gln. (1.29) z. B. folgende Relationen:

$$\left(\frac{\mathrm{D}\mathbf{b}}{\mathrm{D}t}\right)_r=\frac{\mathrm{D}b_r}{\mathrm{D}t}-\frac{v_\varphi}{r}b_\varphi\ , \tag{1.33}$$

$$\left(\frac{\mathrm{D}\mathbf{A}}{\mathrm{D}t}\right)_{r\varphi}=\frac{\mathrm{D}A_{r\varphi}}{\mathrm{D}t}-\frac{v_\varphi}{r}A_{\varphi\varphi}+\frac{v_\varphi}{r}A_{rr}\ . \tag{1.34}$$

Für die anderen Komponenten des Vektors $\mathrm{D}\mathbf{b}/\mathrm{D}t$ und des Tensors $\mathrm{D}\mathbf{A}/\mathrm{D}t$ findet man ähnliche Darstellungen. Sie sind ausführlich im Anhang B aufgelistet, auch bezüglich eines Kugelkoordinatensystems.

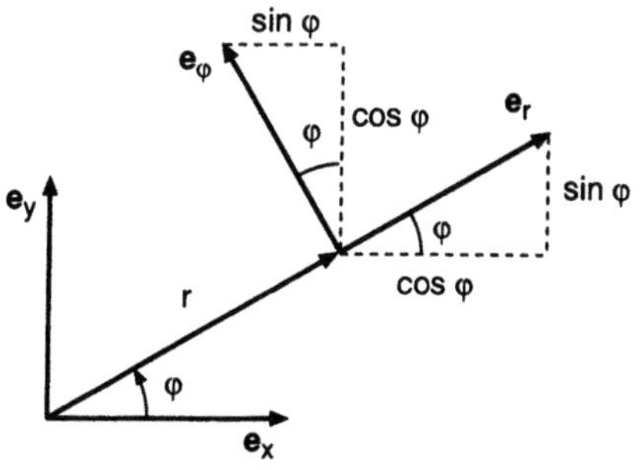

Abb. 1.4 Zur Veranschaulichung der Gln. (1.30)

1.3 Deformationsgeschwindigkeiten

1.3.1 Dreh- und Verzerrungsgeschwindigkeiten

Der Geschwindigkeitsgradiententensor **L** gibt Aufschluß darüber, wie sich das Geschwindigkeitsfeld räumlich ändert. Er begegnet uns deshalb naturgemäß wieder, wenn wir danach fragen, wie sich infinitesimal benachbarte materielle Punkte im Laufe der Zeit relativ zueinander verschieben. Hierzu betrachten wir zwei Punkte "1" und "2", die sich zur Zeit t bei $\mathbf{r}$ bzw. $\mathbf{r} + d\mathbf{r}$ befinden. Im Zeitintervall Δt verschieben sie sich in erster Näherung, d. h unter Vernachlässigung von Anteilen, die für $\Delta t \to 0$ stärker als Δt verschwinden, um die Strecken $\mathbf{v}_1 \Delta t$ bzw. $\mathbf{v}_2 \Delta t$. Ihre relative Lage zur Zeit $t + \Delta t$ wird also durch den Vektor

$$d\mathbf{r}^* = d\mathbf{r} + (\mathbf{v}_2 - \mathbf{v}_1)\,\Delta t + O(\Delta t^2) \tag{1.35}$$

beschrieben (Abb. 1.5).

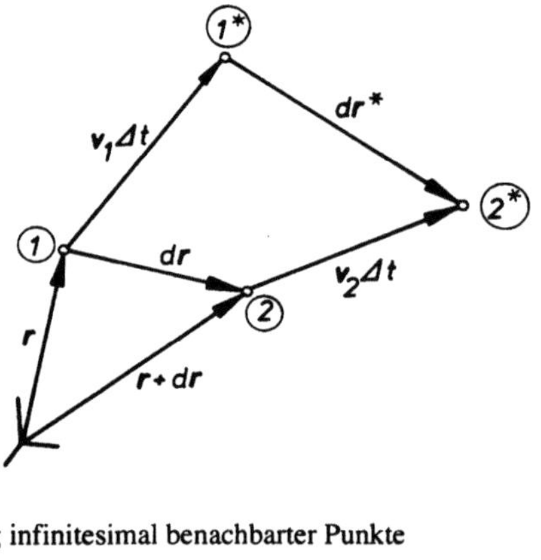

Abb. 1.5 Verschiebung infinitesimal benachbarter Punkte

Nun gilt für die Differenz der Geschwindigkeitskomponenten der beiden infinitesimal benachbarten Punkte

$$\begin{aligned}
u_2 - u_1 &= \frac{\partial u}{\partial x}dx + \frac{\partial u}{\partial y}dy + \frac{\partial u}{\partial z}dz\ , \\
v_2 - v_1 &= \frac{\partial v}{\partial x}dx + \frac{\partial v}{\partial y}dy + \frac{\partial v}{\partial z}dz\ , \\
w_2 - w_1 &= \frac{\partial w}{\partial x}dx + \frac{\partial w}{\partial y}dy + \frac{\partial w}{\partial z}dz\ .
\end{aligned} \tag{1.36}$$

Unter Verwendung des Tensors **L** können diese Beziehungen kurz in der Form

$$\mathbf{v}_2 - \mathbf{v}_1 = \mathbf{L} \cdot \mathbf{dr} \tag{1.37}$$

geschrieben werden. Damit ergibt sich aus Gl. (1.35)

$$\mathbf{dr}^* - \mathbf{dr} = \mathbf{L} \cdot \mathbf{dr}\, \Delta t + O(\Delta t^2) \ . \tag{1.38}$$

Die linke Seite gibt an, wie sich für einen mit dem materiellen Punkt "1" mitbewegten Beobachter der Abstandsvektor zum benachbarten materiellen Punkt "2" im Zeitelement Δt ändert. Nach Division durch Δt und anschließendem Grenzübergang $\Delta t \to 0$ erhält man die folgende fundamentale Beziehung für infinitesimale materielle Linienelemente:

$$\frac{D(\mathbf{dr})}{Dt} = \mathbf{L} \cdot \mathbf{dr} \ . \tag{1.39}$$

Der Tensor **L** transformiert also den relativen Lagevektor **dr** in dessen materielle Zeitableitung.

Wir zerlegen nun **L** additiv in einen symmetrischen Anteil **D** (mit $\mathbf{D}^T = \mathbf{D}$) und in einen schiefsymmetrischen Anteil **W** (mit $\mathbf{W}^T = -\mathbf{W}$). Das gelingt folgendermaßen:

$$\mathbf{D} := \frac{1}{2}(\mathbf{L} + \mathbf{L}^T) \ , \quad \mathbf{W} := \frac{1}{2}(\mathbf{L} - \mathbf{L}^T) \ . \tag{1.40}$$

Mit $\mathbf{L}^T$ ist der transponierte Geschwindigkeitsgradiententensor gemeint, dessen zugeordnete Matrix durch Vertauschen von Zeilen und Spalten aus derjenigen von **L** hervorgeht. Die kartesischen Matrixdarstellungen beider Anteile sehen wie folgt aus:

$$\mathbf{D} \mathrel{\hat{=}} \begin{bmatrix} \frac{\partial u}{\partial x} & \frac{1}{2}\left(\frac{\partial u}{\partial y} + \frac{\partial v}{\partial x}\right) & \frac{1}{2}\left(\frac{\partial u}{\partial z} + \frac{\partial w}{\partial x}\right) \\ \frac{1}{2}\left(\frac{\partial u}{\partial y} + \frac{\partial v}{\partial x}\right) & \frac{\partial v}{\partial y} & \frac{1}{2}\left(\frac{\partial v}{\partial z} + \frac{\partial w}{\partial y}\right) \\ \frac{1}{2}\left(\frac{\partial u}{\partial z} + \frac{\partial w}{\partial x}\right) & \frac{1}{2}\left(\frac{\partial v}{\partial z} + \frac{\partial w}{\partial y}\right) & \frac{\partial w}{\partial z} \end{bmatrix} , \tag{1.41}$$

$$\mathbf{W} \mathrel{\hat{=}} \begin{bmatrix} 0 & -\frac{1}{2}\left(\frac{\partial v}{\partial x}-\frac{\partial u}{\partial y}\right) & \frac{1}{2}\left(\frac{\partial u}{\partial z}-\frac{\partial w}{\partial x}\right) \\ \frac{1}{2}\left(\frac{\partial v}{\partial x}-\frac{\partial u}{\partial y}\right) & 0 & -\frac{1}{2}\left(\frac{\partial w}{\partial y}-\frac{\partial v}{\partial z}\right) \\ -\frac{1}{2}\left(\frac{\partial u}{\partial z}-\frac{\partial w}{\partial x}\right) & \frac{1}{2}\left(\frac{\partial w}{\partial y}-\frac{\partial v}{\partial z}\right) & 0 \end{bmatrix} . \tag{1.42}$$

In der Summe der Diagonalelemente von $\mathbf{D}$ erkennen wir die Größe $\operatorname{div} \mathbf{v}$, in der Matrixdarstellung für $\mathbf{W}$ begegnen uns die Komponenten des sogenannten *Wirbelvektors* $\boldsymbol{\omega} := \operatorname{rot} \mathbf{v}$. Multipliziert man $\mathbf{W}$ mit einem beliebigen Vektor $\mathbf{n}$, so kann das Ergebnis als Kreuzprodukt der Vektoren $\boldsymbol{\omega}/2$ und $\mathbf{n}$ gedeutet werden:

$$\mathbf{W} \cdot \mathbf{n} = \frac{1}{2}\, \boldsymbol{\omega} \times \mathbf{n} \quad . \tag{1.43}$$

Die Zerlegung $\mathbf{L} = \mathbf{D} + \mathbf{W}$ bringt mit sich, daß die rechte Seite der Gl. (1.39) in zwei Summanden zerfällt, die die Zeitableitung auf der linken Seite additiv beeinflussen. Wenn wir zunächst einmal nur den aus $\mathbf{W}$ resultierenden Beitrag verfolgen, so kommt in Verbindung mit Gl. (1.43) $(\mathrm{d}\mathbf{r})^{\cdot} = \boldsymbol{\omega}/2 \times \mathrm{d}\mathbf{r}$ (der Kürze halber kennzeichnen wir die materielle Zeitableitung gelegentlich durch einen Punkt). Diese Beziehung zwischen dem relativen Lagevektor $\mathrm{d}\mathbf{r}$ und dessen Änderungsgeschwindigkeit $(\mathrm{d}\mathbf{r})^{\cdot}$ beschreibt nichts anderes als eine Drehung mit der Winkelgeschwindigkeit $\boldsymbol{\omega}/2$. Der Vektor $(\operatorname{rot} \mathbf{v})/2$ gibt somit die *Drehgeschwindigkeit* materieller Fluidelemente nach Größe und Richtung der Drehachse an. Der zugehörige Tensor $\mathbf{W}$ heißt deshalb *Drehgeschwindigkeitstensor.*

Zur Interpretation des Tensors $\mathbf{D}$ betrachten wir die zeitliche Änderung des Skalarproduktes zweier materieller Linienelemente $\mathrm{d}\mathbf{r}$ und $\delta\mathbf{r}$ (vgl. Abb. 1.6):

$$\frac{\mathrm{D}}{\mathrm{D}t}(\mathrm{d}\mathbf{r} \cdot \delta\mathbf{r}) = \frac{\mathrm{D}(\mathrm{d}\mathbf{r})}{\mathrm{D}t} \cdot \delta\mathbf{r} + \mathrm{d}\mathbf{r} \cdot \frac{\mathrm{D}(\delta\mathbf{r})}{\mathrm{D}t} \quad . \tag{1.44}$$

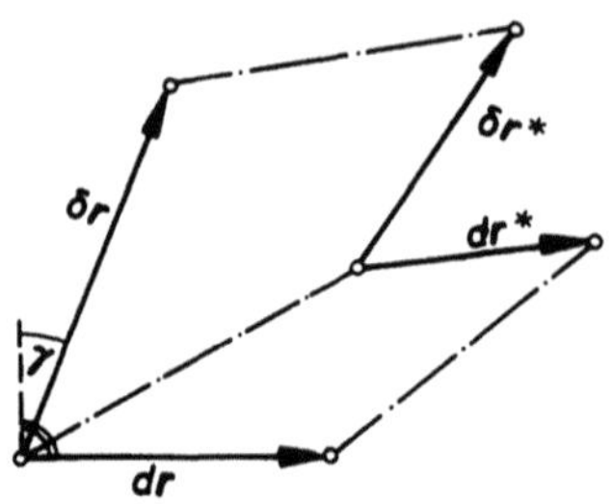

Abb. 1.6 Zeitliche Änderung zweier materieller Linienelemente

Bezeichnet man die Beträge der Vektoren $\mathbf{dr}$ und $\delta\mathbf{r}$ mit ds bzw. δs und ihren Zwischenwinkel mit $90°-\gamma$, so kann der Inhalt der Klammer auf der linken Seite als ds δs sin γ geschrieben werden. Auf der rechten Seite können die Zeitableitungen der relativen Lagevektoren mit Gl. (1.39) beseitigt werden:

$$\frac{\mathrm{D}}{\mathrm{Dt}}(\mathrm{ds}\,\delta\mathrm{s}\sin\gamma) = (\mathbf{L}\cdot\mathrm{d}\mathbf{r})\cdot\delta\mathbf{r} + \mathrm{d}\mathbf{r}\cdot\mathbf{L}\cdot\delta\mathbf{r}\ . \tag{1.45}$$

Unter Beachtung der Rechenregel $(\mathbf{L}\cdot\mathbf{n})\cdot\mathbf{t} = \mathbf{n}\cdot\mathbf{L}^{\mathrm{T}}\cdot\mathbf{t}$ für ein Skalarprodukt, das aus zwei Vektoren **n, t** und einem Tensor **L** gebildet wird, läßt sich der erste Summand auf der rechten Seite auch in der Form $\mathrm{d}\mathbf{r}\cdot\mathbf{L}^{\mathrm{T}}\cdot\delta\mathbf{r}$, die gesamte rechte Seite deshalb als $2\mathrm{d}\mathbf{r}\cdot\mathbf{D}\cdot\delta\mathbf{r}$ darstellen. Differenziert man links nach der Produktregel und dividiert anschließend durch ds δs, so erhält man

$$\left\{\frac{(\mathrm{ds})^{\cdot}}{\mathrm{ds}} + \frac{(\delta\mathrm{s})^{\cdot}}{\delta\mathrm{s}}\right\}\sin\gamma + \dot{\gamma}\cos\gamma = 2\frac{\mathrm{d}\mathbf{r}}{\mathrm{ds}}\cdot\mathbf{D}\cdot\frac{\delta\mathbf{r}}{\delta\mathrm{s}}\ . \tag{1.46}$$

Anhand dieser Beziehung lassen sich die einzelnen Komponenten des Tensors **D** anschaulich interpretieren. Um auf der rechten Seite ein auf der Hauptdiagonale angeordnetes Element, z. B. D_{xx} herauszufiltern, lassen wir beide Linienelemente zusammenfallen und wählen ihre Lage so, daß sie in einer Koordinatenrichtung, z. B. in x–Richtung orientiert sind $(\mathrm{d}\mathbf{r}/\mathrm{ds} = \delta\mathbf{r}/\delta\mathrm{s} = \mathbf{e}_x)$. Unter diesen Bedingungen verschwindet der Zwischenwinkel, d. h. $\gamma = 90°$, und Gl. (1.46) reduziert sich auf

$$\frac{(\mathrm{ds})^{\cdot}}{\mathrm{ds}} = D_{xx}\ . \tag{1.47}$$

Diese Beziehung zeigt, daß die Diagonalelemente des Tensors **D** die *Dehngeschwindigkeiten* solcher Linienelemente beschreiben, die momentan gerade in Richtung der Basisvektoren orientiert sind.

Um auf der rechten Seite von Gl. (1.46) ein Nebendiagonalelement, etwa D_{xy} zu erzeugen, wählen wir zwei aufeinander senkrechte Linienelemente, die parallel zu den Basisvektoren $\mathbf{e}_x$ und $\mathbf{e}_y$ liegen. Dabei ist $\gamma = 0$, und Gl. (1.46) reduziert sich auf

$$\dot{\gamma} = 2\,D_{xy}\,. \tag{1.48}$$

Die Nichtdiagonalelemente von **D** sind demnach halb so groß wie die Geschwindigkeiten, mit denen sich die Winkel zwischen zwei Linienelementen ändern, welche momentan parallel zu verschiedenen Basisvektoren orientiert sind. Der Tensor **D** beschreibt also die Dehngeschwindigkeiten der Kanten und die Änderungsgeschwindigkeiten der von den Kanten gebildeten Winkel eines momentan quaderförmigen und parallel zu den Koordinatenachsen orientierten materiellen Volumenelements. Man bezeichnet **D** deshalb als den *Verzerrungsgeschwindigkeitstensor.*

Zur Illustration betrachten wir noch einmal das Geschwindigkeitsfeld (1.12) einer ebenen Dehnströmung. Bezüglich des dort zugrunde gelegten Koordinatensystems besitzt der Geschwindigkeitsgradiententensor offenbar die Matrixdarstellung

$$\mathbf{L} \mathrel{\hat{=}} \begin{bmatrix} a & 0 & 0 \\ 0 & -a & 0 \\ 0 & 0 & 0 \end{bmatrix} . \tag{1.49}$$

Da **L** symmetrisch ist, verschwindet der Drehgeschwindigkeitstensor **W**. Die flüssigen Teilchen drehen sich demnach nicht, was nach Abb. 1.2 auch anschaulich klar ist. Es gilt also $\mathbf{D} = \mathbf{L}$, d. h. mit Gl. (1.49) liegt zugleich der Verzerrungsgeschwindigkeitstenosr **D** vor. Das Verschwinden aller Nebendiagonalelemente bedeutet, daß sich die Winkel zwischen Linienelementen parallel zu den Koordinatenrichtungen mit der Zeit nicht ändern. Damit bleiben die in Abb. 1.2 skizzierten Volumina zu allen Zeiten quaderförmig. Die beiden nicht verschwindenden Diagonalelemente zeigen an, daß sich alle in x–Richtung orientierten Linienelemente mit der Dehngeschwindigkeit a verlängern und die in y–Richtung orientierten Linienelemente mit der Dehngeschwindigkeit –a verkürzen.

Es sei daran erinnert, daß man die einem symmetrischen Tensor zugeordnete Matrix stets auf Diagonalform bringen kann, wenn man ein spezielles Koordinatensystem einführt, in dem nur die Hauptdiagonalelemente von null verschieden sind. Besitzt also der symmetrische Tensor **D** bezüglich des x–y–z–Koordinatensystems die allgemeine Darstellung

$$\mathbf{D} \mathrel{\hat{=}} \begin{bmatrix} D_{xx} & D_{xy} & D_{xz} \\ D_{xy} & D_{yy} & D_{yz} \\ D_{xz} & D_{yz} & D_{zz} \end{bmatrix} , \tag{1.50}$$

so läßt sich stets ein gedrehtes sogenanntes *Hauptachsensystem* finden, in dem die Matrix Diagonalform

$$\mathbf{D} \mathrel{\hat{=}} \begin{bmatrix} \lambda_1 & 0 & 0 \\ 0 & \lambda_2 & 0 \\ 0 & 0 & \lambda_3 \end{bmatrix} \tag{1.51}$$

annimmt. Die drei Elemente $\lambda_1, \lambda_2, \lambda_3$ heißen *Eigenwerte* des Tensors **D**. Man findet sie bei Behandlung der Eigenwertaufgabe

$$\mathbf{D} \cdot \mathbf{n} = \lambda\, \mathbf{n} \ . \tag{1.52}$$

Dieses homogene Gleichungssystem für die drei Komponenten n_x, n_y, n_z der Eigenvektoren $\mathbf{n}$ besitzt nur dann nicht verschwindende Lösungen, wenn die Determinante der Systemmatrix verschwindet:

$$\begin{vmatrix} D_{xx}-\lambda & D_{xy} & D_{xz} \\ D_{xy} & D_{yy}-\lambda & D_{yz} \\ D_{xz} & D_{yz} & D_{zz}-\lambda \end{vmatrix} = 0 \; . \tag{1.53}$$

Das ist eine kubische Gleichung für die Eigenwerte λ, die folgendermaßen geschrieben werden kann:

$$-\lambda^3 + \mathrm{I}_{\mathbf{D}}\,\lambda^2 - \mathrm{II}_{\mathbf{D}}\,\lambda + \mathrm{III}_{\mathbf{D}} = 0 \; . \tag{1.54}$$

Dabei sind die Koeffizienten $\mathrm{I}_{\mathbf{D}}, \mathrm{II}_{\mathbf{D}}, \mathrm{III}_{\mathbf{D}}$ algebraische Funktionen der Komponenten von $\mathbf{D}$, nämlich

$$\begin{aligned} \mathrm{I}_{\mathbf{D}} &= D_{xx} + D_{yy} + D_{zz} =: \mathrm{sp}\,\mathbf{D} \; , \\ \mathrm{II}_{\mathbf{D}} &= D_{xx}D_{yy} + D_{yy}D_{zz} + D_{zz}D_{xx} - D_{xy}^2 - D_{xz}^2 - D_{yz}^2 \; , \\ \mathrm{III}_{\mathbf{D}} &= \begin{vmatrix} D_{xx} & D_{xy} & D_{xz} \\ D_{xy} & D_{yy} & D_{yz} \\ D_{xz} & D_{yz} & D_{zz} \end{vmatrix} \; . \end{aligned} \tag{1.55}$$

Sie heißen *Grundinvarianten* des Tensors $\mathbf{D}$, denn ihre Zahlenwerte sind unabhängig vom Bezugssystem. Zu den Grundinvarianten gehört insbesondere die Summe der Diagonalelemente, die sogenannte *Spur* des Tensors. Beim Wechsel des Bezugssystems ändern sich zwar die einzelnen Komponenten, jedoch nicht die in den Gln. (1.55) angegebenen algebraischen Kombinationen der Matrixelemente. Sie können deshalb auch in einer bezugsinvarianten Form notiert werden:

$$\mathrm{I}_{\mathbf{D}} = \mathrm{sp}\,\mathbf{D}, \quad \mathrm{II}_{\mathbf{D}} = \frac{1}{2}\left[(\mathrm{sp}\,\mathbf{D})^2 - \mathrm{sp}\,\mathbf{D}^2\right], \quad \mathrm{III}_{\mathbf{D}} = \det\mathbf{D} \; . \tag{1.56}$$

Die Eigenwertgleichung (1.54) hat für einen symmetrischen Tensor stets drei reelle Lösungen $\lambda_1, \lambda_2, \lambda_3$, von denen mehrere zusammenfallen können. Die zugehörigen Eigenvektoren $\mathbf{n}_1, \mathbf{n}_2, \mathbf{n}_3$, können normiert und so bestimmt werden, daß sie orthogonal zueinander sind. Bezüglich dieser Basis gilt dann die Matrixdarstellung (1.51). Aus der Tatsache, daß man den (symmetrischen) Verzerrungsgeschwindigkeitstensor durch Wahl eines geeigneten Bezugssystems auf Hauptachsenform bringen kann, ergibt sich, daß die momentan stattfindende Deformation eines fluiden Teilchens stets als reine Dehnung in drei zueinander senkrechten

Richtungen aufgefaßt werden kann. Dieser Verzerrung überlagert sich eine Drehung des Teilchens mit der Winkelgeschwindigkeit (rot **v**)/2.

Bei einem Tensorfeld **D** sind die Komponenten D_{xx}, D_{xy} usw. im allgemeinen Funktionen des Ortes. Damit hängen auch die Eigenvektoren als Basis des Hauptachsensystems von x, y, z ab. Legt man also ein kartesisches Koordinatensystem zugrunde, in dem die Matrix an einer bestimmten Stelle Diagonalform annimmt, so treten an einer anderen Stelle im allgemeinen auch Nebendiagonalglieder auf. Ist **D** aber räumlich konstant (homogene Deformation), dann existiert ein universelles Hauptachsensystem.

1.3.2 Volumendehngeschwindigkeit

Nach Gl. (1.47) in Verbindung mit (1.51) können die Eigenwerte λ_i des Tensors **D** als Dehngeschwindigkeiten infinitesimaler Linienelemente interpretiert werden, die parallel zu den Eigenvektoren $\mathbf{n}_i$ orientiert sind, d.h. $(ds_i)^\cdot = \lambda_i\, ds_i\ (i = 1,2,3)$. Für ein aus solchen Linienelementen gebildetes quaderförmiges Volumenelement $dV = ds_1\, ds_2\, ds_3$ gilt deshalb

$$\begin{aligned}(dV)^\cdot &= (ds_1)^\cdot\, ds_2\, ds_3 + ds_1\, (ds_2)^\cdot\, ds_3 + ds_1\, ds_2\, (ds_3)^\cdot \\ &= (\lambda_1 + \lambda_2 + \lambda_3)\, ds_1\, ds_2\, ds_3 = (\lambda_1 + \lambda_2 + \lambda_3)\, dV \ .\end{aligned}$$

Die Summe der Eigenwerte ist nichts anderes als die erste Grundinvariante des Verzerrungsgeschwindigkeitstensors **D**, die wiederum mit der Divergenz des Geschwindigkeitsfelds **v** übereinstimmt. Es folgt also

$$\frac{(dV)^\cdot}{dV} = \mathrm{sp}\,\mathbf{D} = \mathrm{div}\,\mathbf{v} \ . \tag{1.57}$$

Die Größe div **v** beschreibt somit die relative Volumenänderungsgeschwindigkeit oder kurz: die *Volumendehngeschwindigkeit* materieller Fluidelemente.

Jeder Tensor kann eindeutig additiv in einen kugelsymmetrischen Anteil (proportional zum Einheitstensor **1**) und in einen *Deviator* zerlegt werden, dessen Spur verschwindet. Für den Verzerrungsgeschwindigkeitstensor **D** heißt das

$$\mathbf{D} = \frac{1}{3}(\mathrm{div}\,\mathbf{v})\,\mathbf{1} + \tilde{\mathbf{D}} \ . \tag{1.58}$$

Dieser formalen Zerlegung entspricht folgende Interpretation: Die aktuell stattfindende Deformation eines beliebigen Fluidelements kann als Summe aus einer isotropen Volumenänderung und einer isochoren Gestaltänderung aufgefaßt werden.

Wir werden uns später vorwiegend tropfbaren Flüssigkeiten zuwenden, deren Volumen sich mit Druck und Temperatur nur geringfügig ändern kann. Bei Wasser (20° C) bewirkt z. B. eine Druckerhöhung von 20 bar eine relative Volumenverringerung von lediglich 0,1 %. Ähnliche Zahlenwerte gelten für andere Flüssigkeiten. In vielen technischen Strömungsvorgängen können deshalb reale Flüssigkeiten als *volumenbeständig* angesehen werden. Mit dieser Modellbildung sind dann nur isochore Deformationen möglich und nach Gl. (1.57) somit nur solche Strömungsfelder realisierbar, für die überall und jederzeit

$$\operatorname{div} \mathbf{v} = 0 \tag{1.59}$$

gilt. Man spricht dann – nicht gerade präzise – von *inkompressiblen Strömungen.* Der Verzerrungsgeschwindigkeitstensor $\mathbf{D}$ besitzt dann nur noch zwei variable Grundinvarianten. Unter der Zwangsbedingung (1.59) wird deren Wertebereich aber durch folgende Ungleichungen begrenzt:

$$\mathrm{II}_\mathbf{D} \leq 0, \quad \left|\mathrm{III}_\mathbf{D}\right| \leq \frac{2}{3\sqrt{3}}\left(-\mathrm{II}_\mathbf{D}\right)^{3/2} . \tag{1.60}$$

Volumenerhaltende Verzerrungszustände liegen deshalb stets innerhalb des hellen Bereichs in Abb. 1.7. Auf den Rändern des erreichbaren Gebiets sind übrigens zwei der drei Eigenwerte von $\mathbf{D}$ gerade gleich groß!

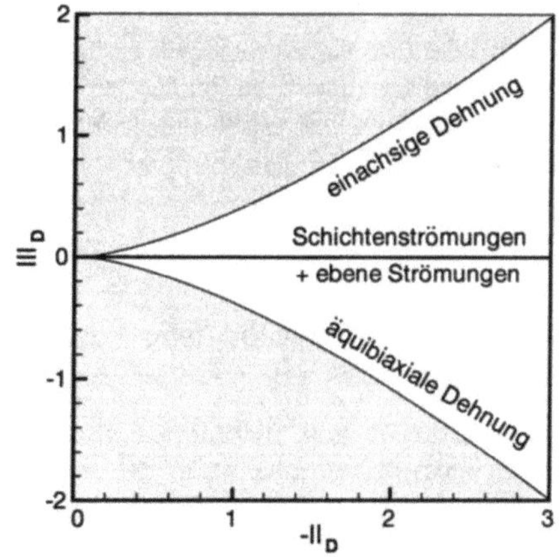

Abb. 1.7 Bei inkompressiblen Strömungen erreichbares Gebiet im Raum der Invarianten des Verzerrungsgeschwindigkeitstensors $\mathbf{D}$

Gelegentlich interessiert man sich auch für die zeitliche Änderung materieller Flächenelemente $\mathbf{da}$, wobei der Betrag des Vektors $\mathbf{da}$ den Flächeninhalt und seine Richtung die Flächennormale angeben. Das Skalarprodukt mit einem Linienelement $\mathbf{dr}$ definiert ein Volumenelement $dV = \mathbf{da} \cdot \mathbf{dr}$ (Abb. 1.8). Differenziert man diese Beziehung nach der Zeit und verwendet dann die Ergebnisse (1.39) und (1.57), so erhält man zunächst

$$\left[(\mathbf{da})^{\cdot} + \mathbf{da} \cdot \mathbf{L} - (\operatorname{div} \mathbf{v})\,\mathbf{da}\right] \cdot \mathbf{dr} = 0 .$$

Weil $\mathbf{dr}$ beliebig gewählt werden kann, muß der Inhalt der eckigen Klammer verschwinden. Das ergibt folgende Beziehung für infinitesimale materielle Flächenelemente:

$$\frac{D}{Dt}(\mathbf{da}) = \left[(\operatorname{div}\mathbf{v})\,\mathbf{1} - \mathbf{L}^T\right]\cdot\mathbf{da} \ . \tag{1.61}$$

Das Symbol **1** repräsentiert den kugelsymmetrischen Einheitstensor. Bei isochoren Deformationen spielt demnach der Tensor $-\mathbf{L}^T$ für Flächenelemente die gleiche Rolle wie der Tensor **L** für Linienelemente (Gl. (1.39)). Man beachte, daß auf den rechten Seiten jeweils der gleiche Drehanteil auftritt, nämlich $\mathbf{W}\cdot\mathbf{da}$ bzw. $\mathbf{W}\cdot\mathbf{dr}$.

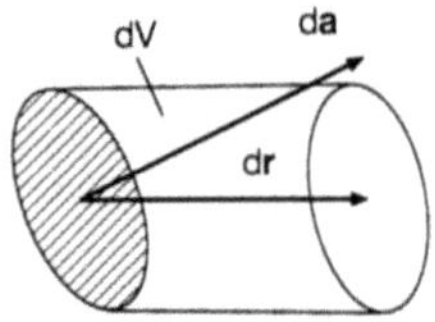

Abb. 1.8 Zur Veranschaulichung der Beziehung $dV = \mathbf{da}\cdot\mathbf{dr}$

1.3.3 Überlagerung von Dehnung und Drehung

Um in einer Strömung den relativen Einfluß der örtlichen Drehgeschwindigkeit und der örtlichen Verzerrungsgeschwindigkeit zu erfassen, kann man deren Beträge $|\operatorname{rot}\mathbf{v}|/2$ und $|(1/2)\,\mathrm{sp}\,\mathbf{D}^2|^{1/2}$ ins Verhältnis setzen. Die so entstehende, örtlich definierte, dimensionslose *kinematische Wirbelkennzahl*

$$W_k := \frac{|\operatorname{rot}\mathbf{v}|}{|2\,\mathrm{sp}\,\mathbf{D}^2|^{1/2}} \tag{1.62}$$

verschwindet naturgemäß bei drehungsfreien Bewegungen $(\operatorname{rot}\mathbf{v} = \mathbf{0})$. Dreht sich andererseits die Flüssigkeit ohne jede Formänderung wie ein starrer Körper, so wächst W_k über alle Grenzen.

Es ist instruktiv aufzuzeigen, wie sich eine Strömung ändert, wenn sich der relative Einfluß von Drehung und Verzerrung verschiebt. Zu diesem Zweck betrachten wir die Klasse der ebenen, inkompressiblen, homogenen Strömungen, die wir als Überlagerung einer ebenen Dehnströmung (mit der Dehngeschwindigkeit $a \geq 0$) und einer Starrkörperdrehung um die negative z–Achse (mit der Winkelgeschwindigkeit $\Omega \geq 0$) auffassen können. Die Analysis wird besonders einfach, wenn wir die Winkelhalbierenden zwischen den Hauptachsen von **D** als Bezugssystem zugrunde legen:

$$\mathbf{D} \mathrel{\hat{=}} \begin{bmatrix} 0 & a \\ a & 0 \end{bmatrix}, \qquad \mathbf{W} \mathrel{\hat{=}} \begin{bmatrix} 0 & \Omega \\ -\Omega & 0 \end{bmatrix}. \tag{1.63}$$

Bei geeigneter Wahl des Nullpunkts lautet das zugehörige Geschwindigkeitsfeld dann folgendermaßen:

$$u = (a + \Omega)\,y \quad , \qquad v = (a - \Omega)\,x \ . \tag{1.64}$$

Der Quotient Ω/a entspricht übrigens der oben definierten Wirbelkennzahl W_k. Eine Integration der Gl. (1.19) erbringt folgende analytische Darstellung der Stromlinien:

$$(\Omega - a)\,x^2 + (\Omega + a)\,y^2 = \text{konst.} \tag{1.65}$$

Im Fall einer stationären Strömung sind das zugleich auch die Bahnlinien. Abb. 1.9 veranschaulicht dieses Ergebnis in Abhängigkeit vom Parameter Ω/a. Die Bahnen sind hyperbolisch, wenn $|\Omega/a| < 1$, oder elliptisch, wenn $|a/\Omega| < 1$ gilt. Die Überlagerung einer Dehnung mit einer Drehung hinreichender Stärke führt also dazu, daß sich die materiellen Punkte nicht mehr unbegrenzt vom Bezugspunkt entfernen, sondern in dessen Nähe bleiben. Bemerkenswerterweise ergibt sich für $|\Omega/a| = 1$ eine Parallelströmung, wobei sich die Geschwindigkeit senkrecht zur Strömungsrichtung ändert. Quaderförmige Fluidelemente, deren Kanten momentan achsparallel liegen, werden dabei effektiv geschert. Eine solche (einfache) *Scherströmung* als Überlagerung einer reinen Dehnung und einer Drehung ist also dadurch gekennzechnet, daß die Dehngeschwindigkeit und die Drehgeschwindigkeit betragsmäßig gerade gleich groß sind.

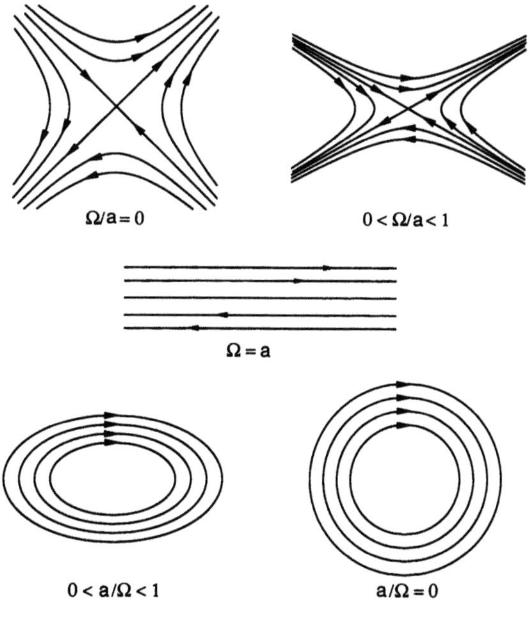

Abb. 1.9 Überlagerung einer ebenen Dehnströmung mit einer Starrkörperdrehung

1.3.4 Kinematische Wirbelsätze

Wir kehren nochmals zum Wirbelvektor $\boldsymbol{\omega} = \operatorname{rot} \mathbf{v}$ als Maß für die Drehgeschwindigkeit der Fluidelemente zurück. In Analogie zu den Stromlinien definiert man die *Wirbellinien* als diejenigen Kurven zu fester Zeit, deren Tangentenrichtung überall mit der jeweiligen Richtung von $\boldsymbol{\omega}$ übereinstimmt. Die Gesamtheit der Wirbellinien, die durch eine geschlossene Kurve verlaufen, bilden eine *Wirbelröhre*. Für solche Wirbelröhren gelten bemerkenswerte Aussagen, von denen einige rein kinematischer Natur sind und die hier erläutert werden können. Dazu wird der *Stokessche Satz* benötigt, der den Fluß des Vektorfelds $\boldsymbol{\omega}$ durch eine Fläche A mit dem Normaleneinheitsvektor $\mathbf{n}$ mit der *Zirkulation* des Vektorfelds $\mathbf{v}$ längs der geschlossenen Randkurve C in Verbindung bringt (Abb. 1.10):

$$\iint_A \boldsymbol{\omega} \cdot \mathbf{n}\, dA = \iint_A \operatorname{rot} \mathbf{v} \cdot \mathbf{n}\, dA = \oint_C \mathbf{v} \cdot d\mathbf{r} \ . \tag{1.66}$$

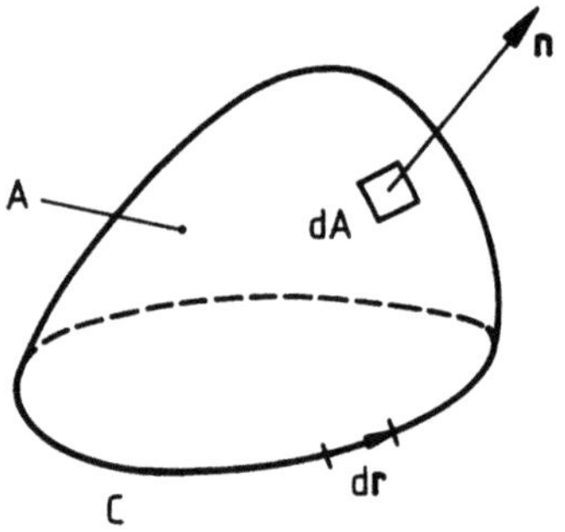

Abb. 1.10
Zur Erläuterung des Stokesschen Satzes

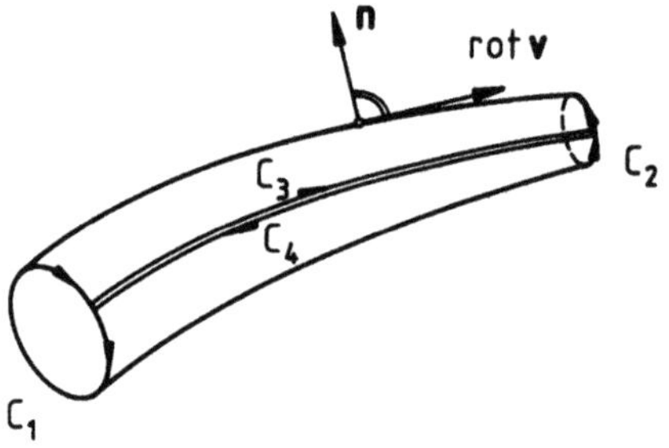

Abb. 1.11
Anwendung auf eine Wirbelröhre

Bei Anwendung auf ein Stück einer Wirbelröhre mit $C = C_1 + C_2 + C_3 + C_4$ gemäß Abb. 1.11 verschwindet die linke Seite in Gl. (1.66), denn auf dem Mantel der Wirbelröhre stehen die Vektoren rot $\mathbf{v}$ und $\mathbf{n}$ aufeinander senkrecht. Die Beiträge über C_3 und C_4 heben sich gegenseitig auf (antiparallele Wegstücke), und es bleibt

$$\oint_{C_1} \mathbf{v} \cdot d\mathbf{r} + \oint_{C_2} \mathbf{v} \cdot d\mathbf{r} = 0 \ .$$

Man beachte, daß der Umlaufsinn in beiden Integralen verschieden ist. Stellt man ein Integral auf die rechte Seite, so erkennt man, daß die Zirkulation längs C_1 bei gleichem Umlaufsinn ebenso groß ist wie längs C_2. Mit anderen Worten: Die Zirkulation einer Wirbelröhre ist längs der Röhre konstant (*erster Helmholtzscher Wirbelsatz*).

Bekanntlich gilt die Identität div rot $\mathbf{v} = 0$, d.h. div $\boldsymbol{\omega} = 0$ in Analogie zu Gl. (1.59). Man kann deshalb das Feld des Wirbelvektors $\boldsymbol{\omega}$ als Geschwindigkeitsfeld einer inkompressiblen Strömung auffassen! Die Wirbelröhren sind dabei die Stromröhren der neuen Strömung. Aus dieser Überlegung folgt, daß Wirbelröhren nicht im Inneren des Fluids enden können, denn der Fluß durch die Röhre kann nicht einfach verschwinden. Wirbelröhren sind somit entweder in sich torusartig geschlossen ("Wirbelringe"), oder sie treffen auf die Ränder des Strömungsraums.

Strömungen mit der Eigenschaft, daß überall im Fluid rot $\mathbf{v} = \mathbf{0}$ gilt, heißen *drehungsfrei* oder *wirbelfrei*. Es handelt sich dabei zugleich um *Potentialströmungen*, denn für sie existieren Geschwindigkeitspotentiale Φ derart, daß $\mathbf{v} = \text{grad}\,\Phi$ gilt. Zu dieser Gruppe gehören insbesondere homogene Dehnströmungen.

Mit Gl. (1.25) wurde die Beschleunigung $\mathbf{a}$ als vektorielle Feldgröße eingeführt. Hier soll noch auf zwei bemerkenswerte Relationen kinematischer Natur hingewiesen werden, welche die Divergenz und die Rotation des Beschleunigungsfelds mit den örtlichen Deformations- und Drehgeschwindigkeiten in Verbindung bringen. Ihre Herleitung wird aber nur kurz angedeutet. Für die Divergenz des konvektiven Beschleunigungsanteils gilt

$$\text{div}\,(\mathbf{L}\cdot\mathbf{v}) = (\text{grad div}\,\mathbf{v})\cdot\mathbf{v} + \text{sp}\,\mathbf{L}^2 \ . \qquad (1.67)$$

Zum Beweis legt man zweckmäßigerweise ein kartesisches Koordinatensystem x_1, x_2, x_3 zugrunde, bedient sich der Indexschreibweise, bezeichnet also die drei Komponenten des Geschwindigkeitsvektors mit v_i $(i = 1,2,3)$, und macht von der Summationskonvention Gebrauch. Ableitungen nach den kartesischen Koordinaten werden ebenfalls durch Indizes angezeigt, wobei der Klarheit halber Kommata zwischen den Indizes unterschiedlicher Bedeutung eingefügt werden. So repräsentiert z. B. das Symbol $v_{i,k}$ die Komponenten des Geschwindigkeitsgradiententensors $\partial v_i / \partial x_k$. So erkennt man in der obigen Relation die symbolische Darstellung einer offensichtlich korrekten Identität:

$$(v_{i,k}\, v_k)_{,i} = (v_{i,i})_{,k}\, v_k + v_{i,k}\, v_{k,i} \ .$$

Fügt man zum konvektiven Anteil den lokalen Anteil der Beschleunigung hinzu und berücksichtigt außerdem die Beziehungen

$$\text{sp}\,\mathbf{L}^2 = \text{sp}\,\mathbf{D}^2 + \text{sp}\,\mathbf{W}^2\,, \qquad \text{sp}\,\mathbf{W}^2 = -\frac{1}{2}\left|\text{rot}\,\mathbf{v}\right|^2, \qquad (1.68)$$

von deren Richtigkeit sich der Leser selbst überzeugen mag, so kommt

$$\text{div}\,\mathbf{a} = \frac{D}{Dt}(\text{div}\,\mathbf{v}) + \text{sp}\,\mathbf{D}^2 - \frac{1}{2}\left|\text{rot}\,\mathbf{v}\right|^2 \ . \qquad (1.69)$$

Dieser Zusammenhang gilt bei beliebigen räumlichen Strömungen (auch instationär), und zwar überall im Fluid, zu allen Zeiten und unabhängig von den Stoffeigenschaften. In volumenbeständigen Flüssigkeiten entfällt der erste Summand auf der rechten Seite, und für einen beliebigen Strömungsraum V mit der Oberfläche A gilt demzufolge auch

$$2\iiint\limits_V \text{sp}\,\mathbf{D}^2\,dV = \iiint\limits_V \left|\text{rot}\,\mathbf{v}\right|^2 dV + 2\iint\limits_A \mathbf{a}\cdot\mathbf{n}\,dA \ . \qquad (1.70)$$

Das Randintegral über die Normalkomponente des Beschleunigungsvektors entsteht unter Beachtung des *Gaußschen Integralsatzes*. Es verschwindet unter gewissen Bedingungen, z. B. bei Anwendung auf einen Strömungsapparat, an dessen ruhenden Wänden die Flüssigkeit haftet und dessen Ein– und Austrittsquerschnitte in gleicher Weise durchströmt werden. In solchen Fällen sind nach Gl. (1.70) die räumlichen (quadratischen) Mittelwerte der Drehgeschwindigkeit und der Verzerrungsgeschwindigkeit bemerkenswerterweise gleich groß, und zwar unabhängig von den Details der Strömung im Inneren!

Um $\operatorname{rot} \mathbf{a}$ mit den lokalen Dreh– und Verzerrungsgeschwindigkeiten in Verbindung zu bringen, geht man zweckmäßigerweise von Gl. (1.28) aus, verwendet die früher schon benutzte Abkürzung $\omega := \operatorname{rot} \mathbf{v}$ für den Wirbelvektor und führt einige vektoranalytische Umformungen durch:

$$\operatorname{rot} \mathbf{a} = \operatorname{rot}(\omega \times \mathbf{v}) + \frac{\partial \omega}{\partial t}$$

$$= (\operatorname{grad} \omega) \cdot \mathbf{v} - (\operatorname{grad} \mathbf{v}) \cdot \omega + \omega \operatorname{div} \mathbf{v} - \mathbf{v} \underbrace{\operatorname{div} \omega}_{=0} + \frac{\partial \omega}{\partial t} \quad .$$

Auf diese Weise entsteht die Relation

$$\operatorname{rot} \mathbf{a} = \frac{D\omega}{Dt} + \left[(\operatorname{div} \mathbf{v})\mathbf{1} - \mathbf{L}\right] \cdot \omega \quad , \tag{1.71}$$

die verschiedene Interpretationen zuläßt. Zum einen kann $\mathbf{L}$ durch seinen symmetrischen Anteil $\mathbf{D}$ ersetzt werden, denn $\mathbf{W} \cdot \omega = \mathbf{0}$. Der dann in der Klammer auftretende Ausdruck hängt unmittelbar mit der zeitlichen Änderung des Trägheitstensors $d\mathbf{J}$ eines momentan würfelförmigen Fluidelements (bezüglich des Mittelpunkts) zusammen:

$$\frac{D}{Dt}(d\mathbf{J}) = d\mathbf{J}\left[(\operatorname{div} \mathbf{v})\mathbf{1} - \mathbf{D}\right] . \tag{1.72}$$

Da $\omega/2$ die Drehgeschwindigkeit angibt, ist $d\mathbf{J} \cdot \omega / 2$ der Drall eines solchen Fluidelements. Nach Gl. (1.71) kann somit der Vektor $(\operatorname{rot} \mathbf{a})/2$ anschaulich gedeutet werden als zeitliche Änderung des Dralls eines momentan gerade würfelförmigen materiellen Fluidelements, bezogen auf dessen Trägheitsmoment $d\mathbf{J}$. Andererseits tritt auf der rechten Seite der Gl. (1.71) die sogenannte *kontravariante* (engl.: upper–convected) *Oldroydsche Zeitableitung* eines Vektorfeldes

$$\overset{\nabla}{\mathbf{b}} := \frac{D\mathbf{b}}{Dt} - \mathbf{L} \cdot \mathbf{b} \tag{1.73}$$

auf (dort für ω statt $\mathbf{b}$). Diese Größe kann als Zeitableitung des Vektors $\mathbf{b}$ in einem mitgeführten Bezugssystem gedeutet werden, das sowohl die Drehung als auch die Deformation der Fluidelemente "mitmacht". Sie verschwindet nämlich für beliebige materielle Linienelemente (vgl. (1.39)). Gl. (1.71) besagt also auch, daß die Rotation des Beschleunigungsfelds bei inkompressiblen Strömungen mit der Oldroydschen Zeitableitung des Wirbelvektors übereinstimmt.

Besitzt das Beschleunigungsfeld einer inkompressiblen Strömung ein Potential, so gilt $\operatorname{rot} \mathbf{a} = \mathbf{0}$, und die linke Seite der Gl. (1.71) verschwindet. Der Wirbelvektor ω ändert sich dann genauso wie ein materielles Linienelement $d\mathbf{r}$. Linienelemente, die zu irgendeiner Zeit mit einer Wirbellinie zusammenfallen, liegen dann zu allen Zeiten auf der Wirbellinie, d.h. die Wirbellinie besteht immer aus denselben materiellen Punkten (*zweiter Helmholtzscher Wirbelsatz*). Mehr noch: der Betrag $|\omega|$ des Wirbelvektors ändert sich im selben Maß wie die Länge $|d\mathbf{r}|$ des Wirbellinienelements.

1.3.5 Oldroydsche und Jaumannsche Zeitableitungen

In Zusammenhang mit Gl. (1.61) wurde bereits darauf hingewiesen, daß bei isochoren Deformationen der Tensor $-\mathbf{L}^{\mathrm{T}}$ für Flächenelemente die gleiche Rolle spielt wie der Tensor $\mathbf{L}$ für Linienelemente. Analog zu Gl. (1.73) "sieht" man deshalb in einem mitgeführten Bezugssystem, das die Drehung und die Deformation von Flächenelementen (nach Größe und Richtung) mitmacht, als Zeitableitung eines Vektorfelds $\mathbf{b}$ den Ausdruck

$$\overset{\Delta}{\mathbf{b}} := \frac{\mathrm{D}\mathbf{b}}{\mathrm{D}t} + \mathbf{L}^{\mathrm{T}} \cdot \mathbf{b} \,. \tag{1.74}$$

Er heißt *kovariante* (engl.: lower–convected) *Oldroydsche Zeitableitung*. In einem Bezugssystem, das zwar die Drehung des Fluidelements, nicht aber dessen Deformation mitmacht, kommt auf der rechten Seite plausiblerweise nur der in den Gln. (1.73) und (1.74) enthaltene Drehanteil vor, und das führt zur sogenannten *Jaumannschen Zeitableitung*

$$\overset{\circ}{\mathbf{b}} := \frac{\mathrm{D}\mathbf{b}}{\mathrm{D}t} - \mathbf{W} \cdot \mathbf{b} \,. \tag{1.75}$$

Die Verallgemeinerung dieser Begriffe auf Tensoren zweiter Stufe gelingt folgendermaßen: Wir betrachten zunächst einen speziellen Tensor, der als dyadisches Produkt zweier Vektoren aufgefaßt werden kann, $\mathbf{A} = \mathbf{b}\,\mathbf{c}$. Für dessen kontravariante Oldroydableitung gilt unter Berücksichtigung der Gl. (1.73)

$$\overset{\nabla}{\mathbf{A}} := \left(\frac{\mathrm{D}\mathbf{b}}{\mathrm{D}t} - \mathbf{L} \cdot \mathbf{b}\right)\mathbf{c} + \mathbf{b}\left(\frac{\mathrm{D}\mathbf{c}}{\mathrm{D}t} - \mathbf{c} \cdot \mathbf{L}^{\mathrm{T}}\right),$$

$$\overset{\nabla}{\mathbf{A}} := \frac{\mathrm{D}\mathbf{A}}{\mathrm{D}t} - \mathbf{L} \cdot \mathbf{A} - \mathbf{A} \cdot \mathbf{L}^{\mathrm{T}} \,. \tag{1.76}$$

Nun kann jeder Tensor als Summe dyadischer Produkte dargestellt werden (vgl. (1.6)). Da Gl. (1.76) in $\mathbf{A}$ linear ist, gilt sie auch für eine solche Summe und somit für einen beliebigen Tensor zweiter Stufe. Analog findet man für die kovariante Oldroydableitung und für die Jaumannsche Zeitableitung eines Tensors zweiter Stufe die Ausdrücke

$$\overset{\Delta}{\mathbf{A}} := \frac{\mathrm{D}\mathbf{A}}{\mathrm{D}t} + \mathbf{L}^{\mathrm{T}} \cdot \mathbf{A} + \mathbf{A} \cdot \mathbf{L} \,, \tag{1.77}$$

$$\overset{\circ}{\mathbf{A}} := \frac{\mathrm{D}\mathbf{A}}{\mathrm{D}t} - \mathbf{W} \cdot \mathbf{A} + \mathbf{A} \cdot \mathbf{W} \,. \tag{1.78}$$

1.4 Verzerrungstensoren

1.4.1 Deformationsgradient

Der Gradient des Eulerschen Geschwindigkeitsfelds gibt, wie wir sahen, Aufschluß über die momentanen Verzerrungs- und Drehgeschwindigkeiten infinitesimal kleiner Fluidelemente. Für gewisse Zwecke benötigt man auch die kumulierende Verzerrung und Drehung solcher Fluidelemente innerhalb beliebiger Zeitintervalle. Diese Information kann grundsätzlich aus der Bewegungsgeschichte in materieller Beschreibung extrahiert werden, d. h. aus den Gln. (1.1) oder (1.11). Die Verzerrung und Drehung eines Fluidelements hängt naturgemäß davon ab, wie sich benachbarte materielle Punkte im Laufe der Zeit relativ zueinander verschieben. Wir verfolgen deshalb einen beliebig herausgegriffenen materiellen Punkt, der sich zur Zeit t_0 am Ort $\mathbf{r}_0$ befindet, auf seiner Bahn, betrachten außerdem einen infinitesimal benachbarten materiellen Punkt, der zur Zeit t_0 bei $\mathbf{r}_0 + d\mathbf{r}_0$ liegt, und fragen nach dem relativen Lagevektor $d\mathbf{r}$ der beiden Punkte zur Teit t. Seine Komponenten ergeben sich aus den drei die Bewegung des Fluids beschreibenden Funktionen (1.11) gemäß

$$dx = \frac{\partial x}{\partial x_0} dx_0 + \frac{\partial x}{\partial y_0} dy_0 + \frac{\partial x}{\partial z_0} dz_0 \quad ,$$

$$dy = \frac{\partial y}{\partial x_0} dx_0 + \frac{\partial y}{\partial y_0} dy_0 + \frac{\partial y}{\partial z_0} dz_0 \quad , \tag{1.79}$$

$$dz = \frac{\partial z}{\partial x_0} dx_0 + \frac{\partial z}{\partial y_0} dy_0 + \frac{\partial z}{\partial z_0} dz_0 \quad .$$

Diese Beziehungen können kurz in der Form

$$d\mathbf{r} = \mathbf{F} \cdot d\mathbf{r}_0 \tag{1.80}$$

zusammengefaßt werden. Wir begegnen hier dem sogenannten (absoluten) *Deformationsgradiententensor* $\mathbf{F}$ mit den kartesischen Komponenten

$$\begin{bmatrix} F_{xx} & F_{xy} & F_{xz} \\ F_{yx} & F_{yy} & F_{yz} \\ F_{zx} & F_{zy} & F_{zz} \end{bmatrix} = \begin{bmatrix} \frac{\partial x}{\partial x_0} & \frac{\partial x}{\partial y_0} & \frac{\partial x}{\partial z_0} \\ \frac{\partial y}{\partial x_0} & \frac{\partial y}{\partial y_0} & \frac{\partial y}{\partial z_0} \\ \frac{\partial z}{\partial x_0} & \frac{\partial z}{\partial y_0} & \frac{\partial z}{\partial z_0} \end{bmatrix} \quad . \tag{1.81}$$

Gemäß Gl. (1.80) transformiert er die Verbindungslinie infinitesimal benachbarter materieller Punkte aus ihrer Lage zur Referenzzeit t_0 in diejenige zur aktuellen Zeit t. Da wir t_0 als festen Zeitpunkt, t aber als Zeitvariable auffassen $(t \geq t_0)$, handelt es sich bei **F**, genau genommen, um die *Geschichte* des Deformationsgradienten. Im übrigen hängt **F** (außer bei homogenen Deformationen) im allgemeinen auch vom Ort $\mathbf{r}_0$ in der Referenzkonfiguration ab, so daß wir gelegentlich ausführlicher $\mathbf{F}(\mathbf{r}_0, t_0, t)$ schreiben werden. Wegen der "Anfangsbedingung" $d\mathbf{r} = d\mathbf{r}_0$ für $t = t_0$ besitzt der Deformationsgradiententensor folgende Eigenschaft:

$$\mathbf{F}(\mathbf{r}_0, t_0, t_0) = \mathbf{1} . \tag{1.82}$$

Die Bedeutung der einzelnen Elemente des Tensors **F** wird klar, wenn man speziell solche Linienelemente verfolgt, die zur Zeit t_0 gerade in einer der Koordinatenrichtungen orientiert sind. Aus ihrer Lage zur Zeit t kann man in einfacher Weise auf die Größen F_{xx}, F_{xy} usw. schließen. Geht man zum Beispiel von einem anfangs in x–Richtung orientierten Linienelement $(dy_0 = dz_0 = 0)$ der Länge dx_0 aus, so reduzieren sich die Beziehungen (1.79) auf $dx = F_{xx}\, dx_0$, $dy = F_{yx}\, dx_0$, $dz = F_{zx}\, dx_0$. Damit hängen die Komponenten des Lagevektors dieses Linienelements zur Zeit t unmittelbar mit den Elementen F_{xx}, F_{yx}, F_{zx} zusammen (Abb. 1.12).

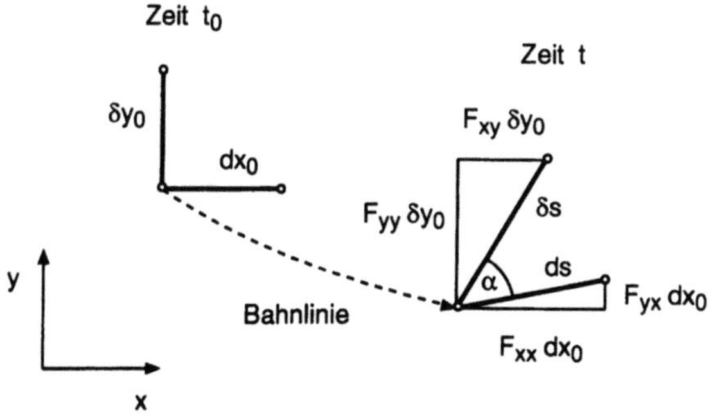

Abb.1.12 Zur Veranschaulichung der Elemente des Deformationsgradienten und der Elemente des Verzerrungstensors

Die Matrix (1.81) mit den ersten Ableitungen der Funktionen (1.11) ist nichts anderes als die Jacobimatrix der Punktabbildung $\mathbf{r}_0 \to \mathbf{r}$. Deren Determinante gibt bekanntlich Aufschluß darüber, wie sich ein Volumenelement ändert:

$$dV = (\det \mathbf{F})\, dV_0 . \tag{1.83}$$

In volumenbeständigen Fluiden sind demnach nur solche Deformationen realisierbar, bei denen überall und zu allen Zeiten $\det \mathbf{F} = 1$ gilt.

Faßt man die Volumina dV_0 in der Referenzkonfiguration und dV in der aktuellen Konfiguration als Skalarprodukte je eines vektoriellen Flächenelements $d\mathbf{a}_0$ bzw. $d\mathbf{a}$ und eines Linienelements $d\mathbf{r}_0$ bzw. $d\mathbf{r}$ auf (Abb. 1.8), und berücksichtigt man die Beziehungen (1.80) und (1.83), so erhält man nach kurzer Zwischenrechnung auch eine Transformationsformel für materielle Flächenelemente:

$$d\mathbf{a} = (\det \mathbf{F})\,(\mathbf{F}^{-1})^{T} \cdot d\mathbf{a}_0 \ . \tag{1.84}$$

1.4.2 Cauchy–Green–Tensor

Wenn sich die infinitesimale Umgebung eines materiellen Punktes lediglich gleichförmig parallel verschiebt, so bleiben die Orientierung und die Größe aller Linien– und Flächenelemente erhalten, und der Deformationsgradient reduziert sich auf den Einheitstensor $\mathbf{1}$. Unterscheidet sich $\mathbf{F}$ von $\mathbf{1}$, so bedeutet dies aber nicht unbedingt, daß tatsächlich Verzerrungen auftreten. Man denke zum Beispiel an eine spezielle "Deformation", die nur darin besteht, daß das Kontinuum als Ganzes (wie ein starrer Körper) um eine Achse gedreht wird. Dabei ist im allgemeinen $\mathbf{F} \neq \mathbf{1}$, Verzerrungen treten aber an keiner Stelle im Material auf. Der Deformationsgradient ist also noch kein geeignetes Verzerrungsmaß. Sein symmetrisches Produkt

$$\mathbf{C}(\mathbf{r}_0,t_0,t) := \mathbf{F}^{T}(\mathbf{r}_0,t_0,t) \cdot \mathbf{F}(\mathbf{r}_0,t_0,t) \tag{1.85}$$

beschreibt aber, wovon wir uns nachfolgend überzeugen werden, nur noch die Verzerrung der Fluidelemente, nicht mehr ihre Drehung. Der Tensor $\mathbf{C}$ heißt *rechter Cauchy–Greenscher Verzerrungstensor*, gelegentlich wird er auch einfach als *Cauchyscher Verzerrungstensor* bezeichnet. Um zu einer anschaulichen Interpretation seiner kartesischen Komponenten C_{xx}, C_{xy} usw. zu gelangen, betrachten wir zur aktuellen Zeit t das Skalarprodukt zweier materieller Linienelemente, die zur Referenzzeit t_0 durch die Vektoren $d\mathbf{r}_0$ und $\delta\mathbf{r}_0$ beschrieben werden:

$$d\mathbf{r} \cdot \delta\mathbf{r} = (\mathbf{F} \cdot d\mathbf{r}_0) \cdot (\mathbf{F} \cdot \delta\mathbf{r}_0) = d\mathbf{r}_0 \cdot (\mathbf{F}^{T} \cdot \mathbf{F}) \cdot \delta\mathbf{r}_0 \ ,$$

$$d\mathbf{r} \cdot \delta\mathbf{r} = d\mathbf{r}_0 \cdot \mathbf{C} \cdot \delta\mathbf{r}_0 \ . \tag{1.86}$$

Lassen wir nun zunächst die beiden Linienelemente zusammenfallen ($d\mathbf{r}_0 = \delta\mathbf{r}_0$) und wählen ihre Lage parallel zu einer Koordinatenrichtung, so kommt auf der rechten Seite der Gl. (1.86) lediglich ein Hauptdiagonalelement von $\mathbf{C}$ vor. Für ein Linienelement zum Beispiel, das anfangs die Länge dx_0 besitzt und auf einer

Parallelen zur x–Achse liegt und dessen Länge zur aktuellen Zeit mit ds bezeichnet wird (vgl. Abb. 1.12), reduziert sich Gl. (1.86) auf

$$C_{xx} = \left(\frac{ds}{dx_0}\right)^2 . \tag{1.87}$$

Entsprechende Formeln gelten für C_{yy} und C_{zz}. Die Diagonalelemente des rechten Cauchy–Green–Tensors beschreiben also, wie sich Linienelemente, die im Bezugszustand in Koordinatenrichtung orientiert sind, im Laufe der Zeit verkürzen oder verlängern. Die Nichtdiagonalelemente hängen mit den Winkeln zwischen denjenigen Linienelementen zusammen, die anfangs in verschiedenen Koordinatenrichtungen orientiert sind. Wählen wir zum Beispiel gemäß Abb. 1.12 $d\mathbf{r}_0 = dx_0\,\mathbf{e}_x$ sowie $\delta\mathbf{r}_0 = \delta y_0\,\mathbf{e}_y$, und bezeichnen wir den von diesen Linienelementen aktuell eingeschlossenen Winkel mit α, so liefert Gl. (1.86) folgende Beziehung:

$$C_{xy} = \frac{ds\,\delta s\cos\alpha}{dx_0\,\delta y_0} = \sqrt{C_{xx}\,C_{yy}}\,\cos\alpha . \tag{1.88}$$

Die zweite Gleichheit folgt unter Verwendung des Ergebnisses (1.87). Die Elemente des Verzerrungstensors **C** geben also insbesondere Aufschluß darüber, wie sich ein anfangs quaderförmiges infinitesimales Fluidelement innerhalb der verstrichenen Zeit verzerrt hat. Seine räumliche Orientierung zur aktuellen Zeit und somit seine Drehung gegenüber der Referenzlage wird durch den Verzerrungstensor aber (sinnvollerweise) nicht beschrieben.

Für vektorielle Flächenelemente gilt übrigens eine zu Gl. (1.86) analoge Beziehung, in der aber der inverse Cauchy–Green–Tensor auftritt:

$$d\mathbf{a}\cdot\delta\mathbf{a} = (\det\mathbf{F})^2\,d\mathbf{a}_0\cdot\mathbf{C}^{-1}\cdot\delta\mathbf{a}_0 . \tag{1.89}$$

Bei isochoren Deformationen ($\det\mathbf{F} = 1$) spielt demnach $\mathbf{C}^{-1}$ für die Verzerrung von Flächenelementen die gleiche Rolle wie **C** für die Verzerrung von Linienelementen. In der Literatur trifft man beide Tensoren gleichermaßen an. Die gegenseitige Umrechnung wird erleichtert, wenn man folgende Zusammenhänge zwischen den Grundinvarianten beider Tensoren kennt:

$$I_{C^{-1}} = \frac{II_C}{III_C}, \quad II_{C^{-1}} = \frac{I_C}{III_C}, \quad III_{C^{-1}} = \frac{1}{III_C} . \tag{1.90}$$

Diese Beziehungen werden verständlich, wenn man das sogenannte *Cayley–Hamiltonsche Theorem* heranzieht. Es besagt, daß ein Tensor (hier **C**) seiner eigenen charakteristischen Gleichung (1.54) genügt, so daß vier aufeinander folgende Potenzen von **C** stets linear abhängig sind:

$$-\mathbf{C}^3 + I_C\,\mathbf{C}^2 - II_C\,\mathbf{C} + III_C\,\mathbf{1} = \mathbf{0} . \tag{1.91}$$

Nach Multiplikation mit $\mathbf{C}^{-3}$ und Division durch $-III_C$ entsteht daraus die Cayley–Hamiltonsche Gleichung für den inversen Tensor:

$$-\mathbf{C}^{-3}+\frac{\mathrm{II_C}}{\mathrm{III_C}}\mathbf{C}^{-2}-\frac{\mathrm{I_C}}{\mathrm{III_C}}\mathbf{C}^{-1}+\frac{1}{\mathrm{III_C}}\mathbf{1}=\mathbf{0}\ . \tag{1.92}$$

In Analogie zu Gl. (1.91) sind die hier auftretenden Koeffizienten nichts anderes als die Grundinvarianten des Tensors $\mathbf{C}^{-1}$, und das ergibt unmittelbar die Zusammenhänge (1.90). Bei isochoren Deformationen reduzieren sie sich auf die bemerkenswert einfachen Beziehungen

$$\mathrm{I}_{\mathrm{C}^{-1}}=\mathrm{II_C}\ ,\quad \mathrm{II}_{\mathrm{C}^{-1}}=\mathrm{I_C}\ ,\quad \mathrm{III}_{\mathrm{C}^{-1}}=\mathrm{III_C}=1\ . \tag{1.93}$$

1.4.3 Zusammenhang mit dem Geschwindigkeitsfeld

Reale Strömungsvorgänge werden üblicherweise nicht in Lagrangescher, sondern in Eulerscher Betrachtungsweise analysiert, d. h. man verwendet das Geschwindigkeitsfeld $\mathbf{v}(\mathbf{r}, t)$ als primäre kinematische Variable. Wenn dann auch Deformationsgrößen mitgeführt werden sollen, stützt man sich zweckmäßigerweise auf folgende Evolutionsgleichung für den Deformationsgradiententensor:

$$\frac{\mathrm{D}\mathbf{F}}{\mathrm{D}t}=\mathbf{L}(\mathbf{r},t)\cdot\mathbf{F}\ . \tag{1.94}$$

Bei einer räumlichen Bewegung sind das, genau genommen, neun gekoppelte Differentialgleichungen, wobei die Komponenten des Geschwindigkeitsgradiententensors $\mathbf{L}$ auf der rechten Seite als Koeffizienten auftreten. Gl. (1.94) folgt unmittelbar aus den Differentialgleichungen der Bahnlinien $\dot{\mathbf{r}}=\mathbf{v}(\mathbf{r},t)$, wenn man die Bewegungsgeschichte $\mathbf{r}=\mathbf{r}(\mathbf{r}_0,t_0,t)$ berücksichtigt und nach $\mathbf{r}_0$ ableitet.

Bei der Auswertung der Gl. (1.94) unter Verwendung krummliniger Koordinaten ist zu beachten, daß der Tensor $\mathbf{F}$ mit dem rechten Bein in der Referenzkonfiguration (feste Basis $\mathbf{e}_{0j}$) steht und mit dem linken Bein in der aktuellen Konfiguration (zeitlich eventuell veränderliche Basis $\mathbf{e}_i$). Man erkennt das sofort an Gl. (1.80). Zwischen der materiellen Zeitableitung der Tensorkomponenten und den Komponenten der materiellen Zeitableitung des Tensors $\mathbf{F}$ besteht deshalb folgender Zusammenhang:

$$\frac{\mathrm{D}}{\mathrm{D}t}(\mathbf{e}_i\cdot\mathbf{F}\cdot\mathbf{e}_{0j})=\mathbf{e}_i\cdot\frac{\mathrm{D}\mathbf{F}}{\mathrm{D}t}\cdot\mathbf{e}_{0j}+\frac{\mathrm{D}\mathbf{e}_i}{\mathrm{D}t}\cdot\mathbf{F}\cdot\mathbf{e}_{0j} \tag{1.95}$$

(man beachte den Unterschied zu Gl. (1.29)). Bei einem Zylinderkoordinatensystem ($i, j = r, \varphi, z$) ändern sich die Basisvektoren zum Beispiel gemäß Gl. (1.32). Auf der rechten Seite treten dann im zweiten Summanden die Matrixelemente

$$[\mathrm{E}_{ik}]:=\left[\frac{\mathrm{D}\mathbf{e}_i}{\mathrm{D}t}\cdot\mathbf{e}_k\right]=\frac{v_\varphi}{r}\begin{bmatrix}0&1&0\\-1&0&0\\0&0&0\end{bmatrix} \tag{1.96}$$

auf. Berücksichtigt man im ersten Summanden die Gl. (1.94), so entsteht für die Tensorkomponenten F_{ij} das folgende gekoppelte Differentialgleichungssystem:

$$\frac{DF_{ij}}{Dt} = (L_{ik} + E_{ik})F_{kj} \qquad (1.97)$$

(über den Index k ist zu summieren). Die rechts benötigten Matrixelemente des Geschwindigkeitsgradienten $\mathbf{L} = \text{grad}\,\mathbf{v}$ können dem Anhang B, b entnommen werden. Das Symbol D/Dt erinnert daran, daß materiell zu integrieren ist, d. h. in der Regel in Verbindung mit den Differentialgleichungen der Bahnlinien. In der ausführlichen Nomenklatur mit den drei Argumenten $\mathbf{r}_0, t_0, t$ ist DF_{ij}/Dt nichts anderes als die partielle Zeitableitung $\partial F_{ij}(\mathbf{r}_0, t_0, t)/\partial t$ bei fester materieller Koordinate $\mathbf{r}_0$ und fester Bezugszeit t_0.

Naturgemäß kann man die Deformation, die ein Fluidelement innerhalb des Zeitintervalls $[t_0, t]$ erlebt, aus einzelnen Anteilen zusammensetzen, die zu verschiedenen Teilintervallen gehören. Wählt man einen beliebigen Zwischenzeitpunkt t', so entstehen zwei Teilintervalle $[t_0, t']$ und $[t', t]$. Die zugehörigen Deformationsgradiententensoren $\mathbf{F}(t_0, t')$ bzw. $\mathbf{F}(t', t)$ transformieren analog zu Gl. (1.80) die infinitesimalen Linienelemente: $d\mathbf{r}' = \mathbf{F}(t_0, t') \cdot d\mathbf{r}_0$, $d\mathbf{r} = \mathbf{F}(t', t) \cdot d\mathbf{r}'$ (Abb. 1.13). Der Übersichtlichkeit halber wird hier die materielle Koordinate $\mathbf{r}_0$, die bei den Transformationen konstant bleibt, im Argument unterdrückt. Nach Elimination des Zwischenzustands $d\mathbf{r}'$ erhält man folgende beachtenswerte *Kettenregel für Deformationsgradienten*:

$$\mathbf{F}(t_0, t) = \mathbf{F}(t', t) \cdot \mathbf{F}(t_0, t'); \qquad t_0 \le t' \le t\,. \qquad (1.98)$$

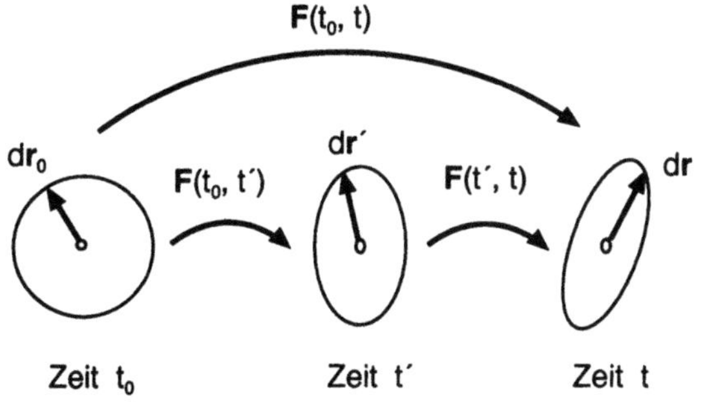

Abb. 1.13 Zur Illustration der Kettenregel (1.98)

1.4.4 Relative Deformation und relative Verzerrung

Bei der Formulierung von Stoffgleichungen für Flüssigkeiten, die ein "Gedächtnis" für ihre vergangene Deformationsgeschichte besitzen, wird nicht der absolute, sondern ein relativer Verzerrungstensor benötigt, der die früher erlebten Deformationszustände auf die gegenwärtige Konfiguration bezieht. Man geht dabei von der aktuellen Position $\mathbf{r}$ der materiellen Punkte zur aktuellen Zeit t aus. Ihre Position $\mathbf{r}'$ in der Vergangenheit hängt natürlich außer von $\mathbf{r}$ und t noch von der zurückliegenden Zeit t' ab (Abb. 1.14). Zweckmäßigerweise verwenden wir aber statt t' besser eine rückwärts gerichtete Zeitvariable $s := t - t'$ $(s \geq 0)$, die den zeitlichen Abstand früherer Ereignisse von der Gegenwart angibt. Die Bewegungsgeschichte des Kontinuums kommt dann in der vektorwertigen Funktion $\mathbf{r}'(\mathbf{r}, t, s)$ zum Ausdruck. Der Tensor $\mathbf{F}_t(\mathbf{r}, t, s) := \operatorname{grad} \mathbf{r}'(\mathbf{r}, t, s)$ heißt *relativer Deformationsgradient*. Er transformiert ein materielles Linienelement $d\mathbf{r}$ zur aktuellen Zeit t in dessen Lage $d\mathbf{r}'$ zur früheren Zeit $t' = t - s$ (Abb. 1.14):

$$d\mathbf{r}' = \mathbf{F}_t \cdot d\mathbf{r} \ . \tag{1.99}$$

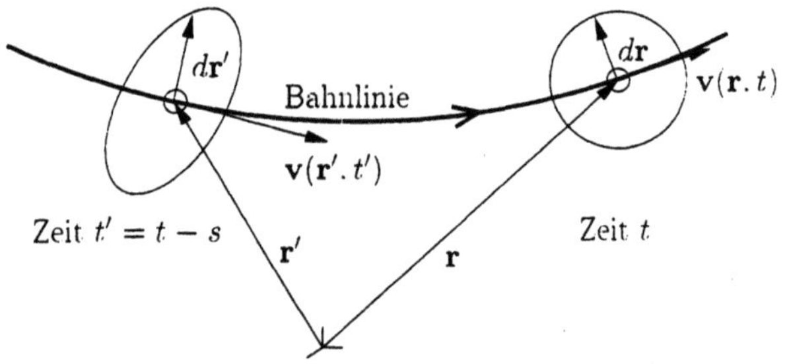

Abb. 1.14 Zur Erläuterung des relativen Deformationsgradienten

Der tiefgestellte Index beim Formelzeichen $\mathbf{F}_t$ symbolisiert den relativen, auf die aktuelle Konfiguration zur Zeit t bezogenen Charakter des Deformationsgradienten. Das symmetrische Produkt

$$\mathbf{C}_t(\mathbf{r}, t, s) := \mathbf{F}_t^T(\mathbf{r}, t, s) \cdot \mathbf{F}_t(\mathbf{r}, t, s) \tag{1.100}$$

wird als *relativer* (rechter) *Cauchy–Greenscher Verzerrungstensor* bezeichnet, gelegentlich auch als *relativer Cauchyscher Verzerrungstensor*. Seine anschauliche Bedeutung ergibt sich bei Verknüpfung zweier Linienelemente $d\mathbf{r}$ und $\delta\mathbf{r}$ aus der Bezeihung

$$d\mathbf{r}' \cdot \delta\mathbf{r}' = d\mathbf{r} \cdot \mathbf{C}_t \cdot \delta\mathbf{r} \ . \tag{1.101}$$

Analoge Überlegungen wie im Anschluß an Gl. (1.86) führen zu folgenden Aussagen über die dem Tensor $\mathbf{C}_t$ zugeordneten Matrixelemente: Die Diagonalelemente beschreiben, welche Länge diejenigen Linienelemente früher hatten, die momentan gerade in Koordinatenrichtung orientiert sind. Die Nebendiagonalelemente hängen mit den Winkeln zusammen, die momentan senkrecht aufeinander stehende Linienelemente früher eingeschlossen haben. Faßt man t als festen Zeitpunkt, s dagegen als Zeitvariable auf $(0 \leq s < \infty)$, so handelt es sich bei

$\mathbf{C}_t(\mathbf{r},t,s)$, genau genommen, um die vergangene *Geschichte* der relativen Verzerrung.

Der Zusammenhang mit dem Eulerschen Geschwindigkeitsfeld $\mathbf{v}(\mathbf{r},t)$ wird durch die folgenden Differentialgleichungen und Anfangsbedingungen hergestellt:

$$-\frac{\partial \mathbf{r}'(\mathbf{r},t,s)}{\partial s} = \mathbf{v}(\mathbf{r}',t-s)\,, \qquad \mathbf{r}'(\mathbf{r},t,0) = \mathbf{r}\ , \tag{1.102}$$

$$-\frac{\partial \mathbf{F}_t(\mathbf{r},t,s)}{\partial s} = \mathbf{L}(\mathbf{r}',t-s)\cdot\mathbf{F}_t(\mathbf{r},t,s)\,, \quad \mathbf{F}_t(\mathbf{r},t,0) = \mathbf{1}\ . \tag{1.103}$$

Die Minuszeichen auf den linken Seiten resultieren daraus, daß die Zeitvariable s in die Vergangenheit gerichtet ist.

Es wird gelegentlich als störend empfunden, daß sich der Verzerrungstensor $\mathbf{C}_t$ (ebenso wie der Deformationsgradient $\mathbf{F}_t$) auf die Einheit reduziert, wenn das Kontinuum lokal gar nicht verzerrt wurde. Man verwendet deshalb gern auch den Tensor $(\mathbf{C}_t - \mathbf{1})$, der im unverformten Zustand verschwindet, im übrigen aber in den Nebendiagonalelementen und in den Differenzen der Hauptdiagonalelemente mit $\mathbf{C}_t$ übereinstimmt.

Für vektorielle Flächenelemente $d\mathbf{a}$ und $\delta\mathbf{a}$ gilt die zu Gl. (1.101) komplementäre Beziehung

$$d\mathbf{a}'\cdot\delta\mathbf{a}' = (\det\mathbf{F}_t)^2 d\mathbf{a}\cdot\mathbf{C}_t^{-1}\cdot\delta\mathbf{a}\ .$$

Demnach spielt $\mathbf{C}_t^{-1}$ für die Verzerrungsgeschichte von Flächenelementen die gleiche Rolle wie $\mathbf{C}_t$ für die Verzerrungsgeschichte der Linienelemente. Bei isochoren Deformationen gilt $\det\mathbf{C}_t = \det\mathbf{C}_t^{-1} = 1$. Unter dieser Zwangsbedingung besitzen beide Verzerrungstensoren natürlich nur noch variable Grundinvarianten I und II, die analog zu (1.93) wechselseitig gleich groß sind. Aber nicht jeder Punkt im Raum dieser Invarianten kann erreicht werden. Isochore Deformationszustände liegen stets innerhalb des nicht schraffierten Bereichs in Abb. 1.15. Die Ränder sind dadurch gekennzeichnet, daß dort zwei Eigenwerte der Verzerrungstensoren gleich groß sind. Wenn wir den doppelt auftretenden Eigenwert mit λ bezeichnen, dann hat der dritte Eigenwert die Größe $1/\lambda^2$, und für die Invarianten gilt

$$\mathrm{I} = 2\lambda + \frac{1}{\lambda^2}, \quad \mathrm{II} = \lambda^2 + \frac{2}{\lambda} \quad (\lambda > 0)\ . \tag{1.104}$$

Das ist die Parameterdarstellung einer Kurve mit zwei Ästen (je nachdem ob $\lambda < 1$ oder $\lambda > 1$), die das erreichbare Gebiet eingrenzen (Abb. 1.15).

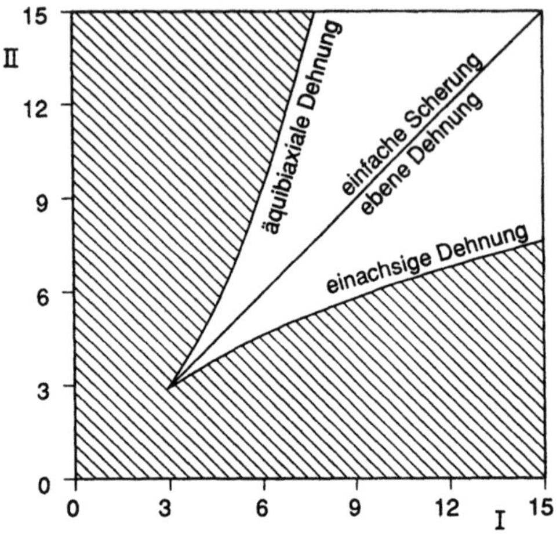

Abb. 1.15 Bei isochoren Deformationen erreichbares Gebiet im Raum der Invarianten des Tensors $\mathbf{C}_t^{-1}$

1.4.5 Rivlin–Ericksen–Tensoren

Unter gewissen Voraussetzungen kann man die Verzerrungsgeschichte des Fluidelements, das sich zur Zeit t am Ort $\mathbf{r}$ befindet, in eine Taylorreihe nach Potenzen von $(-s)$ entwickeln:

$$\mathbf{C}_t(\mathbf{r},t,s) = \mathbf{1} - s\mathbf{A}_1(\mathbf{r},t) + \frac{s^2}{2!}\mathbf{A}_2(\mathbf{r},t) - \frac{s^3}{3!}\mathbf{A}_3(\mathbf{r},t) \pm \ldots \quad . \qquad (1.105)$$

Die dabei auftretenden Koeffizienten

$$\mathbf{A}_n(\mathbf{r},t) := (-1)^n \left.\frac{\partial^n \mathbf{C}_t(\mathbf{r},t,s)}{\partial s^n}\right|_{s=0} = \left.\frac{D^n \mathbf{C}(\mathbf{r}_0,t_0,t)}{Dt^n}\right|_{t_0=t} \qquad (1.106)$$

$(n = 1,2,3,\ldots)$ heißen *Rivlin–Ericksen–Tensoren*. Bei der zweiten Darstellung unter Verwendung des "absoluten" Verzerrungstensors $\mathbf{C}$ ist der Blick zeitlich vorwärts gerichtet. Bringt man die Entwicklung (1.105) in Gl. (1.101) ein, so resultiert eine alternative Definitionsgleichung für die kinematischen Tensoren $\mathbf{A}_n$:

$$d\mathbf{r} \cdot \mathbf{A}_n \cdot \delta\mathbf{r} = (-1)^n \left.\frac{\partial^n (d\mathbf{r}' \cdot \delta\mathbf{r}')}{\partial s^n}\right|_{s=0} = \frac{D^n (d\mathbf{r} \cdot \delta\mathbf{r})}{Dt^n} \quad . \qquad (1.107)$$

Hieraus wiederum folgt eine nützliche Rekursionsformel für die Rivlin–Ericksen–Tensoren, wenn einige Umformungen durchgeführt werden:

$$\mathbf{dr} \cdot \mathbf{A}_{n+1} \cdot \delta\mathbf{r} = \frac{D^{n+1}(\mathbf{dr} \cdot \delta\mathbf{r})}{Dt^{n+1}} = \frac{D}{Dt}(\mathbf{dr} \cdot \mathbf{A}_n \cdot \delta\mathbf{r})$$

$$= \frac{D(\mathbf{dr})}{Dt} \cdot \mathbf{A}_n \cdot \delta\mathbf{r} + \mathbf{dr} \cdot \frac{D\mathbf{A}_n}{Dt} \cdot \delta\mathbf{r} + \mathbf{dr} \cdot \mathbf{A}_n \cdot \frac{D(\delta\mathbf{r})}{Dt}$$

$$= \mathbf{dr} \cdot \left[\mathbf{L}^T \cdot \mathbf{A}_n + \frac{D\mathbf{A}_n}{Dt} + \mathbf{A}_n \cdot \mathbf{L} \right] \cdot \delta\mathbf{r} \quad .$$

Die letzte Gleichheit ergibt sich unter Verwendung der fundamentalen Beziehung (1.39). Da $\mathbf{dr}$ und $\delta\mathbf{r}$ beliebige Vektoren sind, kann daraus folgender Schluß gezogen werden:

$$\mathbf{A}_{n+1} = \frac{D\mathbf{A}_n}{Dt} + \mathbf{L}^T \cdot \mathbf{A}_n + \mathbf{A}_n \cdot \mathbf{L} \quad (n=1,2,3,\ldots) \ . \tag{1.108}$$

Auf der rechten Seite begegnet uns die kovariante Oldroydsche Zeitableitung des Tensors $\mathbf{A}_n$ (vgl. (1.77)). Die Rekursionsformel gilt sogar für $n = 0$. Setzt man rechts den Koeffizienten nullter Ordnung der Entwicklung (1.105) ein $(\mathbf{A}_0 = \mathbf{1})$, so kommt

$$\mathbf{A}_1 = \mathbf{L}^T + \mathbf{L} = 2\mathbf{D} \ . \tag{1.109}$$

Der erste Rivlin–Ericksen–Tensor ist also nichts anderes als das Zweifache des Verzerrungsgeschwindigkeitstensors. Mit dieser Initialisierung können die Rivlin–Ericksen–Tensoren höherer Ordnung grundsätzlich aus Gl. (1.108) durch Differentiation und Matrizenmultiplikation sukzessive berechnet werden, wenn das Eulersche Geschwindigkeitsfeld bekannt ist.

1.5 Inkompressible Strömungen mit eingeschränkter Kinematik

1.5.1 Schichtenströmungen

Wir betrachten im folgenden einige kinematisch sehr einfache, für gewisse Anwendungen aber wichtige Strömungen, die folgendermaßen charakterisiert werden können: Das Stromfeld besteht aus einer Schar materieller Flächen, die bei der Bewegung in sich unverzerrt und unverbogen bleiben, die aber übereinander hingweggleiten. Jede solche *Gleitfläche* verhält sich wie eine starre Fläche, denn sie verschiebt oder dreht sich als Ganzes. (Jede Gleitfläche kann deshalb durch eine entsprechend bewegte feste Wand ersetzt werden, an der das Fluid haftet.) Wenn sich benachbarte Gleitflächen relativ zueinander verschieben, wird die Fluidschicht dazwischen deformiert. Bezüglich einer geeignet gewählten sogenannten *natürlichen Basis* (sie ist nicht immer kartesisch) erscheint diese Deformation als Scherung. Man spricht deshalb oft von *Scherströmungen*. Wir bevorzugen die Bezeichnung *Schichtenströmung*, die auch ohne Wahl einer speziellen Basis sinnvoll ist.

Bei solchen Strömungen nehmen die kinematischen Tensoren besonders einfache Gestalt an: Bezüglich der natürlichen Basis besitzt der Geschwindigkeitsgradient nur das Element L_{12} und der symmetrische erste Rivlin–Ericksen–Tensors demzufolge auch nur ein wesentliches Element auf der Nebendiagonalen:

$$\mathbf{L} \mathrel{\hat{=}} \begin{bmatrix} 0 & \dot{\gamma} & 0 \\ 0 & 0 & 0 \\ 0 & 0 & 0 \end{bmatrix}, \qquad \mathbf{A}_1 = 2\mathbf{D} \mathrel{\hat{=}} \begin{bmatrix} 0 & \dot{\gamma} & 0 \\ \dot{\gamma} & 0 & 0 \\ 0 & 0 & 0 \end{bmatrix}. \tag{1.110}$$

Die Größe $\dot{\gamma}$ wurde bereits in Zusammenhang mit Gl. (1.48) als Winkeländerungsgeschwindigkeit erkannt. Zur Charakterisierung der mit einer Schichtenströmung verbundenen Deformationsgeschwindigkeiten genügt demnach eine einzige skalare Größe, die sogenannte *Schergeschwindigkeit* $\dot{\gamma}$. Mit anderen Worten: Die Deformation der Fluidelemente besitzt nur einen Freiheitsgrad. In besonderen Fällen kann die Schergeschwindigkeit im Strömungsfeld konstant sein. Im allgemeinen ändert sie sich aber räumlich, bei instationären Schichtenströmungen auch mit der Zeit t.

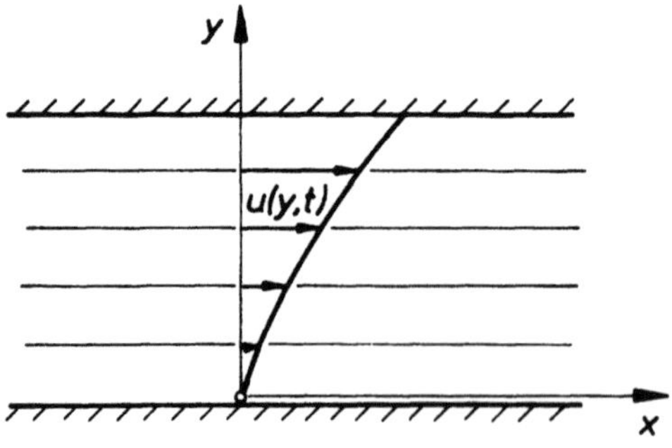

Abb. 1.16 Instationäre ebene Schichtenströmung

Im einfachsten Fall sind die Gleitflächen parallele Ebenen $y = \text{const}$, die gleichsam wie die Blätter eines Papierstapels übereinandergeschichtet sind. Jedes Blatt bewegt sich mit einer ihm eigenen Geschwindigkeit $u(y,t)$ tangentiel in x–Richtung. Man spricht dann von einer *ebenen Schichtenströmung* (Abb. 1.16). Bezüglich einer kartesischen Basis besitzt das Geschwindigkeitsfeld demnach folgende Darstellung:

$$u = u(y,t)\,, \quad v = 0\,, \quad w = 0\;. \tag{1.111}$$

Damit reduziert sich die Matrix in Gl. (1.27) tatsächlich auf eine Form nach Art der Gl. (1.110), und ein Koeffizientenvergleich erbringt folgenden Zusammenhang zwischen u und $\dot{\gamma}$:

$$\dot{\gamma}(y,t) = \frac{\partial u(y,t)}{\partial y}\;. \tag{1.112}$$

Bei einer ebenen Schichtenströmung stimmt demnach die Schergeschwindigkeit am Ort y zur Zeit t mit der räumlichen Geschwindigkeitsänderung am gleichen Ort zur gleichen Zeit überein.

Für die weiteren Betrachtungen ist es hilfreich, sich klarzumachen, daß y eine materielle Koordinate ist. Wegen $v = 0$ behält nämlich jedes "Papierblatt" und somit jeder materielle Punkt in ihm seine Lagekoordinate y im Laufe der Zeit bei. Wegen $w = 0$ gilt gleiches auch für die z–Koordinate. Somit finden wir einen materiellen Punkt P, der sich zur Zeit t am Ort x, y, z befindet (Abb. 1.17), zur Zeit $t - s$ bei

$$x' = x - \int_0^s u(y, t - \bar{s})\, d\bar{s}\,, \quad y' = y\,, \quad z' = z\;. \tag{1.113}$$

Zu dieser Bewegungsgeschichte gehören der relative Deformationsgradient

$$\mathbf{F}_t \mathrel{\hat{=}} \begin{bmatrix} 1 & -\gamma & 0 \\ 0 & 1 & 0 \\ 0 & 0 & 1 \end{bmatrix} \tag{1.114}$$

und die relativen Cauchyschen Verzerrungstensoren

$$\mathbf{C}_t \mathrel{\hat{=}} \begin{bmatrix} 1 & -\gamma & 0 \\ -\gamma & 1+\gamma^2 & 0 \\ 0 & 0 & 1 \end{bmatrix}, \qquad \mathbf{C}_t^{-1} \mathrel{\hat{=}} \begin{bmatrix} 1+\gamma^2 & \gamma & 0 \\ \gamma & 1 & 0 \\ 0 & 0 & 1 \end{bmatrix}, \tag{1.115}$$

wobei

$$\gamma(y, t, s) := \int_0^s \dot{\gamma}(y, t - \bar{s})\, d\bar{s} \ . \qquad (1.116)$$

Die dimensionslose Größe γ ist ein Maß für die relative Scherdeformation zwischen den Zeitpunkten t und $t - s$. Sie wird in Abb. 1.17 veranschaulicht. Man erkennt dort, daß γ als Tangens eines Winkels aufgefaßt werden kann, der die gescherte frühere Konfiguration eines aktuell quaderförmigen Fluidelements charakterisiert. Der Wert $\gamma = 1$ entspricht dabei einem Scherwinkel von 45°.

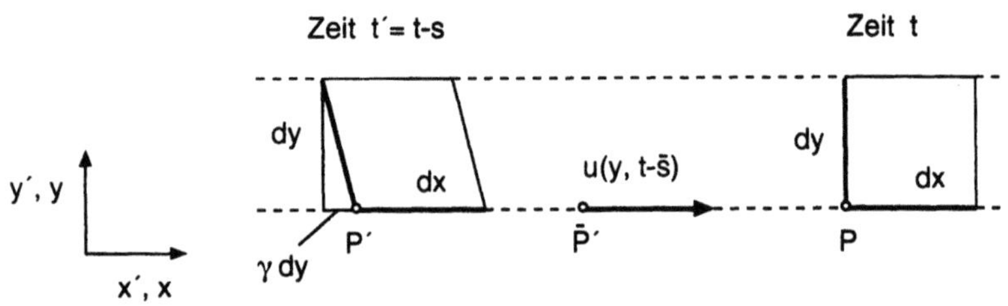

Abb. 1.17 Veranschaulichung der Bewegungs– und Deformationsgeschichte bei einer ebenen Schichtenströmung

Bei einer *stationären* Schichtenströmung sind das Geschwindigkeitsfeld und damit auch die Schergeschwindigkeit zeitunabhängig. Wegen ihrer Bedeutung für die Viskosimetrie nennt man solche Strömungen gelegentlich *viskosimetrisch*. In materieller Sicht verlaufen sie ziemlich eintönig: Jedes Fluidelement innerhalb der Gleitfläche $y = \text{const}$ bewegt sich mit gleichbleibender Geschwindigkeit $u(y)$ und erlebt dabei eine Scherung mit gleichbleibender Schergeschwindigkeit $\dot{\gamma}(y)$. Viskosimetrische Strömungen sind somit auch *materiell-stationär* $(D / Dt = 0)$ und gehören damit zur größeren Klasse der *Strömungen mit konstanter Streckgeschichte*. Die kumulierende Scherdeformation γ wächst dann einfach linear mit der retardierten Zeit s an, $\gamma(y, s) = \dot{\gamma}(y)\, s$. Demzufolge findet man in der relativen Verzerrungsgeschichte $\mathbf{C}_t$ neben dem konstanten Anteil $\mathbf{1}$ nur noch Beiträge, die wie s oder s^2 anwachsen. Bei einer viskosimetrischen Strömung bricht somit die Reihenentwicklung (1.105) nach dem quadratischen Glied ab, d. h. nur die ersten beiden Rivlin–Ericksen–Tensoren sind ungleich null. $\mathbf{A}_1$ wurde bereits in Gl. (1.110) dargestellt, und mit der Rekursionsformel (1.108) oder mit Gl. (1.106) berechnet man

$$\mathbf{A}_2 \mathrel{\hat{=}} \begin{bmatrix} 0 & 0 & 0 \\ 0 & 2\dot{\gamma}^2 & 0 \\ 0 & 0 & 0 \end{bmatrix} . \qquad (1.117)$$

Alle höheren Rivlin–Ericksen–Tensoren verschwinden aber bei einer stationären Schichtenströmung:

$$\mathbf{A}_n = \mathbf{0} \quad \text{für} \quad n \geq 3 \ . \qquad (1.118)$$

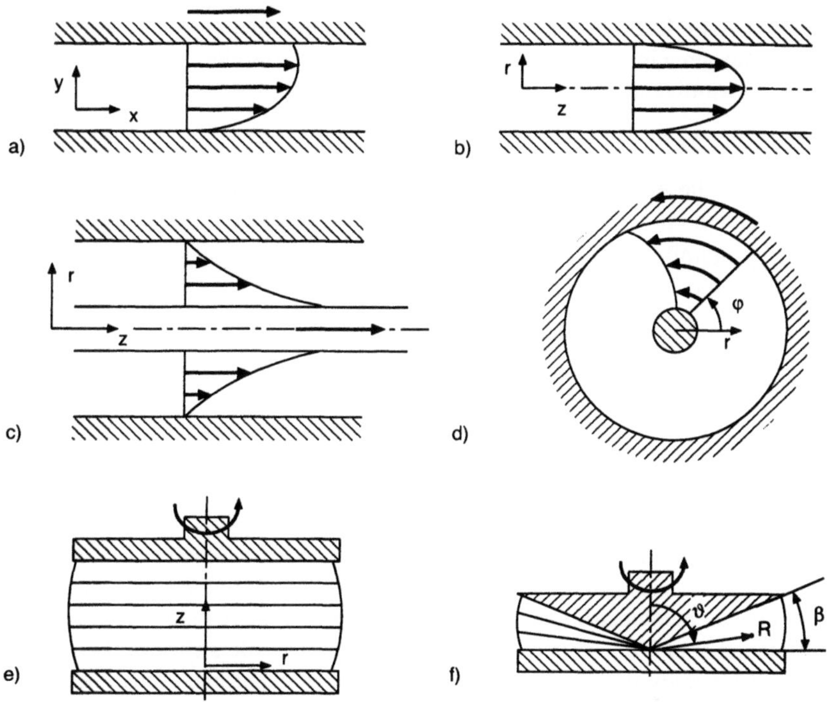

Abb. 1.18 Elementare Schichtenströmungen
a) ebene Schichtenströmung b) Poiseuille–Strömung
c) axiale Ringspaltströmung d) Couette–Strömung
e) Torsionsströmung f) Kegel–Platte–Strömung

Im Hinblick auf den Transport von Flüssigkeiten durch zylindrische Rohre sind Schichtenströmungen bedeutsam, deren Gleitflächen mit koaxialen Kreiszylinderflächen zusammenfallen, die sich teleskopartig in Achsrichtung verschieben. Je nachdem, ob das durchströmte Rohr kreisförmigen oder ringförmigen Querschnitt besitzt, spricht man von einer *Poiseuille–Strömung* oder von einer *axialen Ringspaltströmung* (Abb. 1.18 b, c). Hier ist es zweckmäßig, statt kartesischer Koordinaten zylindrische Polarkoordinaten r, φ, z zu benutzen, wobei die gemeinsame Achse der Gleitflächen mit der z–Achse identifiziert wird. Das Geschwindigkeitsfeld lautet dann

$$v_r = 0, \quad v_\varphi = 0, \quad v_z = u(r, t) \ . \qquad (1.119)$$

Für die Schergeschwindigkeit als Änderungsgeschwindigkeit des Winkels zwischen einem Linienelement in z–Richtung und einem solchen in r–Richtung gilt sinngemäß wie bei einer ebenen Schichtenströmung $\dot{\gamma} = \partial u / \partial r$.

Drehen sich die koaxialen Zylinderflächen mit individueller Winkelgeschwindigkeit um die gemeinsame z–Achse, so spricht man von einer *Couette–Strömung*. Das Geschwindigkeitsfeld ist dann von der Form

$$v_r = 0, \quad v_\varphi = r\,\Omega(r, t), \quad v_z = 0 \; . \tag{1.120}$$

Strömungen dieser Art stellen sich im Ringspalt zwischen rotierenden zylindrischen Wänden ein (Abb. 1.18d). Die Schergeschwindigkeit $\dot{\gamma} = r\,\partial\Omega / \partial r$ ist dabei i. allg. räumlich inhomogen. Nur bei hinreichend schmalem Spalt kann sie im Feld annähernd konstant sein.

Ein Geschwindigkeitsfeld der Form

$$v_r = 0, \quad v_\varphi = r\,\Omega(z, t), \quad v_z = 0 \tag{1.121}$$

beschreibt eine Schichtenströmung, deren Gleitflächen parallele Ebenen z = const sind, die sich alle um die z–Achse drehen. Eine solche *Torsionsströmung* entsteht unter gewissen Voraussetzungen in einer zähen Flüssigkeit zwischen zwei parallelen Kreisscheiben, die um die gleiche Achse rotieren (Abb. 1.18e). Ersetzt man eine der Scheiben durch einen Kegel, der auf der anderen Scheibe (Platte) aufsitzt, so kann in einer zähen Flüssigkeit zwischen dem Kegel und der Platte näherungsweise eine Schichtenströmung mit folgender Eigenschaft realisiert werden: Die Gleitflächen sind Kreiskegel mit gemeinsamer Spitze, die sich jeweils mit individueller Winkelgeschwindigkeit $\Omega(\vartheta, t)$ um die gemeinsame Achse drehen. Zur Beschreibung dieses Strömungsfeldes (*"Kegel–Platte–Strömung"*) benutzt man zweckmäßigerweise sphärische Polarkoordinaten R, ϑ, φ (Abb. 1.18f). Es tritt dann nur eine Geschwindigkeitskomponente in φ–Richtung auf:

$$v_R = 0, \quad v_\vartheta = 0, \quad v_\varphi = R \sin\vartheta \; \Omega(\vartheta, t) \; . \tag{1.122}$$

Wenn der Kegel sehr stumpf ist, erweist sich die Schergeschwindigkeit als räumlich konstant, d. h. alle Fluidelemente im Spalt erfahren die gleiche Deformation. Diese Konfiguration spielt in der Rheometrie eine zentrale Rolle.

Es wird noch einmal daran erinnert, daß der Geschwindigkeitsgradient bei jeder Schichtenströmung die Gestalt (1.110) annimmt, wenn die natürliche Basis zugrundegelegt wird. Tab. 1.1 gibt Aufschluß über diese Basis sowie über die jeweilige Schergeschwindigkeit bei den zuvor erwähnten elementaren Strömungsformen. Sinngemäß gelten dann jeweils auch die Matrixdarstellungen (1.114) und (1.115), wobei die relative Scherung γ analog zu Gl. (1.116) zu bilden ist.

Tab. 1.1 Elementare Schichtenströmungen

Strömung	Geschwindigkeitsfeld $\mathbf{v}(\mathbf{r}, t)$	Natürliche Basis $\mathbf{e}_1, \mathbf{e}_2, \mathbf{e}_3$	Schergeschwindigkeit $\dot{\gamma}$
Ebene Schichten	$u(y, t)\,\mathbf{e}_x$	$\mathbf{e}_x, \mathbf{e}_y, \mathbf{e}_z$	$\frac{\partial u}{\partial y}$
Poiseuille, Ringspalt	$u(r, t)\,\mathbf{e}_z$	$\mathbf{e}_z, \mathbf{e}_r, \mathbf{e}_\varphi$	$\frac{\partial u}{\partial r}$
Couette	$r\,\Omega(r, t)\,\mathbf{e}_\varphi$	$\mathbf{e}_\varphi, \mathbf{e}_r, -\mathbf{e}_z$	$r\frac{\partial \Omega}{\partial r}$
Torsion	$r\,\Omega(z, t)\,\mathbf{e}_\varphi$	$\mathbf{e}_\varphi, \mathbf{e}_z, \mathbf{e}_r$	$r\frac{\partial \Omega}{\partial z}$
Kegel–Platte	$R \sin\vartheta\ \Omega(\vartheta, t)\,\mathbf{e}_\varphi$	$\mathbf{e}_\varphi, \mathbf{e}_\vartheta, -\mathbf{e}_R$	$\sin\vartheta\frac{\partial \Omega}{\partial \vartheta}$

Die Überlagerung der Geschwindigkeitsfelder (1.119) und (1.120) führt zu einer Schichtenströmung, bei der sich die kreiszylindrischen Gleitflächen sowohl drehen als auch axial verschieben:

$$v_r = 0, \quad v_\varphi = r\,\Omega(r), \quad v_z = u(r) \ . \tag{1.123}$$

Jedes fluide Teilchen behält dabei seinen Abstand r von der Drehachse bei und bewegt sich auf einer Schraubenlinie mit dem Steigungswinkel $u(r)/r\,\Omega(r)$, sofern es sich um eine stationäre Strömung handelt. Bezüglich der hier verwendeten Basis mit den Einheitsvektoren $\mathbf{e}_r, \mathbf{e}_\varphi, \mathbf{e}_z$ besitzt der Verzerrungsgeschwindigkeitstensor einer solchen *Schraubenströmung* nun allerdings zwei unabhängige Elemente (zur Berechnung in Zylinderkoordinaten s. Formelanhang):

$$\mathbf{A}_1 = 2\mathbf{D} \ \hat{=} \begin{bmatrix} 0 & r\frac{d\Omega}{dr} & \frac{du}{dr} \\ r\frac{d\Omega}{dr} & 0 & 0 \\ \frac{du}{dr} & 0 & 0 \end{bmatrix} . \tag{1.124}$$

Die Schergeschwindigkeit $\dot{\gamma}$ ergibt sich aus der Überlegung, daß die Invarianten der Matrixdarstellungen (1.124) und (1.110) für $\mathbf{A}_1$ übereinstimmen müssen:

$$\dot{\gamma} = \sqrt{\left(\frac{du}{dr}\right)^2 + r^2\left(\frac{d\Omega}{dr}\right)^2} \ . \tag{1.125}$$

Die Einheitsvektoren $\mathbf{e}_1, \mathbf{e}_2, \mathbf{e}_3$ der natürlichen Basis, auf die sich die Darstellung (1.110) bezieht, hängen folgendermaßen mit der Basis $\mathbf{e}_r, \mathbf{e}_\varphi, \mathbf{e}_z$ zusammen:

$$\mathbf{e}_1 = \frac{1}{\dot{\gamma}}\left[r\frac{d\Omega}{dr}\mathbf{e}_\varphi + \frac{du}{dr}\mathbf{e}_z\right], \quad \mathbf{e}_2 = \mathbf{e}_r, \quad \mathbf{e}_3 = \frac{1}{\dot{\gamma}}\left[\frac{du}{dr}\mathbf{e}_\varphi - r\frac{d\Omega}{dr}\mathbf{e}_z\right] \ . \tag{1.126}$$

Die mittlere Beziehung wird verständlich, wenn man beachtet, daß $\mathbf{e}_2$ die Richtung senkrecht zu den Gleitflächen angibt. Der erste Zusammenhang spiegelt die Tatsache wider, daß die Tensoranteile $r\frac{d\Omega}{dr}\mathbf{e}_r\mathbf{e}_\varphi + \frac{du}{dr}\mathbf{e}_r\mathbf{e}_z$ gemäß Gl. (1.124) dem Anteil $\dot{\gamma}\,\mathbf{e}_2\mathbf{e}_1$ nach Gl. (1.110) entsprechen. Die dritte Beziehung folgt dann aus der Forderung, daß die Basisvektoren $\mathbf{e}_1, \mathbf{e}_2$ und $\mathbf{e}_3$ ein orthonormiertes Rechtssystem bilden. Bemerkenswerterweise fällt hier der Vektor $\mathbf{e}_1$ im allgemeinen nicht in die Strömungsrichtung. Er tangiert die schraubenförmige Bahnlinie nur dann, wenn $\Omega(r)/u(r) = \text{const}$ gilt.

1.5.2 Homogene Dehnströmungen

Reine *Dehnströmungen* bilden in gewisser Weise das kinematische Gegenstück zu den Scherströmungen. Sie zeichnen sich dadurch aus, daß die Fluidelemente gerade nicht drehen ($\operatorname{rot}\mathbf{v} = \mathbf{0}$, es handelt sich demnach um Potentialströmungen!) und in drei zueinander senkrechten Richtungen gedehnt oder gestaucht werden. Bezüglich einer diesen Richtungen zugeordneten orthogonalen Basis besitzen die kinematischen Tensoren $\mathbf{L}$ und $\mathbf{D}$ dann Diagonalform:

$$\mathbf{L} = \mathbf{D} \mathrel{\hat{=}} \begin{bmatrix} \dot{\varepsilon}_1(t) & 0 & 0 \\ 0 & \dot{\varepsilon}_2(t) & 0 \\ 0 & 0 & -\dot{\varepsilon}_1(t) - \dot{\varepsilon}_2(t) \end{bmatrix}. \tag{1.127}$$

Die Hauptdiagonalelemente sind die *Dehngeschwindigkeiten* in den verschiedenen Richtungen. Wenn wir hier die dritte Dehngeschwindigkeit durch die beiden ersten darstellen, so daß die Summe der drei Größen verschwindet ($\operatorname{sp}\mathbf{D} = \operatorname{div}\mathbf{v} = 0$), so beschränken wir uns auf isochore Dehnströmungen, die bei dichtebeständigen Flüssigkeiten allein relevant sind.

Die zuvor genannten Eigenschaften reiner Dehnströmungen implizieren, daß die beiden unabhängigen Elemente $\dot{\varepsilon}_1$ und $\dot{\varepsilon}_2$ räumlich konstant sind, jedoch möglicherweise von der Zeit abhängen. Demnach werden alle Fluidelemente zu jeder beliebigen Zeit jeweils in gleicher Weise gedehnt oder gestaucht. Es handelt sich also um räumlich *homogene* Strömungen. Bei geeigneter Wahl des Koordinatenursprungs besitzt das Geschwindigkeitsfeld dann die Form $\mathbf{v} = \mathbf{L}(t)\cdot\mathbf{r}$, d. h.

$$u = \dot{\varepsilon}_1(t)\,x\,, \qquad v = \dot{\varepsilon}_2(t)\,y\,, \qquad w = -\left[\dot{\varepsilon}_1(t) + \dot{\varepsilon}_2(t)\right]z\,. \tag{1.128}$$

Man erkennt unmittelbar (nach Integration des Systems (1.102)), daß ein materieller Punkt, der sich zur Zeit t am Ort x, y, z befindet, zur Zeit $t - s$ am Ort

$$x' = x\,e^{-\varepsilon_1(t,s)}\,, \qquad y' = y\,e^{-\varepsilon_2(t,s)}\,, \qquad z' = z\,e^{\varepsilon_1(t,s) + \varepsilon_2(t,s)} \tag{1.129}$$

war, wobei

$$\varepsilon_i(t,s) := \int_0^s \dot{\varepsilon}_i(t-\bar{s})\,d\bar{s} \; ; \qquad i = 1,2 \; . \tag{1.130}$$

Die Exponenten $\varepsilon_1(t,s)$ und $\varepsilon_2(t,s)$ sind die natürlichen (logarithmischen) Maße für die relative Dehnung zwischen den Zeitpunkten t und $t-s$. Da wir eine Basis parallel zu den Dehnungshauptachsen verwenden, besitzen auch die zur Bewegungsgeschichte (1.129) gehörenden relativen Verzerrungstensoren $\mathbf{C}_t(t,s)$ und $\mathbf{C}_t^{-1}(t,s)$ Matrixdarstellungen mit Diagonalform:

$$\mathbf{C}_t \;\hat{=}\; \begin{bmatrix} e^{-2\varepsilon_1} & 0 & 0 \\ 0 & e^{-2\varepsilon_2} & 0 \\ 0 & 0 & e^{2(\varepsilon_1+\varepsilon_2)} \end{bmatrix} ;$$

$$\mathbf{C}_t^{-1} \;\hat{=}\; \begin{bmatrix} e^{2\varepsilon_1} & 0 & 0 \\ 0 & e^{2\varepsilon_2} & 0 \\ 0 & 0 & e^{-2(\varepsilon_1+\varepsilon_2)} \end{bmatrix} . \tag{1.131}$$

Einige Spezialfälle sind von besonderem Interesse. Bei einer *einachsigen* (uniaxialen) Dehnströmung verlängert sich ein materielles Volumenelement in einer Richtung mit der Dehngeschwindigkeit $\dot{\varepsilon} > 0$ und verkürzt sich in den beiden anderen Richtungen jeweils mit halber Dehngeschwindigkeit, d. h. es gilt $\dot{\varepsilon}_1 = \dot{\varepsilon}$ und $\dot{\varepsilon}_2 = -\dot{\varepsilon}/2$. Man denke an einen kreiszylindrischen Stab, der sich in Achsrichtung verlängert, wobei der Querschnitt schrumpft, aber kreisförmig bleibt. Die Umkehrung dieses Vorgangs, also die Verkürzung einer Probe in einer Richtung bei gleichzeitiger Dehnung in den dazu senkrechten Richtungen mit jeweils gleichen Dehngeschwindigkeiten $\dot{\varepsilon}_b > 0$, faßt man als *äquibiaxiale* Dehnströmung auf. Zur Veranschaulichung kann eine quadratische Membran dienen, die so gedehnt wird, daß ihre Grundfläche stets quadratisch bleibt. Bei einem inkompressiblen Material nimmt dabei die Dicke der Membran entsprechend ab. Dieser Fall ist mit $\dot{\varepsilon}_1 = \dot{\varepsilon}_b > 0$ und $\dot{\varepsilon}_2 = -2\dot{\varepsilon}_b$ in der betrachteten Klasse der isochoren homogenen Dehnströmungen enthalten. Schließlich stellt auch die in Abschnitt 1.1 diskutierte *ebene* (planare) Dehnströmung mit $\dot{\varepsilon}_1 = \dot{\varepsilon} > 0$ und $\dot{\varepsilon}_2 = -\dot{\varepsilon}$ einen Spezialfall dar.

Zur besseren Übersicht sind die kinematischen Merkmale der verschiedenen Dehnströmungen, auch in Kontrast zu den Scherströmungen, in Tab. 1.2 zusammengestellt. In Anbetracht der Ungleichungen (1.60) wird deutlich, daß einachsige und äquibiaxiale Dehnströmungen im Raum der Invarianten von $\mathbf{D}$ gerade auf den Rändern des erreichbaren Gebiets liegen (vgl. Abb. 1.7). Der dimensionslose Parameter $III_{\mathbf{D}} / (-II_{\mathbf{D}})^{3/2}$ ist demnach ein Maß für den relativen Anteil räumlicher Dehnung an der Gesamtdeformation. Sein Vorzeichen gibt Aufschluß darüber, ob es sich um einachsige oder biaxiale Dehnanteile handelt.

Tab. 1.2 Übersicht über die Eigenwerte und die Invarianten des Tensors **D** bei inkompressiblen Dehn- und Scherströmungen

	Eigenwerte von **D**	$-II_{\mathbf{D}}$	$III_{\mathbf{D}}$	$III_{\mathbf{D}} / (-II_{\mathbf{D}})^{3/2}$
einachsige Dehnströmung	$\dot{\varepsilon},\ -\frac{\dot{\varepsilon}}{2},\ -\frac{\dot{\varepsilon}}{2}$	$\frac{3}{4}\dot{\varepsilon}^2$	$\frac{1}{4}\dot{\varepsilon}^3$	$\frac{2}{3\sqrt{3}}$
äquibiaxiale Dehnströmung	$\dot{\varepsilon}_b,\ -2\dot{\varepsilon}_b,\ \dot{\varepsilon}_b$	$3\dot{\varepsilon}_b^2$	$-2\dot{\varepsilon}_b^3$	$-\frac{2}{3\sqrt{3}}$
ebene Dehnströmung	$\dot{\varepsilon},\ -\dot{\varepsilon},\ 0$	$\dot{\varepsilon}^2$	0	0
Scherströmung	$\frac{\dot{\gamma}}{2},\ -\frac{\dot{\gamma}}{2},\ 0$	$\frac{1}{4}\dot{\gamma}^2$	0	0

Bei einer *stationären* homogenen Dehnströmung bleiben die Dehngeschwindigkeiten nicht nur im Eulerschen, sondern auch im Lagrangeschen Sinne zeitlich konstant. Eine solche Strömung zählt also zur Klasse der *Bewegungen mit konstanter Streckgeschichte*, zu der auch die stationären Schichtenströmungen gehören. Die durch Gl. (1.130) definierten relativen Dehnungsmaße ε_i nehmen dann einfach linear mit der retardierten Zeit s zu: $\varepsilon_i(s) = \dot{\varepsilon}_i\, s$. Anders als bei Scherströmungen wachsen deshalb die Invarianten der materiellen Verzerrungstensoren $\mathbf{C}_t$ und $\mathbf{C}_t^{-1}$ in stationären Dehnströmungen exponentiell mit s an.

1.5.3 Mehrdimensionale Strömungen über 2d Grundgebieten

In diesem Buch werden gelegentlich mehrdimensionale Strömungen mit gewissen Symmetrien betrachtet, so daß die Geschwindigkeitsfelder nur von zwei Raumkoordinaten abhängen. Gemeint sind nicht nur ebene (strikt zweidimensionale) Strömungen, sondern z. B. auch rotationssymmetrische und schraubensymmetrische (räumliche) Strömungen. Es verkürzt die späteren Ausführungen, wenn hier schon einige kinematische Eigenschaften geklärt werden.

In Zusammenhang mit Gl. (1.18) wurde bereits erläutert, unter welchen Voraussetzungen man eine Strömung als *eben* bezeichnet. In der Matrixdarstellung (1.27) des Geschwindigkeitsgradiententensors **L** verschwinden dann alle Elemente der dritten Zeile und der dritten Spalte. Das gleiche trifft natürlich auch auf den Verzerrungsgeschwindigkeitstensor **D** zu und verständlicherweise auch auf die materiellen Verzerrungstensoren $\mathbf{C} - \mathbf{1}$ und $\mathbf{C}^{-1} - \mathbf{1}$. Bei einer ebenen inkompressiblen Strömung gilt demzufolge überall und zu allen Zeiten $\det \mathbf{D} = 0$ sowie

$I_C = II_C = I_{C^{-1}} = II_{C^{-1}}$. In den Abb. 1.7 und 1.15 findet man ebene Strömungen deshalb nur auf den geradlinigen Pfaden in der Mitte der zugänglichen Gebiete.

Bei ebenen Strömungen verkürzt sich die Zwangsbedingung der Inkompressibilität ($\text{div}\,\mathbf{v} = 0$) auf

$$\frac{\partial u}{\partial x} + \frac{\partial v}{\partial y} = 0 \,. \tag{1.132}$$

Diese Differentialgleichung kann durch Einführen einer *Stromfunktion* $\Psi(x,y,t)$ mit der Dimension (Länge)^2/Zeit integriert werden. Setzt man nämlich

$$u = \frac{\partial \Psi}{\partial y}, \quad v = -\frac{\partial \Psi}{\partial x}, \tag{1.133}$$

so wird Gl. (1.132) offensichtlich befriedigt. Diese Maßnahme bringt mit sich, daß das vektorielle Geschwindigkeitsfeld mit zwei Komponenten auf ein einziges skalares Feld zurückgeführt wird.

Der Zusammenhang zwischen dem ebenen Geschwindigkeitsfeld $\mathbf{v}$ und der skalaren Stromfunktion Ψ kann auch vektoriell kompakt notiert werden: $\mathbf{v} = \text{rot}(\Psi\,\mathbf{e}_z)$. Diese Beziehung ist zu beachten, wenn man in der Strömungsebene krummlinige Koordinaten verwendet. Werden z. B. Polarkoordinaten r, φ zugrunde gelegt, so sind die Komponentengleichungen (1.133) demnach durch folgende Beziehungen zu ersetzen:

$$v_r = \frac{1}{r}\frac{\partial \Psi(r,\varphi,t)}{\partial \varphi}, \quad v_\varphi = -\frac{\partial \Psi(r,\varphi,t)}{\partial r} \,. \tag{1.134}$$

Die Stromfunktion Ψ besitzt eine ganz anschauliche Bedeutung. Die Kurven $\Psi(x,y,t) = \text{const}$ bei fester Zeit t sind nämlich nichts anderes als die Stromlinien, denn beim Fortschreiten längs einer solchen Kurve gilt

$$0 = d\Psi = \frac{\partial \Psi}{\partial x}dx + \frac{\partial \Psi}{\partial y}dy = -\,v\,dx + u\,dy\,, \tag{1.135}$$

und die daraus folgende Beziehung $dy/dx = v/u$ ist gerade die Differentialgleichung der Stromlinien. Die Stromfunktion "numeriert" also gleichsam die Stromlinien. Mehr noch: Die Differenz zweier Stromfunktionswerte entspricht dem Flächenstrom zwischen den beiden zugehörigen Stromlinien.

Bei einer ebenen Strömung besitzt übrigens der Wirbelvektor nur eine z–Komponente: $\text{rot}\,\mathbf{v} = \omega\,\mathbf{e}_z$. Die Wirbellinien sind somit Geraden senkrecht zur Strömungsebene. Man kann sich leicht davon überzeugen, daß zwischen der Stromfunktion $\Psi(x,y,t)$ und der Wirbelstärkefunktion $\omega(x,y,t)$ in einer ebenen Strömung überall und zu allen Zeiten der folgende bemerkenswerte Zusammenhang besteht (Poissonsche Differentialgleichung):

$$\frac{\partial^2 \Psi}{\partial x^2} + \frac{\partial^2 \Psi}{\partial y^2} = -\omega \ . \tag{1.136}$$

Zur Illustration betrachten wir nochmals eine ebene Dehnströmung mit dem Geschwindigkeitsfeld (1.12). Es genügt offensichtlich der Bedingung (1.132), so daß eine Stromfunktion existiert. Um sie zu bestimmen, setzt man die gegebenen Geschwindigkeitskomponenten auf den linken Seiten der Gln. (1.133) ein und integriert. Die erste Beziehung erbringt dabei $\Psi = axy + C(x,t)$; die zweite schließt eine x–Abhängigkeit der Integrationskonstanten C aus. Nun ist ein additiver, nur von der Zeit abhängiger Anteil zur Stromfunktion unerheblich, da er beim Bilden des Geschwindigkeitsfeldes nach Gl. (1.133) ganz entfällt. Er kann deshalb ohne Beschränkung der Allgemeinheit null gesetzt werden. Somit beschreibt der Ausdruck $\Psi = axy$ die Stromfunktion der ebenen Dehnströmung. Setzt man Ψ konstant, so erhält man nach den Überlegungen in Zusammenhang mit Gl. (1.135) die Stromlinien. Im vorliegenden Fall handelt es sich dabei – natürlich in Übereinstimmung mit den früher gewonnenen Erkenntnissen – um gleichseitige Hyperbeln, $xy = \text{const}$ (s. Abb. 1.2). Anhand der Gl. (1.136) erkennt man dann auch, daß die Strömung drehungsfrei ist, denn die linke Seite verschwindet hier offensichtlich identisch.

Rotationssymmetrisch nennt man eine Strömung, deren Geschwindigkeitsfeld bezüglich einer raumfesten Achse eine Drehsymmetrie besitzt. Die Stromflächen sind dann Rotationsflächen mit gemeinsamer Achse, die Stromlinien mehr oder weniger komplizierte räumliche Kurven auf diesen Rotationsflächen. Es ist zweckmäßig, zunächst *Zylinderkoordinaten* r, φ, z zu verwenden, die so gewählt sind, daß r den Abstand von der Symmetrieachse bezeichnet und z, φ die Längenkoordinate in Achsrichtung bzw. die Winkelkoordinate in azimutaler Richtung beschreiben. Rotationssymmetrie bedeutet, daß die den Koordinaten zugeordneten Geschwindigkeitskomponenten v_r, v_φ, v_z von r und z, jedoch nicht von φ abhängen.

Bei konkreten Anwendungen empfiehlt es sich unter Umständen, andere rotationssymmetrische Koordinaten (z. B. Kugelkoordinaten) zu verwenden, indem man die Koordinaten im Meridianschnitt r, z gegen geeignetere austauscht, die Winkelkoordinate φ jedoch beibehält. Das Kriterium für rotationssymmetrische Strömungen, nämlich Unabhängigkeit der den Koordinaten zugeordneten Geschwindigkeitspomponenten von φ, bleibt dabei natürlich erhalten.

Bei isochoren rotationssymmetrischen Strömungen können die beiden Geschwindigkeitskomponenten in der Meridianebene (also z. B. v_r und v_z) aus einer skalaren *Stromfunktion* $\Psi(r,z,t)$ abgeleitet werden. In der Bedingung für lokale Volumenerhaltung, $\operatorname{div} \mathbf{v} = 0$, fehlt nämlich die Geschwindigkeitskomponente v_φ (s. Formelanhang):

$$\frac{\partial v_r}{\partial r} + \frac{1}{r} v_r + \frac{\partial v_z}{\partial z} = 0 \ . \tag{1.137}$$

Und mit dem folgenden Ansatz wird diese Beziehung offensichtlich erfüllt:

$$v_r = -\frac{1}{r}\frac{\partial \Psi}{\partial z}, \quad v_z = \frac{1}{r}\frac{\partial \Psi}{\partial r} \quad . \tag{1.138}$$

Insgesamt wird damit das Geschwindigkeitsfeld in der Form

$$\mathbf{v} = v_\varphi\, \mathbf{e}_\varphi + \operatorname{rot}\left(\frac{\Psi}{r}\,\mathbf{e}_\varphi\right) \tag{1.139}$$

dargestellt. Die so eingeführte Funktion Ψ numeriert die Stromflächen. Aus Gl. (1.138) folgt nämlich sofort, daß der Geschwindigkeitsvektor $\mathbf{v}$ und der Vektor grad Ψ aufeinander senkrecht stehen, $\mathbf{v} \cdot \operatorname{grad} \Psi = 0$, d. h. der Geschwindigkeitsvektor tangiert lokal die durch den betrachteten Punkt verlaufende Fläche $\Psi = \text{const}$. Diese Fläche besteht also aus lauter Stromlinien und ist demnach eine Stromfläche. Mit anderen Worten: Jede in der r–z–Ebene sichtbare Kurve $\Psi = \text{const}$ stellt die Projektion einer Stromlinie in den Meridianschnitt dar. Sobald also die Funktion $\Psi(r, z, t)$ bestimmt ist, kann das Stromlinienbild in der Meridianebene zur Zeit t_0 durch Aufzeichnen der Kurven $\Psi(r, z, t_0) = \text{const}$ dargestellt werden. Man beachte, daß die Stromfunktion Ψ rotationssymmetrischer Strömungen die Dimension $(\text{Länge})^3/\text{Zeit}$ besitzt. Man kann zeigen, daß zwischen zwei Stromflächen mit den "Hausnummern" Ψ_1 und Ψ_2 senkrecht zur φ–Richtung der Volumenstrom $2\pi|\Psi_1 - \Psi_2|$ transportiert wird.

Bei einer rotationssymmetrischen Strömung besitzt der Wirbelvektor $\boldsymbol{\omega} := \operatorname{rot} \mathbf{v}$ i. allg. drei Komponenten. Die additive Zerlegung (1.139) spiegelt sich natürlich auch im ω–Feld wider. Bemerkenswerterweise hängen aber ω_φ einerseits und ω_r, ω_z andererseits nur mit Ψ bzw. v_φ zusammen. Der Operator rot verwandelt nämlich zufolge der Rotationssymmetrie ein in der Meridianebene liegendes Vektorfeld in ein Vektorfeld senkrecht zur Meridianebene und umgekehrt. Insbesondere ergibt also die zweifache Rotation eines azimutalen Vektorfeldes wieder einen Vektor in φ–Richtung. Das veranlaßt uns, einen skalaren Differentialoperator E einzuführen, der durch die Beziehung

$$\operatorname{rot}\operatorname{rot}\left(\frac{\Psi}{r}\,\mathbf{e}_\varphi\right) = -\frac{1}{r}\,E\Psi\,\mathbf{e}_\varphi \tag{1.140}$$

erklärt ist. Bei Verwendung von Zylinderkoordinaten gilt

$$E = r\frac{\partial}{\partial r}\left(\frac{1}{r}\frac{\partial}{\partial r}\right) + \frac{\partial^2}{\partial z^2} \quad . \tag{1.141}$$

Bildet man also die Rotation der Gl. (1.139), so kommt

$$\boldsymbol{\omega} = -\frac{1}{r}\, E\Psi \mathbf{e}_\varphi + \operatorname{rot}(v_\varphi \mathbf{e}_\varphi) \ . \tag{1.142}$$

Hieraus entnimmt man folgende Zusammenhänge zwischen den Komponenten des Wirbelvektors und den "primitiven" kinematischen Variablen Ψ und v_φ:

$$\omega_\varphi = -\frac{1}{r}\, E\Psi \ , \tag{1.143}$$

$$\omega_r = -\frac{\partial v_\varphi}{\partial z} \ , \qquad \omega_z = \frac{1}{r}\frac{\partial}{\partial r}(r\, v_\varphi) \ . \tag{1.144}$$

Die erste Beziehung ist das rotationssymmetrische Gegenstück zur zweidimensionalen Poissongleichung (1.136). Ein Vergleich der beiden anderen Zusammenhänge mit den Gln. (1.138) führt zu der bemerkenswerten Erkenntnis, daß die Funktion $r\, v_\varphi(r,z,t)$ für das Wirbelfeld die gleiche Bedeutung besitzt wie die Stromfunktion $\Psi(r,z,t)$ für das Geschwindigkeitsfeld. Demnach repräsentiert jede Kurve $r\, v_\varphi = \text{const}$ innerhalb der r–z–Ebene die Projektion einer Wirbellinie in den Meridianschnitt. Um den (ungefähren) Verlauf der Wirbellinien im Meridianschnitt zu erzeugen, genügt es also, den räumlichen Verlauf der Geschwindigkeitskomponente v_φ (ungefähr) bereitzustellen.

Zur Illustration betrachten wir die stationäre Strömung in einem rotationssymmetrischen Behälter, die von einem axial ausgerichteten Scheibenrührer erzeugt wird (Abb. 1.19). Unter der Voraussetzung, daß die Flüssigkeit an der Oberfläche des Rührorgans haftet, werden dort alle Fluidelemente mit der Winkelgeschwindigkeit des Rührers in φ–Richtung mitgenommen. Wenn die Flüssigkeit auch an den ruhenden Behälterwänden haftet, verschwindet dort andererseits die Umfangsgeschwindigkeit. Im Inneren der Flüssigkeit liegt die örtliche Winkelgeschwindigkeit v_φ / r plausiblerweise zwischen dem Maximalwert am Rührorgan und dem Wert null am Behälter. Somit besitzt das Feld $v_\varphi(r,z)/r$ qualitativ den in Abb. 1.19a skizzierten Verlauf. Durch eine Verzerrung mit dem Faktor r^2 entstehen daraus die Isolinien $r\, v_\varphi(r,z) = \text{const}$, die den Wirbelfluß veranschaulichen (Abb. 1.19b). Zum besseren Verständnis sei darauf hingewiesen, daß die Größe $r\, v_\varphi$ nicht nur an den Behälterwänden, sondern auch auf der Achse verschwindet und am Rührorgan quadratisch mit dem Achsabstand anwächst, so daß sie am äußeren Umfang der Scheibe ihren Maximalwert erreicht. Wirbellinien mit kleineren $r\, v_\varphi$ –Werten "entspringen" deshalb weiter innen auf der Oberseite der Scheibe, greifen um das Rührorgan herum und "münden" im gleichen Achsabstand auf der Unterseite. Bei einer stationären Strömung bleibt dieses Wirbellinienbild natürlich zeitlich konstant.

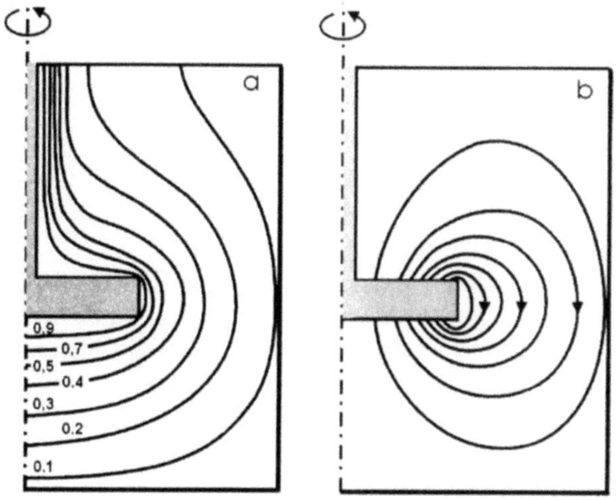

Abb. 1.19 Strömungsfeld im Meridianschnitt eines Rührbehälters (qualitativ)
a) Linien $v_\varphi / r = \text{const}$ b) Wirbellinien $r v_\varphi = \text{const}$

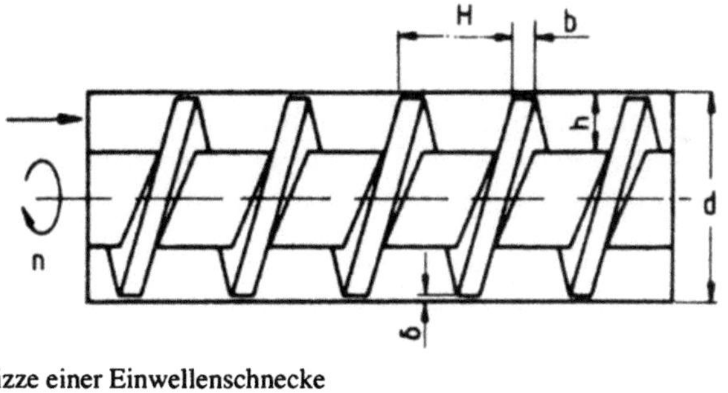

Abb. 1.20 Skizze einer Einwellenschnecke

Bei der Dosierung, der Förderung und der Verarbeitung zäher Flüssigkeiten spielen Schneckenmaschinen eine zentrale Rolle. Abb. 1.20 zeigt das Prinzip einer Einwellenschnecke. Der Apparat besteht im wesentlichen aus einem Rotor in Form einer Schraube innerhalb eines kreiszylindrischen Gehäuses. Die Flüssigkeit befindet sich in den Gängen zwischen dem Schneckenkörper und dem Gehäuse. Sie wird von der rotierenden Schnecke in Achsrichtung verschoben und zugleich im Querschnitt umgewälzt. Form und Größe solcher Maschinen werden durch mehrere unabhängige geometrische Parameter charakterisiert. Hier wird zunächst nur die sogenannte *Gangsteigung* H benötigt, das ist jene Teillänge, die gerade einem Umgang auf der Schraube entspricht.

Die Strömung in einer Schneckenmaschine ist dreidimensional und im Laborsystem instationär. Zweckmäßigerweise legt man deshalb ein schneckenfestes Bezugssystem zugrunde, in dem sie stationär erscheint, und verwendet dort wieder Zylinderkoordinaten r, φ, z. Unter gewissen Voraussetzungen hängen die zugehörigen Geschwindigkeitskomponenten v_r, v_φ, v_z außer vom Achsabstand r nur noch von der *Schraubenkoordinate*

$$Z := z + \frac{H}{2\pi}\varphi \tag{1.145}$$

ab, die die Ortskoordinaten in Achsrichtung und in Umfangsrichtung zusammenfaßt. Strömungen mit dieser Eigenschaft nennen wir *schraubensymmetrisch.* Auch sie können also über einem zweidimensionalen Grundgebiet analysiert werden, und zwar innerhalb der r–Z–Ebene, die als Längsschnitt ($\varphi = 0$) gedeutet werden kann. Das Vorzeichen beim zweiten Summanden in Gl. (1.145) hängt übrigens von der Verschraubungsrichtung ab. Hier wird angenommen, daß es sich um eine Linksschraube handelt. Die Kontinuitätsgleichung einer inkompressiblen schraubensymmetrischen Strömung lautet

$$\frac{1}{r}\frac{\partial}{\partial r}(r\, v_r) + \frac{\partial}{\partial Z}\left(v_z + \frac{H}{2\pi r} v_\varphi\right) = 0 \; . \tag{1.146}$$

In sinngemäßer Verallgemeinerung der Ausführungen in Zusammenhang mit Gl. (1.137) kann die Kontinuitätsgleichung auch hier mit Hilfe einer Stromfunktion $\Psi(r, Z)$ erfüllt werden, deren erste Ableitungen folgendermaßen mit den Geschwindigkeitskomponenten zusammenängen:

$$v_r = -\frac{1}{r}\frac{\partial\Psi}{\partial Z}, \qquad v_z + \frac{H}{2\pi r} v_\varphi = \frac{1}{r}\frac{\partial\Psi}{\partial r} \; . \tag{1.147}$$

Jede Kurve $\Psi(r, Z) = \text{const}$ ist das zweidimensionale Abbild einer Schar äquivalenter räumlicher Stromlinien. Zur Beschreibung einer inkompressiblen schraubensymmetrischen Strömung genügen also grundsätzlich zwei kinematische Feldfunktionen, nämlich $\Psi(r, Z)$ und $v_\varphi(r, Z)$ oder, was ebensogut wäre, Ψ und $v_z(r, Z)$. In Abschnitt 1.6 machen wir davon Gebrauch.

1.5.4 Relative Deformation in Zirkulationsgebieten

Bei stationären Strömungen nach Art des vorangegangenen Abschnitts kommt es vor, daß die materiellen Punkte im zweidimensionalen Grundgebiet zyklisch auf geschlossenen Bahnen umlaufen. Wir betrachten beispielhaft das Zirkulationsgebiet einer ebenen Strömung (Abb. 1.21). Die Umlaufzeit des materiellen Punkts, der sich aktuell am Ort $\mathbf{r}$ befindet, bezeichnen wir mit $\Delta(\mathbf{r})$, und die durchlaufenen Zyklen zählen wir mit einem Index i (ganzzahlig).

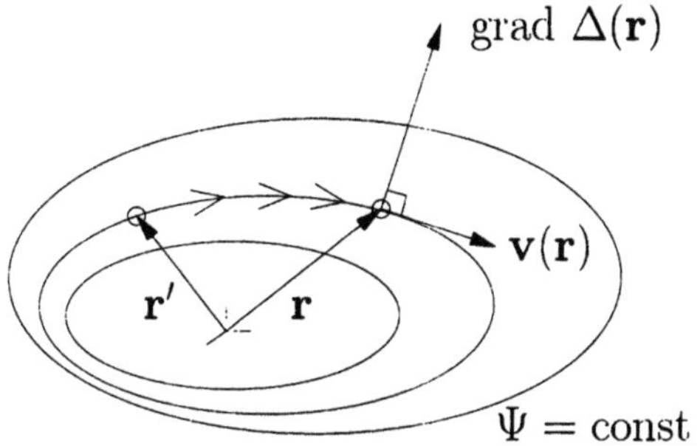

Abb. 1.21 Zur Veranschaulichung eines Zirkulationsgebiets

Während der zyklischen Bewegung werden die Fluidelemente i. allg. zeitabhängig deformiert. Bemerkenswerterweise kann aber die gesamte Deformationsgeschichte auf diejenige innerhalb eines einzigen Umlaufs zurückgeführt werden. Durch wiederholte Anwendung der früher (in Abb. 1.13) erläuterten Kettenregel erkennt man nämlich, daß die Deformation, die das Fluidelement innerhalb der vergangenen Zeit $s = \sigma + i\Delta$ erfahren hat, aus denjenigen Deformationen zusammengesetzt werden kann, die zu den Zeitpunkten σ und Δ gehören:

$$\mathbf{F}_t(\mathbf{r}, \sigma + i\Delta) = \mathbf{F}_t(\mathbf{r}, \sigma) \cdot \mathbf{F}_t(\mathbf{r}, i\Delta) = \mathbf{F}_t(\mathbf{r}, \sigma) \cdot [\mathbf{F}_t(\mathbf{r}, \Delta)]^i; \quad 0 \leq \sigma < \Delta . \qquad (1.148)$$

Dabei wurde berücksichtigt, daß bei einer stationären Strömung die relative Bewegungsgeschichte $\mathbf{r}'(\mathbf{r}, s)$ und somit auch der relative Deformationsgradient $\mathbf{F}_t(\mathbf{r}, s)$ nur von der retardierten Zeit s, nicht aber von der aktuellen Zeit t abhängen. Es wäre nun allerdings falsch, aus Gl. (1.148) zu schließen, daß die kumulierende Deformation exponentiell mit der Anzahl i der Umläufe anwächst. Die folgende, tiefer gehende Überlegung ergibt, daß es sich anders verhält. Wenn die materiellen Punkte nach jedem Umlauf an ihren ursprünglichen Platz zurückkehren, gilt für jeden Ort $\mathbf{r}$ im Zirkulationsgebiet und für jedes ganzzahlige i:

$$\mathbf{r}'(\mathbf{r},\ i\Delta(\mathbf{r})) = \mathbf{r} . \qquad (1.149)$$

Durch räumliche Differentiation folgt hieraus unter Berücksichtigung der Gl. (1.102)

$$\mathbf{F}_t(\mathbf{r},\ i\Delta) - i\,\mathbf{v}(\mathbf{r})\,\mathrm{grad}\,\Delta(\mathbf{r}) = \mathbf{1} . \qquad (1.150)$$

Bezüglich einer Basis, die aus dem Tangentenvektor und aus dem Normalenvektor besteht, besitzt das dyadische Tensorprodukt $\mathbf{v}(\mathbf{r})\,\mathrm{grad}\,\Delta(\mathbf{r})$ nur ein Nebendiagonalelement. Innerhalb einer ganzen Anzahl von Umläufen kommt demnach eine

Deformation zustande, die einer Scherung äquivalent ist (s. Gl. (1.114)). Setzt man in Gl. (1.150) $i = 1$ und benutzt die resultierende Beziehung, um das dyadische Produkt $\mathbf{v}(\mathbf{r})\,\mathrm{grad}\,\Delta(\mathbf{r})$ zu eliminieren, so kommt

$$\mathbf{F}_t(\mathbf{r},\, i\Delta) - \mathbf{1} = i(\mathbf{F}_t(\mathbf{r},\Delta) - \mathbf{1}) \;. \tag{1.151}$$

Damit nimmt Gl. (1.148) eine Gestalt an, in der i nicht mehr als Exponent, sondern bemerkenswerterweise als Faktor auftritt:

$$\mathbf{F}_t(\mathbf{r},\sigma + i\Delta) = \mathbf{F}_t(\mathbf{r},\sigma)\cdot\left[\mathbf{1} + i(\mathbf{F}_t(\mathbf{r},\Delta) - \mathbf{1})\right]; \quad 0 \le \sigma < \Delta \;. \tag{1.152}$$

In den Zirkulationsgebieten einer stationären Strömung erscheint demnach die Deformation eines materiellen Fluidelements als Überlagerung einer reinen Scherung, deren Amplitude linear mit der Zahl i der Umläufe anwächst, und einer allgemeineren Deformation (mit Scher– und Dehnanteilen), die aber zyklisch wiederkehrt. Mehr noch: Die zu früheren Umläufen gehörende Deformationsgeschichte kann nach Gl. (1.152) in einfacher Weise aus derjenigen berechnet werden, die das Fluidelement während des letzten Umlaufs, d. h. im Zeitintervall $0 \le s \le \Delta$ erfahren hat. Die Bedeutung dieser Erkenntnis liegt auf der Hand, wenn man an Flüssigkeiten denkt, die ein Gedächtnis für ihre vergangene Deformationsgeschichte besitzen. Wie lang das Gedächtnis auch sein mag, es genügt, die Differentialgleichungen für $\mathbf{F}_t$ bis zur Zeit $s = \Delta$ zu integrieren. Die weiter zurückliegende Vergangenheit wird dann algebraisch durch Gl. (1.152) bewältigt.

Zur Veranschaulichung dieser Aussagen betrachten wir eine ebene Strömung mit der Stromfunktion

$$\Psi(r,\varphi) = -U\,r\sqrt{\cos^2\varphi + k^2\sin^2\varphi} \tag{1.153}$$

und dem zugehörigen Geschwindigkeitsfeld

$$v_r(r,\varphi) = U(1-k^2)\frac{\cos\varphi\,\sin\varphi}{\sqrt{\cos^2\varphi + k^2\sin^2\varphi}}\,, \quad v_\varphi(r,\varphi) = U\sqrt{\cos^2\varphi + k^2\sin^2\varphi} \;; \tag{1.154}$$

U und k sind positive konstante Parameter. Die Stromlinien sind dabei konzentrische Ellipsen mit dem Halbachsenverhältnis k, die im Gegenuhrzeigersinn durchlaufen werden. Die Umlaufzeit $\Delta(r,\varphi)$ hängt in einfacher Weise mit der Stromfunktion zusammen, und zwar gilt $\Delta(r,\varphi) = -2\pi\,\Psi(r,\varphi)/(k\,U^2)$. Die Bewegungs– und die Deformationsgeschichte findet man durch Integration der Differentialgleichungen (1.102) und (1.103). Das gelingt hier sogar analytisch, kann aber auch numerisch geschehen.

Abb. 1.22 veranschaulicht die Geschichte des relativen Verzerrungstensors $\mathbf{C}_t$ komponentenweise für ein materielles Fluidelement, das sich zur aktuellen Zeit am Ort $(r, \varphi = 0)$ in einem Scheitel der Ellipse befindet. An dieser Stelle besitzt das dyadische Produkt $\mathbf{v}\,\mathrm{grad}\,\Delta$ in der Gl. (1.150) nur eine φr–Komponente, so daß der Tensor $\mathbf{F}_t$ zu den Zeitpunkten $i\Delta$ die für eine Scherströmung typische Matrixdarstellung besitzt (vgl. (1.114)). Damit wird verständlich, daß die Komponenten $C_{r\varphi}$ und C_{rr} mit der Zahl i der Umläufe linear bzw. quadratisch anwachsen und die Komponente $C_{\varphi\varphi}$ nach jedem Umlauf wieder den Anfangswert 1 erreicht. Mit Gl. (1.152) kann im übrigen die Verzerrungsgeschichte aller früheren Umläufe ($s/\Delta > 1$ in Abb. 1.22) aus den Daten des letzten Umlaufs ($0 \le s/\Delta \le 1$) erzeugt werden.

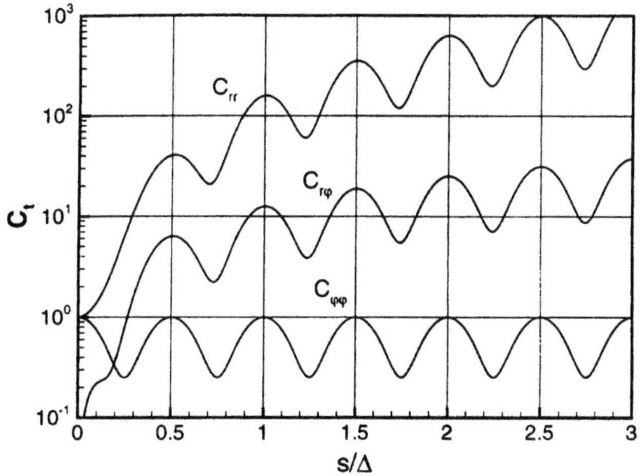

Abb. 1.22 Relative Verzerrungsgeschichte $\mathbf{C}_t(s)$ für $k = 0.5$, $\varphi = 0$, r beliebig

Die nützliche Beziehung (1.152) gilt übrigens allgemeiner als zuvor beschrieben wurde, insbesondere auch bei rotationssymmetrischen zyklischen Strömungen. Dabei erfährt ein materieller Punkt bei jedem Umlauf in der r–z–Ebene i. allg. auch eine Verschiebung in φ–Richtung, die dann rechts in Gl. (1.149) mit dem Faktor i hinzuzufügen wäre. Demzufolge tritt auch in Gl. (1.150) auf der rechten Seite ein mit i multiplizierter Summand (der Gradient dieses Verschiebungsfelds) auf, der aber beim Übergang zu Gl. (1.151) ebenso entfällt wie der Summand $i\,\mathbf{v}\,\mathrm{grad}\,\Delta$. Gl. (1.152) gilt also unverändert für rotationssymmetrische Strömungen und kann sinngemäß auch auf schraubensymmetrische Strömungen übertragen werden. Im übrigen müssen die Bahnlinien im zweidimensionalen Grundgebiet nicht einmal geschlossen sein. Die Strömung darf auch räumlich periodisch sein, so daß die materiellen Punkte während eines "Umlaufs" jeweils um eine Wellenlänge versetzt werden. Dann muß zwar in Gl. (1.149) ein konstanter Verschiebungsvektor berücksichtigt werden. Er entfällt aber offensichtlich bei der Gradientenbildung. Die Zykluszeit $\Delta(\mathbf{r})$ ist dann natürlich jene Zeit, die der materielle Punkt am Ort $\mathbf{r}$ zum Durchlaufen einer Wellenlänge benötigt. Somit kann Gl. (1.152) z. B. auch auf eine Geometrie nach Art der Abb. 1.20 angewandt werden, in der eigentliche Zirkulationsgebiete (im Gang der Schraube) und periodisch durchströmte "offene" Gebiete (zwischen Kamm und Gehäuse) koexistieren.

1.6 Konvektives Mischen

Zu den verfahrenstechnischen Grundoperationen gehört das Mischen zähflüssiger Stoffe. Es geht dabei darum, die zu verarbeitenden Massen in sich zu homogenisieren oder Zusatzstoffe geringer Konzentration (z.B. Farbstoffe, Bindemittel, Weichmacher oder Füllstoffe) möglichst gleichmäßig darin zu dispergieren. Die mit den Mischprozessen verbundenen Strömungen sind bei hochviskosen Flüssigkeiten im allgemeinen laminar. Bei der Kunststoffverarbeitung z. B. spielt Turbulenz gar keine und molekulare Diffusion nur eine untergeordnete Rolle. Eine Mischwirkung kommt deshalb nur durch Konvektionsprozesse zustande, bei denen sich anfangs benachbarte Partikel mit der Zeit voneinander entfernen und anfangs kompakte Partikelwolken mit der Zeit mehr oder weniger gleichmäßig über den gesamten Strömungsraum verteilen. Zum Studium laminarer Mischvorgänge folgt man also zweckmäßigerweise der am Partikel orientierten, sogenannten Lagrangeschen Betrachtungsweise. Der Begriff "Partikel" kennzeichnet dabei primär die materiellen Punkte des fluiden Kontinuums, zugleich aber auch hinreichend kleine Teile eines passiven Zusatzstoffes, der überall und jederzeit der Fluidströmung genau folgt.

1.6.1 Partikelbewegung als dynamisches System

Wir betrachten zunächst eine ebene inkompressible Strömung und gehen davon aus, daß das Eulersche Geschwindigkeitsfeld $\mathbf{v}(x, y, t)$ und mit ihm die Stromfunktion $\Psi(x, y, t)$ bekannt sind. Der zeitliche Verlauf der Partikelbewegung ergibt sich dann durch Integration der nichtlinearen Differentialgleichungen (Bahnlinien)

$$\frac{dx}{dt} = \frac{\partial \Psi(x,y,t)}{\partial y} \quad , \quad \frac{dy}{dt} = -\frac{\partial \Psi(x,y,t)}{\partial x} \tag{1.155}$$

bei Vorgabe der Anfangslage x_0, y_0 des Partikels zur Zeit $t_0 = 0$. Zur Illustration betrachten wir ein konkretes Beispiel:

$$\Psi(x,y,t) = \frac{Ub}{2}\left(1 - \frac{x^2}{a^2}\right)^2 \left(1 - \frac{y^2}{b^2}\right)\left[\left(1 + \frac{y}{b}\right) g_o(t) + \left(1 - \frac{y}{b}\right) g_u(t)\right] \tag{1.156}$$

mit $g_o + g_u \equiv 1$. Dieser Ausdruck simuliert zirkulationsbehaftete Strömungen in einer rechteckigen Kammer mit den Seitenlängen 2a und 2b. Im Sonderfall $g_o = 1$, $g_u = 0$, mit dem wir uns zunächst befassen wollen, ist die Strömung stationär. Das Fluid ruht an den beiden gegenüberliegenden Seiten bei $x = \pm a$ sowie an der unteren Seite bei $y = -b$, so daß man diese drei Seiten der Kammer als feststehende Wände ansehen kann, an denen das Fluid haftet. An der oberen Seite bewegt sich das Fluid tangential in negative x–Richtung mit einer vom Ort abhängigen Geschwindigkeit zwischen 0 in den Eckpunkten und 2U im Mittelpunkt. Auch diese "Wand" ist somit undurchlässig, bei ihrer tangentialen Verschiebung gilt aber die Haftbedingung nur im Mittel. Das zugehörige Stromlinienbild wird durch Abb. 1.23 veranschaulicht.

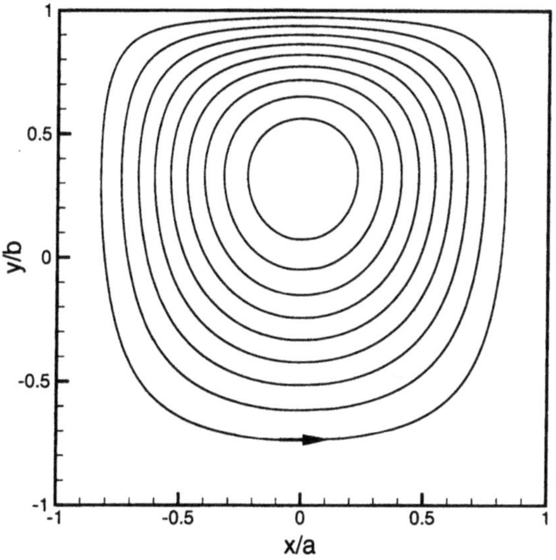

Abb. 1.23 Stromlinien $\Psi/Ub = \text{const}$ für das Feld gemäß Gl. (1.156) mit $g_o = 1$, $g_u = 0$; äquidistante Teilung zwischen $\Psi_{min}/Ub = 0$ und $\Psi_{max}/Ub = 16/27$

Da bei einer stationären Strömung die Bahnlinien mit den Stromlinien zusammenfallen, befindet sich ein individuelles Fluidpartikel zu allen Zeiten auf einer dieser geschlossenen Bahnen. Um die in einer quadratischen Kammer (b = a) dabei zu erreichende Durchmischung zu veranschaulichen, werden jeweils 400 materielle Punkte verfolgt, die anfangs die Kanten zweier Quadrate bzw. einen quadratischen "Klecks" bilden (Abb. 1.24a). Von der jeweiligen Anfangslage x_0, y_0 ausgehend, wird die spätere Position x(t), y(t) eines jeden Punktes durch numerische Integration hoher Genauigkeit des Differentialgleichungssystems (1.155) erzeugt. Die gewählte Punktdichte ist einerseits fein genug, um später noch einige Strukturen erkennen zu können, andererseits noch so grob, daß auch flüssige Linien, die nur wenig deformiert werden, anhand der Symbole identifiziert werden können. Bei der stationären Strömung wird der Klecks lediglich über einen ringförmigen Bereich zwischen denjenigen Bahnen verschmiert, die ihn in seiner Anfangslage berühren. Gleiches gilt für die unterschiedlich markierten flüssigen Linien. Abb.

1.24b zeigt die Lage aller materiellen Punkte zu einem späteren Zeitpunkt, nachdem die inneren Bahnen bereits mehrmals durchlaufen wurden ($t = 30\ a/U$). Diese Momentaufnahme läßt erkennen, daß sich anfangs benachbarte materielle Punkte mehr oder weniger weit voneinander entfernt haben. Eine gleichmäßige Durchmischung kann aber so offenbar nicht erreicht werden.

Die Qualität der Durchmischung verbessert sich eventuell wesentlich (bei gleichem Leistungseintrag), wenn die Strömung instationär, z. B. periodisch erfolgt. Zur Erzeugung einer insgesamt instationären Strömung wird außer der zuvor diskutierten Zirkulationsströmung aufgrund einer Verschiebung der oberen Wand ($g_o = 1$, $g_u = 0$) auch noch der zweite Anteil in Gl. (1.156) mit $g_o = 0$ und $g_u = 1$ herangezogen. Er beschreibt die komplementäre Zirkulationsströmung gleicher Stärke und mit gleichem Drehsinn, bei der sich nun aber die untere Wand verschiebt, während die obere Wand ruht. Das zugehörige Stromlinienbild entsteht einfach durch Drehung der Abb. 1.23 um 180°. Wir gehen davon aus, daß die beiden Bewegungsanteile alternierend jeweils für ein Zeitintervall der Länge T/2 "eingeschaltet" werden, erzeugen also eine T–periodische Strömung nach dem Muster

$$o, u, o, u, o, u, o, u, o, u, o, u, \ldots \tag{1.157}$$

Die Symbole o (oben) und u (unten) zeigen an, welche der beiden Wände jeweils bewegt wird.

Bei einer realen Flüssigkeit vergeht nach dem Umschalten der Randbedingungen natürlich eine gewisse Zeit, bis die Strömung wieder stationär geworden ist. Diese Umformzeit t_U ist umso kleiner, je größer die kinematische Viskosität ν der Flüssigkeit und je kleiner die Abmessungen des Strömungsraums sind, $t_U \sim a^2/\nu$. Wenn wir hier die Umformzeit gegenüber der Periodenzeit T ganz vernachlässigen, so geschieht dies also unter der Annahme einer hinreichend zähen Flüssigkeit in einer nicht zu großen Kammer bei nicht zu kleiner Periodenzeit, genauer: unter der Voraussetzung $a^2 \ll \nu T$.

Bei dieser Prozeßführung folgt ein materieller Punkt nur noch in jeder ersten Halbperiode einer Bahn gemäß Abb. 1.23, in jeder zweiten Halbperiode aber einer Bahn im komplementären, gedrehten Bild. Die Partikelbahnen haben somit insgesamt weit kompliziertere Eigenschaften als im stationären Fall. Abb. 1.24c zeigt den Erfolg der Durchmischung nach der gleichen Zeit wie zuvor. Es fällt auf, daß der Klecks noch weitgehend kompakt erhalten geblieben ist. Das ursprünglich links liegende materielle Quadrat wurde in einer Richtung stark gedehnt und zugleich mehrfach gefaltet. Das andere materielle Quadrat hat sich innerhalb der betrachteten Mischzeit bereits weitgehend "aufgelöst". Diese Beobachtungen führen zu der heuristischen Erkenntnis, daß konvektives Mischen mit einer Deformation materieller Linien– und Flächenelemente einhergeht, deren Intensität innerhalb der Flüssigkeit aber ganz unterschiedlich groß sein kann.

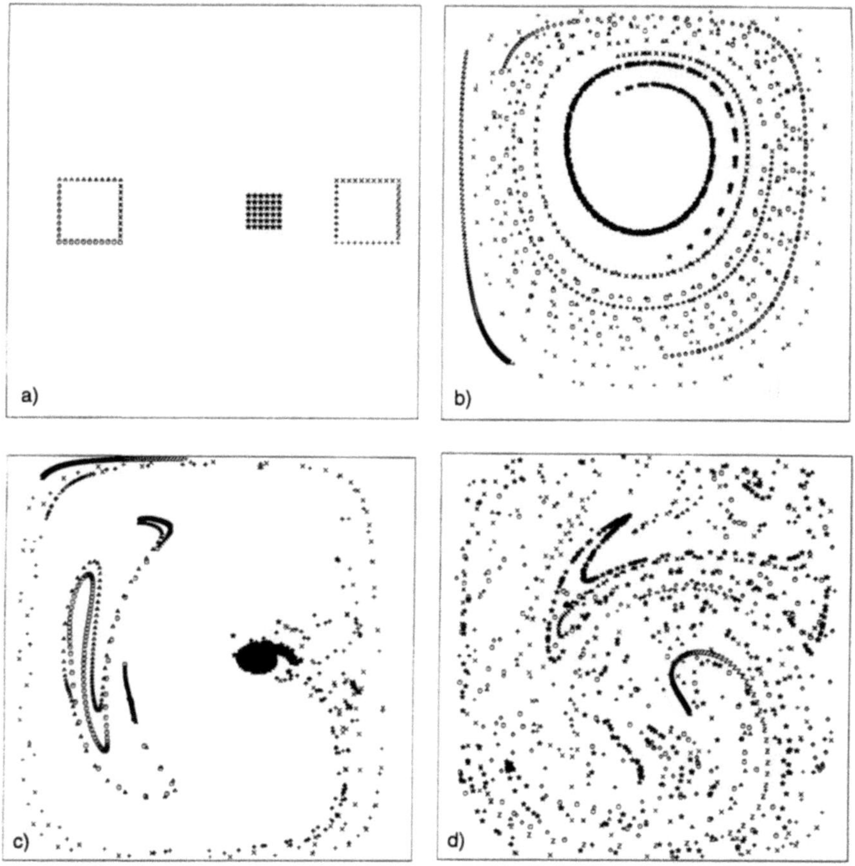

Abb. 1.24 a) Konfiguration zur Zeit t = 0, Veranschaulichung der Durchmischung bei b) stationärer, c) periodischer und d) aperiodischer Prozeßführung, jeweils zur Zeit t = 6T für UT/a = 5, b/a = 1

Tiefer gehende Einblicke gewinnt man, wenn man Gl. (1.155) als nichtlineares *dynamisches System* interpretiert und die qualitativen und quantitativen Methoden anwendet, die zur Analyse solcher Systeme entwickelt wurden. Tatsächlich handelt es sich im vorliegenden Fall um ein *Hamiltonsches System* mit einem Freiheitsgrad. Man erkennt das sofort, wenn man die Variable x als verallgemeinerte Koordinate q, die Variable y als verallgemeinerten Impuls p und die Stromfunktion $\Psi(x, y, t)$ als Hamiltonfunktion $H(q, p, t)$ deutet. Gl. (1.155) nimmt dann die für ein Hamiltonsches System vertraute kanonische Form an:

$$\dot{q} = \frac{\partial H}{\partial p} \quad , \qquad \dot{p} = -\frac{\partial H}{\partial q} \; . \tag{1.158}$$

Es bedarf möglicherweise einer gewissen Abstraktion, die reale Ortsvariable y als Impuls zu verstehen. Die Variablen q, p in den kanonischen Gleichungen (1.158) sind aber bekanntlich gleichwertig und vertauschbar. So könnte man ebensogut y als verallgemeinerte Koordinate und – x als verallgemeinerten Impuls auffassen (kanonische Transformation). Insofern besagt hier die Vokabel "Impuls" nichts anderes als die weniger abstrakte Umschreibung "kanonisch adjungierte Variable".

Dynamische Systeme leben im *Phasenraum*, dessen Achsen von den verallgemeinerten Koordinaten und Impulsen gebildet werden. Jeder Punkt dieses Raums repräsentiert einen bestimmten Zustand des Systems. Im vorliegenden Fall ($p = x$ und $q = y$) fällt der Phasenraum mit dem von der Flüssigkeit erfüllten "realen" Raum zusammen, in dem sich die inkompressible Strömung abspielt, und es ist klar, daß das Volumen dieses Raums im Laufe der Zeit konstant bleibt. Die Trajektorie, die ein Zustandspunkt durchläuft, ist nichts anderes als die Bahn eines materiellen Punktes.

Bei der Analyse dynamischer Systeme mit periodischer Anregung spielen geschlossene Trajektorien, die zyklisch durchlaufen werden, eine zentrale Rolle. Sie korrespondieren hier mit der periodischen Bewegung einzelner materieller Punkte, und man spricht deshalb gelegentlich einfach von einem *periodischen Punkt* (mit der Periode T). Zu seiner Identifikation verwenden wir zweckmäßigerweise den Zustandsvektor im Phasenraum, also den Ortsvektor $\mathbf{r}_0$ zur Zeit $t_0 = 0$. Die Periodizitätseigenschaft kommt durch folgende Beziehung zwischen den Zustandsvektoren $\mathbf{r}$ zur Zeit t und zur Zeit $t + T$ zum Ausdruck:

$$\mathbf{r}(\mathbf{r}_0, t+T) = \mathbf{r}(\mathbf{r}_0, t) \ . \tag{1.159}$$

Ein T–periodischer Punkt erreicht natürlich insbesondere nach einer Periode wieder die Ausgangslage:

$$\mathbf{r}_T := \mathbf{r}(\mathbf{r}_0, T) = \mathbf{r}_0 \ . \tag{1.160}$$

Um die *Stabilität* einer periodischen Trajektorie bei kleinen überlagerten Störungen zu prüfen, müssen Lösungen des dynamischen Systems in der Nähe der periodischen Lösung untersucht werden. Im Rahmen einer linearen Stabilitätstheorie erzeugt man zunächst durch Variation des nichtlinearen Systems (1.155) ein Differentialgleichungssystem für die Störgrößen. Es ist naturgemäß linaer und homogen und besitzt periodische Koeffizienten. Auf dieses System wäre dann die sogenannte Floquet–Theorie anwendbar. Wir können aber diesen Formalismus hier ganz umgehen, wenn wir uns daran erinnern, daß der Deformationsgradient $\mathbf{F}(\mathbf{r}_0, t)$ in linearer Näherung die Bewegung in der Umgebung eines materiellen Punktes $\mathbf{r}_0$ beschreibt. Die Evolutionsgleichungen für seine kartesischen Komponenten lauten (s. Gl. (1.94))

$$\begin{bmatrix} \dot{F}_{xx} & \dot{F}_{xy} \\ \dot{F}_{yx} & \dot{F}_{yy} \end{bmatrix} = \begin{bmatrix} \dfrac{\partial^2 \Psi(x,y,t)}{\partial x\, \partial y} & \dfrac{\partial^2 \Psi(x,y,t)}{\partial y^2} \\ -\dfrac{\partial^2 \Psi(x,y,t)}{\partial x^2} & -\dfrac{\partial^2 \Psi(x,y,t)}{\partial x\, \partial y} \end{bmatrix} \begin{bmatrix} F_{xx} & F_{xy} \\ F_{yx} & F_{yy} \end{bmatrix} . \qquad (1.161)$$

Integriert man dieses System mit der Anfangsbedingung $\mathbf{F} = \mathbf{1}$ für $t = 0$ längs der periodischen Trajektorie numerisch, so erhält man insbesondere die Deformationsgrößen $\mathbf{F}(\mathbf{r}_0, T)$ nach einem Zyklus. Ein beliebiger materieller Punkt, dessen Anfangslage sich um $d\mathbf{r}_0$ vom periodischen Punkt $\mathbf{r}_0$ unterscheidet, befindet sich nach einem Zyklus relativ zu diesem bei $d\mathbf{r}_T = \mathbf{F}(\mathbf{r}_0, T) \cdot d\mathbf{r}_0$ und nach k Zyklen wegen der Periodizität bei

$$d\mathbf{r}_{kT} = \left[\mathbf{F}(\mathbf{r}_0, T)\right]^k \cdot d\mathbf{r}_0 . \qquad (1.162)$$

Der Tensor $\mathbf{F}(\mathbf{r}_0, T)$ ist demnach der Verstärkungsfaktor für eine Störung des periodischen Zustands innerhalb eines Zyklus. Die periodische Trajektorie ist deshalb instabil, wenn wenigstens einer der möglicherweise komplexen Eigenwerte von $\mathbf{F}(\mathbf{r}_0, T)$ betragsmäßig größer als eins ausfällt, andernfalls stabil. Bei einer ebenen volumenerhaltenden Deformation hängen die beiden Eigenwerte von $\mathbf{F}$ in einfacher Weise mit $\operatorname{sp}\mathbf{F}$ zusammen:

$$\lambda_{1,2} = \frac{1}{2}\operatorname{sp}\mathbf{F} \pm \frac{1}{2}\sqrt{(\operatorname{sp}\mathbf{F})^2 - 4} . \qquad (1.163)$$

Damit kann die Aussage noch präzisiert werden: Instabilität liegt vor, wenn $|\operatorname{sp}\mathbf{F}(\mathbf{r}_0, T)| > 2$ gilt, und Stabilität, falls $|\operatorname{sp}\mathbf{F}(\mathbf{r}_0, T)| \le 2$ (die beiden Eigenwerte sind dann konjugiert komplex vom Betrag 1).

In diesem Licht wird nun das uneinheitliche Deformationsmuster in Abb. 1.24c verständlicher, wenn man erfährt, daß innerhalb des dunklen Kleckses und innerhalb des linken Quadrats stabile periodische Punkte der Periode T liegen (mit $\operatorname{sp}\mathbf{F}(\mathbf{r}_0, T) \approx -1{,}223$ bzw. $\operatorname{sp}\mathbf{F}(\mathbf{r}_0, T) \approx -0{,}337$), ansonsten aber nur instabile T–periodische Punkte auftreten. Die noch kompakt erhaltenen Linienelemente, die sich momentan fern ihrer ursprünglichen Lage befinden, deuten darauf hin, daß auch stabile periodische Trajektorien existieren, die erst nach einem Vielfachen der Anregungsperiode T zum Ausgangszustand zurückkehren (Subharmonische). In einer gewissen Umgebung der stabilen periodischen Trajektorien bleiben anfangs benachbarte materielle Punkte zu allen Zeiten benachbart. Außerhalb dieser Bereiche divergieren aber die Bahnen benachbarter Punkte (infinitesimale Abstände wachsen exponentiell mit der Zeit). Das führt zu einem scheinbar regellosen "chaotischen" Durchlaufen des Phasenraums, obwohl jede Trajektorie durch den Anfangszustand eindeutig bestimmt ist und der zeitliche Ablauf stetig von den Anfangsbedingungen abhängt. Schon das einfache Differentialgleichungssystem (1.155) mit einer analytischen Stromfunktion nach Art der Gl. (1.156) erweist sich somit als deterministisches *chaotisches System*.

Im Hinblick auf das Ziel einer möglichst effektiven Durchmischung ist das chaotische Systemverhalten durchaus hilfreich. Die eigentlichen Hemmnisse bilden vielmehr die nichtchaotischen Inseln in der Nähe der stabilen periodischen Punkte. Deren Beseitigung durch eine aperiodische Prozeßführung kann sich günstig auf die Mischgüte auswirken. Zur Illustration wählen wir statt der periodischen Folge (1.157) eine Folge mit rekursiv–inverser Fortsetzung, bei der die Elementaranteile "o" und "u" wieder gleich häufig, aber nicht mehr alternierend auftreten:

$$\text{o, u, u, o, u, o, o, u, u, o, o, u, \dots} \qquad (1.164)$$

Abb. 1.24d läßt eine deutliche Verbesserung der Durchmischung erkennen. Man beachte, daß in allen drei Fällen, die in Abb. 1.24 miteinander verglichen werden, nicht nur die Mischzeit, sondern auch die zum Antrieb der Strömung erforderliche Energie und übrigens auch die Zirkulation jeweils gleich sind.

Wenn man erkannt hat, daß konvektives Mischen mit der Deformation materieller Linien– und Flächenelemente einhergeht, liegt es nahe, materielle Deformationsgrößen zur Bewertung der Mischprozesse heranzuziehen. Bei ebenen, volumenbeständigen Deformationen besitzt der Verzerrungstensor $\mathbf{C}(\mathbf{r}_0,t) = \mathbf{F}^T \cdot \mathbf{F}(\mathbf{r}_0,t)$ eine einzige Invariante, nämlich $\mathrm{sp}\,\mathbf{C}(\mathbf{r}_0,t)$, und die effektive Verzerrung der Fluidelemente zur Zeit t wird durch die Größe

$$\Lambda(\mathbf{r}_0,t) := \sqrt{\frac{1}{2}\,\mathrm{sp}\,\mathbf{C}(\mathbf{r}_0,t)} \qquad (1.165)$$

erfaßt (der Zahlenwert $\Lambda = 1$ entspricht dem unverzerrten Zustand in der jeweiligen Anfangslage $\mathbf{r}_0$). Man berechnet Λ durch simultane Integration der Gleichungssysteme (1.155) und (1.161). Führt man das für hinreichend viele Anfangslagen durch, so kann man schließlich die Verzerrungsverteilung in der Flüssigkeit quantifizieren. Das geschieht mit Hilfe einer Verteilungsfunktion $G(\Lambda)$, die den Mengenanteil der Flüssigkeit angibt, dessen Verzerrung kleiner als Λ ist.

Da die nichtlinearen Anfangswertprobleme für sehr viele Startbedingungen und gegebenenfalls für verschiedene Werte der Prozeßparameter (hier b/a und UT/a) gelöst werden müssen und da die Evolutionsgleichungen (1.161) inhärent instabil sind (exponentielles Wachstum der Lösungen), sind schnelle und vor allem genaue numerische Integrationsverfahren für solche Berechnungen von großer Bedeutung.

Zu den verschiedenen Prozeßführungen gehören natürlich unterschiedliche Verteilungsfunktionen (Abb. 1.25). Der stationäre Fall ist durch eine relativ enge Verzerrungsverteilung gekennzeichnet. Bei periodischer Anregung wird ein Teil der

Flüssigkeit zwar wesentlich stärker verzerrt (lokales Chaos), ein anderer Teil (die Umgebung der stabilen periodischen Punkte) aber deutlich geringer. Bei aperiodischer Anregung treten insgesamt erheblich größere Λ–Werte auf, und das entspricht einer besseren Durchmischung. Man beachte die logarithmische Teilung der Λ–Achse! Die statistischen Mittelwerte $\overline{\Lambda}$ haben übrigens unterschiedliches Langzeitverhalten: Bei der stationären Zirkulationsströmung wächst $\overline{\Lambda}$ nur linear mit der Zeit (s. Abschnitt 1.5.4), im Fall der aperiodischen Strömung aber exponentiell (globales Chaos).

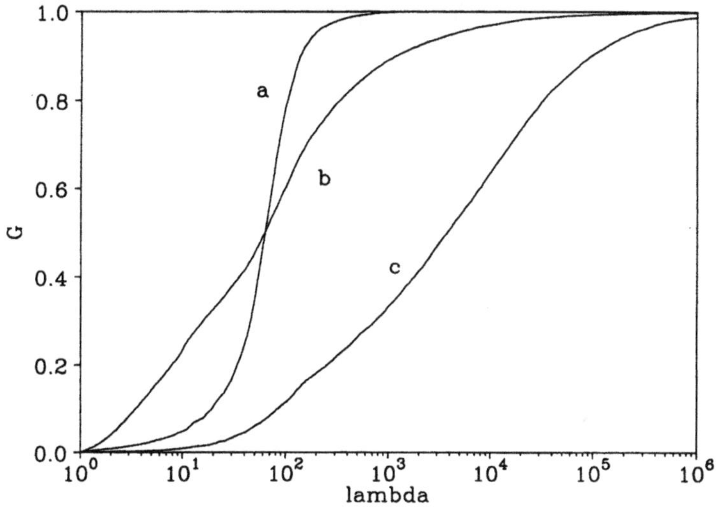

Abb. 1.25 Verzerrungsverteilung bei a) stationärer, b) periodischer und c) aperiodischer Prozeßführung, jeweils zur Zeit $t = 12\,T$

1.6.2 Poincaré–Schnitt

Reale Mischapparate sind natürlich räumliche Gebilde und die Strömungen in ihnen in der Regel dreidimensional. Die Partikelbahnen als Trajektorien im Phasenraum sind dann noch komplexer als bei einer ebenen Strömung, und es bedarf weiterer Hilfsmittel aus der Theorie dynamischer Systeme, um hier Strukturen zu erkennen. Zur Illustration betrachten wir einen statischen Mischer in Form eines kreiszylindrischen Rohrs (Innendurchmesser d), in dem sich dünne gewendelte Blechsegmente befinden, die den Rohrquerschnitt halbieren und abschnittsweise linksgängig oder rechtsgängig verschraubt sind (mit der Gangsteigung $H = d$). Alle Segmente haben die gleiche Länge L und ruhen ebenso wie das Gehäuse. An den Nahtstellen sind sie um 90° gegeneinander verdreht (Abb. 1.26).

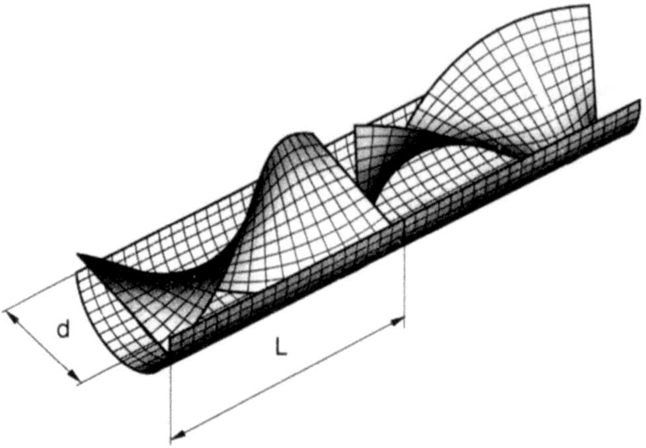

Abb. 1.26 Skizze zweier Segmente des statischen Mischers

Durch diese Konfiguration wird nun eine zähe Flüssigkeit gepreßt, um sie im stationären Betrieb konvektiv zu mischen. Die alternierende Anordnung linker und rechter Wendelsegmente führt zu einer räumlichen Periodizität der Strömung mit der Wellenlänge 2L. Numerische Strömungsberechnungen für sehr zähe Flüssigkeiten (kleine Reynolds–Zahlen) ergeben, daß sich bei realistischen Segmentlängen innerhalb der Segmente im wesentlichen jeweils eine voll ausgebildete schraubensymmetrische Strömung mit den in Abschnitt 1.5.3 erwähnten Eigenschaften einstellt. Deshalb werden Einlauf- und Endeffekte an den Übergängen hier ganz vernachlässigt. Im übrigen approximieren wir die schraubensymmetrische Strömung der Einfachheit halber noch durch realistische analytische Funktionen, und zwar im ersten Linkssegment $(0 \leq z < L)$ durch folgende Formelausdrücke:

$$\Psi(r,\varphi,z) = -2Wr^2\left(1-\frac{2r}{d}\right)^2 \sin^2\left(\frac{2\pi z}{d}+\varphi\right) , \tag{1.166}$$

$$v_z(r,\varphi,z) = 10\pi\sqrt{2}\,W\frac{r}{d}\left(1-\frac{2r}{d}\right) e^{-3r/d} \left|\sin\left(\frac{2\pi z}{d}+\varphi\right)\right| . \tag{1.167}$$

W bezeichnet die mittlere axiale Geschwindigkeit. Abb. 1.27 veranschaulicht beide Funktionen durch Linien $\Psi = \text{const}$ bzw. $v_z = \text{const}$ über der Querschnittsebene $z = d/2$. In allen anderen Linkssegmenten (bei $2iL \leq z < (2i+1)L$; i ganzzahlig) gelten gleichartige, in den Rechtssegmenten (bei $(2i-1)L \leq z < 2iL$) analoge Beziehungen, dort jedoch mit $-\varphi$ statt φ und mit einer zusätzlichen Phasenverschiebung wegen der anderen Nullage.

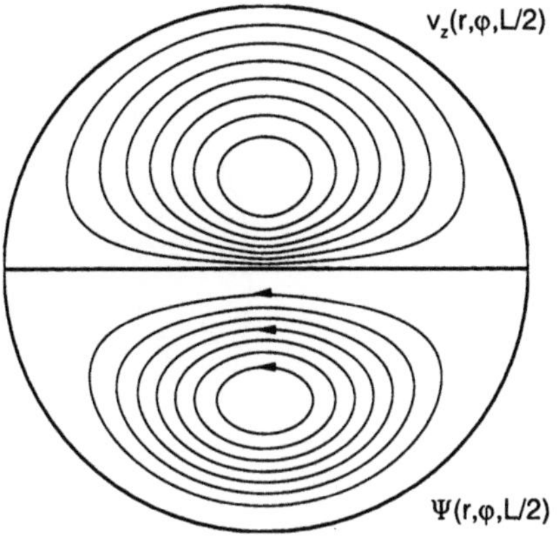

Abb. 1.27 Linien konstanter Stromfunktion Ψ (unten) und konstanter axialer Geschwindigkeitskomponente v_z (oben) bei jeweils äquidistanter Teilung, $L/d = 1$

Mit dieser Modellbildung findet man Partikelbahnen durch Integration der nichtlinearen Differentialgleichungen

$$\frac{dr}{dt} = -\frac{1}{r}\frac{\partial\Psi(r,\varphi,z)}{\partial z} ,$$

$$\frac{d\varphi}{dt} = \frac{2\pi}{d}\left[\frac{1}{r}\frac{\partial\Psi(r,\varphi,z)}{\partial r} - v_z(r,\varphi,z)\right] , \tag{1.168}$$

$$\frac{dz}{dt} = v_z(r,\varphi,z)$$

bei Vorgabe der Anfangslagen r_0, φ_0, z_0 zur Zeit $t = 0$. Die Lösungsvielfalt dieses autonomen dynamischen Systems reicht von räumlich periodischen Bahnen bis zu Bahnen mit regellosem, chaotischen Verlauf. Ihre Aufzeichnung im kontinuierlichen Verlauf würde allerdings zu unübersichtlichen räumlichen Darstellungen führen. Tiefer gehenden Einblick in das Systemverhalten gewinnt man bei Beschränkung auf eine diskrete Punktfolge und deren Projektion in einen Bildraum geringerer Dimension. Im vorliegenden Fall lassen wir die Partikel gleichsam nur dann aufblitzen, wenn sie die Ebenen $z = 2iL$ (i ganzzahlig) durchlaufen, die äquidistant im Abstand je einer Wellenlänge gestaffelt sind, und registrieren die Lage in der r–φ–Ebene. Die Lageänderung beim Durchlaufen je eines Links– und eines Rechtssegments erscheint somit als Punktabbildung innerhalb der Ebene. Die Fixpunkte dieser Abbildung entsprechen räumlich periodischen Partikelbahnen. Die Menge der Punkte, die bei einer Iteration der Abbildung erzeugt wird, bezeichnet man als *Poincaré–Schnitt*. Er ist gleichsam der Fingerabdruck des dynamischen Systems.

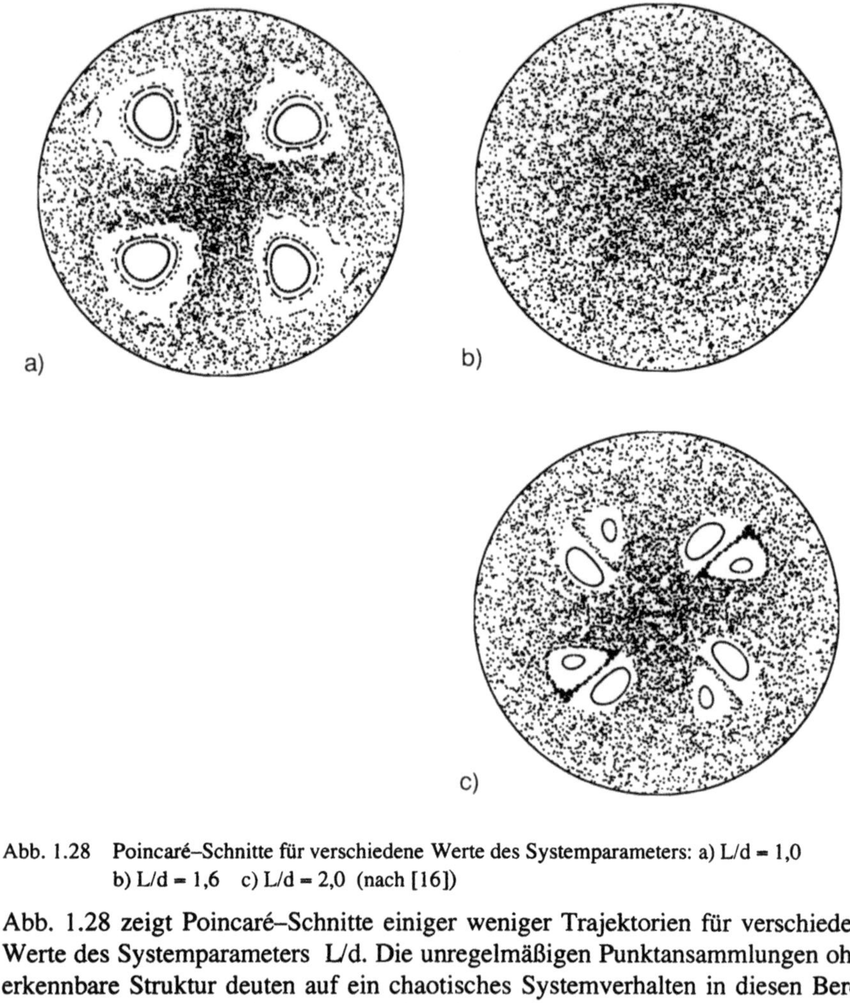

Abb. 1.28 Poincaré–Schnitte für verschiedene Werte des Systemparameters: a) L/d = 1,0 b) L/d = 1,6 c) L/d = 2,0 (nach [16])

Abb. 1.28 zeigt Poincaré–Schnitte einiger weniger Trajektorien für verschiedene Werte des Systemparameters L/d. Die unregelmäßigen Punktansammlungen ohne erkennbare Struktur deuten auf ein chaotisches Systemverhalten in diesen Bereichen hin: Benachbarte Trajektorien divergieren (infinitesimale Abstände wachsen exponentiell mit der Zeit), und das führt zu einem scheinbar regellosen Durchlaufen des Phasenraums, obwohl jede Trajektorie durch den Anfangszustand eindeutig bestimmt ist und der zeitliche Ablauf stetig von den Anfangsbedingungen abhängt. Innerhalb der "chaotischen See" existieren aber eventuell strukturierte "Inseln", die von stabilen periodischen und fastperiodischen Trajektorien gebildet werden. Hier bleiben anfangs benachbarte Partikel zu allen Zeiten innerhalb ihrer Insel benachbart und nehmen an der großräumigen Stoffverteilung somit gar nicht teil. Offensichtlich ist mit den Parametern der Abb. 1.28a und 1.28c die Durchmischung deshalb unvollkommen. Bemerkenswerterweise liegt aber zwischen beiden Werten für L/d ein Parameterintervall mit global chaotischem Verhalten (1,50 < L/d < 1,96; Abb. 1.28b). Im Hinblick auf das angestrebte Ziel repräsentiert es ein günstiges *Mischfenster*. Mit einer Änderung des Systemparameters L/d vollzieht sich der Übergang von einer zunächst periodischen zu einer determiniert chaotischen Bahn nicht etwa abrupt, sondern nach gewissen Verzweigungsszenarien, die für nichtlineare dynamische Systeme allgemein typisch sind.

Die Analyse konvektiver Mischvorgänge mit Methoden der Systemdynamik erfolgte zuerst vor allem anhand geometrisch und kinematisch einfacher Modelle unter der Voraussetzung newtonscher Stoffeigenschaften. Erst in neuerer Zeit werden praxisnahe komplexe Geometrien betrachtet, für die das Eulersche Geschwindigkeitsfeld dann aber numerisch bereitgestellt werden muß, bevor das dynamische System der Lagrangeschen Partikelbewegung studiert werden kann. Die Anwendung des Konzepts auf verfahrenstechnische Prozesse mit nichtnewtonschen Fluiden steht weitgehend noch aus.

Aufgaben

1.1 Gegeben ist das Eulersche Geschwindigkeitsfeld einer ebenen instationären Strömung:

$$u = -\Omega(y - a\sin\Omega t), \quad v = \Omega(x + a\cos\Omega t)$$

mit konstanten Parametern Ω und a. Bestimmen Sie die Stromfunktion $\Psi(x, y, t)$ und die zugehörigen Stromlinienbilder zur Zeit $\Omega t = 0$ und zur Zeit $\Omega t = \pi/2$, die Bahnlinien der beiden materiellen Punkte, die sich zur Zeit $\Omega t_0 = 0$ bzw. zur Zeit $\Omega t_0 = \pi/2$ am Ort $(x_0, 0)$ befinden, sowie die Streichlinie durch den Punkt $(x_0, 0)$ zur Zeit $\Omega t = 0$ und zur Zeit $\Omega t = \pi/2$.

Hinweis: Wer die erforderlichen Integrationen nicht analytisch bewältigt, kann ein Computeralgebraprogramm einsetzen oder muß die gewöhnlichen Differentialgleichungen numerisch integrieren. Verwenden Sie folgende Zahlenwerte: $\Omega = 1\,s^{-1}$, $a = 2\,m$, $x_0 = 1\,m$.

1.2 Das Geschwindigkeitsfeld (1.128) beschreibt eine stationäre homogene Dehnströmung, wenn die Dehngeschwindigkeiten $\dot\varepsilon_1, \dot\varepsilon_2$, und $\dot\varepsilon_3$ räumlich und zeitlich konstante Größen sind. Zeigen Sie, daß dabei die höheren Rivlin–Ericksen–Tensoren gemäß $\mathbf{A}_n = \mathbf{A}_1^n$ auf den ersten Rivlin–Ericksen–Tensor zurückgeführt werden können. Was läßt sich über die Jaumannsche Zeitableitung von $\mathbf{A}_1$ sagen?

1.3 In einem sogenannten Maxwell–Chartoff–Rheometer wird versucht, ein stationäres Geschwindigkeitsfeld der Form

$$u = -\omega y + \omega\psi z, \quad v = \omega x, \quad w = 0$$

zu erzeugen, wobei ω und ψ Konstanten sind. Handelt es sich dabei um eine ebene Strömung? Bestimmen Sie die Bewegungsgeschichte desjenigen Teilchens, das sich zur Zeit t am Ort x, y, z befindet, und daran anschließend die Geschichte des relativen Rechts–Cauchy–Green–Tensors.

Welcher Pfad wird im Raum der Invarianten durchlaufen (Abb. 1.15)? Ist die Strömung viskosimetrisch?

1.4 Überzeugen Sie sich davon, daß für die Produkte aus einem symmetrischen Tensor $\mathbf{A}$ und einem schiefsymmetrischen Tensor $\mathbf{W}$ gilt: $\mathrm{sp}(\mathbf{A}\cdot\mathbf{W}) = \mathrm{sp}(\mathbf{W}\cdot\mathbf{A}) = 0$. Zum Beweis legt man zweckmäßigerweise das Hauptachsensystem von $\mathbf{A}$ zugrunde. Zeigen Sie außerdem, daß für die materielle Zeitableitung des ersten Rivlin–Ericksen–Tensors folgendes gilt: $\mathrm{sp}(\mathrm{D}\mathbf{A}_1 / \mathrm{D}t) = 2\,\mathrm{D}(\mathrm{div}\,\mathbf{v}) / \mathrm{D}t$.

Mit diesen Erkenntnissen schließt man aus Gl. (1.108), daß bei jeder inkompressiblen Strömung (auch wenn sie instationär ist) überall und zu allen Zeiten die bemerkenswerte Beziehung $\mathrm{sp}\,\mathbf{A}_2 = \mathrm{sp}(\mathbf{A}_1^2)$ besteht.

1.5 Das Geschwindigkeitsfeld der rotationssymmetrischen Strömung, die von einer rotierenden Kugel (Radius R_0, Winkelgeschwindigkeit Ω_0) in einer unendlich ausgedehnten Flüssigkeit erzeugt wird, besitzt unter gewissen Voraussetzungen eine φ–Komponente der Form

$$v_\varphi = R_0^3\,\Omega_0\,\frac{\sin\vartheta}{R^2} \; .$$

Dabei sind R der Abstand vom Kugelzentrum und ϑ der Winkel zwischen dem Ortsvektor und der Drehachse (Kugelkoordinaten). Berechnen Sie die Komponenten ω_R und ω_ϑ des Wirbelvektors, und skizzieren Sie die Wirbellinien in der Meridianebene.

1.6 Die Stromfunktion in Gl. (1.153) beschreibt eine stationäre, ebene inkompressible Strömung mit geschlossenen elliptischen Bahnlinien, die zyklisch durchlaufen werden (Umlaufzeit $\Delta(r,\varphi) = -2\pi\,\Psi(r,\varphi)/(k\,U^2)$) . Bestimmen Sie unter Verwendung der dann gültigen Beziehung (1.150) die Komponenten des relativen Verzerrungstensors $\mathbf{C}_t = \mathbf{F}_t^{\mathrm{T}}\cdot\mathbf{F}_t$ zu den retardierten Zeitpunkten $s = i\Delta$ (i ganzzahlig) für jene Fluidelemente, die sich aktuell bei $\varphi = 0$ bzw. bei $\varphi = 90^\circ$ befinden, und stellen Sie den Zusammenhang mit Abb. 1.22 her.

Hinweis: Wegen einer zweizähligen Symmetrie der Strömung gilt Gl. (1.150) hier sogar für $i = 1/2\;,\;3/2\;,\;5/2$ usw.

1.7 Überzeugen Sie sich davon, daß für die Deformationsgeschichte zyklischer stationärer Strömungen mit der Eigenschaft (1.151) auch folgendes gilt:

$$\left[\mathbf{F}_t(\mathbf{r}, i\Delta(\mathbf{r})) - \mathbf{1}\right]^n = \mathbf{0} \qquad \text{für jedes ganzzahlige } n \geq 2 \; .$$

Zu den retardierten Zeiten $s = i\Delta$, in denen eine ganze Anzahl von Zyklen durchlaufen wurde, ist demnach der Tensor $\mathbf{F}_t - \mathbf{1}$ *"nilpotent* vom Index 2" .

1.8 Die stationäre inkompressible Grenzschichtströmung nahe einer ebenen Wand, an der die Flüssigkeit homogen abgesaugt wird, besitzt das kartesische Geschwindigkeitsfeld (s. Abb. 6.17)

$$u = u(y)\,, \qquad v = -v_0 = \mathrm{const}\,, \qquad w = 0 \; .$$

Zeigen Sie, daß der relative Verzerrungstensor $\mathbf{C}_t$ die für eine Scherströmung typische Matrixdarstellung gemäß Gl. (1.115) besitzt, wobei $\gamma(y,s) = \left[u(y+v_0 s) - u(y)\right]/\,v_0$.

2 Kontinuumsmechanische Grundlagen

2.1 Spannung und Volumenkraft

Die bisherigen Ausführungen galten der Kinematik fluider Kontinua. Um Strömungsmechanik betreiben zu können, werden außer den kinematischen noch weitere Zustandsgrößen benötigt, die im Sinne der Kontinuumshypothese lokal definiert sind. Zur Beschreibung der Masseverteilung benötigt man eine skalare Feldfunktion. Üblicherweise verwendet man die *Massendichte* ρ (kurz: "Dichte") mit der Eigenschaft, daß $\rho\, dV$ die in einem Volumenelement der Größe dV enthaltene Masse angibt. Was die Kräfte betrifft, die auf ein Kontinuum einwirken, so hat man zwischen *Volumenkräften* und *Oberflächenkräften* zu unterscheiden. Volumenkräfte greifen im Inneren des Körpers an, Oberflächenkräfte wirken an der Grenzfläche zwischen dem Kontinuum und seiner Umgebung. Zu ihrer Beschreibung führt man zweckmäßigerweise den Vektor der *Volumenkraftdichte* $\mathbf{f}$ und den *Spannungsvektor* $\mathbf{t}$ ein, so daß $\mathbf{f}\, dV$ die auf ein Volumenelement der Größe dV einwirkende Kraft und $\mathbf{t}\, dA$ die an einem Oberflächenelement der Größe dA übertragene Kraft angeben (Abb. 2.1).

Man beachte die unterschiedliche Dimension beider Größen: $\mathbf{f}$ [N/m^3] ist eine volumenbezogene Kraft, $\mathbf{t}$ [N/m^2] aber eine flächenbezogene Kraft. In der Volumenkraft kommen weitreichende Wechselwirkungen zwischen dem Körper und seiner Umgebung zum Ausdruck. Als Volumenkraft kommt bei vielen Anwendungen nur die Schwerkraft in Frage; im Schwerefeld der Erde ist $\mathbf{f}/\rho$ dem vertikal nach unten gerichteten Vektor der Schwerebeschleunigung gleich, somit räumlich konstant und "konservativ" $(\text{rot}\,(\mathbf{f}/\rho) = \mathbf{0})$.

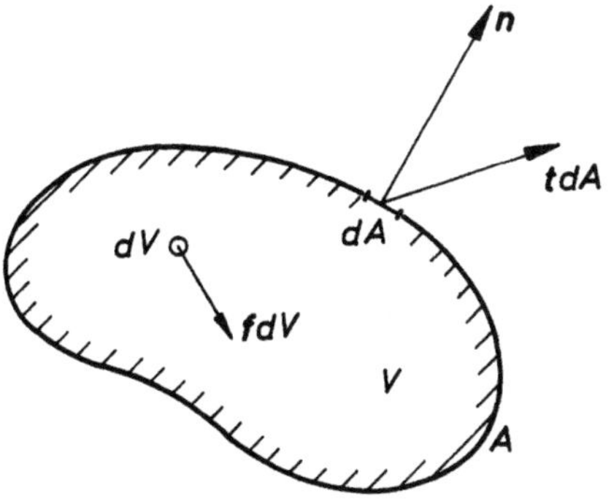

Abb. 2.1 Zur Erläuterung von Spannungsvektor und Volumenkraftdichte

Nach dem *Schnittprinzip* werden auch im Inneren des Körpers auf jeder gedachten Schnittfläche Spannungen wirksam. Die auf einen beliebigen Teil des Kontinuums (Volumen V, Oberfläche A) insgesamt einwirkende Kraft setzt sich also stets aus zwei Beiträgen der Art

$$\iint\limits_A \mathbf{t}\, dA + \iiint\limits_V \mathbf{f}\, dV \tag{2.1}$$

zusammen. Bekanntlich bezeichnet man jene Komponente eines Spannungsvektors, die zur Richtung der Flächennormalen gehört, als *Normalspannung* (übliches Symbol σ), die übrigen, tangential zur Schnittfläche orientierten Komponenten als *Schubspannungen* (Symbol τ).

Die Spannungsvektoren $\mathbf{t}$ bilden kein Vektorfeld im üblichen Sinne, denn $\mathbf{t}$ hängt nicht nur von Ort und Zeit, sondern vielmehr auch noch von der Schnittrichtung ab. Man erkennt das bereits am Reaktionsprinzip: An den beiden Ufern eines Schnitts durch das Kontinuum sind die Spannungsvektoren zwar dem Betrag nach gleich groß, aber entgegengesetzt gerichtet,

$$\mathbf{t}(-\mathbf{n}) = -\mathbf{t}(\mathbf{n}) \ . \tag{2.2}$$

Die Größe $\mathbf{n}$ bezeichnet hier und im folgenden stets den *äußeren Normaleneinheitsvektor* auf der Oberfläche des herausgeschnittenen Teils des Kontinuums (Abb. 2.1).

Betrachten wir nun an ein und derselben Stelle im Kontinuum drei verschiedene Schnittflächen mit den Normalenvektoren $\mathbf{e}_x$, $\mathbf{e}_y$ und $\mathbf{e}_z$! Es ist üblich, für die Komponenten der zugehörigen Spannungsvektoren besondere Bezeichnungen einzuführen:

$$\mathbf{t}(\mathbf{e}_x) \mathrel{\hat{=}} \begin{bmatrix} \sigma_{xx} \\ \tau_{yx} \\ \tau_{zx} \end{bmatrix}, \quad \mathbf{t}(\mathbf{e}_y) \mathrel{\hat{=}} \begin{bmatrix} \tau_{xy} \\ \sigma_{yy} \\ \tau_{zy} \end{bmatrix}, \quad \mathbf{t}(\mathbf{e}_z) \mathrel{\hat{=}} \begin{bmatrix} \tau_{xz} \\ \tau_{yz} \\ \sigma_{zz} \end{bmatrix} . \tag{2.3}$$

Bei einem quaderförmigen Element, dessen Kanten parallel zu den Koordinatenachsen orientiert sind, werden die Komponenten σ_{xx}, σ_{yy} und σ_{zz} als Normalspannungen, τ_{xy}, τ_{xz} usw. als Schubspannungen sichtbar (Abb. 2.2). Der erste Index zeigt die Richtung an, in der die Spannungskomponente wirkt, der zweite Index die Normalenrichtung des Flächenelements. Diese 9 Spannungskomponenten beschreiben den Spannungszustand in einem Punkt des Kontinuums vollständig. Man kann nämlich zeigen, daß sich der zu einem beliebig orientierten Flächenelement gehörende Spannungsvektor gemäß

$$\begin{bmatrix} t_x \\ t_y \\ t_z \end{bmatrix} = \begin{bmatrix} \sigma_{xx} & \tau_{xy} & \tau_{xz} \\ \tau_{yx} & \sigma_{yy} & \tau_{yz} \\ \tau_{zx} & \tau_{zy} & \sigma_{zz} \end{bmatrix} \cdot \begin{bmatrix} n_x \\ n_y \\ n_z \end{bmatrix} \tag{2.4}$$

aus den neun Elementen und den Komponenten n_x, n_y, n_z des Normalenvektors zusammensetzt. Diese sogenannten *Cauchyschen Spannungsformeln* können kurz in der Form

$$\mathbf{t} = \mathbf{S} \cdot \mathbf{n} \tag{2.5}$$

geschrieben werden. Die Größe $\mathbf{S}$ bewirkt eine lineare Abbildung des Normalenvektors $\mathbf{n}$ in den Spannungsvektor $\mathbf{t}$ und ist deshalb ein Tensor zweiter Stufe. $\mathbf{S}$ heißt *Cauchyscher Spannungstensor*.

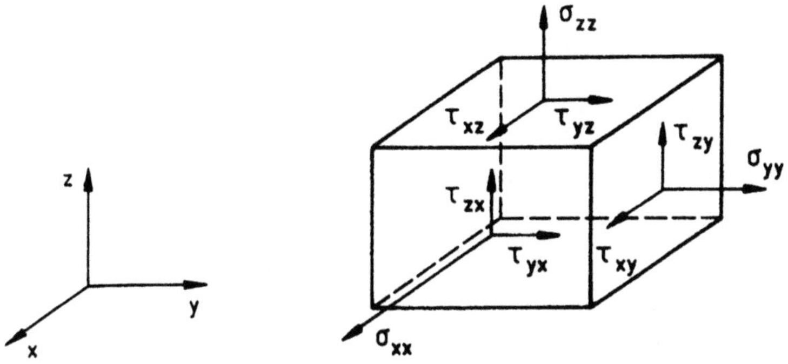

Abb. 2.2 Die Elemente des Spannungstensors

Zur Begründung der Cauchyschen Spannungsformeln betrachten wir die Kräfte an einem tetraederförmigen Volumenelement (Abb. 2.3). Drei seiner Flächen sind speziell orientiert ($\mathbf{n} = -\mathbf{e}_x, -\mathbf{e}_y$ bzw. $-\mathbf{e}_z$), die vierte liegt schräg im Raum ($\mathbf{n}$ beliebig). Am infinitesimal kleinen Volumenelement stehen die Oberflächenkräfte im Gleichgewicht, denn die Volumenkraft und die Trägheitskraft ("Masse mal Beschleunigung") verschwinden wie dV. Das Kräftegleichgewicht lautet

$$\mathbf{t}(\mathbf{n})\,dA + \mathbf{t}(-\mathbf{e}_x)\,dA_x + \mathbf{t}(-\mathbf{e}_y)\,dA_y + \mathbf{t}(-\mathbf{e}_z)\,dA_z = \mathbf{0} \ .$$

Nun können die Flächen dA_x, dA_y und dA_z als Projektionen der Fläche dA aufgefaßt werden: $dA_x = \mathbf{e}_x \cdot \mathbf{n}\, dA$ usw. Unter Berücksichtigung der Eigenschaft (2.2) folgt somit

$$\mathbf{t}(\mathbf{n}) = \left[\mathbf{t}(\mathbf{e}_x)\,\mathbf{e}_x + \mathbf{t}(\mathbf{e}_y)\,\mathbf{e}_y + \mathbf{t}(\mathbf{e}_z)\,\mathbf{e}_z\right] \cdot \mathbf{n} \ ,$$

und das ist nichts anderes als Gl. (2.4).

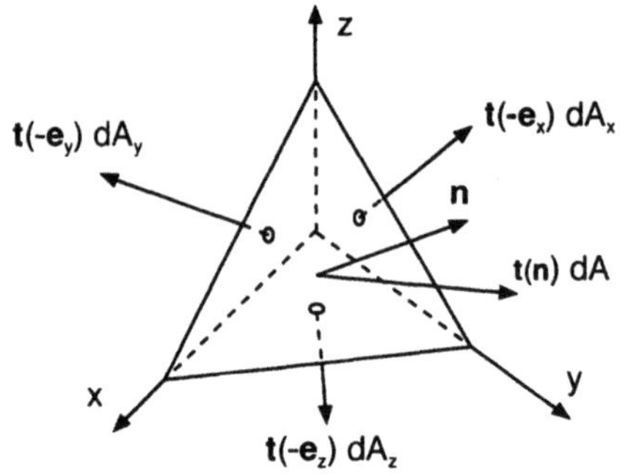

Abb. 2.3 Zur Erläuterung der Cauchyschen Spannungsformeln

Bei vielen technisch interessierenden Stoffen ist der Spannungstensor *symmetrisch* $(\mathbf{S}^T = \mathbf{S})$, d. h.

$$\tau_{yx} = \tau_{xy}, \quad \tau_{zy} = \tau_{yz}, \quad \tau_{xz} = \tau_{zx} . \tag{2.6}$$

Zur Beschreibung des Spannungszustands in einem solchen Kontinuum benötigt man also sechs skalare Größen, welche die Komponenten eines symmetrischen Tensors darstellen. In einer Strömung hängen sie natürlich ebenso wie die Komponenten des Geschwindigkeitsvektors in der Regel vom Ort und möglicherweise auch von der Zeit ab. Wenn diese Eigenschaft betont werden soll, verwenden wir auch in Zusammenhang mit mechanischen Spannungen den Begriff "Feld", sprechen also z. B. von einem (tensoriellen) Spannungsfeld.

Die Symmetrie des Spannungstensors läßt sich für "nichtpolare" Kontinua aus einer lokalen Momentengleichgewichtsbedingung ableiten. Wir betrachten hierzu ein quaderförmiges materielles Volumenelement (Abmessungen dx, dy, dz) und das von den Volumen- und den Oberflächenkräften erzeugte Drehmoment bezüglich einer Achse durch den Mittelpunkt (Abb. 2.4). Bei dieser Überlegung ist es irrelevant, ob sich die Spannungen räumlich ändern. Wir gehen deshalb der Einfachheit halber von einem homogenen Spannungszustand aus (Angriffspunkt der Kräfte in der Mitte der jeweiligen Fläche) und sinngemäß von einem homogenen Volumenkraftfeld, das bezüglich des Mittelpunkts aber gar kein Drehmoment erzeugt.

Zum Drehmoment um die z-Achse tragen nur die Schubspannungen τ_{yx} und τ_{xy} bei. Aus Abb. 2.4 liest man ab:

$$dM_z = \tau_{yx}\, dy\, dz\, dx - \tau_{xy}\, dx\, dz\, dy = (\tau_{yx} - \tau_{xy})\, dV .$$

Dieses Moment ist der zeitlichen Änderung des Dralls des betrachteten Fluidelements bezüglich der z-Achse gleich (Drallsatz). Der Drall wiederum ist das Produkt aus der Drehgeschwindigkeitskomponente $\omega_z / 2$ und dem Trägheitsmoment dJ_z, für das (bei homogener Massenverteilung) bekanntlich gilt:

$$dJ_z = \frac{\rho\, dV}{12}\left[(dx)^2 + (dy)^2\right].$$

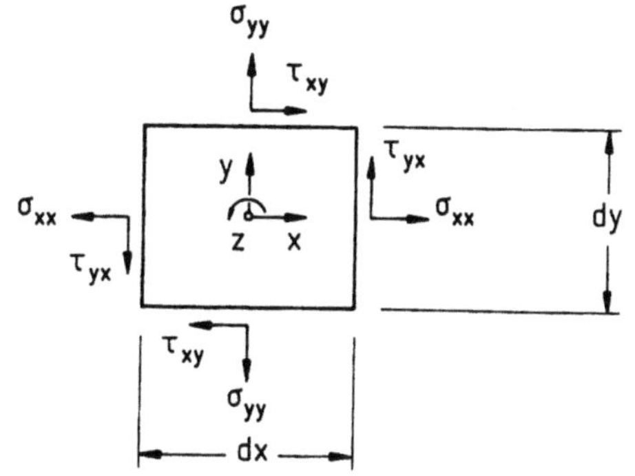

Abb. 2.4 Zur Begründung der Symmetrie des Spannungstensors

Beim Grenzübergang $dx \to 0$, $dy \to 0$, $dz \to 0$ verschwindet demnach der Quotient aus Trägheitsmoment und Volumen, $dJ_z / dV \to 0$ und somit – unter der Voraussetzung endlicher Deformationsgeschwindigkeiten und endlicher Drehbeschleunigung – auch das volumenbezogene Drehmoment, $dM_z / dV \to 0$. Daraus ergibt sich, daß die Spannungskomponenten τ_{yx} und τ_{xy} am gleichen Ort gleich groß sind, $\tau_{yx} = \tau_{xy}$. Analoge Überlegungen bezüglich der x–Achse und der y–Achse erbringen die beiden anderen Symmetriebedingungen in Gl. (2.6).

Diese Betrachtungen zeigen, daß der Spannungstensor i. allg. nicht mehr symmetrisch sein kann, wenn neben Volumenkräften auch Volumenmomente berücksichtigt werden müssen. Das kann z. B. in magnetischen Flüssigkeiten erforderlich sein.

Üblicherweise gelten Zugspannungen als positive Normalspannungen. In der Literatur werden aber vereinzelt auch Druckspannungen positiv gezählt, so daß sich dann ein Vorzeichenwechsel beim Spannungstensor ergibt. Auch werden die Indizes gelegentlich in vertauschter Reihenfolge notiert. Unsere Indizierung ist derart, daß in Gl. (2.5) der Normalenvektor rechts vom Spannungstensor steht. Sie hat den Vorzug, daß die wichtigen Cauchyschen Spannungsformeln nach den Regeln der Matrizenmultiplikation "Matrix mal Spaltenvektor" ausgewertet werden können, ohne die Spannungsmatrix zuvor zu transponieren. Angesichts der Symmetriebeziehungen (2.6) ist die Reihenfolge der Indizes aber irrelevant.

In Kapitel 1 wurde bereits erwähnt, daß ein symmetrischer Tensor Diagonalform annimmt, wenn man ein geeignetes orthogonales Koordinatensystem verwendet. Für den Spannungszustand bedeutet dies, daß an jeder Stelle im Kontinuum drei zueinander senkrechte Richtungen existieren, in denen nur Normalspannungen, aber keine Schubspannungen auftreten. Die auf diese *Hauptspannungsrichtungen* bezogene Matrixdarstellung des Spannungstensors lautet

$$\mathbf{S} \mathrel{\hat{=}} \begin{bmatrix} \sigma_1 & 0 & 0 \\ 0 & \sigma_2 & 0 \\ 0 & 0 & \sigma_3 \end{bmatrix} . \tag{2.7}$$

Die Elemente $\sigma_1, \sigma_2, \sigma_3$ heißen *Hauptspannungen.* Als unmittelbare Konsequenz der Cauchyschen Spannungsformeln ergibt sich, daß bei einem beliebigen Schnitt durch das Kontinuum der Spannungsvektor an der betrachteten Stelle stets zwischen den in Abb. 2.5 skizzierten *Mohrschen Spannungskreisen* liegt.

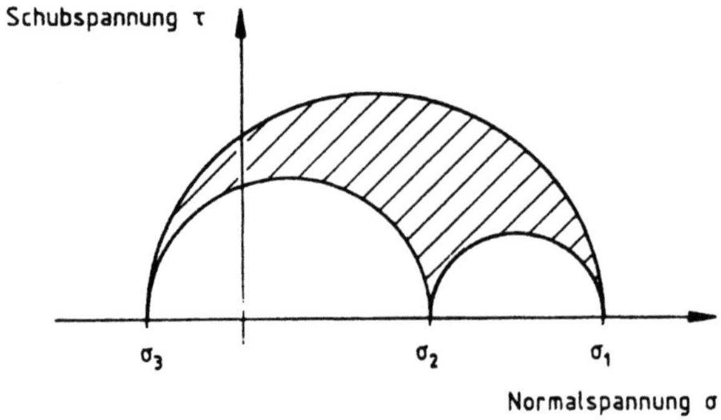

Abb. 2.5 Die *Mohrschen Spannungskreise*

2.1.1 Druck und Extraspannungen

Man nennt einen deformierbaren Stoff ein *Fluid*, wenn auf ihn einwirkende, noch so kleine Schubspannungen den Stoff unaufhörlich deformieren und bei unbegrenzter Dauer der Einwirkung unbegrenzt große Verformungen hervorrufen. Hieraus ergibt sich, daß ein Fluid im Gegensatz zu einem Festkörper nur dann ruhen kann, wenn es keinen Schubspannungen ausgesetzt ist. Auf die Oberfläche eines beliebig herausgegriffenen Teils eines ruhenden Fluids wirken also ausschließlich Normalspannungen ein. Eine wichtige Erkenntnis der elementaren Strömungsmechanik besagt, daß die örtliche Normalspannung in einem ruhenden Fluid von der Orientierung des zugehörigen Oberflächenelements unabhängig ist. Zur Beschreibung des Spannungszustands eines ruhenden Fluids genügt deshalb eine skalare, vom Ort und eventuell von der Zeit abhängige Feldfunktion, der hydrostatische *Druck* p. Da die Druckspannung der äußeren Normalen entgegengesetzt gerichtet ist, gilt für den Spannungsvektor $\mathbf{t} = -\,p\,\mathbf{n}$. In einem ruhenden Fluid ist demnach der Spannungstensor *kugelsymmetrisch*:

$$\mathbf{S} = -p\mathbf{1}, \qquad \mathbf{1} \mathrel{\hat{=}} \begin{bmatrix} 1 & 0 & 0 \\ 0 & 1 & 0 \\ 0 & 0 & 1 \end{bmatrix} . \tag{2.8}$$

Sobald ein Fluidelement deformiert wird, ist das Attribut "hydrostatisch" unscharf, und die Bedeutung des Druckes muß präzisiert werden. In einem strömenden Fluid versteht man unter dem Druck p diejenige Spannungsgröße, die durch die thermodynamischen Zustandsgleichungen mit Dichte, Temperatur und spezifischer innerer Energie verknüpft ist. Die adäquate Bezeichnung ist deshalb *thermodynamischer Druck*. Diese Spannungsgröße ist von der Deformationsgeschwindigkeit unabhängig. Es ist deshalb sinnvoll, bei Fluiden die Gesamtspannungen in einen kugelsymmetrischen Druckanteil und einen Rest, den Tensor der *Reibungsspannungen* oder *Extraspannungen* zu zerlegen:

$$\mathbf{S} = -p\mathbf{1} + \mathbf{T} . \tag{2.9}$$

In den Nebendiagonalelementen stimmen $\mathbf{S}$ und $\mathbf{T}$ überein, die Hauptdiagonalelemente unterscheiden sich jeweils um $-p$:

$$\sigma_{xx} = -p + \tau_{xx}, \quad \sigma_{yy} = -p + \tau_{yy}, \quad \sigma_{zz} = -p + \tau_{zz} . \tag{2.10}$$

Vom thermodynamischen Druck p zu unterscheiden ist der Mittelwert der negativen Normalspannungen in den drei Raumrichtungen, die sogenannte *mittlere Druckspannung*

$$\overline{p} := -\frac{1}{3}(\sigma_{xx} + \sigma_{yy} + \sigma_{zz}) = -\frac{1}{3}\,\mathrm{sp}\,\mathbf{S} . \tag{2.11}$$

In reibungsbehafteten kompressiblen Fluiden sind die thermodynamische Größe p und die Spannungsinvariante $\overline{p}$ im allgemeinen nicht gleich. Bei dichtebeständigen Fluiden ist die Festlegung des Druckes allerdings mit einer gewissen Willkür verbunden, so daß dort $p = \overline{p}$ gesetzt werden kann. Häufig sind jedoch andere Festlegungen des Druckes zweckmäßiger.

Bei dichtebeständigen Flüssigkeiten mit $\rho = \mathrm{const}$ kann im übrigen der Einfluß der Schwerkraft noch dem Druck zugeschlagen werden. Die volumenbezogene Schwerkraft besitzt dann nämlich ein Potential der Größe $\rho g z$, das mechanisch einem zusätzlichen Druckanteil äquivalent ist ("geodätischer Druck"). Dabei bezeichnen g die Schwerebeschleunigung und z die Höhenkoordinate (z–Achse senkrecht nach oben). Bei Strömungen dichtebeständiger Flüssigkeiten unter Wirkung der Schwerkraft als einziger Volumenkraft kann man somit formal $\mathbf{f} = \mathbf{0}$

setzen, wenn man gleichzeitig den thermodynamischen Druck p durch den sogenannten *piezometrischen Druck*

$$p^* := p + \rho g z \tag{2.12}$$

ersetzt.

2.2 Integrale Bilanzgleichungen

Wie andere natur- und ingenieurwissenschaftliche Disziplinen basiert auch die Kontinuumsmechanik der Fluide auf einigen Grundaxiomen, in denen sich gewisse Erfahrungstatsachen widerspiegeln. Einige können als *Mengenbilanzen* aufgefaßt werden. Nach Festlegung des *Bilanzraums*, auf den sie sich beziehen soll, hat eine solche Mengenbilanz grundsätzlich immer ein und dieselbe Gestalt:

Änderung des Vorrats im Inneren = Fluß über die Systemgrenze
+ Produktion im Inneren.

Die Bilanz bringt also zum Ausdruck, daß sich der Vorrat einer speicherfähigen (extensiven) Größe durch Austausch mit der Umgebung und durch Umwandlung im Inneren ändern kann.

In besonderen Fällen und bei spezieller Wahl des Bilanzraums kann es vorkommen, daß sowohl der Fluß über die Systemgrenze als auch die Produktion im Inneren verschwinden. In diesem Sonderfall nimmt die Bilanz die Form eines *Erhaltungssatzes* an: Die bilanzierte Größe bleibt unter diesen Bedingungen im Inneren des Bilanzraums erhalten.

Die Formulierung für ein Kontinuum geschieht folgendermaßen: Man wählt als Bilanzraum einen beliebigen, im Hinblick auf das jeweilige Ziel zweckmäßig festgelegten Teil des Kontinuums mit dem Volumen V und der Oberfläche A. In einem Feld, in dem sich der Zustand räumlich ändert, ergibt sich die extensive Bilanzgröße K, z. B. die Energie im Inneren von V durch Integration über die zugehörige spezifische (auf die Masse bezogene) Feldgröße k:

$$K = \iiint_V k \rho \, dV \ . \tag{2.13}$$

2.2.1 Materielle Formulierung

Die Axiome und Postulate der Mechanik beziehen sich primär auf Systeme konstanter Masse ("geschlossene Systeme"). Deshalb versteht man unter V zunächst ein materielles "mitschwimmendes" Volumen. Die zeitliche Änderung des Vorrats K innerhalb des materiellen Volumens wird nun – wie zuvor angedeutet – mit dem Fluß über die Systemgrenze und der Produktion im Inneren in Verbindung gebracht:

$$\frac{D}{Dt}\iiint\limits_{V(t)} k\,\rho\,dV = -\iint\limits_{A} \mathbf{j}\cdot\mathbf{n}\,dA + \iiint\limits_{V} \sigma\,dV \quad . \tag{2.14}$$

Dabei bezeichnen σ die Dichte (volumenbezogen) der inneren Produktionsrate und der Vektor $\mathbf{j}$ die Dichte (flächenbezogen) des Flusses über die Oberfläche. Das Minuszeichen resultiert daraus, daß $\mathbf{n}$ der nach außen gerichtete Normaleneinheitsvektor sein soll. Der Strom ins Innere des Systems ist also positiv, wenn $\mathbf{j}$ und $\mathbf{n}$ einander entgegen gerichtet sind.

In der Strömungsmechanik sind Massen–, Impuls–, Drall– und Energiebilanzen von besonderer Bedeutung. Eine *Massenbilanz* besagt einfach, daß die Masse innerhalb eines materiellen Volumens erhalten bleibt:

$$\frac{D}{Dt}\iiint\limits_{V(t)} \rho\,dV = 0 \quad . \tag{2.15}$$

Wir beschränken uns hier auf die Bilanz für die Gesamtmasse. In einem mehrphasigen Fluid kann es bisweilen erforderlich sein, getrennte Bilanzen für die Partialmassen aufzustellen. Wenn ein Massenaustausch zwischen den Phasen möglich ist (Phasenübergänge), kommen in diesen partiellen Massenbilanzen auch Produktionsterme vor, bei unterschiedlicher Geschwindigkeit der Phasen (Diffusion oder Schlupf) auch Flußterme.

Eine *Impulsbilanz* als Grundlage aller mechanischer Theorien spiegelt die folgende Erfahrung wider (2. Newtonsches Axiom): In einem Inertialsystem ist die zeitliche Änderung des Impulses eines Körpers (massedichtes System!) gleich der Summe der auf den Körper einwirkenden Kräfte. Unter Berücksichtigung der Ausdrücke (2.1) für die Kräfte und der Cauchyschen Spannungsformeln (2.5) lautet die Impulsbilanz für ein Kontinuum demnach:

$$\frac{D}{Dt}\iiint\limits_{V(t)} \mathbf{v}\,\rho\,dV = \iint\limits_{A} \mathbf{S}\cdot\mathbf{n}\,dA + \iiint\limits_{V} \mathbf{f}\,dV \quad . \tag{2.16}$$

Eine *Drallbilanz* basiert auf folgender Aussage (Eulersches Axiom): Die zeitliche Änderung des Dralls oder Drehimpulses eines Körpers bezüglich eines festen Punktes im Inertialraum ist der Summe der Drehmomente der auf den Körper einwirkenden Kräfte gleich. Zweckmäßigerweise wählen wir den Bezugspunkt für Drall und Drehmomente als Ursprung des Ortsvektors $\mathbf{r}$. Ein Massenelement ρdV, das sich mit der Geschwindigkeit $\mathbf{v}$ bewegt und somit den Impuls $\mathbf{v}\rho dV$ besitzt, erbringt dann den Beitrag $\mathbf{r}\times\mathbf{v}\rho\,dV$ zum Drehimpuls und ein Kraftanteil $\mathbf{f}dV$ sinngemäß den Beitrag $\mathbf{r}\times\mathbf{f}\,dV$ zum Drehmoment (Abb. 2.6). Die Drallbilanz lautet also

$$\frac{D}{Dt}\iiint\limits_{V(t)} \mathbf{r}\times\mathbf{v}\,\rho\,dV = \iint\limits_{A} \mathbf{r}\times(\mathbf{S}\cdot\mathbf{n})\,dA + \iiint\limits_{V} \mathbf{r}\times\mathbf{f}\,dV\ . \qquad (2.17)$$

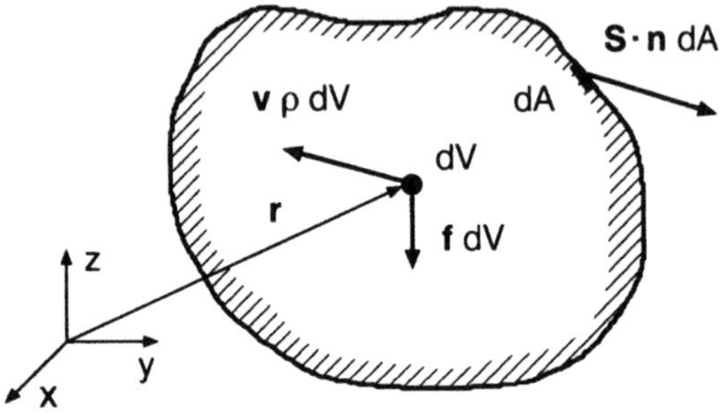

Abb. 2.6 Zur Erläuterung der Drallbilanz

Eine *Energiebilanz* beruht auf dem 1. Hauptsatz der Thermodynamik und besagt, daß die zeitliche Änderung der Gesamtenergie des materiellen Volumens ebenso groß ist wie die Summe aus der Leistung aller auf das Volumen einwirkenden Kräfte und der pro Zeiteinheit einströmenden Energie. Letztere kann man durch den Vektor der Energiestromdichte $\mathbf{q}$ beschreiben, derart daß $-\mathbf{q}\cdot\mathbf{n}\,dA\,\Delta t$ die durch ein Flächenelement mit dem äußeren Normaleneinheitsvektor $\mathbf{n}$ und der Größe dA innerhalb eines kurzen Zeitintervalls Δt einströmende Energie angibt. Wenn man von Energietransport durch Strahlung und von Zufuhr elektrischer Energie absieht, ist $\mathbf{q}$ nichts anderes als der Vektor der *Wärmestromdichte*. Die Gesamtenergie des strömenden Fluids setzt sich aus seiner *inneren Energie* und seiner *kinetischen Energie* zusammen. Die spezifische (massebezogene) innere Energie wird hier mit e bezeichnet, die spezifische kinetische Energie ist bekanntlich $0{,}5|\mathbf{v}|^2$. Die Bilanz lautet also

$$\frac{D}{Dt}\iiint\limits_{V(t)}\left[e+\frac{1}{2}|\mathbf{v}|^2\right]\rho\,dV = \iint\limits_{A}\mathbf{v}\cdot\mathbf{S}\cdot\mathbf{n}\,dA + \iiint\limits_{V}\mathbf{v}\cdot\mathbf{f}\,dV - \iint\limits_{A}\mathbf{q}\cdot\mathbf{n}\,dA\ . \qquad (2.18)$$

Einige Autoren bevorzugen es, auf der linken Seite zusätzlich die "potentielle Energie" zu berücksichtigen und dafür den Leistungsterm der Volumenkräfte rechts wegzulassen. Dies setzt allerdings voraus, daß die spezifische Volumenkraft *konservativ* ist ($\mathrm{rot}\,(\mathbf{f}/\rho) = \mathbf{0}$). Andernfalls existiert überhaupt keine potentielle Energie. Die hier gewählte Formulierung besitzt den Vorzug, daß sie ohne diese Einschränkung gilt. Nicht–konservative Volumenkraftfelder kommen z. B. in elektrisch leitfähigen Flüssigkeiten unter Wirkung äußerer Magnetfelder vor.

Offensichtlich haben die integralen Bilanzgleichungen (2.15) – (2.18) alle einen Aufbau nach Art der Gl. (2.14). Links steht jeweils die zeitliche Änderung der extensiven Bilanzgröße, und rechts treten sowohl über das Volumen erstreckte

Produktionsterme als auch über die Oberfläche erstreckte "diffusive" Flußterme auf. In der Energiebilanz (2.18) z. B. erscheint die Größe $\mathbf{q} - \mathbf{v} \cdot \mathbf{S}$, also die Differenz aus der Wärmestromdichte und der Leistung der Spannungen als diffusive Energieflußdichte.

2.2.2 Formulierung für offene Kontrollvolumina

In der zuvor angegebenen Form sind die Bilanzgleichungen für Anwendungen i. allg. noch nicht geeignet. Ein mitschwimmendes materielles Volumen ändert nämlich im Lauf der Zeit in der Regel seine Lage und Gestalt, so daß die Auswertung der linken Seiten noch geklärt werden muß. Hier hilft aber die folgende allgemeine Beziehung weiter (*Reynoldssches Transporttheorem*):

$$\frac{D}{Dt}\iiint\limits_{V(t)} \Phi \, dV = \iiint\limits_{V} \frac{\partial \Phi}{\partial t} dV + \iint\limits_{A} \Phi \mathbf{v} \cdot \mathbf{n} \, dA \,. \tag{2.19}$$

Zeitliche Änderung für das mitschwimmende Volumen	Zeitliche Änderung für das gleich große raumfeste Volumen	Beitrag zufolge der Verschiebung des Bilanzraums

Zur Herleitung dieser Identität betrachten wir ein beliebiges mitschwimmendes Volumen zur Zeit t (Raumbereich V mit der Hülle A) und zur Zeit $t + \Delta t$ (Raumbereich $V + V_1 - V_2$) gemäß Abb. 2.7. Die Zeitableitung eines Volumenintegrals ist dann folgendermaßen zu bilden:

$$\frac{D}{Dt}\iiint\limits_{V(t)} \Phi(\mathbf{r},t)\, dV = \lim_{\Delta t \to 0} \frac{1}{\Delta t}\left[\ \iiint\limits_{V+V_1-V_2} \Phi(\mathbf{r}, t+\Delta t)\, dV - \iiint\limits_{V} \Phi(\mathbf{r},t)\, dV\right] .$$

Faßt man zunächst die Integrale über den gemeinsamen Raumbereich V zusammen, so resultiert daraus der erste Summand auf der rechten Seite der Gl. (2.19). Da sich die Hülle mit der lokalen Strömungsgeschwindigkeit $\mathbf{v}$ verschiebt, gilt für die Raumanteile, die innerhalb des Zeitintervalls Δt hinzukommen bzw. verlorengehen:

$$dV_1 = (\mathbf{v}\,\Delta t)\cdot \mathbf{n}\, dA + O(\Delta t^2)\,, \quad dV_2 = -(\mathbf{v}\,\Delta t)\cdot \mathbf{n}\, dA + O(\Delta t^2)\,.$$

Damit führen die Integrale über V_1 und V_2 nach dem Grenzübergang $\Delta t \to 0$ auf den zweiten Summanden der rechten Seite.

Unter Verwendung des Reynoldsschen Transporttheorems kann man nun die allgemeine Bilanzgleichung (2.14) in der folgenden alternativen Gestalt darstellen:

$$\iiint\limits_{V} \frac{\partial (k\rho)}{\partial t} dV = -\iint\limits_{A} k\rho\, \mathbf{v}\cdot\mathbf{n}\, dA - \iint\limits_{A} \mathbf{j}\cdot\mathbf{n}\, dA + \iiint\limits_{V} \sigma\, dV \quad . \tag{2.20}$$

Diese Beziehung erlaubt eine für Anwendungen zweckmäßigere Interpretation. Hierzu faßt man V als raumfestes *Kontrollvolumen* auf, dessen Oberfläche A nicht mitschwimmt, sondern zeitlich festgehalten wird. Ein solcher Bilanzraum ist "offen", d. h. er wird in der Regel durchströmt (Abb. 2.8). Dabei wird die Bilanzgröße auch duch Konvektion über die Grenzen des Kontrollraums transportiert. Demgemäß erscheint auf der rechten Seite neben dem diffusiven auch ein konvektiver Transportterm. Gl. (2.20) besagt nun folgendes: Die zeitliche Änderung der im Kontrollvolumen gespeicherten Bilanzgröße (links) ist ebenso groß wie die Summe aus dem konvektiven Zustrom der Bilanzgröße über die Oberfläche (erster Summand rechts), dem diffusiven Zustrom über die Oberfläche (zweiter Summand rechts) und der Produktionsrate im Inneren des Kontrollvolumens (dritter Summand rechts).

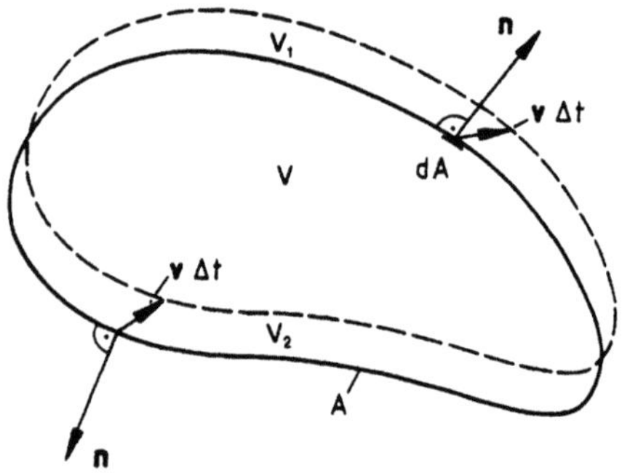

Abb. 2.7 Materielles Volumen zur Zeit t und zur Zeit t + Δt

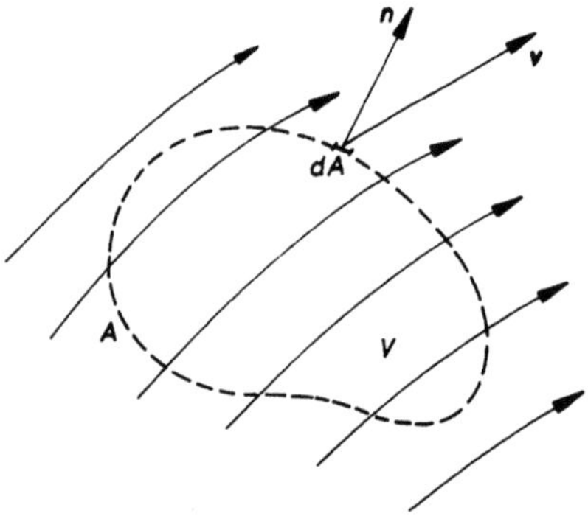

Abb. 2.8 Durchströmtes Kontrollvolumen

Die auf raumfeste Kontrollvolumina (KV) zugeschnittenen Bilanzen für Masse, Impuls, Drall und Energie führen damit im einzelnen zu folgenden Aussagen:

$$\iiint_V \frac{\partial \rho}{\partial t} dV = -\iint_A \rho \mathbf{v} \cdot \mathbf{n} dA , \tag{2.21}$$

Zeitliche Änderung der Masse im Inneren des KV — Massenzustrom über die Oberfläche

$$\iiint_V \frac{\partial(\rho \mathbf{v})}{\partial t} dV = -\iint_A \mathbf{v} \rho(\mathbf{v} \cdot \mathbf{n}) dA + \iint_A \mathbf{S} \cdot \mathbf{n} dA + \iiint_V \mathbf{f} dV , \tag{2.22}$$

Zeitliche Änderung des Impulses im Inneren des KV — Impulszustrom über die Oberfläche — Resultierende Oberflächenkraft — Resultierende Volumenkraft

$$\iiint_V \frac{\partial}{\partial t}(\mathbf{r}\times\mathbf{v}\rho)\,dV = -\iint_A \mathbf{r}\times\mathbf{v}\rho(\mathbf{v}\cdot\mathbf{n})\,dA + \iint_A \mathbf{r}\times(\mathbf{S}\cdot\mathbf{n})\,dA + \iiint_V \mathbf{r}\times\mathbf{f}\,dV\,, \tag{2.23}$$

Zeitliche Änderung des Dralls im Inneren des KV	Drallzustrom über die Oberfläche	Drehmoment der Oberflächenkräfte	Drehmoment der Volumenkräfte

$$\iiint_V \frac{\partial}{\partial t}\left[\rho e+\frac{\rho}{2}|\mathbf{v}|^2\right]dV = -\iint_A \left[e+\frac{1}{2}|\mathbf{v}|^2\right]\rho\,\mathbf{v}\cdot\mathbf{n}\,dA \; -\iint_A \mathbf{q}\cdot\mathbf{n}\,dA$$

Zeitliche Änderung der Gesamtenergie im Inneren des KV	Energiezustrom über die Oberfläche	Wärmestrom über die Oberfläche

$$+\iint_A \mathbf{v}\cdot\mathbf{S}\cdot\mathbf{n}\,dA \quad +\iiint_V \mathbf{v}\cdot\mathbf{f}\,dV\,. \tag{2.24}$$

Leistung der Oberflächenkräfte	Leistung der Volumenkräfte

Diese integralen Bilanzgleichungen finden beim Studium thermomechanischer Prozesse vielfältige fruchtbare Anwendung und bilden die Basis der sogenannten Finite–Volumen–Verfahren. Sie eignen sich naturgemäß dazu, einen Prozeß integral zu erfassen, indem man den relevanten Strömungsraum insgesamt als Kontrollvolumen wählt, etwa einen durchströmten technischen Apparat (Strömungsmaschine, Wärmeübertrager, Rührkessel, Rohrleitung usw.). Sie gelten in dieser Form im übrigen universell, d. h. unabhängig von speziellen Stoffeigenschaften für alle Punktkontinua gleichermaßen.

Im wichtigen Sonderfall eines *stationären* Prozesses sind die im Kontrollraum gespeicherten Bilanzgrößen zeitlich konstant, so daß die linken Seiten der letzten vier Gleichungen verschwinden. Wenn außerdem Volumenkräfte vernachlässigt (oder im piezometrischen Druck bzw. in einer potentiellen Energie berücksichtigt) werden können, dann wird zur Auswertung der Bilanzen nur der Strömungszustand am Rand des Kontrollvolumens benötigt!

Man beachte, daß die konvektiven Flußterme an festen, undurchlässigen Berandungen des Bilanzraums verschwinden. Nur in tatsächlich durchströmten Bereichen der Hülle (in den "Eintritts- und Austrittsquerschnitten") liefern sie einen Beitrag. Nach Gl. (2.22) und Gl. (2.23) sind dabei Impulsströme und Drallströme über die Oberfläche den auf das Fluid einwirkenden Kräften bzw. Momenten äquivalent. Spaltet man aus dem Spannungstensor **S** den isotropen Druckanteil $-\,p\,\mathbf{1}$ ab und faßt man in Gl. (2.24) die Leistung dieser Druckkräfte mit dem konvektiven Energiestrom über die Oberfläche zusammen, so erscheint im Integranden die spezifische *Enthalpie* $h := e + p/\rho$ neben der spezifischen kinetischen Energie $|\mathbf{v}|^2/2$. Energetisch ist also letztlich der Gesamtenthalpiestrom durch die Oberfläche des Kontrollvolumens relevant.

Tab. 2.1 faßt noch einmal zusammen, welche Rolle den einzelnen Zustandsgrößen in den verschiedenen Bilanzgleichungen zukommt.

Tab. 2.1 Übersicht über die Bedeutung der Zustandsgrößen in den Bilanzgleichungen

extensive Bilanzgröße K	spezifische Bilanzgröße k	Diffusive Flußdichte **J**	volumenbezogene Produktionsrate σ	konvektive Flußdichte $\rho k \mathbf{v}$
Masse	1	0	0	$\rho\mathbf{v}\left[\frac{\text{kg}}{\text{s m}^2}\right]$ Massenstromdichte
Impuls	$\mathbf{v}\left[\frac{\text{m}}{\text{s}}\right]$ Geschwindigkeit	$-\mathbf{S}\left[\frac{\text{N}}{\text{m}^2}\right]$ negative Spannung	$\mathbf{f}\left[\frac{\text{N}}{\text{m}^3}\right]$ Volumenkraftdichte	$\rho\mathbf{v}\mathbf{v}\left[\frac{\text{N}}{\text{m}^2}\right]$ Impulsstromdichte
Energie	$e+\frac{1}{2}\lvert\mathbf{v}\rvert^2\left[\frac{\text{Nm}}{\text{kg}}\right]$ spezifische innere + kinetische Energie	$\mathbf{q}-\mathbf{v}\cdot\mathbf{S}\left[\frac{\text{W}}{\text{m}^2}\right]$ Wärmestromdichte – Leistung der Spannungen	$\mathbf{v}\cdot\mathbf{f}\left[\frac{\text{W}}{\text{m}^3}\right]$ Leistungsdichte der Volumenkraft	$\rho(e+\frac{1}{2}\lvert\mathbf{v}\rvert^2)\,\mathbf{v}\left[\frac{\text{W}}{\text{m}^2}\right]$ innere + kinetische Energiestromdichte

2.3 Differentielle Form der Bilanzgleichungen

Zur feldtheoretischen Analyse eines Strömungsvorgangs benötigt man die Bilanzgleichungen in einer Form, in der die Zustandsgrößen lokal miteinander verknüpft sind. Sie entsteht bei Anwendung der integralen Bilanzen auf infinitesimal kleine Kontrollvolumina, genauer: nach Division durch das Volumen V mit anschließendem Grenzübergang $V \to 0$. Unter Berücksichtigung der Definition des Begriffs "Divergenz" (Anhang A) nimmt eine Bilanz nach Art der Gl. (2.20) dann folgende Gestalt an:

$$\frac{\partial(\rho k)}{\partial t} = -\operatorname{div}(\rho k \mathbf{v} + \mathbf{j}) + \sigma \,. \tag{2.25}$$

Man beachte, daß in der integralen Form (2.20) nur eine Zeitableitung der bilanzierten Größe auftritt, in der differentiellen Form (2.25) aber auch Ortsableitungen der konvektiven und der diffusiven Flußdichten! Jede lokal formulierte Bilanz ist also eine partielle Differentialgleichung.

Wir bedienen uns hier und im folgenden einer symbolischen Schreibweise, welche die Namen der relevanten Differentialoperatoren jederzeit erkennen läßt (Tab. 2.2). Sie besitzt gegenüber der kartesischen Indexnotation den Vorzug der Koordinateninvarianz, denn die vektoranalytischen Ausdrücke div **v**, grad k usw. sind objektive, d. h. von der Wahl des Koordinatensystems unabhängige Größen. Bewußt meiden wir das Symbol ∇, das ohnehin keine nennenswerte Verkürzung der Schreibweise mehr bringen würde, dessen sorglose Verwendung aber zu folgenschweren Irrtümern verleiten kann.

Tab. 2.2 Die benötigten vektoranalytischen Begriffe

Typ der Feldgröße	Name der Ableitung	Symbolische Schreibweisen		Kartesische Indexnotation	Typ der Ableitung
Skalar Φ	Gradient	grad Φ	$\nabla\Phi$	$\frac{\partial\Phi}{\partial x_i}$	Vektor
Vektor $\mathbf{v}$	Divergenz	div $\mathbf{v}$	$\nabla\cdot\mathbf{v}$	$\frac{\partial v_i}{\partial x_i}$	Skalar
Vektor $\mathbf{v}$	Rotation	rot $\mathbf{v}$	$\nabla\times\mathbf{v}$	$\varepsilon_{ijk}\frac{\partial v_k}{\partial x_j}$	Vektor
Vektor $\mathbf{v}$	Gradient	grad $\mathbf{v}$	$\mathbf{v}\nabla, (\nabla\mathbf{v})^T$	$\frac{\partial v_i}{\partial x_j}$	Tensor zweiter Stufe
Tensor zweiter Stufe $\mathbf{T}$	Divergenz	div $\mathbf{T}$	$\mathbf{T}\cdot\nabla, \nabla\cdot\mathbf{T}^T$	$\frac{\partial\tau_{ij}}{\partial x_j}$	Vektor

2.3.1 Kontinuitätsgleichung

Führt man den zuvor erläuterten Grenzübergang in Gl. (2.21) durch, so resultiert die Beziehung

$$\frac{\partial\rho}{\partial t} + \operatorname{div}(\rho\,\mathbf{v}) = 0\ . \tag{2.26}$$

Diese differentielle Form der Massenbilanz heißt *Kontinuitätsgleichung*. Unter Beachtung der Identität $\operatorname{div}(\rho\,\mathbf{v}) = (\operatorname{grad}\rho)\cdot\mathbf{v} + \rho\operatorname{div}\mathbf{v}$ und unter Berücksichtigung der materiellen Zeitableitung $D\rho/Dt$ gemäß Gl. (1.23) kann sie auch folgendermaßen geschrieben werden:

$$\frac{D\rho}{Dt} + \rho\operatorname{div}\mathbf{v} = 0\ . \tag{2.27}$$

Aus Gründen der Masseerhaltung besteht demnach überall im Fluid und zu allen Zeiten eine Verknüpfung zwischen dem Dichtefeld $\rho(\mathbf{r},t)$ und dem Geschwindigkeitsfeld $\mathbf{v}(\mathbf{r},t)$. Diese Beziehung wird sofort verständlich, wenn man sich daran erinnert, daß div $\mathbf{v}$ die Volumendehngeschwindigkeit materieller Fluidelemente beschreibt (Gl. (1.57)), und wenn man beachtet, daß die Masse $\rho\,dV$ eines solchen Fluidelements zeitlich konstant bleibt.

Bei Verwendung kartesischer Koordinaten x, y, z mit den zugehörigen Geschwindigkeitskomponenten u, v, w lautet Gl. (2.26) ausführlich

$$\frac{\partial \rho}{\partial t} + \frac{\partial}{\partial x}(\rho\,u) + \frac{\partial}{\partial y}(\rho\,v) + \frac{\partial}{\partial z}(\rho\,w) = 0 \; . \tag{2.28}$$

Unter Berücksichtigung der Kontinuitätsgleichung kann die differentielle Bilanz (2.25) übrigens auch folgendermaßen geschrieben werden:

$$\rho \frac{Dk}{Dt} = -\operatorname{div} \mathbf{j} + \sigma \; . \tag{2.29}$$

Das ist nichts anderes als die auf materielle Fluidelemente zugeschnittene Bilanzgleichung (2.14).

Man erkennt das am besten nach einer Umformung des Reynoldsschen Transporttheorems (2.19). Bei Anwendung des *Gaußschen Integralsatzes*

$$\iiint\limits_V \operatorname{div} \mathbf{j}\, dV = \iint\limits_A \mathbf{j} \cdot \mathbf{n}\, dA \tag{2.30}$$

nimmt das Transporttheorem zunächst folgende Gestalt an:

$$\frac{D}{Dt} \iiint\limits_{V(t)} \Phi\, dV = \iiint\limits_V \left[\frac{\partial \Phi}{\partial t} + \operatorname{div}(\Phi\, \mathbf{v}) \right] dV = \iiint\limits_V \left[\frac{D\Phi}{Dt} + \Phi \operatorname{div} \mathbf{v} \right] dV \; .$$

Setzt man nun $\Phi = k\,\rho$ und berücksichtigt im Integranden die Kontinuitätsgleichung (2.27), so ergibt sich, daß die materielle Zeitableitung nach folgender Regel mit der Integration über ein mitschwimmendes Volumen vertauscht werden kann:

$$\frac{D}{Dt} \iiint\limits_{V(t)} k\,\rho\, dV = \iiint\limits_V \rho \frac{Dk}{Dt} dV \; . \tag{2.31}$$

Man beachte, daß dabei der Faktor ρ im Integranden unberührt bleibt! Diese merkwürdige Beziehung wird verständlich, wenn man das Integral so transformiert, daß das Integrationsgebiet zeitlich konstant bleibt. Eine solche Transformation besteht z. B. im Übergang vom dreidimensionalen Raum der Anschauung, wo sich die Strömung abspielt, zu einem Raum, in dem jedes Masseelement seinen festen Platz besitzt. Ein materieller Körper besitzt in diesem Raum zu allen Zeiten die gleiche Gestalt. Ersetzt man also $\iiint\limits_V k\,\rho\, dV$ durch $\iiint\limits_M k\, dm$ und beachtet, daß jetzt das Integrationsgebiet M zeitlich konstant bleibt, so erkennt man, daß sich die materielle Zeitableitung in Gl. (2.31) nur auf den Faktor k im Integranden bezieht. Beim Grenzübergang zum materiellen Punkt geht somit die integrale Bilanzgleichung (2.14) in die Differentialgleichung (2.29) über.

2.3.2 Bewegungsgleichungen

Eine differentielle Impulsbilanz nach Art der Gl. (2.29) sieht folgendermaßen aus:

$$\rho \frac{D\mathbf{v}}{Dt} = \operatorname{div} \mathbf{S} + \mathbf{f} \ . \tag{2.32}$$

Sie bringt das 2. Newtonsche Axiom für materielle Fluidelemente (MFE) zum Ausdruck. Es handelt sich um einen vektoriellen Zusammenhang, im allgemeinen also um drei skalare, gekoppelte Feldgleichungen, die man als *Bewegungsgleichungen* bezeichnet. Im Hinblick auf fluide Kontinua hatten wir den Tensor **S** der Gesamtspannungen bereits in einen isotropen Druckanteil und in den Tensor **T** der Reibungsspannungen zerlegt, so daß die Oberflächenkraft in zwei Anteile zerfällt:

$$\rho \frac{D\mathbf{v}}{Dt} \qquad = -\operatorname{grad} p \qquad + \operatorname{div} \mathbf{T} \qquad + \mathbf{f} \ . \tag{2.33}$$

Zeitliche Änderung des Impulses eines MFE — Druckkraft — Reibungskraft — Volumenkraft (jeweils volumenbezogen)

Bei Verwendung kartesischer Koordinaten lauten diese Bewegungsgleichungen ausführlich folgendermaßen:

$$\begin{aligned}
\rho\left(u\frac{\partial u}{\partial x}+v\frac{\partial u}{\partial y}+w\frac{\partial u}{\partial z}+\frac{\partial u}{\partial t}\right) &= -\frac{\partial p}{\partial x}+\frac{\partial \tau_{xx}}{\partial x}+\frac{\partial \tau_{xy}}{\partial y}+\frac{\partial \tau_{xz}}{\partial z}+f_x \ , \\
\rho\left(u\frac{\partial v}{\partial x}+v\frac{\partial v}{\partial y}+w\frac{\partial v}{\partial z}+\frac{\partial v}{\partial t}\right) &= -\frac{\partial p}{\partial y}+\frac{\partial \tau_{yx}}{\partial x}+\frac{\partial \tau_{yy}}{\partial y}+\frac{\partial \tau_{yz}}{\partial z}+f_y \ , \qquad (2.34) \\
\rho\left(u\frac{\partial w}{\partial x}+v\frac{\partial w}{\partial y}+w\frac{\partial w}{\partial z}+\frac{\partial w}{\partial t}\right) &= -\frac{\partial p}{\partial z}+\frac{\partial \tau_{zx}}{\partial x}+\frac{\partial \tau_{zy}}{\partial y}+\frac{\partial \tau_{zz}}{\partial z}+f_z \ .
\end{aligned}$$

(Anhang B enthält auch die Darstellungen bezüglich krummliniger Zylinder– und Kugelkoordinatensysteme.) Die Bewegung eines Fluids erfolgt also in der Weise, daß zwischen den Feldern für Dichte, Geschwindigkeit, Druck, Reibungsspannungen und Volumenkraftdichte überall und zu allen Zeiten die Beziehungen (2.34) erfüllt sind. Bei der feldtheoretischen Analyse einer Strömung spielen diese Bewegungsgleichungen in Verbindung mit der Kontinuitätsgleichung naturgemäß eine zentrale Rolle. Um konkrete Strömungsprobleme behandeln zu können, werden aber außerdem noch sogenannte Stoffgleichungen benötigt, insbesondere der für das Fluid relevante Zusammenhang zwischen den Reibungsspannungen und dem Deformationszustand. Hierüber wird noch ausführlich zu sprechen sein.

Die Bewegungsgleichungen gelten insbesondere auch für ruhende Fluide. Im Zustand der Ruhe verschwinden in einem Fluid die Reibungsspannungen ($\mathbf{T} = \mathbf{0}$) und natürlich auch die Strömungsgeschwindigkeit ($\mathbf{v} = \mathbf{0}$). Damit reduzieren sich die Bewegungsgleichungen auf die Gleichgewichtsbedingung grad p = **f**. Sie besagt, daß in einem ruhenden Fluid der Druck als Potential der Volumenkraftdichte aufgefaßt werden kann. Ein Fluid kann somit nur dann ruhen, wenn das Vektorfeld **f** *konservativ* ist (rot $\mathbf{f} = \mathbf{0}$).

Bei den Verarbeitungsprozessen zähflüssiger Stoffe dominieren oft die Druckkräfte und die Reibungskräfte gegenüber den Trägheitskräften, so daß die linke Seite in Gl. (2.33) vernachlässigt werden kann. Man spricht dann von *schleichenden Strömungen.* Wenn auch die Volumenkraft noch außer acht gelassen werden kann (z. B. weil sie ein Potential besitzt, das dem Druck zugeschlagen werden kann, s. Text in Zusammenhang mit Gl. (2.12)), dann reduzieren sich die Bewegungsgleichungen auf das Gleichgewicht zwischen Druck– und Reibungskräften: $-\operatorname{grad} p + \operatorname{div}\mathbf{T} = \mathbf{0}$ oder noch kürzer $\operatorname{div}\mathbf{S} = \mathbf{0}$. In einer schleichenden Strömung ist also das Tensorfeld $\mathbf{S}(\mathbf{r}, t)$ der Gesamtspannungen divergenzfrei. Im Fall eines ebenen Spannungszustands sind das zwei differentielle lineare Beziehungen zwischen den drei Spannungskomponenten σ_{xx}, τ_{xy} und σ_{yy} :

$$\frac{\partial\sigma_{xx}}{\partial x} + \frac{\partial\tau_{xy}}{\partial y} = 0, \qquad \frac{\partial\tau_{xy}}{\partial x} + \frac{\partial\sigma_{yy}}{\partial y} = 0 \,. \tag{2.35}$$

Diese Gleichgewichtsbedingungen können mit den folgenden Ansätzen identisch erfüllt werden:

$$\sigma_{xx} = \frac{\partial^2\chi}{\partial y^2}, \qquad \tau_{xy} = -\frac{\partial^2\chi}{\partial x\,\partial y}, \qquad \sigma_{yy} = \frac{\partial^2\chi}{\partial x^2} \,. \tag{2.36}$$

Zu jeder ebenen schleichenden Strömung existiert also eine sogenannte *Spannungsfunktion* $\chi(x, y, t)$, deren zweite Ableitungen die Spannungskomponenten ergeben. Deutet man $\chi(x, y, t = \text{const})$ als Fläche über der Strömungsebene, so sind also deren Krümmungseigenschaften für den lokalen Spannungszustand maßgeblich.

2.3.3 Energiegleichung für Fluide

Formuliert man die Energiebilanz nach Art der Gl. (2.29) differentiell, so ergibt sich zunächst folgende Aussage (s. Tab. 2.1):

$$\rho\frac{D}{Dt}\left(e + \frac{1}{2}|\mathbf{v}|^2\right) \quad = \quad \operatorname{div}(\mathbf{v}\cdot\mathbf{S}) \qquad + \mathbf{v}\cdot\mathbf{f} \qquad - \operatorname{div}\mathbf{q} \,. \tag{2.37}$$

Zeitliche Änderung der Gesamtenergie eines MFE	Leistung der Oberflächenkräfte	Leistung der Volumenkraft	Zugeführter Wärmestrom
	jeweils volumenbezogen		

Die kinetische Energie kann beseitigt werden, indem man die Bewegungsgleichung (2.32) skalar mit $\mathbf{v}$ mulitipliziert und die so entstehende Beziehung

$$\frac{\rho}{2}\frac{D}{Dt}|\mathbf{v}|^2 = \mathbf{v}\cdot \operatorname{div}\mathbf{S} + \mathbf{v}\cdot\mathbf{f} \tag{2.38}$$

subtrahiert. Dabei berücksichtigen wir noch folgende Identität, in der uns der Geschwindigkeitsgradiententensor $\mathbf{L} := \operatorname{grad}\mathbf{v}$ wieder begegnet:

$$\operatorname{div}(\mathbf{v}\cdot\mathbf{S}) = \mathbf{v}\cdot\operatorname{div}\mathbf{S} + \operatorname{sp}(\mathbf{S}\cdot\mathbf{L}^T) \ .$$

Die Leistung der am Fluidelement angreifenden Oberflächenkräfte (linke Seite) erscheint hier in zwei Anteile aufgespalten. Der erste Summand auf der rechten Seite ändert nach Gl. (2.38) die kinetische Energie des Fluidelements und der zweite Summand deshalb nur die innere Energie. Wegen der Symmetrie des Spannungstensors $\mathbf{S}$ ist für die Spur des Tensorprodukts $\mathbf{S}\cdot\mathbf{L}^T$ nur der symmetrische Anteil von $\mathbf{L}$, also der Verzerrungsgeschwindigkeitstensor $\mathbf{D}$ maßgeblich: $\operatorname{sp}(\mathbf{S}\cdot\mathbf{L}^T) = \operatorname{sp}(\mathbf{S}\cdot\mathbf{D})$. Spaltet man noch den thermodynamischen Druck p ab, so resultiert als Differenz der Gln. (2.37) und (2.38) folgende Bilanz für die innere Energie eines materiellen Fluidelements:

$$\rho\frac{De}{Dt} \quad = \quad -p\operatorname{div}\mathbf{v} \quad + \operatorname{sp}(\mathbf{T}\cdot\mathbf{D}) \quad - \operatorname{div}\mathbf{q} \ . \tag{2.39}$$

Zeitliche Änderung der inneren Energie eines MFE	Reversible Volumen-änderungsleistung	Dissipations-leistung	Zugeführter Wärmestrom

jeweils volumenbezogen

Die aus dem Reibungsspannungstensor $\mathbf{T}$ und dem Verzerrungsgeschwindigkeitstensor $\mathbf{D}$ bilinear zusammengesetzte skalare Größe $\operatorname{sp}(\mathbf{T}\cdot\mathbf{D})$ heißt *Dissipationsfunktion*. Sie gibt die durch innere Reibung im Fluid irreversibel dissipierte Leistungsdichte (volumenbezogen) an. Bezüglich einer kartesischen Basis wird sie folgendermaßen ausführlich dargestellt:

$$\begin{aligned}\operatorname{sp}(\mathbf{T}\cdot\mathbf{D}) = {} & \tau_{xx}\frac{\partial u}{\partial x} + \tau_{yy}\frac{\partial v}{\partial y} + \tau_{zz}\frac{\partial w}{\partial z} \\ & + \tau_{xy}\left(\frac{\partial u}{\partial y} + \frac{\partial v}{\partial x}\right) + \tau_{yz}\left(\frac{\partial v}{\partial z} + \frac{\partial w}{\partial y}\right) + \tau_{zx}\left(\frac{\partial w}{\partial x} + \frac{\partial u}{\partial z}\right) \ .\end{aligned} \tag{2.40}$$

In einer Scherströmung reduziert sich die Summe auf den eingliedrigen Ausdruck $\tau\dot{\gamma}$, in einer isochoren einachsigen Dehnströmung auf $(\tau_1 - \tau_2)\dot{\varepsilon}$.

Man beachte, daß bisher noch keine thermodynamischen Zustandsgleichungen und auch keine Stoffgleichungen für die Reibungsspannungen und für die Wärmestromdichte verwendet wurden!

Wir werden im folgenden vorwiegend Strömungen *volumenbeständig*er Flüssigkeiten betrachten, für die aus Kontinuitätsgründen $\operatorname{div} \mathbf{v} = 0$ gilt. In Gl. (2.39) entfällt dann der erste Summand auf der rechten Seite. Die innere Energie eines flüssigen Teilchens kann sich dann nur noch durch Dissipation und durch Wärmezufuhr ändern. Hinsichtlich der thermodynamischen Stoffeigenschaften kommen wir mit den klassischen Ansätzen aus, wonach die spezifische innere Energie einer Flüssigkeit von der *absoluten Temperatur* Θ abhängt, $e = e(\Theta)$, und der Wärmestrom zum Temperaturgradienten proportional ist, $\mathbf{q} = -\lambda \operatorname{grad} \Theta$ (Fouriersches "Gesetz" der Wärmeleitung). Damit nimmt Gl. (2.39) die speziellere Gestalt

$$\rho c \frac{D\Theta}{Dt} = \operatorname{sp}(\mathbf{T} \cdot \mathbf{D}) + \operatorname{div}(\lambda \operatorname{grad} \Theta) \tag{2.41}$$

an. Die *spezifische Wärmekapazität* $c := de/d\Theta$ und die *Wärmeleitfähigkeit* λ der Flüssigkeit können im allgemeinen als gegebene Funktionen der Temperatur bzw. der Temperatur und des Druckes, im einfachsten Fall als konstante Stoffparameter angesehen werden.

Bei der Analyse "erzwungener" inkompressibler Strömungsprozesse vernachlässigt man gern den Einfluß realer Temperaturunterschiede im Fluid auf die Massendichte und auf die Reibungsspannungen. Man erreicht dadurch methodisch eine erhebliche Vereinfachung, denn das hydraulische und das thermische Problem sind dann nur noch einseitig gekoppelt: Zwar wird das Temperaturfeld nach Gl. (2.41) durch die Strömung beeinflußt (Konvektion und Dissipation). Eine Rückwirkung der Temperaturverteilung auf die Bewegung der Flüssigkeit besteht aber bei dieser Modellbildung nicht mehr. Zur Analyse der Geschwindigkeits– und Druckfelder genügen dann die Kontinuitätsgleichung und die Bewegungsgleichungen in Verbindung mit adäquaten rheologischen Stoffgesetzen. Eine solche *rein mechanische* Theorie ignoriert nicht etwa die mit der Strömung verbundenen thermischen Aspekte, sie schafft vielmehr die Voraussetzungen zur Auswertung der Energiegleichung (2.41).

Auch im Rahmen der rein mechanischen Theorie sind energetische Gesichtspunkte wichtig, etwa bei der Bewertung einer inkompressibel durchströmten Maschine. Man benötigt dann eine rein mechanische Energiebilanz für offene Kontrollräume. Sie entsteht durch Integration der Gl. (2.38) über das relevante Fluidvolumen V. Berücksichtigt man auf der linken Seite die Vertauschungsregel (2.31), so erhält man zunächst

$$\frac{D}{Dt} \iiint\limits_{V(t)} \frac{\rho}{2} |\mathbf{v}|^2 \, dV = \iiint\limits_{V} \left[\operatorname{div}(\mathbf{v} \cdot \mathbf{S}) - \operatorname{sp}(\mathbf{S} \cdot \mathbf{L}^T) + \mathbf{v} \cdot \mathbf{f} \right] dV \quad .$$

Wenn nur die Schwerkraft als Volumenkraft in Frage kommt, dann kann bei einer dichtebeständigen Flüssigkeit $\mathbf{v} \cdot \mathbf{f}$ durch $-\operatorname{div}(\rho g z \mathbf{v})$ ersetzt werden (z–Achse senkrecht nach oben). Wendet man nun das Reynoldssche Transporttheorem (2.19) sowie den Gaußschen Integralsatz an und beachtet außerdem noch, daß bei inkompressibler Strömung und wegen der Symmetrie des Spannungstensors $\operatorname{sp}(\mathbf{S} \cdot \mathbf{L}^T) = \operatorname{sp}(\mathbf{T} \cdot \mathbf{D})$ gilt, so kommt man zu der folgenden nützlichen Beziehung:

$$\iiint_V \frac{\partial}{\partial t}\left[\frac{\rho}{2}|\mathbf{v}|^2\right] dV = -\iint_A \left[\frac{\rho}{2}|\mathbf{v}|^2 + \rho g z\right] \mathbf{v} \cdot \mathbf{n}\, dA$$

Zeitliche Änderung der kinetischen Energie im Inneren des KV — Kinetischer und potentieller Energiezustrom über die Oberfläche

$$+\iint_A \mathbf{v} \cdot \mathbf{S} \cdot \mathbf{n}\, dA \quad - \iiint_V \operatorname{sp}(\mathbf{T} \cdot \mathbf{D})\, dV \; . \tag{2.42}$$

Leistung der Oberflächenkräfte — Negative Dissipationsleistung

Durchströmte Maschinen und Apparate werden oft stationär betrieben und besitzen in der Regel rohrförmige Anschlüsse, über die das fluide "Arbeitsmedium" ein– und austritt. Bei Anwendung der Gl. (2.42) auf den gesamten Apparat entfällt dann die linke Seite, und die über die Eintritts– und Austrittsquerschnitte erstreckten Oberflächenintegrale ergeben insgesamt die mechanische Nutzleistung. Im Sinne einer Stromfadentheorie, bei der Mittelwerte der Zustandsgrößen in diesen Querschnitten verwendet werden, handelt es sich bei der Nutzleistung um das Produkt aus dem Volumenstrom und der piezometrischen Gesamtdruckänderung. Die Integrale über die noch verbleibenden, eventuell bewegten Ränder (rotierende Räder, Rührorgane o. ä.) erbringen die der Flüssigkeit in der Maschine zugeführte mechanische Leistung. Gl. (2.42) besagt, daß unter den genannten Voraussetzungen nur die Differenz aus der zugeführten Leistung und der im Inneren dissipierten Leistung als Nutzleistung zur Verfügung steht.

Die Bilanz (2.42) kann aber auch auf jeden beliebigen Teil des Strömungsraums und auch auf instationäre inkompressible Strömungen angewandt werden.

2.3.4 Wirbeltransportgleichung

Den Lesern mag aufgefallen sein, daß die Drallbilanz (2.17) noch nicht differentiell formuliert wurde. Der oben beschriebene Grenzübergang $V \to 0$ nach Division durch das Volumen führt dabei lediglich zu der Erkenntnis, daß der Spannungstensor symmetrisch ist. Das wurde bereits anhand der Abb. 2.4 elementar begründet. Eine lokale Drallbilanz entsteht aber nach Division durch das Trägheitsmoment, das von höherer Ordnung als das Volumen eines Fluidelements verschwindet. Aus dem Drehmoment der Oberflächenkräfte resultiert dabei im wesentlichen der Vektor $\operatorname{rot}\operatorname{div}\mathbf{S}$.

Man kann sich das an einem quaderförmigen Volumenelement mit den Kantenlängen dx, dy und dz klarmachen. Der Einfachheit halber setzen wir dabei einen ebenen Spannungszustand voraus und verwenden zur Beschreibung der Ortsabhängigkeit lokale Koordinaten ξ und η

(Abb. 2.9). Es geht nun um das Drehmoment der Oberflächenkräfte bezüglich der zur z–Achse parallelen Mittelachse.

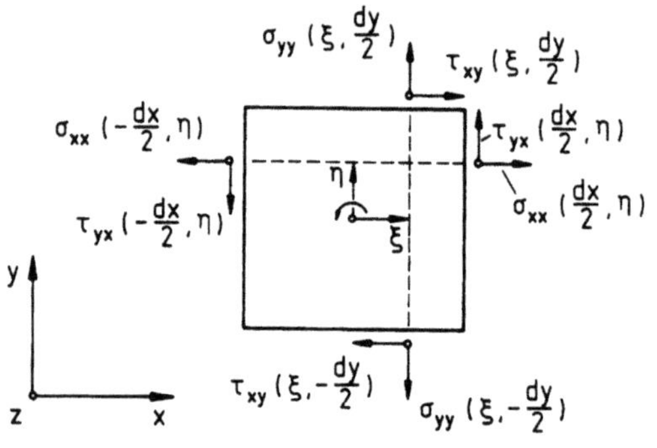

Abb. 2.9 Elementare Betrachtung zum Drehmoment der Oberflächenkräfte

Die Normalspannungen σ_{xx} erbringen dabei den Beitrag

$$dM_{z1} = \int\limits_{-dy/2}^{dy/2} \left[-\sigma_{xx}(dx/2,\eta) + \sigma_{xx}(-dx/2,\eta)\right]\eta \, d\eta \, dz \quad .$$

Bei einer Taylorentwicklung des Klammerausdrucks bis zu Gliedern zweiter Ordnung einschließlich ergibt sich

$$dM_{z1} = -\int\limits_{-dy/2}^{dy/2} \left[\frac{\partial\sigma_{xx}}{\partial x}(0,0)\,\eta + \frac{\partial^2\sigma_{xx}}{\partial x\,\partial y}(0,0)\,\eta^2\right] d\eta \, dx \, dz \quad .$$

Der erste Summand im Integranden ist ungerade bezüglich η und verschwindet deshalb bei der Integration. Der zweite Summand erbringt

$$dM_{z1} = -\frac{1}{12}\frac{\partial^2\sigma_{xx}}{\partial x\,\partial y}\, dx\,(dy)^3\, dz \quad .$$

Das Argument $(0,0)$ zur Kennzeichnung des Mittelpunkts wird dabei der Kürze halber weggelassen. Durch analoge Schritte findet man die Beiträge, die aus den Normalspannungen σ_{yy} sowie aus den Schubspannungen τ_{xy} und $\tau_{yx} = \tau_{xy}$ resultieren:

$$dM_{z2} = \frac{1}{12}\frac{\partial^2\sigma_{yy}}{\partial x\,\partial y}\,(dx)^3\, dy\, dz \quad ,$$

$$dM_{z3} = \frac{1}{12}\frac{\partial^2\tau_{xy}}{\partial x^2}\,(dx)^3\, dy\, dz - \frac{1}{12}\frac{\partial^2\tau_{xy}}{\partial y^2}\, dx\,(dy)^3\, dz \quad .$$

Das Drehmoment insgesamt ergibt sich als Summe der Einzelbeiträge. Im Fall eines würfelförmigen Elements (mit $dx = dy = dz$) wird das Ergebnis besonders einfach. Nach Division durch das Massenträgheitsmoment $dJ := \rho\,(dx)^5 / 6$ des Würfels lautet es

$$\frac{dM_z}{dJ} = \frac{1}{2\rho}\left[\frac{\partial^2 \tau_{xy}}{\partial x^2} + \frac{\partial^2 \sigma_{yy}}{\partial x\,\partial y} - \frac{\partial^2 \sigma_{xx}}{\partial x\,\partial y} - \frac{\partial^2 \tau_{xy}}{\partial y^2}\right] .$$

Bei genauerer Betrachtung des Ausdrucks innerhalb der Klammer erkennt man darin die z–Komponente des Vektors $\operatorname{rot}\operatorname{div}\mathbf{S}$. In sinngemäßer Verallgemeinerung gilt bei einem beliebigen räumlichen Spannungszustand für das vektorielle Drehmoment $d\mathbf{M}$, das die Oberflächenkräfte an einem würfelförmigen Element bezüglich des Mittelpunkts verursachen, die bemerkenswerte Beziehung

$$\frac{d\mathbf{M}}{dJ} = \frac{1}{2\rho}\operatorname{rot}\operatorname{div}\mathbf{S} = \frac{1}{2\rho}\operatorname{rot}\operatorname{div}\mathbf{T} . \tag{2.43}$$

Man beachte, daß nur die Reibungsspannungen $\mathbf{T}$ zu diesem Drehmoment beitragen (wegen $\operatorname{rot}\operatorname{grad} p \equiv \mathbf{0}$). Ohne Begründung im einzelnen wird noch mitgeteilt, daß die Volumenkräfte am würfelförmigen Element zusätzlich ein Drehmoment der Größe $(dJ / 2\rho)\operatorname{rot}\mathbf{f}$ erzeugen. Diese Drehmomente führen zu einer Dralländerung des materiellen Elements.

Eine lokale Drallbilanz entsteht also, wenn man formal die Rotation der vektoriellen Bewegungsgleichung (2.33) bildet. Die Rotation des Beschleunigungsfelds wurde bereits in Gl. (1.71) bereitgestellt. Unter der Voraussetzung, daß die Fluiddichte ρ räumlich konstant ist, resultiert die Beziehung

$$\frac{D\boldsymbol{\omega}}{Dt} = \mathbf{L}\cdot\boldsymbol{\omega} + \frac{1}{\rho}\operatorname{rot}\operatorname{div}\mathbf{T} + \frac{1}{\rho}\operatorname{rot}\mathbf{f} . \tag{2.44}$$

Verständlicherweise begegnen wir hier wieder dem Wirbelvektor $\boldsymbol{\omega} := \operatorname{rot}\mathbf{v}$ (zur Erinnerung: $\boldsymbol{\omega}/2$ repräsentiert die Drehgeschwindigkeit materieller Fluidelemente nach Größe und Richtung der Drehachse). Diese differentielle Drallbilanz heißt deshalb auch *Wirbeltransportgleichung*. Der letzte Summand auf der rechten Seite entfällt, wenn die spezifische Volumenkraft $\mathbf{f}/\rho$ ein Potential besitzt (z. B. Schwerkraft). Bei ebenen Strömungen entfällt auch noch der erste Summand auf der rechten Seite $(\mathbf{L}\cdot\boldsymbol{\omega} = \mathbf{0})$, und Gl. (2.44) reduziert sich auf eine skalare Transportgleichung für die einzige dann relevante Komponente des Wirbelvektors.

Die in den differentiellen Bilanzgleichungen für Masse, Impuls, Energie und Drall insgesamt vorkommenden vektoranalytischen Ausdrücke und deren anschauliche Bedeutung sind noch einmal kompakt in Tab. 2.3 zusammengestellt.

Tab. 2.3 Anschauliche Deutung einiger vektoranalytischer Ausdrücke

Ausdruck	SI–Einheit	Deutung
div $\mathbf{v}$	$[s^{-1}]$	Volumendehngeschwindigkeit materieller Fluidelemente
$\frac{1}{2}$ rot $\mathbf{v}$	$[s^{-1}]$	Drehgeschwindigkeit materieller Fluidelemente
– grad p	$[N/m^3]$	Druckkraft auf ein Fluidelement, volumenbezogen
div $\mathbf{T}$	$[N/m^3]$	Reibungskraft auf ein Fluidelement, volumenbezogen
$\frac{1}{2\rho}$ rot div $\mathbf{T}$	$[s^{-2}]$	Drehmoment (bezüglich des Mittelpunkts) der Oberflächenkräfte an einem würfelförmigen Fluidelement, bezogen auf dessen Massenträgheitsmoment
$\frac{1}{2\rho}$ rot $\mathbf{f}$	$[s^{-2}]$	Drehmoment (bezüglich des Mittelpunkts) der Volumenkräfte an einem würfelförmigen Fluidelement, bezogen auf dessen Massenträgheitsmoment
$\frac{1}{2}$ rot $\mathbf{a}$	$[s^{-2}]$	Zeitliche Änderung des Dralls eines momentan gerade würfelförmigen Fluidelements, bezogen auf dessen Massenträgheitsmoment
div($\mathbf{v}\cdot\mathbf{S}$)	$[W/m^3]$	Leistung der Oberflächenkräfte an einem Fluidelement,volumenbezogen
– div $\mathbf{q}$	$[W/m^3]$	Wärmestrom über die Oberfläche eines Fluidelements, volumenbezogen

2.3.5 Rand– und Anfangsbedingungen

Die Bilanzgleichungen gelten, wie bereits erwähnt wurde, für alle fluiden Kontinua gleichermaßen. Die besonderen mechanischen und thermodynamischen Eigenschaften eines bestimmten Fluids kommen erst in den sogenannten Stoffgleichungen zum Ausdruck, die zu den allgemeinen Bilanzgleichungen hinzuzufügen sind. Die bei inkompressiblen Flüssigkeiten benötigten thermodynamischen Zustandsgleichungen sowie das Wärmeleitgesetz wurden bereits in Zusammenhang mit Gl. (2.41) erwähnt und dort eingebracht. Die rheologischen Stoffeigenschaften nichtnewtonscher Flüssigkeiten werden in Kapitel 3 ausführlich diskutiert.

Zur Untersuchung von Strömungsfeldern auf der Basis der Bilanz– und Stoffgleichungen ist aber außerdem noch die Vorgabe physikalisch und mathematisch sinnvoller *Randbedingungen* an der Berandung des Kontinuums zu allen Zeiten erforderlich, bei instationären Prozessen auch von *Anfangsbedingungen* im Inneren des Kontinuums zu Beginn des Prozesses. Man unterscheidet zwischen kinematischen, dynamischen, kinematisch–dynamisch gemischten und thermischen Randbedingungen. *Kinematische* Randbedingungen (Vorgabe der Strömungsgeschwindigkeit) liegen in der Regel an einer das Fluid begrenzenden undurchlässigen Wand vor, *dynamische* Randbedingungen (Vorgabe der Spannungen) an einer freien Fluidoberfläche, *gemischte* Randbedingungen (gleichzeitige Vorgabe einzelner Geschwindigkeits– und Spannungskomponenten) z. B. auf Symmetrieflächen im Strömungsfeld. *Thermische* Randbedingungen bestehen vor allem in der Vorgabe der Temperatur oder des Wärmestroms an der Hülle des Strömungsraums.

Die Bedeutung der Rand– und Anfangsbedingungen wird deutlich, wenn man sich klarmacht, daß durch sie aus einer enormen Vielfalt von Feldern, die aufgrund der Bilanz– und der Stoffgleichungen in Frage kommen, "die Lösung" ausgewählt wird. Für die theoretische Strömungsanalyse ist deshalb die Formulierung sachgerechter Rand– und Anfangsbedingungen ebenso bedeutsam wie die Verwendung adäquater Feldgleichungen. Welche Bedingungen im einzelnen zu fordern sind, hängt allerdings von der Art der rheologischen Stoffgleichung ab. Die Strömung einer Flüssigkeit "mit Gedächtnis" wird in der Regel nicht eindeutig durch diejenigen Rand– und Anfangsbedingungen bestimmt, die man im Fall einer newtonschen Flüssigkeit formulieren würde. Wir kommen später darauf zurück.

2.3.6 Beschleunigte Bezugssysteme

Es kann gelegentlich zweckmäßig sein, einen Strömungsvorgang von einem beschleunigten Bezugssystem aus zu betrachten. Man denke z. B. an die Durchströmung einer Maschine mit einem rotierenden Maschinenteil. In einem ruhenden Bezugssystem ist eine solche Strömung in der Regel instationär. In einem mitrotierenden "Relativsystem" sieht man aber möglicherweise einen stationären Prozeß, der dann natürlich leichter zu analysieren ist. Man benötigt dazu aber die Bilanzgleichungen in einer Form, in der die für das beschleunigte System relevanten Strömungsgrößen auftreten. Wie ändern sich die differentiellen Bilanzgleichungen beim Übergang auf ein beschleunigtes Bezugssystem?

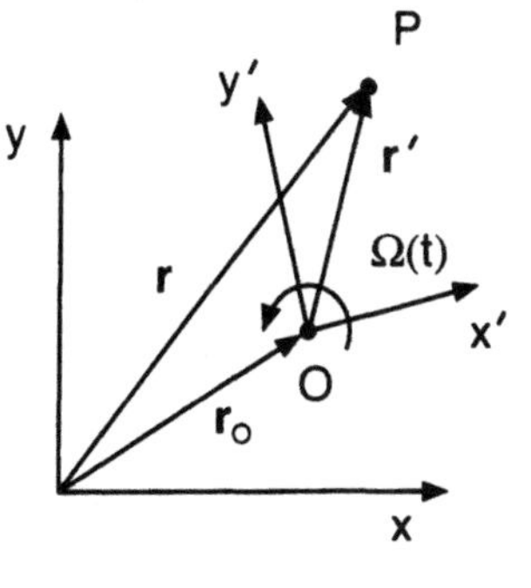

Abb. 2.10 Ruhendes und beschleunigtes Bezugssystem

Neben dem "Absolutsystem" (ohne Index) betrachten wir also ein Relativsystem (oberer Index ′), das eine Translation mit der Geschwindigkeit $\dot{\mathbf{r}}_O(t)$ und eine Rotation mit der vektoriellen Drehgeschwindigkeit $\boldsymbol{\Omega}(t)$ ausführt (Abb. 2.10). Der Ort eines Punktes P wird im ersten System durch $\mathbf{r}$, im zweiten durch $\mathbf{r}'$ gekennzeichnet. Gemäß Skizze gilt

$$\mathbf{r} = \mathbf{r}_O(t) + \mathbf{r}' \ . \tag{2.45}$$

Zu fester Zeit t sind demnach die relativen Lagevektoren infinitesimal benachbarter Punkte gleich, $d\mathbf{r} = d\mathbf{r}'$ (auch wenn ihre Matrixdarstellungen bezüglich beider Systeme unterschiedlich ausfallen). Räumliche Differentiationen erbringen somit in beiden Systemen das gleiche Ergebnis, z. B. $\operatorname{grad} p = \operatorname{grad}' p$ oder $\operatorname{div} \mathbf{q} = \operatorname{div}' \mathbf{q}$. Anders verhält es sich mit Zeitableitungen. Beobachter im Absolutsystem und im Relativsystem kommen zwar hinsichtlich der materiellen Zeitableitung einer skalaren Feldfunktion, z. B. der Massendichte verständlicherweise zum gleichen Ergebnis, $D\rho / Dt = D'\rho / Dt$. Bei vektoriellen und tensoriellen Größen stellen sie aber Unterschiede fest. Wir konzentrieren uns hier auf die Geschwindigkeit und auf die Beschleunigung eines Punktes P als erste bzw. zweite materielle Zeitableitung seines Ortsvektors. In Lehrbüchern der elementaren Mechanik wird gezeigt, daß zwischen den absoluten und den relativen Größen folgende Zusammenhänge gelten:

$$\underset{\text{Absolut-}}{\mathbf{v}} = \underset{\text{Führungs-}}{\underbrace{\dot{\mathbf{r}}_O + \boldsymbol{\Omega} \times \mathbf{r}'}} \underset{\text{Relativ-}}{+\mathbf{v}'} , \tag{2.46}$$

geschwindigkeit

$$\underset{\text{Absolut-}}{\mathbf{a}} = \underset{\text{Führungs-}}{\underbrace{\ddot{\mathbf{r}}_O + \dot{\boldsymbol{\Omega}} \times \mathbf{r}' + \boldsymbol{\Omega} \times (\boldsymbol{\Omega} \times \mathbf{r}')}} \underset{\text{Coriolis-}}{+ 2\boldsymbol{\Omega} \times \mathbf{v}'} \underset{\text{Relativ-}}{+ \mathbf{a}'} . \tag{2.47}$$

beschleunigung

Die durch geschweifte Klammern zusammengefaßten Anteile, die *Führungsgeschwindigkeit* und die *Führungsbeschleunigung* werden verständlich, wenn man zunächst einen Punkt betrachtet, der im Relativsystem ruht $(\mathbf{v}' = \mathbf{0},\ \mathbf{a}' = \mathbf{0})$. Er wird bei der Translation und der Rotation des Relativsystems "eingefroren" mitgeführt und besitzt dabei gegenüber dem ruhenden Bezugssystem die Geschwindigkeit $\dot{\mathbf{r}}_O + \boldsymbol{\Omega} \times \mathbf{r}'$. Seine Beschleunigung setzt sich aus drei Anteilen zusammen: der Translationsbeschleunigung $\ddot{\mathbf{r}}_O$ des Ursprungs des bewegten Systems, der Rotationsbeschleunigung $\dot{\boldsymbol{\Omega}} \times \mathbf{r}'$ und der Zentripetalbeschleunigung $\boldsymbol{\Omega} \times (\boldsymbol{\Omega} \times \mathbf{r}')$. Bewegt sich der materielle Punkt zusätzlich mit der *Relativgeschwindigkeit* $\mathbf{v}'$, so kommen zur Führungsbeschleunigung additiv noch die *Co-*

riolisbeschleunigung $2\Omega \times \mathbf{v}'$ und die *Relativbeschleunigung* $\mathbf{a}' := D'\mathbf{v}'/Dt$ hinzu.

Nach diesen Präliminarien können nun die Bilanzgleichungen für das beschleunigte Bezugssystem formuliert werden. Die Kontinuitätsgleichung (2.27) gilt analog auch im Relativsystem:

$$\frac{D'\rho}{Dt} + \rho \operatorname{div}'\mathbf{v}' = 0 \; . \tag{2.48}$$

Das wird verständlich, wenn man sich vergegenwärtigt, daß $\operatorname{div}\mathbf{v}$ (die Volumendehngeschwindigkeit materieller Fluidelemente) in beiden Bezugssystemen an der gleichen Stelle den gleichen Wert besitzt: $\operatorname{div}\mathbf{v} = \operatorname{div}'(\Omega \times \mathbf{r}' + \mathbf{v}') = \operatorname{div}'\mathbf{v}'$. Anders verhält es sich mit den Bewegungsgleichungen (2.33). Ersetzt man dort die Absolutbeschleunigung gemäß Gl. (2.47) und beläßt nur die Relativbeschleunigung auf der linken Seite, so erkennt man, daß im Relativsystem die folgenden Bewegungsgleichungen gelten:

$$\begin{aligned} \rho\frac{D'\mathbf{v}'}{Dt} &= -\operatorname{grad}'p + \operatorname{div}'\mathbf{T} + \mathbf{f} \\ &\quad -\rho\ddot{\mathbf{r}}_O - \rho\dot{\Omega} \times \mathbf{r}' - \rho\Omega \times (\Omega \times \mathbf{r}') - 2\rho\Omega \times \mathbf{v}' \; . \end{aligned} \tag{2.49}$$

Neben der Druckkraft, der Reibungskraft und der eingeprägten Volumenkraft (z. B. Schwerkraft) werden an jedem materiellen Punkt im Relativsystem weitere Kräfte wirksam: Die volumenbezogene Trägheitskraft $-\rho\ddot{\mathbf{r}}_O$ und die volumenbezogene *Zentrifugalkraft* $-\rho\Omega \times (\Omega \times \mathbf{r}')$ sind jedem bekannt, der mit einem Fahrzeug beschleunigt geradeaus oder durch eine Kurve fährt. In Flüssigkeiten konstanter Dichte sind diese beiden Kraftfelder übrigens konservativ. Die zugehörigen Potentiale beeinflussen dann lediglich das Druckfeld, nicht aber das Geschwindigkeitsfeld der inkompressiblen Strömung. Der Ausdruck $-\rho\,\dot{\Omega} \times \mathbf{r}'$ repräsentiert die Trägheitskraft zufolge einer Drehbeschleunigung des Systems. Dieser Summand entfällt, wenn sich das Relativsystem mit zeitlich konstanter Winkelgeschwindigkeit um eine raumfeste Achse dreht. Die volumenbezogene *Corioliskraft* $-2\rho\,\Omega \times \mathbf{v}'$ tritt auf, wenn sich der materielle Punkt relativ zum drehenden System bewegt. Man lernt diese Kraft kennen, wenn man versucht, auf einer rotierenden Scheibe umherzulaufen. Bei inkompressiblen Strömungen, die sich in Ebenen senkrecht zur Drehachse abspielen, ist auch die Corioliskraft konservativ und wird somit durch einen entsprechenden Anteil im Druckfeld kompensiert. Bei beliebigen räumlichen Strömungen ist das aber nicht mehr so. Dann beeinflußt die Corioliskraft in der Regel auch das Strömungsfeld im Relativsystem.

Beim Anschreiben der Gln. (2.48) und (2.49) wurde übrigens als selbstverständlich angenommen, daß der Beobachter im beschleunigten Bezugssystem die gleiche Massendichte ρ, die gleichen Spannungsgrößen p, $\mathbf{T}$ und die gleiche Volumenkraftdichte $\mathbf{f}$ registriert wie der Beobachter im Absolutsystem. Feldgrößen, die sich beim Übergang zu einem beschleunigten Bezugssystem nicht ändern, heißen *bezugsindifferent* oder *objektiv*. Weitere objektive Größen sind z. B. die materiellen Verzerrungsmaße, insbesondere der Verzerrungsgeschwindigkeitstensor $\mathbf{D}$ (für seine lineare Invariante $\operatorname{div} \mathbf{v}$ wurde das zuvor bereits nachgewiesen), die Dissipationsfunktion $\operatorname{sp}(\mathbf{T} \cdot \mathbf{D})$, die spezifische innere Energie e, die absolute Temperatur Θ und die Wärmestromdichte $\mathbf{q}$. Deshalb gilt die Energiebilanz (2.39) oder deren speziellere Form (2.41) sinngemäß auch in beschleunigten Bezugssystemen:

$$\rho c \frac{D'\Theta}{Dt} = \operatorname{sp}(\mathbf{T} \cdot \mathbf{D}) + \operatorname{div}'(\lambda \operatorname{grad}'\Theta). \tag{2.50}$$

Nicht–objektive Größen sind neben der Geschwindigkeit und der Beschleunigung unter anderem die Wirbelstärke, die spezifische kinetische Energie sowie die Leistung von Kräften. Es wäre deshalb falsch, Gl. (2.37) in einem Relativsystem anzuwenden, ohne zusätzliche Leistungsterme zu berücksichtigen, und zwar die Leistung der Relativkräfte im Relativsystem. Auch die Wirbeltransportgleichung (2.44) gilt in dieser Form nur in einem Inertialsystem. In einem beschleunigten Bezugssystem müssen auch noch die Drehmomente der nicht–konservativen Relativkräfte berücksichtigt werden.

Aufgaben

2.1 Gegeben ist die kartesische Matrixdarstellung eines räumlichen Spannungszustands:

$$\mathbf{S} \mathrel{\hat{=}} \begin{bmatrix} 1 & 2 & 0 \\ 2 & -2 & 0 \\ 0 & 0 & -1 \end{bmatrix} \text{bar}.$$

Bestimmen Sie die drei Hauptspannungen und skizzieren Sie die Mohrschen Spannungskreise in der σ–τ–Ebene. Tragen Sie die Spannungszustände an den vier Schnittflächen ein, die durch die folgenden Normalenvektoren definiert sind:

$$\mathbf{n}_1 = \mathbf{e}_x, \quad \mathbf{n}_2 = \mathbf{e}_y, \quad \mathbf{n}_3 = \mathbf{e}_z, \quad \mathbf{n}_4 = \frac{1}{\sqrt{2}}(\mathbf{e}_x + \mathbf{e}_z).$$

Bestimmen Sie außerdem die Normalenvektoren $\mathbf{n}$ (mit $n_z = 0$) jener Schnittflächen, für die die Normalspannung σ bzw. die Schubspannung τ maximal werden.

2.2 Kann eine Flüssigkeit konstanter Dichte ρ unter Einwirkung eines Volumenkraftfeldes mit den Komponenten

$$f_r = \frac{a}{r^2}\sin\varphi, \quad f_\varphi = -\frac{a}{r^2}\cos\varphi, \quad f_z = -\rho g$$

ruhen (r, φ, z sind Zylinderkoordinaten, a ist eine Konstante)? Wenn ja, müßte ein Zusammenhang zwischen dem hydrostatischen Druck und der Volumenkraft bestehen, aus dem das Druckfeld zu berechnen wäre.

2.3 Wir kehren noch einmal zu dem Geschwindigkeitsfeld in Gl. (1.64) zurück. Bei dieser homogenen Strömung werden alle Fluidelemente in gleicher Weise deformiert. Unter der Annahme, daß dann auch der Reibungsspannungstensor $\mathbf{T}$ räumlich konstant ist, reduzieren sich die Bewegungsgleichungen auf die Eulerschen Gleichungen der Hydrodynamik. Ermitteln Sie daraus das Druckfeld $p(x, y)$ unter Vernachlässigung von Volumenkräften. Sind die in Abb. 1.9 vorkommenden Fallunterscheidungen auch für das Druckfeld bedeutsam?

2.4 Das Geschwindigkeitsfeld einer stationären Couette–Strömung im Ringspalt zwischen koaxialen Zylindern besitzt nur eine φ–Komponente, die vom Achsabstand r abhängt (s. Abb. 1.18d). Bei Vernachlässigung von Volumenkräften kann man annehmen, daß dann auch die relevanten Spannungskomponenten σ_{rr}, $\sigma_{\varphi\varphi}$ und $\tau_{r\varphi}$ (ebener Spannungszustand) nur von r abhängen. Somit reduzieren sich die Bewegungsgleichungen bei Verwendung von Zylinderkoordinaten (Anhang Bb) auf gewöhnliche Differentialgleichungen.

Formulieren Sie diese Zusammenhänge, bestimmen Sie daraus die Funktion $\tau_{r\varphi}(r)$, und bringen Sie die dabei auftretende Integrationskonstante mit dem Drehmoment in Verbindung, das die Flüssigkeit auf die Zylinder überträgt.

2.5 Bei einer drallfreien rotationssymmetrischen Strömung mit $v_\varphi = 0$ verschwinden die Schubspannungskomponenten $\tau_{R\varphi}$ und $\tau_{\vartheta\varphi}$, und die übrigen Spannungskomponenten hängen nur von den Koordinaten R, ϑ in der Meridianebene ab (R, ϑ, φ sind Kugelkoordinaten). Überzeugen Sie sich anhand der Bewegungsgleichungen im Anhang Bc davon, daß bei Vernachlässigung von Volumenkräften und von Trägheitskräften (schleichende Strömung) die folgenden Spannungszustände möglich sind:

$$\tau_{\vartheta\vartheta} = \tau_{\varphi\varphi} = -\frac{1}{2}\tau_{RR} = \left(-\frac{b}{R^2} + \frac{d}{R^4}\right)\cos\vartheta \ ,$$

$$\tau_{R\vartheta} = \left(\frac{c}{R^2} - \frac{d}{R^4}\right)\sin\vartheta, \qquad p = p_\infty - \frac{b+c}{R^2}\cos\vartheta \ . \tag{2.51}$$

Dabei sind b, c, d und p_∞ dimensionsbehaftete Parameter beliebiger Größe.

Mit $c = 0$ und $d = b\,R_0^2$ ist ein Spezialfall enthalten, der die schleichende Strömung einer newtonschen Flüssigkeit um eine Kugel mit dem Radius R_0 beschreibt. Skizzieren Sie für diesen Sonderfall die Linien konstanter Schubspannung $\tau_{R\vartheta}$, konstanter Normalspannungsdifferenz $\tau_{\vartheta\vartheta} - \tau_{RR}$ und konstanter mittlerer Druckspannung p (Isobaren) in der Meridianebene für $R \geq R_0$. Interpretieren Sie die unterschiedlichen Symmetrien der drei Isolinienbilder.

2.6 Der in Abb. 2.11 skizzierte Rührkessel wird von einer Flüssigkeit konstanter Dichte ρ und konstanter spezifischer Wärmekapazität c stationär durchströmt (Massenstrom $\dot{m}$, Fluidvolumen in Kessel V). Der Einfachheit halber wollen wir annehmen, daß die kinetischen Energieströme, mit denen die Flüssigkeit ein– und austritt, gleich groß oder vernachlässigbar sind.

Zeigen Sie durch Anwendung der mechanischen Energiebilanz (2.42), daß die Leistung P, die das Rührorgan an die Flüssigkeit abgibt, mit der piezometrischen Druckdifferenz $p_2^* - p_1^*$ und der im Rührkessel insgesamt dissipierten Leistung P_{Diss} folgendermaßen zusammenhängt:

$$P = \frac{\dot{m}}{\rho}\left(p_2^* - p_1^*\right) + P_{Diss} \,. \tag{2.52}$$

Aufgrund der Dissipation erwärmt sich die Flüssigkeit im Rührkessel. Treffen Sie folgende Annahmen, um diesen Prozeß vereinfacht analysieren zu können: Die Wand des Rührkessels ist adiabat; auch über das Rührorgan fließt keine Wärme ab; die Durchmischung ist so gut, daß im Kessel eine räumlich konstante Temperatur $\overline{\Theta}(t)$ herrscht, die sich aber zeitlich ändert; mit dieser Temperatur verläßt die Flüssigkeit auch den Rührkessel. Zeigen Sie, daß sich die integrale Energiebilanz (2.24) dann auf eine Differentialgleichung der Form

$$\alpha \frac{d\overline{\Theta}}{dt} = \Theta_\infty - \overline{\Theta}$$

reduziert, und bringen Sie die Zeitkonstante α (mittlere Verweilzeit) und die Gleichgewichtstemperatur Θ_∞ mit den Parametern $\rho, c, \dot{m}, V, P_{Diss}$ und der Eintrittstemperatur Θ_1 in Verbindung. Integrieren Sie mit konstanten Koeffizienten α und Θ_∞, und veranschaulichen Sie die Lösung, die der Anfangsbedingung $\overline{\Theta}(0) = \Theta_1$ genügt.

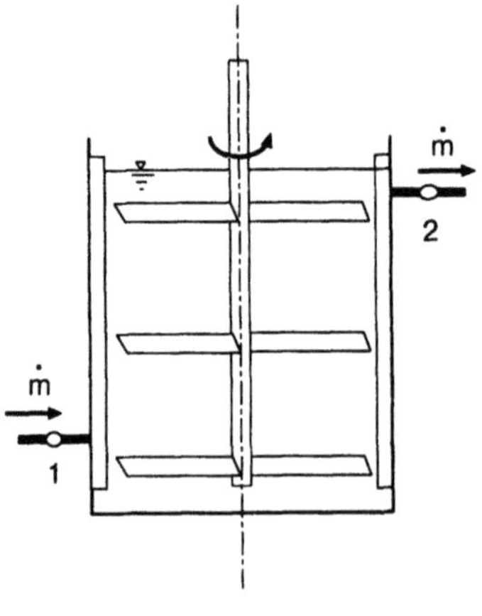

Abb. 2.11 Rührkessel

2.7 Abb. 2.12a zeigt den Querschnitt eines rohrförmigen Apparats, in dem eine Flüssigkeit kontanter Dichte ρ zwischen dem Gehäuse und einem rotierenden Profil geknetet wird. Um den Strömungsvorgang stationär zu sehen, verwendet man zweckmäßigerweise ein mitrotierendes Bezugssystem (oberer Index'). Zeigen Sie, daß alle Relativkräfte Potentiale besitzen, wenn es sich um eine ebene Strömung senkrecht zur Drehachse handelt und die Winkelgeschwindigkeit Ω zeitlich konstant bleibt.

Zum Vergleich betrachten wir diejenige Strömung im Absolutsystem, die entstehen würde, wenn das Knetelement ruhen und das Gehäuse rückwärts rotieren würde (Index $\tilde{}$, Abb. 2.12b). Überzeugen Sie sich davon, daß unter den zuvor formulierten Voraussetzungen beide Geschwindigkeitsfelder in korrespondierenden Punkten gleich sind, d. h. $\tilde{\mathbf{v}}(x, y) = \mathbf{v}'(x', y')$ für $x = x'$ und $y = y'$, und daß zwischen den zugehörigen Druckfeldern folgender Zusammenhang besteht:

$$\tilde{p}(x, y) = p(x', y') - \frac{1}{2}\rho\Omega^2(x'^2 + y'^2) + 2\rho\Omega\Psi'(x', y') \ .$$

Dabei bezeichnet Ψ' die Stromfunktion der Originalströmung. Der mittlere Summand auf der rechten Seite resultiert aus den Zentrifugalkräften, der letzte Summand aus den Corioliskräften. Ändert sich dieser Zusammenhang, wenn der Apparat mit einer zusätzlichen Geschwindigkeitskomponente $w'(x', y')$ auch axial durchströmt wird?

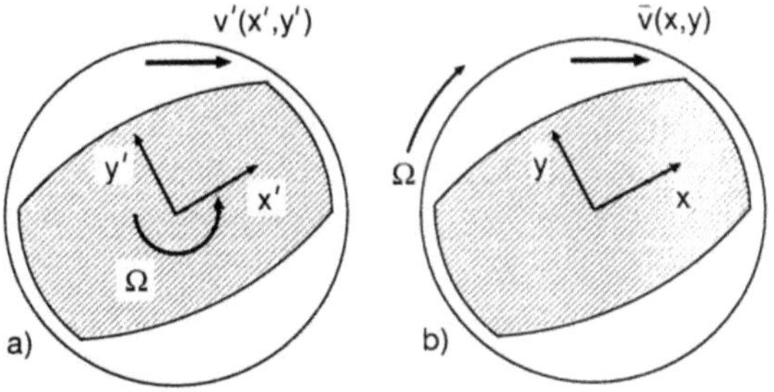

Abb. 2.12 Zur Erläuterung der Aufgabe 2.7

3 Bei Scherung und Dehnung hervortretende Stoffeigenschaften

3.1 Rheologisch einfache Flüssigkeiten

Die zuvor erläuterten Bilanzgleichungen sind weitgehend frei von Materialeigenschaften. Ihre integralen und differentiellen Formen gelten für alle einphasigen fluiden Punktkontinua gleichermaßen. Um sie in konkreten Strömungssituationen vollständig auswerten zu können, müssen aber noch gewisse Stoffgleichungen hinzugefügt werden, die die mechanischen und thermodynamischen Eigenschaften des strömenden Fluids zum Ausdruck bringen. Zu ihnen gehören insbesondere die *rheologischen Stoffgleichungen*, die den Spannungszustand im Fluid mit seinem Deformationszustand verknüpfen. Über die kalorische Zustandsgleichung eines Fluids und die Stoffgleichung für den Wärmestrom, die bei energetischen Betrachtungen außerdem noch benötigt werden, wurde bereits in Abschnitt 2.3.3 gesprochen.

Innerhalb kontinuumsmechanischer Modellvorstellungen beschreibt man auch die Materialeigenschaften phänomenologisch, d. h. es werden makroskopisch meßbare Größen miteinander verknüpft. Eine molekulartheoretische Erklärung der makroskopisch beobachteten Phänomene wird nicht angestrebt. Gelegentlich wird dagegen eingewandt, es sei sinnvoller, vom realen Aufbau der Materie aus Atomen und Molekülen auszugehen und aus deren Wechselwirkung auf die Stoffeigenschaften zu schließen. Tatsächlich gibt es solche "kinetischen Theorien" nicht nur für Gase, sondern z. B. auch für gummiartige Flüssigkeiten und für gewisse fluide Polymersysteme. Sie liefern aber nicht zwangsläufig bessere Ergebnisse als Kontinuumstheorien. Auch sie gehen von Modellvorstellungen aus, vor allem über den Molekülaufbau und die Art der Wechselwirkung. Um daraus auf das makroskopische Verhalten schließen zu können, müssen diese Modelle hinreichend einfach und darum grob sein, so daß bei komplizierter Molekülstruktur quantitativ richtige Ergebnisse nicht zu erwarten sind. Die phänomenologische Theorie basiert stattdessen auf Stoffgleichungen mit gewissen freien Parametern, Funktionen oder Funktionalen, die eventuell experimentell bestimmt werden können (Rheometrie). Insgesamt läßt sich sagen, daß kinetische Theorien, die sich mit der Mikrostruktur der Materie befassen, den phänomenologischen Zugang nicht ersetzen, wohl aber ergänzen können.

In weiten Bereichen der Strömungsmechanik verwendet man als rheologische Stoffgleichung einen speziellen Zusammenhang zwischen den Reibungsspannungen und den Verzerrungsgeschwindigkeiten. In kompakter tensorieller Form lautet er

$$\mathbf{T}(\mathbf{r},t) = 2\mu\,\mathbf{D}(\mathbf{r},t) + \mu_V\,(\mathrm{sp}\,\mathbf{D}(\mathbf{r},t))\,\mathbf{1}\ . \tag{3.1}$$

Diese Beziehung ist in dreierlei Hinsicht bemerkenswert einfach: Sie besagt, daß die zur aktuellen Zeit t im Fluid auftretenden Reibungsspannungen vom Deformationszustand zur gleichen Zeit abhängen; Deformationen zu anderen Zeiten beeinflussen die aktuell wirksamen Reibungsspannungen nicht (*Momentanreaktion*). Sie besagt weiter, daß die Reibungsspannungen am Ort **r** im Fluid nur von den Verzerrungsgeschwindigkeiten an dieser Stelle abhängen; höhere Ortsableitungen des Geschwindigkeitsfelds oder die Bewegung räumlich entfernter Fluidelemente sind für den örtlichen Spannungszustand unmaßgeblich (*lokale Wirkung*). Sie besagt schließlich, daß der Reibungsspannungstensor **T** linear und isotrop mit dem Verzerrungsgeschwindigkeitstensor **D** verknüpft ist; Verdopplung der Verzerrungsgeschwindigkeiten hat eine Verdopplung der Reibungsspannungen zur Folge (*Linearität*), und die Hauptachsen von **D** sind zugleich diejenigen von **T** (*Isotropie*).

Viele in Natur und Technik vorkommende Fluide wie Luft und andere Gase, Wasser, Mineralöle, Alkohole, einfache Kohlenwasserstoffverbindungen und andere niedermolekulare Flüssigkeiten genügen dem Stoffgesetz (3.1) unter "normalen" Prozeßbedingungen in ausreichender Genauigkeit. Fluide mit diesen Reibungseigenschaften nennt man *newtonsch.* Gl. (3.1) enthält zwei skalare Stoffkoeffizienten, die das Reibungsverhalten in beliebigen räumlichen Strömungen beschreiben (sollen). Der Koeffizient μ_V wird nur dann wirksam, wenn sich das Volumen der Fluidelemente ändert $(\mathrm{sp}\,\mathbf{D} \neq 0)$. Er heißt deshalb *Volumenviskosität.* Bei inkompressiblen Strömungen entfällt sogar noch der zweite Summand auf der rechten Seite. Jede volumenbeständige newtonsche Flüssigkeit ist also durch einen einzigen (positiven) Viskositätskoeffizienten μ charakterisiert, der nicht vom Deformationszustand abhängt, sich aber mit dem thermodynamischen Zustand, insbesondere mit der Temperatur ändern kann.

Das Verständnis der nachfolgenden Ausführungen wird erleichtert, wenn wir das Stoffgesetz (3.1) einmal auf eine ebene *Schichtenströmung* anwenden (Abb. 1.16). Bezüglich der natürlichen Basis besitzt der Verzerrungsgeschwindigkeitstensor **D** dann nur ein wesentliches Nebendiagonalelement, und alle Diagonalelemente verschwinden (siehe Gl. (1.110)). In einem newtonschen Fluid tritt demnach zwischen den Schichten eine Schubspannung auf, die linear mit der Schergeschwindigkeit anwächst, und die drei Normalspannungen sind gleich groß:

$$\tau_{xy}(y,t) = \mu\,\dot{\gamma}(y,t) \;, \tag{3.2}$$

$$\sigma_{xx} = \sigma_{yy} = \sigma_{zz} = -\,p \;. \tag{3.3}$$

Der Stoffkoeffizient μ, der in Gl. (3.2) als Proportionalitätsfaktor auftritt, wird üblicherweise als *Scherviskosität* oder kürzer als *Viskosität* bezeichnet.

Zum Kontrast betrachten wir auch eine isochore homogene *einachsige Dehnströmung.* Im gemeinsamen Hauptachsensystem besitzen der Verzerrungsgeschwindigkeitstensor **D** und der Spannungstensor **S** dann die Matrixdarstellungen (1.127) mit $\dot{\varepsilon}_1 = \dot{\varepsilon} > 0$ und $\dot{\varepsilon}_2 = -\dot{\varepsilon}/2$ bzw. (2.7) mit $\sigma_3 = \sigma_2$. Um eine newtonsche Flüssigkeit so zu dehnen, benötigt man nach Gl. (3.1) eine Normalspannungsdifferenz der Größe

$$\sigma_1(t) - \sigma_2(t) = 3\mu\, \dot{\varepsilon}(t) \; . \tag{3.4}$$

Den Proportionalitätsfaktor zwischen der Normalspannungsdifferenz und der Dehngeschwindigkeit bezeichnet man sinngemäß als *Dehnviskosität.* Bei einer volumenbeständigen newtonschen Flüssigkeit ist demnach die einachsige Dehnviskosität dreimal so groß wie die Scherviskosität.

Bei der Kunststoffverarbeitung, der Herstellung von Baustoffen, Lebensmitteln, Kosmetika und pharmazeutischen Produkten, in der Biotechnologie und anderen verfahrenstechnischen Bereichen, aber auch im menschlichen Körper begegnet man häufig *nichtnewtonschen Fluiden.* Solche Stoffe besitzen beispielsweise nichtlineare Fließ- und Dehneigenschaften, und bei instationären Prozessen beobachtet man Nachwirkungserscheinungen, die dem Prinzip der Momentanreaktion widersprechen. Man geht dann von der Vorstellung aus, der Stoff besitze ein *Gedächtnis* für seine früheren Deformationszustände. Dabei wird das Prinzip der *lokalen Wirkung* aufrecht erhalten. Man nimmt nämlich in der Regel an, daß die Reibungsspannungen, die zur aktuellen Zeit an einem materiellen Element wirksam werden, nur von dessen Deformationsgeschichte, genauer: von der Vorgeschichte seines (ersten) Deformationsgradienten abhängen. Zukünftige Deformationen sind für den aktuellen Spannungszustand natürlich irrelevant (*Kausalität*). Aber auch Gradienten höherer Ordnung oder die Deformation räumlich entfernter Elemente bleiben demnach ohne Einfluß auf den lokalen Spannungszustand. Man spricht dann von *Materialien vom Grade 1* oder von "rheologisch einfachen" Stoffen.

Bei Flüssigkeiten, die keine natürlichen Referenzkonfigurationen kennen, ist plausiblerweise die Vorgeschichte des *relativen* Deformationsgradienten $\mathbf{F}_t(\mathbf{r},t,s)$ maßgeblich. Er gibt bekanntlich Aufschluß darüber, wie sich das materielle Fluidelement in der Vergangenheit $(s > 0)$ deformiert und gedreht hat; s. Abschnitt 1.4.4 . Das *Prinzip der materiellen Objektivität* verlangt nun allerdings, daß eine rheologische Stoffgleichung *bezugsindifferent* ist, so daß verschiedene Beobachter ein und derselben Bewegung denselben Spannungszustand registrieren. Der Tensor $\mathbf{F}_t$ ist aber nicht objektiv, denn Beobachter in verschiedenen Bezugssystemen beurteilen die Drehung der Fluidelemente durchaus verschieden. Deshalb kann der Extraspannungstensor $\mathbf{T}(\mathbf{r},t)$ nicht in beliebiger Weise von $\mathbf{F}_t(\mathbf{r},t,s)$ abhängen, sondern nur vom symmetrischen Produkt $\mathbf{C}_t(\mathbf{r},t,s) := \mathbf{F}_t^T \cdot \mathbf{F}_t$, dem relativen Cauchyschen Verzerrungstensor, der keine Information mehr über die Drehung enthält. Das Stoffgesetz einer *rheologisch einfachen Flüssigkeit* ist also von der Form

$$\mathbf{T}(\mathbf{r}, t) = \mathop{\mathbf{T}}_{s=0}^{\infty} \left[\mathbf{C}_t(\mathbf{r}, t, s)\right]. \tag{3.5}$$

Das Symbol $\mathop{\mathbf{T}}_{s=0}^{\infty}$ steht für ein weitgehend beliebiges tensorwertiges Funktional.

Wir beschränken uns hier auf *homogene Flüssigkeiten*, denn für jeden materiellen Punkt soll dieselbe Stoffgleichung gelten. Andernfalls müßte im Stoffunktional außer der materiellen Verzerrungsgeschichte noch eine explizite Ortsabhängigkeit berücksichtigt werden. Außerdem kann i. allg. vorausgesetzt werden, daß Flüssigkeiten *isotrop* sind und ein *schwindendes Gedächtnis* besitzen, so daß ein Deformationszustand in der Vergangenheit umso geringeren Einfluß auf den aktuellen Spannungszustand ausübt, je weiter er zeitlich zurückliegt. Diese Annahmen schränken zwar den funktionalen Zusammenhang (3.5) in gewisser Weise ein. Er bleibt aber immer noch so allgemein, daß sich auch komplexe Stoffeigenschaften in aller Regel in das Konzept der einfachen Flüssigkeit einordnen lassen.

Vereinzelt wird versucht, rheologische Stoffgleichungen "weniger lokal" zu formulieren, indem auch höhere Deformationsgradienten berücksichtigt werden. Man spricht dann von *Materialien höheren Grades*. In Verbindung mit den Bewegungsgleichungen resultieren daraus Differentialgleichungen höherer Ordnung. Neben den üblichen Vorgaben an der Berandung des Kontinuums (z. B. der Haftbedingung) benötigt man deshalb noch weitere Randbedingungen (z. B. für den Geschwindigkeitsgradienten), über die aber keine sicheren Erkenntnisse vorliegen. Strömungsanalysen auf dieser Basis und schon die Identifikation der Parameter in den Stoffmodellen sind deshalb durchaus problematisch.

Die *Rheometrie* dient weitgehend dem Ziel, den Zusammenhang (3.5) für reale Flüssigkeiten kennenzulernen. Dabei muß man sich allerdings im klaren sein, daß prinzipiell unendlich viele verschiedene Experimente erforderlich wären, um die sechs skalaren Stoffunktionale einer Flüssigkeit vollständig zu bestimmen. Bei Bewegungen unterschiedlicher Deformationsgeschichte treten nämlich unterschiedliche Eigenschaften der Stoffunktionale hervor. Die Beobachtung einer eingeschränkten Klasse von Bewegungen liefert also nur gewisse partielle Informationen. Solange nur diese Klasse von Bewegungen interessiert, genügen aber solche unvollständigen Kenntnisse, und die anderen Stoffeigenschaften brauchen gar nicht bekannt zu sein. In der Rheometrie spielen kinematisch einfache Strömungsformen, vor allem *Scherströmungen* und *Dehnströmungen* mit nur einem Deformationsfreiheitsgrad eine zentrale Rolle.

Für das Folgende ist es wichtig zu wissen, daß bei einer Scherströmung zufolge der Isotropie zwei Schubspannungskomponenten verschwinden. Wir zeigen das anhand einer ebenen Schichtenströmung, indem wir ein i. allg. beschleunigtes Bezugssystem derart einführen, daß ein beliebiger materieller Punkt ruht. In seiner

Umgebung greifen wir ein quaderförmiges Volumenelement mit achsenparallelen Kanten heraus und tragen die Schubspannungen an den Flächen ein, die ein erster Beobachter bezüglich seines kartesischen Koordinatensystems feststellt (linker Teil von Abb. 3.1) und die ein zweiter Beobachter bezüglich seines um 180° um die z–Achse gedrehten Koordinatensystems registriert (rechter Teil von Abb. 3.1). Da beide Beobachter lokal gleichartige Strömungen sehen, stellen sie in einem isotropen Fluid dieselben Spannungen fest. Abb. 3.1 zeigt jedoch, daß sie bezüglich der Schubspannungen τ_{xz} und τ_{yz} zu unterschiedlichen Ergebnissen kommen würden, wenn diese beiden Größen von null verschieden wären. Aus dieser Überlegung folgt, daß bei einer ebenen Schichtenströmung $\tau_{xz} = \tau_{yz} = 0$ gilt, d. h. es tritt nur die Schubspannung τ_{xy} (und mit ihr die Komponente $\tau_{yx} = \tau_{xy}$) auf.

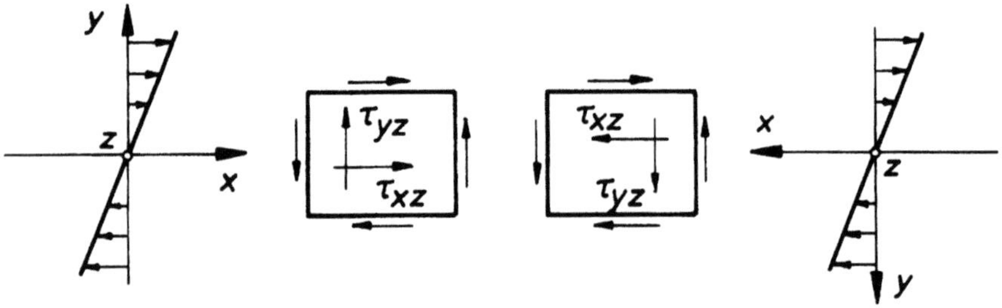

Abb. 3.1 An einem quaderförmigen Element angreifende Schubspannungen

Die materielle Verzerrungsgeschichte in einer solchen Strömung wird vollständig durch die relative Scherdeformation zwischen den Zeitpunkten t und t − s beschrieben, die mit $\gamma(y,t,s)$ bezeichnet wurde (s. Gl. (1.115)). Das Stoffgesetz (3.5) einer rheologisch einfachen Flüssigkeit enthält somit insbesondere den folgenden Zusammenhang:

$$\tau_{xy}(y,t) = \mathop{\mathrm{F}}_{s=0}^{\infty}\left[\gamma(y,t,s)\right] . \qquad (3.6)$$

Auch bei anderen Schichtenströmungen tritt nur eine wesentliche Schubspannungskomponente auf; bei einer Poiseuille–Strömung ist es τ_{zr}, bei einer Couette–Strömung $\tau_{\varphi r}$, bei einer Torsionsströmung $\tau_{\varphi z}$ und bei einer Kegel–Platte–Strömung $\tau_{\varphi\vartheta}$ (s. Abschn. 1.5.1). Da die beiden anderen unabhängigen Schubspannungskomponenten verschwinden und deshalb keine Verwechslung möglich ist, werden wir im folgenden die Indizes unterdrücken und jeweils einfach τ schreiben.

In Zusammenhang mit Gl. (3.3) wurde darauf hingewiesen, daß bei einer Schichtenströmung eines newtonschen Fluids alle drei Normalspannungen gleich groß sind. Zu ihrer Beschreibung genügt deshalb der Druck p. In einem nichtnewtonschen Fluid stimmen aber die Normalspannungen σ_{xx} in Fließrichtung, σ_{yy} in Scherrichtung und σ_{zz} in der indifferenten Richtung i. allg. nicht überein. Es wurde schon an anderer Stelle erwähnt, daß bei volumenbeständigen Fluiden das Abspalten des Druckes aus den Normalspannungen in gewisser Weise willkürlich ist. Demzufolge sind nicht etwa alle drei Extraspannungen τ_{xx}, τ_{yy} und τ_{zz} durch die Bewegung der Flüssigkeit eindeutig bestimmt, sondern nur die beiden *Normalspannungsdifferenzen* $\sigma_{xx} - \sigma_{yy}$ und $\sigma_{yy} - \sigma_{zz}$. Bei der Differenzbildung fällt nämlich das willkürliche Bezugsniveau für den Druck heraus, so daß es sich erst bei den Normalspannungsdifferenzen um Extraspannungen im eigentlichen Sinn handelt. Bei einer ebenen Schichtenströmung einer volumenbeständigen einfachen Flüssigkeit sind also zusätzlich zu Gl. (3.6) noch zwei weitere Stoffgleichungen zu berücksichtigen:

$$\sigma_{xx}(y,t) - \sigma_{yy}(y,t) = \overset{\infty}{\underset{s=0}{N_1}} \left[\gamma(y,t,s)\right], \tag{3.7}$$

$$\sigma_{yy}(y,t) - \sigma_{zz}(y,t) = \overset{\infty}{\underset{s=0}{N_2}} \left[\gamma(y,t,s)\right]. \tag{3.8}$$

Ein Vergleich mit den für ein newtonsches Fluid gültigen Beziehungen (3.2) und (3.3) zeigt, daß statt eines konstanten Stoffkoeffizienten μ hier drei i. allg. nichtlineare Funktionale der Scherungsgeschichte auftreten. Damit wird deutlich, wie vielfältig die rheologischen Stoffeigenschaften selbst bei kinematisch einfachen Strömungsformen sein können, wenn die Flüssigkeit ein Gedächtnis für frühere Deformationszustände besitzt.

3.2 Die Fließfunktion

Wenn die zuvor betrachtete *Schichtenströmung* hinreichend lang *stationär* verlaufen ist, war die Schergeschwindigkeit jedes Fluidelements zeitlich konstant, so weit das Gedächtnis zurückreicht. Die relative Scherdeformation wächst dann linear mit der retardierten Zeit an, $\gamma(y, s) = \dot{\gamma}(y)\, s$. Mit dieser in s expliziten Verzerrungsgeschichte reduziert sich Gl. (3.6) auf einen i. allg. nichtlinearen Zusammenhang

$$\tau = F(\dot{\gamma}) \tag{3.9}$$

zwischen der örtlichen Schubspannung und der örtlichen Schergeschwindigkeit. Wir unterdrücken hier und im folgenden die Ortsvariable y, denn so gilt Gl. (3.9) nicht nur für ebene, sondern auch für andere stationäre Schichtenströmungen. Weil der Deformationsprozeß der Fluidelemente *mit konstanter Streckgeschichte* verlief, tritt nun das Gedächtnis gar nicht mehr in Erscheinung. In einer stationären Schichtenströmung sind somit Flüssigkeiten mit schwindendem Gedächtnis nicht von solchen ohne Gedächtnis zu unterscheiden.

Man bezeichnet einen Zusammenhang nach Art der Gl. (3.9) als Fließgesetz, $F(\dot{\gamma})$ als *Fließfunktion* und den zugehörigen Graphen als *Fließkurve*. Verschiedene Flüssigkeiten besitzen in der Regel verschiedene Fließfunktionen. Bei newtonschen Fluiden gilt $F(\dot{\gamma}) = \mu\dot{\gamma}$ mit einem geschwindigkeitsunabhängigen Proportionalitätsfaktor μ. In Anlehnung an diese vertraute Beziehung schreibt man Gl. (3.9) oft auch in der Form

$$\tau = \eta(\dot{\gamma})\,\dot{\gamma}\ . \tag{3.10}$$

Man führt also den Quotienten aus Schubspannung und Schergeschwindigkeit ein, bezeichnet ihn wiederum als *Scherviskosität*, hat allerdings zu berücksichtigen, daß es sich dabei um eine schergeschwindigkeitsabhängige Stoffgröße handeln kann. Die Viskositätsfunktion $\eta(\dot{\gamma})$ ist zur Charakterisierung der Fließeigenschaften realer Fluide bei stationären Schichtenströmungen natürlich ebenso gut geeignet wie die Fließfunktion $F(\dot{\gamma})$.

In der rheologischen Literatur gibt es zahllose Dokumente über die Fließfunktionen realer nichtnewtonscher Fluide. Abb. 3.2 zeigt exemplarisch für eine Polymerschmelze die Abhängigkeit der Scherviskosität von der Schergeschwindigkeit und von der Temperatur. Polymere Kunststoffe sind wichtige Werkstoffe mit einem breiten Anwendungsspektrum, die im schmelzflüssigen Zustand durch Formgebungsprozesse wie Spritzgießen, Extrudieren oder Folienblasen verarbeitet werden. Bei konstanter Temperatur besitzt eine solche Schmelze für hinreichend kleine Schergeschwindigkeiten einen endlichen Grenzwert der Viskosität, den wir als *untere newtonsche Grenzviskosität* oder kürzer als *Nullviskosität* und mit dem Symbol η_0 bezeichnen:

$$\eta_0 := \lim_{\dot{\gamma}\to 0} \eta(\dot{\gamma})\ . \tag{3.11}$$

Mit zunehmender Schergeschwindigkeit nimmt die Viskosität stark ab. Flüssigkeiten, bei denen η mit wachsendem $\dot{\gamma}$ sinkt, werden *scherentzähend* oder *strukturviskos* genannt. Flüssigkeiten, bei denen umgekehrt die Viskosität mit zunehmender Schergeschwindigkeit anwächst, heißen *scherverzähend* oder *dilatant*. Was die Abhängigkeit von der Temperatur betrifft, so liest man aus Abb. 3.2 eine für Flüssigkeiten in weiten Bereichen charakteristische Eigenschaft ab: Je höher die Temperatur, umso geringer ist die Viskosität bei gegebener Schergeschwindigkeit.

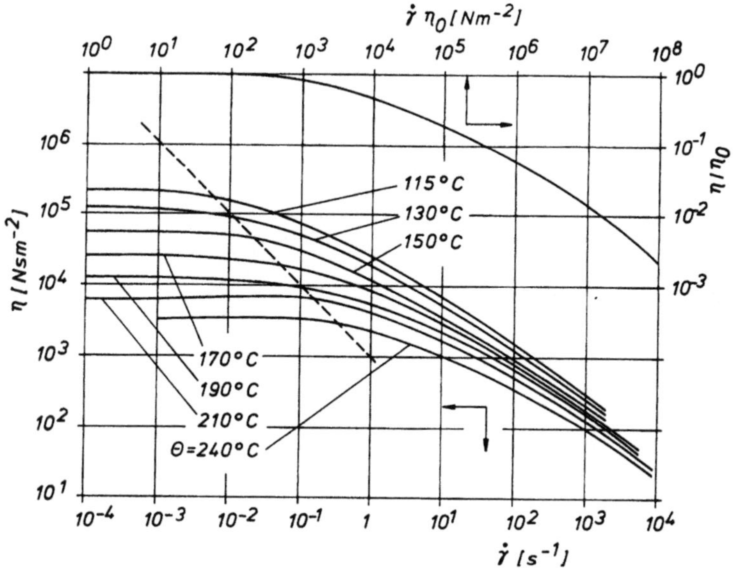

Abb. 3.2 Scherviskosität einer Polymerschmelze (Polyethylen niederer Dichte) in Abhängigkeit von der Schergeschwindigkeit und der Temperatur (nach Meißner [1]) sowie ihre universelle Darstellung

Bei vielen strukturviskosen Flüssigkeiten besteht zwischen den zu verschiedenen Prozeßtemperaturen gehörenden Viskositätskurven eine bemerkenswerte Verwandtschaft. Man stellt nämlich fest, daß (in gewissen Grenzen) bei der üblichen doppelt-logarithmischen Darstellung die Kurven ineinander übergehen, wenn man sie längs einer Geraden mit der Steigung –1 verschiebt. Häufig hängt der Schiftfaktor nur von der Nullviskosität η_0 ab, und man erreicht eine universelle Darstellung, wenn man den Quotienten η / η_0 über dem Produkt $\eta_0 \dot{\gamma}$ aufträgt. In Abb. 3.2 ist die so entstehende "Masterkurve" oben eingezeichnet. Die verschiedenen Fließkurven können also durch eine einzige für den Stoff charakteristische Funktion beschrieben werden:

$$\frac{\eta}{\eta_0} = H(\eta_0 \dot{\gamma}) \ . \tag{3.12}$$

Es gibt also eine *Ähnlichkeit der Stoffwerte*: Die Abhängigkeit von der Schergeschwindigkeit und von gewissen äußeren Parametern erscheint faktorisiert, wobei diese Parameter indirekt über die Nullviskosität Einfluß nehmen. Als äußerer Parameter kommt übrigens nicht nur die Prozeßtemperatur, sondern z. B. auch das Molekulargewicht in Frage. Eine rheologische Verwandtschaft nach Art der Gl. (3.12) besteht nämlich auch bei Polymerschmelzen, die sich im mittleren Molekulargewicht unterscheiden, ansonsten aber chemisch gleichartig sind. Auch wenn sich die Nullviskositäten stark unterscheiden, besitzen solche Flüssigkeiten in normierter Darstellung dieselben rheologischen Eigenschaften (Abb. 3.3).

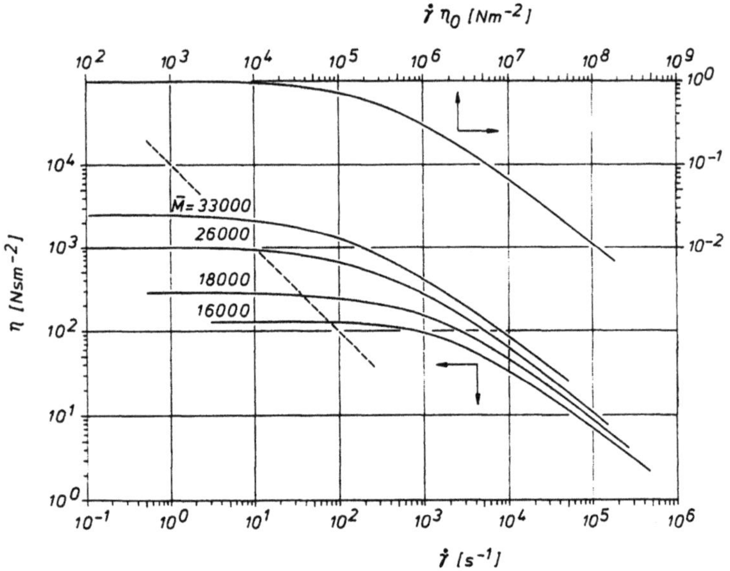

Abb. 3.3 Viskositätsfunktion von Polymerschmelzen (Polyamid 6), die sich im mittleren Molekulargewicht unterscheiden, $\Theta = 250°$ C (nach Laun [2])

Seit der Entdeckung des elektrorheologischen Effekts vor etwa 50 Jahren sind fluide Materialien bekannt, deren Fließeigenschaften durch elektrische Felder beeinflußt werden können. Herkömmliche *elektrorheologische Fluide* (ERF) bestehen im wesentlichen aus einem nichtleitenden dünnflüssigen Öl als Trägerflüssigkeit und einer Vielzahl darin suspendierter polarisierbarer Feststoffpartikel. Dem Einsatz solcher Suspensionen in technischen Apparaten stehen verschiedene Schwierigkeiten entgegen, die nur schwer zu beherrschen sind (Sedimentation, Abrasivität, Elektrophorese). Inzwischen gibt es aber partikelfreie, mikroskopisch homogene ERF auf Mineralölbasis, von denen man eine größere Praxistauglichkeit erwartet. Ohne elektrisches Feld besitzen sie schwach ausgeprägte nichtlineare Fließeigenschaften (Abb. 3.4). Beim Einschalten des E–Felds mit der Stärke einiger tausend Volt pro Millimeter erhöht sich die Viskosität deutlich, und die Scherentzähung tritt stärker hervor. Mit solchen ERF können durch Steuerung des E–Feldes beispielsweise hydraulische Ventile oder Kupplungen ohne mechanisch bewegte Teile betrieben werden. Erprobt wird ihr Einsatz in "intelligenten" Aktoren z. B. zur Schwingungsdämpfung oder zur Wandlung von Drehmomenten. Trotz vielversprechender Ansätze wird das Anwendungspotential der ERF bisher technisch aber noch wenig genutzt.

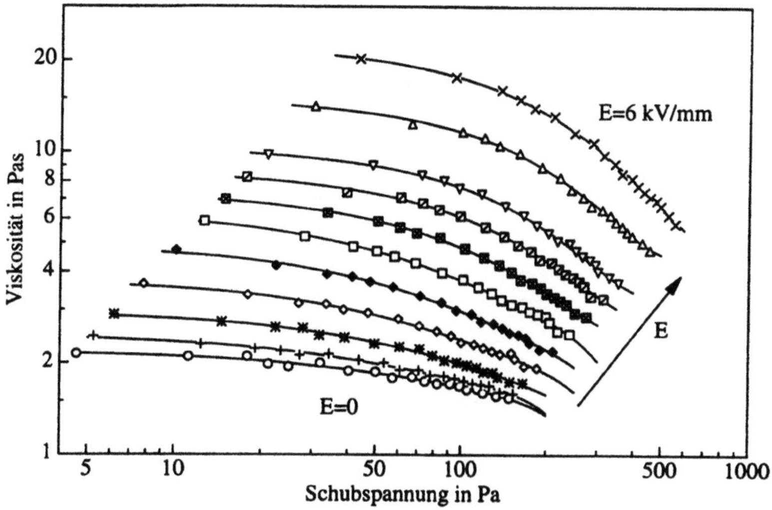

Abb. 3.4 Scherviskosität einer homogenen ERF (Metallseife in einem Mineralölraffinat) in Abhängigkeit von der Schubspannung und von der elektrischen Feldstärke E, $\Theta = 24°$C (nach Schwarz [3])

Zur Illustration dilatanter Fließeigenschaften zeigt Abb. 3.5 Daten für die Viskosität einer konzentrierten Suspension. Bemerkenswerterweise findet die Scherverzähung hier bei einer scharf begrenzten Schergeschwindigkeit statt, so daß man von sprunghafter Dilatanz sprechen kann. Wenn man von Details absieht, erkennt man zu beiden Seiten der Sprungstelle Bereiche annähernd konstanter Viskosität. Eine solche *sprunghaft dilatante* Flüssigkeit mit zwei newtonschen Bereichen ist durch drei wesentliche Stoffparameter gekennzeichnet, den unteren Wert η_0 und den oberen Wert η_∞ der Viskosität sowie die kritische Schergeschwindigkeit κ, bei welcher der Übergang stattfindet. Solange die Schubspannung kleiner als $\eta_\infty \kappa$ bleibt, wird der obere newtonsche Bereich gar nicht erreicht, und der Parameter κ kann als Schergeschwindigkeitsgrenze aufgefaßt werden.

Bei einigen Anwendungen spielt außer der Viskosität $\eta(\dot\gamma) := \tau / \dot\gamma$ auch die sogenannte *differentielle Viskosität*

$$\hat\eta(\dot\gamma) := \frac{d\tau}{d\dot\gamma} \tag{3.13}$$

eine Rolle. Beide Größen können aus der Fließkurve abgelesen werden (Abb. 3.6): Bei linearer Teilung der Achsen entspricht η der Sekantensteigung und $\hat\eta$ der Tangentensteigung im "Betriebspunkt".

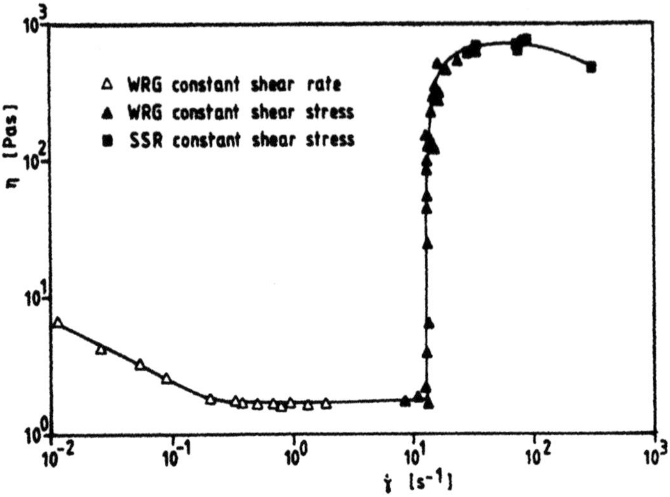

Abb. 3.5 Scherviskosität einer konzentrierten Suspension kleiner Polymerpartikel in einem newtonschen Trägerfluid, $\Theta = 23°$ C (nach Laun u. a. [4])

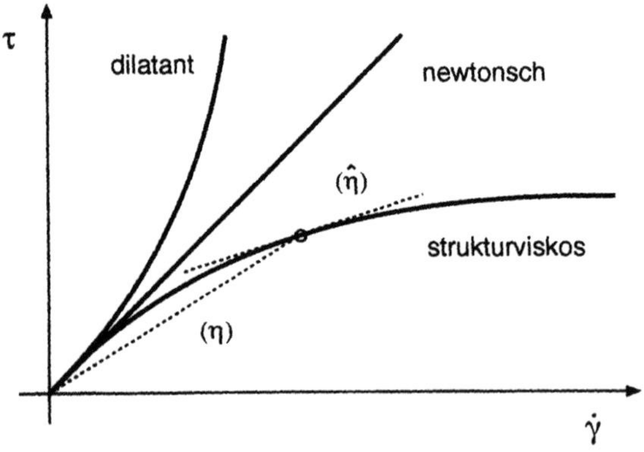

Abb. 3.6 Die Fließkurven eines newtonschen, eines strukturviskosen und eines dilatanten Fluids. Die Steigungen von Sekante und Tangente bestimmen die Viskosität bzw. die differentielle Viskosität.

Die unterschiedliche Bedeutung von Viskosität und differentieller Viskosität wird deutlich, wenn wir uns ansehen, wie sich die Schubspannung ändert, wenn die Schergeschwindigkeit etwas geändert wird. Dazu betrachten wir beispielhaft eine ebene Schichtenströmung zwischen einer feststehenden Wand und einer mit der Geschwindigkeit U in x–Richtung bewegten parallelen Wand im Abstand h

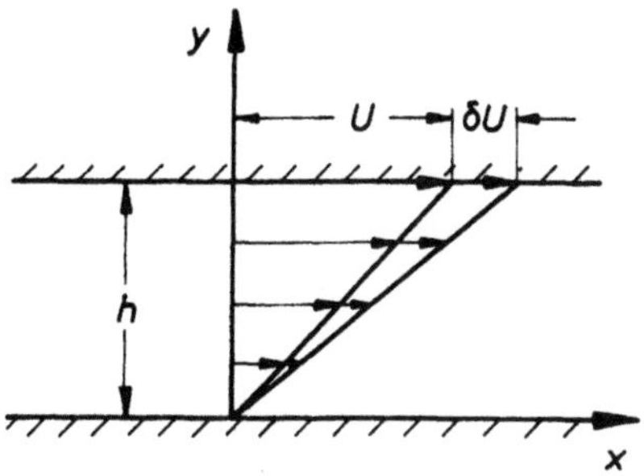

Abb. 3.7 Änderung einer ebenen Schichtenströmung bei Vergößerung der Relativgeschwindigkeit

(Abb. 3.7). Es gilt dann $\dot{\gamma} = U / h$, und die an den Flächen y = const angreifende Schubspannung τ wirkt in x–Richtung. Erhöht man nun die Geschwindigkeit der bewegten Wand um einen kleinen Wert δU in x–Richtung, so vergrößert sich die Schergeschwindigkeit um $\delta\dot{\gamma}_{||} = \delta U / h$. Der zugehörige Spannungszuwachs wird sinngemäß mit $\delta\tau_{||}$ bezeichnet. Die Indizes $||$ (parallel) und $\perp$ (senkrecht zur ursprünglichen Fließrichtung) zeigen die Richtung an, denen die Komponenten zuzuordnen sind. Mit der beschriebenen Änderung der Strömung ist eine geringe Verschiebung des Zustandspunktes auf der Fließkurve verbunden. Zwischen den Inkrementen $\delta\dot{\gamma}_{||}$ und $\delta\tau_{||}$ besteht deshalb folgender Zusammenhang:

$$\delta\tau_{||} = \hat{\eta}(\dot{\gamma})\, \delta\dot{\gamma}_{||} \,. \tag{3.14}$$

Anders verhält es sich, wenn der ursprünglichen Schichtenströmung ein orthogonaler Anteil überlagert wird, indem die obere Wand mit geringer Geschwindigkeit δW auch in z–Richtung verschoben wird (biaxiale Scherung). Welcher Zusammenhang besteht dann zwischen der zusätzlichen Deformationsgeschwindigkeit $\delta\dot{\gamma}_{\perp} = \delta W / h$ und der zugehörigen Spannungskomponente $\delta\tau_{\perp}$? Da beide Bewegungsanteile orthogonal sind, bilden einerseits U und δW die Katheten eines rechtwinkligen Dreiecks, andererseits auch τ und $\delta\tau_{\perp}$. Beide Dreiecke sind ähnlich (Isotropie); es gilt also $\delta\tau_{\perp} / \tau = \delta W / U$. Unter Beachtung der Beziehung $\tau = \eta U / h$ resultiert daraus der Zusammenhang

$$\delta\tau_{\perp} = \eta(\dot{\gamma})\, \delta\dot{\gamma}_{\perp} \,. \tag{3.15}$$

Die Gln. (3.14) und (3.15) geben Aufschluß darüber, wie sich die Schubspannung ändert, wenn einer Scherströmung ein gleichgerichteter bzw. ein orthogonaler Bewegungsanteil überlagert wird. Im ersten Fall tritt die differentielle Viskosität $\hat{\eta}$, im anderen Fall aber die gewöhnliche Viskosität η als Proportionalitätsfaktor auf.

3.2.1 Empirische Fließgesetze

Es gibt zahlreiche Vorschläge, reale Fließeigenschaften durch analytische Funktionen zu approximieren. Solche Modelle enthalten jeweils einige freie Parameter, die im konkreten Fall durch Anpassung an experimentell ermittelte Daten festzulegen sind. Das einfachste Modell, das nichtlineares Fließen beschreibt, ist das Potenzgesetz nach *Ostwald und de Waele*

$$\tau = K\dot{\gamma}^{n} \tag{3.16}$$

mit zwei positiven Stoffparametern, dem *Fließindex* n (dimensionslos) und dem sogenannten *Konsistenzparameter* K (mit der Einheit $\mathrm{Pa\,s}^n$). Für $0 < n < 1$ liegt strukturviskoses, für $n > 1$ dilatantes Verhalten vor; mit $n = 1$ ist newtonsches Fließen als Sonderfall enthalten. Das Modell besitzt einen Mangel, der nicht übersehen werden darf. Die Nullviskosität verschwindet nämlich entweder (für $n > 1$), oder sie ist unendlich groß (wenn $n < 1$). Trotzdem ist dieses Modell durchaus geeignet, nichtnewtonsche Effekte in der Tendenz richtig aufzuzeigen, bei denen es vorwiegend auf den potenzartigen Fließbereich ankommt, den makromolekulare Flüssigkeiten bei hohen Schergeschwindigkeiten besitzen (s. z. B. Abb. 3.3).

Das unrealistische Grenzverhalten des Ostwald–de Waele–Modells kann geheilt werden, wenn man weitere Parameter berücksichtigt. Eine recht genaue Approximation realer Stoffdaten scherentzähender Flüssigkeiten gelingt in der Regel mit einem Modell nach *Carreau* in der Erweiterung von *Yasuda*:

$$\frac{\eta(\dot{\gamma}) - \eta_\infty}{\eta_0 - \eta_\infty} = \left[1 + (\lambda\dot{\gamma})^{\alpha}\right]^{(n-1)/\alpha} . \tag{3.17}$$

Es enthält fünf positive Parameter, die Nullviskosität η_0, eine obere Grenzviskosität η_∞, eine Zeitkonstante λ, den Fließindex n (als Exponenten im Bereich potenzartigen Fließens) sowie einen dimensionslosen Parameter α, der den Übergang zum unteren newtonschen Bereich steuert.

Bisher wurde stillschweigend angenommen, $\dot{\gamma}$ sei stets positiv. Bei den späteren Anwendungen trifft das aber nicht zu, und es ist deshalb erforderlich, die Fließfunktion $F(\dot{\gamma})$ auch für negative Argumente zu definieren. Da ein Vorzeichenwechsel der Schubspannung $(\tau \to -\tau)$ eine Umkehr der Scherungsrichtung nach sich zieht $(\dot{\gamma} \to -\dot{\gamma})$, sind die Fließfunktion ungerade und die Viskositätsfunktion demzufolge gerade fortzusetzen:

$$F(-\dot{\gamma}) = -F(\dot{\gamma}), \tag{3.18}$$

$$\eta(-\dot{\gamma}) = \eta(\dot{\gamma}). \tag{3.19}$$

Wenn also z. B. Gl. (3.17) auch für negative $\dot{\gamma}$ – Werte benötigt wird, ist auf der rechten Seite $\dot{\gamma}$ durch $|\dot{\gamma}|$ zu ersetzen. Im Hinblick auf die in Kapitel 4 zu behandelnden Strömungen ist es im übrigen zweckmäßig, das Fließgesetz umzukehren, d. h. $\dot{\gamma}$ als Funktion von τ anzugeben. Einige in der Literatur verwendete Modelle dieser Art sind in Tab. 3.1 zusammengestellt. Die Symmetrieeigenschaft (3.18) ist jeweils berücksichtigt.

Tab. 3.1 Die Fließfunktionen einfacher rheologischer Modelle

Flüssigkeitsmodell	Fließfunktion $\dot{\gamma}(\tau)$	Parameter [SI-Einheit]
Newton	$\dot{\gamma} = \tau / \mu$	$\mu[\text{Pa s}]$
Ostwald–de Waele	$\dot{\gamma} = \lvert\tau / K\rvert^{1/n} \operatorname{sgn} \tau$	$n[-], K[\text{Pa s}^n]$
Prandtl–Eyring	$\dot{\gamma} = \frac{\tau_*}{\eta_0} \sinh \frac{\tau}{\tau_*}$	$\tau_*[\text{Pa}], \eta_0[\text{Pa s}]$
Rabinowitsch	$\dot{\gamma} = \frac{\tau}{\eta_0}\left(1 + \frac{\tau^2}{\tau_*^2}\right)$	$\tau_*[\text{Pa}], \eta_0[\text{Pa s}]$
Ellis	$\dot{\gamma} = \frac{\tau}{\eta_0}\left(1 + \left\lvert\frac{\tau}{\tau_*}\right\rvert^{(1-n)/n}\right)$	$n[-], \tau_*[\text{Pa}], \eta_0[\text{Pa s}]$
Bingham	$\dot{\gamma} = \begin{cases} 0 & \text{für } \lvert\tau\rvert \le \tau_f \\ \frac{\lvert\tau\rvert - \tau_f}{\hat{\eta}} \operatorname{sgn} \tau & \text{für } \lvert\tau\rvert > \tau_f \end{cases}$	$\tau_f[\text{Pa}], \hat{\eta}[\text{Pa s}]$
Casson	$\dot{\gamma} = \begin{cases} 0 & \text{für } \lvert\tau\rvert \le \tau_f \\ \frac{1}{\eta_\infty}\left(\sqrt{\lvert\tau\rvert} - \sqrt{\tau_f}\right)^2 \operatorname{sgn} \tau & \text{für } \lvert\tau\rvert > \tau_f \end{cases}$	$\tau_f[\text{Pa}], \eta_\infty[\text{Pa s}]$
sprunghaft dilatant	$\dot{\gamma} = \begin{cases} \tau / \eta_0 & \text{für } \lvert\tau\rvert \le \eta_0 \kappa \\ \kappa \operatorname{sgn} \tau & \text{für } \eta_0 \kappa < \lvert\tau\rvert < \eta_\infty \kappa \\ \tau / \eta_\infty & \text{für } \eta_\infty \kappa \le \lvert\tau\rvert \end{cases}$	$\eta_0[\text{Pa s}], \kappa[\text{s}^{-1}]$

3.2.2 Rotationsrheometer

Wir wollen uns hier noch kurz der Frage zuwenden, wie man die Fließkurve nichtnewtonscher Flüssigkeiten experimentell bestimmen kann. Dabei hat man jedenfalls eine stationäre Schichtenströmung zu realisieren, denn nur für diese Klasse von Bewegungen ist die Fließfunktion zuständig. Insofern sind einige Geräte, mit denen die Viskosität newtonscher Flüssigkeiten bestimmt werden kann, zur Rheometrie nichtnewtonscher Flüssigkeiten ungeeignet. So wird zum Beispiel das Prinzip hinfällig, aus der Fallzeit einer Kugel in der zu untersuchenden Flüssigkeit auf deren Viskosität zu schließen. Da die Umströmung einer Kugel keine Bewegung mit konstanter Streckgeschichte ist, machen sich dabei kompliziertere Stoffeigenschaften, insbesondere auch Gedächtniseinflüsse bemerkbar. Zur Ermittlung der Viskositätsfunktionen nichtnewtonscher Fluide gehören also unabdingbar Geräte, die stationäre Schichtenströmungen erzeugen.

In sogenannten *Rotationsrheometern* wird eine geringe Menge der zu untersuchenden Flüssigkeit im Spalt zwischen einem Rotor und einem Stator einer definierten Scherbeanspruchung ausgesetzt. Dabei kommen verschiedene Geometrien in Frage (vor allem Couette, Torsion und Kegel–Platte, s. Abb. 1.18). Gemessen wird das Drehmoment M bei vorgegebener Winkelgeschwindigkeit Ω_0 des Rotors oder umgekehrt. Die Auswertung wird besonders einfach, wenn die Schergeschwindigkeit und mithin die Schubspannung im Feld räumlich konstant sind. Das ist zum Beispiel zwischen zwei koaxialen Zylindern bei hinreichend kleiner Spaltweite näherungsweise erfüllt (Abb. 3.8). Im Spalt gilt dann

$$\dot{\gamma} = \frac{r_0 \, \Omega_0}{h} \; . \tag{3.20}$$

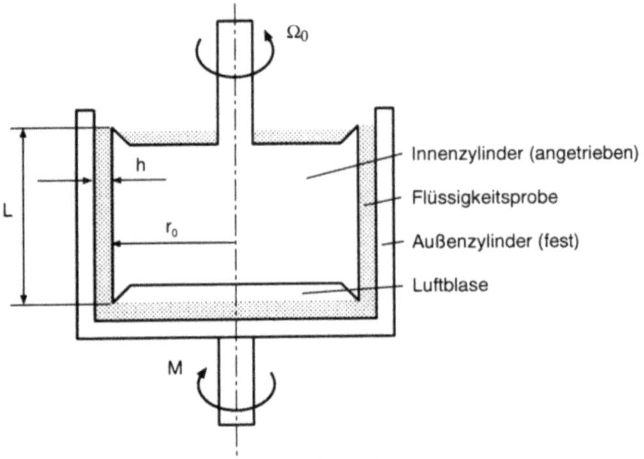

Abb. 3.8 Meßzelle eines Couette–Rheometers (schematisch)

Um störende Einflüsse der Endflächen auf das Drehmoment zu eliminieren, hat es sich bewährt, beide Enden des inneren Zylinders mit Vertiefungen zu versehen. So kann sich unter dem Rotor eine Luftblase halten, die nicht zum Drehmoment beiträgt. Und auch die überschüssige Flüssigkeitsmenge, die sich in der oberen Vertiefung sammelt, überträgt keine Schubspannungen, wenn sie stationär mitrotiert. Das Drehmoment resultiert dann allein aus der Schubspannung am Zylindermantel, und es gilt der einfache Zusammenhang

$$\tau = \frac{M}{2\pi r_0^2 L} \; . \tag{3.21}$$

Hiernach kann man die Fließkurve einer nichtnewtonschen Flüssigkeit punktweise bestimmen, indem man jedes Wertepaar (Ω_0, M) mit den Abmessungen r_0, h und L der Meßzelle gemäß Gl. (3.20) bzw. Gl. (3.21) umrechnet und das Ergebnis in ein $\dot{\gamma} - \tau -$ Diagramm einträgt.

3.2.3 Fließpotentiale

Bei einigen Anwendungen spielen zwei integrale Größen in Zusammenhang mit der Fließfunktion eine wichtige Rolle, die folgendermaßen definiert sind:

$$\Omega(\dot{\gamma}) := \int_0^{\dot{\gamma}} \tau(\dot{\gamma}')\, d\dot{\gamma}', \qquad \overline{\Omega}(\tau) := \int_0^{\tau} \dot{\gamma}(\tau')\, d\tau' \; . \tag{3.22}$$

Sie entsprechen den in Abb. 3.9 gekennzeichneten Flächen unterhalb bzw. oberhalb der Fließkurve. In der Summe ergeben sie somit die Rechteckfläche $\tau\dot{\gamma}$, das ist die volumenbezogene Dissipationsleistung:

$$\Omega + \overline{\Omega} = \tau\dot{\gamma} \; . \tag{3.23}$$

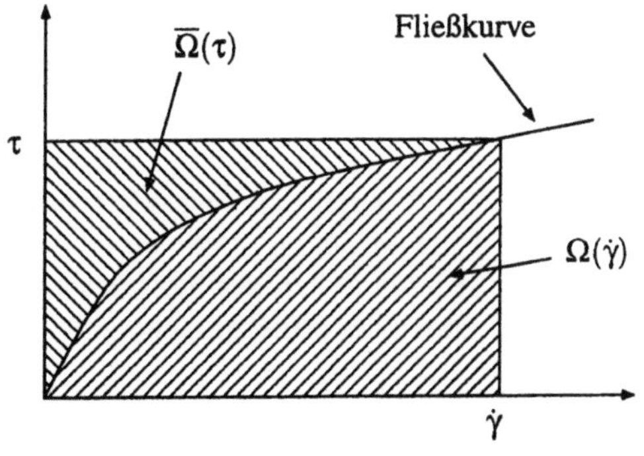

Abb. 3.9 Zur Erläuterung der Fließpotentiale Ω und $\overline{\Omega}$

In Umkehrung der Zusammenhänge (3.22) erscheinen τ und $\dot{\gamma}$ als Ableitungen der Funktionen $\Omega(\dot{\gamma})$ und $\overline{\Omega}(\tau)$:

$$\tau = \frac{d\Omega(\dot{\gamma})}{d\dot{\gamma}}, \qquad \dot{\gamma} = \frac{d\overline{\Omega}(\tau)}{d\tau} . \tag{3.24}$$

Wir können deshalb Ω und $\overline{\Omega}$ als *Fließpotentiale* bezeichnen. Da die differentielle Viskosität realer Flüssigkeiten i. allg. positiv ist, wächst $d\Omega / d\dot{\gamma}$ monoton mit $\dot{\gamma}$ an, d. h. die Funktion $\Omega(\dot{\gamma})$ ist konvex. Für zwei beliebige, nicht notwendigerweise nahe benachbarte Zustände gilt deshalb

$$\Omega(\dot{\gamma}^*) - \Omega(\dot{\gamma}) \geq \frac{d\Omega(\dot{\gamma})}{d\dot{\gamma}} \left(\dot{\gamma}^* - \dot{\gamma}\right) = \tau \left(\dot{\gamma}^* - \dot{\gamma}\right) . \tag{3.25}$$

Unter der gleichen Voraussetzung ist auch $\overline{\Omega}(\tau)$ konvex. Somit gilt auch die analoge Ungleichung

$$\overline{\Omega}(\tau^{**}) - \overline{\Omega}(\tau) \geq \frac{d\overline{\Omega}(\tau)}{d\tau} \left(\tau^{**} - \tau\right) = \dot{\gamma} \left(\tau^{**} - \tau\right) . \tag{3.26}$$

Mit den mehrdimensionalen Verallgemeinerungen dieser Ungleichungen können bei gewissen Strömungsproblemen zweiseitige Schranken für integrale Zielgrößen wie Durchsatz, Dissipationsleistung oder Strömungswiderstand erzeugt werden, ohne das Strömungsfeld im einzelnen zu berechnen. In Abschnitt 7.4 kommen wir darauf zurück.

3.3 Die Normalspannungsfunktionen

Schichtenströmungen analysiert man zweckmäßigerweise in demjenigen Bezugssystem, das sich an der sogenannten *natürlichen Basis* $\mathbf{e}_1, \mathbf{e}_2, \mathbf{e}_3$ orientiert (s. Tab. 1.1). Der Verzerrungsgeschwindigkeitstensor besitzt dann die in Gl. (1.110) angegebene Matrixdarstellung mit nur einem von null verschiedenen Schubelement. Der Zusammenhang mit der Schubspannung wurde zuvor ausführlich diskutiert. Hier geht es nun um die Normalspannungsdifferenzen, und zwar wieder unter der Voraussetzung, daß die Strömung *stationär* verlaufen ist, soweit das Gedächtnis zurückreicht. Die rechten Seiten der Stoffgleichungen (3.7) und (3.8) reduzieren sich dann auf Funktionen der örtlichen Schergeschwindigkeit $\dot{\gamma}$:

$$\sigma_{11} - \sigma_{22} = N_1(\dot{\gamma}) , \tag{3.27}$$

$$\sigma_{22} - \sigma_{33} = N_2(\dot{\gamma}) . \tag{3.28}$$

Diese sogenannten *Normalspannungsfunktionen* $N_1(\dot\gamma)$ und $N_2(\dot\gamma)$ sind zwei weitere, für eine nichtnewtonsche Flüssigkeit charakteristische Stoffgrößen. Sie kennzeichnen gemeinsam mit der Fließfunktion $F(\dot\gamma)$ das Reibungsverhalten der Flüssigkeit bei stationären Schichtenströmungen.

Im Gegensatz zur Schubspannung sind die Normalspannungsdifferenzen invariant gegenüber einer Vorzeichenumkehr der Schergeschwindigkeit. Es gilt also

$$N_1(-\dot\gamma) = N_1(\dot\gamma), \qquad N_2(-\dot\gamma) = N_2(\dot\gamma) \ . \tag{3.29}$$

Im Zustand der Ruhe ($\dot\gamma = 0$) gibt es in einem Fluid bekanntlich keine Normalspannungsunterschiede. Die beiden Normalspannungsfunktionen besitzen deshalb außerdem die Eigenschaft

$$N_1(0) = 0, \qquad N_2(0) = 0 \ . \tag{3.30}$$

Für manche Zwecke ist es vorteilhaft, jeweils einen Faktor $\dot\gamma^2$ abzuspalten:

$$N_1(\dot\gamma) = \nu_1(\dot\gamma)\,\dot\gamma^2 \ , \tag{3.31}$$

$$N_2(\dot\gamma) = \nu_2(\dot\gamma)\,\dot\gamma^2 \ . \tag{3.32}$$

Statt der Normalspannungsfunktionen $N_1(\dot\gamma)$ und $N_2(\dot\gamma)$ werden wir also gelegentlich die ihnen zugeordneten *Normalspannungskoeffizienten* $\nu_1(\dot\gamma)$ und $\nu_2(\dot\gamma)$ verwenden. Man beachte, daß N_1 und N_2 naturgemäß die Dimension einer Spannung besitzen, die Koeffizienten ν_1 und ν_2 dagegen die Dimension Spannung mal $(\text{Zeit})^2$. Das Verhältnis eines charakteristischen Wertes für die Normalspannungskoeffizienten und einer charakteristischen Viskosität (Dimension Spannung mal Zeit) stellt also eine das Fluid kennzeichnende Eigenzeit dar.

Über Möglichkeiten, die Normalspannungsfunktionen nichtnewtonscher Flüssigkeiten experimentell zu bestimmen, wird in Abschn. 5.1 noch zu sprechen sein. Hier wollen wir uns zunächst die Ergebnisse solcher Messungen ansehen (Abb. 3.10). Es entspricht allgemein den Beobachtungen an Polymersystemen, daß N_1 durchweg positiv ausfällt, N_2 aber negativ und dem Betrage nach erheblich kleiner als N_1. In Relation zur mittleren Normalspannung entsteht demnach durch die Scherung eine Zugspannung innerhalb der Gleitflächen und eine Druckspannung senkrecht dazu. Aus Abb. 3.10 liest man ab, daß die Normalspannungsfunktionen für relativ kleine Schergeschwindigkeiten zunächst wie $\dot\gamma^2$, mit zunehmender Schergeschwindigkeit aber immer langsamer anwachsen. Wir können deshalb davon ausgehen, daß die Normalspannungskoeffizienten ν_1 und ν_2 realer Fluide endliche untere Grenzwerte besitzen, die wir mit ν_{10} und ν_{20} bezeichnen:

$$\nu_{10} := \lim_{\dot\gamma \to 0} \nu_1(\dot\gamma), \qquad \nu_{20} := \lim_{\dot\gamma \to 0} \nu_2(\dot\gamma) \; . \tag{3.33}$$

Im übrigen besitzen die Koeffizientenfunktionen $\nu_1(\dot\gamma)$ und $\nu_2(\dot\gamma)$ bei Polymersystemen qualitativ ähnliche Eigenschaften wie die Viskositätsfunktion $\eta(\dot\gamma)$, denn alle drei Größen nehmen mit wachsender Schergeschwindigkeit monoton ab.

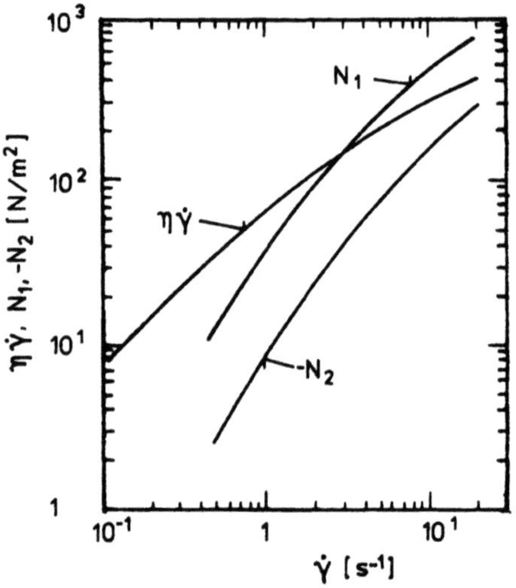

Abb. 3.10 Schubspannung und Normalspannungsdifferenzen einer Polymerlösung (10,5% Polyisobutylen in Dekalin) in Abhängigkeit von der Schergeschwindigkeit bei 25°C (nach Ginn u. a. [5])

Die skalaren Stoffgleichungen (3.10), (3.27) und (3.28) können zu einer koordinateninvarianten tensoriellen Beziehung zusammengefaßt werden. In Abschn. 2.1.1 wurde erläutert, daß eine gewisse Willkür herrscht, wenn bei dichtebeständigen Flüssigkeiten "der Druck" p festgelegt wird. Zweckmäßigerweise identifizieren wir ihn hier mit der negativen Normalspannung in der indifferenten Richtung. Bei dieser Festlegung treten in einer viskosimetrischen Strömung bezüglich der natürlichen Basis folgende Extraspannungskomponenten auf:

$$\mathbf{T} \mathrel{\hat=} \begin{bmatrix} N_1(\dot\gamma) + N_2(\dot\gamma) & \eta(\dot\gamma)\,\dot\gamma & 0 \\ \eta(\dot\gamma)\,\dot\gamma & N_2(\dot\gamma) & 0 \\ 0 & 0 & 0 \end{bmatrix} . \tag{3.34}$$

Die beiden nicht verschwindenden Rivlin–Ericksen–Tensoren $\mathbf{A}_1$ und $\mathbf{A}_2$ besitzen dabei die in Gl. (1.110) bzw. in Gl. (1.117) angegebene Gestalt. Für das Quadrat von $\mathbf{A}_1$ gilt dabei offenbar

$$\mathbf{A}_1^2 \mathrel{\hat=} \begin{bmatrix} \dot\gamma^2 & 0 & 0 \\ 0 & \dot\gamma^2 & 0 \\ 0 & 0 & 0 \end{bmatrix} . \tag{3.35}$$

Ein Vergleich dieser Matrixdarstellungen mit der rechten Seite der Gl. (3.34) ergibt, daß der Extraspannungstensor $\mathbf{T}$ als Summe dreier Anteile aufgefaßt werden kann, die zu den kinematischen Tensoren $\mathbf{A}_1$, $\mathbf{A}_2$ bzw. $\mathbf{A}_1^2$ proportional sind. Unter Verwendung der zuvor eingeführten Normalspannungskoeffizienten ν_1 und ν_2 kann Gl. (3.34) nämlich folgendermaßen kompakt notiert werden:

$$\mathbf{T} = \eta(\dot\gamma)\,\mathbf{A}_1 - \frac{1}{2}\,\nu_1(\dot\gamma)\,\mathbf{A}_2 + \left[\nu_1(\dot\gamma) + \nu_2(\dot\gamma)\right]\mathbf{A}_1^2 . \tag{3.36}$$

Damit liegt eine koordinateninvariante Form der rheologischen *Stoffgleichung für viskosimetrische Strömungen* dichtebeständiger Flüssigkeiten vor. Die Größe $2\dot\gamma^2$ versteht sich dabei als erste Grundinvariante des Tensors $\mathbf{A}_1^2$.

Anhand der Abb. 3.2 und der Abb. 3.3 wurde festgestellt, daß äußere Parameter wie die Temperatur oder das Molekulargewicht die Fließkurven makromolekularer Flüssigkeiten nur insofern beeinflussen, als sie die Nullviskosität verändern. Bei geeigneter Skalierung entsteht eine universelle Darstellung. Bemerkenswerterweise findet man eine solche *Ähnlichkeit der Stoffwerte* auch bei den zugehörigen Normalspannungsdifferenzen. Sie wird deutlich, wenn man N_1 oder ν_1 / η_0^2 über $\eta_0 \dot\gamma$ aufträgt (Abb. 3.11). Eine rheologische Verwandtschaft dieser Art besteht in gewissen Grenzen z. B. zwischen chemisch gleichartigen Polymerschmelzen oder zwischen Polymerlösungen, die sich im mittleren Molekulargewicht bzw. in der Konzentration unterscheiden. Sie deutet darauf hin, daß die Eigenzeiten solcher Flüssigkeiten mit dem Molekulargewicht und mit der Temperatur in gleicher Weise zu- bzw. abnehmen wie die Nullviskosität.

Solche Kenntnisse sind zum Beispiel für die Konstruktion von Ähnlichkeitsregeln bei der Maßstabsvergrößerung verfahrenstechnischer Apparate bedeutsam. In geometrisch ähnlichen Apparaten unterschiedlicher Größe sind einphasige Strömungen nur dann dynamisch ähnlich, wenn sowohl die Reynolds–Zahl als auch die sogenannte Deborah–Zahl jeweils gleiche Werte annehmen. Mit ein und derselben Flüssigkeit läßt sich das nicht erreichen, wohl aber mit verschiedenen passend gewählten Flüssigkeiten innerhalb einer "Familie" mit einheitlichen reduzierten Stoffeigenschaften (wie in Abb. 3.11). Die Erkenntnisse, die unter Verwendung der "falschen" Flüssigkeit im Modellversuch gewonnen werden, können so zuverlässig auf den Originalprozeß hochskaliert werden. Der experimentelle Befund in Abb. 3.12 stützt dieses theoretische Konzept.

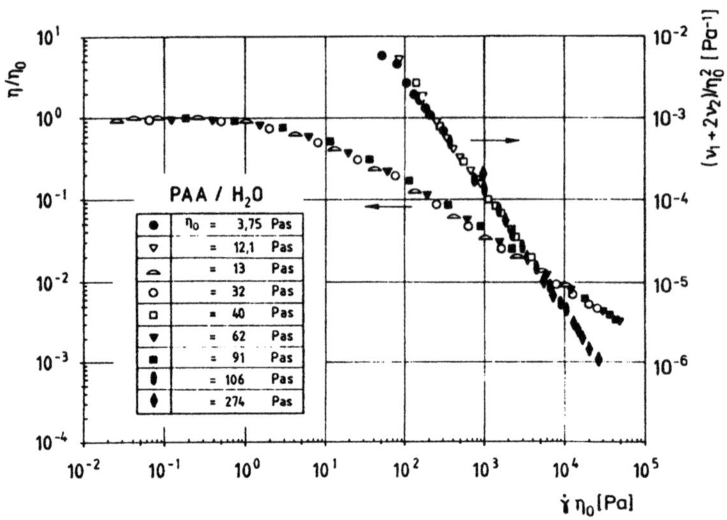

Abb. 3.11 Scherviskosität η und Normalspannungskoeffizient $\nu_1 + 2\nu_2$ wäßriger Polymerlösungen verschiedener Konzentrationen in Abhängigkeit von der Schergeschwindigkeit $\dot{\gamma}$; mit der Nullviskosität reduzierte Darstellung

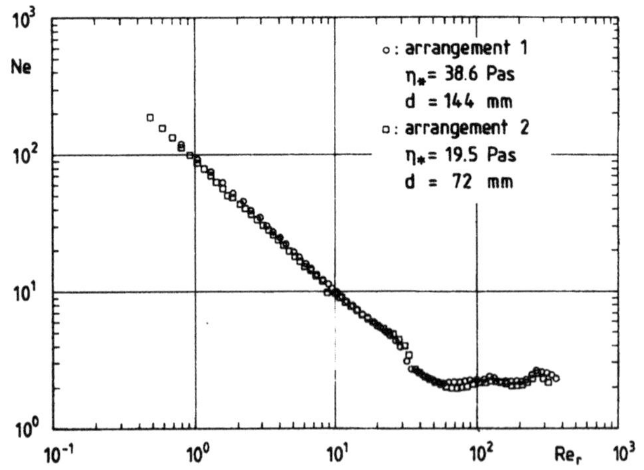

Abb. 3.12 Leistungscharakteristik verschieden großer Rührwerke im Betrieb mit verschiedenen Flüssigkeiten der gleichen Familie, so daß dynamische Ähnlichkeit vorliegt (nach [6])

3.4 Dehnviskositäten

Homogene Dehnströmungen sind in gewisser Weise kinematisch komplementär zu den zuvor betrachteten Scherströmungen (s. Abb. 1.15). Es ist deshalb verständlich, daß die Rheometrie auch dahin geht, die Dehneigenschaften realer Flüssigkeiten zu erfassen. Die Kinematik homogener Dehnströmungen wurde bereits in Abschn. 1.5.2 diskutiert. Bei einer inkompressiblen *einachsigen Dehnströmung* verlängert sich jedes materielle Volumenelement in einer Richtung mit der Dehngeschwindigkeit $\dot{\varepsilon}(t)$, und es verkürzt sich in den beiden anderen Richtungen jeweils mit $\dot{\varepsilon}/2$. Der relative Verzerrungstensor $\mathbf{C}_t(t,s)$ besitzt dann die folgende Matrixdarstellung:

$$\mathbf{C}_t(t,s) \mathrel{\hat{=}} \begin{bmatrix} e^{-2\,\varepsilon(t,s)} & 0 & 0 \\ 0 & e^{\varepsilon(t,s)} & 0 \\ 0 & 0 & e^{\varepsilon(t,s)} \end{bmatrix}, \qquad \varepsilon(t,s) := \int_0^s \dot{\varepsilon}(t-\bar{s})\,d\bar{s} \,. \tag{3.37}$$

Den Lesern ist vermutlich anschaulich klar, daß eine solche Deformation in einem isotropen Material nur durch Normalspannungen in den drei Vorzugsrichtungen hervorgerufen werden kann. Schubspannungen würden eine Scherung des Elements mit entsprechenden Winkeländerungen bewirken, die hier aber fehlen. So nimmt auch der Spannungstensor $\mathbf{S}$ bezüglich der fixierten Basis eine Diagonalform an. Bei einachsigen Dehnströmungen sind zwei Hauptspannungen sogar noch gleich groß (Isotropie). Die Matrixdarstellung lautet dann

$$\mathbf{S} \mathrel{\hat{=}} \begin{bmatrix} \sigma_1 & 0 & 0 \\ 0 & \sigma_2 & 0 \\ 0 & 0 & \sigma_2 \end{bmatrix}. \tag{3.38}$$

In Zusammenhang mit Gl. (3.7) wurde schon erläutert, daß es sich erst bei den Normalspannungsdifferenzen um Extraspannungen handelt, die mit der Verzerrungsgeschichte in Verbindung zu bringen sind. Bei der einachsigen Dehnung einer Flüssigkeit mit Gedächtnis haben wir also mit einem rheologischen Stoffgesetz der folgenden Form zu rechnen:

$$\sigma_1(t) - \sigma_2(t) = \mathop{\mathrm{F}}_{s=0}^{\infty}\left[\varepsilon(t,s)\right]. \tag{3.39}$$

Mit verschiedenen Verzerrungsgeschichten treten verschiedene Eigenschaften des Stoffunktionals hervor. Die Materialprüfung beschränkt sich in der Regel auf gewisse Standardtests. Dazu gehört der sogenannte *Spannversuch*, bei dem die Materialprobe bis zur Zeit $t = 0$ unbelastet ruht und danach mit konstanter Dehngeschwindigkeit deformiert wird. Der zeitliche Verlauf der Normalspannungsdifferenz $\sigma_1 - \sigma_2$ liefert offenbar eine partielle Information über die rechte Seite in Gl. (3.39). Es ist hier nicht der Platz, auf Rheometer einzugehen, die das Gewünschte leisten. Wir beschränken uns auf die Aufzählung einiger wesentlicher Schwierigkeiten, denen man bei der Realisierung von Dehnströmungen begegnet: Der Einfluß der Schwerkraft, der Oberflächenspannung und der Trägheit der Testflüssigkeit muß unterdrückt werden; an den Enden des Testvolumens muß eine Zugspannung eingeleitet werden; die Länge der Materialprobe soll exponentiell mit der Zeit wachsen; eine anfangs zylindrische Probe soll dabei zylindrisch bleiben, d. h. der Querschnitt soll sich überall in gleicher Weise verringern.

Im Hinblick auf die Anwendungen sind die unter stationären Bedingungen auftretenden Stoffeigenschaften von besonderer Bedeutung. Bei homogenen Deformationen bedeutet stationär zugleich "materiell–stationär", denn jedes Fluidteilchen blickt dann auf eine *Bewegung mit konstanter Streckgeschichte* zurück. War also die Dehngeschwindigkeit $\dot{\varepsilon}$ konstant, soweit das Gedächtnis der Flüssigkeit zurückreicht, so gilt für die relative Dehnung einfach $\varepsilon(s) = \dot{\varepsilon} s$. Mit dieser in s expliziten Verzerrungsgeschichte reduziert sich Gl. (3.39) auf einen i. allg. nichtlinearen Zusammenhang zwischen $\sigma_1 - \sigma_2$ und $\dot{\varepsilon}$. In Analogie zu Gl. (3.10) schreibt man diese Stoffgleichung üblicherweise in der Form

$$\sigma_1 - \sigma_2 = \eta_D(\dot{\varepsilon})\,\dot{\varepsilon}\ . \tag{3.40}$$

Man bildet also den Quotienten aus der Normalspannungsdifferenz $\sigma_1 - \sigma_2$ und der Dehngeschwindigkeit $\dot{\varepsilon}$ und bezeichnet ihn als (einachsige) *Dehnviskosität*. Abb. 3.13 zeigt die Dehnviskosität und zum Vergleich auch die Scherviskosität einer Polymerschmelze als Funktion der jeweils maßgeblichen Deformationsgeschwindigkeit. Es fällt auf, daß beide Viskositätskurven qualitativ unterschiedliches Verhalten zeigen. Der scherentzähende Stoff wird mit zunehmender Dehngeschwindigkeit zäher, jedenfalls solange die Dehngeschwindigkeit einen gewissen Wert nicht übersteigt. Diese *Dehnverzähung* begründet übrigens die Spinnbarkeit gewisser Polymersysteme. Für $\dot{\varepsilon} \to 0$ verhält sich die Schmelze newtonsch, wobei der Nullwert der Dehnviskosität gerade dreimal so groß ist wie der Nullwert der Scherviskosität (s. Gl. (3.4)).

In analoger Weise definiert man stationäre Dehnviskositäten $\eta_{Db}(\dot{\varepsilon}_b)$ bzw. $\eta_{De}(\dot{\varepsilon})$ auch für äquibiaxiale und für ebene Dehnströmungen, deren Kinematiken in Tab. 1.2 zusammengefaßt wurden. Alle drei Stoffunktionen sind primär nur für positive Argumente erklärt. Faßt man eine äquibiaxiale Dehnung (mit $\dot{\varepsilon}_b > 0$) als einachsige Dehnung mit negativer Dehngeschwindigkeit auf ($\dot{\varepsilon} = -2\dot{\varepsilon}_b$), so erscheint die zweiachsige Dehnviskosität η_{Db} in gewisser Weise als die Fortsetzung der einachsigen Dehnviskosität η_D für $\dot{\varepsilon} < 0$ und umgekehrt. Vergegenwärtigt man sich außerdem, daß eine ebene Dehnströmung auch für $\dot{\varepsilon} < 0$ eine solche bleibt, so erkennt man, daß die Stoffunktion η_{De} in sich übergeht, wenn sich das Vorzeichen von $\dot{\varepsilon}$ ändert.

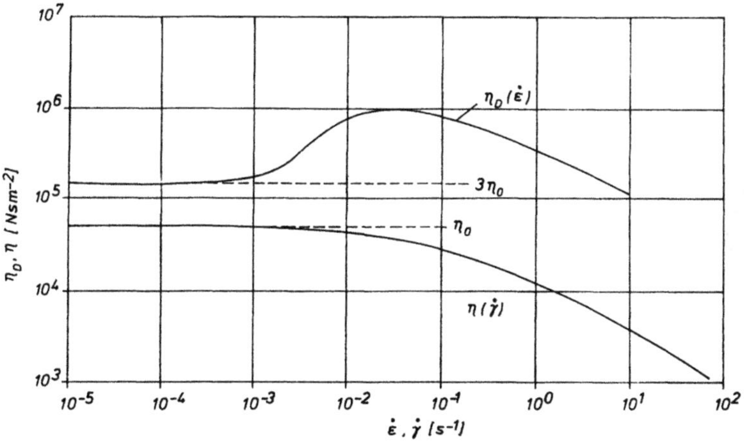

Abb. 3.13 Stationäre Dehn- und Scherviskosität einer Polymerschmelze (Polyethylen niederer Dichte) in Abhängigkeit von der Deformationsgeschwindigkeit; $\Theta = 150°$ C (nach Laun u. a. [7])

Die einachsige, die äquibiaxiale und die ebene Dehnviskosität beschreiben das Dehnverhalten einer Flüssigkeit naturgemäß nur längs gewisser spezieller Deformationspfade (s. Abb. 1.7). Die Klasse der Dehnströmungen ist aber noch viel umfangreicher. Um zu erläutern, wie das übergeordnete Stoffgesetz aussieht, sei daran erinnert, daß bei stationären homogenen Dehnströmungen alle höheren Rivlin–Ericksen–Tensoren gemäß $\mathbf{A}_n = \mathbf{A}_1^n$ (n = 2, 3, . . .) durch den ersten bestimmt sind (Aufgabe 1.2). Deshalb hängt die Deformationsgeschichte $\mathbf{C}_t(s)$ bei solchen Strömungen nur von $\mathbf{A}_1$ ab. Unter Berücksichtigung der Gl. (1.105) kann man das übrigens kompakt folgendermaßen formulieren:

$$\mathbf{C}_t(s) = e^{-s\mathbf{A}_1} = e^{-2s\mathbf{D}} . \tag{3.41}$$

Damit reduziert sich die rheologische Stoffgleichung (3.5) einer einfachen Flüssigkeit auf einen Zusammenhang zwischen dem Extraspannungstensor $\mathbf{T}$ und dem Verzerrungsgeschwindigkeitstensor $\mathbf{D}$. Mit Argumenten, die in Abschn. 3.6.1 dargelegt werden, kann dieser tensorielle Zusammenhang erheblich vereinfacht werden. Im Fall eines dichtebeständigen Fluids resultiert die Beziehung

$$\mathbf{T} = \varphi_1(\mathrm{II}_\mathbf{D}, \mathrm{III}_\mathbf{D})\,\mathbf{D} + \varphi_2(\mathrm{II}_\mathbf{D}, \mathrm{III}_\mathbf{D})\,\mathbf{D}^2 \ . \tag{3.42}$$

Dabei sind φ_1 und φ_2 zwei voneinander unabhängige skalare Funktionen der beiden nicht verschwindenden Grundinvarianten $\mathrm{II}_\mathbf{D}$ und $\mathrm{III}_\mathbf{D}$ des Tensors $\mathbf{D}$. Gl. (3.42) ist das allgemeinste *Stoffgesetz für inkompressible homogene stationäre Dehnströmungen.*

Man bezeichnet Flüssigkeiten, die (auch bei allgemeineren Deformationen) der Stoffgleichung (3.42) genügen, als *Reiner–Rivlin–Fluide.* Wir stellen also fest, daß sich jedes einfache Fluid in einer stationären, homogenen Dehnströmung wie ein Reiner–Rivlin–Fluid verhält. Die dabei hervortretenden Reibungseigenschaften lassen sich vollständig durch zwei individuelle Stoffunktionen $\varphi_1(\mathrm{II}_\mathbf{D}, \mathrm{III}_\mathbf{D})$ und $\varphi_2(\mathrm{II}_\mathbf{D}, \mathrm{III}_\mathbf{D})$ beschreiben. Als Spezialfälle enthalten sie natürlich die zuvor diskutierten Dehnviskositäten. So gehören z. B. zu einer einachsigen Dehnströmung die Invarianten $\mathrm{II}_\mathbf{D} = -3\dot{\varepsilon}^2/4$ sowie $\mathrm{III}_\mathbf{D} = \dot{\varepsilon}^3/4$, und ein Vergleich zwischen (3.40) und (3.42) liefert den Zusammenhang

$$\frac{3}{2}\varphi_1\left(-\frac{3}{4}\dot{\varepsilon}^2, \frac{1}{4}\dot{\varepsilon}^3\right) + \frac{3}{4}\dot{\varepsilon}\varphi_2\left(-\frac{3}{4}\dot{\varepsilon}^2, \frac{1}{4}\dot{\varepsilon}^3\right) = \eta_D(\dot{\varepsilon}) \ . \tag{3.43}$$

Hiernach ist klar, daß die experimentelle Bestimmung der einachsigen Dehnviskosität $\eta_D(\dot{\varepsilon})$ nur partielle Information über das rheologische Verhalten einer nichtnewtonschen Flüssigkeit bei stationären homogenen Dehnströmungen liefert. Entsprechendes gilt für die Dehnviskositäten $\eta_{Db}(\dot{\varepsilon}_b)$ und $\eta_{De}(\dot{\varepsilon})$. Einer vollständigen Bestimmung der Stoffunktionen $\varphi_1(\mathrm{II}_\mathbf{D}, \mathrm{III}_\mathbf{D})$ und $\varphi_2(\mathrm{II}_\mathbf{D}, \mathrm{III}_\mathbf{D})$, die zur Beschreibung allgemeinerer stationärer Dehnströmungen benötigt werden, stehen erhebliche praktische Schwierigkeiten entgegen.

3.5 Linear–viskoelastische Stoffunktionen

3.5.1 Die Relaxationsfunktion

Wir wenden uns nun einem anderen wichtigen Grenzfall der Materialprüfung zu, bei dem das Gedächtnis der Flüssigkeit hervortritt, das nichtlineare Stoffverhalten aber ausgeblendet wird, indem nur Verzerrungen mit hinreichend kleiner Amplitude ε betrachtet werden (die Verschiebung der Fluidelemente und ihre Drehung dürfen beliebig groß sein). Bei einer asymptotischen Approximation für $\varepsilon \to 0$ bleibt auf der rechten Seite der Stoffgleichung (3.5) in erster Näherung ein lineares Funktional übrig, das unter schwachen einschränkenden Voraussetzungen als Integral dargestellt werden kann:

$$\mathbf{T}(\mathbf{r},t) = \int_0^\infty \frac{dG(s)}{ds} \left[\mathbf{C}_t(\mathbf{r},t,s) - \mathbf{1}\right] ds \ . \tag{3.44}$$

Der Einheitstensor $\mathbf{1}$ muß vom relativen Verzerrungstensor $\mathbf{C}_t$ abgezogen werden, denn die Reibungsspannungen $\mathbf{T}$ sollen im undeformierten Ruhezustand verschwinden, für den $\mathbf{C}_t = \mathbf{1}$ gilt. Die linearen Stoffeigenschaften einer Flüssigkeit mit Gedächtnis kommen demnach in einer *Gedächtnisfunktion* $G(s)$ zum Ausdruck, die den Einfluß früherer Deformationen auf die aktuellen Extraspannungen anzeigt. Wegen der Isotropie ist sie skalarwertig, d. h. für alle sechs Tensorkomponenten gleich. Sie kann deshalb anhand einfacher Deformationskinematiken mit nur einem Freiheitsgrad ermittelt werden. Dazu eignen sich insbesondere instationäre homogene Schubbeanspruchungen. Gl. (3.44) reduziert sich dann auf den skalaren Zusammenhang

$$\tau(t) = -\int_0^\infty \frac{dG(s)}{ds} \gamma(t,s)\, ds \ . \tag{3.45}$$

Der Begriff des *schwindenden Gedächtnisse*s besagt nun qualitativ, daß der Einfluß der relativen Deformation $\gamma(t,s)$ auf die aktuelle Spannung $\tau(t)$ umso geringer wird, je größer der Abstand s von der gegenwärtigen Zeit t ist, und daß dieser Einfluß für $s \to \infty$ ganz verschwindet. Tatsächlich klingt bei realen Flüssigkeiten $G(s)$ mit wachsendem s i. allg. monoton ab. Unter der Annahme eines derart schwindenden Gedächtnisses kann die integrale Stoffgleichung (3.45) unter Beachtung der Gl. (1.116) auch folgendermaßen notiert werden:

$$\tau(t) = \int_0^\infty G(s)\, \dot{\gamma}(t-s)\, ds \ . \tag{3.46}$$

Im Sonderfall einer stationären Schichtenströmung ist $\dot{\gamma}$ bezüglich s konstant, kann also aus dem Integral herausgezogen werden, und die Beziehung reduziert sich auf $\tau = \eta_0 \dot{\gamma}$. Man erkennt daraus, daß das Integral über die Gedächtnisfunktion mit der Nullviskosität des Fluids übereinstimmt:

$$\int_0^\infty G(s)\, ds = \eta_0 \ . \tag{3.47}$$

Die Gedächtnisfunktion $G(s)$ wird bei einem sogenannten *Relaxationsversuch* sichtbar. Dabei bleibt die Materialprobe bis zur Zeit $t = 0$ unbelastet in Ruhe. Zur Zeit $t = 0$ wird ihr eine Schubverformung mit einem fortan konstant gehaltenen Winkel γ_0 aufgeprägt. Die auf den Ruhezustand bezogene *absolute* Scherdeformation $\gamma(t)$ besitzt also den in Abb. 3.14 skizzierten Zeitverlauf. Die zugehörige *relative* Deformationsgeschichte $\gamma(t,s)$ ist dann natürlich auch stückweise konstant:

$$\gamma(t,s) := \gamma(t) - \gamma(t-s) = \begin{cases} 0 & \text{für} \quad s < t\,, \\ \gamma_0 & \text{für} \quad s \geq t\,. \end{cases} \tag{3.48}$$

Aus Gl. (3.45) ergibt sich, daß der dabei registrierte Schubspannungsverlauf $\tau(t)$ bis auf den Faktor γ_0 gerade der Gedächtnisfunktion $G(t)$ entspricht:

$$\frac{\tau(t)}{\gamma_0} = \begin{cases} 0 & \text{für} \quad t < 0\,, \\ G(t) & \text{für} \quad t \geq 0\,. \end{cases} \tag{3.49}$$

Man bezeichnet deshalb $G(t)$ auch als *Relaxationsfunktion*. Obwohl sie in den Stoffgleichungen nur für positive Zeitargumente benötigt wird (Kausalität), ist es zweckmäßig, sie auch für $t < 0$ zu definieren, und zwar gemäß $G(t<0) = 0$. Unter Verwendung der Heavisideschen *Sprungfunktion* $H(t)$ kann dann das Geschehen beim Relaxationstest kurz folgendermaßen formuliert werden:

$$\gamma(t) = \gamma_0\, H(t) \;\rightarrow\; \frac{\tau(t)}{\gamma_0} = G(t)\;. \tag{3.50}$$

Die Relaxationsfunktion $G(t)$ ist also die (mit der Stufenhöhe normierte) Antwort des linearen Stoffsystems auf eine Deformationsstufe.

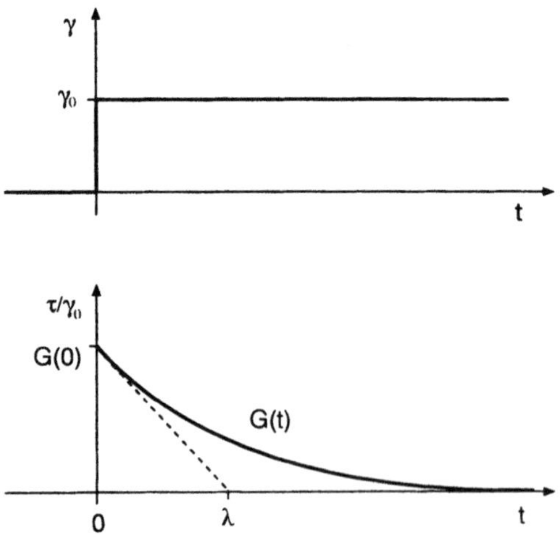

Abb. 3.14 Spannungsrelaxation nach einer plötzlichen Schubverformung

3.5.2 Einfache Modelle

Wegen des schwindenden Gedächtnisses ist es denkbar, daß die Relaxationsfunktion $G(s)$ mit s exponentiell abklingt und sich mit Hilfe zweier Stoffparameter $G(0)$ und λ in der Form

$$G(s) = G(0)\, e^{-s/\lambda}\, H(s) \tag{3.51}$$

darstellen läßt. Der Parameter λ ist ein Maß für die Zeit, in der die Spannungsrelaxation stattfindet und heißt deshalb *Relaxationszeit* (s. Abb. 3.14). Anhand dieses Modells läßt sich leicht erkennen, daß Flüssigkeiten mit Gedächtnis sowohl viskose als auch elastische Eigenschaften besitzen; man spricht deshalb von *viskoelastischen* Stoffen. Aus Gl. (3.46) folgt dann nämlich für die Zeitableitung der Spannung

$$\dot{\tau}(t) = -\,G(0) \int_0^\infty e^{-s/\lambda}\, \frac{\partial \dot{\gamma}(t-s)}{\partial s}\, ds\ . \tag{3.52}$$

Nach einer partiellen Integration erscheint auf der rechten Seite wieder das Integral aus (3.46), das die momentane Spannung angibt, und man erhält

$$\dot{\tau}(t) = G(0)\, \dot{\gamma}(t) - \frac{1}{\lambda}\, \tau(t)\ . \tag{3.53}$$

Diese Beziehung kann auch in der Form

$$\tau(t) + \lambda\, \dot{\tau}(t) = \eta\, \dot{\gamma}(t) \tag{3.54}$$

geschrieben werden, wenn man zur Abkürzung $\eta := G(0)\,\lambda$ einführt. Man beachte, daß hier nur noch Größen zur aktuellen Zeit vorkommen, allerdings außer τ und $\dot{\gamma}$ auch die zeitliche Ableitung der Spannung. Die integrale Stoffgleichung (3.46) mit der Relaxationsfunktion (3.51) kann also ebenso gut durch die differentielle Form (3.54) ersetzt werden; beide Beziehungen sind äquivalent.

Gl. (3.54) läßt sich als Spannungs–Dehnungs–Relation eines sogenannten *Maxwell–Körpers* deuten, der sich gemäß Abb. 3.15 aus einem rein viskosen "Dämpfer" mit der Viskosität η und einer rein elastischen "Feder" mit dem Elastizitätsmodul $G(0)$ zusammensetzt. Wenn man zur Beschreibung der Deformation dieses Elements neben der Gesamtdehnung γ noch die Dehnung des Dämpfers γ_1 als innere Variable verwendet, so können folgende Zusammenhänge mit der Spannung τ formuliert werden, die sowohl am Dämpfer als auch an der Feder anliegt:

$$\tau = \eta\, \dot{\gamma}_1\,, \qquad \tau = G(0)\,(\gamma - \gamma_1)\ . \tag{3.55}$$

Nach Elimination von γ_1 folgt daraus die Beziehung (3.54). Die rheologischen Eigenschaften einer Flüssigkeit mit der Gedächtnisfunktion (3.51) können also durch ein Feder–Dämpfer–System gemäß Abb. 3.15 symbolisiert werden.

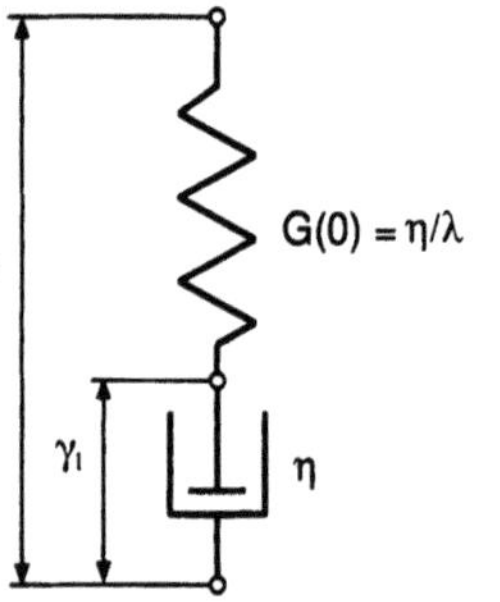

Abb. 3.15 Maxwell–Modell

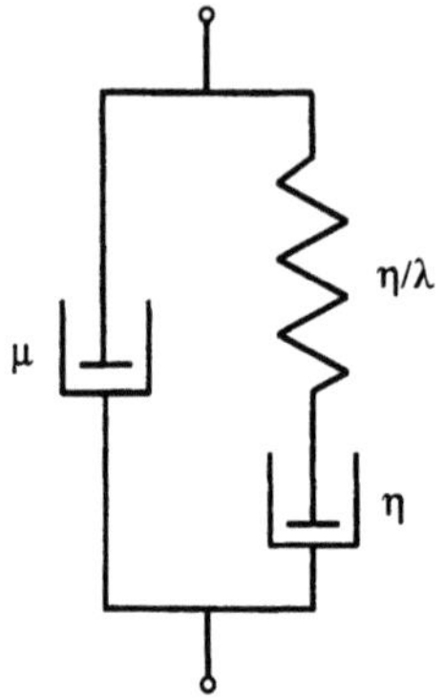

Abb. 3.16 Jeffreys–Modell

Durch Hinzufügen weiterer Federn oder Dämpfer entstehen rheologische Modelle mit andersartigen oder komplexeren Eigenschaften. Zur Illustration betrachten wir noch das sogenannte *Jeffreys–Modell* mit drei Parametern μ, η (Viskositäten) und λ (Eigenzeit) gemäß Abb. 3.16. Es besitzt im Gegensatz zum Maxwell–Modell ein viskoses Momentanverhalten. Aufgrund der Parallelschaltung setzt sich die Gesamtspannung τ hier aus zwei Anteilen zusammen:

$$\tau = \mu\,\dot{\gamma} + \tau_1 \,. \tag{3.56}$$

Analog zu Gl. (3.54) besteht zwischen der Teilspannung τ_1 im rechten Zweig und der Gesamtdehnung γ folgender Zusammenhang:

$$\tau_1 + \lambda\,\dot{\tau}_1 = \eta\,\dot{\gamma} \,. \tag{3.57}$$

Nach Elimination der inneren Variablen τ_1 resultiert die Spannungs–Dehnungs–Relation

$$\tau(t) + \lambda\,\dot{\tau}(t) = \eta_0\left[\dot{\gamma}(t) + \lambda_r\,\ddot{\gamma}(t)\right], \tag{3.58}$$

in der nun auch die Deformationsbeschleunigung $\ddot{\gamma}$ zur aktuellen Zeit vorkommt. Dabei bezeichnet η_0 wieder die *Nullviskosität* und λ_r die sogenannte *Retardationszeit*, die den Zeitverlauf der Verformung nach einem Spannungssprung maßgeblich beeinflußt (*Kriechtest*). Es bestehen folgende Zusammenhänge mit den ursprünglich verwendeten Parametern des Jeffreys–Modells:

$$\eta_0 = \mu + \eta, \qquad \lambda_r = \frac{\mu}{\mu + \eta}\,\lambda \,. \tag{3.59}$$

Zu dem viskoelastischen Modell in Abb. 3.16 gehört also die differentielle Zustandsgleichung (3.58). Auch ihr kann eine äquivalente Integralform nach Art der Gl. (3.46) zugeordnet werden. Wegen des viskosen Momentanverhaltens führt ein Deformationssprung kurzfristig zu unbegrenzt großen Spannungen. Die Relaxationsfunktion $G(t)$ der Jeffreys–Flüssigkeit unterscheidet sich deshalb von derjenigen der Maxwell–Flüssigkeit durch einen singulären Summanden, der mit einer Diracschen *Impulsfunktion* $\delta(t) := dH(t) / dt$ beschrieben werden kann:

$$G(t) = \mu\, \delta(t) + \frac{\eta}{\lambda}\, e^{-t/\lambda}\, H(t)\ . \tag{3.60}$$

3.5.3 Sprunghafte Änderung der Schergeschwindigkeit

Der zuvor erläuterte Relaxationstest erfordert eine konstante Schubverformung und eignet sich deshalb hauptsächlich für Festkörper. Flüssigkeiten untersucht man besser im sogenannten *Spannversuch*, bei dem die Schergeschwindigkeit zur Zeit $t = 0$ aus der Ruhe heraus sprunghaft auf einen fortan konstanten Wert $\dot{\gamma}_0$ angehoben wird (Abb. 3.17). Man erreicht das zum Beispiel in einer Couette–Anordnung nach Abb. 3.8, indem der bewegliche Zylinder ruckartig auf konstante Drehgeschwindigkeit gebracht wird. Unter gewissen Voraussetzungen bleibt die Zeit, in der sich danach eine stationäre Scherströmung eingestellt, kurz im Vergleich zur Relaxationszeit (die dimensionslose Kennzahl $\rho h^2 / \eta_0 \lambda$ muß klein gegen 1 sein). Man kann dann davon ausgehen, daß die Testflüssigkeit einem Schergeschwindigkeitssprung ausgesetzt wurde, dessen Größe sich aus Gl. (3.20) ergibt. Dem dabei registrierten Spannungsverlauf ordnet man üblicherweise eine zeitabhängige *Spannviskosität* $\eta^+(t)$ zu (das Symbol $+$ weist darauf hin, daß es sich um einen transienten Vorgang handelt, bei dem die Spannung zunimmt). Das Geschehen im Spannversuch kann dann in Analogie zu Gl. (3.50) folgendermaßen formuliert werden:

$$\dot{\gamma}(t) = \dot{\gamma}_0\, H(t) \;\rightarrow\; \frac{\tau(t)}{\dot{\gamma}_0} = \eta^+(t)\ . \tag{3.61}$$

Die Spannviskosität $\eta^+(t)$ ist demnach die Antwort des linear–viskoelastischen Stoffsystems auf einen Einheitssprung der Schergeschwindigkeit. Setzt man die Schergeschwindigkeitsstufe in Gl. (3.46) ein, so erkennt man, daß folgender Zusammenhang zwischen der Spannviskosität und der Relaxationsfunktion besteht:

$$\eta^+(t) = \int_0^t G(s)\, ds\ . \tag{3.62}$$

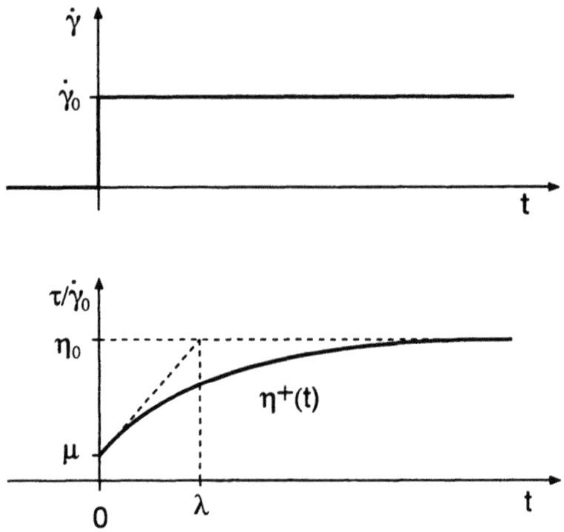

Abb. 3.17 Spannungsanstieg nach einer Schergeschwindigkeitsstufe

Faßt man also $\dot{\gamma}(t)$ als Eingangsgröße auf, so zeigt $\eta^+(t)$ die *Sprungantwort* des linearen Systems an. $G(t)$ ist die zugehörige *Impulsantwort*. Bei einem newtonschen Fluid folgt der Spannungsverlauf momentan der Schergeschwindigkeitsstufe. Ein viskoses Momentanverhalten wie z. B. beim Jeffreys–Modell spiegelt sich somit in einem Sprung der Spannviskosität wider.

Nach hinreichend langer Zeit liegt eine stationäre Schichtenströmung vor. Das lineare Stoffverhalten wird dann von der *Nullviskosität* η_0 geprägt (s. Gl. (3.11)). Es gilt deshalb außerdem noch

$$\lim_{t\to\infty} \eta^+(t) = \int_0^\infty G(s)\,ds = \eta_0 \ . \tag{3.63}$$

3.5.4 Oszillierende Beanspruchung

Um die linear–viskoelastischen Stoffeigenschaften einer Flüssigkeit kennenzulernen, verwendet man oft Schwingungsrheometer, mit denen harmonisch oszillierende Deformationen geringer Amplituden erzeugt und die zeitlichen Verläufe der Spannungsantwort registriert werden können. Kommerzielle Rotationsrheometer besitzen in der Regel auch einen solchen Schwingungsmodus. Dabei wird die Testflüssigkeit einer sinusförmig veränderlichen Scherdeformation mit vorgewählter Kreisfrequenz ω und hinreichend kleiner Amplitude γ_0 ausgesetzt:

$$\gamma^*(t) = \frac{\gamma_0}{i} e^{i\omega t} . \tag{3.64}$$

Wir verwenden hier eine komplexe Schreibweise; i bezeichnet die imaginäre Einheit. Komplexe Größen werden durch einen Stern gekennzeichnet. Physikalische Bedeutung besitzt jeweils nur der Realteil der Zustandsgrößen.

Im Grenzbereich linearen Stoffverhaltens antwortet die Flüssigkeit mit einem ebenfalls sinusförmigen Spannungsverlauf der gleichen Frequenz; jedoch folgt die Spannung der Verzerrung i. allg. phasenverschoben (s. Abb. 3.18):

$$\tau^*(t) = \frac{\tau_0}{i} e^{i(\omega t + \delta)} . \tag{3.65}$$

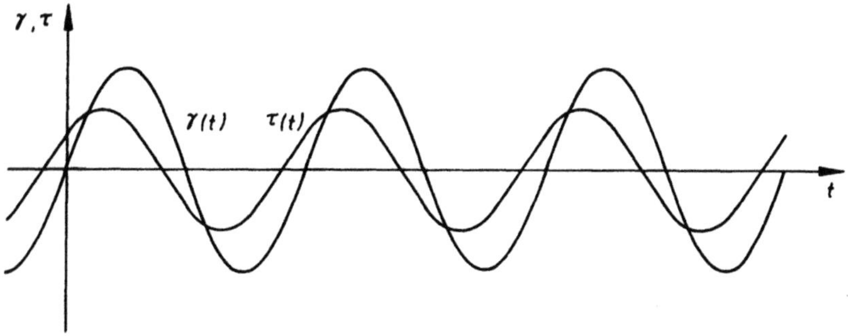

Abb. 3.18 Deformation und Spannung bei einer harmonischen Beanspruchung geringer Amplitude

In Analogie zum linear–elastischen (hookeschen) Körper, für den im Schubversuch $\tau(t) = G\,\gamma(t)$ gilt, und zur linear–viskosen (newtonschen) Flüssigkeit mit der Stoffgleichung $\tau(t) = \eta\,\dot{\gamma}(t)$ definiert man nun einen frequenzabhängigen *komplexen Schubmodul* gemäß

$$G^*(\omega) = G'(\omega) + i\,G''(\omega) := \frac{\tau^*}{\gamma^*} \tag{3.66}$$

und eine frequenzabhängige *komplexe Viskosität* durch die Beziehung

$$\eta^*(\omega) = \eta'(\omega) - i\,\eta''(\omega) := \frac{\tau^*}{\dot{\gamma}^*} . \tag{3.67}$$

Man beachte das Minuszeichen beim Imaginärteil der komplexen Viskosität! Zu einer harmonischen Deformation nach Gl. (3.64) gehört die Deformationsgeschwindigkeit $\dot{\gamma}^* = i\,\omega\,\gamma^*$. Deshalb besteht zwischen G^* und η^* der einfache Zusammenhang $G^* = i\,\omega\,\eta^*$, d. h.

$$G'(\omega) = \omega\,\eta''(\omega), \qquad G''(\omega) = \omega\,\eta'(\omega)\ . \tag{3.68}$$

Der Realteil $G'(\omega)$ ist ein Maß für die Elastizität der Flüssigkeit bei der jeweiligen Schwingungsfrequenz und wird deshalb gern als *Speichermodul* bezeichnet. Der Imaginärteil $G''(\omega)$ heißt *Verlustmodul*, denn diese Stoffgröße ist mit einer Energiedissipation verbunden. Die in der Flüssigkeit dissipierte Leistungsdichte $\mathrm{Re}\,\tau^* \cdot \mathrm{Re}\,\dot{\gamma}^*$ (volumenbezogen) besitzt nämlich im zeitlichen Mittel den Wert $G''(\omega)\,\omega\,\gamma_0^2\,/\,2$.

Die experimentelle Bestimmung der beiden Moduln geschieht grundsätzlich anhand der Signale $\gamma(t)$ und $\tau(t)$, die im Schwingungsversuch aufgenommen werden. Entnimmt man daraus (durch Korrelation) z. B. das Amplitudenverhältnis $\tau_0\,/\,\gamma_0$ und den Phasenwinkel δ, so kann man den Speicher- und den Verlustmodul folgendermaßen berechnen:

$$G' = \frac{\tau_0}{\gamma_0}\cos\delta, \qquad G'' = \frac{\tau_0}{\gamma_0}\sin\delta\ . \tag{3.69}$$

Beide Stoffgrößen ändern sich i. allg. mit der Schwingungskreisfrequenz ω. Bei harmonisch oszillierenden Beanspruchungen kommen die linearen Stoffeigenschaften also durch den Frequenzgang des komplexen Schubmoduls $G^*(\omega)$ zum Ausdruck. Abb. 3.19 zeigt einen für Polymerlösungen typischen Datensatz. Solche Flüssigkeiten dienen beispielsweise als Klebe- und Bindemittel für Bauwerkstoffe, zum Verdicken, Emulgieren und Dispergieren von Reinigungsmitteln, Kosmetika, Lebensmitteln und Pharmazeutika oder zur gezielten Änderung der rheologischen Eigenschaften "reiner" Flüssigkeiten. Bei niederfrequenten Oszillationen dominiert der viskose, bei hochfrequenten Oszillationen eventuell der elastische Anteil.

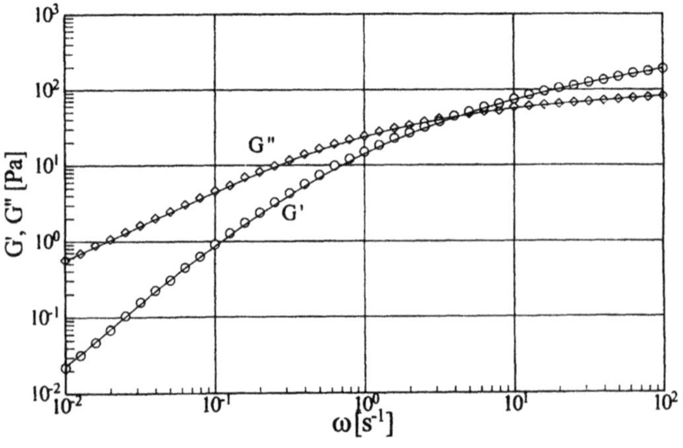

Abb. 3.19 Real- und Imaginärteil des komplexen Schubmoduls einer Polymerlösung (2% PAA/Wasser) in Abhängigkeit von der Schwingungskreisfrequenz

Der Zusammenhang mit der Relaxationsfunktion G(s) wird klar, wenn man zur Stoffgleichung

$$\tau^*(t) = \int_0^\infty G(s)\ \dot{\gamma}^*(t-s)\,ds \qquad (3.46)$$

zurückkehrt. Nach Division durch $\dot{\gamma}^*(t)$ folgt die beachtenswerte Relation

$$\eta^*(\omega) = \int_0^\infty G(s)\ e^{-i\omega s}\,ds\ . \qquad (3.70)$$

Demnach ist die komplexe Viskosität $\eta^*(\omega)$ nichts anderes als die *Fourier–Transformierte* der Relaxationsfunktion G(s).

Experimentelle Daten nach Art der Abb. 3.19 werden naturgemäß in einem begrenzten Frequenzintervall aufgenommen. Die Erzeugung der zugehörigen Relaxationsfunktion G(s) durch inverse Fourier–Transformation ist deshalb problematisch. Erfahrungsgemäß können solche Daten aber in guter Näherung durch ein *verallgemeinertes Maxwell–Modell* mit einem endlichen diskreten *Relaxationsspektrum* approximiert werden. Man nimmt damit an, im Zeitbereich gelte

$$G(s) = \sum_{k=1}^{K} G_k\ e^{-s/\lambda_k} \qquad \text{für} \quad s \geq 0\ . \qquad (3.71)$$

Die Frequenzgänge des Speicher– und des Verlustmoduls werden dann durch einfache analytische Ausdrücke beschrieben:

$$G'(\omega) = \sum_{k=1}^{K} \frac{G_k\ \lambda_k^2\ \omega^2}{1+(\lambda_k\ \omega)^2}\ , \qquad G''(\omega) = \sum_{k=1}^{K} \frac{G_k\ \lambda_k\ \omega}{1+(\lambda_k\ \omega)^2}\ . \qquad (3.72)$$

In der Regel genügen zur Approximation weniger als 10 Summanden. Tab. 3.2 zeigt einen typischen Parametersatz. Man beachte, daß die Relaxationszeiten λ_k ganz unterschiedliche Größenordnungen besitzen. Die vier Dekaden, die im Frequenzbereich meßtechnisch zugänglich waren, spiegeln sich in vier Dekaden des Zeitbereichs wider. Sinnvollerweise bildet man mit den Parametern des Modells auch noch die Nullviskosität η_0 und die *mittlere Relaxationszeit* λ (das ist die Schwerpunktskoordinate der Relaxationsfunktion G(s)):

$$\eta_0 = \sum_{k=1}^{K} G_k\ \lambda_k\ , \qquad \lambda = \frac{1}{\eta_0} \sum_{k=1}^{K} G_k\ \lambda_k^2\ . \qquad (3.73)$$

Tab. 3.2 Die rheologischen Parameter einer 2,5%igen wäßrigen Polyacrylamidlösung bei Approximation durch ein verallgemeinertes Maxwell-Modell

k	λ_k [s]	G_k [Pa]
1	0,01	47,17
2	0,03	18,80
3	0,1	15,48
4	0,3	11,37
5	1,0	5,622
6	2,0	3,343
7	7,0	2,324
8	30,0	0,4548
9=K	100,0	0,0894
$\eta_0 = 57{,}19$ Pas	$\lambda = 25{,}13$ s	

Die Nullviskosität und die mittlere Relaxationszeit gehen bei der Analyse von Strömungsprozessen in die relevanten Kennzahlen ein (Reynolds, Deborah).

Am Rande sei noch auf die folgenden Beziehungen zwischen dem komplexen Schubmodul und den viskosimetrischen Grundfunktionen einer viskoelastischen Flüssigkeit hingewiesen:

$$\lim_{\omega \to 0} \frac{G''(\omega)}{\omega} = \lim_{\dot\gamma \to 0} \eta(\dot\gamma) \equiv \eta_0 \,, \tag{3.74}$$

$$\lim_{\omega \to 0} \frac{G'(\omega)}{\omega^2} = \frac{1}{2} \lim_{\dot\gamma \to 0} \frac{N_1(\dot\gamma)}{\dot\gamma^2} \equiv \frac{1}{2} \nu_{10} \,. \tag{3.75}$$

Als Schmiermittel und als Dämpferflüssigkeiten werden häufig synthetische Öle verwendet, deren Reibungseigenschaften wesentlich schwächer von der Temperatur beeinflußt werden als das bei Mineralölen der Fall ist. Äquilibrierte Polydimethylsiloxane z. B. sind technische Massenprodukte, die in einem breiten Molekulargewichtsintervall fließen. Abb. 3.20 zeigt den Frequenzgang der komplexen Viskosität eines solchen Silikonöls. Bemerkenswerterweise ist der Realteil weitgehend konstant, und der Imaginärteil wächst linear mit der Schwingungsfrequenz an. Die aus den Stoffparametern $\eta''/\omega \approx 0{,}32$ Pa s^2 und $\eta' \approx 61$ Pa s gebildete Eigenzeit beträgt hier etwa 5 ms und liegt damit in einem für schwingungstechnische Anwendungen bedeutsamen Bereich. Diese Eigenzeit ändert sich übrigens mit dem Molekulargewicht und mit der Temperatur in gleicher Weise wie die Nullviskosität. Auf eine solche rheologische Verwandtschaft chemisch gleichartiger Stoffe wurde schon in Zusammenhang mit Abb. 3.11 hingewiesen.

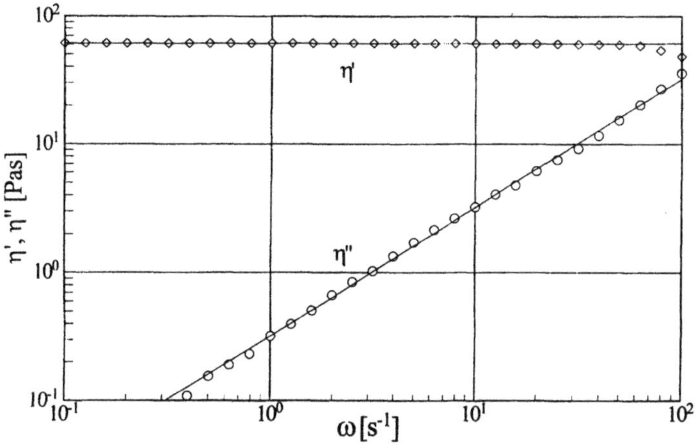

Abb. 3.20 Real– und Imaginärteil der komplexen Viskosität eines Silikonöls ($\overline{M} = 50000$) in Abhängigkeit von der Schwingungskreisfrequenz; $\Theta = 15°$ C

3.6 Nichtlineare rheologische Stoffmodelle

In den vorangegangenen Abschnitten dieses Kapitels wurden die Stoffeigenschaften rheologisch einfacher Flüssigkeiten diskutiert, die bei speziellen Deformationskinematiken hervortreten. Es wurden insbesondere stationäre Schichtenströmungen, stationäre homogene Dehnströmungen und der linear–viskoelastische Grenzfall kleiner Verzerrungsamplitude betrachtet. Dabei gelang es jeweils, das allgemeine tensorwertige Stoffunktional auf wenige Stoffunktionen zurückzuführen, die grundsätzlich experimentell bestimmt werden können (viskosimetrische Funktionen, Dehnviskositäten, linear–viskoelastische Relaxationsfunktion). Um Strömungen innerhalb dieser eingeschränkten Bewegungsklassen zu analysieren, genügen deshalb die zugehörigen Stoffgleichungen (3.36), (3.42) bzw. (3.44).

Bei der Behandlung komplexerer Strömungsvorgänge sind solche Kenntnisse zwar nützlich, sie reichen aber eigentlich nicht aus. Selbst wenn man die zuvor erwähnten Stoffeigenschaften für kinematisch einfache Strömungen kennt, bleibt ungewiß, wie sich eine reale Flüssigkeit in allgemeineren Situationen verhält. Es bleibt dann nichts anderes übrig als spezielle rheologische Stoffmodelle zu verwenden. Sie sollen einerseits die wesentlichen Eigenschaften der Flüssigkeit berücksichtigen, andererseits so beschaffen sein, daß die resultierenden Rand– und Anfangswertprobleme lösbar sind. Solche Modelle, die sich für unterschiedliche Anwendungen eignen, werden im folgenden vorgestellt.

3.6.1 Rein viskose Flüssigkeiten

Bei vielen technisch relevanten Strömungsproblemen sind die variablen Scher- und Dehnviskositäten der Flüssigkeit die wichtigsten nichtnewtonschen Eigenschaften, und Gedächtniseinflüsse spielen eine untergeordnete Rolle. Man verwendet dann zweckmäßigerweise nichtlineare inelastische Stoffmodelle. Wir betrachten deshalb zunächst Fluide mit der Eigenschaft, daß die Reibungsspannungen innerhalb eines beliebig herausgegriffenen Fluidelements zur aktuellen Zeit nur von den momentanen Verzerrungsgeschwindigkeiten des Elements abhängen, postulieren also ein Stoffgesetz der Form

$$\mathbf{T} = \mathbf{F}(\mathbf{D}) \ . \tag{3.76}$$

Dieser Zusammenhang zwischen dem Reibungsspannungstensor und dem Verzerrungsgeschwindigkeitstensor läßt sich erheblich vereinfachen, wenn man beachtet, daß ein Fluid isotrop ist, d. h. keine materiellen Vorzugsrichtungen kennt. Daraus ergibt sich nämlich, daß die örtlichen Hauptachsensysteme beider Tensoren übereinstimmen. Wäre es anders, würde ein quaderförmiges Fluidelement unter Wirkung von Normalspannungen nicht nur gedehnt und gestaucht, sondern auch eine Schubdeformation erfahren; und nach einer Drehung der Materialprobe würde die Schubdeformation unter Wirkung der gleichen Spannungen in eine andere Richtung zeigen. Das widerspricht aber der Isotropie. Die Tensoren **T** und **D** nehmen also bezüglich ein und derselben (lokalen) Basis Diagonalform an:

$$\mathbf{T} \mathrel{\hat{=}} \begin{bmatrix} \tau_1 & 0 & 0 \\ 0 & \tau_2 & 0 \\ 0 & 0 & \tau_3 \end{bmatrix} , \qquad \mathbf{D} \mathrel{\hat{=}} \begin{bmatrix} \dot\varepsilon_1 & 0 & 0 \\ 0 & \dot\varepsilon_2 & 0 \\ 0 & 0 & \dot\varepsilon_3 \end{bmatrix} . \tag{3.77}$$

Legt man dieses gemeinsame Hauptachsensystem zugrunde, so reduziert sich Gl. (3.76) auf drei Beziehungen zwischen den Eigenwerten τ_i und $\dot\varepsilon_i$ $(i = 1,2,3)$. Diese Zusammenhänge lauten zunächst $\tau_i = f_i(\dot\varepsilon_1, \dot\varepsilon_2, \dot\varepsilon_3)$. Sie können aber ebensogut auch in folgender Form geschrieben werden:

$$\tau_i = \varphi_0 + \varphi_1 \dot\varepsilon_i + \varphi_2 \dot\varepsilon_i^2 \qquad (i = 1,2,3) \ . \tag{3.78}$$

Dabei sind $\varphi_0, \varphi_1, \varphi_2$ drei Stoffunktionen, die von $\dot\varepsilon_1, \dot\varepsilon_2, \dot\varepsilon_3$ und damit von den drei Grundinvarianten des Verzerrungsgeschwindigkeitstensors abhängen. Unter Beachtung der Matrixdarstellungen (3.77) können diese Stoffgleichungen zusammengefaßt werden:

$$\mathbf{T} = \varphi_0(\mathrm{I}_\mathbf{D}, \mathrm{II}_\mathbf{D}, \mathrm{III}_\mathbf{D})\,\mathbf{1} + \varphi_1(\mathrm{I}_\mathbf{D}, \mathrm{II}_\mathbf{D}, \mathrm{III}_\mathbf{D})\,\mathbf{D} + \varphi_2(\mathrm{I}_\mathbf{D}, \mathrm{II}_\mathbf{D}, \mathrm{III}_\mathbf{D})\,\mathbf{D}^2 . \tag{3.79}$$

Beim Übergang zu einem gegen das Hauptachsensystem beliebig gedrehten Koordinatensystem ändern sich die Komponenten des Reibungsspannungstensors und des Verzerrungsgeschwindigkeitstensors, jedoch bleiben die Invarianten und damit die Werte der skalaren Faktoren $\varphi_0, \varphi_1, \varphi_2$ unverändert. Gl. (3.79) repräsentiert dann i. allg. 6 skalare Relationen, die man gewinnt, wenn man für **D** die Darstellung (1.41) einsetzt und komponentenweise auswertet. Die hierdurch charakterisierten rein viskosen Stoffe werden *Reiner–Rivlin–Fluide* genannt.

Gl. (3.79) bringt eine fundamentale Erkenntnis über die *Darstellung isotroper Tensorfunktionen* zum Ausdruck: Jede solche Funktion $\mathbf{F}(\mathbf{D})$ kann als Polynom zweiten Grades in $\mathbf{D}$ aufgefaßt werden! Ihre besonderen Eigenschaften spiegeln sich in den Koeffizienten φ_0, φ_1 und φ_2 wider.

Die vorangegangenen Ausführungen gelten auch für kompressible Fluide. Wir beschränken uns nun aber auf dichtebeständige Flüssigkeiten. Dabei entfällt die erste Invariante als Parameter, und die skalare Größe φ_0 kann dem Druck zugeschlagen werden. Das so verkürzte Stoffgesetz wurde schon als Gl. (3.42) notiert. Ein Vergleich mit (3.36) ergibt, wie sich Reiner–Rivlin–Fluide bei einer viskosimetrischen Strömung verhalten, für die $II_\mathbf{D} = -\dot{\gamma}^2/4$ und $III_\mathbf{D} = 0$ gilt. Der Stoffkoeffizient $\varphi_1/2$ geht dann in die Scherviskosität über und $\varphi_2/4$ in den zweiten Normalspannungskoeffizienten:

$$\frac{1}{2}\varphi_1\left(-\frac{1}{4}\dot{\gamma}^2, 0\right) = \eta(\dot{\gamma}) , \qquad \frac{1}{4}\varphi_2\left(-\frac{1}{4}\dot{\gamma}^2, 0\right) = \nu_2(\dot{\gamma}) . \tag{3.80}$$

Der erste Normalspannungskoeffizient verschwindet aber, $\nu_1(\dot{\gamma}) = 0$. Man erkennt daran, daß rein viskose Stoffmodelle zur Beschreibung von Normalspannungseffekten (außer solchen, die durch $\nu_2(\dot{\gamma})$ allein bestimmt werden) ungeeignet sind. Es bedeutet deshalb keinen erheblichen Verlust an Allgemeinheit, wenn wir fortan nur noch das Modell ohne Normalspannungsdifferenzen (mit $\varphi_2 = 0$) betrachten:

$$\mathbf{T} = \varphi_1(II_\mathbf{D}, III_\mathbf{D})\, \mathbf{D} . \tag{3.81}$$

Als Sonderfall sind inkompressible newtonsche Fluide darin enthalten. Man spricht deshalb in Zusammenhang mit Gl. (3.81) von (inkompressiblen) *verallgemeinerten newtonschen Fluiden.* Die Verallgemeinerung besteht in der Berücksichtigung nichtlinearer Fließeigenschaften in Form eines Viskositätskoeffizienten $\varphi_1/2$, der von den momentanen Verzerrungsgeschwindigkeiten abhängt, anstelle einer Konstanten im Falle einer newtonschen Flüssigkeit.

Da Normalspannungs– und Gedächtniseigenschaften fehlen, eignen sich solche Stoffmodelle naturgemäß vor allem zur Analyse von Bewegungen "in der Nähe" stationärer Schichtenströmungen. Das Geschwindigkeitsfeld einer stationären Scherströmung wird nämlich von eventuell vorhandenen Normalspannungsdifferenzen und vom Gedächtnis der Flüssigkeit gar nicht beeinflußt. Bei der Anwendung der Gl. (3.81) auf eine mehrdimensionale Strömung sollte also feststehen, daß die Fluidelemente vorwiegend geschert werden und sich ihre Schergeschwindigkeit innerhalb der Reichweite des Gedächtnisses nur langsam ändert (die sogenannte *Deborah–Zahl* muß hinreichend klein sein). Konsequenterweise ersetzt man dann noch den Koeffizienten $\varphi_1 / 2$ durch die Scherviskositätsfunktion $\eta(\dot{\gamma})$, die in Abschnitt 3.2 ausführlich diskutiert wurde:

$$\mathbf{T} = 2\eta(\dot{\gamma})\,\mathbf{D}, \qquad \dot{\gamma}^2 := 2\,\mathrm{sp}\,\mathbf{D}^2 . \tag{3.82}$$

Theoretische Prognosen auf dieser Basis sind jedenfalls sinnvoll, solange der Nachweis fehlt, daß elastische Effekte für das Strömungsproblem wichtig sind.

Es ist natürlich möglich, Gl. (3.81) auch dann zu verwenden, wenn die Fluidelemente nicht nur geschert, sondern auch merklich gedehnt werden. Sinnvollerweise legt man dann φ_1 so fest, daß zwischen der Scherviskosität und der Dehnviskosität interpoliert wird:

$$\varphi_1 = 2\eta(\dot{\gamma}) + \sqrt{3\frac{\dot{\varepsilon}^2}{\dot{\gamma}^2}}\left[\frac{2}{3}\eta_D(\dot{\varepsilon}) - 2\eta(\dot{\gamma})\right], \qquad \dot{\varepsilon} := 6\frac{\det \mathbf{D}}{\mathrm{sp}\,\mathbf{D}^2} . \tag{3.83}$$

Man beachte in diesem Zusammenhang noch einmal Abb. 1.7 und Tab. 1.2. Strömungsberechnungen mit einem solchen verallgemeinerten newtonschen Stoffmodell können durchaus zweckmäßig sein, auch wenn ein Einfluß der Fluidelastizität vermutet wird. Im Vergleich mit experimentellen Befunden erkennt man, welche Verbesserungen mit viskoelastischen Stoffmodellen zu erwarten sind, deren Anwendung einen viel höheren Aufwand erfordern.

3.6.2 Integrale Modelle

Für Flüssigkeiten mit Gedächtnis postuliert man vor allem integrale Zusammenhänge zwischen den momentanen Extraspannungen $\mathbf{T}(\mathbf{r}, t)$ und der relativen Deformationsgeschichte $\mathbf{C}_t(\mathbf{r}, t, s)$. Man kann zeigen, daß – Isotropie und Inkompressibilität vorausgesetzt – die allgemeinste Einfachintegralbeziehung zwischen beiden Tensoren folgende Gestalt besitzt (jede andere denkbare Beziehung läßt sich in diese Form überführen):

$$\mathbf{T} = \int_0^\infty \left[m_1(s, \mathrm{I}, \mathrm{II})\,(\mathbf{C}_t^{-1} - \mathbf{1}) + m_2(s, \mathrm{I}, \mathrm{II})\,(\mathbf{C}_t - \mathbf{1})\right] ds . \tag{3.84}$$

Die skalaren Gedächtnisfunktionen m_1 und m_2 hängen dabei außer von der retardierten Zeit s i. allg. auch von den ersten beiden Invarianten des inversen relativen Cauchyschen Verzerrungstensors ab:

$$\mathrm{I} := \mathrm{sp}\,\mathbf{C}_t^{-1} , \qquad \mathrm{II} := \mathrm{sp}\,\mathbf{C}_t . \tag{3.85}$$

Die dritte Invariante nimmt bei volumenbeständigen Fluiden stets den Wert 1 an und entfällt somit als Variable. Im übrigen gelten dann die bemerkenswerten Zusammenhänge (1.93).

Einige Hinweise mögen genügen, um Gl. (3.84) plausibel zu machen. Bei einem isotropen Stoff ist der Integrand naturgemäß eine isotrope Tensorfunktion. Aufgrund des in Abschnitt 3.6.1 erwähnten Darstellungssatzes kann der Integrand deshalb als Polynom zweiten Grades in $\mathbf{C}_t$ aufgefaßt werden. Mit Hilfe des Cayley–Hamiltonschen Theorems (Gl. (1.91)) kann er aber ebensogut durch drei Summanden dargestellt werden, die zu den Tensoren $\mathbf{C}_t^{-1}$, $\mathbf{1}$ und $\mathbf{C}_t$ proportional sind. Dabei treten zunächst noch drei skalare Koeffizienten auf. Die Inkompressibilität führt zu einer weiteren Reduktion mit nur noch zwei unabhängigen Koeffizientenfunktionen m_1 und m_2.

Bei makromolekularen Flüssigkeiten gibt es Hinweise darauf, daß die Gedächtnisfunktionen $m_1(s, I, II)$ und $m_2(s, I, II)$ faktorisierbar sind, d. h. als Produkte eines nur zeitabhängigen Anteils und eines nur von den Verzerrungsinvarianten abhängigen Anteils angenommen werden können. Der zeitabhängige Faktor muß dann derselbe wie in Gl. (3.44) sein, wird also durch die linear–viskoelastische Relaxationsfunktion $G(s)$ geprägt. Die verzerrungsabhängigen Faktoren tragen dem nichtlinearen Stoffverhalten Rechnung:

$$\mathbf{T} = -\int_0^\infty \frac{dG(s)}{ds}\left[h_1(I, II)\,(\mathbf{C}_t^{-1} - \mathbf{1}) - h_2(I, II)\,(\mathbf{C}_t - \mathbf{1})\right] ds\ . \tag{3.86}$$

Auch dieses *faktorisierte Einfachintegralmodell* ist noch recht allgemein, so daß bei geeigneter Wahl der darin auftretenden Stoffunktionen rheometrische Daten i. allg. gut approximiert werden können. Ein grundsätzliches Problem besteht allerdings darin, daß die beiden Stoffunktionen $h_1(I, II)$ und $h_2(I, II)$ durch die in der Rheometrie üblichen Tests nur unvollständig bestimmt und eventuell gar nicht voneinander getrennt werden können.

Bei *Schubversuchen* durchläuft man z. B. nur die Diagonale im Raum der Invarianten, weil $I = II = 3 + \gamma^2$ (s. Abb. 1.15 und Gl. (1.115)). Außerdem werden dann sowohl die Schubspannung als auch die erste Normalspannungsdifferenz nur von der Summe $h := h_1 + h_2$ beeinflußt:

$$\tau = -\int_0^\infty \frac{dG(s)}{ds}\, h(\gamma)\gamma\, ds\ , \tag{3.87}$$

$$N_1 := \tau_{11} - \tau_{22} = -\int_0^\infty \frac{dG(s)}{ds}\, h(\gamma)\,\gamma^2\, ds\ . \tag{3.88}$$

Daraus folgt insbesondere, daß die zeitlichen Verläufe beider Größen bei einem *Relaxationstest* mit beliebiger Stufenhöhe γ_0 folgendermaßen miteinander und mit den Stoffunktionen zusammenhängen:

$$\gamma(t) = \gamma_0 \; H(t) \;\rightarrow\; \frac{\tau(t)}{\gamma_0} = \frac{N_1(t)}{\gamma_0^2} = G(t)\; h(\gamma_0) \; . \tag{3.89}$$

Demnach erfolgt die Schubspannungsrelaxation stets nach dem gleichen Zeitverlauf wie im linear–viskoelastischen Grenzfall (s. Gl. (3.50)). Die Stufenhöhe γ_0 beeinflußt nur das absolute Niveau der bezogenen Spannungsverläufe. Mehr noch: der zeitliche Verlauf der ersten Normalspannungsdifferenz unterscheidet sich von demjenigen der Schubspannung nur um einen Faktor γ_0 . Die experimentellen Daten in Abb. 3.21 veranschaulichen diese Aussagen und stützen somit die Faktorisierungshypothese. Der Faktor h, der den Einfluß der Deformationsamplitude beschreibt, nimmt hier monoton mit γ_0 ab. Man bezeichnet deshalb $h(\gamma_0)$ als *Dämpfungsfunktion*. Sie besitzt naturgemäß den unteren Grenzwert $h(0) = 1$.

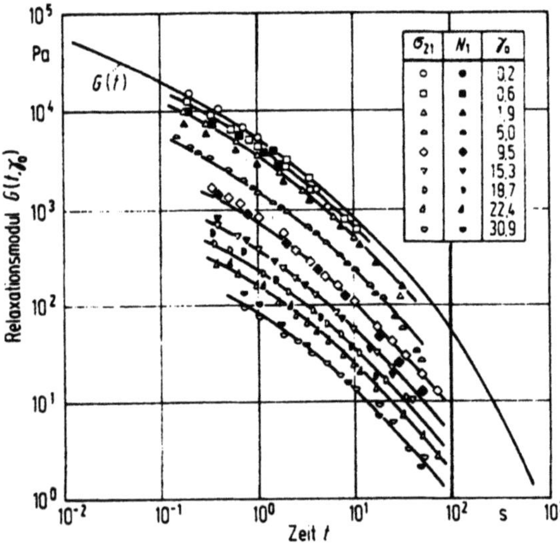

Abb. 3.21 Relaxation der Schubspannung σ_{21} und der ersten Normalspannungsdifferenz N_1 einer Polymerschmelze (Polyethylen niederer Dichte bei 150 °C) für verschiedene Scherstufen γ_0 (nach Laun [8])

Bei der Materialprüfung durch *Spannversuche* äußert sich das nichtlineare viskoelastische Stoffverhalten dadurch, daß die Spannviskosität $\eta^+(t)$ (Definition wie in (3.61)) von der Höhe der Schergeschwindigkeitsstufe $\dot{\gamma}_0$ beeinflußt wird. Im zeitlichen Verlauf dieser Größe tritt dann vor allem bei makromolekularen Flüssigkeiten ein Maximum auf, das sich bei Erhöhung der Stufe zu kürzeren Zeiten verschiebt. Auch dieses Phänomen ist mit der Faktorisierung in Einklang. Für einen Spannversuch resultiert nämlich aus Gl. (3.87) die beachtenswerte Relation

$$\frac{d\eta^+(t)}{dt} = G(t) \left. \frac{d(\gamma\, h(\gamma))}{d\gamma} \right|_{\gamma = \dot{\gamma}_0 t} . \tag{3.90}$$

Demnach ist das Auftreten eines Spannungsmaximums mit der Existenz eines Maximums der Stoffunktion $\gamma\, h(\gamma)$ verknüpft; der zugehörige Wert der Scherung γ_m repräsentiert eine Stoffkonstante. Die Formel zeigt, daß das Produkt aus $\dot{\gamma}_0$ und der Zeit t_m, bei der das Spannungsmaximum auftritt, jeweils mit diesem Wert der Scherung übereinstimmt, so daß $t_m \cdot \dot{\gamma}_0 = \text{const}$ gilt, unabhängig von $\dot{\gamma}_0$. Eine analoge Beziehung mit entsprechenden Konsequenzen gilt übrigens auch für die durch $\dot{\gamma}_0$ dividierte erste Normalspannungsdifferenz, wobei in der Formel auf der rechten Seite statt $\gamma\, h(\gamma)$ der Ausdruck $\gamma^2\, h(\gamma)$ auftritt.

Die Anwendung integraler Modelle auf kinematisch kompliziertere Vorgänge erfordert eine Extrapolation über diejenigen Pfade in der I–II–Ebene hinaus, die experimentell zugänglich sind. Man nimmt dabei in der Regel an, daß die beiden Stoffunktionen $h_1(\mathrm{I}, \mathrm{II})$ und $h_2(\mathrm{I}, \mathrm{II})$ in Gl. (3.86) zueinander proportional sind. Ihr Quotient hängt nämlich mit dem Verhältnis der beiden Normalspannungsdifferenzen zusammen, das bezüglich der Deformationsamplitude im wesentlichen konstant bleibt (s. Abb. 3.10). Setzt man also $N_2 / N_1 = -\psi = \text{const}$, so hat man folgendermaßen über h_1 und h_2 verfügt:

$$h_1(\mathrm{I}, \mathrm{II}) = (1-\psi)\, h(\mathrm{I}, \mathrm{II}) , \qquad h_2(\mathrm{I}, \mathrm{II}) = \psi\, h(\mathrm{I}, \mathrm{II}) . \tag{3.91}$$

Was die Abhängigkeit von den Verzerrungsinvarianten I und II betrifft, so genügt es in der Regel, sie im Sinne eines gewichteten Mittels in der Form $\alpha\, \mathrm{I} + (1-\alpha)\, \mathrm{II}$ zusammenzufassen. Einige realistische Dämpfungsfunktionen dieser Art sind in Tab. 3.3 zusammengestellt. Sie erfüllen natürlich die schon erwähnte Normierungsbedingung $h(3, 3) = 1$.

Tab. 3.3 Einige empirische Dämpfungsfunktionen

Dämpfungsfunktion h(I, II)	Quelle
$\exp\left(-n\sqrt{J-3}\right), \quad n > 0$	Wagner [9]
$\dfrac{1}{1 + a(J-3)}, \quad a > 0$	Papanastasiou u. a. [10]
$\dfrac{1}{1 + a(J-3)^b}, \quad a > 0, \; b > 0$	Soskey u. a. [11]
$\dfrac{1}{1 + a\sqrt{(\mathrm{I}-3)(\mathrm{II}-3)}}, \quad a > 0$	Wagner u. a. [12]
$J := \alpha\, \mathrm{I} + (1-\alpha)\, \mathrm{II}, \quad 0 \le \alpha \le 1$	

Abb. 3.22 dokumentiert insgesamt die realistischen Eigenschaften eines faktorisierten Einfachintegralmodells: Verschiedenartige Stoffdaten, die für eine viskoelastische Flüssigkeit mit konventionellen Rheometern ermittelt wurden, können in überzeugender Weise simultan approximiert werden. Die linear–viskoelastischen Parameter des Modells wurden schon in Tab. 3.2 zusammengestellt. Die nichtlinearen Parameter haben hier die Werte $\psi = 0$, $\alpha = 0$ und $n = 0{,}249$ (Dämpfungsfunktion nach Wagner).

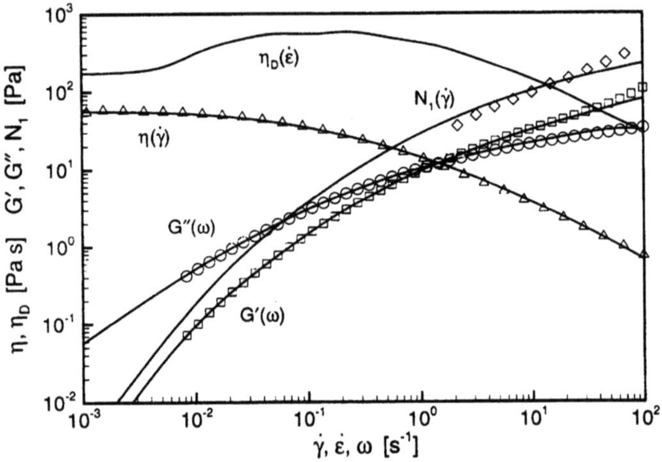

Abb. 3.22 Approximation realer Stoffdaten einer Polymerlösung durch ein faktorisiertes Einfachintegralmodell unter Verwendung eines diskreten Relaxationsspektrums und einer exponentiellen Dämpfungsfunktion

Bei der Anwendung integraler Stoffgesetze, wie sie hier diskutiert wurden, zur Analyse mehrdimensionaler Strömungen begegnet man grundsätzlichen Problemen, die in der klassischen Strömungsmechanik unbekannt sind. Um die Integrale auswerten zu können, müssen nämlich die Fluidelemente auf ihren Bahnlinien zurückverfolgt und die dabei erlebten Deformationszustände berechnet und integriert werden. Schon in relativ einfachen Sonderfällen, in denen Eulersche und Lagrangesche Ortskoordinaten zusammenfallen, resultieren partielle Integrodifferentialgleichungen für das Geschwindigkeitsfeld. Die sachgerechte Formulierung eines Anfangswertproblems erfordert dann nicht nur Vorgaben zur Anfangszeit, sondern die gesamte vergangene Bewegungsgeschichte muß bekannt sein. (In Kapitel 6 wird das im einzelnen verdeutlicht.) Bei komplizierteren Bewegungen kommt erschwerend hinzu, daß die Bahnen einzelner Fluidelemente, deren Deformationsgeschichte benötigt wird, um den Spannungszustand aufzubauen, a priori unbekannt sind. Das Rückverfolgen materieller Fluidelemente und die simultane Ermittlung ihrer Deformationsgeschichte in einem Strömungsfeld, das selbst erst aus den Bewegungsgleichungen bestimmt werden soll, sind eine ungewöhnliche und durchaus nicht triviale Angelegenheit. Viele Autoren bevorzugen deshalb differentielle Stoffmodelle.

3.6.3 Differentielle Modelle

In Abschnitt 3.5.2 haben wir erkannt, daß eine integrale Stoffgleichung eventuell auch differentiell formuliert werden kann. Im Fall eines Maxwell–Fluids konnte nämlich die integrale Beziehung (3.46) zwischen der aktuellen Schubspannung und der Geschichte der relativen Scherdeformation in die äquivalente differentielle Form (3.54) überführt werden. Dort kommen nur noch Zustandsgrößen zur aktuellen Zeit vor, neben der Spannung aber auch deren zeitliche Ableitung. Um mehrdimensionale Strömungen analysieren zu können, muß diese Stoffgleichung tensoriell verallgemeinert, d. h. durch eine Beziehung ersetzt werden, die den Reibungsspannungstensor **T** und dessen Zeitableitung mit dem Verzerrungsgeschwindigkeitstensor **D** verknüpft. Dabei darf aber nicht einfach die lokale Zeitableitung eingesetzt werden. Vielmehr muß eine *objektive*, z. B. die durch Gl. (1.76) definierte kontravariante Oldroydableitung verwendet werden. Eine mögliche Verallgemeinerung der Gl. (3.54) lautet also

$$\mathbf{T}(\mathbf{r},t) + \lambda \overset{\nabla}{\mathbf{T}}(\mathbf{r},t) = 2\eta_0\, \mathbf{D}(\mathbf{r},t) \ . \qquad (3.92)$$

Man bezeichnet diese Stoffgleichung als *kontravariantes Maxwell–Modell.* Obwohl die beiden Koeffizienten, die Nullviskosität η_0 und die Relaxationszeit λ konstant sind, ist es i. allg. kein linearer Zusammenhang zwischen den Reibungsspannungen und den Geschwindigkeitskomponenten, denn die Oldroydsche Ableitung enthält auch bilineare Summanden der Form $-\mathbf{L}\cdot\mathbf{T}-\mathbf{T}\cdot\mathbf{L}^T$ ($\mathbf{L}$ war der Geschwindigkeitsgradiententensor, s. Gl. (1.26)). So simuliert dieses 2–Konstanten–Modell auch spezielle nichtlineare Stoffeigenschaften, in einer viskosimetrischen Strömung z. B. newtonsches Fließverhalten und einen konstanten ersten Normalspannungskoeffizienten. Es eignet sich daher zum qualitativen Studium von Bewegungen, die maßgeblich durch das Erinnerungsvermögen und durch die erste Normalspannungsdifferenz beeinflußt werden, soweit es auf die Scherentzähung nicht ankommt.

Um die viskosimetrischen Eigenschaften des kontravarianten Maxwell–Modells zu erkennen, betrachten wir am einfachsten eine stationäre ebene Schichtenströmung, bei der die Tensoren $\mathbf{L}$ und $\mathbf{T}$ spezielle Matrixdarstellungen besitzen:

$$\mathbf{L} \,\hat{=} \begin{bmatrix} 0 & \dot{\gamma} & 0 \\ 0 & 0 & 0 \\ 0 & 0 & 0 \end{bmatrix}, \quad \mathbf{T} \,\hat{=} \begin{bmatrix} \tau_{xx} & \tau & 0 \\ \tau & \tau_{yy} & 0 \\ 0 & 0 & \tau_{zz} \end{bmatrix} . \qquad (3.93)$$

Eine solche Strömung ist materiell stationär, d. h. $\mathbf{DT}/\mathrm{Dt} = \mathbf{0}$. Für die Oldroydsche Spannungsableitung findet man deshalb durch Matrizenmultiplikation

$$\overset{\nabla}{\mathbf{T}} = -\mathbf{L}\cdot\mathbf{T} - \mathbf{T}\cdot\mathbf{L}^T \;\hat{=}\; \begin{bmatrix} -2\dot{\gamma}\tau & -\dot{\gamma}\tau_{yy} & 0 \\ -\dot{\gamma}\tau_{yy} & 0 & 0 \\ 0 & 0 & 0 \end{bmatrix} . \qquad (3.94)$$

Setzt man das alles in Gl. (3.92) ein und faßt einander entsprechende Komponenten der Matrizen zusammen, so erhält man ein lineares Gleichungssystem für die vier Spannungskomponenten in Abhängigkeit von $\dot{\gamma}$. Dessen Auflösung ergibt

$$\tau = \eta_0\dot{\gamma} , \qquad \tau_{xx} - \tau_{yy} = 2\lambda\eta_0\dot{\gamma}^2 , \qquad \tau_{yy} - \tau_{zz} = 0 . \qquad (3.95)$$

Um die Güte eines rheologischen Modells kennenzulernen, ist es ratsam, auch seine Dehneigenschaften anzusehen. Wendet man Gl. (3.92) analog wie zuvor auf eine einachsige stationäre Dehnströmung an (mit der Kinematik (1.127) und dem Spannungszustand (3.38)), so findet man den folgenden Formelausdruck für die Dehnviskosität des Modells:

$$\eta_D(\dot{\varepsilon}) = \frac{3\eta_0}{(1-2\lambda\dot{\varepsilon})\,(1+\lambda\dot{\varepsilon})} . \qquad (3.96)$$

Sie steigt zunächst an, wenn die Dehngeschwindigkeit $\dot{\varepsilon}$ zunimmt (Dehnverzähung), wächst aber über alle Grenzen, wenn $\dot{\varepsilon}$ den Wert $1/2\lambda$ erreicht. Danach nimmt η_D (unsinnige) negative Werte an. Die Dehneigenschaften des kontravarianten Maxwell–Modells sind deshalb nur partiell realistisch.

Gl. (3.92) kann natürlich weiter verallgemeinert werden. Zum einen verwendet man oft eine objektive Zeitableitung, die zwischen der kovarianten und der kontravarianten Oldroydableitung interpoliert:

$$\frac{\delta_a \mathbf{T}}{\delta t} := \frac{1-a}{2}\overset{\Delta}{\mathbf{T}} + \frac{1+a}{2}\overset{\nabla}{\mathbf{T}} , \qquad -1 \le a \le +1 . \qquad (3.97)$$

Zum anderen wird gelegentlich auch die Zeitableitung des Verzerrungsgeschwindigkeitstensors berücksichtigt. Das führt dann zu einer vierparametrischen Klasse von Stoffmodellen der Form

$$\mathbf{T} + \lambda\frac{\delta_a \mathbf{T}}{\delta t} = 2\eta_0\left[\mathbf{D} + \lambda_r\frac{\delta_a \mathbf{D}}{\delta t}\right] . \qquad (3.98)$$

Einige prominente Vertreter sind in Tab. 3.4 zusammengestellt. Sie unterscheiden sich im Differentiationsparameter a und in der Retardationszeit λ_r.

Gl. (3.98) ist eine tensorielle Erweiterung der eindimensionalen Spannungs–Dehnungs–Relation (3.58), die zu Abb. 3.16 gehört. Sie kann deshalb – in Analogie zu den Gl. (3.56) und (3.57) – auch so formuliert werden, daß der Reibungsspannungstensor **T** als Summe eines newtonschen Anteils und eines maxwellartigen Anteils erscheint:

Tab. 3.4 Sonderfälle der differentiellen Stoffgleichung (3.98) mit $\lambda > 0$ und $\eta_0 > 0$

Name des Modells	a	λ_r
Maxwell A (kovariant, lower–convected)	-1	0
Maxwell B (kontravariant, upper–convected)	$+1$	0
Maxwell, korotatorisch	0	0
Johnson–Segalman	$\in[-1, +1]$	0
Oldroyd A	-1	>0
Oldroyd B	$+1$	>0
Jeffreys	0	>0

$$\mathbf{T} = 2\mu\mathbf{D} + \mathbf{T}_l \ , \tag{3.99}$$

$$\mathbf{T}_l + \lambda \frac{\delta_a \mathbf{T}_l}{\delta t} = 2\eta\mathbf{D} \ . \tag{3.100}$$

Der Zusammenhang zwischen den hier auftretenden Parametern μ, η und den ursprünglich verwendeten Parametern η_0, λ_r wurde bereits in Gl. (3.59) notiert. Gelegentlich werden mehrere maxwellsche Anteile berücksichtigt, d. h. $\mathbf{T}_l$ wird durch eine endliche Summe einzelner Spannungsbeiträge ersetzt, die jeweils einer Zustandsgleichung der Form (3.100) genügen. Mit dem zugehörigen diskreten Relaxationsspektrum können zwar linear–viskoelastische Stoffeigenschaften i. allg. gut approximiert werden. Die nichtlinearen Eigenschaften bleiben aber unrealistisch (singuläre Dehnviskositäten, außer für $a = 0$). Das hängt zum Teil damit zusammen, daß die differentiellen Zustandsgleichungen linear in $\mathbf{T}$ sind. Vereinzelt werden deshalb auch maxwellartige Stoffmodelle folgender Form verwendet:

$$\mathbf{T} + \lambda \frac{\delta_a \mathbf{T}}{\delta t} + \mathbf{B}(\mathbf{T}) = 2\eta\mathbf{D} \ . \tag{3.101}$$

Dabei steht $\mathbf{B}(\mathbf{T})$ für eine isotrope tensorwertige Funktion, die bei Annäherung an den spannungsfreien Zustand stärker als linear in $\mathbf{T}$ verschwindet. Tab. 3.5 zeigt einige Beispiele aus der Literatur. Rheologische Stoffgleichungen dieser Art sind übrigens nicht nur phänomenologisch "begründet", sondern werden unter gewissen Modellvorstellungen über den molekularen Aufbau polymerer Flüssigkeiten unter Berücksichtigung der Verhakungen und Verschlaufungen von Kettenmolekülen auch aus kinetischen Theorien abgeleitet.

Tab. 3.5 Beispiele für differentielle Stoffmodelle nach Art der Gl. (3.101) mit $\lambda > 0$ und $\eta > 0$

a	B(T)	Quelle
$\in [-1, +1]$	$\alpha(\mathrm{sp}\,\mathbf{T})\,\mathbf{T}, \quad \alpha > 0$	Phan–Thien und Tanner [13]
$\in [-1, +1]$	$[\exp(\alpha\,\mathrm{sp}\,\mathbf{T}) - 1]\mathbf{T}, \quad \alpha > 0$	Phan–Thien [14]
1	$\alpha \frac{\lambda}{\eta} \mathbf{T}^2, \quad 0 \leq \alpha \leq 1$	Giesekus [15]

Differentielle Stoffgleichungen sind in der Regel nicht explizit nach den Spannungen auflösbar. Ihre Kopplung mit den kontinuumsmechanischen Bilanzgleichungen führt deshalb zu Feldproblemen mit anderen Merkmalen als bei newtonschen Flüssigkeiten. Da die Reibungsspannungen nicht eliminiert werden können, muß ein nichtlineares partielles Differentialgleichungssystem (höherer Ordnung als im newtonschen Fall) behandelt werden, in dem neben den Geschwindigkeitskomponenten und dem Druck auch die Komponenten des Extraspannungstensors als "primitive Variablen" auftreten. Anfangswertprobleme besitzen aber grundsätzlich die gewohnte Form, wonach die in den Feldgleichungen vorkommenden Größen (Geschwindigkeiten, Spannungen) zur Anfangszeit vorzugeben sind. Die vergangene Bewegungsgeschichte, die bei der Verwendung einer integralen Stoffgleichung bekannt sein muß, spielt keine Rolle, und es ist deshalb auch nicht erforderlich, materielle Punkte zeitlich zurückzuverfolgen. Bei der numerischen Behandlung komplexer Strömungsvorgänge mag das vorteilhaft sein. Dabei darf aber nicht übersehen werden, daß die differentiellen Modelle das viskoelastische Stoffverhalten unterschiedlich und teilweise unrealistisch beschreiben. Es wäre deshalb nicht sinnvoll, für aufwendige Strömungsberechnungen irgendein Modell aus der Fülle der Vorschläge herauszugreifen. Die Auswahl muß mit Blick auf die Kinematik der zu untersuchenden Strömung sinnvoll getroffen werden, um die relevanten Stoffeigenschaften auch adäquat zu erfassen.

3.7 Deborah- und Weissenberg-Zahl

Die Analyse eines konkreten Strömungsproblems beginnt zweckmäßigerweise damit, daß man die Größenordnung der relevanten Kennzahlen abschätzt. Wie in der klassischen Hydrodynamik ist das bei einer inkompressiblen Strömung zunächst die *Reynolds-Zahl*

$$\mathrm{Re} = \frac{\text{konvektive Trägheitskraft}}{\text{viskose Reibungskraft}} \sim \frac{\rho\, U\, \ell}{\eta}\,. \tag{3.102}$$

Die Symbole ρ, η, U und ℓ stehen für repräsentative Werte der Massendichte und der Viskosität des Fluids, der Geschwindigkeit sowie der Länge des Strömungsgebiets. Bei einer instationären Strömung kommt die *Strouhal–Zahl* hinzu, die den instationären Anteil der Trägheitskraft zum konvektiven Anteil ins Verhältnis setzt. Für Strömungen mit freien Oberfächen sind die *Froude–Zahl* und die *Weber–Zahl* wichtig, die den Einfluß der Schwerkraft bzw. der Kapillarkraft anzeigen.

Im Fall einer nichtnewtonschen Flüssigkeit kommen weitere Kennzahlen hinzu, vor allem die sogenannte *Deborah–Zahl* De, das Verhältnis einer den deformierten Stoff charakterisierenden Eigenzeit zu einer charakteristischen Prozeßzeit:

$$\mathrm{De} = \frac{\text{Stoffeigenzeit}}{\text{Prozeßzeit}} \sim \frac{\lambda}{t_P} \,. \tag{3.103}$$

Bei einer Flüssigkeit mit Gedächtnis identifizieren wir λ mit der mittleren Relaxationszeit. Die Bezugsgröße t_P kann z. B. die mittlere Verweilzeit in einem durchströmten Apparat oder die Periodendauer eines zeitlich periodischen Prozesses sein. Großes De entspricht festkörperartigem Verhalten, und je kleiner De ausfällt, um so mehr treten die flüssigen Stoffeigenschaften hervor.

Bei Strömungsprozessen in der Nähe einer stationären Schichtenströmung quantifiziert man den relativen Einfluß der Fluidelastizität sinnvollerweise durch die *Weissenberg–Zahl*

$$\mathrm{We} = \frac{\text{erste Normalspannungsdifferenz}}{\text{Schubspannung}} \sim \frac{N_1(\dot\gamma_P)}{\eta\,\dot\gamma_P} \,. \tag{3.104}$$

Dabei repräsentiert $\dot\gamma_P$ eine für den Prozeß charakteristische Schergeschwindigkeit. Wo Normalspannungsdifferenzen mit Trägheitskräften konkurrieren, ist dann We / Re ein wichtiger Parameter.

Aufgaben

3.1 Bestimmen Sie zu den empirischen Fließgesetzen nach Ostwald–de Waele, nach Prandtl–Eyring und nach Bingham (s. Tab. 3.1) die Scherviskosität $\eta(\dot\gamma)$ und die differentielle Viskosität $\hat\eta(\dot\gamma)$ als Funktionen von $\dot\gamma$ und den relevanten Stoffparametern. Ermitteln Sie jeweils auch die beiden Fließpotentiale $\Omega(\dot\gamma)$ und $\overline{\Omega}(\tau)$.

3.2 Bestimmen Sie anhand von Gl. (3.36) für eine Schraubenströmung mit dem Geschwindigkeitsfeld (1.123) die Komponenten τ_{rr}, $\tau_{r\varphi}$, τ_{rz} usw. des Reibungsspannungstensors in Abhängigkeit von den Geschwindigkeitsfeldern $u(r)$ und $\Omega(r)$ sowie den drei viskosimetrischen Stoffunktionen.

3.3 Bei einem *Kriechtest* wird eine anfangs unbelastete und undeformierte Materialprobe zur Zeit $t = 0$ der Schubspannung τ_0 ausgesetzt, die fortan konstant aufrechterhalten wird. Wie deformiert sich dabei ein lineares Jeffreys–Modell mit der Stoffgleichung (3.58)? Berechnen und skizzieren Sie zur Beantwortung der Frage den zeitlichen Verlauf der *Schubnachgiebigkeit* $\gamma(t)/\tau_0$. Ermitteln Sie auch die Spannviskosität $\eta^+(t)$ des Modells, zweckmäßigerweise unter Verwendung der Stoffparameter μ, λ und η.

3.4 Verallgemeinern Sie das für Scherströmungen gültige Fließgesetz nach Ostwald–de Waele $\tau = K|\dot\gamma|^{n-1}\,\dot\gamma$, $n > 0$ auf mehrdimensionale Strömungen unter folgenden Voraussetzungen: Es handelt sich um ein volumenbeständiges, rein viskoses Reiner–Rivlin–Fluid, der Reibungsspannungstensor $\mathbf{T}$ ist unabhängig von III_D, bei einer Scherströmung verschwinden die Normalspannungsdifferenzen.

Was halten Sie von den folgenden Bewegungsgleichungen, die zur Berechnung einer stationären ebenen inkompressiblen Strömung verwendet wurden?

$$u\frac{\partial u}{\partial x} + v\frac{\partial u}{\partial y} = -\frac{\partial p}{\partial x} + \frac{\partial}{\partial x}\left(\mu_{eff}\frac{\partial u}{\partial x}\right) + \frac{\partial}{\partial y}\left(\mu_{eff}\frac{\partial u}{\partial y}\right),$$

$$u\frac{\partial v}{\partial x} + v\frac{\partial v}{\partial y} = -\frac{\partial p}{\partial y} + \frac{\partial}{\partial x}\left(\mu_{eff}\frac{\partial v}{\partial x}\right) + \frac{\partial}{\partial y}\left(\mu_{eff}\frac{\partial v}{\partial y}\right),$$

$$\text{wobei } \mu_{eff} = K\left[2\left(\frac{\partial u}{\partial x}\right)^2 + 2\left(\frac{\partial v}{\partial y}\right)^2 + \left(\frac{\partial v}{\partial x} + \frac{\partial u}{\partial y}\right)^2\right]^{(n-1)/2}.$$

3.5 Zeigen Sie anhand der Gln. (3.87) und (3.88), daß bei einem faktorisierten Einfachintegralmodell mit einer exponentiellen Dämpfungsfunktion nach Wagner (Tab. 3.3) der folgende Zusammenhang zwischen dem ersten Normalspannungskoeffizienten $\nu_1(\dot\gamma)$ und der stationären Scherviskosität $\eta(\dot\gamma)$ besteht:

$$\nu_1(\dot\gamma) = -\frac{1}{n}\frac{d\eta(\dot\gamma)}{d\dot\gamma}.$$

Berechnen Sie $\nu_1(\dot\gamma)$ und $\eta(\dot\gamma)$ aus dieser Dämpfungsfunktion in Verbindung mit der Relaxationsfunktion (3.71).

3.6 Berechnen Sie die viskosimetrischen Funktionen $\eta(\dot\gamma)$, $N_1(\dot\gamma)$ und $N_2(\dot\gamma)$, die linear–viskoelastischen Stoffunktionen $G'(\omega)$ und $G''(\omega)$ sowie die einachsige stationäre Dehnviskosität $\eta_D(\dot\varepsilon)$, die zu dem vierparametrischen differentiellen Stoffmodell (3.98) gehören. Veranschaulichen Sie die Funktionsverläufe graphisch, und vergleichen Sie qualitativ mit Abb. 3.22.

Hinweis: Setzen Sie in das Stoffmodell die jeweilige Kinematik ein (stationäre Scherströmung, harmonische Oszillation kleiner Amplitude: linearisieren!, stationäre einachsige homogene Dehnströmung), lösen Sie nach den Spannungskomponenten auf, und extrahieren Sie so die oben genannten skalarwertigen Stoffunktionen.

4 Strömungen, die durch die Fließfunktion kontrolliert werden

In diesem Kapitel geht es um die Mechanik stationärer Schichtenströmungen rheologisch einfacher Fluide. In Abschnitt 3.1 wurde erläutert, daß dabei sowohl Schubspannungen zwischen den Schichten als auch Normalspannungsdifferenzen auftreten. Trotzdem ist es möglich, die Bewegung solcher Strömungen unter alleiniger Berücksichtigung der Schubspannungen und des Druckes zu analysieren. Tatsächlich hängt z. B. das Geschwindigkeitsprofil einer voll ausgebildeten Kanalströmung oder einer Rohrströmung nur von der Fließfunktion, nicht aber von den Normalspannungsfunktionen ab. Flüssigkeiten mit gleicher Fließfunktion, aber unterschiedlichen Normalspannungseigenschaften strömen in gleicher Weise durch den Kanal oder das Rohr hindurch. Man spricht deshalb gelegentlich auch von *partiell kontrollierbaren* Strömungen. Die Auswirkung der Normalspannungsdifferenzen kommt anschließend in Kapitel 5 zur Sprache.

4.1 Rohrströmung

Für den Transport von Flüssigkeiten ist die Durchströmung zylindrischer Rohre von besonderer Bedeutung. Die voll ausgebildete stationäre Druckströmung durch ein kreiszylindrisches Rohr zeichnet sich dadurch aus, daß das Geschwindigkeitsfeld nur eine axiale Komponente $u(r)$ besitzt (in Abschnitt 1.5.1 wurde die Kinematik dieser sogenannten Poiseuille–Strömung diskutiert). Demzufolge hängen die Schergeschwindigkeit $\dot{\gamma} = du / dr$ und die Schubspannung τ nur vom Achsabstand r ab. Bei Anwendung des Impulssatzes auf das in Abb. 4.1 skizzierte zylindrische Kontrollvolumen der Höhe dz ist zu beachten, daß die ein– und austretenden Impulsströme gleich groß sind und deshalb die Summe der Kräfte verschwindet. Bei Vernachlässigung von Volumenkräften (horizontales Rohr) gilt also $2\pi r\,dz\,\tau(r) = \pi r^2\left[p(z+dz) - p(z)\right]$ oder

$$\frac{2}{r}\tau(r) = \frac{dp(z)}{dz} \; . \tag{4.1}$$

Diese Beziehung kann nur dann an jeder Stelle r, z gelten, wenn beide Seiten konstant sind. Somit ist der Druckabfall in Achsrichtung konstant, $dp / dz = -\Delta p / \ell$, und die Schubspannung ändert sich linear mit dem Achsabstand. Bei vorgegebenem Druckgefälle ist damit der Schubspannungsverlauf über den Querschnitt bekannt. Der betragsmäßig größte Schubspannungswert tritt an der Rohrwand (bei $r = d/2$) auf und hängt folgendermaßen mit dem Druckgefälle $\Delta p / \ell$ und dem Rohrdurchmesser d zusammen:

$$\tau_w = \frac{\Delta p\, d}{4\ell} \; . \tag{4.2}$$

Unter Verwendung dieser Größe geht Gl. (4.1) über in

$$\tau(r) = -\, 2\tau_w \frac{r}{d} \; . \tag{4.3}$$

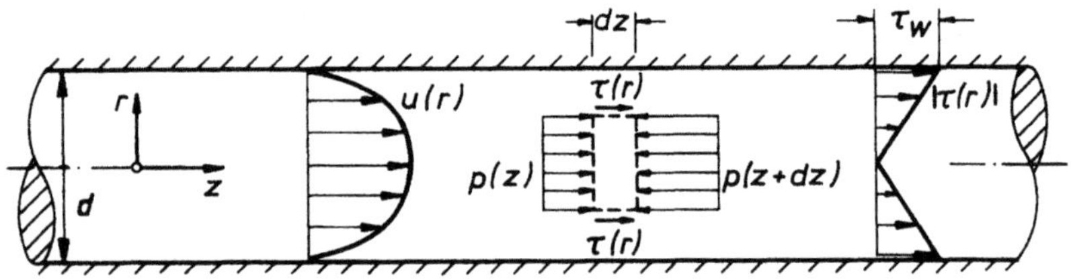

Abb. 4.1 Voll ausgebildete Rohrströmung

Die hier relevanten Stoffeigenschaften kommen im Fließgesetz, dem Zusammenhang zwischen $\dot{\gamma}$ und τ zum Ausdruck. Die Bestimmungsgleichung für das Geschwindigkeitsfeld $u(r)$ lautet also

$$\frac{du}{dr} = \dot{\gamma}(\tau) \; . \tag{4.4}$$

Unter Beachtung des linearen Zusammenhangs zwischen τ und r, Gl. (4.3), unter Berücksichtigung der Symmetrieeigenschaft (3.18) und unter der Annahme, daß die Flüssigkeit an der Rohrwand haftet, d. h. $u = 0$ für $r = d/2$, ergibt sich folgende explizite Darstellung für die Geschwindigkeitsverteilung:

$$u(r) = \frac{d}{2\tau_w} \int_{2\tau_w r/d}^{\tau_w} \dot{\gamma}(\tau)\, d\tau \; . \tag{4.5}$$

Danach hängt das Geschwindigkeitsprofil natürlich von den Fließeigenschaften des Stoffes ab; verständlicherweise geht aber nur jener Teil der Fließfunktion ein, der den im Rohr herrschenden Schubspannungen entspricht ($0 \le |\tau| \le \tau_w$). Unter Verwendung des Fließpotentials $\overline{\Omega}$ (vgl. Abb. 3.9) kann diese Beziehung übrigens auch folgendermaßen geschrieben werden:

$$u(r) = \frac{d}{2\tau_w} \left[\overline{\Omega}(\tau_w) - \overline{\Omega}\left(2\tau_w \frac{r}{d} \right) \right] . \tag{4.6}$$

Den *Volumenstrom* $\dot{V}$, der insgesamt durch das Rohr hindurchtritt, erhält man durch Integration der Geschwindigkeit über die Querschnittsfläche:

$$\dot{V} = 2\pi \int_0^{d/2} r\,u(r)\,dr = -\pi \int_0^{d/2} r^2 \frac{du}{dr}\,dr \quad . \tag{4.7}$$

Die zweite Gleichheit folgt nach einer partiellen Integration unter Berücksichtigung der Haftbedingung an der Rohrwand. In Verbindung mit den Gln. (4.3) und (4.4) gewinnt man daraus die wichtige Beziehung

$$\dot{V} = \frac{\pi}{8} \frac{d^3}{\tau_w{}^3} \int_0^{\tau_w} \tau^2\, \dot{\gamma}(\tau)\, d\tau \, . \tag{4.8}$$

Diese Durchflußformel gilt für Flüssigkeiten mit beliebigen Fließeigenschaften. Bei bekannter (inverser) Fließfunktion $\dot{\gamma}(\tau)$ und bekanntem Rohrdurchmesser d stellt sie einen im allgemeinen nichtlinearen Zusammenhang zwischen dem Durchsatz $\dot{V}$ und dem Druckgefälle $\Delta p / \ell$ dar und dient somit zur Berechnung von $\dot{V}$ bei vorgegebenem $\Delta p / \ell$.

Für einige früher angegebene Fließgesetze (Tabelle 3.1) kann das Integral analytisch ausgewertet werden, und es resultieren spezielle Druck–Durchsatz–Formeln:

Ostwald–de Waele
$$\frac{8\dot{V}}{\pi d^3} = \frac{n}{(1+3n)} \left(\frac{\tau_w}{K}\right)^{1/n} , \tag{4.9}$$

Ellis
$$\frac{8\dot{V}}{\pi d^3} = \frac{\tau_w}{4\eta_0} + \frac{n\,\tau_*}{(1+3n)\,\eta_0} \left(\frac{\tau_w}{\tau_*}\right)^{1/n} , \tag{4.10}$$

Bingham
$$\frac{8\dot{V}}{\pi d^3} = \begin{cases} 0 & \text{für } 0 \le \tau_w \le \tau_f \,, \\ \dfrac{\tau_w}{4\hat{\eta}} \left[1 - \dfrac{4\tau_f}{3\tau_w} + \dfrac{1}{3}\left(\dfrac{\tau_f}{\tau_w}\right)^4 \right] & \text{für } \tau_w > \tau_f \, . \end{cases} \tag{4.11}$$

Eine besonders einfache Beziehung ergibt sich im Fall einer newtonschen Flüssigkeit konstanter Viskosität μ: Mit $\dot{\gamma} = \tau / \mu$ folgt nämlich $\dot{V} = \pi d^3 \tau_w / 32\mu$ (*Hagen–Poiseuillesches Gesetz*). Der Quotient τ_w / μ repräsentiert hier die Schergeschwindigkeit an der Wand. Bei einer newtonschen Flüssigkeit gilt deshalb insbesondere $\dot{\gamma}_w = 32\,\dot{V} / \pi d^3$.

Gl. (4.8) besitzt auch dann besondere Bedeutung, wenn die Fließfunktion des strömenden Fluids noch unbekannt ist und mit Durchflußmessungen erst bestimmt werden soll (*Kapillarrheometer*). Man definiert dann in Anlehnung an das für newtonsche Stoffe gültige Ergebnis zunächst eine scheinbare Schergeschwindigkeit q gemäß

$$q := \frac{32\,\dot{V}}{\pi d^3} \,. \tag{4.12}$$

Damit nimmt Gl. (4.8) folgende Gestalt an:

$$q = \frac{4}{{\tau_w}^3} \int_0^{\tau_w} \tau^2 \,\dot{\gamma}(\tau)\, d\tau \,. \tag{4.13}$$

Um hieraus die Fließfunktion des Stoffes bestimmen zu können, muß der Zusammenhang nach $\dot{\gamma}(\tau)$ aufgelöst werden. Das gelingt durch Differentiation nach τ_w. Zu diesem Zweck denke man sich die Wandschubspannung τ_w variiert, indem man das Druckgefälle etwas ändert. Dabei ändert sich natürlich auch der Durchsatz und somit die scheinbare Schergeschwindigkeit q. Für die Änderung der Größe q mit τ_w ergibt sich aus Gl. (4.13)

$$\frac{dq}{d\tau_w} = -\frac{3q}{\tau_w} + \frac{4}{\tau_w}\,\dot{\gamma}(\tau_w) \,. \tag{4.14}$$

Hieraus folgt für die wahre Schergeschwindigkeit an der Rohrwand, $\dot{\gamma}_w := \dot{\gamma}(\tau_w)$, die wichtige Formel (Rabinowitsch–Weissenberg)

$$\dot{\gamma}_w = \frac{1}{4}\left[3 + \frac{d\,\log q}{d\,\log \tau_w}\right] q \,. \tag{4.15}$$

Die Durchführung und Auswertung von Durchflußmessungen an Kapillaren zur Bestimmung der Fließfunktion der strömenden Flüssigkeit hat demnach folgendermaßen zu erfolgen: Man mißt zu vorgegebenen Werten des Druckgradienten $\Delta p / \ell$ den durch die Kapillare hindurchtretenden Volumenstrom $\dot{V}$ und berechnet zu diesem Wertepaar jeweils die (wahre) Wandschubspannung τ_w gemäß Gl. (4.2) und die scheinbare Schergeschwindigkeit q gemäß Gl. (4.12). Der Zusammenhang zwischen τ_w und q wird gelegentlich als scheinbare Fließfunktion bezeichnet. Gemäß Gl. (4.15) berechnet man daraus die wahre Schergeschwindigkeit an der Wand, $\dot{\gamma}_w$. Um die benötigte Ableitung zuverlässig bilden zu können, müssen die Meßpunkte natürlich hinreichend dicht liegen. Der Zusammenhang zwischen τ_w und $\dot{\gamma}_w$ ist die (wahre) Fließfunktion des Stoffes.

Hier sei noch kurz auf eine grundsätzliche Schwierigkeit bei Verwendung kurzer Kapillaren hingewiesen. Die Größe $\Delta p / \ell$ bezeichnet naturgemäß den Druckabfall im Inneren des Rohrs dort, wo die Strömung voll ausgebildet ist und rein axial erfolgt. Versteht man unter ℓ die wahre Rohrlänge, so stimmt Δp nicht unbedingt mit der effektiv wirksamen Druckdifferenz überein, da in Umgebung des Rohreinlaufs der Druck in der Regel stärker abfällt als im Gebiet ausgebildeter Strömung. Diese Druckverluste im Einlauf können bei Flüssigkeiten mit ausgeprägten Normalspannungserscheinungen beträchtlich sein. Sie machen gegebenenfalls eine Druckkorrektur (etwa nach Bagley) erforderlich.

Es ist instruktiv, auch die Geschwindigkeitsprofile einmal näher zu betrachten. Um den Einfluß des Fließindex aufzuzeigen, legen wir zunächst das einfache Potenzgesetz nach Ostwald und de Waele zugrunde. Das Integral in Gl. (4.5) kann dann elementar ausgewertet werden. Bezieht man u(r) auf die mittlere Geschwindigkeit $\bar{u} := 4\dot{V}/(\pi d^2)$, so entfällt die Wandschubspannung, und es resultiert die einfache Formel

$$\frac{u(r)}{\bar{u}} = \frac{1+3n}{1+n}\left[1 - \left(\frac{2r}{d}\right)^{(1+n)/n}\right]. \tag{4.16}$$

Abb. 4.2 veranschaulicht das analytische Ergebnis: Zu $n = 1$ gehört das für newtonsche Fluide charakteristische parabolische Geschwindigkeitsprofil. Wird der Fließindex n verkleinert, so werden die Geschwindigkeitsprofile zunehmend flacher. Diese Eigenschaft ist für scherentzähende Flüssigkeiten typisch.

Ist das Fließgesetz komplizierter als potenzartig, so kommt noch ein anderer bemerkenswerter Aspekt hinzu. Zur Illustration dient ein Rabinowitsch–Modell mit den Stoffkonstanten η_0 und τ_* (Tab. 3.1). Die Auswertung der Gl. (4.5) erbringt dann das Ergebnis

$$\frac{u(r)}{\bar{u}} = \frac{6\left[1-(2r/d)^2\right] + 3(\tau_w/\tau_*)^2\left[1-(2r/d)^4\right]}{3+2(\tau_w/\tau_*)^2}, \tag{4.17}$$

in dem uns ein dimensionsloser Druckparameter τ_w/τ_* begegnet. Abb. 4.3 veranschaulicht die zugehörigen Geschwindigkeitsprofile. Zum Parameterwert 0 gehört der newtonsche (parabolische) Geschwindigkeitsverlauf, denn bei hinreichend kleinem Druckgefälle ist die Strömung so langsam, daß sich nur die untere newtonsche Grenzviskosität auswirkt. Wenn der Druckparameter anwächst, macht sich die Scherentzähung zunehmend in volleren Geschwindigkeitsprofilen bemerkbar. Bei relativ großem Druckgefälle ($\tau_w/\tau_* \gg 1$) dominiert der potenzartige Summand im Fließgesetz, so daß sich das gleiche Profil wie bei einem Ostwald–de Waele–Modell ergibt (d. h. die Kurve für $n = 1/3$ aus Abb. 4.2). Bei einer nichtnewtonschen Flüssigkeit ändert sich also i. allg. das Geschwindigkeitsprofil der laminaren Rohrströmung mit dem wirksamen Druckgefälle.

Rohrströmungen hochviskoser Flüssigkeiten sind in der Regel laminar, und nichtnewtonsche Stoffeigenschaften äußern sich dann wie zuvor beschrieben. Aber auch bei turbulenten Strömungen dünnflüssiger Stoffe, z. B. Wasser werden nichtnewtonsche Effekte beobachtet. Geringe Mengen geeigneter *Additive* (vor allem Polymere oder Tenside) können nämlich die Turbulenzstruktur günstig beeinflussen und führen möglicherweise zu einer bedeutenden *Widerstandsverminderung*.

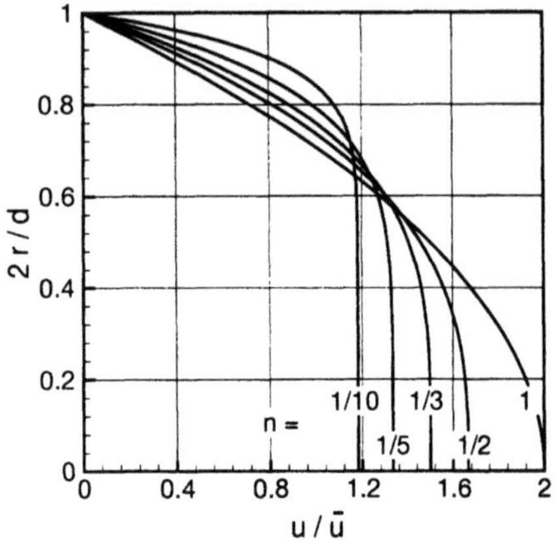

Abb. 4.2 Normierte Geschwindigkeitsprofile bei Ostwald–de Waele–Fluiden mit verschiedenen Fließindizes

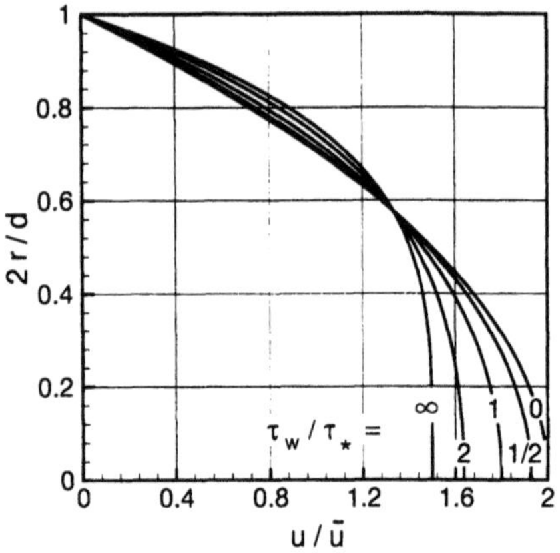

Abb. 4.3 Normierte Geschwindigkeitsprofile bei einem Rabinowitsch–Fluid für verschiedene Druckparameter

Bei vorgegebenem Volumenstrom genügt dann ein geringeres Druckgefälle als bei der "reinen" (newtonschen) Flüssigkeit. Die wirtschaftliche Bedeutung dieser Erkenntnis liegt auf der Hand. Bei der laminaren Poiseuille-Strömung sind widerstandsvermindernde Zusätze üblicher Konzentrationen (ppm) praktisch unwirksam, und das deutet darauf hin, daß sie vor allem die Dehnviskosität verändern.

4.1.1 Erwärmung durch Dissipation

Bisher wurde stillschweigend angenommen, die Strömung sei isotherm; jedenfalls wurde sie mit einer rein mechanischen Theorie analysiert (im Sinne der Aussagen nach Gl. (2.41)). Durch Dissipation erwärmt sich aber die Flüssigkeit bei der Durchströmung des Rohrs mehr oder weniger, und unter wärmetechnischen Aspekten kann es nötig sein, auch das zugehörige Temperaturfeld zu bestimmen oder wenigstens die größte auftretende Temperaturdifferenz im Fluid abzuschätzen. Dazu ist die Energiebilanz auszuwerten. Bezüglich der thermischen Randbedingung an der Rohrwand betrachten wir zwei gegensätzliche Grenzfälle. Zuerst nehmen wir an, am Rohrmantel herrsche überall eine konstante Temperatur Θ_w (*isotherme Rohrwand*). Unter dieser Bedingung ist zu erwarten, daß bei einer voll ausgebildeten Strömung auch das stationäre Temperaturfeld $\Theta(r)$ nur von r abhängt (thermische Einlaufeffekte bleiben also außer acht). Wegen $v_r = 0$ gilt dann $D\Theta / Dt = 0$, d. h. ein Energietransport durch Konvektion findet nicht statt. Das ist auch anschaulich klar, denn längs jeder Bahnlinie $(r = \text{const})$ bleibt die Temperatur ja konstant. Die Energiegleichung (2.41) reduziert sich damit auf

$$\tau\dot{\gamma}(\tau) + \frac{1}{r}\frac{d}{dr}\left(r\lambda\frac{d\Theta}{dr}\right) = 0 \tag{4.18}$$

(λ bezeichnet die Wärmeleitfähigkeit der Flüssigkeit). Da die Dissipationsleistungsdichte $\tau\dot{\gamma}$ überall positiv ist, gilt $d\Theta / dr < 0$ für $r > 0$. Die Temperatur nimmt demnach zur Wand hin monoton ab und somit auf der Achse ihr Maximum an. Die inneren Schichten sind also wärmer als die äußeren. Durch Integration über den Rohrquerschnitt erhält man unter Berücksichtigung der Gln. (4.3) und (4.8) die einfache Beziehung

$$\left(\lambda\frac{d\Theta}{dr}\right)_w = -\,\bar{u}\,\tau_w\,. \tag{4.19}$$

Sie besagt, daß die innerhalb des Querschnitts insgesamt dissipierte Energie durch Wärmeleitung an die Wand abgegeben wird. Sie genügt, um folgende Abschätzung für die maximale Temperaturdifferenz zu begründen (ohne die Differentialgleichung (4.18) vollständig auszuwerten):

$$\Theta(0) - \Theta_w \approx \frac{1}{10}\frac{d}{\lambda}\,\bar{u}\,\tau_w\,. \tag{4.20}$$

Der Zahlenfaktor auf der rechten Seite ist für ein Ostwald–de Waele–Modell mit $n = 0.5$ exakt, hängt aber ansonsten nur geringfügig vom Fließindex n ab. Bei newtonschen Fluiden kann der Zusammenhang auch folgendermaßen geschrieben werden: $\Theta(0) - \Theta_w = \mu\bar{u}^2 / \lambda$ (der Zahlenfaktor ist dann genau 1). Danach ist in einer Polymerschmelze mit einer effektiven Viskosität $\mu = 10^3\ \mathrm{Ns/m^2}$ und mit der Wärmeleitfähigkeit $\lambda = 0{,}24\ \mathrm{N/sK}$ bei einer mittleren Geschwindigkeit $\bar{u} = 5\ \mathrm{cm/s}$ mit einer maximalen Temperaturdifferenz von ca. $10\ \mathrm{K}$ zu rechnen.

Wenn die *Rohrwand adiabat* ist, kann die dissipierte Energie nicht radial abgeleitet werden, und das führt zu einem Temperaturanstieg in Strömungsrichtung. Um axiale Temperaturdifferenzen abzuschätzen, formulieren wir zweckmäßigerweise die integrale Energiebilanz für ein durchströmtes Kontrollvolumen, das durch zwei Querschnitte (Indizes 1 bzw. 2) und den Mantel des Rohrs berandet wird. Unter der Voraussetzung, daß das Temperaturfeld stationär ist, resultiert der einfache Zusammenhang

$$\overline{\Theta}_2 - \overline{\Theta}_1 = \frac{p_1 - p_2}{\rho c}\,. \tag{4.21}$$

Dabei bezeichnet $\overline{\Theta}$ die über die Rohrquerschnittsfläche A gemittelte Massetemperatur

$$\overline{\Theta} = \frac{1}{\overline{u} A} \iint_A \Theta \, u \, dA \; . \tag{4.22}$$

Bemerkenswerterweise gehen die rheologischen Stoffeigenschaften des Fluids gar nicht explizit in Gl. (4.21) ein. Für eine Polymerschmelze mit der Massendichte $\rho = 800 \, kg / m^3$ und der spezifischen Wärmekapazität $c = 2{,}5 \, kJ / kg \, K$ ist demnach bei einem Druckabfall von $p_1 - p_2 = 100 \, bar$ mit einem mittleren Temperaturanstieg von $\overline{\Theta}_2 - \overline{\Theta}_1 = 5 K$ zu rechnen. In Wirklichkeit treten an der Wand größere und auf der Achse dafür geringere Temperaturunterschiede auf. Das Fluid erwärmt sich nämlich durch Dissipation außen stärker als innen, so daß sich über dem Rohrquerschnitt ein ungleichförmiges Temperaturprofil entwickelt.

4.2 Ebene Druck–Schleppströmung

4.2.1 Theoretische Grundlagen

Die Aufgabe einer *Reibungspumpe* besteht darin, ein zähes Fluid gegen ansteigenden Druck zu fördern. Das gelingt dadurch, daß bewegte, meist rotierende Wände das Fluid in die gewünschte Richtung mitschleppen. Durch geeignete Dimensionierung und richtige Wahl der Schleppgeschwindigkeit kann erreicht werden, daß der Schleppeffekt den gegensinnigen Druckeffekt überwiegt und eine vorgeschriebene Fluidmenge vom niedrigen zum höheren Druckniveau fließt. Der einfachste Fall einer solchen kombinierten *Druck–Schleppströmung* besteht in einer ebenen Schichtenströmung zwischen zwei parallelen, gleichförmig in tangentialer Richtung bewegten ebenen Wänden (eine Wand kann auch ruhen), wobei der Druck in Bewegungsrichtung ansteigt oder abfällt. Bei den in der Kunststoffverarbeitung gebräuchlichen Schneckenextrudern sind die Strömungskanäle geometrisch zwar komplizierter. Die Druck–Schleppströmung im geraden Kanal zeigt das Funktionsprinzip aber am klarsten und bildet gleichzeitig auch die Grundlage für vielfältige weitere Anwendungen.

Wir betrachten also die stationäre ebene Schichtenströmung eines zähen Fluids, das sich zwischen zwei parallelen Wänden (bei $y = 0$ und $y = h$) befindet, die sich mit den Geschwindigkeiten u_0 bzw. u_h in x–Richtung verschieben (Abb. 4.4). Dabei vernachlässigen wir thermische Einflüsse auf die Bewegung, entwickeln also eine rein mechanische Theorie. Da sich die flüssigen Teilchen unbeschleunigt bewegen, halten sich die Druckkräfte und die Reibungskräfte an dem in Abb. 4.4 eingezeichneten quaderförmigen Element das Gleichgewicht. (Das Potential eventuell wirkender konservativer Volumenkraftfelder, insbesondere der

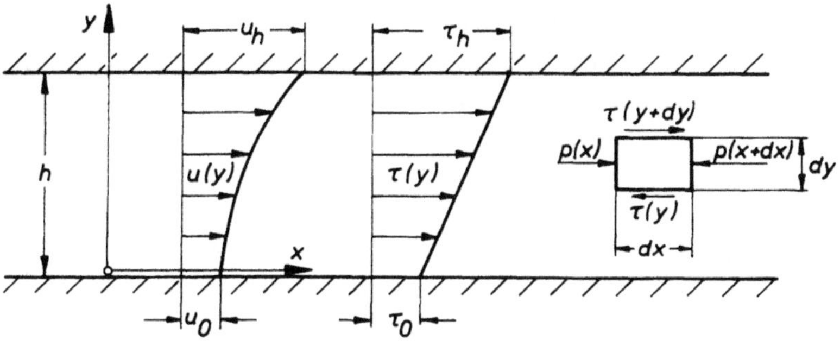

Abb. 4.4 Kombinierte Druck–Schleppströmung im geraden Kanal

Schwerkraft, können wir dem Druck zuschlagen.) Die Kräftebilanz in Bewegungsrichtung ergibt einen einfachen Zusammenhang zwischen der Schubspannung $\tau(y)$ und dem Druck $p(x)$:

$$\frac{d\tau}{dy} = \frac{dp}{dx} \; . \tag{4.23}$$

Die Schreibweise zeigt an, daß einerseits die Schubspannung nur von der wandsenkrechten Koordinate y abhängt, was im Zusammenhang mit dem Fließgesetz deutlich wird, andererseits der Druck, genauer: die negative Normalspannung in y–Richtung, nur von x abhängt (letzteres folgt aus einer Kräftebilanz in wandsenkrechter Richtung). Die linke Seite von Gl. (4.23) ist demnach eine Funktion von y, die rechte Seite aber eine Funktion von x. Eine Gleichheit der beiden Ausdrücke kann nur dann bestehen, wenn beide Seiten konstant sind. Wir halten also fest, daß der Druckgradient dp/dx räumlich konstant ist, der Druck selbst somit linear mit x anwächst oder abfällt. Dementsprechend ändert sich die Schubspannung linear mit der Koordinate y,

$$\tau(y) = \tau_0 + \frac{dp}{dx} y \; . \tag{4.24}$$

Die Konstante τ_0 hat die Bedeutung der Schubspannung an der unteren Wand. Wir führen sinngemäß für die Schubspannung an der oberen Wand das Symbol τ_h ein (vgl. Abb. 4.4). Beide Spannungswerte hängen nach Gl. (4.24) durch die Beziehung

$$\tau_h = \tau_0 + \frac{dp}{dx} h \tag{4.25}$$

miteinander zusammen. Bei Druckanstieg $(dp/dx > 0)$ ist τ_h größer als τ_0, bei Druckabfall dagegen kleiner. Wir ziehen nun die Fließfunktion $\dot{\gamma}(\tau)$ heran und beachten, daß bei einer ebenen Schichtenströmung $\dot{\gamma}$ mit du/dy übereinstimmt:

$$\frac{du}{dy} = \dot{\gamma}(\tau) \; . \tag{4.26}$$

Da der Schubspannungsverlauf $\tau(y)$ bereits bekannt ist, kann durch Integration das Geschwindigkeitsprofil im Kanal bestimmt werden. Unter Beachtung der Randbedingung $u(0) = u_0$ erhält man

$$u(y) - u_0 = \frac{1}{dp/dx} \int_{\tau_0}^{\tau(y)} \dot{\gamma}(\tau)\, d\tau \; . \tag{4.27}$$

Die hierin noch unbekannte Größe τ_0 wird durch die Randbedingung $u(h) = u_h$ festgelegt:

$$u_h - u_0 = \frac{1}{dp/dx} \int_{\tau_0}^{\tau_h} \dot{\gamma}(\tau)\, d\tau \; . \tag{4.28}$$

Der durch den Kanal insgesamt hindurchtretende Volumenstrom ergibt sich durch Integration des Geschwindigkeitsfeldes über den durchströmten Querschnitt:

$$\dot{V} = b \int_0^h u(y)\, dy = b\,(u_0 + u_h)\,\frac{h}{2} - b \int_0^h \left(y - \frac{h}{2} \right) \frac{du}{dy} dy \; . \tag{4.29}$$

Dabei bezeichnet b die Breite des Kanals senkrecht zur Strömungsebene. Die zweite Gleichheit folgt nach einer partiellen Integration. Eliminiert man im zweiten Summanden du/dy unter Verwendung des Stoffgesetzes (4.26) und $(y - h/2)$ mit Hilfe der Gln. (4.24) und (4.25), so erhält man die nützliche Beziehung

$$\frac{\dot{V}}{b} = (u_0 + u_h)\,\frac{h}{2} - \frac{1}{(dp/dx)^2} \int_{\tau_0}^{\tau_h} \left(\tau - \frac{\tau_0 + \tau_h}{2} \right) \dot{\gamma}(\tau)\, d\tau \; . \tag{4.30}$$

Der integralfreie Summand beschreibt denjenigen Volumenstrom, der sich bei einer reinen Schleppströmung einstellt. Ohne Druckgradient $(dp/dx = 0)$ ist das Geschwindigkeitsprofil nämlich unabhängig von den Fließeigenschaften linear, so daß der Durchsatz dem Produkt aus der mittleren Geschwindigkeit $(u_0 + u_h)/2$ und der Querschnittsfläche bh gleichkommt. Daraus ergibt sich übrigens, daß der zweite Summand im Grenzfall $dp/dx \to 0$ verschwindet. In Gl. (4.30) erscheint also der Volumenstrom einer kombinierten Druck–Schleppströmung aufgespalten in den für eine reine Schleppströmung typischen Anteil und in einen Rest, der mit dem Druckanstieg hinzukommt. In dieser Form erinnert die Formel an die für newtonsche Fluide (Index N) gültige Beziehung

$$\frac{\dot{V}_N}{b} = (u_0 + u_h)\frac{h}{2} - \frac{h^3}{12\mu}\frac{dp}{dx}\,, \tag{4.31}$$

die als Spezialfall enthalten ist. Hier treten die Wandgeschwindigkeiten und der Druckanstieg getrennt voneinander auf, und das spiegelt sich auch im Geschwindigkeitsfeld wider:

$$u_N(y) = u_0 + (u_h - u_0)\frac{y}{h} - \frac{1}{2\mu}\frac{dp}{dx}(yh - y^2)\,. \tag{4.32}$$

Bei einem newtonschen Fluid überlagern sich also die reine Schleppströmung (mit einem linearen Geschwindigkeitsverlauf) und die reine Druckströmung (mit einem parabolischen, zur Kanalmitte symmetrischen Verlauf) ohne gegenseitige Wechselwirkung additiv. Diese Eigenschaft geht bei nichtnewtonschen Fluiden verloren. Der zweite Summand in Gl. (4.30) enthält nämlich, nachdem man τ_0 und τ_h mit (4.25) und (4.28) eliminiert hat, nicht nur den Druckanstieg dp/dx, sondern auch noch die Geschwindigkeitsdifferenz $u_h - u_0$. Außerdem geht der Druckanstieg nicht mehr linear, sondern je nach Fließeigenschaft mehr oder weniger kompliziert ein. Damit ändert übrigens das Geschwindigkeitsprofil seine Form, wenn der Druckgradient geändert wird.

Abb. 4.5 veranschaulicht das für ein Bingham–Modell (Fließspannung τ_f, differentielle Viskosität $\hat{\eta}$). Hier sind zwei Kennzahlen relevant, die folgendermaßen gebildet werden:

$$A := \frac{2\,\hat{\eta}\,U}{h^2\,dp/dx}\,, \qquad B := \frac{\tau_f}{h\,dp/dx} \tag{4.33}$$

mit $U := u_0 - u_h$. Genauere Betrachtungen ergeben, daß drei grundsätzlich verschiedene Geschwindigkeitsverläufe vorkommen können, die zu verschiedenen Bereichen des Parameterraums gehören. In den schraffierten Zonen ist die Schubspannung betragsmäßig kleiner als die Fließspannung und die Geschwindigkeit deshalb räumlich konstant (Blockströmung).

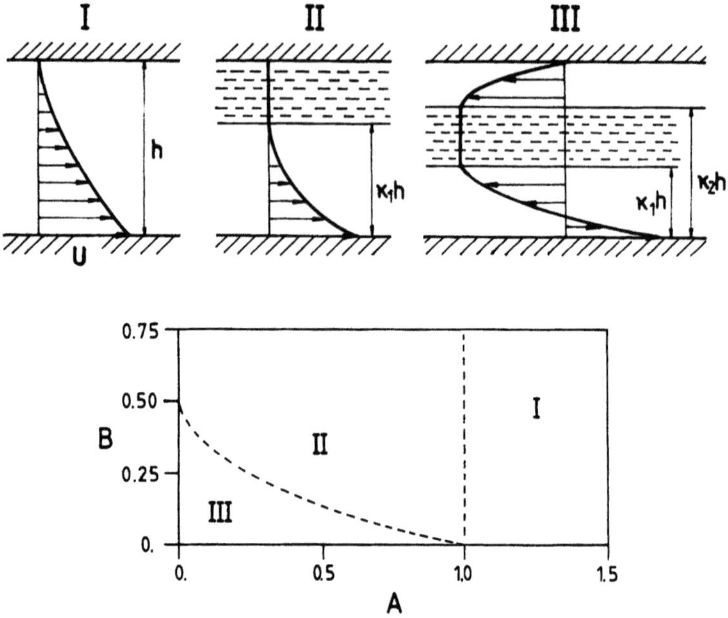

Abb. 4.5 Druck-Schleppströmungen Binghamscher Stoffe; qualitative Geschwindigkeitsverläufe und ihre Existenzbereiche

4.2.2 Durchflußkennlinien und Wirkungsgrade

Wir kehren noch einmal zu der eingangs erwähnten Situation zurück, daß die Flüssigkeit durch Schleppwirkung der Wände gegen ansteigenden Druck gefördert werden soll. Da bei einer Reibungspumpe im allgemeinen eine der beiden Wände, die den Strömungskanal bilden, ruht, setzen wir im folgenden $u_0 = 0$. Bei fester Schleppgeschwindigkeit hängt der Volumenstrom vom Druckanstieg ab. Dieser Zusammenhang ergibt eine Kurve im Druck–Durchsatz–Diagramm, die man als *Durchflußkennlinie* bezeichnet. Wird die Schleppgeschwindigkeit variiert, so erhält man benachbarte Durchflußkennlinien, insgesamt also das Kennfeld der Reibungspumpe. Mit Gl. (4.28) und Gl. (4.30) ist die Basis zur Berechnung des Kennfeldes bei bekannter Fließfunktion vorhanden.

Zur Illustration betrachten wir beispielhaft ein Prandtl–Eyring–Modell mit der Fließfunktion $\eta_0 \dot{\gamma} = \tau_* \sinh(\tau / \tau_*)$. Den wesentlichen Parametern dp/dx, u_h, τ_0 und $\dot{V}$ ordnet man zweckmäßigerweise dimensionslose Größen zu,

$$k := \frac{h}{\tau_*}\frac{dp}{dx}\,, \qquad De := \frac{\eta_0\, u_h}{\tau_*\, h}\,, \qquad \sigma_0 := \frac{\tau_0}{\tau_*}\,, \qquad q := \frac{\eta_0\, \dot{V}}{\tau_*\, bh^2}\,. \tag{4.34}$$

Das Verhältnis einer stoffcharakteristischen Eigenzeit, hier η_0 / τ_*, und einer die Deformation charakterisierenden Prozeßzeit, hier h / u_h, wird üblicherweise als *Deborah–Zahl* bezeichnet. Die beiden grundlegenden Beziehungen (4.28) und (4.30) nehmen dann folgende Gestalt an:

$$De = \frac{1}{k}\left[\cosh(k + \sigma_0) - \cosh\sigma_0\right], \tag{4.35}$$

$$q = \frac{1}{k^2}\left[\sinh(k + \sigma_0) - \sinh\sigma_0 - k\cosh\sigma_0\right]. \tag{4.36}$$

Der "innere" Parameter σ_0 kann sogar noch analytisch eliminiert werden mit dem Ergebnis

$$q = \frac{De}{2} - \sqrt{\frac{De^2}{4} + \left(\frac{\sinh k/2}{k}\right)^2}\left(\coth\frac{k}{2} - \frac{2}{k}\right). \tag{4.37}$$

Abb. 4.6 veranschaulicht diesen Zusammenhang, und zwar derart, daß die stoffspezifische Spannung τ_* nur noch im Kurvenparameter De vorkommt. Im newtonschen Grenzfall ($De = 0$) fällt die Kennlinie in Übereinstimmung mit Gl. (4.31) linear ab. Wegen des nichtlinearen Fließverhaltens sind die Durchflußkennlinien ansonsten aber gekrümmt, und die Scherverdünnung wird deutlich.

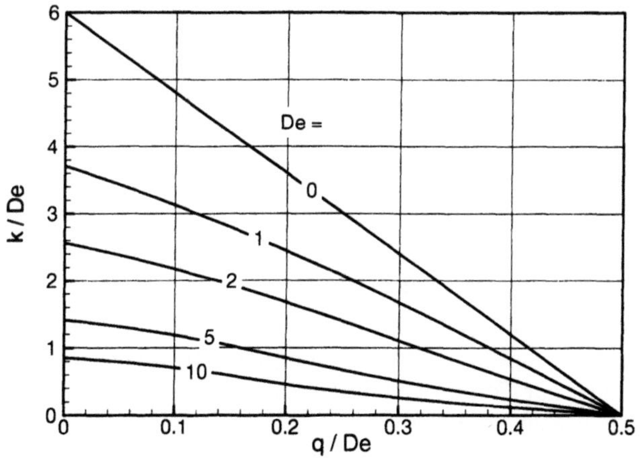

Abb. 4.6 **Durchflußkennlinien für ein Prandtl–Eyring–Fluid**

Bei relativ schwachem Druckanstieg können die Kennlinien durch Geraden approximiert werden, deren Steigung von der Deborah–Zahl abhängt. Die Reihenentwicklung der rechten Seite von Gl. (4.37) nach Potenzen von k beginnt nämlich mit folgenden Gliedern:

$$q = \frac{De}{2} - \sqrt{De^2 + 1}\,\frac{k}{12} + O(k^3)\ . \tag{4.38}$$

Eine solche (in k lineare) Approximation ist nicht etwa auf das betrachtete Modellfluid beschränkt. Das wird verständlich, wenn man sich vergegenwärtigt, daß bei schwachem Druckanstieg die Schubspannung im Kanal nur wenig von demjenigen Wert abweicht, der eine reine Schleppströmung kennzeichnet. Es spielt deshalb nur ein kleiner Ausschnitt der Fließkurve eine Rolle, der durch die örtliche Tangente im Bezugspunkt approximiert werden kann (vgl. Abb. 3.6). Für die schwache Druckströmung ist somit die zur Schergeschwindigkeit u_h / h gehörende differentielle Viskosität $\hat{\eta}$ relevant (s. Gl. (3.13)). Insgesamt gilt also die newtonsche Durchflußformel (4.31), jedoch mit $\hat{\eta}(De)$ anstelle der konstanten Viskosität μ :

$$q = \frac{De}{2} - \frac{\eta_0}{\hat{\eta}(De)}\,\frac{k}{12} + O(k^3)\ . \tag{4.39}$$

Diese Beziehung gilt für Flüssigkeiten mit beliebigen Fließeigenschaften; Gl. (4.38) ist als Spezialfall enthalten. Da die Abweichung vom geradlinigen Verlauf erst durch einen Summanden dritter Ordnung beschrieben wird, gibt die lineare Näherung im allgemeinen sogar noch für k–Werte der Größenordnung 1 gute Ergebnisse.

Unter energetischen Gesichtspunkten ist auch der *Wirkungsgrad* $\bar{\eta}$ der Reibungspumpe von Interesse, das Verhältnis der Nutzleistung zur aufgewandten Leistung. Die Nutzleistung einer hydraulischen Strömungsmaschine ist das Produkt aus dem Volumenstrom $\dot{V}$ und der effektiven Druckdifferenz, hier $\ell\, dp / dx$ (ℓ bezeichnet die Länge des Strömungskanals). Die aufgewandte Leistung P ergibt sich aus der Geschwindigkeit der bewegten Wand und der auf sie einwirkenden Schubkraft, $P = \tau_h\, b\ell\, u_h$. Unter Verwendung des dimensionslosen Leistungsparameters

$$\Pi := \frac{h P}{\eta_0\, b\ell\, u_h^2} \tag{4.40}$$

können die Zusammenhänge folgendermaßen notiert werden: $\Pi = (k + \sigma_0) / De$ und $\bar{\eta} = q\,k / (\Pi\, De^2)$. Abb. 4.7 veranschaulicht die Leistungskennlinien und den Wirkungsgrad in den verschiedenen Betriebspunkten. Beim Transport einer scherentzähenden Flüssigkeit erreicht $\bar{\eta}$ bestenfalls den Wert 1/3, d. h. mindestens zwei Drittel der am Fluid verrichteten Arbeit wird in Wärme dissipiert. In realen Maschinen mit verschraubten Strömungskanälen entstehen durch die Querbewegung senkrecht zur Förderrichtung zusätzliche Dissipationsverluste, die den Wirkungsgrad noch weiter mindern. Mit geometrischen Änderungen ändern sich natürlich auch die Details der Kennlinien in Abb. 4.6 und Abb. 4.7, insbesondere die Zahlenwerte der Achsenabschnittswerte.

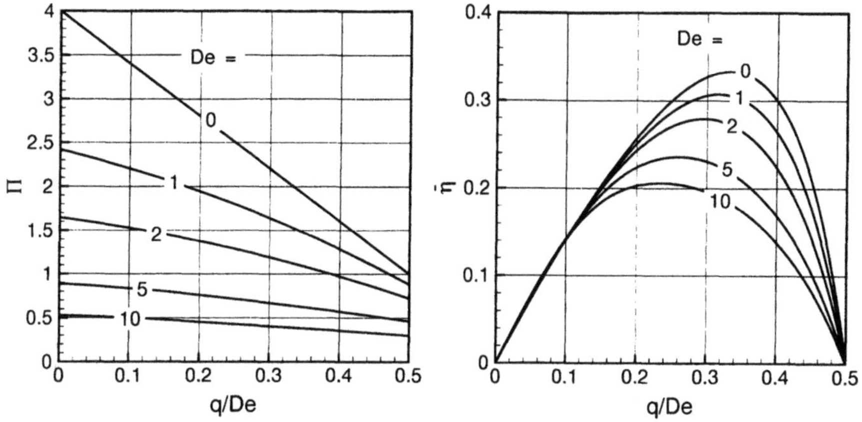

Abb. 4.7 Leistungskennlinien und Wirkungsgrade; Prandtl–Eyring–Modell

4.2.3 Schmierfilme veränderlicher Spaltweite

Unter gewissen Voraussetzungen kann die in Abschnitt 4.2.1 dargestellte Theorie auch auf die Durchströmung schlanker Spalte angewandt werden, deren Höhe sich in Strömungsrichtung langsam ändert. Zur Erläuterung betrachten wir die in Abb. 4.8 skizzierte Situation: Das zähe Fluid befindet sich als Schmiermittel im Ringspalt zwischen einem feststehenden kreiszylindrischen Gehäuse und einer rotierenden kreiszylindrischen Welle (Radiallager). Bei zentrischem Lauf ist der Druck in der Flüssigkeit räumlich konstant, und die von der Flüssigkeit auf die Welle übertragene Kraft verschwindet demzufolge. Die Welle kann sich deshalb nur im unbelasteten Zustand in der zentrischen Lage befinden. Bei äußerer Lasteinwirkung weicht sie aus der Mittenlage aus, so daß das Schmiermittel durch einen Spalt veränderlicher Höhe hindurchgeschleppt wird. Dabei entsteht eine ungleichförmige Druckverteilung mit einer resultierenden Kraft auf die Welle, die im stationären Betrieb der äußeren Last das Gleichgewicht hält.

Die hier verwendeten Bezeichnungen gehen aus Abb. 4.8 hervor: r ist der Radius der Welle, U ihre Umfangsgeschwindigkeit, $\bar{h}$ die Spaltweite bei zentrischer Lage und $\varepsilon\bar{h}$ die Verschiebung der belasteten Welle aus der Mittenlage heraus, so daß die dimensionslose Größe ε als Exzentrizität bezeichnet werden kann $(0 \leq \varepsilon < 1)$. Die örtliche Spaltweite heißt $h(\varphi)$, wobei die Winkelkoordinate φ vom Ort der größten Spaltweite aus in Drehrichtung der Welle zählt $(0 \leq \varphi \leq 2\pi)$. Unter der Voraussetzung, daß der Spalt eng ist $(h \ll r)$, gilt

$$h(\varphi) = \bar{h}(1 + \varepsilon \cos\varphi) \ . \tag{4.41}$$

Der Spalt ist dann auch schlank ($|dh/d\varphi| << r$), und das legt nahe, die Bewegung lokal als ebene Schichtenströmung anzusehen. Wir verwenden also die früher bereitgestellten Formeln, insbesondere die Gln. (4.25), (4.28) und (4.30). Dabei müssen die Größen u_0, u_h und dp/dx durch 0, U bzw. $(1/r)dp/d\varphi$ ersetzt werden. Außer der Spaltweite h sind auch der Druck p sowie die Wandschubspannungen τ_0 am Gehäuse und τ_h an der Welle ortsabhängige, d. h. mit φ veränderliche Größen. Der Flächenstrom $\dot{V}/b$ dagegen muß an jeder Stelle φ derselbe sein und spielt damit die Rolle einer – wenn auch zunächst unbekannten – Konstanten.

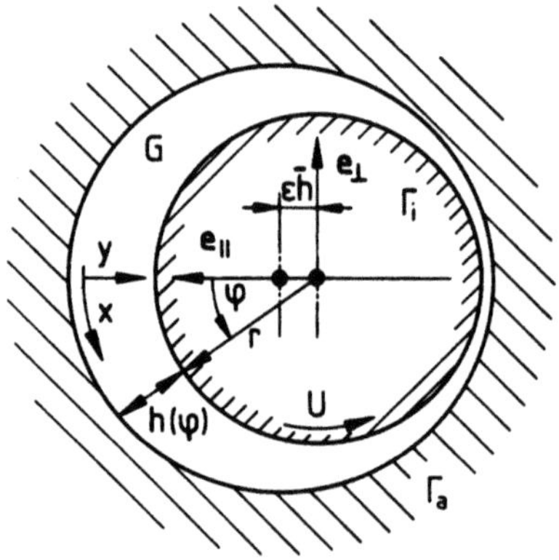

Abb. 4.8 Exzentrischer Ringspalt

Man muß sich allerdings darüber im klaren sein, daß diese Vereinfachung auch Annahmen über Stoffeigenschaften impliziert, die bei stationären Schichtenströmungen gar nicht zutage treten und deshalb zunächst noch nicht berücksichtigt wurden. Wegen der Veränderlichkeit der Spaltweite mit φ erlebt ein durch den Arbeitsspalt hindurchtretendes Fluidelement in Wirklichkeit nämlich gar keine Bewegung mit konstanter Streckgeschichte, so daß sich außer den viskosimetrische Fließeigenschaften zum Beispiel auch das Gedächtnis des Materials auswirken wird. Wenn wir nur das Fließgesetz berücksichtigen, so setzen wir damit stillschweigend voraus, daß der Stoff ein hinreichend kurzes Gedächtnis besitzt. Später werden wir auch den Einfluß der ersten Normalspannungsdifferenz erkennen.

Zur Charakterisierung der Flüssigkeit verwenden wir wieder die Nullviskosität η_0 und eine stoffspezifische Spannung τ_*, die im Fließgesetz (z. B. im Ellis–Modell) auftreten. Eliminiert man mit Hilfe von Gl. (4.25) die Größe τ_0 aus den Gln. (4.28) und (4.30), so entstehen zwei Beziehungen, in die fünf dimensionslose Größen eingehen, nämlich

$$S := \frac{\eta_0 U}{\tau_* \bar{h}}, \quad \frac{\eta_0 \dot{V}}{\tau_* b\bar{h}^2}, \quad \frac{\bar{h}}{\tau_* r}\frac{dp}{d\varphi}, \quad \frac{\tau_h}{\tau_*}, \quad \frac{h}{\bar{h}}.$$

Die ersten beiden Parameter sind konstant, die anderen hängen vom Ort ab. Wir begnügen uns hier mit einigen grundsätzlichen Betrachtungen, für welche die genaue Bauart der beiden Gleichungen nicht benötigt wird. Denkt man sich auch noch den Druckparameter eliminiert, so entsteht eine Beziehung zwischen den übrigen vier Dimensionslosen. Es ist danach klar, daß die Wandschubspannung τ_h außer von räumlich konstanten Größen nur von der variablen Spaltweite $h(\varphi)$ abhängt und damit die gleichen Symmetrieeigenschaften wie $h(\varphi)$ besitzt. Da die Spaltweite eine bezüglich der engsten Stelle $(\varphi = \pi)$ symmetrische Funktion ist, trifft das also auch auf den Schubspannungsverlauf zu (vgl. Abb. 4.9). Eine entsprechende Argumentation führt zu der gleichen Aussage auch für die Druckänderung $dp/d\varphi$. Damit ist der Druck selbst, genauer: die Differenz $p(\varphi) - p(\pi)$, eine bezüglich der engsten Stelle ungerade Funktion. Nun muß sich für den Druck selbstverständlich wieder der ursprüngliche Wert ergeben, wenn man einmal im Spalt zwischen Welle und Gehäuse umläuft. Der Druckverlauf genügt also der Bedingung

$$p(2\pi) - p(0) = \int_0^{2\pi} \frac{dp}{d\varphi} d\varphi = 0 \ . \tag{4.42}$$

Mit der zuvor erwähnten Symmetrieeigenschaft folgt hieraus, daß die Drücke am Ort der größten und der geringsten Spaltweite gleich groß sind, $p(0) = p(\pi)$. Man kann sich außerdem überlegen, daß der Druck im Intervall $0 \le \varphi \le \pi$ zunächst ansteigen und dann wieder absinken muß: Wo der Druckverlauf ein Maximum oder ein Minimum besitzt, liegt eine reine Schleppströmung mit linearem Geschwindigkeitsprofil vor; h_m sei die zugehörige Spaltweite. Aus Kontinuitätsgründen ist klar, daß die Druckwirkung die reine Schleppwirkung mindert, wo die örtliche Spaltweite den Wert h_m übersteigt, und verstärkt, wo $h(\varphi)$ kleiner als h_m ausfällt. Es gilt also $dp/d\varphi > 0$ für $h > h_m$ und $dp/d\varphi < 0$ für $h < h_m$ (Abb. 4.9). Auf der Unterseite der Welle herrscht somit Überdruck, auf der Oberseite Unterdruck.

Die aus der Spannungsverteilung an der Welle resultierende Kraft zerlegen wir in Komponenten parallel (||) und senkrecht ($\perp$) zu derjenigen Richtung, in welche der Mittelpunkt der Welle auswandert (vgl. Abb. 4.8). Die beschriebenen Symmetrieeigenschaften von Druck und Wandschubspannung bringen mit sich, daß die Komponente $F_{\parallel}$ verschwindet. Die resultierende Kraft steht also senkrecht auf der Verbindungslinie der Mittelpunkte. Mit anderen Worten: Durch äußere Lasteinwirkung auf die Welle wird diese nicht etwa parallel zur Last, sondern gerade

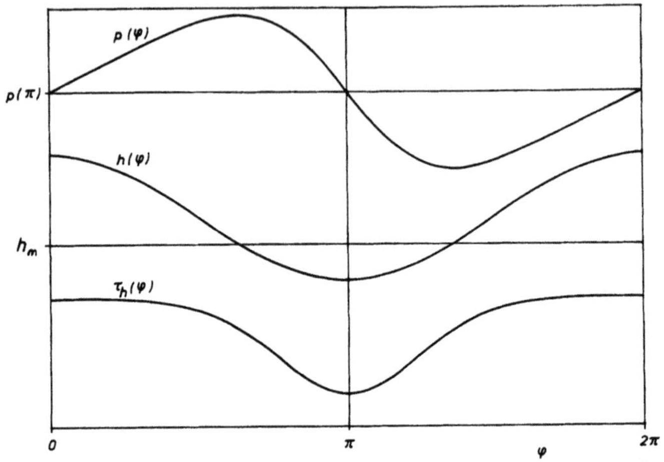

Abb. 4.9 Spaltweite, Wandschubspannung und Druck in Abhängigkeit von der Winkelkoordinate (qualitativ)

senkrecht dazu verschoben. Die von der Flüssigkeit auf die Welle übertragene Kraft ergibt sich durch Integration der angreifenden Spannungen:

$$F_{\perp} = b \int_{0}^{2\pi} p(\varphi) \sin\varphi \; r\, d\varphi + b \int_{0}^{2\pi} \tau_h(\varphi) \cos\varphi \; r\, d\varphi \quad . \tag{4.43}$$

Nach einer partiellen Integration des ersten Summanden unter Berücksichtigung der Periodizitätsbedingung (4.42) für den Druck kann die rechte Seite zu einem einzigen Integral der Art des zweiten Summanden zusammengefaßt werden, in dem statt τ_h die Summe $(dp / d\varphi + \tau_h)$ erscheint. Nun ist (nach Gl. (4.25)) der integrale Beitrag von τ_h um den Faktor $\bar{h} / r$ kleiner als derjenige von $dp / d\varphi$. Bei engem Spalt genügt es deshalb, den vom Druck hervorgerufenen Anteil zur Tragkraft zu berücksichtigen:

$$F_{\perp} = b\, r \int_{0}^{2\pi} \frac{dp}{d\varphi} \cos\varphi \; d\varphi \quad . \tag{4.44}$$

Für newtonsche Flüssigkeiten konstanter Viskosität η_0 ist das Ergebnis bekannt:

$$F_{\perp} = \frac{12\pi\varepsilon}{(2+\varepsilon^2)\sqrt{1-\varepsilon^2}} \, \eta_0 \, U b \left(\frac{r}{\bar{h}} \right)^2 \quad . \tag{4.45}$$

Es ist üblich, als dimensionsloses Maß für die Tragkraft F (hier $F = F_{\perp}$) die sogenannte *Sommerfeld–Zahl* einzuführen:

$$So := \frac{F \bar{h}^2}{\eta_0 U b r^2} . \tag{4.46}$$

Bei einem newtonschen Schmieröl hängt diese Größe offensichtlich nur von der Exzentrizität ε ab. Bei Schmiermitteln mit nichtnewtonschen Fließeigenschaften geht mindestens eine weitere Kennzahl ein. Ohne Einzelheiten der numerischen Berechnung mitzuteilen, sei auf die in Abb. 4.10 dargestellten Ergebnisse für ein strukturviskoses Prandtl–Eyring–Modell hingewiesen. Der Volumenstrom wird durch die Periodizitätsbedingung (4.42) festgelegt. Damit hängt der dimensionslose Druckanstieg $(\bar{h} / \tau_* r) dp / d\varphi$ außer von $\varepsilon \cos\varphi$ noch vom Zahlenwert des Schleppgeschwindigkeitsparameters S, die Sommerfeld–Zahl demnach von ε und S ab. Das newtonsche Ergebnis ist mit $S = 0$ als Spezialfall enthalten. Die Scherentzähung der hier betrachteten Flüssigkeit führt verständlicherweise dazu, daß die Tragkraft des Lagers bei fester Exzentrizität abnimmt, wenn der nichtnewtonsche Parameter S anwächst. Bei einem dilatanten Fluid würde umgekehrt die Tragfähigkeit mit zunehmender Entfernung vom unteren newtonschen Grenzfall ansteigen.

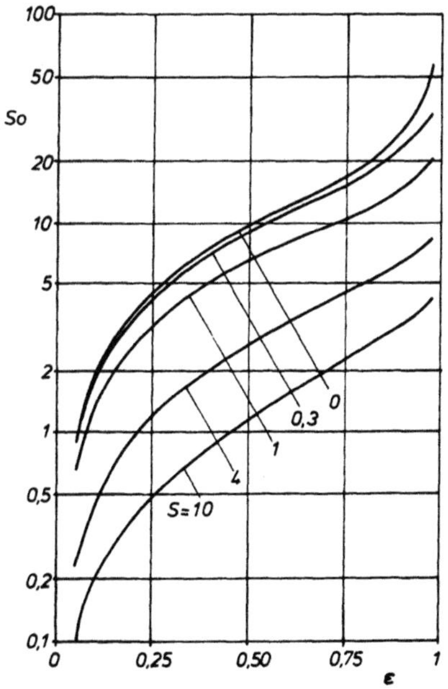

Abb. 4.10 Tragkraft des Gleitlagers; Prandtl–Eyring–Fluid

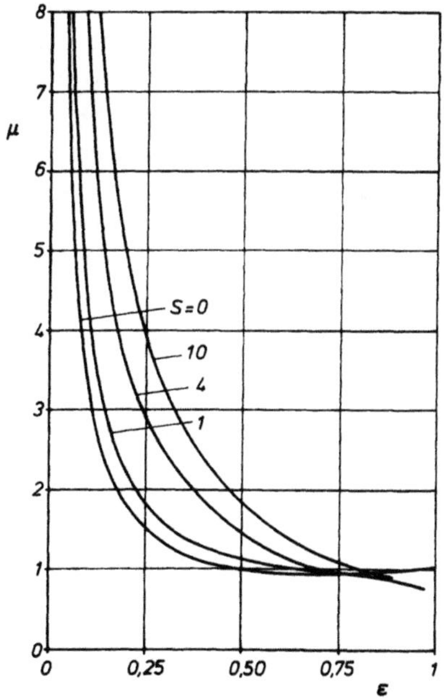

Abb. 4.11 Reibungsbeiwert des Gleitlagers; Prandtl–Eyring–Fluid

Neben der Tragkraft interessiert bei einem Radiallager vor allem noch das Drehmoment M, das sich durch Integration der Schubspannungsverteilung an der Welle ergibt:

$$M = b\, r^2 \int_0^{2\pi} \tau_h(\varphi)\, d\varphi \quad . \tag{4.47}$$

Es ist zweckmäßig, das Moment auf die Größe $F\bar{h}$ zu beziehen, also den *Reibungsbeiwert*

$$\mu := \frac{M}{F\bar{h}} \tag{4.48}$$

zu bilden. Bei einem newtonschen Schmieröl $(S = 0)$ gilt $3\mu = 2\varepsilon + 1/\varepsilon$. Im Falle eines strukturviskosen Schmiermittels wird der Reibungsbeiwert bei fester, nicht zu großer Exzentrizität größer, wenn der Schleppgeschwindigkeitsparameter S ansteigt (Abb. 4.11). Bei dilatanten Flüssigkeiten trifft gerade das Gegenteil zu. Es wäre allerdings voreilig, daraus schließen zu wollen, daß dilatante Fluide die besseren Schmierstoffe sind. Bei festen Abmessungen des Lagers und fester Drehzahl stellen sich nämlich zu gegebener äußerer Last F bei Ölen mit verschiedenen Fließeigenschaften verschiedene Exzentrizitäten ein. Legt man Stoffe mit gleicher Nullviskosität η_0 zugrunde, so liegt unter den beschriebenen Bedingungen die Sommerfeld–Zahl fest. Aus Abb. 4.10 und Abb. 4.11 läßt sich ablesen, daß der Reibwert bei konstanter Sommerfeld–Zahl mit der Exzentrizität abnimmt. Demzufolge weicht die Welle bei Verwendung eines strukturviskosen Schmierstoffes zwar weiter aus als bei einem newtonschen Öl, dafür sind aber der Reibwert und das zugehörige Antriebsmoment kleiner als im newtonschen Vergleichsfall und dort wiederum kleiner als bei einem dilatanten Fluid gleicher Nullviskosität.

Es soll noch kurz geklärt werden, unter welchen Bedingungen es gerechtfertigt war, die Trägheit der Flüssigkeit zu vernachlässigen. Schließlich ändert sich die Geschwindigkeit der materiellen Punkte beim Durchlaufen des Spalts, so daß Beschleunigungen und damit verbundene Trägheitskräfte auftreten. Die Beschleunigung der Teilchen in Bewegungsrichtung wird durch den Ausdruck $u\, \partial u / \partial x \sim U^2 / r$ abgeschätzt. Durch Multiplikation mit der Dichte ρ ergibt sich hieraus eine charakteristische Trägheitskraft der Größe $\rho\, U^2 / r$; dem steht eine charakteristische Reibungskraft der Größe $\partial\tau / \partial y \sim \eta_0\, U / \bar{h}^2$ gegenüber (jeweils volumenbezogen). Bildet man das Verhältnis beider Ausdrücke, so entsteht das Produkt aus der Reynolds–Zahl $\rho\, U r / \eta_0$ und dem geometrischen Faktor $(\bar{h} / r)^2$. Um den Einfluß der Trägheit vernachlässigen zu können, muß die so *reduzierte Reynolds–Zahl* klein gegen 1 sein. Wegen $\bar{h} / r << 1$ ist diese Bedingung im allgemeinen erfüllt, auch wenn die Reynolds–Zahl selbst Werte der Größenordnung 1 oder darüber annimmt.

4.2.4 Orthogonale Druck– und Schleppanteile

Bisher wurde angenommen, daß die Richtung des Druckgradienten und die Richtung der Schleppgeschwindigkeit zusammenfallen. Es ist instruktiv sich klarzumachen, daß eine Wechselwirkung auch dann zustande kommt, wenn beide Bewegungsanteile orthogonal zueinander sind. Wir betrachten deshalb noch einmal den Parallelspalt zwischen zwei ebenen Platten (Abstand h), an denen die eingeschlossene Flüssigkeit haftet. In x–Richtung besteht ein konstantes Druckgefälle der Größe $\Delta p / \ell$; eine Platte ruht, und die andere wird mit konstanter Geschwindigkeit in z–Richtung verschoben. Man kann dann davon ausgehen, daß sich im Spalt eine stationäre *biaxiale Schichtenströmung* einstellt:

$$\mathbf{v} = u(y)\,\mathbf{e}_x + w(y)\,\mathbf{e}_z \,. \tag{4.49}$$

Dabei treten natürlich auch zwei Schubspannungskomponenten $\tau_{xy}(y)$ und $\tau_{zy}(y)$ auf. Es vereinfacht die nachfolgenden Betrachtungen, wenn wir uns vorstellen, daß durch die bewegliche Platte eine kontrolliert vorzugebende Tangentialspannung τ_S in die Flüssigkeit eingeleitet wird. Die Randbedingungen lauten dann

$$u(0) = 0, \qquad u(h) = 0, \qquad w(0) = 0, \qquad \tau_{zy}(h) = \tau_S \,. \tag{4.50}$$

Da die materiellen Punkte nicht beschleunigt werden, besteht ein Gleichgewicht zwischen Druck– und Reibungskräften. Unter Berücksichtigung der Symmetrie zur Spaltmitte resultieren daraus folgende Spannungsverteilungen:

$$\tau_{xy}(y) = \frac{\Delta p}{\ell}\left(\frac{h}{2} - y\right), \qquad \tau_{zy}(y) = \tau_S = \text{const.} \tag{4.51}$$

Die aus den Komponenten gebildete Gesamtschubspannungsverteilung ist damit bekannt:

$$\tau(y) = \sqrt{\tau_D^2\left(1 - 2\frac{y}{h}\right)^2 + \tau_S^2}\,, \qquad \tau_D := \frac{\Delta p\, h}{2\ell} \,. \tag{4.52}$$

Da es sich um eine viskosimetrische Strömung handelt, gilt das tensorielle Stoffgesetz (3.36). Danach sind die Schubspannungskomponenten den zugehörigen Nebendiagonalelementen des Verzerrungsgeschwindigkeitstensors proportional. Als Proportionalitätsfaktor tritt dabei die Scherviskosität $\eta(\tau)$ der Flüssigkeit auf, die wir zweckmäßigerweise als Funktion der Schubspannung auffassen. Die beiden Geschwindigkeitsfelder genügen also den folgenden Differentialgleichungen:

$$\frac{du}{dy} = \frac{\tau_{xy}}{\eta(\tau)}\,, \qquad \frac{dw}{dy} = \frac{\tau_{zy}}{\eta(\tau)} \,. \tag{4.53}$$

Durch Integration gemäß Gl. (4.29) erhält man den Volumentrom in x–Richtung:

$$\dot{V} = \frac{bh}{2}\tau_D \int_0^h \frac{1}{\eta(\tau)}\left(1 - 2\frac{y}{h}\right)^2 dy \; . \tag{4.54}$$

Als Argument der Viskositätsfunktion ist dabei der Ausdruck (4.52) einzusetzen. Anhand dieser einfachen Beziehung wird der Einfluß einer transversalen Spannungskomponente τ_S deutlich: Sie vergrößert durchgehend die Schubspannung τ zwischen den Schichten, und das führt bei einer scherentzähenden Flüssigkeit zu einer Verringerung der wirksamen Viskositätswerte und somit zu einer Durchsatzsteigerung unter konstantem Druckgefälle. Im Fall einer dilatanten Flüssigkeit kann umgekehrt eine Durchsatzdrosselung der Druckströmung erwartet werden, wenn ein orthogonaler Schleppanteil zugeschaltet wird.

Zur Illustration betrachten wir eine dilatante Flüssigkeit mit einem newtonschen Fließbereich und einer Schergeschwindigkeitsgrenze κ, die in einem breiten Spannungsintervall nicht überschritten werden kann (s. Abb. 3.5):

$$\eta(\tau) = \begin{cases} \eta_0 & \text{für} \quad 0 \le \tau \le \eta_0 \kappa, \\ \tau / \kappa & \text{für} \quad \eta_0 \kappa \le \tau \le 100\, \eta_0 \kappa. \end{cases} \tag{4.55}$$

Gl. (4.54) ist dann ein Zusammenhang zwischen sechs dimensionsbehafteten Parametern $\dot{V}/b$, h, τ_D, τ_S, η_0 und κ oder, gleichwertig, zwischen drei dimensionslosen Kennzahlen $\tau_D / \kappa\eta_0$, $\tau_S / \kappa\eta_0$ und $\dot{V} / \dot{V}_D$. Dabei steht $\dot{V}_D$ für den Volumenstrom der reinen Druckströmung ohne einen orthogonalen Schleppanteil. Der Quotient $\dot{V} / \dot{V}_D$ zeigt also die relative Durchsatzminderung aufgrund der Querbewegung an. Abb. 4.12 veranschaulicht den Zusammenhang unter der Voraussetzung, daß die reine Druckströmung nur den newtonschen Fließbereich überdeckt. Eine Durchsatzminderung tritt natürlich erst dann ein, wenn die Gesamtschubspannung an den Kanalwänden den kritischen Wert $\kappa\,\eta_0$ übersteigt. Deshalb biegt z. B. die Kurve mit dem Parameterwert $\tau_D / \kappa\eta_0 = 0.5$ erst bei $\tau_S / \kappa\eta_0 = 0.87$ nach unten ab. Die Abbildung macht deutlich, daß mit einer Tangentialspannung passender Stärke der Volumenstrom ohne Querschnittsänderung gezielt gedrosselt werden kann. Dieses Funktionsprinzip kann z. B. im Ringspalt zwischen einem zylindrischen Gehäuse und einer drehbar gelagerten Welle realisiert werden.

Die Begrenzung der Schergeschwindigkeit und die Durchsatzminderung erkennt man auch deutlich an den Geschwindigkeitsprofilen (Abb. 4.13). Wenn $\tau_S^2 >> \tau_D^2$, ist die Schubspannung im Spalt annähernd konstant. Nach Gl. (4.53a) erfolgt dann die schwache Druckströmung wie bei einer newtonschen Flüssigkeit der Viskosität $\eta(\tau_S)$; vgl. auch die Ausführungen in Zusammenhang mit (3.15). So wird verständlich, daß bei einer dilatanten Flüssigkeit mit den Fließeigenschaften (4.55) der Volumenstrom $\dot{V}$ wie $1/\tau_S$ abfällt (Abb. 4.12).

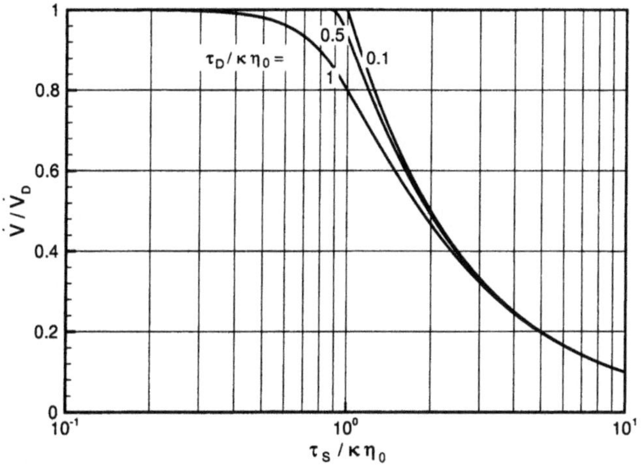

Abb. 4.12 Relative Durchsatzänderung zufolge einer transversalen Tangentialspannung; dilatante Flüssigkeit mit einer Schergeschwindigkeitsgrenze

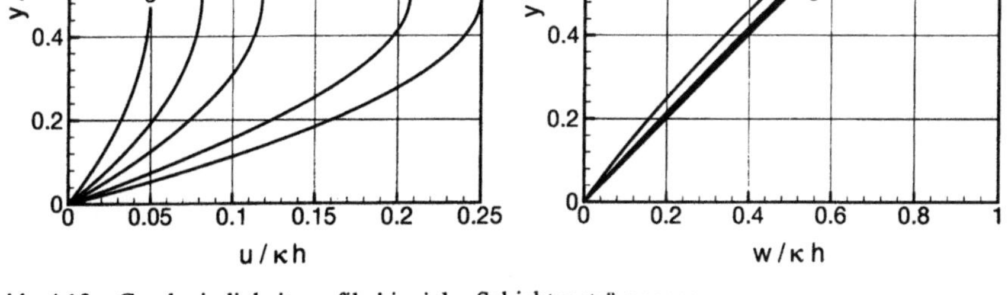

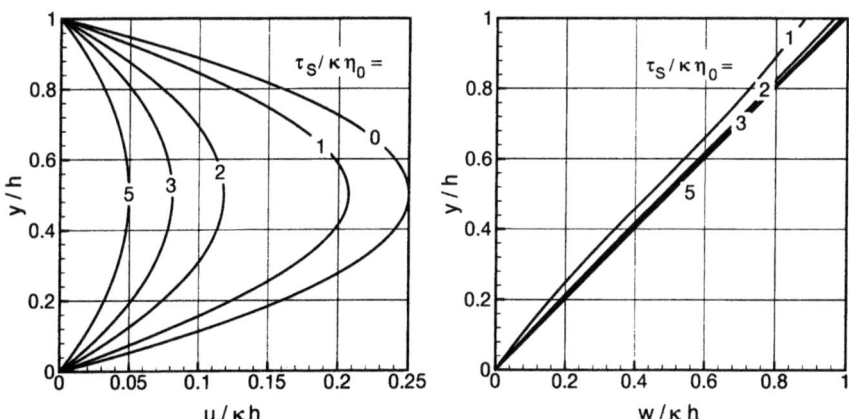

Abb. 4.13 Geschwindigkeitsprofile biaxialer Schichtenströmungen; dilatante Flüssigkeit mit Schergeschwindigkeitsgrenze, $\tau_D/\kappa\eta_0 = 1$

4.3 Schraubenströmung

Für gekrümmte Kanäle mit ringförmigen Querschnitten kann das Modell einer biaxialen Schichtenströmung mit kreiszylindrischen Gleitflächen hilfreich sein, die sich axial verschieben und zugleich drehen. Diese Charakterisierung spiegelt sich in einem Geschwindigkeitsfeld nach Art der Gl. (1.123) wider. Die Kinematik solcher Schraubenströmungen wurde bereits in Abschnitt 1.5.1 diskutiert. Die Strömungsform kommt – eventuell näherungsweise – bei verschiedenen Anwendungen vor (Rheometrie, Extrusion, hydrodynamische Lagerung). Hier können nun auch die dynamischen Aspekte behandelt und die zur Berechnung insgesamt benötigten Beziehungen bereitgestellt und kurz erläutert werden.

Bei einem stationären Stromfeld nach Gl. (1.123) hängen mit den Geschwindigkeitskomponenten auch die Reibungsspannungen und die Beschleunigungskomponenten nur vom örtlichen Achsabstand r ab. Wenn von Volumenkräften abgesehen werden kann, ist damit der Druckgradient eine Funktion von r allein (s. Gl. (2.33)). Das Druckfeld enthält also möglicherweise einen in z linearen und einen in φ linearen Anteil. Bei einer stationären Schraubenströmung sind somit das Druckgefälle in axialer Richtung und die Druckänderung in Umfangsrichtung jeweils konstant:

$$\frac{\partial p}{\partial z} = -k, \qquad \frac{\partial p}{\partial \varphi} = -a\ . \tag{4.56}$$

Dabei werden die Fluidteilchen weder in φ–Richtung noch in z–Richtung beschleunigt. Bezüglich dieser beiden Richtungen reduzieren sich die Bewegungsgleichungen also auf das Gleichgewicht zwischen Druck– und Reibungskräften (vgl. Formelanhang für Zylinderkoordinaten):

$$\frac{a}{r} + \frac{d\tau_{r\varphi}}{dr} + \frac{2}{r}\tau_{r\varphi} = 0\ , \tag{4.57}$$

$$k + \frac{d\tau_{zr}}{dr} + \frac{1}{r}\tau_{zr} = 0\ . \tag{4.58}$$

Bei der Integration treten zwei weitere Konstanten b, c auf. Das Resultat lautet:

$$\tau_{r\varphi} = \frac{c}{r^2} - \frac{a}{2}, \qquad \tau_{zr} = \frac{b}{r} - \frac{k}{2}r\ . \tag{4.59}$$

Die dritte Bewegungsgleichung kann hier außer acht bleiben. Sie beschreibt, wie sich der Druck, genauer: die Normalspannung in radialer Richtung mit r ändert.

Die beiden Spannungskomponenten $\tau_{r\varphi}$ und τ_{zr} bilden gemäß $\tau_{r\varphi}^2 + \tau_{zr}^2 = \tau^2$ die Gesamtschubspannung τ, die an den zylindrischen Gleitflächen angreift. Unter Verwendung der Ausdrücke in Gl. (4.59) erhält man

$$\tau = \sqrt{\left(\frac{c}{r^2} - \frac{a}{2}\right)^2 + \left(\frac{b}{r} - \frac{k}{2} r\right)^2} \; . \tag{4.60}$$

Damit ist die Schubspannung τ explizit durch die Ortskoordinate r dargestellt. Da es sich um eine viskosimetrische Strömung handelt, gilt das Stoffgesetz (3.36). Die beiden Schubspannungskomponenten sind demnach den zugehörigen Nebendiagonalelementen der Matrix (1.124) proportional. Es gelten somit folgende Bestimmungsgleichungen für die beiden Geschwindigkeitsfelder:

$$r \frac{d\Omega}{dr} = \frac{1}{\eta(\tau)} \left(\frac{c}{r^2} - \frac{a}{2}\right) , \tag{4.61}$$

$$\frac{du}{dr} = \frac{1}{\eta(\tau)} \left(\frac{b}{r} - \frac{k}{2} r\right) . \tag{4.62}$$

Die Scherviskosität η fassen wir hier zweckmäßigerweise als Funktion der Schubspannung auf. Bei gegebenen Fließeigenschaften sind die rechten Seiten unter Berücksichtigung der Gl. (4.60) im wesentlichen bekannte Funktionen von r. Durch Integration erhält man dann die Geschwindigkeitsfelder $\Omega(r)$ und $u(r)$. Die beiden dabei noch auftretenden Integrationskonstanten und die vier Konstanten a, b, c, k werden im konkreten Fall durch Randbedingungen für die Geschwindigkeitskomponenten und durch Vorgaben für die Druckänderungen oder die Volumenströme in z–Richtung und in φ–Richtung festgelegt. Spezialfälle sind Couette–Strömungen (mit $b = k = 0$) und axiale Ringspaltströmungen (mit $a = c = 0$).

4.4 Radial durchströmter Spalt

Es kommt gelegentlich vor, daß eine zähe Flüssigkeit in einem Spalt konstanter Höhe radial nach außen strömt. Wir denken dabei zunächst an die in Abb. 4.14 skizzierte Situation: Die Flüssigkeit wird axial unter einen Stempel mit kreisförmiger Unterseite eingepreßt und strömt radial nach außen ab. Dadurch entsteht ein *Druckpolster* zwischen Stempel und Wand, dessen Tragfähigkeit von den rheologischen Eigenschaften des Schmiermittels, vom Durchsatz $\dot{V}$, von der radialen Abmessung r_0 des Körpers und von der Spalthöhe h abhängt. Sofern die Kraft F festliegt, mit welcher der Stempel gegen die Wand gedrückt wird, stellt sich die Spalthöhe so ein, daß die resultierende Druckkraft dieser Anpreßkraft das Gleichgewicht hält (hydrostatische Lagerung).

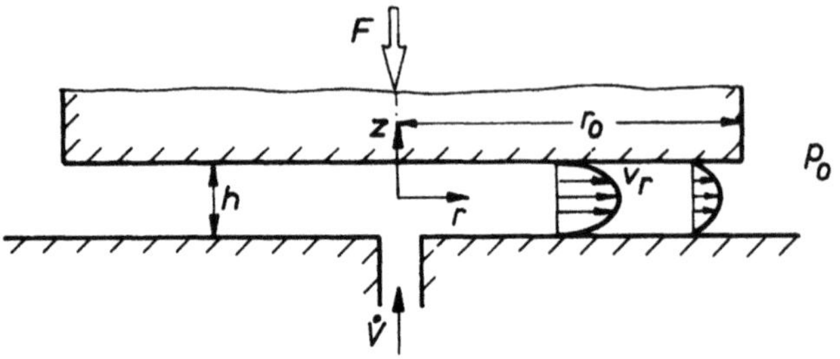

Abb. 4.14 Radial durchströmter Spalt

Man sieht sofort ein, daß die Strömungsgeschwindigkeit v_r nach außen hin abnimmt; aus Kontinuitätsgründen tritt nämlich durch jede zylindrische Kontrollfläche der Größe $2\pi r h$ der gleiche Volumenstrom hindurch, d. h. der Integralwert

$$\dot{V} = 2\pi r \int_{-h/2}^{h/2} v_r \, dz \tag{4.63}$$

hängt nicht von r ab. Die über die Kanalhöhe gemittelte Geschwindigkeit nimmt demnach mit $1/r$ nach außen ab.

Damit ändert sich für ein individuelles Fluidteilchen die Schergeschwindigkeit mit der Zeit, so daß die Strömung gar nicht exakt viskosimetrisch ist. Im übrigen enthält das Deformationsfeld auch Dehnanteile. Ein Fluidelement in der Spaltmitte z. B. wird aus Symmetriegründen überhaupt nicht geschert, wegen der Geschwindigkeitsabnahme nach außen aber in radialer Richtung gestaucht und wegen der strikt radialen Strömungsrichtung in Umfangsrichtung gedehnt. In der Spaltmitte handelt es sich also um eine reine Dehnströmung, an den Kanalwänden dagegen um eine reine Scherströmung. Deshalb wird sich neben dem Scherverhalten der Flüssigkeit auch ihr rheologisches Dehnverhalten auswirken. Auch das Gedächtnis der Flüssigkeit spielt eventuell eine Rolle, da die Strömung materiell instationär ist. Trotzdem kann es im Sinne einer ersten Approximation richtig sein, lediglich das viskosimetrische Scherverhalten zu berücksichtigen. Bleibt nämlich die Spalthöhe klein gegen die radiale Abmessung des Körpers $(h \ll r_0)$, so sind, außer in unmittelbarer Nähe der Achse, die Geschwindigkeitsableitungen in r–Richtung klein gegen diejenigen in z–Richtung (wie in einer Grenzschicht); d. h. die Schubdeformation dominiert. Ist außerdem das Gedächtnis der Flüssigkeit hinreichend kurz, genauer: die Deborah–Zahl klein gegen 1, so werden die Reibungsspannungen in der Flüssigkeit durch den lokalen Deformationszustand bestimmt, also durch die örtliche Schergeschwindigkeit $\partial v_r / \partial z$. Näherungsweise gelten dann die Stoffgleichungen für stationäre Scherströmungen, insbesondere das Fließgesetz $\partial v_r / \partial z = \dot{\gamma}(\tau)$.

Bei Vernachlässigung von Trägheitskräften, die in einem divergierenden Kanal genau genommen auftreten, ist die Schubspannung $\tau_{(rz)}$ gemäß $\partial\tau / \partial z = dp / dr$

mit dem örtlichen Druckgradienten verknüpft (analog zu Gl. (4.23)). Da z von der Kanalmitte aus zählt, wo die Schubspannung verschwindet, folgt hieraus

$$\tau = z\,\frac{dp}{dr}\ . \tag{4.64}$$

Damit ist die Bewegungsgleichung ausgewertet, der Druckverlauf $p(r)$ aber noch unbekannt, und das Fließgesetz nimmt folgende Gestalt an:

$$\frac{\partial v_r}{\partial z} = \dot{\gamma}\left(z\,\frac{dp}{dr}\right)\ . \tag{4.65}$$

Integriert man die rechte Seite der Gl. (4.63) partiell, beachtet die Haftbedingung an den Wänden und eliminiert die dabei auftretende Geschwindigkeitsableitung $\partial v_r / \partial z$ mit Gl. (4.65), so erhält man

$$\dot{V} = -\,4\pi r \int_0^{h/2} z\,\dot{\gamma}\left(z\,\frac{dp}{dr}\right)dz\ . \tag{4.66}$$

Bei bekannter Fließfunktion und vorgegebenem Volumenstrom ist das eine i. allg. nichtlineare algebraische Gleichung für dp/dr als Funktion von r. Die Tragkraft des Druckpolsters ergibt sich dann durch Integration über die Druckverteilung:

$$F = 2\pi \int_0^{r_0} r\left[p(r) - p_0\right]dr = -\,\pi \int_0^{r_0} r^2\,\frac{dp}{dr}\,dr\ . \tag{4.67}$$

Bei Schmiermitteln mit potenzartiger Fließfunktion (Ostwald–de Waele–Modell) reduzieren sich die Gln. (4.66) und (4.67) auf bemerkenswert einfache Zusammenhänge:

$$\frac{dp}{dr} \sim -\,\frac{K\,\dot{V}^n}{h^{1+2n}\,r^n}\ , \tag{4.68}$$

$$F = c(n)\,\frac{K\,\dot{V}^n}{h^{1+2n}}\,r_0^{3-n}\ . \tag{4.69}$$

Man beachte, daß eine Variation im Fließindex n den Einfluß der Parameter $\dot{V}$, h und r_0 auf die Tragkraft in unterschiedlicher Weise verändert. Der Zahlenfaktor $c(n)$ nimmt bei newtonschen Fluiden den Wert $c(1) = 3$ an und hängt ansonsten nur schwach vom Fließindex ab.

Abb. 4.15 zeigt die abgewandelte Situation eines radial durchströmten Spaltes. Dabei werden zwei gleich große parallele Kreisscheiben mit definierter Kraft aufeinander zubewegt, wodurch sich das Spaltvolumen ständig verringert, so daß die im Spalt einmal vorhandene Flüssigkeit nach außen getrieben wird. Diese sogenannte *Quetschströmung* ist aus verschiedenen Gründen von einigem Interesse.

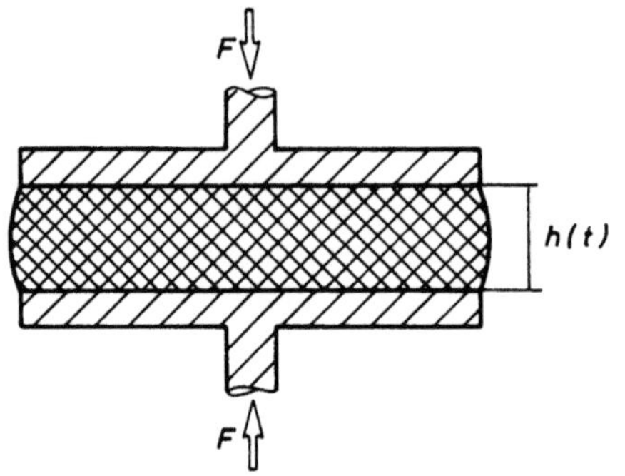

Abb. 4.15 Quetschströmung

Sie kann beispielsweise dazu dienen, Stoffeigenschaften hochviskoser Materialien zu ermitteln. Der zeitliche Verlauf des Plattenabstandes, insbesondere die "Halbwertzeit", innerhalb der sich der Abstand halbiert, erlauben nämlich Rückschlüsse auf die Reibungseigenschaften des gequetschten Fluids. Die Strömungsform ist außerdem für die hydrodynamische Schmierung von Bedeutung. Schließlich besitzt sie vom kontinuumsmechanischen Standpunkt aus einen gewissen Reiz, weil sie in einer Kombination von Scherströmung und Dehnströmung besteht.

Die Strömung ist komplizierter als die zuvor behandelte, weil zur Abhängigkeit der Feldgrößen vom Ort r, z noch eine Zeitabhängigkeit hinzukommt; das Stromfeld ist instationär, insbesondere ändert sich der Plattenabstand h mit der Zeit t, wobei $dh/dt < 0$ vorausgesetzt werden kann. Im Zeitelement Δt nähern sich die Scheiben einander um die Strecke $-\Delta t\, dh/dt$ und verdrängen dabei innerhalb eines zylindrischen Kontrollraums mit dem Radius r das Volumen $-\pi r^2 \Delta t\, dh/dt$. Durch diese Überlegung wird klar, daß durch die zylindrische Kontrollfläche im Abstand r von der Symmetrieachse der Volumenstrom

$$\dot{V} = -\pi r^2 \frac{dh}{dt} \tag{4.70}$$

hindurchströmt. Unter Verwendung der nach wie vor gültigen Beziehung (4.63) ergibt sich

$$-r \frac{dh}{dt} = 2 \int_{-h/2}^{h/2} v_r \, dz \, . \tag{4.71}$$

Es wäre falsch, hieraus zu folgern, daß v_r linear mit r anwächst. Aus Kontinuitätsgründen wäre dann nämlich v_z von r unabhängig, u. z. müßte gelten:

$$v_r = \frac{r}{2}\frac{\partial V(z,t)}{\partial z}\ , \qquad v_z = -\,V(z,t)\ . \tag{4.72}$$

Danach würden materielle Flächen, die ursprünglich parallel zu den Platten orientiert sind (Ebenen $z = \text{const}$), zu allen Zeiten ebene Flächen bleiben. Der kinematische Ansatz (4.72) führt allerdings sogleich zu einem Widerspruch. Er impliziert nämlich, daß die Schergeschwindigkeit $\dot{\gamma} := \partial v_r / \partial z$ zu jeder Zeit durch ein Produkt eines nur von r und eines nur von z abhängigen Faktors beschrieben wird. Das Gleiche trifft aber nach Gl. (4.64) auch für die Schubspannung τ zu. Man kann sich klarmachen, daß für ein nichtnewtonsches Fluid mit beliebiger Fließfunktion $\dot{\gamma}(\tau)$ beide Faktorisierungen im allgemeinen nicht miteinander vereinbar sind. Eine Ausnahme bilden Stoffe, deren Fließeigenschaften durch ein Potenzgesetz beschrieben werden können. Nur für sie trifft die kinematische Charakterisierung gemäß Gl. (4.72) zu. Bei allgemeineren Fließeigenschaften kann dieser Ansatz nicht richtig sein. Das Stromfeld besitzt dann kompliziertere Eigenschaften, wobei sich ursprünglich ebene, zu den Platten parallele materielle Flächen bei der nachfolgenden Deformation nicht nur dehnen, sondern auch verbiegen.

Eine weitere Schwierigkeit besteht darin, daß bei gegebener Anpreßkraft zunächst nur eine Aussage über das Druckintegral vorliegt; Gl. (4.67) erlaubt nicht etwa die Berechnung des Druckfeldes selbst. Wenn die Anpreßkraft F zeitlich konstant gehalten wird, liegt in Anbetracht des Zusammenhangs (4.67) die Vermutung nahe, daß auch das Druckfeld zeitlich konstant bleibt. Dann wäre die rechte Seite der Gl. (4.66) nur über die Integralgrenze $h(t)/2$ von der Zeit abhängig. Durch Differentiation nach t folgte dann in Verbindung mit Gl. (4.70)

$$r\,\frac{\ddot{h}}{h\,\dot{h}} = \dot{\gamma}\left(\frac{h}{2}\frac{dp}{dr}\right) \tag{4.73}$$

(mit $\dot{h}$ ist die Zeitableitung von h gemeint). Sowohl die linke Seite als auch das Argument der Fließfunktion wären dann produktartig bezüglich r und t zerlegt. Aus dieser Eigenschaft ergibt sich aber, daß Gl. (4.73) bei allgemeinem nichtlinearen Fließgesetz (wiederum mit Ausnahme von Ostwald–de Waele–Flüssigkeiten) nicht richtig sein kann; man macht sich den Widerspruch am besten anhand eines Beispiels klar. Die Annahme, das Druckfeld sei zeitunabhängig, war deshalb falsch. Bei realen nichtnewtonschen Flüssigkeiten ändert sich also die Druckverteilung im Spalt mit der Zeit, obwohl das resultierende Druckintegral konstant bleibt.

Bei zähflüssigen Stoffen mit potenzartiger Fließfunktion können die bereitgestellen Beziehungen analytisch ausgewertet werden. Aus den Gln. (4.66) und (4.70) entnimmt man insbesondere den örtlichen Druckgradienten $dp/dr = -\,c\,r^n$ und durch Integration den zeitlichen Verlauf der

Spaltweite $h(t)$. Die Konstante c wird aus Gl. (4.67) ermittelt. Insgesamt kann man die folgenden expliziten Ergebnisse ableiten (h_0 kennzeichnet den Plattenabstand zur Zeit $t=0$):

$$\frac{h}{h_0}=\left[1+\frac{1+n}{1+2n}\left(\frac{c}{2K}h_0\right)^{1/n}h_0\,t\right]^{-n/(1+n)} , \qquad c=\frac{3+n}{\pi\, r_0^{3+n}}F . \tag{4.74}$$

Demnach wird die "Halbwertzeit", in welcher der Plattenabstand unter Wirkung einer zeitlich konstanten Anpreßkraft auf $h_0/2$ absinkt, folgendermaßen von den relevanten Parametern beeinflußt:

$$t_{1/2}\sim\left(\frac{K\,r_0^{3+n}}{F\,h_0^{1+n}}\right)^{1/n} . \tag{4.75}$$

Die Leser mögen selbst darüber nachdenken, wie der Fließindex n einer zähen Flüssigkeit mit Hilfe dieser Beziehung experimentell bestimmt werden könnte.

Aufgaben

4.1 Werten Sie die Durchflußformel (4.8) für eine Casson–Flüssigkeit mit der Fließgrenze τ_f und der oberen Grenzviskosität η_∞ aus (s. Tabelle 3.1), und bestimmen Sie analytisch das zugehörige Geschwindigkeitsprofil $u(r)$. Diskutieren Sie die Unterschiede zu einer Bingham–Flüssigkeit.

4.2 Eine scherentzähende Ostwald–de Waele–Flüssigkeit mit den Stoffwerten ρ, K und $n=0{,}5$ fließt aus einem oben offenen kreiszylindrischen Behälter vom Durchmesser D durch eine horizontale kreisförmige Kapillare (Länge L, Innendurchmesser d) unter Wirkung der Schwerkraft aus (Abb. 4.16). Gleichzeitig fließt eine newtonsche Flüssigkeit (gleiche Dichte ρ, Viskosität μ) in entsprechender Weise aus einem gleichartigen Gefäß aus. Unter der Voraussetzung $d \ll D$ kann in den Behältern hydrostatischer Spannungszustand und in den Kapillaren quasistationäre Strömung angenommen werden.

Berechnen Sie jeweils den Volumenstrom als Funktion des aktuellen Flüssigkeitsstands h über der Ausflußöffnung. Vernachlässigen Sie dabei Trägheitskräfte sowie Einlauf– und Auslaufvorgänge in den Kapillaren, sehen Sie beide Strömungen also als "momentan viskosimetrisch" an. Bestimmen Sie anschließend die Flüssigkeitsstände h als Funktionen der Zeit t unter der Voraussetzung gleicher Anfangshöhe h_0 zur Zeit $t=0$. Diskutieren Sie den "Wettlauf" anhand dieser Ergebnisse.

Zweckmäßigerweise verwendet man dabei eine dimensionslose Zeitkoordinate τ und die hier relevante Kennzahl Π:

$$\tau:=\frac{\rho\, g\, d^4}{L\,\mu\, D^2}t , \quad \Pi:=\frac{h_0\,\rho\, g\, d\,\mu}{L\,K^2} .$$

Wie groß muß Π mindestens sein, damit die scherentzähende Flüssigkeit anfangs schneller fließt? Zu welcher Zeit τ überholt die newtonsche Flüssigkeit, wenn $\Pi=10$?

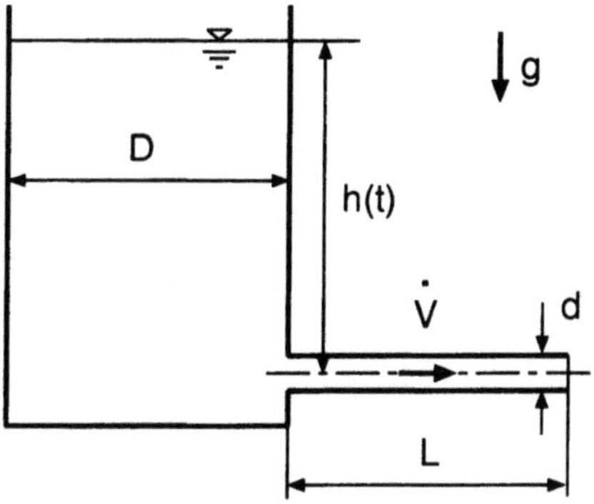

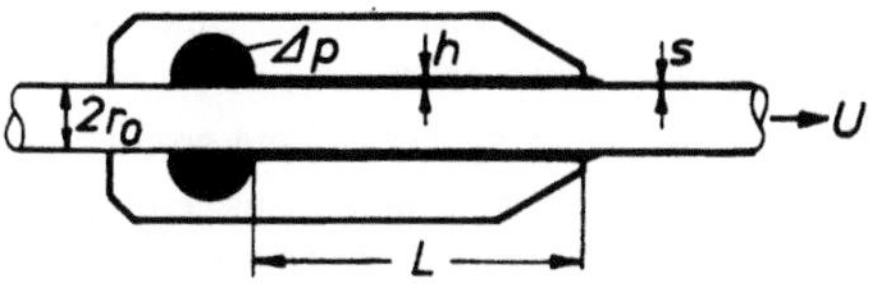

Abb. 4.16 Zur Erläuterung der Aufgabe 4.2 Abb. 4.17 Kabelummantelungswerkzeug

4.3 Abb. 4.17 zeigt das Schema eines Kabelummantelungswerkzeugs. Es besteht im wesentlichen aus einem Schmelzeraum, in dem ein Überdruck Δp herrscht, und einem kreiszylindrischen Mundstück (Länge L, Durchmesser $2(r_0 + h)$), das der zu ummantelnde Draht (Durchmesser $2\,r_0$) mit der Geschwindigkeit U durchläuft. Durch Druck– und Schleppwirkung strömt die Kunststoffschmelze kontinuierlich durch den Ringspalt zwischen dem Mundstück und dem Kabel nach außen und bildet nach dem Erstarren schließlich eine Isolationsschicht der Dicke s. Wir wollen annehmen, daß $h \ll r_0$ gilt, so daß der Spalt als ebener Kanal angesehen werden kann. Die Fließfunktion $\tau(\dot{\gamma})$ der Schmelze ist bekannt.

Bei fest vorgegebenen Größen L, r_0, h und U soll Δp so bestimmt werden, daß eine Isolationsschicht gegebener Dicke s entsteht. Beschreiben Sie, wie diese Aufgabe gelöst werden kann, und stellen Sie unter Verwendung des Konzepts der differentiellen Viskosität eine analytische Näherungsformel für den Zusammenhang zwischen Δp und s auf.

4.4 In einem Parallelspalt der Höhe h zwischen einer ruhenden und einer mit der konstanten Geschwindigkeit U tangential bewegten Wand befinden sich zwei nicht mischbare zähe Flüssigkeiten (*"Koextrusion"*). Die beiden Flüssigkeitsschichten besitzen jeweils konstante Dicke h_1 bzw. $h - h_1$, und der Druck ist zunächst räumlich konstant. Überzeugen Sie sich davon, daß unter diesen Bedingungen die Schubspannung in beiden Flüssigkeiten denselben konstanten Wert besitzt. Die zugehörenden Viskositäten der beiden Flüssigkeiten seien η_1 und η_2. Bestimmen Sie die Schubspannung, die Geschwindigkeit der Trennfläche sowie die Volumenströme der beiden Flüssigkeitsschichten in Abhängigkeit von der Schleppgeschwindigkeit, den beiden Viskositäten und den beiden Schichtdicken. Ist es im Hinblick auf möglichst großen Durchsatz günstiger, die zähere der beiden Flüssigkeiten an die bewegte oder an die ruhende Wand angrenzen zu lassen?

Wie ändert sich das Geschwindigkeitsprofil qualitativ, wenn der Strömung zusätzlich ein Druckanstieg in Bewegungsrichtung aufgeprägt wird? Bestimmen Sie im Rahmen einer linearen Theorie für hinreichend kleinen Druckanstieg dp/dx die Geschwindigkeitsänderung der Trennfläche und die Änderungen der beiden Volumenströme in Abhängigkeit von $dp/dx, h, h_1$ und den zur drucklosen Vergleichsströmung gehörenden differentiellen Viskositätswerten $\hat{\eta}_1$ und $\hat{\eta}_2$ der beiden Flüssigkeiten.

4.5 Zeigen Sie, daß für das Geschwindigkeitsfeld einer stationären Druckströmung im geraden Kanal eine zu Gl. (4.6) analoge Darstellung gilt. Demnach besitzt das Geschwindigkeitsprofil einer nichtnewtonschen Flüssigkeit bei der ebenen Kanalströmung (ohne Schleppanteil) die gleiche Form wie bei der rotationssymmetrischen Rohrströmung, falls die Wandschubspannungen in beiden Fällen denselben Wert besitzen!

4.6 Wir betrachten die stationäre biaxiale Schichtenströmung einer Paste mit Binghamschen Fließeigenschaften im Parallelspalt zwischen zwei ebenen Platten unter den Randbedingungen (4.50). In x–Richtung wirkt ein konstantes Druckgefälle; die zugehörige Wandschubspannung liegt unterhalb der Fließspannung $(\tau_D < \tau_f)$, so daß die Paste erst dann fließt, wenn die transversale Tangentialspannung τ_S hinreichend groß ist. Berechnen Sie den Einfluß von τ_S auf den Volumenstrom in x–Richtung durch Auswertung der Gl. (4.54). Verwenden Sie bei der Diskussion geeignete dimensionslose Kennzahlen, und betrachten Sie vor allem den Bereich $\tau_S / \tau_f \geq 1$.

4.7 Berechnen Sie das Winkelgeschwindigkeitsfeld $\Omega(r)$ und das Schubspannungsfeld $\tau_{r\varphi}(r)$ einer stationären Couette–Strömung im Ringspalt zwischen zwei koaxialen Zylindern vom Radienverhältnis 2, wobei der innere Zylinder ruht und der äußere mit konstanter Winkelgeschwindigkeit Ω_a rotiert. Verwenden Sie dabei ein Fließmodell nach Ellis mit $n = 0{,}5$ (Tabelle 3.1), und zeigen Sie den Einfluß der Deborah–Zahl $\Omega_a \eta_0 / \tau_*$ auf.

4.8 Nach dem in Abb. 4.14 skizzierten Prinzip soll eine Last $F = 7{,}5\,\mathrm{kN}$ durch ein Öldruckpolster abgestützt werden, das sich über eine Kreisfläche mit dem Radius $r_0 = 6\,\mathrm{cm}$ erstreckt. Die Fließeigenschaften des Schmiermittels lassen sich durch ein Rabinowitsch–Modell mit den Stoffkonstanten $\eta_0 = 5{,}6 \cdot 10^4\,\mathrm{Ns/m^2}$ und $\tau_* = 1{,}5 \cdot 10^4\,\mathrm{N/m^2}$ beschreiben. Bestimmen Sie den erforderlichen Durchsatz $\dot{V}\left[\mathrm{mm^3/s}\right]$, wenn die Spaltweite $h = 1\,\mathrm{mm}$ betragen soll.

5 Auswirkungen der Normalspannungsdifferenzen

In Abschnitt 3.1 wurde erläutert, daß bei stationären Schichtenströmungen einfacher Fluide die Normalspannungen in verschiedenen Richtungen im allgemeinen unterschiedlich groß sind. Die Normalspannungsdifferenzen beeinflussen zwar nicht das Geschwindigkeitsfeld einer viskosimetrischen Strömung, sie äußern sich aber z. B. in Form von Kräften auf angrenzende Wände und verursachen darüber hinaus andere bemerkenswerte nichtnewtonsche Erscheinungen. Einige ausgewählte Normalspannungseffekte werden im folgenden analysiert. Die betrachteten Strömungen sind teilweise mehrdimensional, teilweise spielt neben den Normalspannungsdifferenzen auch die Trägheit der Flüssigkeit eine Rolle.

5.1 Kegel–Platte–Strömung

Wir wenden uns zunächst der Frage zu, wie man die viskosimetrischen Stoffunktionen $N_1(\dot{\gamma})$ und $N_2(\dot{\gamma})$ experimentell bestimmen kann. Hierzu betrachten wir beispielhaft eine *Kegel–Platte–Strömung*. Es wird sich herausstellen, daß man mit dieser Anordnung insbesondere die Summe $N_1(\dot{\gamma}) + 2N_2(\dot{\gamma})$ ermitteln kann.

Bei einer Kegel–Platte–Strömung mit dem Geschwindigkeitsfeld (1.122) hängen die Reibungsspannungen nur von der Koordinate ϑ ab (vgl. Abb. 1.18). Die Bewegungsgleichung in Strömungsrichtung liefert das (von der Fließfunktion abhängige) Winkelgeschwindigkeitsfeld $\Omega(\vartheta)$. Analysiert man die beiden anderen Bewegungsleichungen, so stellt man fest, die sie i. allg. miteinander in Widerspruch stehen. Zwischen einem rotierenden Kegel und einer Platte kann sich also i. allg. gar keine reine Schichtenströmung einstellen. Der Widerspruch verschwindet aber, wenn der Winkel zwischen Kegel und Platte sehr klein ist und außerdem die Trägheitskräfte vernachlässigbar klein gegen die Reibungskräfte bleiben. Ersteres kann durch Verwendung eines entsprechend stumpfen Kegels erreicht werden ($\beta << 1$ in Abb. 1.18 f). Letzteres ist dann in der Regel ebenfalls erfüllt. Als charakteristische (radiale) Trägheitskraft kann nämlich $\rho R_0 \Omega_K{}^2$ gesetzt werden, als charakteristische Reibungskraft in radialer Richtung $N_1 / R_0 \sim \nu_1 \Omega_K{}^2 / \beta^2 R_0$ (jeweils volumenbezogen). Bei Flüssigkeiten mit ausgeprägten Normalspannungseigenschaften und bei schmalem Spalt gilt in der Regel $\rho\beta^2 R_0^2 / \nu_1 << 1$; d. h. die Trägheit der Flüssigkeit spielt nur eine untergeordnete Rolle und kann deshalb vernachlässigt werden. Wir halten also fest, daß die Kegel–Platte–Anordnung nur bei hinreichend kleinem Winkel β eine für die Rheometrie brauchbare Konfiguration ist. Unter dieser Voraussetzung können die Schergeschwindigkeit $\dot{\gamma}$ und mit ihr alle Reibungsspannungen als räumlich konstant angesehen werden ($\dot{\gamma} = \Omega_K / \beta$, wobei Ω_K die Winkelgeschwindigkeit des Kegels beschreibt, wenn die Platte ruht). Das vereinfacht die nachfolgenden Überlegungen erheblich.

Wir wenden uns nun also den beiden noch nicht ausgewerteten Bewegungsgleichungen in ϑ– und in R–Richtung zu (vgl. Formelanhang). Dabei gehen wir davon aus, daß die Platte horizontal liegt. Dann kann auch die Schwerkraft wegen der geringen Höhenunterschiede im Spalt vernachlässigt werden. Da die Schubspannung $\tau_{R\vartheta}$ verschwindet, die Strömung rotationssymmetrisch ist $(\partial / \partial\varphi = 0)$ und der Polarwinkel ϑ nur wenig von $\pi/2$ abweicht $(\cot\vartheta \approx 0)$, reduziert sich die Bilanz der Kräfte in ϑ–Richtung auf $\partial(-p + \tau_{\vartheta\vartheta}) / \partial\vartheta = 0$, d. h. die Normalspannung

$$\sigma_{\vartheta\vartheta} := -p + \tau_{\vartheta\vartheta} \tag{5.1}$$

hängt nur von R ab. Bei Vernachlässigung der Trägheit (schleichende Strömung) ergibt die Bilanz der Kräfte in radialer Richtung

$$R\frac{\partial(-p + \tau_{RR})}{\partial R} + 2\tau_{RR} - \tau_{\vartheta\vartheta} - \tau_{\varphi\varphi} = 0 \; . \tag{5.2}$$

Setzt man hierin die beiden Stoffgleichungen $\tau_{\varphi\varphi} - \tau_{\vartheta\vartheta} = N_1(\dot{\gamma})$ und $\tau_{\vartheta\vartheta} - \tau_{RR} = N_2(\dot{\gamma})$ ein (gemäß Gln. (3.27) und (3.28) in Verbindung mit Tab. 1.1) und beachtet, daß die Schergeschwindigkeit räumlich konstant ist, so erhält man zunächst

$$R\frac{d\sigma_{\vartheta\vartheta}}{dR} = N_1(\dot{\gamma}) + 2N_2(\dot{\gamma}) = \text{const} \; . \tag{5.3}$$

Hieraus folgt für die Normalspannung $\sigma_{\vartheta\vartheta}$, deren negativer Wert den Druck auf die Platte bzw. den Kegel angibt:

$$\sigma_{\vartheta\vartheta}(R) = \sigma_{\vartheta\vartheta}(R_0) + \left[N_1(\dot{\gamma}) + 2N_2(\dot{\gamma})\right]\ln\frac{R}{R_0} \; . \tag{5.4}$$

Die Normalspannungseigenschaften nichtnewtonscher Flüssigkeiten äußern sich demnach in einer ortsabhängigen Druckverteilung an der Platte. Da die Stoffgröße $N_1 + 2N_2$ im allgemeinen positiv ist, nimmt der Wanddruck $-\sigma_{\vartheta\vartheta}$ zur Drehachse hin zu. Abb. 5.1 veranschaulicht diesen Normalspannungseffekt. Nach Gl. (5.4) kann die Kombination $N_1 + 2N_2$ der beiden Normalspannungsfunktionen für diskrete Schergeschwindigkeiten folgendermaßen experimentell bestimmt werden: Bei vorgegebener Winkelgeschwindigkeitsdifferenz Ω_K mißt man den

Druck auf die Platte an verschiedenen Stellen R, trägt die Meßwerte über $\ln R / R_0$ auf, liest die Steigung der resultierenden Geraden ab und ordnet sie als Wert für $N_1 + 2N_2$ der Schergeschwindigkeit $\dot{\gamma} = \Omega_K / \beta$ zu. Auf diese Weise kann die Stoffunktion $N_1(\dot{\gamma}) + 2N_2(\dot{\gamma})$ punktweise ermittelt werden. Man beachte, daß der Randwert $\sigma_{\vartheta\vartheta}(R_0)$ dabei gar nicht verwendet wird.

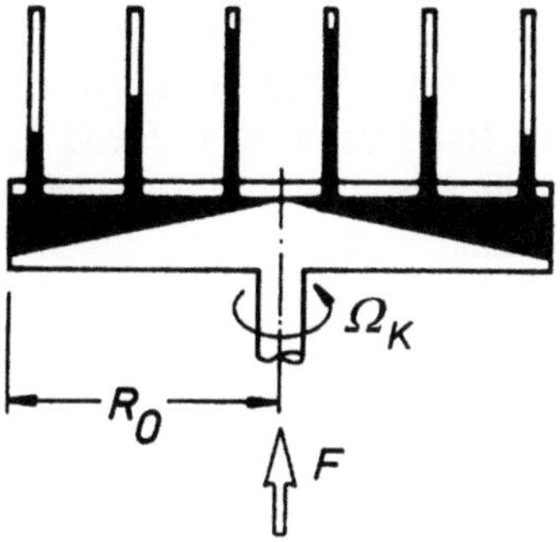

Abb. 5.1 Zur Illustration der Druckverteilung bei der Kegel–Platte–Strömung

Um mit der Kegel–Platte–Anordnung beide Stoffunktionen getrennt und nicht nur ihre Summe bestimmen zu können, muß zu Gl. (5.4) eine unabhängige Aussage über die Normalspannungsfunktionen hinzutreten. Man gewinnt eine solche Beziehung unter folgenden einschränkenden Bedingungen: Wenn das Testfluid gerade den Raum zwischen Kegel und Platte einnimmt $(R \leq R_0)$ und außen unmittelbar an die umgebende Atmosphäre angrenzt, so kann man unter Vernachlässigung von Kapillarkräften an der freien Oberfläche für die Normalspannung in radialer Richtung den Umgebungsdruck annehmen. Da dieser ohne Beschränkung der Allgemeinheit null gesetzt werden kann, sollte demnach bei $R = R_0$ die Randbedingung $-p + \tau_{RR} = 0$ oder

$$\sigma_{\vartheta\vartheta}(R_0) = N_2 \tag{5.5}$$

gelten. Man verwendet gern die resultierende Druckkraft

$$F := -2\pi \int_0^{R_0} R\,\sigma_{\vartheta\vartheta}(R)\,dR = \frac{\pi}{2} R_0^2 (N_1 + 2N_2) - \pi R_0^2\, \sigma_{\vartheta\vartheta}(R_0) \tag{5.6}$$

als unabhängige Meßgröße. Die rechte Seite folgt unter alleiniger Verwendung von Gl. (5.4). Unter der zusätzlichen Annahme (5.5) ergibt sich

$$N_1(\dot{\gamma}) = \frac{2F}{\pi R_0^2}\,, \qquad \dot{\gamma} = \frac{\Omega_K}{\beta}\,. \tag{5.7}$$

Die Kraft, mit der die Platte gehalten werden muß, damit sie sich nicht vom Kegel entfernt, ist demnach ein direktes Maß für die erste Normalspannungsdifferenz in der Flüssigkeit. Wird die Drehzahl und damit die Schergeschwindigkeit variiert, so ändert sich natürlich auch der Wert der Kraft. Es ist also möglich, die erste Normalspannungsfunktion $N_1(\dot{\gamma})$ durch eine Kraftmessung bei unterschiedlichen Werten der Drehzahl zu bestimmen. Mit einer Kegel–Platte–Anordnung kann man somit im Prinzip beide Normalspannungsfunktionen ermitteln. Man sollte aber nicht übersehen, daß die Gln. (5.5) und (5.7) auf einer speziellen Annahme über die Spannungen am äußeren Rand beruhen, während Gl. (5.4) ganz unabhängig von dieser Randbedingung gilt. Die auf Gl. (5.4) basierende Methode, die Summe $N_1(\dot{\gamma}) + 2N_2(\dot{\gamma})$ zu bestimmen, darf daher als zuverlässiger angesehen werden als die Bestimmung von $N_1(\dot{\gamma})$ oder $N_2(\dot{\gamma})$ nach Gln. (5.7) bzw. (5.5).

Man kann auf lokale Druckmessungen und auf die Beziehung (5.4) ganz verzichten, wenn man die noch fehlende Information über die beiden Normalspannungsfunktionen einer anderen viskosimetrischen Strömung entnimmt. Dabei bietet sich insbesondere eine *Torsionsströmung* an, bei der sich das Testfluid zwischen zwei parallelen Platten befindet, von denen eine rotiert (s. Abb. 1.18e). Auch in diesem Fall nimmt der Druck auf die Wände $(-\sigma_{zz})$ zur Drehachse hin zu, besitzt dort aber im Gegensatz zur Kegel–Platte–Anordnung einen endlichen Wert. Es kann den Lesern überlassen bleiben, sich davon zu überzeugen, daß für die Normalspannung $\sigma_{zz}(r)$ folgendes gilt:

$$\sigma_{zz} = \sigma_{rr} + N_2(\dot{\gamma}) \, , \qquad r\frac{d\sigma_{rr}}{dr} = N_1(\dot{\gamma}) + N_2(\dot{\gamma}) \; . \tag{5.8}$$

Bei der Herleitung dieser Beziehungen wurden wiederum die Trägheit der Flüssigkeit und die Schwerkraft vernachlässigt (horizontale Platten). Die Schergeschwindigkeit $\dot{\gamma}$ ist hier allerdings nicht mehr räumlich konstant, sondern hängt außer von der Winkelgeschwindigkeitsdifferenz Ω_h der beiden Platten und ihrem gegenseitigen Abstand h auch noch vom Achsabstand r ab: $\dot{\gamma} = r\Omega_h / h$. Gl. (5.8) verknüpft den Druck auf die Platten mit den beiden Normalspannungsfunktionen. Sie gestattet einerseits die Berechnung der Druckverteilung bei bekannten Normalspannungseigenschaften. Andererseits resultiert nach einer Integration ein Zusammenhang zwischen der Stoffunktion $N_1(\dot{\gamma}) - N_2(\dot{\gamma})$ und der effektiven Druckkraft

$$F := -2\pi \int_0^{r_0} r\,\sigma_{zz}(r)\,dr \; . \tag{5.9}$$

Mit den Gln. (5.8) und unter Verwendung der zu (5.5) analogen Randbedingung $\sigma_{zz}(r_0) = N_2(\dot{\gamma}_0)$ erhält man nämlich folgende Beziehung zwischen der Kraft und den Normalspannungsfunktionen:

$$\frac{F}{\pi r_0^2} = \frac{1}{\dot{\gamma}_0^2} \int_0^{\dot{\gamma}_0} \dot{\gamma}\left[N_1(\dot{\gamma}) - N_2(\dot{\gamma})\right] d\dot{\gamma} \, , \qquad \dot{\gamma}_0 = \frac{\Omega_h}{h} r_0 \, . \tag{5.10}$$

Durch Umkehrung entsteht die bemerkenswerte Formel

$$N_1(\dot{\gamma}_0) - N_2(\dot{\gamma}_0) = \frac{F}{\pi r_0^2}\left[2 + \frac{d \log F}{d \log \dot{\gamma}_0}\right] . \tag{5.11}$$

Zusammen mit Gl. (5.7) bildet sie die theoretische Basis zur experimentellen Bestimmung der beiden Normalspannungsfunktionen durch Messung von Kräften in zwei geometrisch verschiedenen Meßsystemen. Es ist deshalb verständlich, daß beide Konfigurationen (Kegel–Platte und Platte–Platte) in kommerziellen *Rotationsrheometern* verwendet werden.

5.2 Der Weissenberg–Effekt

Wir wenden uns hier einer Erscheinung zu, die an freien Flüssigkeitsoberflächen auftritt. Im einfachsten Fall ist die Situation so: Die Flüssigkeit befindet sich in einem hohen Gefäß zwischen einem vertikalen Zylinder und der koaxialen Gefäßwand, füllt den Raum aber nur bis zu einer gewissen Höhe; oberhalb befindet sich Luft mit dem Druck p_0. Im Zustand der Ruhe ist die freie Flüssigkeitsoberfläche bei vernachlässigbarem Einfluß der Kapillarkräfte eben. Rotiert nun der zylindrische Stab mit konstanter Winkelgeschwindigkeit um seine Achse, so kommt die Flüssigkeit in Bewegung und die Oberfläche kann nicht länger eben bleiben. Bei newtonschen Fluiden senkt sich der Flüssigkeitsspiegel innen ab und steigt nach außen hin an. Bei nichtnewtonschen Flüssigkeiten beobachtet man eventuell gerade das Gegenteil: Die Flüssigkeit erreicht am Rührer ihren höchsten Stand, und die Oberfläche sinkt nach außen hin ab (Abb. 5.2).

Dieser sogenannte *Weissenberg–Effekt* wird durch Normalspannungsdifferenzen verursacht. Um das klarzumachen, stellen wir uns vorübergehend vor, die Flüssigkeit besitze gar keine freie Oberfläche, sondern fülle den Ringraum zwischen dem rotierenden Stab und dem feststehenden Gehäuse vollständig aus. Unter diesen Bedingungen stellt sich eine Couette–Strömung ein, bei der alle materiellen Punkte auf Kreisen um die Drehachse umlaufen. Die örtliche Winkelgeschwindigkeit $\Omega(r)$ hängt dabei nur vom Achsabstand r ab, und für die Schergeschwindigkeit gilt $\dot{\gamma} = r d\Omega / dr$ (vgl. Tab. 1.1).

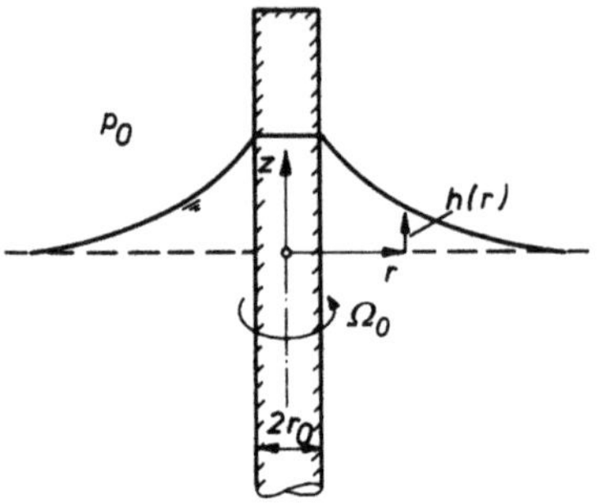

Abb. 5.2 Weissenberg–Effekt am rotierenden Stab

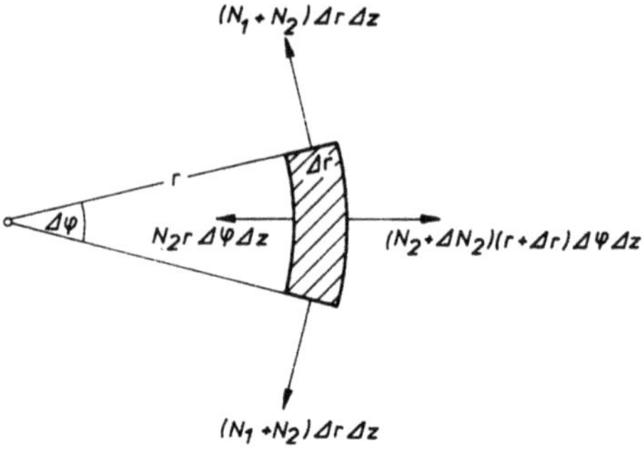

Abb. 5.3 Normalkraftdifferenzen am Element

Auf ein herausgeschnittenes Fluidelement wirkt einerseits die volumenbezogene Trägheitskraft $\rho\, r\, \Omega^2$ radial nach außen, andererseits treten an den Schnittflächen Schub– und Normalspannungen auf. Da es sich um eine viskosimetrische Strömung handelt, gilt für die Normalspannungsdifferenzen $\tau_{\varphi\varphi} - \tau_{rr} = N_1(\dot{\gamma})$ und $\tau_{rr} - \tau_{zz} = N_2(\dot{\gamma})$. Wenn wir die negative Normalspannung in z–Richtung mit dem Druck p identifizieren, die zugehörige Reibungsspannung also null setzen $(\tau_{zz} = 0)$, so werden die beiden Normalspannungsdifferenzen an einem Volumenelement der Größe $r\Delta\varphi\ \Delta r\ \Delta z$ als Kräfte sichtbar, die den Druckkräften zu überlagern sind. Die Summe $N_1 + N_2$ entspricht einer Zugspannung in Umfangsrichtung, N_2 einer Zugspannung in radialer Richtung. Damit treten am Volumenelement außer Schub– und Druckkräften vier zusätzliche Normalkräfte auf (Abb. 5.3). Sie können zu einer einzigen radialen Kraft zusammengefaßt werden. Bei Division durch das Volumen des Elements erhält man so eine radiale Volumenkraft der Größe $\frac{1}{r}\left[-\left(N_1 + N_2\right) + \frac{d}{dr}\left(r N_2\right)\right]\mathbf{e}_r$, die zur Trägheitskraft $\rho\, r\, \Omega^2\, \mathbf{e}_r$ hinzutritt. Die aus den Schubspannungen resultierende Reibungskraft besitzt nur ein φ–Komponente. Da sich die flüssigen Teilchen weder in radialer noch in axialer Richtung bewegen, werden die zuvor erläuterten Volumenkraftfelder und die in negativer z–Richtung wirkende Schwerkraft durch einen Druckgradienten kompensiert:

$$\operatorname{grad} p = \left[\rho\, r\, \Omega^2 - \frac{N_1}{r} + \frac{dN_2}{dr}\right]\mathbf{e}_r - \rho\, g\, \mathbf{e}_z\ . \tag{5.12}$$

Demnach ändert sich der Druck in radialer Richtung, und es ist deshalb klar, daß eine Ebene $z = \text{const}$ nicht freie Oberfläche sein kann, auf der ja konstanter Druck herrscht. Ist der Ringraum also nur teilweise mit Flüssigkeit gefüllt, so stellt sich zwangsläufig eine gekrümmte freie Oberfläche ein. Dadurch wird auch die Strömung in der Nähe der Oberfläche verändert, d. h. der viskosimetrischen Grundströmung überlagern sich zusätzliche Bewegungsanteile.

Es ist nun eine Besonderheit der hier betrachteten zylindrischen Anordnung, daß sich diese Störbewegung bei geringer Winkelgeschwindigkeit Ω_0 des rotierenden Stabs noch nicht bemerkbar macht. Um genauer zu sein: Im Rahmen einer *Theorie zweiter Ordnung*, bei der lediglich lineare und quadratische Terme in Ω_0 berücksichtigt werden, entsteht zwar eine Auslenkung der Oberfläche der Ordnung $O(\Omega_0^2)$, die Bewegung der Flüssigkeit ist aber noch die gleiche Schichtenströmung wie bei vollständig gefülltem Raum. Damit gilt bei langsamer Drehbewegung Gl. (5.12) auch dann noch, wenn die Flüssigkeit durch eine freie Oberfläche begrenzt wird. Da in dieser Näherung das Fließgesetz durch einen linearen Zusammenhang approximiert wird $(\tau = \eta_0 \dot{\gamma})$, handelt es sich um das Stromfeld eines newtonschen Fluids. Liegt die äußere Berandung im Unendlichen, so hängt dabei die Winkelgeschwindigkeit in besonders einfacher Weise vom Achsabstand r und von den beiden Konstanten Ω_0 und r_0 (jedoch nicht von η_0) ab: $\Omega = \Omega_0 \, r_0^2 / r^2$ (Potentialwirbel). Approximiert man nun die Normalspannungsfunktionen $N_1(\dot{\gamma})$ und $N_2(\dot{\gamma})$ konsequenterweise durch quadratische Ausdrücke $\nu_{10}\,\dot{\gamma}^2$ bzw. $\nu_{20}\,\dot{\gamma}^2$ und ersetzt hierin $\dot{\gamma}$ durch $r d\Omega / dr = -2\Omega_0^2 \, r_0^2 / r^2$, so geht Gl. (5.12) über in

$$\operatorname{grad} p = \left[\rho \Omega_0^2 \frac{r_0^4}{r^3} - 4(\nu_{10} + 4\nu_{20})\, \Omega_0^2 \frac{r_0^4}{r^5} \right] \mathbf{e}_r - \rho g \mathbf{e}_z \,. \tag{5.13}$$

Da der Druck an der Flüssigkeitsoberfläche konstant ist, muß der Vektor grad p senkrecht auf der Oberfläche stehen und damit parallel zur Flächennormalen $\mathbf{n} \sim \mathbf{e}_z - (dh/dr)\,\mathbf{e}_r$ gerichtet sein ($h(r)$ ist die Erhebung des Flüssigkeitsspiegels über dem ungestörten Niveau; vgl. Abb. 5.2). Daraus ergibt sich als Bestimmungsgleichung für die Gestalt der freien Oberfläche

$$\frac{dh}{dr} = \frac{\Omega_0^2}{\rho g} \left[\rho \frac{r_0^4}{r^3} - 4(\nu_{10} + 4\nu_{20}) \frac{r_0^4}{r^5} \right] . \tag{5.14}$$

Durch Integration erhält man

$$\frac{h(r)}{r_0} = \frac{r_0 \Omega_0^2}{g} \left[-\frac{1}{2} + \frac{\nu_{10} + 4\nu_{20}}{\rho r^2} \right] \left(\frac{r_0}{r} \right)^2 . \tag{5.15}$$

Die unterschiedlichen Vorzeichen der beiden Summanden innerhalb der Klammer lassen erkennen, daß sich die Trägheit und die Normalspannungsdifferenzen entgegengesetzt auswirken. Bei dünnen Stäben dominiert innen der zweite Summand. Die Flüssigkeit steigt dann entgegen der Schwerkraft am rotierenden Stab empor und erreicht dort ihren höchsten Stand, sofern $\nu_{10} + 4\nu_{20} > 0$ gilt (Weissenberg–Effekt). Der kritische Stabradius $r_* = \sqrt{2(\nu_{10} + 4\nu_{20})/\rho}$, der sich durch Nullsetzen der eckigen Klammer in Gl. (5.15) ergibt, hängt bemerkenswerterweise nur von Stoffkonstanten ab und fällt umso größer aus, je größer die Normalspannungskoeffizienten sind. Der Weissenberg–Effekt tritt also nur bei hinreichend dünnen Stäben ($r_0 < r_*$) auf.

Das Ansteigen einer freien Flüssigkeitsoberfläche durch Normalspannungsdifferenzen wird nicht nur bei langen kreiszylindrischen Stäben beobachtet, und es ist auch nicht erforderlich, daß die rotierende Berandung aus der Flüssigkeit herausragt. So kann man in nichtnewtonschen Flüssigkeiten zum Beispiel auch dann ein "Quellen" nahe der Drehachse beobachten, wenn das Rührorgan zu einer rotierenden Scheibe am Boden degeneriert (s. Abb. E.1 in der Einleitung). Der prinzipielle Unterschied zu der zuvor beschriebenen Anordnung besteht darin, daß dann bereits im Rahmen einer Theorie zweiter Ordnung in der Meridianebene eine *Sekundärströmung* in Form eines oder mehrerer Ringwirbel auftritt, welche die Form der freien Oberfläche wesentlich mitbeeinflußt (Abb. 5.4). Dadurch wird die rechnerische Bestimmung der Gestalt der freien Oberfläche erheblich erschwert. Für eine charakteristische Erhebung des Flüssigkeitsspiegels über dem ungestörten Niveau, insbesondere für den Flüssigkeitsstand h(0) auf der Drehachse, gilt jedoch Entsprechendes wie zuvor: h(0) wächst bei langsamer Bewegung mit dem Quadrat der Drehzahl des Rührers an und setzt sich aus drei Summanden zusammen, von denen zwei die Normalspannungskoeffizienten als Faktoren enthalten und einer den Einfluß der Trägheit beschreibt. Insgesamt wird h(0) von den Größen ν_{10}, ν_{20}, ρ, g, Ω_0 und drei Längen, nämlich dem Radius des Gefäßes, der Füllhöhe und dem Radius r_0 der rotierenden Scheibe, aber nicht von der Nullviskosität η_0 beeinflußt. Aus Dimensionsgründen und nach dem zuvor Gesagten ergibt sich folgender Zusammenhang:

$$\frac{h(0)}{r_0} = \frac{r_0 \Omega_0^2}{g}\left[-a + \frac{b_1 \nu_{10} + b_2 \nu_{20}}{\rho r_0^2}\right] . \tag{5.16}$$

Die Koeffizienten a, b_1 und b_2 hängen von den beiden Längenverhältnissen ab, die sich aus der Füllhöhe, dem Radius des Gefäßes und dem Radius des Rührers bilden lassen, können hier aber im Gegensatz zu der eingangs beschriebenen Situation nicht mehr analytisch bestimmt werden. Gl. (5.16) kann im Prinzip dazu dienen, die unteren Grenzwerte der beiden Normalspannungskoeffizienten ν_{10} und ν_{20} experimentell zu ermitteln. Meßgröße wäre dabei der Flüssigkeitsstand h(0) auf der Symmetrieachse bei vorgegebenen Werten der genannten Prozeßparameter. Genauere Betrachtungen zeigen übrigens, daß die zuvor vernachlässigte Oberflächenspannung den Flüssigkeitsstand h(0) nur unwesentlich beeinflußt.

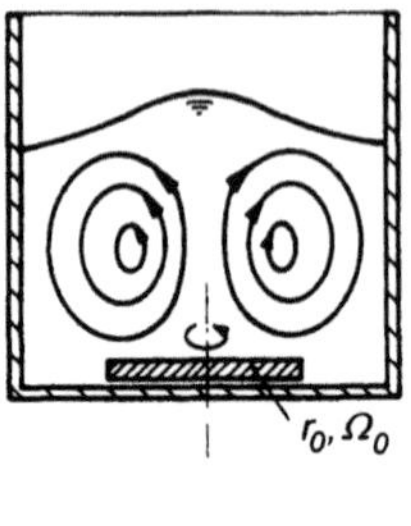

Abb. 5.4 Quelleffekt

5.3 Strangaufweitung

Ein anderer bemerkenswerter Normalspannungseffekt tritt auf, wenn eine viskoelastische Flüssigkeit als Freistrahl stationär aus einer Düse oder aus der Mündung einer zylindrischen Kapillare austritt. Die Erscheinung besteht darin, daß sich der aus dem vertikalen Rohr nach unten austretende Strahl im Fall einer nichtnewtonschen Flüssigkeit zunächst eventuell erheblich verbreitert, bevor er sich wieder zusammenschnürt. Man beobachtet im wesentlichen zwei Formen: Bei relativ geringer Geschwindigkeit beginnt die Strahlverbreiterung unmittelbar hinter der Mündung, so daß der Strahlrand dort einen deutlichen Knick aufweist (Abb. 5.5a). Da die frei fallende Flüssigkeit durch die Schwerkraft beschleunigt wird und sich der Strahlquerschnitt deshalb später wieder verringert, entsteht ein Gebilde, das in seiner Form entfernt an eine Zwiebel erinnert (s. auch Abb. E.2 in der Einleitung). Bei hinreichend großer Geschwindigkeit fließt die Flüssigkeit aus dem Rohr glatt ab, und die Zwiebel bildet sich erst verzögert in einiger Entfernung hinter dem Mündungsquerschnitt (Abb. 5.5b).

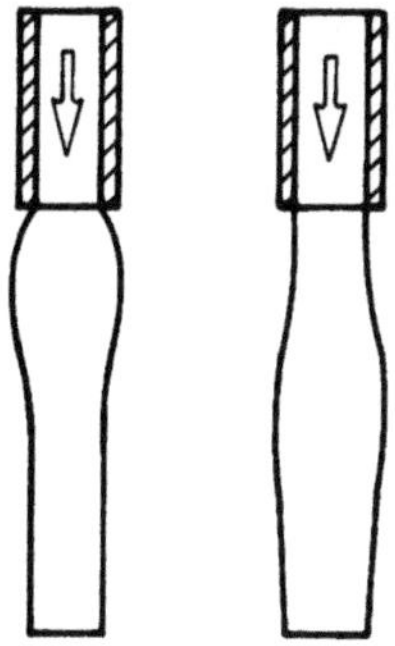

Abb. 5.5 Strangaufweitung mit a) anliegender bzw. b) abgelöster Zwiebel

Ziel der nachfolgenden Überlegung ist, die Normalspannungen im Rohr abzuschätzen und die Strangaufweitung daraus qualitativ zu erklären. Dabei wird der Einfluß der Schwerkraft ganz vernachlässigt, denn der geodätische Druckunterschied zwischen der Mündung und der Zwiebel ist i. allg. relativ gering. Es wird also ein idealisierter Prozeß betrachtet, bei dem sich der Strang hinter dem Rohr auf einen größeren Querschnitt erweitert, der dann stromab konstant bleibt. Wir gehen außerdem davon aus, daß im Mündungsquerschnitt eine voll ausgebildete Poiseuille–Strömung vorliegt. Das setzt zunächst eine hinreichend lange Kapillare und so geringe Strömungsgeschwindigkeiten voraus, daß sich die Schichtenströmung überhaupt voll ausbilden und die Flüssigkeit nicht mehr an die Deformationszustände beim Einströmen erinnern kann. Aber selbst dann kann nicht unbedingt erwartet werden, daß im Austrittsquerschnitt noch exakt eine viskosimetrische Strömung vorliegt, denn die veränderten Randbedingungen hinter der Mündung wirken möglicherweise in die Kapillare zurück und verändern die Strömung dort etwas. Da jedoch das Fluid bis zur Mündung an der Wand haftet, die Strömungsgeschwindigkeit zur Achse hin monoton zunimmt und die mittlere Geschwindigkeit aus Kontinuitätsgründen im Rohr konstant ist, kann das Geschwindigkeitsprofil dennoch nicht allzusehr von demjenigen der voll ausgebildeten Rohrströmung abweichen. Insofern ist die Annahme einer viskosimetrischen Strömung auch noch kurz vor der Mündung durchaus realistisch. Sie bringt mit sich, daß die Normalspannungsdifferenzen lokal mit den beiden Stoffwerten $N_1(\dot{\gamma})$ und $N_2(\dot{\gamma})$ zusammenhängen, die zur örtlichen Schergeschwindigkeit $\dot{\gamma} := \partial u / \partial r$ gehören:

$$\sigma_{zz} - \sigma_{rr} = N_1 , \qquad \sigma_{rr} - \sigma_{\varphi\varphi} = N_2 . \tag{5.17}$$

(Die Achsen des Zylinderkoordinatensystems gehen aus Abb. 4.1 hervor.) Um die Spannungsverteilung $\sigma_{rr}(r)$ zu bestimmen, muß die Bewegungsgleichung in radialer Richtung ausgewertet werden. Bei einer stationären Poiseuille–Strömung reduziert sie sich auf (s. Formelanhang)

$$\frac{d\sigma_{rr}}{dr} + \frac{1}{r}(\sigma_{rr} - \sigma_{\varphi\varphi}) = 0 . \tag{5.18}$$

Durch Integration erhält man

$$\sigma_{rr}(r) = - p_w - \int_{d/2}^{r} \frac{N_2}{r'} dr' . \tag{5.19}$$

Dabei bezeichnet d den Rohrdurchmesser, und mit $p_w := - \sigma_{rr}(d/2)$ ist der Druck auf die Rohrwand gemeint, den ein in die Wand bündig eingelassener Druckaufnehmer anzeigt. Mit den Gln. (5.19) und (5.17) sind die Normalspannungsverteilungen im Rohrquerschnitt bis auf die additive Konstante p_w berechenbar, sofern die viskosimetrischen Stoffunktionen der Flüssigkeit bekannt sind. Um den noch unbestimmten Wanddruck p_w im Austrittsquerschnitt zu ermitteln, bilden wir zweckmäßigerweise Mittelwerte der Spannungsgrößen über den Mündungsquerschnitt gemäß

$$\overline{\sigma} := \frac{1}{\pi d^2/4} 2\pi \int_0^{d/2} r\,\sigma(r)\,dr . \tag{5.20}$$

Aus (5.17) und (5.19) folgt für die mittlere Normalspannung in Achsrichtung

$$\overline{\sigma_{zz}} = - p_w + \overline{N_1} + \frac{1}{2}\overline{N_2} . \tag{5.21}$$

Nach Multiplikation mit $\pi d^2 / 4$ ergibt das die axiale Schnittkraft, die beim Freischneiden des Strangs an der Mündung auftritt. Diese Kraft ist bei der Herstellung synthetischer Fasern bedeutsam, wenn die Schmelze nach Austritt aus der Düse gekühlt und der verfestigte Faden mit einer Zugkraft abgezogen wird. Sie verschwindet aber unter den Voraussetzungen, daß eine solche Abzugskraft fehlt und daß auch die mit den Querschnittsänderungen des Strangs verbundenen Impulsstromänderungen klein sind. Das kann bei anliegender Zwiebel realistisch sein. Die Randbedingung am offenen Rohrende lautet dann also $\overline{\sigma_{zz}} = 0$ oder

$$p_w = \overline{N_1} + \frac{1}{2}\overline{N_2} = \frac{8}{d^2} \int_0^{d/2} \left(N_1 + \frac{1}{2} N_2 \right) r \, dr \tag{5.22}$$

(der konstante Umgebungsdruck wird ohne Beschränkung der Allgemeinheit null gesetzt). Für eine ausgebildete stationäre Rohrströmung gilt nun bekanntlich auch $\tau = -2\tau_w r / d$. Ersetzt man damit die Integrationskoordinate r durch die örtliche Schubspannung τ, so geht (5.22) über in

$$p_w = \frac{2}{\tau_w^2} \int_0^{\tau_w} \left(N_1 + \frac{1}{2} N_2 \right) \tau \, d\tau \, . \tag{5.23}$$

Dabei ist zu beachten, daß die Normalspannungsfunktionen N_1 und N_2 definitionsgemäß eigentlich von $\dot{\gamma}$ abhängen, aber ebensogut als Funktionen von τ aufgefaßt werden können, wenn man den Zusammenhang zwischen $\dot{\gamma}$ und τ, also das Fließgesetz berücksichtigt. Bei makromolekularen Flüssigkeiten fällt $N_1 + N_2 / 2$ i. allg. positiv aus, so daß $p_w > 0$ gilt. Es ist deshalb plausibel, daß sich der Strang aufweitet, wenn die Rohrwand fehlt, an der er sich zuvor abstützen konnte.

Die Erscheinung der Strangaufweitung kann sich bei der Herstellung synthetischer Fasern oder beim Spritzgießen störend bemerkbar machen. Der aus einer rechteckigen Düse austretende Strang besitzt nämlich nach der Aufweitung nicht mehr rechteckigen, sondern einen kissenförmig ausgebauchten Querschnitt. Soll ein vorgegebener Querschnitt entstehen, so muß die Öffnung der Düse entsprechend kleiner und in ihrer Form richtig gewählt werden. Im Fall eines rechteckigen Strangs wäre eine Düse mit konkav gekrümmten Wänden erforderlich (Abb. 5.6).

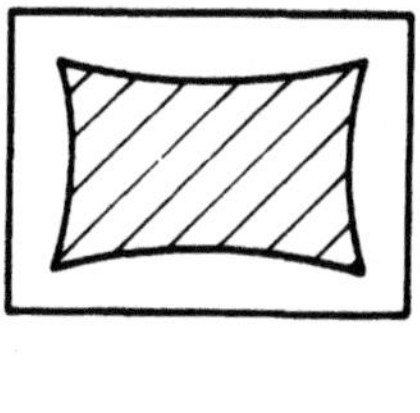

Abb. 5.6 Düsenquerschnitt für rechteckigen Strang (qualitativ)

Das Geschehen beim Austritt aus einer Kapillare kann auch unter rheometrischen Gesichtspunkten interessant sein. Die Umkehrung der Gl. (5.23) lautet nämlich

$$\left(N_1 + \frac{1}{2} N_2\right)_w = \left[1 + \frac{1}{2} \frac{d \log p_w}{d \log \tau_w}\right] p_w \ . \qquad (5.24)$$

Demnach kann die Normalspannungsfunktion $N_1 + N_2 / 2$ einer Flüssigkeit experimentell bestimmt werden, indem der Wanddruck p_w bei veränderlicher Wandschubspannung τ_w gemessen und der Zusammenhang nach Gl. (5.24) ausgewertet wird. Man erinnere sich an die auch hier gültige Beziehung (4.2).

5.4 Normalspannungseffekte an suspendierten Partikeln

Es kommt gelegentlich vor, daß in einer zähen Flüssigkeit nicht lösliche Zusatzstoffe suspendiert sind (Pigmente, Bindemittel, Füllstoffe), die der Fluidströmung bei den Verarbeitungsprozessen möglichst passiv folgen sollen. Die Elastizität der Flüssigkeit erzeugt aber an den suspendierten Teilchen nichtnewtonsche Kraftkomponenten, die zu ungewöhnlichen *Drift*– und *Orientierung*sphänomenen führen können.

Zur Erläuterung betrachten wir zuerst ein starres kugelförmiges Teilchen in einer stationären homogenen Scherströmung und nehmen an, daß sein Mittelpunkt der Strömung schlupffrei folgt (Abb. 5.7a). Bei einer stationären Schichtenströmung spiegeln sich die elastischen Fluideigenschaften in den beiden Normalspannungsdifferenzen $N_1(\dot\gamma)$ und $N_2(\dot\gamma)$ wider, die von der örtlichen Schergeschwindigkeit 9 abhängen. Zur qualitativen Diskussion berücksichtigen wir hier nur die erste Normalspannungsdifferenz N_1, die i. allg. dominiert und einer Zugspannung der Schichten in Strömungsrichtung entspricht. Das Teilchen befindet sich somit gleichsam zwischen zwei vorgespannten Membranen und erfährt somit an der Oberfläche von beiden Seiten Druckspannungen, die sich bei einer Kugel aus Symmetriegründen aber kompensieren. Die Erscheinung ist deshalb nicht grundsätzlich anders als in einem zähen newtonschen Fluid: Die außerdem auftretenden Schubspannungen erzeugen ein Drehmoment, das die Kugel rotieren läßt.

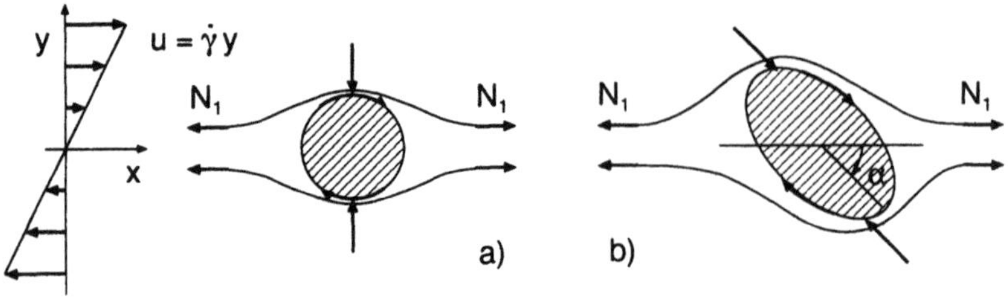

Abb. 5.7 Starre Partikel in einer homogenen Scherströmung

Die Situation ändert sich, wenn das suspendierte Teilchen anisotrop gestaltet ist (z. B. ellipsoidförmig, stabförmig oder hantelförmig). Die von den vorgespannten Membranen auf die Oberfläche übertragenen Kräfte erzeugen dann ebenfalls ein Drehmoment. In gewissen Lagebereichen des Partikels mindert es das Drehmoment der Schubspannungen (Abb. 5.7b). Für bestimmte Orientierungswinkel kann es dabei zur gegenseitigen Auslöschung kommen, so daß sich das Teilchen dann in einer Schräglage im Gleichgewicht befindet und gar nicht mehr rotiert. Da für ein solches Gleichgewicht sowohl Schubspannungen als auch Normalspannungsdifferenzen wichtig sind, sollte der zugehörige Orientierungswinkel α maßgeblich von der Größe der *Weissenberg–Zahl* $\mathrm{We} := N_1(\dot{\gamma}) / \tau(\dot{\gamma})$ abhängen. Außerdem ist die Abweichung von der Kugelgestalt wesentlich, die wir durch ein dimensionsloses Längenverhältnis $\varepsilon < 1$ erfassen können; denn bei einer Kugel ist ja ein Gleichgewicht ohne Rotation nicht möglich, wie zuvor erläutert wurde. Das ergibt insgesamt folgende Erwartungen in Bezug auf den stationären Orientierungswinkel:

$$\alpha = \alpha(\mathrm{We}, \varepsilon) \ , \qquad \text{falls} \qquad \varepsilon < \varepsilon_{\text{krit}}(\mathrm{We}) \ . \tag{5.25}$$

Freilich war die Argumentation anhand der ungestörten Schichtenströmung nur qualitativ richtig. Durch die Anwesenheit des Teilchens ändert sich nämlich die Strömung lokal erheblich, und außer den viskoelastischen Normalspannungsanteilen treten am umströmten Körper auch noch "gewöhnliche" Druckspannungen auf, die bei anisotroper Gestalt ebenfalls ein Drehmoment erzeugen. Die genaue Berechnung der Gleichgewichtslagen, der Nachweis ihrer Stabilität und die theoretische Ermittlung der in (5.25) angezeigten Abhängigkeiten ist deshalb alles andere als einfach.

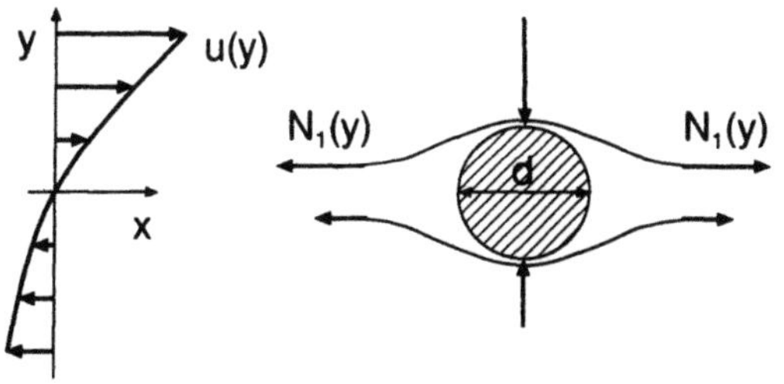

Abb. 5.8 Starres Partikel in einer inhomogenen Scherströmung

Reale Strömungsfelder sind in der Regel inhomogen. Dabei tritt schon an kugelförmigen Partikeln ein bemerkenswerter Normalspannungseffekt auf. Exemplarisch betrachten wir eine inhomogene Scherströmung und gehen wieder davon aus, daß das suspendierte Teilchen im Mittel ohne Schlupf folgt (Abb. 5.8). Bei analogen Überlegungen wie zuvor ist zu beachten, daß sich hier die Zugspannung N_1 der Stromfäden mit y ändert. Deshalb bestehen Normalspannungsunterschiede zwischen der Ober– und der Unterseite des mitschwimmenden Partikels. Bei kleinen Kugeln (Durchmesser d) resultiert daraus eine Kraft der Größe

$$F_y \sim -\frac{d N_1}{d y} d^3 \tag{5.26}$$

in Richtung abnehmender Schergeschwindigkeit. Das Auftreten einer solchen Kraft hat nun natürlich zur Folge, daß ein ansonsten kräftefreies Partikel eine Drift quer zur Strömung der Trägerflüssigkeit erfährt. Bei einer Rohrströmung führt das zu einer erhöhten Partikelkonzentration in der Nähe der Rohrachse. Beim Ausströmen aus einem Behälter werden in der Flüssigkeit befindliche Gasblasen eventuell gar nicht durch die Lochblende weggespült, sondern driften in die seitlichen Rezirkulationsgebiete. Beim Rühren einer Suspension mit konventionellen Rührorganen tritt unter gewissen Bedingungen sogar eine Entmischung ein (s. Abb. E.4 in der Einleitung).

5.5 Sekundärströmungen

In den vorausgegangenen Abschnitten dieses Kapitels wurde deutlich, daß die Elastizität der Flüssigkeit zu markanten Phänomenen führt, die man mit newtonschen Flüssigkeiten nicht beobachtet. Unter gewissen Voraussetzungen, die bei der Diskussion des Weissenberg–Effekts bereits anklangen, sind die nichtlinearen elastischen Erscheinungen aber relativ schwach, so daß man sie als Störung eines newtonschen Grundzustands auffassen kann. In diesem Abschnitt geht es nun darum, eine asymptotische Theorie darzulegen und anzuwenden, mit der mehrdimensionale viskoelastische "Sekundärströmungen" durch Störungsrechnung analysiert werden können.

5.5.1 Stoffapproximation für langsame und langsam veränderliche Deformationsprozesse

Die nachfolgenden Ausführungen dienen dem Zweck, den Lesern eine asymptotische Approximation der allgemeinen Stoffgleichung (3.5) nahezubringen, die für langsame und langsam veränderliche Deformationsprozesse gilt und die bei der Analyse von Sekundärströmungen benötigt wird. Wir erläutern das Wesentliche zunächst anhand einer instationären Schichtenströmung, bei der die Schubspannung $\tau(t)$ von der Geschichte der Schergeschwindigkeit $\dot{\gamma}(t-s)$, $s \geq 0$ abhängt. Die Ortsabhängigkeit der Größen τ und $\dot{\gamma}$ spielt in diesem Zusammenhang noch keine Rolle und wird deshalb nicht explizit angezeigt.

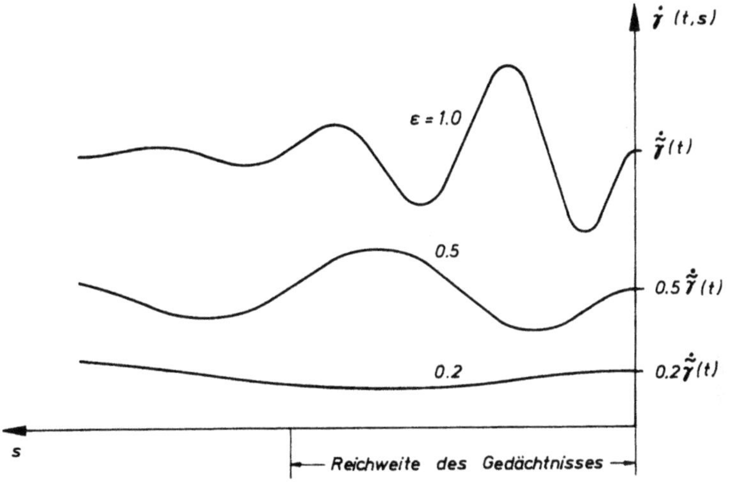

Abb. 5.9 Zur Erläuterung langsamer und langsam veränderlicher Deformationsprozesse

Wir gehen von einer vorgegebenen Strömung mit der Schergeschwindigkeitsgeschichte $\dot{\tilde{\gamma}}(t-s)$ aus und betrachten daneben eine Schar von Bewegungen mit reduzierter Amplitude und gleichzeitig gedehntem Zeitablauf, für deren Deformationsgeschwindigkeit zur Zeit $t-s$ gilt:

$$\dot{\gamma}(t,s) = \varepsilon\dot{\tilde{\gamma}}(t-\varepsilon s);\quad 0<\varepsilon\leq 1\ . \tag{5.27}$$

Je kleiner der Zahlenparameter ε gewählt wird, umso langsamer fließt das Fluid zur aktuellen Zeit und umso langsamer hat sich die Schergeschwindigkeit in der Vergangenheit zeitlich verändert (s. Abb. 5.9). Diese Deformationsgeschichte wird nun durch die ersten n Glieder einer Taylorreihe bei $s=0$ approximiert:

$$\dot{\gamma}(t,s) = \varepsilon\sum_{k=0}^{n-1}\frac{(-\varepsilon s)^k}{k!}\left.\frac{\partial^k\dot{\tilde{\gamma}}(t-s)}{\partial t^k}\right|_{s=0} \tag{5.28}$$

(wir notieren partielle Zeitableitungen, weil möglicherweise auch eine Ortsabhängigkeit besteht). Wegen des schwindenden Gedächtnisses genügt es, wenn die Entwicklung in einem Zeitintervall gilt, das die *Reichweite des Gedächtnisses* überdeckt. Je kleiner der Parameter ε ist, umso weniger Summanden benötigt man zur Approximation in diesem Zeitintervall. Asymptotisch für $\varepsilon\to 0$, d. h. für eine hinreichend langsame und langsam veränderliche Strömung kann daher Gl. (3.6) unter Beachtung der Gl. (1.116) durch

$$\tau(t) = \mathop{F}_{s=0}^{\infty}\left[-\sum_{k=0}^{n-1}\frac{\varepsilon^{k+1}}{(k+1)!}\frac{\partial^k\dot{\tilde{\gamma}}(t)}{\partial t^k}(-s)^{k+1}\right] \tag{5.29}$$

ersetzt werden. Da die retardierte Zeit s explizit vorkommt, kann man sich das Funktional (z. B. eine Integration) bezüglich s ausgeführt denken. Dann reduziert sich die rechte Seite auf eine Funktion der Entwicklungskoeffizienten:

$$\tau(t) = \Phi\left(\varepsilon\dot{\tilde{\gamma}}(t), \varepsilon^2 \frac{\partial\dot{\tilde{\gamma}}(t)}{\partial t}, \ldots, \varepsilon^n \frac{\partial^{n-1}\dot{\tilde{\gamma}}(t)}{\partial t^{n-1}}\right). \tag{5.30}$$

Das Gedächtnis des Fluids äußert sich hier nur noch im Auftreten höherer Zeitableitungen zur aktuellen Zeit. Unter der Annahme, daß die Stoffunktion auf der rechten Seite im Zustand der Ruhe (alle Argumente null) regulär ist, gelingt eine konsequente Entwicklung nach Potenzen von ε bis zu Gliedern der Ordnung $O(\varepsilon^n)$. Ein absoluter Summand fehlt dabei, weil die Schubspannung im Zustand der Ruhe verschwindet.

Wir beschränken uns hier auf die Entwicklung bis zu Gliedern der Größenordnung $O(\varepsilon^3)$ einschließlich. Die einzelnen Summanden ergeben sich aus den verschiedenen Produkten, die mit den drei Argumenten in Gl. (5.30) gebildet werden können. Es kommen vor: $\varepsilon\dot{\tilde{\gamma}}$ als einziger Summand erster Ordnung in ε; $\varepsilon^2\dot{\tilde{\gamma}}^2$ und $\varepsilon^2\,\partial\dot{\tilde{\gamma}}/\partial t$ als Summanden zweiter Ordnung; $\varepsilon^3\dot{\tilde{\gamma}}^3, \varepsilon^3\dot{\tilde{\gamma}}\,\partial\dot{\tilde{\gamma}}/\partial t$ und $\varepsilon^3\,\partial^2\dot{\tilde{\gamma}}/\partial t^2$ als Summanden dritter Ordnung. Die in $\dot{\tilde{\gamma}}$ geraden Anteile, z. B. $\varepsilon^3\dot{\tilde{\gamma}}\,\partial\dot{\tilde{\gamma}}/\partial t$ können allerdings im Stoffgesetz für die Schubspannung nicht auftreten. Bei einer Strömungsumkehr ($\dot{\tilde{\gamma}} \to -\dot{\tilde{\gamma}}$) würden sie nämlich unverändert bleiben, während die Schubspannung in einem isotropen Fluid ihr Vorzeichen wechselt ($\tau \to -\tau$). Diese Eigenschaft schließt einige der zuvor genannten Summanden aus. Die übrigen, mit entsprechenden Stoffkonstanten multiplizierten Ausdrücke ergeben in der Summe die *Approximation dritter Ordnung* für die Schubspannung bei langsamen und langsam veränderlichen instationären Schichtenströmungen. Nachdem der Aufbau dieser Beziehung geklärt ist, können wir ohne weiteres die Vergleichsströmung $\dot{\tilde{\gamma}}(t)$ mit der aktuellen Bewegung $\dot{\gamma}(t)$ identifizieren, d. h. $\varepsilon = 1$ setzen und die Stoffgleichung folgendermaßen schreiben:

$$\tau = \eta_0 \left\{ \underbrace{\dot{\gamma}}_{1.} \underbrace{- \lambda_1 \frac{\partial\dot{\gamma}}{\partial t}}_{2.} \underbrace{- \lambda_2^2\dot{\gamma}^3 + \lambda_3^2 \frac{\partial^2\dot{\gamma}}{\partial t^2}}_{3.\ \text{Ordnung}} + \ldots \right\}. \tag{5.31}$$

Hierin bezeichnet η_0 die Nullviskosität des Fluids, und $\lambda_1, \lambda_2, \lambda_3$ sind Stoffkonstanten der Dimension Zeit.

Diese Betrachtungen können sinngemäß auf mehrdimensionale Strömungen übertragen werden: Unter der Voraussetzung, daß die relative Deformation der materiellen Fluidelemente innerhalb der Reichweite des Gedächtnisses klein bleibt und sich auch nur langsam (niederfrequent) ändert, wird zunächst die Verzerrungsgeschichte gemäß Gl. (1.105) bezüglich der retardierten Zeit entwickelt. Als Entwicklungskoeffizienten treten dabei die Rivlin–Ericksen–Tensoren zur aktuellen Zeit auf. Damit reduziert sich das Stoffunktional in Gl. (3.5) auf eine Funktion dieser kinematischen Tensoren. Sinngemäß wie zuvor erläutert, repräsentieren dabei $\mathbf{A}_1, \mathbf{A}_2, ... \mathbf{A}_n$ Größen erster, zweiter bzw. n. Ordnung bezüglich des Ordnungsparameters ε. Bei konsequenter Entwicklung nach Potenzen von ε, die unter gewissen Regularitätsbedingungen möglich ist, wird die Stoffunktion in niedrigster Näherung durch lineare Ausdrücke in $\mathbf{A}_1$ approximiert. Für *isotrope volumenbeständige* Flüssigkeiten, die nur inkompressible Strömungen zulassen (mit sp $\mathbf{A}_1 = 0$), ergibt sich als Approximation erster Ordnung

$$\mathbf{T}(\mathbf{r}, t) = \eta_0 \, \mathbf{A}_1(\mathbf{r}, t) \; . \tag{5.32}$$

Diese Beziehung kennzeichnet newtonsche Reibungseigenschaften (s. Gl. (3.1) in Verbindung mit (1.109)). Bei räumlichen Strömungen, die in dem zuvor erläuterten Sinn langsam ablaufen und die sich, gemessen an der Reichweite des Gedächtnisses, auch nur langsam ändern, verhält sich demnach "fast jede" einfache Flüssigkeit in erster Näherung *newtonsch*, wobei natürlich die Nullviskosität η_0 maßgeblich ist. Im Rahmen einer Approximation zweiter Ordnung treten ein in $\mathbf{A}_2$ und ein in $\mathbf{A}_1^2$ linearer Summand hinzu:

$$\mathbf{T}(\mathbf{r}, t) = \underbrace{\eta_0 \, \mathbf{A}_1(\mathbf{r}, t)}_{1.} + \underbrace{\alpha_1 \, \mathbf{A}_2(\mathbf{r}, t) + \alpha_2 \, \mathbf{A}_1^2(\mathbf{r}, t)}_{2.\ \text{Ordnung}} \; . \tag{5.33}$$

Die außerdem noch zulässigen isotropen Summanden zweiter Ordnung, z. B. $(\text{sp}\,\mathbf{A}_2)\mathbf{1}$ sind zum Einheitstensor proportional und können deshalb den kugelsymmetrischen Druckspannungen zugeschlagen werden, die zu den Reibungsspannungen $\mathbf{T}$ addiert werden müssen, um die Gesamtspannungen zu erhalten. In Zusammenhang mit der Stoffgleichung (5.33) spricht man gelegentlich von *"Flüssigkeiten zweiter Ordnung"*. Dieser Begriff ist allerdings mißverständlich, denn nicht die besonderen Stoffeigenschaften einiger weniger Flüssigkeiten führen zu Gl. (5.33), sondern vielmehr die Beschränkung auf Prozesse mit besonderen Deformationseigenschaften. Zutreffender ist deshalb, die Stoffgleichung (5.33) als asymptotische *Approximation zweiter Ordnung für langsame und langsam veränderliche Deformationsprozesse* zu bezeichnen. Sie ähnelt auffallend der für viskosimetrische Strömungen beliebige Stärke gültigen Stoffgleichung (3.36). Man beachte aber die unterschiedliche Bedeutung beider Beziehungen. Ein Vergleich zeigt, daß eine Flüssigkeit zweiter Ordnung bei einer viskosimetrischen Strömung newtonsche Fließeigenschaften und konstante Normalspannungskoeffizienten besitzt, denn die zugehörigen Normalspannungsfunktionen wachsen mit $\dot{\gamma}^2$ an:

$$\eta(\dot{\gamma}) = \eta_0 \,, \tag{5.34}$$

$$N_1(\dot{\gamma}) = -\,2\alpha_1\dot{\gamma}^2 \,, \tag{5.35}$$

$$N_2(\dot{\gamma}) = (2\alpha_1 + \alpha_2)\dot{\gamma}^2 \,. \tag{5.36}$$

Die Stoffkoeffizienten zweiter Ordnung α_1 und α_2 einer realen Flüssigkeit hängen demnach in einfacher Weise mit den unteren Grenzwerten der Normalspannungskoeffizienten dieser Flüssigkeit zusammen:

$$\alpha_1 = -\frac{1}{2}\nu_{10} \,, \quad \alpha_2 = \nu_{10} + \nu_{20} \,. \tag{5.37}$$

Im Rahmen einer Approximation dritter Ordnung kommen etliche weitere Summanden hinzu. Bis auf kugelsymmetrische Anteile, die wiederum im Druck untergebracht werden können, sind dies $\mathbf{A}_3$, $\mathbf{A}_1 \cdot \mathbf{A}_2$, $\mathbf{A}_2 \cdot \mathbf{A}_1$, $(\mathrm{sp}\,\mathbf{A}_2)\,\mathbf{A}_1$, $(\mathrm{sp}\,\mathbf{A}_1^2)\,\mathbf{A}_1$ und $\mathbf{A}_1^3$. Bei isochoren Strömungen kann $\mathbf{A}_1^3$ durch einen kugelsymmetrischen Anteil und einen Summanden der Form $(\mathrm{sp}\,\mathbf{A}_1^2)\,\mathbf{A}_1$ ersetzt werden (Cayley–Hamiltonsches Theorem), und $\mathrm{sp}\,\mathbf{A}_2$ kann auf $\mathrm{sp}\,\mathbf{A}_1^2$ zurückgeführt werden (Aufgabe 1.4). Da der Spannungstensor symmetrisch ist, treten außerdem die beiden Ausdrücke $\mathbf{A}_1 \cdot \mathbf{A}_2$ und $\mathbf{A}_2 \cdot \mathbf{A}_1$ nicht unabhängig voneinander, sondern nur als Summe auf. Das Reibungsgesetz einer isotropen *"Flüssigkeit dritter Ordnung"* lautet deshalb

$$\begin{aligned} \mathbf{T} = {} & \eta_0\mathbf{A}_1 + \alpha_1\mathbf{A}_2 + \alpha_2\mathbf{A}_1^2 \\ & + \beta_1\mathbf{A}_3 + \beta_2(\mathbf{A}_1 \cdot \mathbf{A}_2 + \mathbf{A}_2 \cdot \mathbf{A}_1) + \beta_3(\mathrm{sp}\,\mathbf{A}_1^2)\,\mathbf{A}_1 \end{aligned} \tag{5.38}$$

(der Kürze halber werden die Argumente $\mathbf{r}$ und t bei den tensoriellen Feldgrößen unterdrückt). Die skalaren Entwicklungskoeffizienten sind vom Grad der Approximation unabhängig. Zu den bereits diskutierten Konstanten η_0, α_1 und α_2 treten mit β_1, β_2 und β_3 drei Stoffkoeffizienten dritter Ordnung hinzu. Zwei von ihnen können durch Schubversuche identifiziert werden, denn β_1 und $\beta_2 + \beta_3$ quantifizieren die Abweichung der dynamischen Viskosität $\eta'(\omega)$ bzw. der stationären Scherviskosität $\eta(\dot{\gamma})$ vom newtonschen Grenzwert η_0 bei niedrigen Frequenzen bzw. kleinen Schergeschwindigkeiten:

$$\beta_1 = -\lim_{\omega\to 0}\frac{\eta'(\omega) - \eta_0}{\omega^2} \,, \quad \beta_2 + \beta_3 = \frac{1}{2}\lim_{\dot{\gamma}\to 0}\frac{\eta(\dot{\gamma}) - \eta_0}{\dot{\gamma}^2} \,. \tag{5.39}$$

5.5.2 Abriß einer Theorie zweiter Ordnung

Die feldtheoretische Analyse einer *stationären* inkompressiblen Strömung im Schwerefeld zielt darauf, aus den Bewegungsgleichungen (2.33) und der Kontinuitätsgleichung $\operatorname{div}\mathbf{v} = 0$ unter Beachtung sachgerechter Randbedingungen das Eulersche Geschwindigkeitsfeld $\mathbf{v}(\mathbf{r})$ und das Druckfeld $p^*(\mathbf{r})$ zu extrahieren. Das Potential der Schwerkraft kann dabei dem Druck zugeschlagen werden (s. Gl. (2.12)), und der Beschleunigungsvektor besteht nur aus den nichtlinearen konvektiven Anteilen $\mathbf{L}\cdot\mathbf{v}$ (s. Gl. (1.25)). Die Bewegungsgleichungen lauten somit

$$\rho\,\mathbf{L}\cdot\mathbf{v} = -\operatorname{grad} p^* + \operatorname{div}\mathbf{T}\,. \tag{5.40}$$

Ihre Lösung hängt natürlich wesentlich davon ab, wie die Reibungsspannungen $\mathbf{T}$ mit dem Geschwindigkeitsfeld verknüpft sind. Bei langsamen und langsam veränderlichen Deformationsprozessen sind die zuvor erläuterten asymptotischen Stoffapproximationen adäquat. In Anbetracht der unterschiedlichen Größenordnung der einzelnen Summanden in diesen Stoffgleichungen liegt es nahe, auch die gesuchten Felder $\mathbf{v}(\mathbf{r})$ und $p^*(\mathbf{r})$ nach Potenzen des Ordnungsparameters ε zu entwickeln. Wir beschränken uns dabei auf *Störungen des Ruhezustands*, so daß absolute Summanden fehlen:

$$\mathbf{v}(\mathbf{r}) = \mathbf{v}^{(1)}(\mathbf{r}) + \mathbf{v}^{(2)}(\mathbf{r}) + \ldots\,, \tag{5.41}$$

$$p^*(\mathbf{r}) = p^{(1)}(\mathbf{r}) + p^{(2)}(\mathbf{r}) + \ldots \tag{5.42}$$

Die oberen Indizes zeigen an, mit welcher ε – Potenz die einzelnen Summanden asymptotisch für $\varepsilon \to 0$ verschwinden. Die dominierenden Feldanteile erster Ordnung $\mathbf{v}^{(1)}$, $p^{(1)}$ bezeichnet man gern als *Primärströmung*, die zusätzlichen Anteile als *Sekundärströmung*. In der Regel können durch nichtnewtonsches Stoffverhalten verursachte Sekundärströmungen bereits im Rahmen einer sogenannten *Theorie zweiter Ordnung* erklärt werden, d. h. die Erscheinungen werden bereits durch die Felder $\mathbf{v}^{(2)}$, $p^{(2)}$ beschrieben. Um sie zu berechnen, benötigt man die Stoffapproximation (5.33). Setzt man dort die Reihenentwicklungen (5.41), (5.42) ein und ordnet nach ε – Potenzen, so erhält man

$$\mathbf{T}(\mathbf{r}) = \underbrace{\eta_0\,\mathbf{A}_1^{(1)}}_{1.} + \underbrace{\eta_0\,\mathbf{A}_1^{(2)} + \alpha_1\,\mathbf{A}_2^{(1)} + \alpha_2\,\mathbf{A}_1^{(1)\,2}}_{2.\ \text{Ordnung}} + \ldots \tag{5.43}$$

Bringt man die Entwicklungen in Gl. (5.40) ein, deutet dort die konvektive Beschleunigung als Term zweiter Ordnung und berücksichtigt zunächst nur die Summanden erster Ordnung, so erhält man die Feldgleichungen für die Primärströmung:

$$\eta_0 \operatorname{rot} \operatorname{rot} \mathbf{v}^{(1)} + \operatorname{grad} p^{(1)} = \mathbf{0} , \tag{5.44}$$

$$\operatorname{div} \mathbf{v}^{(1)} = 0 . \tag{5.45}$$

Die sukzessive Approximation durch Störungsrechnung beginnt also stets damit, die schleichende Strömung eines Fluids konstanter Viskosität (der Nullviskosität des realen Fluids) unter vorgegebenen Randbedingungen aufzufinden. Aus der Linearität dieser Differentialgleichungen ergibt sich, daß das Geschwindigkeitsfeld der Primärströmung stets linear mit der erregenden Ursache, z. B. einem von außen aufgeprägten Druckgefälle oder der Schleppgeschwindigkeit bewegter Wände anwächst.

Sammelt man nun alle Terme zweiter Ordnung, so erhält man die Differentialgleichungen zur Bestimmung der Felder $\mathbf{v}^{(2)}$ und $p^{(2)}$:

$$\eta_0 \operatorname{rot} \operatorname{rot} \mathbf{v}^{(2)} + \operatorname{grad} p^{(2)} = \operatorname{div}\left[\alpha_1 \mathbf{A}_2^{(1)} + \alpha_2 \mathbf{A}_1^{(1)\,2}\right] - \rho\, \mathbf{L}^{(1)} \cdot \mathbf{v}^{(1)} , \tag{5.46}$$

$$\operatorname{div} \mathbf{v}^{(2)} = 0 . \tag{5.47}$$

Bemerkenswerterweise erscheinen auf den linken Seiten dieselben Differentialoperatoren wie bei der Primärströmung. Auf der rechten Seite der Bewegungsgleichungen treten aber Quellterme hinzu, die mit dem zuerst bestimmten primären Geschwindigkeitsfeld $\mathbf{v}^{(1)}$ grundsätzlich bekannt sind. Sie spiegeln einerseits die nichtnewtonschen Stoffeigenschaften wider (α – Terme), andererseits die Massenträgheit der Flüssigkeit (ρ – Term).

Auch bei der Erzeugung höherer Näherungen bleibt die Struktur erhalten. Zur Berechnung der Feldanteile $\mathbf{v}^{(n)}$, $p^{(n)}$ mit $n > 2$ werden zwar Stoffapproximationen höherer Ordnung benötigt, z. B. Gl. (5.38) für $n = 3$. Die Differentialgleichungen sind aber stets von der Form der Gln. (5.46) und (5.47), wobei auf den linken Seiten $\mathbf{v}^{(n)}$ statt $\mathbf{v}^{(2)}$ und $p^{(n)}$ statt $p^{(2)}$ auftreten. Auf der rechten Seite erscheinen nichtlineare Ausdrücke der Geschwindigkeitsfelder niedrigerer Ordnung, $\mathbf{v}^{(1)}$ bis $\mathbf{v}^{(n-1)}$. Man hat also sukzessiv schleichende Strömungen einer Flüssigkeit konstanter Viskosität unter Wirkung jeweils bekannter Volumenkraftfelder zu bestimmen. In der Regel treibt man die Störungsrechnung nur so weit, bis ein Beitrag zur Sekundärströmung auftritt, der sich von der Primärströmung in charakteristischer Weise unterscheidet. Höhere Näherungen sollten zwar grundsätzlich genauere Ergebnisse erbringen, beeinflussen aber das Erscheinungsbild der Sekundärströmung im allgemeinen nur noch unwesentlich und sind deshalb im Hinblick auf die Erklärung sekundärer Strömungserscheinungen von geringerem Interesse.

Die Auswertung der rechten Seite der Gl. (5.46) kann noch erheblich vereinfacht werden. Für ein Geschwindigkeitsfeld $\mathbf{v}^{(1)}$ (hier die Primärströmung), das die schleichende Strömung einer inkompressiblen newtonschen Flüssigkeit beschreibt, gilt nämlich

$$\operatorname{div}\left(\mathbf{A}_2^{(1)} - \mathbf{A}_1^{(1)2}\right) = \operatorname{grad}\left[\frac{1}{\eta_0}\frac{Dp^{(1)}}{Dt} + \frac{1}{4}\operatorname{sp}\mathbf{A}_1^{(1)2}\right]. \tag{5.48}$$

Zum Beweis dieser Identität legt man zweckmäßigerweise ein kartesisches Koordinatensystem zugrunde und drückt die Komponenten des Vektors auf der linken Seite (unter Verwendung der Gln. (1.108) und (1.109)) durch die Geschwindigkeitskomponenten und deren partielle Ableitungen aus. Wegen der Eigenschaft (5.45) entfallen einige Summanden, und mit Gl. (5.44) können die höchsten Ableitungen eliminiert werden. Die dann noch verbleibenden Terme können in den Ausdruck auf der rechten Seite von (5.48) überführt werden.

Zerlegt man also die beiden α – Terme auf der rechten Seite der Gl. (5.46) in $\alpha_1 \operatorname{div}\left(\mathbf{A}_2^{(1)} - \mathbf{A}_1^{(1)2}\right) + (\alpha_1 + \alpha_2)\operatorname{div}\mathbf{A}_1^{(1)2}$, so beeinflußt der erste Summand, da er sich als Gradient darstellen läßt, nur das Druckfeld $p^{(2)}$, und lediglich der zweite Summand trägt zur Sekundärströmung bei. Eliminiert man das Druckfeld durch Bilden der Rotation, so erhält man demnach als Bestimmungsgleichung für das sekundäre Stromfeld

$$\operatorname{rot}\operatorname{rot}\operatorname{rot}\mathbf{v}^{(2)} = \frac{\alpha_1 + \alpha_2}{\eta_0}\operatorname{rot}\operatorname{div}\mathbf{A}_1^{(1)2} - \frac{\rho}{\eta_0}\operatorname{rot}\left(\mathbf{L}^{(1)} \cdot \mathbf{v}^{(1)}\right). \tag{5.49}$$

Man beachte, daß in dieser Bewegungsgleichung nur die Kombination $\alpha_1 + \alpha_2$ der Stoffkoeffizienten zweiter Ordnung vorkommt. Sie hängt übrigens in einfacher Weise mit den beiden Normalspannungskoeffizienten zweiter Ordnung ν_{10} und ν_{20} zusammen: $\alpha_1 + \alpha_2 = (\nu_{10} + 2\nu_{20})/2$. Aus den nichtnewtonschen Stoffeigenschaften resultierende Sekundärströmungen zweiter Ordnung sind somit in jedem Fall normalspannungsinduzierte Erscheinungen. Da ν_{10} stets positiv und ν_{20} im allgemeinen zwar negativ, aber betragsmäßig kleiner als $\nu_{10}/2$ ist, kann die Stoffkonstante $\alpha_1 + \alpha_2$ fortan als positiv angesehen werden.

Es sei noch einmal daran erinnert, daß die hier skizzierte Theorie zweiter Ordnung auf Störungen des Ruhezustands zugeschnitten ist. Sie kann aber leicht auf Strömungen verallgemeinert werden, die als *Störungen eines Zustands starrer Rotation* (mit konstanter Winkelgeschwindigkeit Ω) aufgefaßt werden können. Solche Strömungen analysiert man zweckmäßigerweise in einem mitrotierenden Bezugssystem. Dabei werden Zentrifugalkräfte und Corioliskräfte wirksam (s. Gl. (2.49)). Die Zentrifugalkraftdichte ist konservativ, so daß man ihr Potential dem Druckfeld p^* zuschlagen kann. Das Corioliskraftfeld ändert aber den Charakter der Störungsdifferentialgleichungen. Bei genauerer Betrachtung erkennt man, daß auf der linken Seite der Gl. (5.44) ein Summand der Form $2\rho\Omega\times\mathbf{v}^{(1)}$ hinzutritt und auf der linken Seite der Gl. (5.46) sinngemäß der Summand

$2\rho\,\boldsymbol{\Omega}\times\mathbf{v}^{(2)}$. Die mit den Reibungskoeffizienten η_0, α_1 und α_2 multiplizierten Summanden der Bewegungsgleichungen sind die gleichen wie im Absolutsystem, denn die Stoffgleichung (5.43) ist *objektiv*. Im Relativsystem ist allerdings Gl. (5.48) nicht mehr gültig und die mit ihr begründete Vereinfachung deshalb hinfällig.

5.5.3 Anwendung auf ebene Strömungen

Das Geschwindigkeitsfeld einer ebenen Strömung kann stets in der Form (1.18) notiert werden. Der erste Rivlin–Ericksen–Tensor besitzt dann die kartesische Matrixdarstellung

$$\mathbf{A}_1 \mathrel{\hat{=}} \begin{bmatrix} 2\dfrac{\partial u}{\partial x} & \dfrac{\partial u}{\partial y}+\dfrac{\partial v}{\partial x} & 0 \\ \dfrac{\partial u}{\partial y}+\dfrac{\partial v}{\partial x} & 2\dfrac{\partial v}{\partial y} & 0 \\ 0 & 0 & 0 \end{bmatrix}. \tag{5.50}$$

Da bei inkompressiblen Fluiden aus Kontinuitätsgründen $\partial v/\partial y = -\,\partial u/\partial x$ gilt, entsteht beim Quadrieren eine Matrix, die nur an zwei Stellen auf der Hauptdiagonalen von null verschiedene, und zwar gleich große Elemente besitzt:

$$\mathbf{A}_1^2 \mathrel{\hat{=}} \frac{1}{2}\,\mathrm{sp}\,\mathbf{A}_1^2 \begin{bmatrix} 1 & 0 & 0 \\ 0 & 1 & 0 \\ 0 & 0 & 0 \end{bmatrix}. \tag{5.51}$$

Damit gilt

$$\operatorname{div}\mathbf{A}_1^2 = \operatorname{grad}\left(\frac{1}{2}\,\mathrm{sp}\,\mathbf{A}_1^2\right), \tag{5.52}$$

so daß in der Differentialgleichung (5.49) der erste Summand auf der rechten Seite verschwindet. Wenn dann auch noch die Massenträgheit und somit der zweite Summand auf der rechten Seite vernachlässigt werden können (schleichende Strömung), entfallen die Ursachen für eine Sekundärströmung. Unter vorgegebenen kinematischen Randbedingungen, die schon von der Primärströmung erfüllt werden, fehlt deshalb eine Sekundärströmung zweiter Ordnung, d. h. es gilt $\mathbf{v}^{(2)}(\mathbf{r}) = \mathbf{0}$. Ebene schleichende Strömungen besitzen also auch in zweiter Näherung i. allg. noch das newtonsche Geschwindigkeitsfeld $\mathbf{v}^{(1)}(\mathbf{r})$ (es sei denn, die Flüssigkeit hat freie Ränder, an denen Spannungsrandbedingungen zu erfüllen sind). Die Elastizität der Flüssigkeit verändert aber das Spannungsfeld.

Nach Gl. (5.43) werden einerseits Reibungsspannungen zweiter Ordnung wirksam (wegen $\mathbf{v}^{(2)} = \mathbf{0}$ entfällt dort der Anteil $\eta_0\ \mathbf{A}_1^{(2)}$). Andererseits enthält auch das Druckfeld Anteile zweiter Ordnung, die in Zusammenhang mit den Gln. (5.46), (5.48) und (5.52) verständlich werden:

$$p^{(2)}(\mathbf{r}) = \alpha_1 \left[\frac{1}{\eta_0} \frac{Dp^{(1)}}{Dt} + \frac{1}{4}\,\mathrm{sp}\,\mathbf{A}_1^{(1)2} \right] + \frac{1}{2}\left(\alpha_1 + \alpha_2\right)\mathrm{sp}\,\mathbf{A}_1^{(1)2}\ . \qquad (5.53)$$

Zur Illustration betrachten wir noch einmal den in Abb. 4.8 skizzierten Schmierfilm veränderlicher Spaltweite. Bei einem newtonschen Schmieröl besitzt die Druckverteilung $p^{(1)}(\varphi)$ die in Abb. 4.9 skizzierten Symmetrieeigenschaften, und es resultiert eine Kraft $F_\perp^{(1)}$ auf die Welle senkrecht zu derjenigen Richtung, in welche ihr Mittelpunkt ausweicht (s. Gl. (4.45)). Im Fall einer Flüssigkeit zweiter Ordnung kommt an der Welle ein Normalspannungsanteil zweiter Ordnung $\tau_{yy}^{(2)}(\varphi) - p^{(2)}(\varphi)$ hinzu, der mit Hilfe des newtonschen Stromfelds aus den Gln. (5.43) und (5.53) extrahiert werden kann. Bei genauerer Betrachtung erkennt man, daß diese zusätzliche Normalspannungsverteilung eine bezüglich der engsten Stelle $\varphi = \pi$ symmetrische Funktion der Winkelkoordinate φ ist. Nach einer Integration über die Oberfläche der Welle resultiert daraus eine *viskoelastische Kraftkomponente* parallel zur Verbindungslinie der Kreismittelpunkte:

$$F_\parallel^{(2)} = \frac{\pi(8 - \varepsilon^2 + 2\varepsilon^4)}{\left(2 + \varepsilon^2\right)^2 \left(1 - \varepsilon^2\right)^{3/2}}\ \nu_{10}\ b\,U^2\,\frac{r}{\bar{h}^2}\ . \qquad (5.54)$$

Bei viskoelastischen Flüssigkeiten enthält demnach die Tragkraft des Radiallagers auch eine (rücktreibende) Kraftkomponente in Richtung der Auslenkung der Welle. Das Antriebsmoment ist aber in zweiter Näherung noch das gleiche wie bei der newtonschen Primärströmung.

Die Berechnung der Kraftkomponente $F_\parallel^{(2)}$ gelingt am elegantesten, wenn man die Spannungsverteilung am ruhenden Gehäuse statt derjenigen an der rotierenden Welle integriert. In der Nähe einer ruhenden Wand, an der die Flüssigkeit haftet, liegt naturgemäß eine Scherströmung vor. Wegen $\mathbf{v}^{(2)} = \mathbf{0}$ ist die Schergeschwindigkeit an der Wand allein durch die Primärströmung bestimmt und somit proportional zur Wandschubspannung erster Ordnung. Die Auswertung der Gln. (5.43) und (5.53) ergibt für den Spannungszustand zweiter Ordnung an einer *ruhenden Wand* bemerkenswert einfache Ergebnisse:

$$\tau_w^{(2)} = 0\ , \qquad \left(p^{(2)} - \tau_{nn}^{(2)}\right)_w = \frac{\nu_{10}}{4\eta_0^2}\,\tau_w^{(1)\,2}\ . \qquad (5.55)$$

Die Ermittlung normalspannungsinduzierter Kraftanteile an ruhenden, stationär umströmten Körpern wird damit denkbar einfach.

5.5.4 Anwendung auf rotationssymmetrische Strömungen

Wir betrachten nun isochore stationäre Strömungen, deren Geschwindigkeitsfelder bezüglich einer raumfesten Achse eine Drehsymmetrie besitzen. Ihre kinematischen Eigenschaften wurden unter Verwendung zweckmäßig gewählter Zylinderkoordinaten r, φ, z bereits in Abschnitt 1.5.3 diskutiert. Eine wesentliche Erkenntnis war, daß die Geschwindigkeitskomponenten in der Meridianebene aus einer skalaren Stromfunktion $\Psi(r, z)$ abgeleitet werden können, die ebenso wie die Umfangskomponente $v_\varphi(r, z)$ nicht von der Winkelkoordinate φ abhängt. Insgesamt kann das Geschwindigkeitsfeld einer inkompressiblen rotationssymmetrischen Strömung stets in der Form

$$\mathbf{v} = v_\varphi \, \mathbf{e}_\varphi + \operatorname{rot}\left(\frac{\Psi}{r}\mathbf{e}_\varphi\right) \tag{1.139}$$

dargestellt werden. Außerdem wird an den linearen Differentialoperator E erinnert, der durch die Beziehung

$$\operatorname{rot}\operatorname{rot}\left(\frac{\Psi}{r}\mathbf{e}_\varphi\right) = -\frac{1}{r}\,E\Psi\,\mathbf{e}_\varphi \tag{1.140}$$

erklärt ist. Bei Verwendung von Zylinderkoordinaten nimmt er die in Gl. (1.141) angegebene Gestalt an. Die Bewegungsgleichungen (5.44) der Primärströmung zerfallen damit in zwei skalare Differentialgleichungen für die beiden Anteile $v_\varphi^{(1)}(r, z)$ und $\Psi^{(1)}(r, z)$ ohne gegenseitige Kopplung:

$$E\left(r\,v_\varphi^{(1)}\right) = -\frac{p'}{\eta_0}\,, \tag{5.56}$$

$$E\,E\,\Psi^{(1)} = 0\,. \tag{5.57}$$

Dabei ist p' eine Konstante, die den von außen aufgeprägten Druckabfall in φ–Richtung beschreibt, $p' := -\partial p / \partial\varphi$. In analoger Weise zerfällt Gl. (5.49) in zwei unabhängige Differentialgleichungen für die sekundären Feldanteile $v_\varphi^{(2)}(r, z)$ und $\Psi^{(2)}(r, z)$. Bei den im folgenden behandelten Beispielen besteht die Sekundärströmung jeweils nur aus dem durch $\Psi^{(2)}$ beschriebenen Anteil. Es gilt also $v_\varphi^{(2)} \equiv 0$, so daß es genügt, die partielle Differentialgleichung zur Bestimmung der Stromfunktion der Sekundärströmung zu notieren:

$$\frac{1}{r}\,E\,E\,\Psi^{(2)} = \frac{\alpha_1 + \alpha_2}{\eta_0}\operatorname{rot}_\varphi \operatorname{div}\mathbf{A}_1^{(1)\,2} - \frac{\rho}{\eta_0}\operatorname{rot}_\varphi\left(\mathbf{L}^{(1)}\cdot\mathbf{v}^{(1)}\right). \tag{5.58}$$

Die Analyse einer rotationssymmetrischen Strömung durch sukzessive Approximation zweiter Ordnung erfordert also zunächst, die Feldgleichungen (5.56) und (5.57) unter Beachtung der relevanten Randbedingungen zu lösen, um die Primärströmung aufzufinden. Mit dem Resultat sind die inhomogenen Terme auf der rechten Seite der Gl. (5.58) zu bilden, die dann unter Beachtung adäquater Randbedingungen zu lösen ist, um die Sekundärströmung zu bestimmen.

Zur Illustration betrachten wir eine Klasse rotationssymmetrischer Bewegungen etwas näher, die dadurch gekennzeichnet ist, daß die Geschwindigkeitsvektoren der *Primär– und* der *Sekundärströmung orthogonal zueinander* sind, und zwar in der Weise, daß das primäre Feld nur eine φ–Komponente besitzt, während die Sekundärströmung in der Meridianebene stattfindet ($\Psi^{(1)} \equiv 0$ und $v_\varphi^{(2)} \equiv 0$). Strömungen mit dieser Eigenschaft entstehen, wenn drehsymmetrische Randflächen, die die Flüssigkeit begrenzen und an denen sie haftet, mit jeweils konstanter Winkelgeschwindigkeit um die Symmetrieachse rotieren und die Flüssigkeit dabei mitschleppen. Man denke z. B. an ein rotationssymmetrisches Rührorgan. Ein Druckgefälle in φ–Richtung ist nicht vorhanden, so daß sich die Bestimmungsgleichung (5.56) für das primäre Feld auf

$$E\left(r\, v_\varphi^{(1)}\right) = 0 \tag{5.59}$$

reduziert. Bei der Primärströmung handelt es sich um eine reine Schleppströmung, bei der jeder materielle Punkt mit ihm eigener Winkelgeschwindigkeit $v_\varphi^{(1)} / r$ auf einem Kreis umläuft, dessen Zentrum auf der Drehachse liegt. Alle Teilchen, die mit derselben Winkelgeschwindigkeit umlaufen, liegen auf einer Drehfläche und behalten ihre relative Lage bei. Das Stromfeld besteht somit aus einer Schar rotationssymmetrischer Schichten, die unverzerrt bleiben und mit unterschiedlichen Winkelgeschwindigkeiten um die gemeinsame Achse rotieren. Von einer Drehung abgesehen, handelt es sich um eine inhomogene Scherströmung, wobei die Schergeschwindigkeit

$$\dot{\gamma} = r \left| \operatorname{grad} \frac{v_\varphi^{(1)}}{r} \right| \tag{5.60}$$

für ein beliebig herausgegriffenes Teilchen allzeit gleich bleibt, so daß die Primärströmung als viskosimetrisch im Sinne von Abschn. 1.5.1 erkannt ist.

Die theoretische Analyse der Sekundärströmung wird erleichtert, wenn man die Quellterme auf der rechten Seite der Gl. (5.58) explizit durch das primäre Geschwindigkeitsfeld darstellt. Für den Trägheitsterm gelingt das sofort, denn bei einer stationären Strömung der Form $v_\varphi^{(1)} \mathbf{e}_\varphi$ durchläuft jedes Fluidelement eine

Kreisbahn und erfährt dabei eine volumenbezogene Trägheitskraft ("Zentrifugalkraft") der Größe

$$-\rho \mathbf{L}^{(1)} \cdot \mathbf{v}^{(1)} = \frac{\rho}{r} v_\varphi^{(1)2} \mathbf{e}_r \, . \tag{5.61}$$

Da es sich um eine viskosimetrische Strömung handelt, gilt außerdem

$$2\mathbf{A}_1^{(1)2} - \mathbf{A}_2^{(1)} = 2\dot{\gamma}^2 \mathbf{e}_\varphi \mathbf{e}_\varphi \, . \tag{5.62}$$

Die Divergenz dieses dyadischen Tensorprodukts besitzt nur eine Radialkomponente (Formelanhang oder anschauliche Deutung am Element analog zu Abb. 5.3 mit $N_1 \to 2\dot{\gamma}^2$ und $N_2 = 0$):

$$\operatorname{div}\left(2\mathbf{A}_1^{(1)2} - \mathbf{A}_2^{(1)}\right) = -\frac{2}{r}\dot{\gamma}^2 \mathbf{e}_r \, . \tag{5.63}$$

Addiert man hierzu Gl. (5.48), bildet dann die Rotation und ersetzt damit die Ausdrücke auf der rechten Seite der Gl. (5.58), so erhält man als Bestimmungsgleichung der Sekundärströmung bei rotationssymmetrischen Strömungen mit einem rein azimutalen primären Geschwindigkeitsfeld

$$\mathrm{E}\,\mathrm{E}\,\Psi^{(2)} = -\frac{2(\alpha_1 + \alpha_2)}{\eta_0} r^2 \frac{\partial}{\partial z}\left|\operatorname{grad}\frac{v_\varphi^{(1)}}{r}\right|^2 + \frac{\rho}{\eta_0}\frac{\partial v_\varphi^{(1)2}}{\partial z} \, . \tag{5.64}$$

Als Randbedingungen hat man zu fordern, daß an den festen Wänden $\Psi^{(2)}$ konstant, i. allg. gleich null ist und die Ableitung in Normalenrichtung verschwindet.

Bei gewissen geometrisch einfachen Anordnungen können die Lösungen der Randwertprobleme für $v_\varphi^{(1)}$ und $\Psi^{(2)}$ durch elementare Funktionen dargestellt werden. Wir beschränken uns hier auf den Fall einer mit der Winkelgeschwindigkeit Ω_0 *rotierenden Kugel* vom Radius R_0, wobei die Flüssigkeit in weiter Entfernung von der Kugel ruht. Wir verwenden dabei zweckmäßigerweise Kugelkoordinaten R, ϑ, φ, die der Geometrie angemessen sind. Der Zusammenhang mit den Zylinderkoordinaten wird durch die Beziehungen $z = R\cos\vartheta$, $r = R\sin\vartheta$ hergestellt. Die Geschwindigkeitskomponenten in der Meridianebene hängen dann folgendermaßen mit der Stromfunktion $\Psi(R, \vartheta)$ zusammen:

$$v_R = \frac{1}{R^2 \sin\vartheta}\frac{\partial\Psi}{\partial\vartheta} \, , \qquad v_\vartheta = -\frac{1}{R\sin\vartheta}\frac{\partial\Psi}{\partial R} \, . \tag{5.65}$$

Der durch Gl. (1.140) definierte Differentialoperator nimmt unter Verwendung von Kugelkoordinaten folgende Gestalt an:

$$E = \frac{\partial^2}{\partial R^2} + \frac{\sin\vartheta}{R^2}\frac{\partial}{\partial\vartheta}\left(\frac{1}{\sin\vartheta}\frac{\partial}{\partial\vartheta}\right). \tag{5.66}$$

Das von der rotierenden Kugel erzeugte primäre Geschwindigkeitsfeld als Lösung der Gl. (5.59) hängt in einfacher Weise von R und ϑ ab:

$$v_\varphi^{(1)} = R_0^3\,\Omega_0\,\frac{\sin\vartheta}{R^2}. \tag{5.67}$$

Hiernach sind die Gleitflächen, welche sich mit konstanter Winkelgeschwindigkeit drehen, konzentrische Kugelflächen, und ihre Winkelgeschwindigkeit nimmt nach außen mit R^{-3} ab. Damit wird der erste Summand auf der rechten Seite der Gl. (5.64) proportional zu $R^{-7}\sin^2\vartheta\cos\vartheta$ und der zweite Summand proportional zu $R^{-5}\sin^2\vartheta\cos\vartheta$. Der Ansatz $\Psi^{(2)} = f(R)\sin^2\vartheta\cos\vartheta$ reduziert Gl. (5.64) auf eine gewöhnliche Differentialgleichung vierter Ordnung. Ihr allgemeines Integral enthält zwei Anteile, die mit zunehmender Entfernung von der Kugel anwachsen, wegen der Abklingbedingung im Unendlichen also nicht vorkommen dürfen. Die beiden verbleibenden Integrationskonstanten bestimmen sich aus den Randbedingungen an der Kugeloberfläche, nämlich $\Psi^{(2)} = \partial\Psi^{(2)}/\partial R = 0$ für $R = R_0$.

Wegen der Linearität des Problems können die von der Viskoelastizität (α – Term) und von der Massenträgheit (ρ – Term) verursachten Sekundärströmungsanteile getrennt berechnet und dann linear überlagert werden. Die analytischen Ergebnisse lauten

$$\Psi_\alpha^{(2)} = \frac{\alpha_1+\alpha_2}{2\eta_0}R_0^3\Omega_0^2\left(1+2\frac{R_0}{R}\right)\left(1-\frac{R_0}{R}\right)^2\sin^2\vartheta\cos\vartheta\,, \tag{5.68}$$

$$\Psi_\rho^{(2)} = -\frac{\rho}{8\eta_0}R_0^5\Omega_0^2\left(1-\frac{R_0}{R}\right)^2\sin^2\vartheta\cos\vartheta\,. \tag{5.69}$$

Abb. 5.10 zeigt das Stromlinienbild der viskoelastischen Sekundärströmung (Kurven $\Psi_\alpha^{(2)} = \text{const}$). Sie besteht aus zwei durch die Äquatorebene getrennten Ringwirbeln. Man beachte, daß der ersten Normalspannungsdifferenz eine radial nach innen gerichtete Volumenkraft entspricht (s. Gl. (5.63)), die am Äquator maximalen Betrag annimmt und auf der Drehachse verschwindet. Es ist deshalb plausibel, daß das Fluid in der Äquatorebene einwärts strömt. Diesem Normalspannungseffekt überlagert sich die trägheitsinduzierte Sekundärströmung gemäß Gl. (5.69). Sie besitzt ein ähnliches Stromlinienbild wie in Abb. 5.10, jedoch mit umgekehrtem Drehsinn. Das wird qualitativ verständlich, wenn man beachtet, daß die treibende Kraft (nach Gl. (5.61)) auf der Drehachse und im Unendlichen verschwindet und am Äquator der Kugel ihren größten Wert annimmt. Die Flüssigkeit wird deshalb in der Äquatorebene nach außen geschleudert und strömt längs der Achse wieder ein.

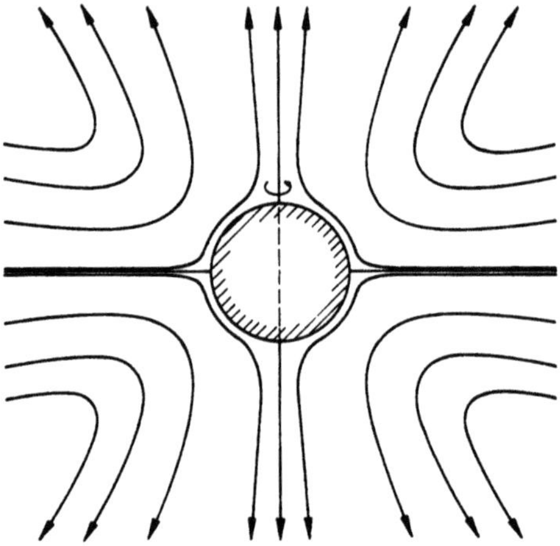

Abb. 5.10 Von einer rotierenden Kugel erzeugte viskoelastische Sekundärströmung zweiter Ordnung

Die Stärke der beiden Sekundärströmungsanteile – jeweils bezogen auf die Primärströmung – wird durch die *Weissenberg–Zahl* $\mathrm{We} := 2(\alpha_1 + \alpha_2)\Omega_0 / \eta_0$ bzw. die *Reynolds–Zahl* $\mathrm{Re} := \rho\, R_0^2\, \Omega_0 / \eta_0$ quantifiziert. Es ist klar, daß die durch eine Störungsrechnung gewonnenen Ergebnisse nur dann gelten können, wenn beide Kennzahlen hinreichend klein sind. Da sich beide Anteile linear überlagern, gilt für die Sekundärströmung insgesamt $\Psi^{(2)} = \Psi_\alpha^{(2)} + \Psi_\rho^{(2)}$. Das Stromlinienbild hängt somit vom Verhältnis der beiden Kennzahlen ab, d. h. vom Parameter $(\alpha_1 + \alpha_2) / \rho\, R_0^2$. Unterscheiden sich die Weissenberg–Zahl und die Reynolds–Zahl in ihrer Größe wesentlich voneinander, so dominiert jeweils einer der beiden Anteile und prägt dem Geschehen seinen Charakter auf. So gibt Abb. 5.10 das Stromlinienbild für $\mathrm{Re} \ll \mathrm{We}$ wieder. Unter bestimmten Bedingungen führt die Überlagerung aber zu einer partiellen Auslöschung mit einer veränderten Wirbelstruktur. Besitzt nämlich der Parameter $(\alpha_1 + \alpha_2) / \rho\, R_0^2$ einen Zahlenwert zwischen $1/12$ und $1/4$, so tritt in der Flüssigkeit eine kugelförmige Staustromfläche auf, wobei sich die Zahl der Ringwirbel verdoppelt (Abb. 5.11). Innerhalb dominiert der Normalspannungseffekt, so daß sich dort der gleiche Drehsinn wie in Abb. 5.10 ergibt. Im Fernfeld dominiert aber die Trägheit und führt dort zu einer Umkehr der Strömungsrichtung.

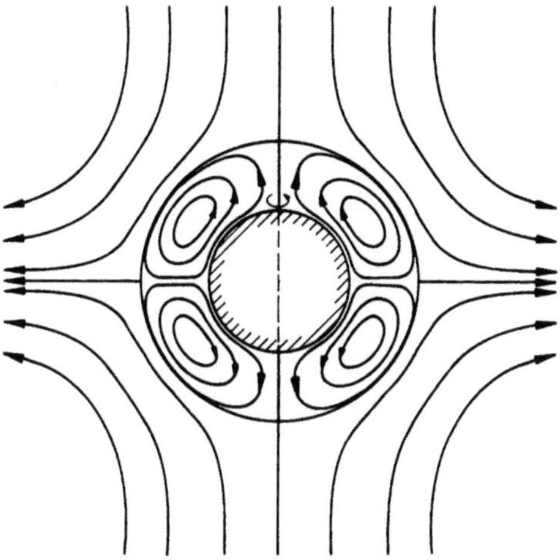

Abb. 5.11 Überlagerung der durch Normalspannungsdifferenzen und Trägheit hervorgerufenen Sekundärströmungsanteile für We << 1 und Re << 1; $(\alpha_1 + \alpha_2)/\rho R_0^2 = 0{,}14$

Mit den Differentialgleichungen (5.59) und (5.64) können natürlich auch Sekundärströmungen in *komplexeren Gebieten* berechnet werden. Die elliptischen Randwertprobleme sind dann zwar i. allg. nicht mehr analytisch exakt lösbar. Man kann aber auf verschiedene Weise *numerische Approximationen* erzeugen, z. B. mit der *Methode der finiten Elemente* auf der Basis äquivalenter Extremalprinzipe, in denen nur noch erste Ableitungen des Primärfelds $v_\varphi^{(1)}$ und zweite Ableitungen des Sekundärfelds $\Psi^{(2)}$ vorkommen.

Abb. 5.12 zeigt das Ergebnis solcher Berechnungen exemplarisch für einen Scheibenrührer (Radius R_0) in einem kreiszylindrischen ruhenden Behälter. Man beachte, daß nur eine Hälfte der Meridianebene dargestellt wird. Mit den Erkenntnissen, die anhand einer rotierenden Kugel gewonnen wurden, sind das Stromlinienbild und der Drehsinn der Wirbel grundsätzlich plausibel. Im Parameterbereich partieller gegenseitiger Auslöschung ändert sich das Strömungsfeld empfindlich mit der relevanten Kennzahl $(\alpha_1 + \alpha_2)/\rho R_0^2$. In Flüssigkeiten mit relativ geringer Elastizität wird auch die Struktur nach Art der Abb. 5.12b mit insgesamt vier Ringwirbeln tatsächlich beobachtet (s. Abb. E.7 in der Einleitung). Die Eigenschaften der Primärströmung und der Wirbelfluß wurden übrigens schon in Abb. 1.19 veranschaulicht.

Der zuvor betrachteten Situation ist die stationäre *Durchströmung eines gekrümmten Rohres* eng verwandt. Der wesentliche Unterschied besteht darin, daß die Strömung hier nicht durch die Schleppwirkung bewegter Wände, sondern durch ein von außen aufgeprägtes Druckgefälle längs der Rohrachse (in φ -Richtung) zustande kommt. Bei einer voll ausgebildeten Strömung mit einem

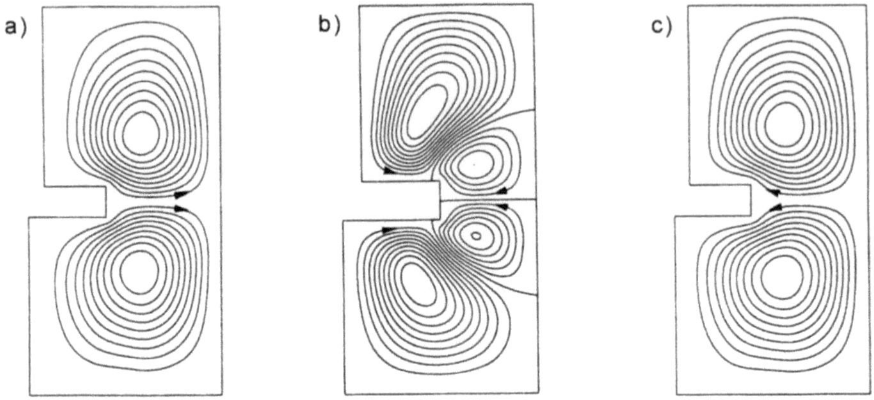

Abb. 5.12 Von einem Scheibenrührer verursachte Sekundärströmungen nach der Theorie zweiter Ordnung
a) Trägheit dominiert b) $(\alpha_1 + \alpha_2)/\rho R_0^2 = 0{,}06$ c) Elastizität dominiert

von φ unabhängigen Geschwindigkeitsfeld ist die Druckänderung $p' := -\partial p / \partial \varphi$ räumlich konstant. Die schleichende newtonsche Primärströmung erfolgt in der Weise, daß jeder materielle Punkt den Rohrquerschnitt senkrecht durchströmt. Für den Geschwindigkeitsvektor gilt also $\mathbf{v}^{(1)} = v_\varphi^{(1)} \mathbf{e}_\varphi$. Die Bestimmungsgleichung für das Feld $v_\varphi^{(1)}$ wurde bereits mit Gl. (5.56) gefunden. Als Randbedingung hat man wegen des Haftens $v_\varphi^{(1)} = 0$ an der Rohrwand hinzuzufügen. Wie die Lösung dieses Randwertproblems auch aussehen mag – die Primärströmung ist jedenfalls eine stationäre Schichtenströmung, denn jede Fläche $v_\varphi^{(1)} / r = \text{const}$ bleibt bei der Bewegung in sich undeformiert, weil alle auf ihr liegenden materiellen Punkte mit der gleichen Winkelgeschwindigkeit um die z–Achse umlaufen. Damit besitzt die Primärströmung grundsätzlich die gleichen kinematischen Eigenschaften wie im Fall eines rotierenden Körpers. Die bei einer solchen Schichtenströmung auftretenden Normalspannungsdifferenzen und die Trägheitskräfte rufen eine Sekundärströmung hervor, die wiederum in der Meridianebene erfolgt und demzufolge durch eine Stromfunktion $\Psi^{(2)}$ beschrieben werden kann. Zu ihrer Bestimmung hat man die bereits bekannte Differentialgleichung (5.64) heranzuziehen, bei deren Herleitung ja lediglich die erwähnten Eigenschaften der Primärströmung verwendet wurden und die deshalb auch bei der Strömung durch ein gekrümmtes Rohr gilt. Die gesuchte Lösung wird durch die Haftbedingungen $\Psi^{(2)} = 0$ und $\partial \Psi^{(2)} / \partial n = 0$ an der Rohrwand eindeutig festgelegt.

Abb. 5.13 zeigt das Stromlinienbild der Sekundärströmung in einem gekrümmten Rohr mit Kreisquerschnitt. Sowohl die Trägheitskräfte als auch die Normalspannungsdifferenzen rufen jeweils zwei Ringwirbel hervor, die durch eine Symmetrieebene getrennt sind und durch Spiegelung an ihr hervorgehen. Es genügt deshalb, jeweils nur einen dieser Ringwirbel zu zeigen. Im oberen Teil der Abbildung sieht man die Sekundärströmung in einem newtonschen Fluid, die allein durch die Trägheitskräfte verursacht wird. Zur anschaulichen Begründung des eingezeichneten Drehsinns bedenke man, daß die Strömungsgeschwindigkeit und mit ihr die Zentrifugalkraft an der Rohrwand verschwindet und in der Nähe der Rohrachse ihr Maximum annimmt. Es ist deshalb verständlich, daß die Flüssigkeit in der Rohrmitte nach außen geschleudert wird und in der Nähe der Wände wieder zurückströmt. Ähnliche Eigenschaften besitzt der normalspannungsinduzierte Anteil zur Sekundärströmung, der im unteren Teil der Abbildung dargestellt ist. Zur qualitativen Erklärung dieses Effekts beachte man, daß die kreisförmigen Stromlinien der Primärströmung zufolge der Normalspannungsunterschiede einer Zugspannung ausgesetzt sind. Sie wollen sich demzufolge wie gespannte Gummifäden verkürzen, d. h. näher zur Drehachse (in Abb. 5.13 nach links) verlagern. Wenn man berücksichtigt, daß die Schergeschwindigkeit und mit ihr die Zugspannung in der Nähe der Rohrachse verschwindet und zur Wand hin zunimmt, wird verständlich, daß die Flüssigkeit in der Nähe der Rohrwand einwärts strömt und aus Kontinuitätsgründen in der Rohrmitte dann nach außen. So entsteht einschließlich des Drehsinns qualitativ das gleiche Bild wie beim Trägheitseffekt, so daß sich beide Anteile bei der Überlagerung gegenseitig verstärken.

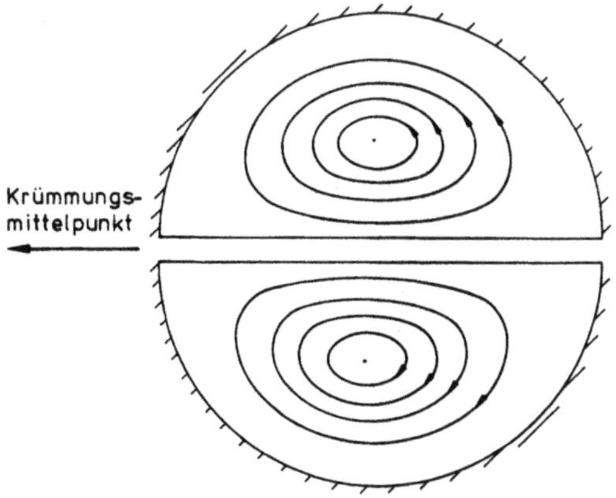

Abb. 5.13 Die Sekundärströmung in einem gekrümmten Kreisrohr, oben: Trägheitseffekt für $Re \ll 1$, unten: Normalspannnungseffekt für $We \ll 1$; das Verhältnis des Rohrradius zum Krümmungsradius beträgt 0,2

5.5.5 Verlust von Symmetrien

Wir gehen hier noch auf ein Phänomen ein, das etwas vereinfacht folgendermaßen umschrieben werden kann: Die Elastizität der Flüssigkeit zerstört Symmetrien im Strömungsfeld. Zur Illustration betrachten wir ein konkretes Beispiel, und zwar die stationäre inkompressible Umströmung einer Kugel (Radius R_0) unter der Randbedingung einer homogenen Parallelströmung im Unendlichen (Geschwindigkeit w_∞). Das Stromfeld ist rotationssymmetrisch, und da eine Drallkomponente fehlt, genügt zur kinematischen Charakterisierung die Stromfunktion $\Psi(R, \vartheta)$. Zweckmäßigerweise verwendet man dabei Kugelkoordinaten R, ϑ gemäß Abb. 5.14. Da es hier nur um die Auswirkung viskoelastischer Stoffeigenschaften geht, wird die Massenträgheit der strömenden Flüssigkeit ganz vernachlässigt. Im übrigen eignet sich gerade die zuvor skizzierte Theorie zweiter Ordnung, um das Wesentliche aufzuzeigen.

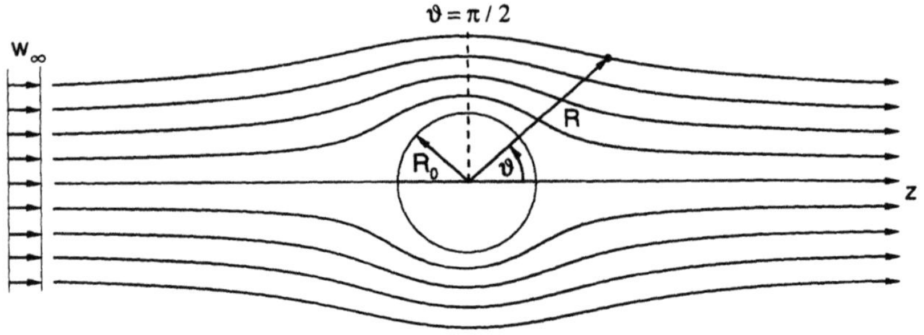

Abb. 5.14 Schleichende Kugelumströmung; obere Hälfte: newtonsches Fluid
untere Hälfte: Flüssigkeit zweiter Ordnung mit $(\alpha_1 + \alpha_2)\, w_\infty / \eta_0 R_0 = 1$

Unter der Voraussetzung, daß die Flüssigkeit an der Kugel haftet, sind dort die Randbedingungen

$$\Psi = 0, \quad \frac{\partial \Psi}{\partial R} = 0 \quad \text{für } R = R_0 \tag{5.70}$$

zu erfüllen. Die Annahme, daß in hinreichend weiter Entfernung die Strömungsgeschwindigkeit nach Betrag und Richtung konstant sei, führt zu folgenden äußeren Randbedingungen für die Stromfunktion:

$$\frac{1}{R^2 \sin\vartheta} \frac{\partial \Psi}{\partial \vartheta} \to w_\infty \cos\vartheta, \quad \frac{1}{R \sin\vartheta} \frac{\partial \Psi}{\partial R} \to w_\infty \sin\vartheta \quad \text{für } R \to \infty \,. \tag{5.71}$$

Die schleichende newtonsche Primärströmung als Lösung der Differentialgleichung (5.57) mit (5.66), die diesen Randbedingungen genügt, und das zugehörige Druckfeld können bekanntlich analytisch dargestellt werden:

$$\Psi^{(1)} = \frac{1}{2} w_\infty R^2 \left(1 - \frac{3R_0}{2R} + \frac{R_0^3}{2R^3}\right) \sin^2\vartheta \,, \tag{5.72}$$

$$p^{(1)} = p_\infty - \frac{3}{2} \eta_0 w_\infty R_0 \frac{\cos\vartheta}{R^2} \,. \tag{5.73}$$

Das Stromlinienbild ist spiegelsymmetrisch zur Ebene $\vartheta = \pi/2$ (s. oberen Teil der Abb. 5.14). Somit besitzen auch die Komponenten des Geschwindigkeitsfelds $\mathbf{v}^{(1)}$ und die Komponenten des Reibungsspannungstensors $\eta_0 \mathbf{A}_1^{(1)}$ gewisse Symmetrieeigenschaften bezüglich dieser Ebene. Das hängt damit zusammen, daß schleichende Strömungen newtonscher Flüssigkeiten *kinematisch reversibel* sind. Die Stokesschen Feldgleichungen (5.44) und (5.45) sind nämlich invariant gegenüber einer Vorzeichenumkehr im Geschwindigkeits– und im Druckfeld, genauer:

gegenüber der Transformation $\mathbf{v}^{(1)} \to -\mathbf{v}^{(1)}$, $p^{(1)} \to \text{const} - p^{(1)}$. Mit einer Umkehr der Anströmungsrichtung ($w_\infty \to -w_\infty$) ändert sich deshalb bei beliebiger Form des umströmten Körpers überall in der Flüssigkeit lediglich das Vorzeichen des Geschwindigkeitsfelds und des piezometrischen Druckfelds! Ist der umströmte Körper, hier z. B. die Kugel spiegelsymmetrisch bezüglich einer Ebene senkrecht zur Anströmungsrichtung, so erkennt man in der rückwärts ablaufenden Bewegung bei Umkehr der Blickrichtung die ursprüngliche Strömung wieder. Das Strömungsfeld besitzt demzufolge Symmetrieeigenschaften.

Was hier anhand der Kugelumströmung erläutert wurde, gilt aber viel allgemeiner: Die kinematische Reversibilität zieht immer dann eine Symmetrie des Stromfelds nach sich, wenn der Strömungsraum Symmetrien besitzt, denen auch die Randbedingungen entsprechen.

Anhand der Kugel erkennt man nun sofort, was sich ändert, wenn die Flüssigkeit elastisch ist. Mit Gl. (5.72) ist die Kinematik der Primärströmung vollständig bekannt. Daraus können schrittweise die Komponenten des Geschwindigkeitsfelds $\mathbf{v}^{(1)}$ und des Deformationsgeschwindigkeitsfelds $\mathbf{A}_1^{(1)}$ und schließlich die rechte Seite der Gl. (5.58) abgeleitet werden (man benötigt dabei vor allem die Gln. (5.65) und die Darstellungen für $\mathbf{D}$, $\operatorname{div}\mathbf{T}$ sowie $\operatorname{rot}\mathbf{v}$ im Formelanhang B c). Die erforderlichen Differentiationen und die Matrizenmultiplikation können bequem mit einem Computeralgebrasystem ausgeführt werden. So entsteht folgende Differentialgleichung zur Berechnung der Sekundärströmung:

$$\mathrm{E}\mathrm{E}\Psi^{(2)} = 27\,\frac{\alpha_1 + \alpha_2}{\eta_0}\, w_\infty^2\, R_0^2\, \frac{2R_0^2 - R^2}{R^7} \sin^2\vartheta \cos\vartheta\,. \tag{5.74}$$

Die gesuchte Lösung ist wieder den Randbedingungen (5.70) und gewissen Abklingbedingungen im Unendlichen zu unterwerfen (wie in (5.71), jedoch mit 0 statt w_∞). Der Ansatz $\Psi^{(2)} = f(R)\sin^2\vartheta\cos\vartheta$ führt auf eine gewöhnliche Differentialgleichung vierter Ordnung für $f(R)$, die konventionell gelöst werden kann. Das Ergebnis lautet

$$\Psi^{(2)} = -\frac{3(\alpha_1 + \alpha_2)}{8\eta_0}\, w_\infty^2\, R_0 \left(1 - \frac{R_0}{R}\right)^3 \sin^2\vartheta\cos\vartheta\,. \tag{5.75}$$

Dieser normalspannungsinduzierte Anteil hat offensichtlich andere Symmetrieeigenschaften bezüglich der Ebene $\vartheta = \pi/2$ als der primäre Anteil gemäß Gl. (5.72). Bei der Überlagerung geht also die oben beschriebene Symmetrie verloren. Am Stromlinienbild ist das allerdings nur undeutlich zu erkennen, selbst wenn für die Weissenberg–Zahl ein Wert der Größenordnung 1 gewählt wird (s. untere Hälfte der Abb. 5.14). Viel deutlicher treten die von der Elastizität verursachten

Unsymmetrien im Spannungsfeld hervor, und zwar sogar dann, wenn $\alpha_1 + \alpha_2 = 0$ gilt, so daß auch in zweiter Näherung noch die newtonsche Kinematik vorliegt (mit $\Psi^{(2)} \equiv 0$). In diesem Sonderfall kann die Stoffgleichung (5.43) komprimiert werden:

$$\mathbf{T}(\mathbf{r}) = \eta_0\, \mathbf{A}_1^{(1)} - \alpha_2\, \overset{o}{\mathbf{A}}{}_1^{(1)} + \ldots, \quad \text{wenn} \quad \alpha_1 = -\alpha_2\,. \tag{5.76}$$

Dabei kennzeichnet $\overset{o}{\mathbf{A}}$ die Jaumannsche Zeitableitung gemäß Gl. (1.78). Im übrigen kann das Druckfeld zweiter Ordnung in diesem Sonderfall wieder nach Gl. (5.53) berechnet werden. Durch Auswertung der beiden Formeln unter Verwendung der oben notierten Felder erster Ordnung gewinnt man einen detaillierten Einblick in das Spannungsfeld. Abb. 5.15 veranschaulicht das analytische Ergebnis nach der Theorie zweiter Ordnung im Vergleich mit dem newtonschen Fall.

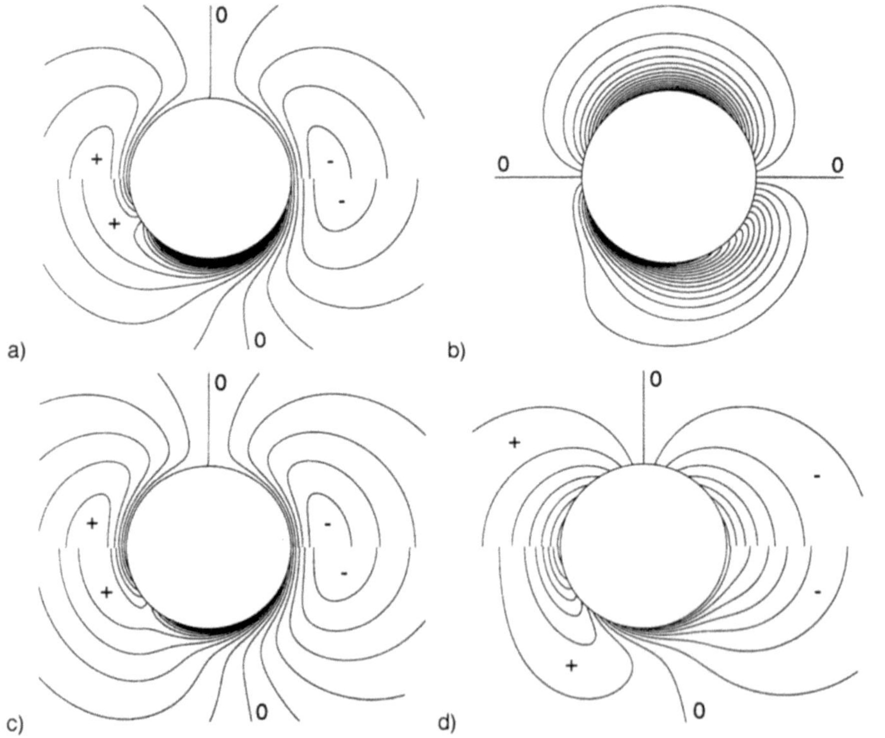

Abb. 5.15 Das Spannungsfeld der schleichenden Kugelumströmung; obere Bildhälften: newtonsch untere Bildhälften: Fluid zweiter Ordnung mit $\alpha_1 = -\alpha_2$, $\alpha_2 w_\infty / \eta_0 R_0 = 1$

a) Normalspannungsdifferenz $\tau_{\vartheta\vartheta} - \tau_{RR}$ b) Schubspannung $\tau_{R\vartheta}$

c) Normalspannungsdifferenz $\tau_{\varphi\varphi} - \tau_{RR}$ d) mittlere Druckspannung mit $p_\infty = 0$

Die Parameterwerte der Isolinien sind paarweise gleich. Die Unterschiede resultieren aus den α_2 – Termen in der Stoffgleichung (5.76), die ein infinitesimal kurzes Gedächtnis für frühere Deformationszustände repräsentieren. Da sich ein Fluidelement längs seiner Bahn an unterschiedliche Deformationszustände erinnert, ist plausibel, daß sich bei einer Flüssigkeit zweiter Ordnung Asymmetrien im Spannungsfeld zeigen, auch wenn die Kinematik noch symmetrisch ist.

5.6 Stationäre Durchströmung zylindrischer Rohre

5.6.1 Axiale Schichtenströmung

Wenn eine newtonsche Flüssigkeit ein zylindrisches gerades Rohr beliebigen Querschnitts laminar durchströmt, so ist der Druck innerhalb der Querschnittsebene konstant und jeder materielle Punkt bewegt sich parallel zur Rohrachse (in x–Richtung), wobei die Geschwindigkeit vom Ort in der Querschnittsebene abhängt. Im folgenden soll geklärt werden, ob oder unter welchen Bedingungen die stationäre Strömung eines inkompressiblen einfachen Fluids durch ein zylindrisches Rohr in gleicher Weise erfolgt. Wir legen also das Geschwindigkeitsfeld

$$\mathbf{v} = u(y,\ z)\,\mathbf{e}_x \tag{5.77}$$

zugrunde (y, z sind die Koordinaten in der Querschnittsebene, $\mathbf{e}_x$ der Einheitsvektor in Achsrichtung). Die Kontinuitätsgleichung $\operatorname{div}\mathbf{v} = 0$ für dichtebeständige Fluide ist damit bereits erfüllt. Die Flächen konstanter Geschwindigkeit $u(y, z) = \text{const}$ bilden eine Schar zylindrischer Schichten, die sich gleichsam teleskopartig in x–Richtung verschieben und dabei jeweils unverzerrt bleiben. Man spricht deshalb von einer *axialen Schichtenströmung*. Sie ist viskosimetrisch, denn ein beliebig herausgegriffenes Flüssigkeitsteilchen erfährt zu allen Zeiten eine Scherung mit gleichbleibender Schergeschwindigkeit

$$\dot{\gamma} = \left|\operatorname{grad} u\right| = \sqrt{\left(\frac{\partial u}{\partial y}\right)^2 + \left(\frac{\partial u}{\partial z}\right)^2}\ . \tag{5.78}$$

Bezüglich der in Abb. 5.16 eingezeichneten lokalen natürlichen Basis mit den Einheitsvektoren $\mathbf{e}_1 = \mathbf{e}_x$, $\mathbf{e}_2 = \operatorname{grad} u / |\operatorname{grad}\ u|$, $\mathbf{e}_3 = \mathbf{e}_1 \times \mathbf{e}_2$ besitzt der Spannungstensor deshalb die Darstellung (3.34). Da mit kartesischen Koordinaten gearbeitet werden soll, verwenden wir zweckmäßigerweise die koordinateninvariante Form (3.36) der allgemeinen Stoffgleichung für viskosimetrische Strömungen und erhalten auf diese Weise folgende Matrixdarstellung des Reibungsspannungstensors bezüglich der Basis mit den raumfesten Einheitsvektoren $\mathbf{e}_x, \mathbf{e}_y, \mathbf{e}_z$:

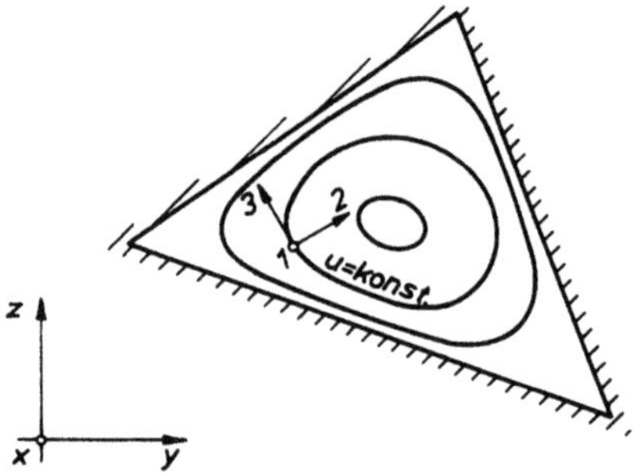

Abb.5.16 Axiale Schichtenströmung; kartesische und lokale natürliche Basis

$$\mathbf{T} \mathrel{\hat{=}} \begin{bmatrix} N_1(\dot\gamma) + N_2(\dot\gamma) & \eta(\dot\gamma)\dfrac{\partial u}{\partial y} & \eta(\dot\gamma)\dfrac{\partial u}{\partial z} \\ \eta(\dot\gamma)\dfrac{\partial u}{\partial y} & \nu_2(\dot\gamma)\left(\dfrac{\partial u}{\partial y}\right)^2 & \nu_2(\dot\gamma)\dfrac{\partial u}{\partial y}\dfrac{\partial u}{\partial z} \\ \eta(\dot\gamma)\dfrac{\partial u}{\partial z} & \nu_2(\dot\gamma)\dfrac{\partial u}{\partial y}\dfrac{\partial u}{\partial z} & \nu_2(\dot\gamma)\left(\dfrac{\partial u}{\partial z}\right)^2 \end{bmatrix} . \tag{5.79}$$

Man sieht, daß auch die Reibungsspannungen nur von y und z abhängen. Da es sich um eine unbeschleunigte Bewegung handelt, reduzieren sich die Bewegungsgleichungen (2.33) unter Vernachlässigung von Volumenkräften auf $\operatorname{div}\mathbf{T} = \operatorname{grad} p$. Hieraus folgt zunächst, daß sich der Druck p nur linear mit der Koordinate in Achsrichtung ändern kann:

$$p = -kx + p'(y,z) \; . \tag{5.80}$$

Dabei kennzeichnet die Konstante k mit der Dimension einer volumenbezogenen Kraft das (von außen aufgeprägte) axiale Druckgefälle im Rohr. Nun lauten die drei Bewegungsgleichungen ausführlich folgendermaßen:

$$\frac{\partial}{\partial y}\left[\eta\frac{\partial u}{\partial y}\right] + \frac{\partial}{\partial z}\left[\eta\frac{\partial u}{\partial z}\right] = -k \; , \tag{5.81}$$

$$\frac{\partial}{\partial y}\left[\nu_2\left(\frac{\partial u}{\partial y}\right)^2\right] + \frac{\partial}{\partial z}\left[\nu_2\frac{\partial u}{\partial y}\frac{\partial u}{\partial z}\right] = \frac{\partial p'}{\partial y} \; , \tag{5.82}$$

$$\frac{\partial}{\partial y}\left[\nu_2\frac{\partial u}{\partial y}\frac{\partial u}{\partial z}\right] + \frac{\partial}{\partial z}\left[\nu_2\left(\frac{\partial u}{\partial z}\right)^2\right] = \frac{\partial p'}{\partial z} \; . \tag{5.83}$$

Man beachte, daß die erste Normalspannungsfunktion $N_1(\dot{\gamma})$ ganz herausgefallen ist. Bei gegebener Kraftdichte k und sinnvoll vorgegebenen Randbedingungen stellt Gl. (5.81) die Bestimmungsgleichung für das Geschwindigkeitsfeld $u(y, z)$ dar. Es ist eine inhomogene partielle Differentialgleichung zweiter Ordnung vom elliptischen Typ. Bei newtonschen Fluiden ($\eta = \text{const}$) ist die linke Seite linear in der gesuchten Funktion u (Poissonsche Gleichung), bei Fluiden mit nichtnewtonschen Fließeigenschaften handelt es sich um eine nichtlineare Differentialgleichung, da η von $\dot{\gamma} = \sqrt{(\partial u / \partial y)^2 + (\partial u / \partial z)^2}$ abhängt. Wie bei anderen viskosimetrischen Strömungen wird das Geschwindigkeitsfeld $u(y, z)$ also von den Fließeigenschaften, nicht aber von den Normalspannungseigenschaften der Flüssigkeit beeinflußt.

Eliminiert man aus den beiden anderen Bewegungsgleichungen das Druckfeld p', so erhält man

$$\left(\frac{\partial^2}{\partial y^2} - \frac{\partial^2}{\partial z^2}\right)\left[\nu_2 \frac{\partial u}{\partial y}\frac{\partial u}{\partial z}\right] - \frac{\partial^2}{\partial y \partial z}\left[\nu_2\left(\frac{\partial u}{\partial y} - \frac{\partial u}{\partial z}\right)\left(\frac{\partial u}{\partial y} + \frac{\partial u}{\partial z}\right)\right] = 0 \ . \quad (5.84)$$

Es erleichtert die weiteren Betrachtungen, wenn wir für den Ausdruck auf der linken Seite eine Abkürzung verwenden,

$$D[\varphi, u] := \left(\frac{\partial^2}{\partial y^2} - \frac{\partial^2}{\partial z^2}\right)\left[\varphi \frac{\partial u}{\partial y}\frac{\partial u}{\partial z}\right] - \frac{\partial}{\partial y \partial z}\left[\varphi\left(\frac{\partial u}{\partial y}\right)^2 - \varphi\left(\frac{\partial u}{\partial z}\right)^2\right] . \quad (5.85)$$

Man beachte, daß der Operator D bezüglich des ersten Arguments linear ist. Die angenommene Strömungsform kann sich offenbar nur dann einstellen, wenn die Lösung von Gl. (5.81) zugleich die Verträglichkeitsbedingung (5.84) befriedigt. Sie ist trivialerweise für $\nu_2 = 0$ erfüllt, also bei Fluiden mit verschwindender zweiter Normalspannungsfunktion. Wenn $\nu_2(\dot{\gamma}) \neq 0$ gilt, ist die Verträglichkeitsbedingung möglicherweise noch bei einigen speziellen Querschnittsformen erfüllt, insbesondere bei kreiszylindrischen Rohren. Bei beliebiger Querschnittsform stehen die Gln. (5.81) und (5.84) aber i. allg. im Widerspruch. Eine axiale Schichtenströmung ist dann nicht mehr möglich, d. h. zusätzlich zur Bewegung in Achsrichtung tritt eine sogenannte *Sekundärströmung* in der Querschnittsebene auf.

5.6.2 Die Sekundärströmung

Im Sinne des früher erläuterten Konzepts fassen wir das axiale Geschwindigkeitsfeld $u(y, z)$ als Primärströmung und die transversale Sekundärströmung als Störung des Grundzustands auf. Diese Prämisse ist jedenfalls asymptotisch für

$k \to 0$ korrekt. Die aus der viskosimetrischen Primärströmung resultierenden Reibungsspannungen wurden in der Matrix (5.79) zusammengefaßt. Die mit ν_2 multiplizierten Normalspannungselemente treiben die Sekundärströmung an. Ihre Divergenz entspricht einem Volumenkraftfeld **f**, das nicht konservativ ist. Es liegt in der Querschnittsebene ($f_x = 0$), und die Komponenten f_y und f_z sind nichts anderes als die Ausdrücke auf den linken Seiten von (5.82) und (5.83). Die Berechnung der Sekundärströmung läuft deshalb darauf hinaus, jene Bewegung eines rein viskosen Fluids mit der Viskositätsfunktion η zu finden, die sich unter Wirkung dieses Volumenkraftfeldes einstellt. Es handelt sich um eine stationäre Strömung innerhalb der Querschnittsebene des Rohrs; die Geschwindigkeitskomponenten in y– und z–Richtung werden mit $v(y, z)$ bzw. $w(y, z)$ bezeichnet. Unter der Voraussetzung, daß die der Sekundärströmung zugeordnete Reynolds-Zahl klein gegen eins bleibt, kann dabei die Massenträgheit vernachlässigt werden. Die maßgeblichen Bewegungsgleichungen für die ebene schleichende Strömung eines inkompressiblen Fluids variabler Viskosität lauten

$$\frac{\partial}{\partial y}\left(2\eta\frac{\partial v}{\partial y}\right)+\frac{\partial}{\partial z}\left(\eta\frac{\partial v}{\partial z}+\eta\frac{\partial w}{\partial y}\right)+f_y=\frac{\partial p'}{\partial y}, \tag{5.86}$$

$$\frac{\partial}{\partial y}\left(\eta\frac{\partial v}{\partial z}+\eta\frac{\partial w}{\partial y}\right)+\frac{\partial}{\partial z}\left(2\eta\frac{\partial w}{\partial z}\right)+f_z=\frac{\partial p'}{\partial z}. \tag{5.87}$$

Wegen der Inkompressibilität der Flüssigkeit kann eine Stromfunktion $\Psi(y, z)$ derart eingeführt werden, daß $v = \partial\Psi / \partial z$ und $w = -\partial\Psi / \partial y$ gilt (siehe Text in Zusammenhang mit Gl. (1.133)). Setzt man außerdem für f_y und f_z die zuvor beschriebenen expliziten Ausdrücke ein und eliminiert den Druck p', so erhält man zunächst folgende Differentialgleichung für die Stromfunktion der Sekundärströmung:

$$\left(\frac{\partial^2}{\partial y^2}-\frac{\partial^2}{\partial z^2}\right)\left[\eta\left(\frac{\partial^2\Psi}{\partial y^2}-\frac{\partial^2\Psi}{\partial z^2}\right)\right]+4\frac{\partial^2}{\partial y\partial z}\left[\eta\frac{\partial^2\Psi}{\partial y\partial z}\right]=D[\nu_2, u]. \tag{5.88}$$

Aus asymptotischer Sicht könnte man versucht sein, die beiden Stoffkoeffizienten η und ν_2 durch konstante untere Grenzwerte zu ersetzen. Bei genauerer Betrachtung erkennt man aber, daß die Sekundärströmung in dieser Näherung verschwindet. Es kommt also gerade auf die Veränderlichkeit der Stoffkoeffizienten im durchströmten Querschnitt an.

Unter isothermen Bedingungen fehlt die Sekundärströmung sogar dann, wenn die Stoffunktionen $\eta(\dot\gamma)$ und $\nu_2(\dot\gamma)$ nicht konstant, aber zueinander proportional sind. Man kann nämlich unter alleiniger Verwendung von Gl. (5.81) die zur Verträglichkeitsbedingung (5.84) analoge Beziehung

$$\left(\frac{\partial^2}{\partial y^2}-\frac{\partial^2}{\partial z^2}\right)\left[\eta\,\frac{\partial u}{\partial y}\frac{\partial u}{\partial z}\right]-\frac{\partial^2}{\partial y\partial z}\left[\eta\left(\frac{\partial u}{\partial y}-\frac{\partial u}{\partial z}\right)\left(\frac{\partial u}{\partial y}+\frac{\partial u}{\partial z}\right)\right]=0 \qquad (5.89)$$

herleiten. Bei Flüssigkeiten mit der Stoffeigenschaft $\nu_2(\dot\gamma)=c\,\eta(\dot\gamma)$ sind (5.84) und (5.89) offenbar identisch, d. h. die Verträglichkeitsbedingung ist erfüllt, und die Strömung erfolgt dann bei beliebiger Form des Rohrquerschnitts rein axial.

In niedrigster Näherung, in der eine Sekundärströmung auftritt, benötigt man demnach eine Entwicklung der Koeffizienten $\eta(\dot\gamma)$ und $\nu_2(\dot\gamma)$ nach Potenzen von $\dot\gamma$ bis zu quadratischen Gliedern (das entspricht einer asymptotischen Entwicklung vierter Ordnung für die Fließfunktion $\tau(\dot\gamma)$ und die Normalspannungsfunktion $N_2(\dot\gamma)$):

$$\eta(\dot\gamma)=\eta_0+\eta_2\,\dot\gamma^2\,,\qquad \nu_2(\dot\gamma)=\nu_{20}+\nu_{22}\,\dot\gamma^2\,. \qquad (5.90)$$

Damit wird es möglich, Gl. (5.88) erheblich zu vereinfachen. Die rechte Seite kann nämlich auch in der Form $D\left[\nu_2-\nu_{20}\,\eta/\eta_0,u\right]+\left(\nu_{20}/\eta_0\right)D\left[\eta,u\right]$ geschrieben werden, wobei der zweite Summand wegen (5.89) entfällt. Mit den Entwicklungen (5.90) kommt insgesamt $\nu_e\,D\left[\dot\gamma^2,u\right]$. Damit ist der inhomogene Term der Differentialgleichung für $\Psi(y,z)$ so dargestellt, daß man für das primäre Feld u die Näherung niedrigster Ordnung, nämlich das newtonsche Stromfeld einsetzen kann, das mit $u^{(1)}$ bezeichnet wird. Es genügt der linearen Differentialgleichung

$$\Delta\,u^{(1)}=-\frac{k}{\eta_0}\,, \qquad (5.91)$$

wobei Δ den Laplaceschen Differentialoperator in der y–z–Ebene repräsentiert. Nun kann man auf der linken Seite von Gl. (5.88) sinngemäß η durch η_0 ersetzen. So erhält man als Bestimmungsgleichung für die Stromfunktion der Sekundärströmung unter isothermen Bedingungen

$$\Delta\Delta\,\Psi^{(4)}=\frac{\nu_e}{\eta_0}\,D\left[\left|\operatorname{grad}u^{(1)}\right|^2,\,u^{(1)}\right]. \qquad (5.92)$$

Dabei steht ν_e für die folgende Kombination der maßgeblichen Stoffkonstanten:

$$\nu_e:=\nu_{22}-\frac{\eta_2}{\eta_0}\nu_{20}\equiv\left[\eta\,\frac{d}{d\dot\gamma^2}\left(\frac{\nu_2}{\eta}\right)\right]_{\dot\gamma=0}\,. \qquad (5.93)$$

Man beachte, daß zur Berechnung von $\Psi^{(4)}$ im Rahmen der hier dargelegten *Theorie vierter Ordnung* nur die Primärströmung erster Ordnung $u^{(1)}$ benötigt wird.

Wenn wir als Beispiel die Strömung durch ein elliptisches Rohr mit den Halbachsen b und c ansehen, so lautet die Lösung von Gl. (5.91), welche der Bedingung $u^{(1)} = 0$ auf dem Rand der Ellipse genügt:

$$u^{(1)} = \frac{k b^2 c^2}{2\eta_0 \left(b^2 + c^2\right)} \left[1 - \frac{y^2}{b^2} - \frac{z^2}{c^2}\right] . \tag{5.94}$$

Setzt man dieses newtonsche Stromfeld in Gl. (5.92) ein und wendet den Operator D an, so reduziert sich die rechte Seite auf einen Ausdruck proportional zu $y \cdot z$. Die Lösung der Bipotentialgleichung, die den Haftbedingungen $\partial\Psi^{(4)} / \partial y = \partial\Psi^{(4)} / \partial z = 0$ an der elliptischen Rohrwand genügt, lautet dann (eine unwesentliche additive Konstante wird null gesetzt):

$$\Psi^{(4)} = -\frac{\nu_e k^4}{4\eta_0^5} \frac{\left(b^2 - c^2\right) b^6 c^6}{\left(5b^4 + 6b^2 c^2 + 5c^4\right)\left(b^2 + c^2\right)^3} yz \left[1 - \frac{y^2}{b^2} - \frac{z^2}{c^2}\right]^2 . \tag{5.95}$$

Man beachte, daß die Intensität solcher Sekundärströmungen zur vierten Potenz des axialen Druckgefälles k proportional ist (Normalspannungseffekt vierter Ordnung). Abb. 5.17 zeigt Kurven $\Psi^{(4)} = \text{const}$, also einige Stromlinien der Sekundärströmung. Aus Symmetriegründen ist verständlich, daß die Halbachsen der Ellipse spezielle Stromlinien sind und daß sich somit in jedem Quadranten ein Wirbel befindet. Der Drehsinn der Wirbel hängt vom Vorzeichen der Stoffkonstante ν_e ab. Die Überlagerung der Sekundärströmung mit der axialen Primärströmung führt zu schraubenförmig gekrümmten Bahnlinien der materiellen Punkte. Die Wirbelstruktur der Sekundärströmung ändert sich mit veränderten Symmetrieeigenschaften des durchströmten Querschnitts (Abb. 5.18).

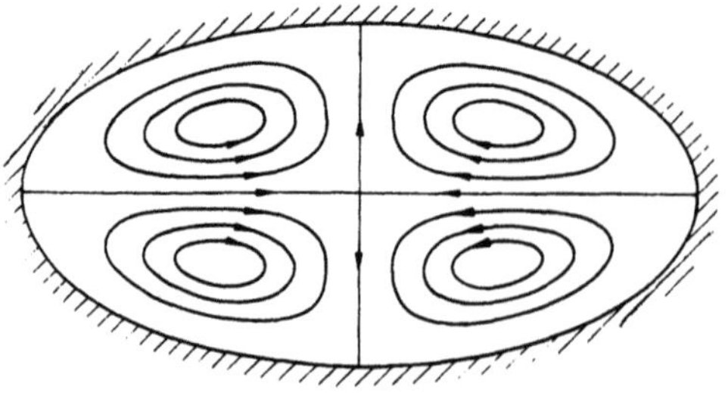

Abb. 5.17 Isotherme Sekundärströmung in einem elliptischen Rohr; $b/c = 2$, $\nu_e > 0$

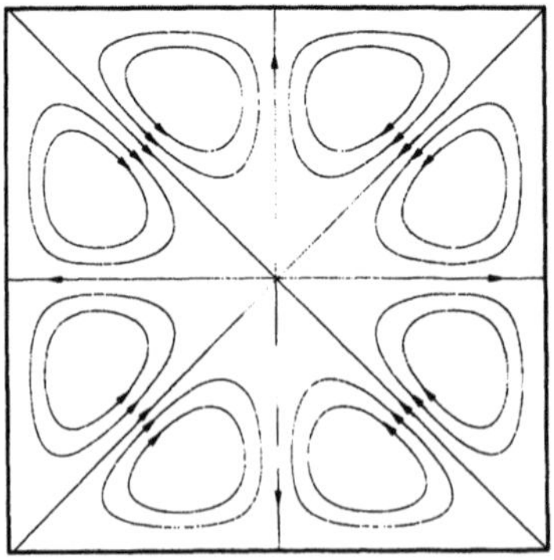

Abb. 5.18 Isotherme Sekundärströmung in einem Rohr mit quadratischem Querschnitt (qualitativ)

Es soll noch erwähnt werden, daß unter Wirkung eines axialen Druckgefälles sogar in einem kreiszylindrischen Rohr eine Sekundärströmung auftreten kann, wenn senkrecht zur Rohrachse ein merklicher Temperaturgradient besteht; man denke etwa an ein horizontal durchströmtes Rohr, das oben beheizt und unten gekühlt wird. Zur Erläuterung mögen folgende Überlegungen genügen: Mit einer der Flüssigkeit von außen aufgeprägten nicht axialsymmetrischen Temperaturverteilung bestehen entsprechende Viskositätsunterschiede im Querschnitt. Da die Schubspannung axialsymmetrisch verteilt ist (Gl. (4.3) gilt nach wie vor), sind die Schergeschwindigkeit und das zugehörige primäre Geschwindigkeitsfeld notwendigerweise asymmetrisch. Damit liegt auch ein asymmetrisches Feld von Normalspannungsdifferenzen vor, das zu einer Sekundärströmung führt. Dieser *thermorheologische Effekt* kann bereits im Rahmen einer Theorie *zweiter Ordnung*, also unter alleiniger Berücksichtigung der unteren Grenzwerte $\eta_0(\Theta)$ und $\nu_{20}(\Theta)$ erklärt werden. Der Einfachheit halber wollen wir annehmen, daß die örtliche Temperatur Θ nur so wenig von einer mittleren Bezugstemperatur $\overline{\Theta}$ abweicht, daß die beiden Stoffunktionen durch lineare Ausdrücke

$$\eta_0(\Theta) = \overline{\eta}_0\left[1 - \kappa(\Theta - \overline{\Theta})\right], \tag{5.96}$$

$$\nu_{20}(\Theta) = \overline{\nu}_{20}\left[1 - \mu(\Theta - \overline{\Theta})\right] \tag{5.97}$$

approximiert werden können. Die Koeffizienten κ und μ, die den Einfluß der Temperatur beschreiben, sind im allgemeinen positiv, da η_0 und $|\nu_{20}|$ mit wachsender Temperatur abnehmen. Ohne Begründung im einzelnen wird mitgeteilt, daß hier die Stromfunktion der Sekundärströmung der folgenden inhomogenen Bipotentialgleichung genügt:

$$\frac{\overline{\eta}_0}{\overline{\nu}_{20}} \Delta\Delta\,\Psi^{(2)} = (\kappa - \mu)\, D\left[\Theta^{(1)} - \overline{\Theta}, u^{(1)}\right] - \frac{\kappa}{2}\,\frac{\partial(\Theta^{(1)}, \left|\operatorname{grad} u^{(1)}\right|^2)}{\partial(y, z)}\;. \tag{5.98}$$

Dabei ist $\Theta^{(1)}$ das mit der Primärströmung $u^{(1)}$ verträgliche Temperaturfeld. Im letzten Summanden der rechten Seite begegnet man einer Jacobi–Determinante, die sich aus partiellen Ableitungen der Skalarfelder $\Theta^{(1)}$ und $\left|\operatorname{grad} u^{(1)}\right|^2$ zusammensetzt.

Im Fall eines kreiszylindrischen Rohrs vom Radius r_0 wird Gl. (5.91) durch den Ausdruck $u^{(1)} = (k/4\eta_0)\left(r_0^2 - y^2 - z^2\right)$ gelöst. Der Einfachheit halber nehmen wir außerdem an, daß im ungestörten Zustand eine lineare Temperaturschichtung vorliegt. Bei geeigneter Orientierung der y–Achse, nämlich parallel zum Temperaturgradienten, gilt dann für das Temperaturfeld

$$\Theta^{(1)} - \overline{\Theta} = \Theta' y\;. \tag{5.99}$$

Die Konstante Θ', die ohne Beschränkung der Allgemeinheit als positiv vorausgesetzt werden kann, repräsentiert die Größe des Temperaturgradienten, der von außen aufgeprägt wird. Damit reduziert sich die rechte Seite von Gl. (5.98) auf einen einfachen analytischen Ausdruck proportional zu z. Das Integral, welches den Haftbedingungen an der Rohrwand genügt, kann in geschlossener Form als Polynom in y, z dargestellt werden:

$$\psi^{(2)} = \frac{\overline{\nu}_{20}(3\kappa - 4\mu)\,k^2\Theta'}{768\,\overline{\eta}_0^3}\,z\left(r_0^2 - y^2 - z^2\right)^2 . \qquad (5.100)$$

Dieser Ausdruck beschreibt zwei Wirbel, die durch den zum Temperaturgradienten parallelen Rohrdurchmesser getrennt sind; Abb. 5.19 zeigt das Stromlinienbild. Der Drehsinn der Wirbel hängt vom Vorzeichen des Stoffkoeffizienten $\overline{\nu}_{20}(3\kappa - 4\mu)$ ab, der in der Regel positiv sein dürfte. Die materiellen Punkte auf der Symmetriestromlinie bewegen sich dann von der kalten zur warmen Seite.

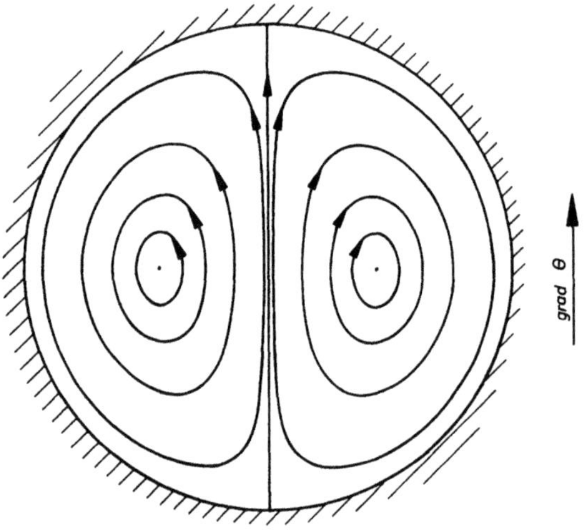

Abb. 5.19 Sekundärströmung in einem kreiszylindrischen Rohr unter Wirkung eines axialen Druck- und eines transversalen Temperaturgradienten; $\overline{\nu}_{20}(3\kappa - 4\mu) > 0$

Nun verändert die Sekundärströmung möglicherweise die Temperaturschichtung, und es ist deshalb sinnvoll, sich klarzumachen, unter welchen Bedingungen die skizzierte Theorie überhaupt gilt. Sie basiert auf drei unabhängigen Voraussetzungen. Da der Energiestrom durch Konvektion gegen den Wärmestrom vernachlässigt wurde, muß die der Sekundärströmung zugeordnete Péclet–Zahl klein gegen eins sein. Wenn weiterhin die Trägheit der Flüssigkeit ganz außer acht blieb, so wurde stillschweigend angenommen, daß auch die mit der Sekundärströmung gebildete Reynolds–Zahl klein ist. Schließlich beruht das Konzept für die Berechnung von Sekundärströmungen auf der Voraussetzung einer hinreichend langsamen Strömung, so daß auch die (der Primärströmung zugeordnete) Weissenberg–Zahl wesentlich kleiner als eins bleiben muß.

Aufgaben

5.1 Im Spalt zwischen zwei parallelen Kreisscheiben (Radien r_0, Abstand h), von denen eine ruht und die andere mit konstanter Winkelgeschwindigkeit Ω_h um die z–Achse rotiert, befindet sich eine inkompressible Flüssigkeit, deren viskosimetrische Stoffunktionen $\tau(\dot{\gamma})$, $N_1(\dot{\gamma})$ und $N_2(\dot{\gamma})$ bekannt sind. Wenn Trägheitskräfte und die Schwerkraft vernachlässigt werden können, stellt sich zwischen den Platten eine Torsionsströmung ein mit dem Geschwindigkeitsfeld

$$v_r = 0, \qquad v_\varphi = \frac{\Omega_h}{h} r z, \qquad v_z = 0 \qquad (0 \le r \le r_0, \ 0 \le z \le h) .$$

Zeigen Sie, daß die Schubspannungskomponenten $\tau_{r\varphi}$ und τ_{rz} verschwinden, und berechnen Sie die verbleibenden Komponenten des Spannungstensors σ_{rr}, $\sigma_{\varphi\varphi}$, σ_{zz} und $\tau_{\varphi z}$ als Funktionen von r unter der Annahme, daß am äußeren Rand die Normalspannung in radialer Richtung verschwindet ($\sigma_{rr} = 0$ für $r = r_0$).

Mit welchem Drehmoment muß die rotierende Scheibe angetrieben werden, um die Bewegung aufrecht zu erhalten? Mit welcher axialen Kraft müssen die Scheiben gehalten werden, damit sie sich nicht voneinander entfernen? Wie vereinfachen sich die allgemeinen Ergebnisse (Integrale) im Fall einer Flüssigkeit zweiter Ordnung mit konstanter Viskosität und konstanten Normalspannungskoeffizienten?

5.2 Übertragen Sie die Betrachtungen in Abschn. 5.3 sinngemäß auf den Austritt einer nichtnewtonschen Flüssigkeit aus einem ebenen Kanal (Breitschlitzdüse). Leiten Sie unter den Voraussetzungen, daß im Kanal bis zur Mündung eine ebene Schichtenströmung vorliegt, daß der Impulsstrom des abfließenden Freistrahls vernachlässigbar klein ist und daß die Schwerkraft keine Rolle spielt, folgenden Zusammenhang zwischen dem Wanddruck an der Mündung, der Wandschubspannung und der ersten Normalspannungsdifferenz her:

$$N_{1,w} = p_w + \tau_w \frac{dp_w}{d\tau_w} .$$

Diskutieren Sie, wie die Beziehung zur Bestimmung von $N_1(\dot{\gamma})$ nutzbar gemacht werden kann.

5.3 Betrachten Sie die Couette–Strömung zwischen zwei koaxialen Zylindern mit den Radien r_1 und $r_2 (> r_1)$, wobei der innere Zylinder ruht und der äußere mit der Winkelgeschwindigkeit Ω_2 rotiert. Der Spalt ist schmal, $r_2 - r_1 \ll r_1$, und man kann deshalb davon ausgehen, daß die Schergeschwindigkeit der Flüssigkeit im Spalt konstant ist und die Winkelgeschwindigkeit sich linear mit dem Achsabstand ändert.

Zeigen Sie, daß die erste Normalspannungsfunktion der Flüssigkeit mit den Normalspannungen an beiden Zylindern durch die Beziehung

$$N_1(\dot{\gamma}) = \frac{\sigma_{rr}(r_2) - \sigma_{rr}(r_1)}{r_2 - r_1} r_2 + \frac{1}{3} \rho r_2^2 \Omega_2^2$$

verknüpft ist, wobei $\dot{\gamma} = r_2 \Omega_2 / (r_2 - r_1)$. Durch Messung der Druckdifferenz an beiden Zylindern kann man also die Normalspannungsfunktion $N_1(\dot{\gamma})$ bestimmen. Diskutieren Sie die Vor– und Nachteile dieser Methode im Vergleich mit den in Abschn. 5.1 beschriebenen Alternativen.

5.4 Zeigen Sie, daß für jede rotationssymmetrische Strömung mit einem Geschwindigkeitsfeld der Form $v_\varphi(r, z)\,\mathbf{e}_\varphi$ außer Gl. (5.62) auch noch folgendes gilt:

$$\mathbf{A}_2 = 2\,r^2\,\mathrm{grad}\frac{v_\varphi}{r}\,\mathrm{grad}\frac{v_\varphi}{r} \quad .$$

Auf der rechten Seite steht das dyadische Produkt des Vektors $\mathrm{grad}\,(v_\varphi / r)$ mit sich selbst.

5.5 Wir betrachten die stationäre Strömung durch eine Düse in Form eines Kegels mit dem halben Öffnungswinkel ϑ_0 (s. Abb. 5.20). In der Spitze des Kegels befindet sich eine Öffnung, durch die der konstante Volumenstrom $\dot{V}$ ausströmt. Wir setzen voraus, die Strömung sei rotationssymmetrisch ohne Drallkomponente $(v_\varphi \equiv 0)$, verwenden zweckmäßigerweise Kugelkoordinaten R und ϑ und stützen uns auf die Theorie zweiter Ordnung. Die allgemeinen Ausführungen in Abschn. 5.5.4 zeigen, daß das primäre Feld $\Psi^{(1)}$ außer von R und ϑ nur noch von den Parametern ϑ_0 und $\dot{V}$ abhängt, während die sekundären Felder $\Psi_\alpha^{(2)}$ und $\Psi_\rho^{(2)}$ außerdem noch von den Stoffparametern $(\alpha_1 + \alpha_2)/\eta_0$ bzw. ρ/η_0 beeinflußt werden. Überzeugen Sie sich davon, daß die Abhängigkeit von den dimensionsbehafteten Parameters ohne Rechnung explizit angegeben werden kann:

$$\Psi^{(1)} = \dot{V}\,F(\vartheta; \vartheta_0), \qquad \Psi_\alpha^{(2)} = \frac{(\alpha_1 + \alpha_2)\,\dot{V}^2}{\eta_0\,R^3}\,G(\vartheta; \vartheta_0), \qquad \Psi_\rho^{(2)} = \frac{\rho\,\dot{V}^2}{\eta_0\,R}\,H(\vartheta; \vartheta_0) \; .$$

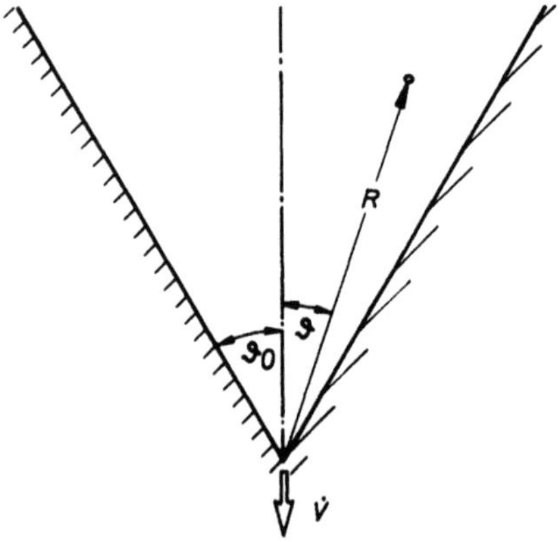

Abb. 5.20 Koordinaten bei der konischen Düsenströmung

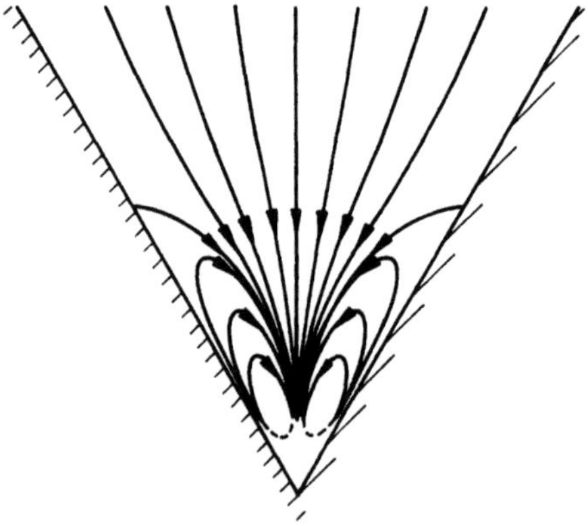

Abb. 5.21 Stromlinienbild bei der konischen Düsenströmung; Ergebnis der Theorie 2. Ordnung, $\vartheta_0 = 30°$, $\alpha_1 + \alpha_2 > 0$

Die Überlagerung der Felder $\Psi^{(1)}$ und $\Psi_\alpha^{(2)}$ führt zu dem in Abb. 5.21 dargestellten Stromlinienbild mit einem an der Kegelwand anliegenden ringförmigen Wirbel und in der Mitte zusammengedrängten Stromlinien. Eine Abschätzung für die radiale Ausdehnung R_* des Wirbels ergibt sich aus der Bedingung, daß innerhalb dieses Gebiets die Intensitäten der Primärströmung und der viskoelastischen Sekundärströmung die gleiche Größenordnung besitzen, d. h.

$$R_* \sim \left(\frac{\alpha_1 + \alpha_2}{\eta_0} \dot{V} \right)^{1/3} .$$

Zeigen Sie, daß der trägheitsbedingte Anteil $\Psi_\rho^{(2)}$ vernachlässigt werden kann, wenn

$$\rho \left(\dot{V} / \eta_0 \right)^{2/3} << (\alpha_1 + \alpha_2)^{1/3} .$$

5.6 In einer Kegel–Platte-Anordnung nach Abb. 1.18f mit großem Spaltwinkel β wird durch die Drehung des Kegels mit konstanter Winkelgeschwindigkeit Ω_K außer der Primärströmung in Umfangsrichtung auch eine Sekundärströmung in der Meridianebene erzeugt. Wenn man von Randeffekten absieht, können die drei Stromfelder $v_\varphi^{(1)}$, $\Psi_\alpha^{(2)}$ und $\Psi_\rho^{(2)}$ jeweils produktartig in der Form $f(R) \cdot g(\vartheta)$ dargestellt werden; R und ϑ sind Kugelkoordinaten. Bereits durch eine Dimensionsanalyse kann man die Faktoren $f(R)$ vollständig bestimmen. Dabei ist zu beachten, daß außer R und ϑ die Konstanten Ω_K, η_0, $\alpha_1 + \alpha_2$, ρ, β die Strömung beeinflussen. Bestimmen Sie explizit die von R abhängigen Anteile der drei Stromfelder, und reduzieren Sie dann die Gln. (5.59) und (5.64) auf gewöhnliche Differentialgleichungen für die von ϑ abhängigen Faktoren. Welche Randbedingungen gehören dazu?

5.7 In Abschn. 5.5.4 wurde mit der Theorie zweiter Ordnung das Strömungsfeld analytisch bestimmt, das eine rotierende Kugel in einer unendlich ausgedehnten viskoelastischen Flüssigkeit erzeugt. Das Druckfeld erster Ordnung ist dabei konstant. Berechnen Sie mit dieser Kinematik die Druckverteilung zweiter Ordnung $p^{(2)}(R, \pi)$ innerhalb der Äquatorebene $\vartheta = \pi$ aus Gl. (5.46) unter Berücksichtigung der Identität (5.48).

Mit dem Ergebnis kann der *Weissenberg–Effekt für eine rotierende Kugel* beschrieben werden, die gerade zur Hälfte in die Flüssigkeit eintaucht, so daß die freie Oberfläche im Zustand der Ruhe innerhalb der Äquatorebene liegt. Wenn die Kugel rotiert, kann die isobare Oberfläche nicht mehr eben sein. Die Erhebung $h(R)$ des Flüssigkeitsspiegels über dem ungestörten Niveau hängt dann in einfacher Weise mit der zuvor betrachteten (piezometrischen) Druckverteilung zusammen:

$$\rho g h(R) = \text{const} + p^{(2)}(R, \pi) .$$

Zeigen Sie, daß die freie Oberfläche folgende Form besitzt:

$$\frac{h(R)}{R_0} = \frac{R_0 \Omega_0^2}{g} \left[\frac{1}{2} - \frac{3R_0}{4R} - \frac{9(\alpha_1 + \alpha_2)}{\rho R_0 R} + \frac{3(14\alpha_1 + 11\alpha_2)}{2\rho R^2} \right] \left(\frac{R_0}{R} \right)^4 .$$

Diskutieren Sie den Einfluß der Trägheit und der Elastizität der Flüssigkeit, und vergleichen Sie mit der Formel (5.15), die im Fall eines rotierenden Zylinders gilt.

5.8 Das Reibungsgesetz (5.38) einer inkompressiblen Flüssigkeit dritter Ordnung enthält sechs unabhängige Koeffizienten. Welche dieser Stoffparameter und welche Kombinationen können in einer viskosimetrischen Strömung, in einer stationären einachsigen Dehnströmung bzw. in einer instationären Schichtenströmung kleiner Amplitude identifiziert werden?

6 Gedächtniseinflüsse bei instationären Strömungen

In diesem Kapitel geht es darum aufzuzeigen, daß ein Gedächtnis der Flüssigkeit für vergangene Deformationszustände den Ablauf von Strömungsprozessen erheblich beeinflussen kann. Das wird schon bei Strömungen mit eingeschränkter Kinematik im Grenzbereich linearen Stoffverhaltens deutlich. Die Wechselwirkung zwischen Viskoelastizität und Trägheit ist insbesondere für Schwingungsvorgänge bedeutsam. Bemerkenswerte Effekte resultieren auch aus der Überlagerung nichtlinearer Fließeigenschaften mit einem Gedächtnis der Flüssigkeit.

Bei der Analyse ausgewählter Strömungsvorgänge erkennt man, daß die Kopplung viskoelastischer Stoffgleichungen mit den Bilanzgleichungen für Impuls und Masse zu andersartigen Anfangs–Randwertproblemen führt als bei newtonschen Flüssigkeiten. Bei Verwendung integraler Modelle muß ein System partieller Integrodifferentialgleichungen behandelt werden, bei Verwendung differentieller Stoffmodelle ein System partieller Differentialgleichungen höherer Ordnung als im newtonschen Fall.

6.1 Lineare Viskoelastizität

Gedächtniseinflüsse sind naturgemäß vor allem bei instationären Strömungen zu erwarten. Dabei genügen schon spezielle Strömungsformen, um die Zusammenhänge im Grundsatz zu durchschauen. Wir betrachten deshalb zunächst die Klasse der instationären ebenen Schichtenströmungen mit dem Geschwindigkeitsfeld $\mathbf{v} = u(y,t)\,\mathbf{e}_x$ (siehe Abb. 1.16). Diese Strömungsform ist in jeder Flüssigkeit konstanter Dichte ρ kinematisch möglich. Die Kontinuitätsgleichung $\operatorname{div} \mathbf{v} = 0$ ist damit identisch erfüllt und braucht deshalb nicht weiter beachtet zu werden.

In Zusammenhang mit Abb. 3.1 wurde erläutert, daß bei einer solchen Strömung die Schubspannungskomponenten τ_{xz} und τ_{yz} verschwinden. Es tritt also nur die Schubspannung $\tau_{(xy)}$ auf, deren Indizes der Kürze halber weggelassen werden. In Scherströmungen viskoelastischer Flüssigkeiten gibt es bekanntlich auch Normalspannungsdifferenzen (deren Auswirkungen in Kapitel 5 studiert wurden). Sie beeinflussen aber nicht das Geschwindigkeitsfeld und spielen deshalb im folgenden keine Rolle.

Zweckmäßigerweise identifizieren wir den Druck p mit der negativen Normalspannung in y–Richtung und rechnen ihm auch das Potential der Schwerkraft zu. Dann reduzieren sich die Bewegungsgleichungen (2.34) auf den folgenden Zusammenhang zwischen dem Geschwindigkeitsfeld $u(y, t)$, dem Druckgradienten $k(t) := \partial p / \partial x$ (nur zeitabhängig!) und dem Schubspannungsfeld $\tau(y, t)$:

$$\rho \frac{\partial u(y,t)}{\partial t} = -k(t) + \frac{\partial \tau(y,t)}{\partial y} . \tag{6.1}$$

Diese Bewegungsgleichung gilt unabhängig von den Reibungseigenschaften der Flüssigkeit überall und zu allen Zeiten in einer ebenen Schichtenströmung.

Über die rheologischen Stoffeigenschaften, die bei instationären Scherdeformationen hervortreten, wurde in Kapitel 3 ausführlich gesprochen. Wir beschränken uns zunächst auf das linear–viskoelastische Stoffverhalten, das dort insbesondere diskutiert wurde. Bei einer Flüssigkeit mit Gedächtnis ist dann die Stoffgleichung (3.46) relevant. Mit den hier verwendeten Symbolen lautet sie folgendermaßen:

$$\tau(y,t) = \int_0^\infty G(s) \frac{\partial u(y, t-s)}{\partial y} ds . \tag{6.2}$$

Es wird daran erinnert, daß die Ortskoordinate y zugleich eine materielle Koordinate ist, die bei der zeitlichen Integration der Deformationsgeschichte eines Fluidelements konstant bleibt.

Das Geschwindigkeitsfeld $u(y, t)$ und das Schubspannungsfeld $\tau(y, t)$ sind also einerseits durch die Differentialgleichung (6.1), andererseits durch die integrale Beziehung (6.2) miteinander verknüpft. Die Lösung dieses linearen Systems setzt natürlich die Vorgabe adäquater Rand– und Anfangsbedingungen voraus. Im folgenden werden einige Beispiele behandelt, bei denen der Druckgradient k verschwindet.

6.1.1 Abstimmung eines Schwingungsdämpfers

Abb. 6.1 zeigt das Prinzip eines Schwingungsdämpfers, bei dem Kräfte durch Schubspannungen übertragen werden. Die ebene Wand bei $y = 0$ repräsentiert den schwingenden Maschinenteil; die Schwingung des Erregers erfolgt mit der Kreisfrequenz ω und mit der Geschwindigkeitsamplitude U_1. Ohne Beschränkung der Allgemeinheit können wir deshalb seine Geschwindigkeit in der Form $u(0, t) = U_1 \cos \omega t$ ansetzen. Wir bevorzugen jedoch eine komplexe Schreibweise, wobei wir komplexe Größen mit einem Stern kennzeichnen und vereinbaren wollen, daß jeweils der Realteil so markierter Größen physikalische Bedeutung besitzt. Dann wird die Bewegung des Erregers durch

$$u^*(0,t) = U_1 e^{i\omega t} \tag{6.3}$$

beschrieben. Durch eine linear–viskoelastische Flüssigkeitsschicht der Dicke h vom Erreger getrennt, befindet sich eine frei bewegliche Platte der Masse m, auf die sich die Schwingung überträgt. Im eingeschwungenen Zustand können wir ihre Geschwindigkeit in der Form

$$u^*(h,t) = U_2^* \, e^{i\omega t} \tag{6.4}$$

ansetzen, wobei U_2^* eine komplexe Konstante darstellt, die den Betrag und die Phase der Geschwindigkeit der mitgenommenen Masse beschreibt.

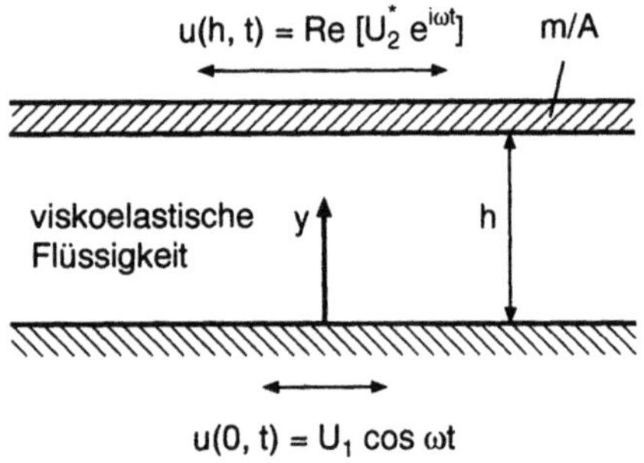

Abb. 6.1 Prinzip eines Schwingungsdämpfers

Außer der von der Flüssigkeit auf die Unterseite der Platte ausgeübten Schubspannung soll keine weitere Rückstellkraft auf die mitgenommene Platte einwirken. Ihre Bewegungsgleichung lautet deshalb

$$m \frac{du^*(h,t)}{dt} = -A \, \tau^*(h,t) \tag{6.5}$$

(A ist die benetzte Fläche). Die Schubspannung auf der rechten Seite hängt von der Bewegung der Flüssigkeitsschicht und deren Stoffeigenschaften ab. Der Flüssigkeitsfilm sei drucklos, d.h. $k = 0$ in Gl. (6.1). Wir nehmen außerdem an, daß in der Flüssigkeit die Reibungskräfte dominieren und die Trägheitskräfte dagegen vernachlässigt werden können. Später können wir uns davon überzeugen, daß diese Annahme gerechtfertigt ist, wenn die Masse der eingeschlossenen Flüssigkeit klein gegen die Masse der mitgenommenen Platte bleibt. Die resultierende *quasistationäre* Schleppströmung zeichnet sich durch ein räumlich konstantes Schubspannungsfeld aus. Demzufolge ist auch die Schergeschwindigkeit $\dot{\gamma}^* = \partial u^* / \partial y$ räumlich homogen.

Unter der Voraussetzung, daß die Flüssigkeit an den schwingenden Wänden haftet, so daß für sie die Randbedingungen (6.3) und (6.4) gelten, ergibt sich die Schergeschwindigkeit zu

$$\dot{\gamma}^*(t) = \frac{U_2^* - U_1}{h} e^{i\omega t} \quad . \tag{6.6}$$

Für eine oszillierende Scherbeanspruchung konnte das Stoffgesetz eines linear-viskoelastischen Fluids in der Form $\tau^* = \eta^* \dot{\gamma}^*$ geschrieben werden (s. Gl. (3.67)). Im vorliegenden Fall gilt also

$$\tau^*(t) = (\eta' - i\eta'') \frac{U_2^* - U_1}{h} e^{i\omega t} \quad . \tag{6.7}$$

Setzt man dieses Ergebnis auf der rechten Seite der Gl. (6.5) ein und berücksichtigt auf der linken Seite die Beziehung (6.4), so entsteht ein Zusammenhang zwischen den beiden Schwingungsamplituden U_2^* und U_1, in den außerdem die Kreisfrequenz ω, die Stoffwerte $\eta'(\omega)$ und $\eta''(\omega)$ sowie die Modellparameter m, A und h eingehen. Zweckmäßigerweise führt man zur Abkürzung die folgendermaßen definierte Größe χ mit der Dimension Länge/Masse ein:

$$\chi := \frac{A}{m\,h} \quad . \tag{6.8}$$

Der Zusammenhang zwischen den Schwingungsamplituden lautet dann

$$U_2^* - U_1 = \frac{-\,i\omega\, U_1}{\chi\,\eta'(\omega) + i\omega\left(1 - \chi \dfrac{\eta''(\omega)}{\omega}\right)} \quad . \tag{6.9}$$

Damit kann U_2^* aus Gl. (6.7) eliminiert werden, so daß der zeitliche Verlauf der Schubspannung in Abhängigkeit von der Frequenz und der Amplitude des Erregers bekannt ist:

$$\tau^* = -\frac{\eta'' + i\eta'}{\chi \dfrac{\eta'}{\omega} + i\left(1 - \chi \dfrac{\eta''}{\omega}\right)} \frac{U_1}{h} e^{i\omega t} \quad . \tag{6.10}$$

Um die Wirksamkeit des Schwingungsdämpfers beurteilen zu können, berechnen wir die Energie W, die pro Schwingungsperiode dissipiert wird. Sie entspricht derjenigen Energie, die der Flüssigkeit innerhalb einer Periode über die Wände zugeführt wird. Die mitgenommene Platte behält ihre Energie im zeitlichen Mittel bei, gibt also keine Energie an das Fluid ab. Damit ergibt sich W als jene Arbeit, die bei der Bewegung des Erregers gegen die Schubspannung geleistet wird:

$$W = -U_1 A \int_0^{2\pi/\omega} \mathrm{Re}\,\tau^* \cos\omega t\, dt \ . \tag{6.11}$$

Unter Verwendung von Gl. (6.10) folgt hieraus nach kurzer Rechnung:

$$\frac{W}{2\pi E_0} = \frac{\chi \dfrac{\eta'(\omega)}{\omega}}{\left(\chi \dfrac{\eta'(\omega)}{\omega}\right)^2 + \left(1 - \chi \dfrac{\eta''(\omega)}{\omega}\right)^2} \ . \tag{6.12}$$

Als Bezugsgröße tritt dabei die mit der schwingenden Masse und mit der Geschwindigkeit des Erregers gebildete kinetische Energie $E_0 := m\,U_1^2 / 2$ auf. Die rechte Seite enthält zwei unabhängige dimensionslose Parameter, nämlich $\chi\eta' / \omega$ und $\chi\eta'' / \omega$; die graphische Darstellung des Ergebnisses führt zu der in Abb. 6.2 gezeigten Kurvenschar. Die mit dem Parameterwert 0 gekennzeichnete Kurve beschreibt das Dämpfungsverhalten bei Verwendung eines newtonschen Fluids (mit $\eta' = \text{const}$ und $\eta'' = 0$). In diesem Fall erreicht man eine optimale Dämpfung für $\chi\eta' / \omega = 1$, d.h. bei einer ganz bestimmten Frequenz, deren Größe von den Gerätekonstanten einschließlich der Viskosität des newtonschen Öls abhängt. Bei Verwendung einer viskoelastischen Flüssigkeit sind ersichtlich größere, aber auch kleinere Dämpfungswerte möglich.

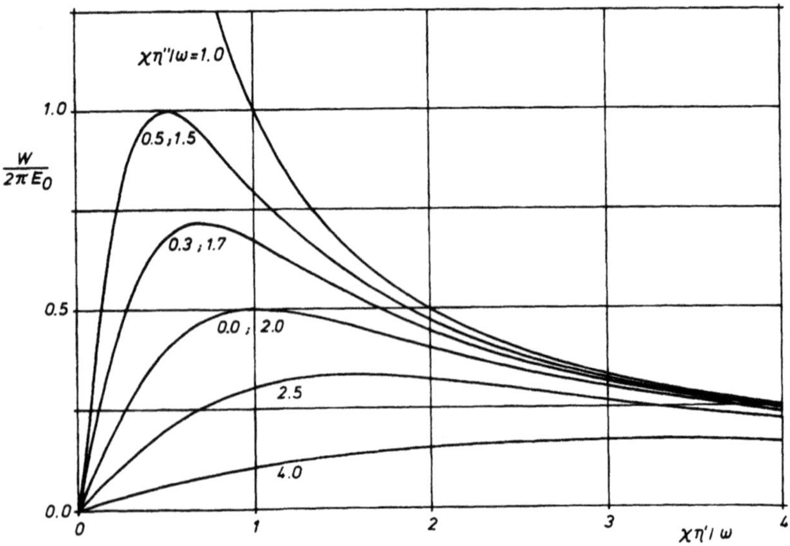

Abb. 6.2 Pro Schwingungsperiode dissipierte Arbeit

Der praktische Nutzen dieser Erkenntnisse wird besonders deutlich, wenn wir Flüssigkeiten betrachten, für welche die Stoffunktion $\eta''(\omega)$ linear mit ω anwächst (siehe Abb. 3.20). Der Kurvenparameter $\chi\eta''/\omega$ in Abb. 6.2 hängt dann gar nicht von der Schwingungsfrequenz ab; ω geht lediglich in den Abszissenwert $\chi\eta'/\omega$ ein. Da bei festem Abszissenwert die absolut größte Dämpfung jeweils für $\chi\eta''/\omega = 1$ erreicht wird, ist in diesem Fall eine frequenzunabhängige optimale *Abstimmung* des Schwingungsdämpfers zu erreichen, denn die Anpassung der mitgenommenen Masse und der geometrischen Abmessungen des Dämpfers, repräsentiert durch die Größe χ, an die Stoffkonstante η''/ω gemäß $\chi\eta''/\omega = 1$ führt unabhängig von der Frequenz jeweils zur größtmöglichen Energiedissipation. Der Wert der pro Schwingungsperiode maximal dissipierten Energie W_{max} ergibt sich gemäß Gl. (6.12) zu $W_{max}/2\pi E_0 = \eta''(\omega)/\eta'(\omega)$. Bei optimaler Abstimmung schwingt übrigens die mitgenommene Masse mit größerer Amplitude als der Erreger. Bei Verwendung eines newtonschen Fluids ist es stets umgekehrt.

Wir wollen nun noch die Voraussetzung der Theorie überprüfen, daß in der Flüssigkeit die Trägheitskräfte gegenüber den Reibungskräften vernachlässigt werden können. Die volumenbezogene Trägheitskraft auf der linken Seite der Bewegungsgleichung (6.1) besitzt die Größenordnung $\rho\omega U_1$. Über den gesamten von Flüssigkeit erfüllten Raum der Größe hA summieren sich die Trägheitskräfte demnach zu einem Ausdruck der Größenordnung $\rho\omega U_1 hA$. Dem stehen Reibungskräfte der Größe $|\tau^*|A$ gegenüber. Die Forderung $\rho\omega U_1 hA \ll |\tau^*|A$ läßt sich unter Verwendung der Formeln (6.10) für die Schubspannung und (6.8) für die Größe χ im Fall optimaler Abstimmung in die Beziehung $\rho hA \ll m\sqrt{1+(\eta''/\eta')^2}$ überführen. Demnach ist die Vernachlässigung der Trägheit gerechtfertigt, wenn die Masse der Dämpferflüssigkeit klein gegen die Masse der mitgenommenen Platte bleibt.

Es sei noch am Rande angemerkt, daß das zentrale Ergebnis, Gl. (6.12) bzw. Abb. 6.2, zwar anhand eines einfachen Modells eines Schwingungsdämpfers hergeleitet wurde, jedoch auch bei realistischeren Ausführungen unverändert gültig bleibt. Für den in Abb. 6.20 skizzierten Torsionsschwingungsdämpfer z.B. ergibt sich bei sinngemäß abgeänderter Definition der Bezugsenergie E_0 wieder die gleiche Beziehung (6.12) für die innerhalb einer Schwingungsperiode dissipierte Arbeit W. Der einzige Unterschied besteht darin, daß sich die Gerätekonstante χ dort aus dem Trägheitsmoment der mitgenommenen Drehmasse und den verschiedenen charakteristischen Abmessungen des Gerätes zusammensetzt (Aufgabe 6.1).

6.1.2 Die Strömung in der Nähe einer schwingenden Wand

Wir betrachten im folgenden eine instationäre Scherströmung, bei der neben den linear–viskoelastischen Stoffeigenschaften auch die Massenträgheit des Fluids einen maßgeblichen Einfluß besitzt. Das Fluid nimmt den Halbraum $y > 0$ ein und haftet an einer ebenen Wand (bei $y = 0$), die harmonische Schwingungen in x–Richtung ausführt:

$$u(0, t) = U \cos \omega t \ . \tag{6.13}$$

U ist die Maximalgeschwindigkeit der Wand, ω die Kreisfrequenz der Schwingung. In großer Entfernung von der Wand ruht das Fluid zu allen Zeiten,

$$u(\infty, t) = 0 \ . \tag{6.14}$$

Deshalb fehlt ein Druckgradient, und die Bewegungsgleichung (6.1) reduziert sich auf die Beziehung

$$\rho \frac{\partial u}{\partial t} = \frac{\partial \tau}{\partial y} \ . \tag{6.15}$$

Im eingeschwungenen Zustand sind u und τ harmonische Funktionen der Zeit mit der Kreisfrequenz ω. Es ist zweckmäßig, wieder komplexe Größen u^*, τ^* zu verwenden, deren Realteile u bzw. τ sein sollen.

Bei dieser oszillierenden Scherbeanspruchung spiegelt sich das Gedächtnis der Flüssigkeit im Frequenzgang der komplexen Viskosität wider. Nach Gl. (3.67) gilt $\tau^* = \eta^*(\omega)\, \partial u^* / \partial y$, so daß die Bewegungsgleichung (6.15) in die Wärmeleitungsgleichung

$$\rho \frac{\partial u^*}{\partial t} = \eta^*(\omega) \frac{\partial^2 u^*}{\partial y^2} \tag{6.16}$$

übergeht. Der Produktansatz

$$u^* = \varphi^*(y)\, e^{i\omega t} \tag{6.17}$$

reduziert sie auf die gewöhnliche Differentialgleichung

$$i\omega\rho\, \varphi^* = \eta^*(\omega) \frac{d^2 \varphi^*}{dy^2} \ . \tag{6.18}$$

Das Integral, welches den Randbedingungen (6.13) und (6.14) genügt, lautet

$$\varphi^*(y) = U\, e^{-(\alpha + i\beta) y} \ . \tag{6.19}$$

Die dabei auftretenden positiven Konstanten α und β hängen von der Dichte ρ des Fluids, der Frequenz ω und den zugehörigen Stoffwerten $\eta'(\omega)$ und $\eta''(\omega)$ ab (beachte, daß $\eta^* = \eta' - i\eta''$ gesetzt wurde):

$$\alpha = \sqrt{\frac{\rho\omega}{2} \frac{\sqrt{\eta'^2 + \eta''^2} - \eta''}{\eta'^2 + \eta''^2}} \; ; \qquad \beta = \sqrt{\frac{\rho\omega}{2} \frac{\sqrt{\eta'^2 + \eta''^2} + \eta''}{\eta'^2 + \eta''^2}} \; . \tag{6.20}$$

Damit erhält man für das Geschwindigkeitsfeld den analytischen Ausdruck

$$u = U e^{-\alpha y} \cos(\omega t - \beta y) \; . \tag{6.21}$$

Er beschreibt eine in y–Richtung mit der Geschwindigkeit ω / β laufende gedämpfte *Transversalwelle*. Man beachte, daß sich ihre Phasengeschwindigkeit ω / β mit der Frequenz ω ändert (*Dispersion*). Jede Schicht $y = \text{const}$ schwingt mit der Kreisfrequenz ω, die Schwingungsamplitude nimmt aber exponentiell mit dem Wandabstand y ab, während die Phasenverschiebung gegenüber der Wandoszillation linear mit ihm zunimmt. Die Flüssigkeit kommt somit nur in einer gewissen Umgebung der schwingenden Wand merklich in Bewegung. Abb. 6.3 veranschaulicht das analytische Ergebnis.

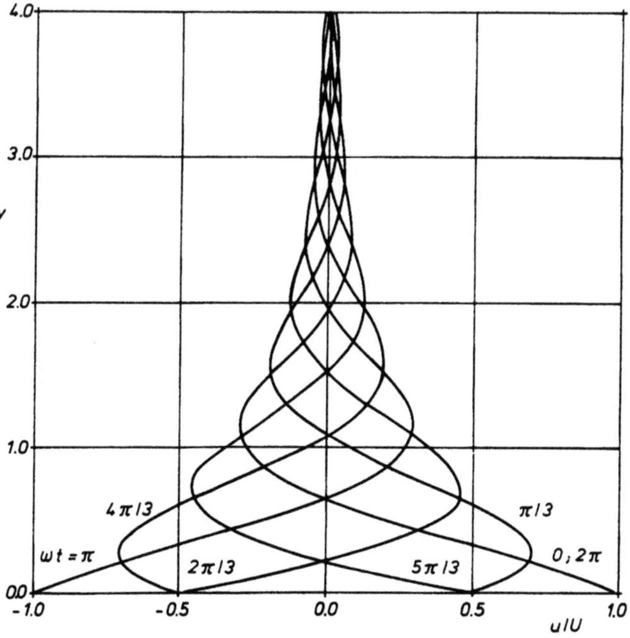

Abb. 6.3 Strömungsgeschwindigkeit in der Nähe einer oszillierenden Wand zu verschiedenen Zeiten; $\eta'' / \eta' = 1$

Definiert man die Eindringtiefe der Welle als jenen Abstand von der Wand, wo die Geschwindigkeitsamplitude nur noch 1% der Wandamplitude beträgt, so erhält man für diese *Grenzschichtdicke* den Wert $4{,}6 / \alpha$. Der Ausdruck (6.20) für α

zeigt, daß bei einem newtonschen Fluid, für welches $\eta'' = 0$ gilt und η' einen konstanten, von ω unabhängigen Wert besitzt, die Grenzschichtdicke mit wachsender Frequenz wie $\omega^{-1/2}$ abnimmt. Bei Flüssigkeiten mit Gedächtnis nimmt zwar die komplexe Viskosität mit der Schwingungsfrequenz i. allg. betragsmäßig ab. Gleichzeitig wächst aber das Verhältnis aus dem Speichermodul und dem Verlustmodul stark an (s. Abb. 3.19). Die Grenzschichtdicke verkleinert sich dann mit zunehmender Frequenz in der Regel erheblich langsamer als bei einem newtonschen Fluid.

6.1.3 Ausbreitung von Unstetigkeiten

Unter gewissen Voraussetzungen können in Flüssigkeiten mit Gedächtnis Unstetigkeiten der Zustandsgrößen auftreten, die sich mit endlicher Geschwindigkeit ausbreiten. Wir erläutern auch das anhand einer instationären Scherströmung einer linear–viskoelastischen Flüssigkeit und setzen dabei voraus, die Gedächtnisfunktion $G(s)$ sei regulär mit $G(0) > 0$ und $\dot{G}(0) < 0$ (wie z.B. bei einem Maxwell–Modell), wobei $\dot{G}(s) := dG(s)/ds$. Aus der Stoffgleichung (6.2) folgt dann für die Zeitableitung der Schubspannung

$$\frac{\partial \tau(y,t)}{\partial t} = G(0)\,\frac{\partial u(y,t)}{\partial y} + \int_0^\infty \dot{G}(s)\,\frac{\partial u(y,t-s)}{\partial y}\,ds\,. \tag{6.22}$$

Wir betrachten nun eine mit der Geschwindigkeit c in y–Richtung wandernde "Stoßfront", an der sich die Zustandsgrößen u und τ unstetig ändern. Für die Sprünge $[u]$ und $[\tau]$ leitet man aus Gl. (6.1) und aus Gl. (6.22) folgende Relationen ab:

$$\rho\, c\, [u] = -[\tau]\,, \tag{6.23}$$

$$c\,[\tau] = -G(0)\,[u]\,. \tag{6.24}$$

Diese *Sprungrelationen* entsprechen in ihrer Bedeutung und sogar in ihrem formalen Aufbau den aus der Gasdynamik bekannten (linearisierten) Verdichtungsstoßrelationen. Ein Verdichtungsstoß ist eine Unstetigkeit in einer Longitudinalwelle, wobei der Geschwindigkeitssprung mit einem Drucksprung verbunden ist. Hier geht es um die Unstetigkeit einer Transversalwelle, bei der ein Geschwindigkeitssprung mit einem Schubspannungssprung verknüpft ist. Das homogene Gleichungssystem besitzt nur dann eine nicht triviale Lösung, wenn die aus den Koeffizienten gebildete zweireihige Determinante verschwindet. Aus dieser Bedingung folgt für die Wellengeschwindigkeit, mit der sich die Stoßfront ausbreitet,

$$c = \sqrt{\frac{G(0)}{\rho}} \,. \tag{6.25}$$

Die Wellengeschwindigkeit wird demnach nur vom Modul der Momentanelastizität G(0) und von der Massendichte ρ beeinflußt. Der integrale Summand in Gl. (6.22) führt aber zu einer Schwächung der Sprunggrößen, und zwar nehmen sie exponentiell mit der Zeit ab:

$$[u] = [u]_0 \exp\left(\frac{\dot{G}(0)}{2G(0)}\,t\right) . \tag{6.26}$$

Dieses bemerkenswerte Ergebnis wird verständlich, wenn man die Unstetigkeit von einem Relativsystem aus betrachtet. Ein Beobachter, der mit der Wellenfront, also mit der Geschwindigkeit $dy/dt = c$ fortschreitet, sieht die zeitliche Änderung

$$\frac{du}{dt} = \frac{\partial u}{\partial t} + c\frac{\partial u}{\partial y} = \frac{k}{\rho} + \frac{1}{\rho c}\left(c\frac{\partial \tau}{\partial y} + \frac{\partial \tau}{\partial t}\right) - \frac{c}{G(0)}\int_0^\infty \dot{G}(s)\,\frac{\partial u(y,t-s)}{\partial y}\,ds \,.$$

Zur Umformung wurden die Gln. (6.1), (6.22) und (6.25) verwendet. Die Summanden in der runden Klammer ergeben $d\tau/dt$. Nach dieser Beziehung ändern sich also die Zustandsgrößen u, τ einerseits dicht vor der Sprungstelle, andererseits unmittelbar hinter ihr. Durch Differenzbildung erhält man folgende Information über die zeitliche Entwicklung der Sprunggrößen:

$$\frac{d[u]}{dt} = \frac{1}{\rho c}\frac{d[\tau]}{dt} + \frac{\dot{G}(0)}{G(0)}[u] \,. \tag{6.27}$$

Nach Elimination von $[\tau]$ mit Hilfe der Sprungrelation (6.23) entsteht eine gewöhnliche Differentialgleichung erster Ordnung mit konstanten Koeffizienten:

$$2\frac{d[u]}{dt} = \frac{\dot{G}(0)}{G(0)}[u] \,. \tag{6.28}$$

Durch Integration findet man das in (6.26) notierte exponentielle Abklingen der Sprunggröße $[u]$.

Eine solche Unstetigkeit tritt z. B. beim sogenannten *Rayleigh–Problem* auf. Dabei nimmt das Fluid wie im vorangegangenen Abschnitt den Halbraum $y > 0$ ein, ruht aber bis zur Zeit $t = 0$, d.h.

$$u(y,t) = 0 \quad \text{für} \quad t \le 0 \,. \tag{6.29}$$

Die angrenzende Wand bei $y = 0$ wird zur Zeit $t = 0$ ruckartig auf die Geschwindigkeit U gebracht und fortan konstant mit dieser Geschwindigkeit in x–Richtung bewegt:

$$u(0,t) = U \quad \text{für} \quad t > 0 \,. \tag{6.30}$$

Ein Druckgefälle ist nicht vorhanden, es handelt sich also um eine reine Schleppströmung. Damit ruht das Fluid in weiter Entfernung von der Wand zu allen Zeiten, so daß auch hier die äußere Randbedingung (6.14) zu beachten ist.

Nach den zuvor gewonnenen Erkenntnissen ist klar, daß sich die Störung, welche die Wand zu Beginn ihrer Bewegung erzeugt, mit konstanter Geschwindigkeit c in die Flüssigkeit hineinbewegt. Demnach ruht das Fluid zur Zeit $t > 0$ noch vollständig im Gebiet $y > ct$. Es gibt also, anders als bei einem newtonschen Fluid, eine scharfe *Wellenfront*, welche noch ruhende Flüssigkeitsschichten gegenüber bereits mitgerissenen Schichten abgrenzt (Abb. 6.4). Nach Gl. (6.26) nimmt die Geschwindigkeit unmittelbar hinter der Wellenfront exponentiell mit der Zeit ab.

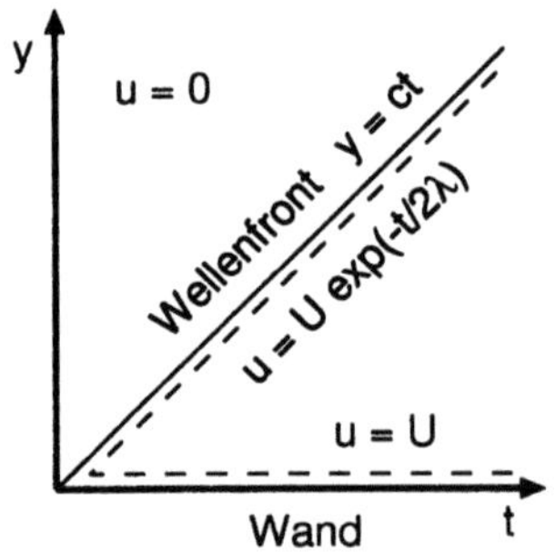

Abb. 6.4 Rayleigh–Problem im t–y–Diagramm

Um das instationäre Strömungsfeld im Gebiet zwischen der Wand und der Wellenfront zu bestimmen, verwendet man zweckmäßigerweise die Methode der *Laplace–Transformation* (bezüglich der Zeit). Man arbeitet dabei vorübergehend statt mit $u(y, t)$ mit der zugehörigen Laplace–Transformierten

$$\overline{u}(y, p) := \int_0^\infty e^{-pt}\, u(y, t)\, dt \quad . \tag{6.31}$$

Man ordnet also der Feldfunktion $u(y, t)$ die Bildfunktion $\overline{u}(y, p)$ zu und in gleicher Weise dem Schubspannungsfeld $\tau(y, t)$ und der Gedächtnisfunktion $G(t)$ ihre Laplace–Transformierten $\overline{\tau}(y, p)$ bzw. $\overline{G}(p)$. Eine partielle Zeitableitung wird dabei folgendermaßen transformiert, wovon man sich durch partielle Integration leicht überzeugen kann:

$$\frac{\partial u(y, t)}{\partial t} \quad \to \quad p\,\overline{u}(y, p) - u(y, t{=}0) \quad .$$

Der letzte Summand verschwindet sogar noch wegen der homogenen Anfangsbedingung (6.29). Damit geht die relevante Bewegungsgleichung (6.15) über in

$$\rho\, p\, \bar{u}(y,p) = \frac{\partial \bar{\tau}(y,p)}{\partial y} \; . \tag{6.32}$$

Bei der Transformation der Stoffgleichung (6.2) ist zu beachten, daß die obere Grenze des Gedächtnisintegrals wegen der Ruhevorgeschichte (6.29) durch t ersetzt werden kann. Mit den Rechenregeln der Laplace–Transformation (Faltungssatz) findet man dann im Bildraum den einfachen Zusammenhang

$$\bar{\tau}(y,p) = \bar{G}(p)\, \frac{\partial \bar{u}(y,p)}{\partial y} \; . \tag{6.33}$$

Durch Elimination von $\bar{\tau}$ resultiert die gewöhnliche Differentialgleichung

$$\bar{G}(p)\, \frac{\partial^2 \bar{u}}{\partial y^2} - \rho\, p\, \bar{u} = 0 \; . \tag{6.34}$$

Die Lösung, welche der transformierten äußeren Randbedingung $\bar{u}(\infty, p) = 0$ genügt, lautet

$$\bar{u}(y,p) = \bar{u}(0,p)\; e^{-\sqrt{\rho\, p/\bar{G}(p)}\; y} \; . \tag{6.35}$$

In Verbindung mit Gl. (6.33) erkennt man, daß im Bildraum zwischen der Schubspannung und der Geschwindigkeit lokal der bemerkenswerte Zusammenhang

$$\bar{\tau}(y,p) = -\sqrt{\rho\, p\, \bar{G}(p)}\; \bar{u}(y,p) \tag{6.36}$$

gilt, und zwar unabhängig von der Randbedingung bei $y = 0$!

Damit ist das Strömungsfeld im Bildraum explizit bekannt. Die Rücktransformation in den Zeitbereich gelingt aber nur in gewissen Spezialfällen analytisch. Wir verwenden zur Illustration ein Maxwell–Modell mit der Relaxationszeit λ (s. Gl. (3.51)) und die Randbedingung (6.30), d. h. $\bar{G}(p) = \lambda\, G(0) / (1 + \lambda\, p)$ und $\bar{u}(0,p) = U / p$. Das analytische Ergebnis im Zeitbereich ist recht kompliziert und wird hier nicht mitgeteilt (es kommen modifizierte Besselfunktionen vor). Stattdessen wird das zeitabhängige Strömungsfeld grafisch veranschaulicht. Abb. 6.5 und Abb. 6.6 zeigen die Strömungsgeschwindigkeit als Funktion des Ortes bei fester Zeit bzw. als Funktion der Zeit bei festem Wandabstand, so wie es individuelle Fluidteilchen erleben. Abb. 6.5 läßt deutlich erkennen, wie sich die Wellenfront unter ständiger Abschwächung mit konstanter Geschwindigkeit in die Flüssigkeit hinein ausbreitet. Nach der Zeit $t = 15\lambda$ ist ein Geschwindigkeitssprung an der Wellenfront praktisch nicht mehr vorhanden, und der Geschwindigkeitsverlauf gleicht qualitativ demjenigen eines newtonschen Fluids, der keine scharfe Wellenfront besitzt.

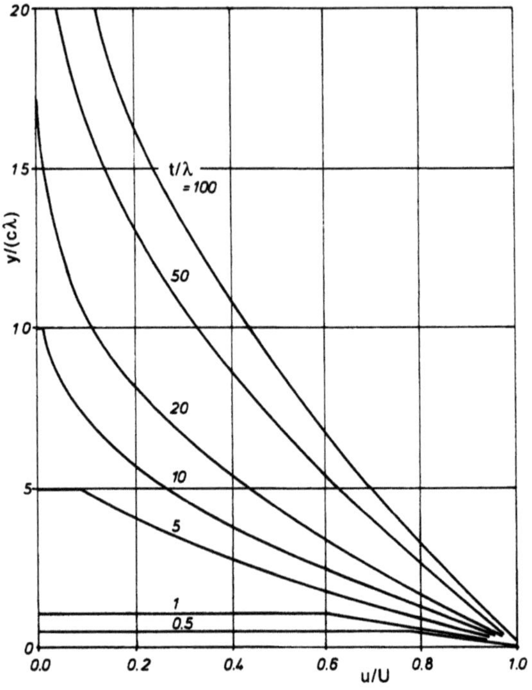

Abb. 6.5 Geschwindigkeitsprofile eines Maxwell–Fluids zu verschiedenen Zeiten

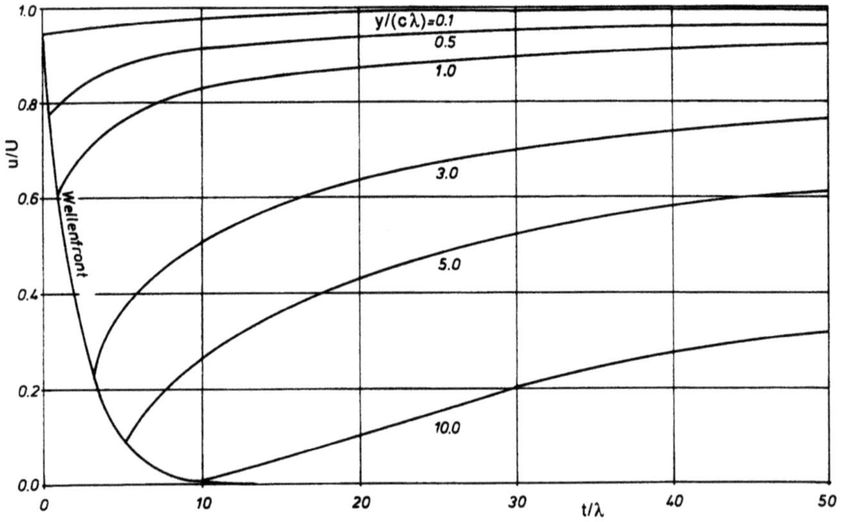

Abb. 6.6 Die Strömungsgeschwindigkeit als Funktion der Zeit für verschiedene Schichten

Definiert man eine *Grenzschichtdicke* als denjenigen Abstand von der Wand, bis zu dem merkliche Strömungsgeschwindigkeiten registriert werden (etwa $u / U \geq 0{,}01$), so liegt diese Stelle anfangs in der Wellenfront. Die Grenzschichtdicke wächst also zunächst streng linear mit der Zeit an. Für große Zeiten (verglichen mit der Relaxationszeit) trifft das aber nicht mehr zu, denn offensichtlich bleibt der Grenzschichtrand hinter der Wellenfront zurück (siehe Abb. 6.5, Kurve für $t / \lambda = 20$). Das Wachstum der Grenzschicht für große Zeiten kann man aus einer asymptotischen Darstellung des exakten Ergebnisses ablesen. Dabei findet man verständlicherweise newtonsches Langzeitverhalten, d. h. die Grenzschichtdicke wächst für $t >> \lambda$ nur noch wie $\sqrt{t}$. Für hinreichend große Zeiten spielt also das Gedächtnis der Flüssigkeit keine wesentliche Rolle mehr.

Neben "Stößen" kommen auch *schwache Unstetigkeiten* vor, bei denen sich erste Ableitungen der Zustandsgrößen, z. B. die Beschleunigung sprunghaft ändern, die Zustandsgrößen selbst aber stetig sind. $[u] = 0$ an der Wellenfront als Identität in der Zeit zieht $[\partial u / \partial t] + c[\partial u / \partial y] = 0$ nach sich. Man erkennt daran, daß Unstetigkeiten der Beschleunigung $([\partial u / \partial t] \neq 0)$ zugleich Unstetigkeiten der Wirbelstärke sind $([\partial u / \partial y] \neq 0)$. Für die Wellengeschwindigkeit c, mit der solche Unstetigkeiten wandern, gilt übrigens Gl. (6.25) unverändert.

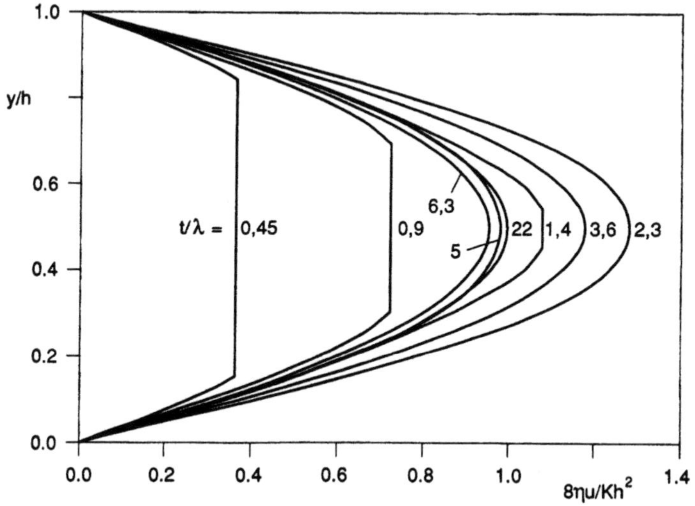

Abb. 6.7 Kanalanlaufströmung nach dem Einschalten eines konstanten Druckgradienten; Maxwell–Fluid, $h / c\lambda = 10$

Zur Illustration zeigt Abb. 6.7 die Anlaufströmung eines Maxwell–Fluids in einem Kanal der Höhe h nach dem sprunghaften Einschalten eines Druckgradienten gemäß $k(t) = - K\,H(t)$. Solange die von beiden Seiten einlaufenden Beschleunigungswellen sich noch nicht gegenseitig beeinflussen, bleibt das Fluid zwischen ihnen noch undeformiert (beschleunigte Blockströmung). Bei dem in der Abbildung angenommenen Wert der Kennzahl $h / c\lambda$ treffen sich die beiden Unstetigkeitsfronten zur Zeit $t / \lambda = 1{,}58$ in der Kanalmitte. Elastizität und Trägheit führen dabei zu einem Überschießen über den stationären Zustand, der für $t / \lambda = 22$ annähernd erreicht ist.

6.1.4 Das viskos–viskoelastische Korrespondenzprinzip

Den Lesern mag aufgefallen sein, daß die Analysis in Abschnitt 6.1.2 grundsätzlich dieselbe war, die man bei einem newtonschen Fluid anwendet. Der Unterschied besteht nur darin, daß in der Bewegungsgleichung (6.16) statt der newtonschen Viskosität ein komplexwertiger Stoffkoeffizient auftritt. Demzufolge ändern sich in der analytischen Lösung (6.21) "nur" die Koeffizienten α und β.

Entsprechendes konnte man bei der Anwendung der Methode der Laplace–Transformation in Abschnitt 6.1.3 erkennen: Die transformierte Bewegungsgleichung (6.34) und die zugehörige Lösung im Bildraum, Gl. (6.35), sind formal dieselben wie im Fall einer newtonschen Flüssigkeit. Deren konstante Viskosität wird lediglich durch die Laplace–Transformierte der viskoelastischen Gedächtnisfunktion ersetzt.

Diese Analogien sind nicht etwa auf eindimensionale Scherströmungen beschränkt. Sie gelten in sinngemäßer Verallgemeinerung auch bei mehrdimensionalen instationären Strömungen, die als *Störungen des Ruhezustands* aufgefaßt werden können. Für isotrope Flüssigkeiten mit Gedächtnis ist dann die tensorielle Stoffgleichung (3.44) relevant. Sie gilt unter der Voraussetzung, daß die relativen Verzerrungen der Fluidelemente klein waren, soweit das Gedächtnis zurückreicht. Die Auswertung der rechten Seite kann aber noch vereinfacht werden, wenn die Position $\mathbf{r}'(\mathbf{r}, t, s)$ der materiellen Punkte zur früheren Zeit $t - s$ nur wenig von der aktuellen Position $\mathbf{r}$ zur aktuellen Zeit t abweicht. Man kann dann sowohl das Geschwindigkeitsfeld $\mathbf{v}(\mathbf{r}, t)$ als auch das Verschiebungsfeld $\mathbf{r}' - \mathbf{r}$ als Störgrößen auffassen, und eine *Linearisierung* des Verzerrungstensors $\mathbf{C}_t$ führt zu der folgenden, einfacher zu handhabenden Form der Stoffgleichung:

$$\mathbf{T}(\mathbf{r}, t) = \int_0^\infty G(s)\, \mathbf{D}(\mathbf{r}, t - s)\, ds \; . \tag{6.37}$$

Sie verknüpft den Extraspannungstensor **T** in linearer Näherung mit der Geschichte des Verzerrungsgeschwindigkeitstensors **D** am gleichen Ort! Zur Herleitung benötigt man die Zusammenhänge (1.100) und (1.103).

Mehrdimensionale inkompressible Strömungen unterliegen der kinematischen Zwangsbedingung

$$\operatorname{div} \mathbf{v}(\mathbf{r}, t) = 0 \tag{6.38}$$

(Kontinuitätsgleichung) und den Bewegungsgleichungen (2.34). Bei der Linearisierung entfallen dort die konvektiven Beschleunigungsterme. Unter Vernachlässigung von Volumenkräften reduzieren sie sich deshalb auf

$$\frac{\partial \mathbf{v}(\mathbf{r}, t)}{\partial t} = -\operatorname{grad} p(\mathbf{r}, t) + \operatorname{div} \mathbf{T}(\mathbf{r}, t) \ . \tag{6.39}$$

Eliminiert man die Extraspannungen, so resultiert ein System linearer Integrodifferentialgleichungen zur Bestimmung des Geschwindigkeitsfelds und des Druckfelds unter der Nebenbedingung (6.38).

Nehmen wir nun eine harmonische Zeitabhängigkeit der Randbedingungen an, z. B. oszillierende Ränder wie in Abschnitt 6.1.2 oder pulsierenden Druck. In linearer Näherung schwingen dann die Feldgrößen mit der Anregungsfrequenz ω:

$$\mathbf{v}(\mathbf{r}, t) = \tilde{\mathbf{v}}(\mathbf{r})\, e^{i\omega t} \ , \qquad p(\mathbf{r}, t) = p_0 + \tilde{p}(\mathbf{r})\, e^{i\omega t} \ . \tag{6.40}$$

Wir verwenden hier wieder die komplexe Schreibweise, wobei die Realteile gemeint sind, verzichten aber der Einfachheit halber auf einen zusätzlichen Index, der den "Durchgang durchs Komplexe" anzeigt. Damit reduziert sich Gl. (6.37) auf

$$\mathbf{T}(\mathbf{r}, t) = 2\eta^*(\omega)\, \tilde{\mathbf{D}}(\mathbf{r})\, e^{i\omega t} \ . \tag{6.41}$$

Das ist grundsätzlich dieselbe Stoffgleichung wie für eine newtonsche Flüssigkeit. Dort wäre der Viskositätskoeffizient reell und konstant. Bei einer Gedächtnisflüssigkeit tritt stattdessen die komplexe Viskosität η^* auf, die auch räumlich konstant ist, sich aber mit der Frequenz ändert. In diesem Zusammenhang wird an Gl. (3.70) erinnert. Demzufolge resultiert nach Elimination der Extraspannungen aus (6.39) die lineare Form der Navier–Stokes–Gleichungen, jedoch mit η^* anstelle der newtonschen Viskosität:

$$i\rho\omega\, \tilde{\mathbf{v}}(\mathbf{r}) = -\operatorname{grad} \tilde{p}(\mathbf{r}) - \eta^*(\omega) \operatorname{rot} \operatorname{rot} \tilde{\mathbf{v}}(\mathbf{r}) \ . \tag{6.42}$$

Auf dieser Erkenntnis basiert das folgende viskos–viskoelastische *Korrespondenzprinzip*: Jede Lösung der linearisierten Navier–Stokesschen Gleichungen unter dem Einfluß harmonisch oszillierender Randbedingungen korrespondiert, in komplexer Schreibweise, mit der Lösung des linear–viskoelastischen Problems unter denselben Randbedingungen, wobei der (reelle) klassische Viskositätskoeffizient durch die komplexe Viskosität $\eta^*(\omega)$ der Gedächtnisflüssigkeit ersetzt wird. Bei periodischen Strömungen, die nach Fourier analysiert werden, gilt das Korrespondenzprinzip sinngemäß für jede Fourierkomponente mit dem komplexen Viskositätswert, der zur jeweiligen Frequenz gehört.

Ein Beispiel soll das Korrespondenzprinzip verdeutlichen. Es geht um die Bewegung, die in einer unendlich ausgedehnten Flüssigkeit entsteht, wenn eine in ihr eingeschlossene Kugel (Radius R_0) harmonische Translationsschwingungen ausführt (Kreisfrequenz ω, Geschwindigkeitsamplitude $\hat{w}$). Zweckmäßigerweise analysiert man die oszillierende Strömung in einem kugelfesten Relativsystem. Sie ist rotationssymmetrisch ohne Drallkomponente, so daß wir das Geschwindigkeitsfeld $\tilde{\mathbf{v}}(\mathbf{r})$ aus einer Stromfunktion $\tilde{\Psi}(\mathbf{r})$ ableiten können (s. Gl. (1.139)). Nach Elimination des Drucks geht Gl. (6.42) dann über in

$$\eta^*(\omega)\, \mathrm{E}\,\mathrm{E}\,\tilde{\Psi} - i\rho\omega\, \mathrm{E}\,\tilde{\Psi} = 0 \; . \tag{6.43}$$

Sinnvollerweise verwenden wir hier Kugelkoordinaten R und ϑ (wie in Abb. 5.14). Der Differentialoperator E besitzt dann die in Gl. (5.66) angegebene Form.

In einem beschleunigten Bezugssystem werden bekanntlich Trägheitskräfte wirksam, die beim Studium der Relativbewegung berücksichtigt werden müssen. Im vorliegenden Fall ist das eine zur Führungsbeschleunigung proportionale Volumenkraft, die beim Übergang zum Relativsystem in der Bewegungsgleichung (6.39) hinzuzufügen wäre. Es handelt sich um den Summanden $-\rho\,\ddot{\mathbf{r}}_O$ in Gl. (2.49). Dieses Volumenkraftfeld ist bei einer Flüssigkeit konstanter Dichte räumlich konstant und entfällt deshalb beim Bilden der Rotation ebenso wie der Druck. Gl. (6.43) gilt also auch im kugelfesten Bezugssystem.

Die Randbedingungen, denen die Stromfunktion $\tilde{\Psi}(R, \vartheta)$ zu unterwerfen ist, sind dieselben wie in den Gln. (5.70) und (5.71), nur mit $\hat{w}$ statt w_∞. Der Produktansatz

$$\tilde{\Psi} = \hat{w}\, R_0^2\, \tilde{f}\left(\frac{R}{R_0}\right) \sin^2\vartheta \tag{6.44}$$

reduziert die partielle Differentialgleichung (6.43) auf eine gewöhnliche Differentialgleichung vierter Ordnung für $\tilde{f}$. Die an die Randbedingungen angepaßte Lösung lautet

$$\tilde{f}(\zeta) = \frac{1}{2}\zeta^2 - \frac{1}{2\zeta}\left(1 + \frac{3}{X} + \frac{3}{X^2}\right) + \frac{3}{2X}\left(1 + \frac{1}{X\zeta}\right) e^{X(1-\zeta)} \; . \tag{6.45}$$

Dabei ist X eine dimensionslose komplexwertige Konstante mit positivem Realteil, die den Einfluß der Parameter ρ, ω, η^* und R_0 zusammenfaßt:

$$X^2 := \frac{i\rho\omega R_0^2}{\eta^*(\omega)} . \tag{6.46}$$

Es ist bemerkenswert, daß jede Lösung der Differentialgleichung (6.43) als Summe zweier Anteile aufgefaßt werden kann, $\tilde{\Psi} = \tilde{\Psi}_L + \tilde{\Psi}_H$, die einer Laplaceartigen bzw. einer Helmholtzartigen Differentialgleichung niedrigerer Ordnung genügen:

$$E\,\tilde{\Psi}_L = 0, \qquad E\,\Psi_H = \frac{i\rho\omega}{\eta^*}\Psi_H . \tag{6.47}$$

Diese Kenntnis kann nützlich sein, wenn bei geometrisch nicht mehr so einfachen Strömungsgebieten die Lösung numerisch erzeugt werden muß. In Gl. (6.45) repräsentieren die in ζ rationalen Summanden den Lösungsanteil $\tilde{\Psi}_L$ (eine Potentialströmung!) und die mit der Exponentialfunktion multiplizierten Summanden den Anteil $\tilde{\Psi}_H$.

Das Korrespondenzprinzip kommt hier einfach dadurch zum Ausdruck, daß für die viskoelastische Flüssigkeit dieselbe Formel (6.45) gilt wie für eine newtonsche Flüssigkeit, wobei nur der Viskositätswert innerhalb des Parameters X ausgetauscht wird. Gleiches gilt auch für die Widerstandskraft, die die Flüssigkeit auf die Kugel überträgt, so daß man im klassischen Ergebnis, in komplexer Schreibweise, nur den Viskositätskoeffizienten auszutauschen braucht:

$$F_W(t) = 6\pi\eta^*(\omega)\left[1 + X + \frac{X^2}{9}\right] R_0\,\hat{w}\,e^{i\omega t}. \tag{6.48}$$

Wer die Formel für ein newtonsches Fluid nicht kennt, kann das Ergebnis durch Integration der Spannungen über die Kugeloberfläche herleiten,

$$F_W(t) = 2\pi R_0^2 \int_0^{\pi} \left[(\tau_{RR} - p)\cos\vartheta - \tau_{\vartheta R}\sin\vartheta\right]_{R=R_0} \sin\vartheta\, d\vartheta . \tag{6.49}$$

Mit den Gln. (6.44) und (6.45) ist die Kinematik der Strömung vollständig bekannt. Daraus können zunächst die Geschwindigkeitskomponenten v_R, v_ϑ und dann die Extraspannungskomponenten τ_{RR}, $\tau_{\vartheta R}$ abgeleitet werden. Man benötigt dazu die Gln. (5.65), die Matrixdarstellung für **D** im Formelanhang Bc und die Stoffgleichung (6.41). Die Druckverteilung an der Kugel erhält man aus der ϑ – Komponente der Bewegungsgleichung im Relativsystem. Dabei darf die oben erwähnte Trägheitskraft nicht vergessen werden. Die Auswertung des Integrals führt dann zu dem analytischen Ausdruck (6.48).

Es ist aufschlußreich darauf zu achten, wie die Stoffparameter η^* und ρ das Ergebnis (6.48) beeinflussen. Der erste Summand enthält nur die komplexe Viskosität und korrespondiert zum Stokesschen *Reibungswiderstand.* Der dritte Summand enthält nur die Fluiddichte und entspricht dem *Beschleunigungswiderstand*, den die Potentialtheorie liefert. Im mittleren Summanden äußern sich die Reibung und die Massenträgheit der Flüssigkeit in gekoppelter Weise.

Das zuvor mitgeteilte Ergebnis soll anhand eines Beispiels veranschaulicht werden. Die Situation ist in Abb. 6.8 skizziert: Ein mit der viskoelastischen Flüssigkeit gefüllter Behälter wird in harmonische Translationsschwingungen mit der Geschwindigkeitsamplitude $\hat{U}$ versetzt. In der Flüssigkeit ist eine kleine Kugel eingeschlossen (Volumen V_K, Masse $\rho_K V_K$), auf die sich die Schwingung überträgt. Die Schwerkraft soll dabei keine Rolle spielen, man mag sich die Schwingungsrichtung horizontal vorstellen.

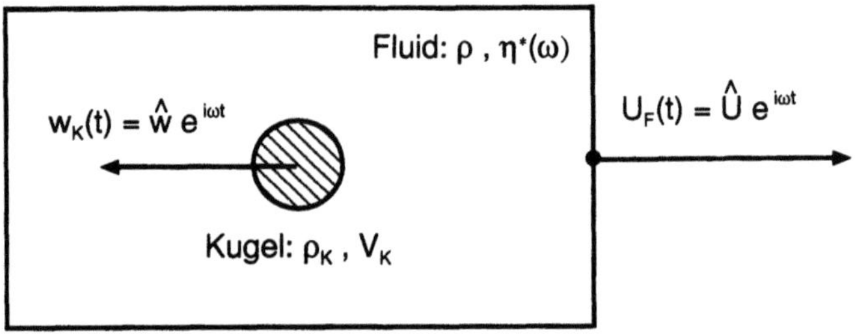

Abb. 6.8 Kugelschwingung in einem harmonisch oszillierenden Behälter

Im linearen System führt eine harmonische Erregung (Behälter) zu einer harmonischen Antwort (Kugel) mit derselben Frequenz. Gefragt wird nach der Amplitude $\hat{w}$, mit der die Kugel relativ zur Flüssigkeit schwingt. Das Übertragungsverhalten wird dann vollständig durch den komplexen Frequenzgang des Amplitudenverhältnisses $\hat{w} / \hat{U}$ beschrieben. Um das Ziel zu erreichen, formulieren wir die Bewegungsgleichung der Kugel in einem behälterfesten Relativsystem:

$$\rho_K V_K \dot{w}_K(t) = -F_W(t) + \rho_K V_K \dot{U}_F(t) - \rho V_K \dot{U}_F(t) \ . \tag{6.50}$$

In ihm treten außer der Widerstandskraft F_W, die die Kugel erfährt, wenn die Flüssigkeit im Inertialraum ruht, noch weitere Kräfte auf. Sie resultieren daraus, daß auf jedes Masseelement im beschleunigten System eine Trägheitskraft einwirkt, die der Führungsbeschleunigung $\dot{U}_F$ proportional ist. Das führt für die Kugel zunächst zu dem mittleren Summanden auf der rechten Seite. Die auf die Flüssigkeit einwirkende Trägheitskraftdichte der Größe $\rho \dot{U}_F$ (volumenbezogen) ist räumlich konstant und wird durch einen entsprechenden Druckgradienten kompensiert. Ein mit dem Behälter bewegter Beobachter könnte sie als oszillierendes Schwerefeld in horizontaler Richtung interpretieren. Die Kugel erfährt demzufolge noch eine Art "Auftriebskraft", für die neben der Führungsbeschleunigung die verdrängte Flüssigkeitsmasse $\rho\, V_K$ maßgeblich ist (letzter Summand in Gl. (6.50)).

Setzt man für F_W den Ausdruck (6.48) ein und für w_K und U_F die Schwingungsansätze gemäß Abb. 6.8, so erhält man nach kurzer Rechnung den komplexen Frequenzgang des Amplitudenverhältnisses:

$$\frac{\hat{w}}{\hat{U}} = \frac{2\left(\frac{\rho_K}{\rho} - 1\right) X^2}{9 + 9X + \left(1 + 2\frac{\rho_K}{\rho}\right) X^2} . \tag{6.51}$$

Abb. 6.9 veranschaulicht den Betragsgang für den Fall einer Stahlkugel in einer Maxwell–Flüssigkeit mit den Stoffparametern η und λ (s. Abb. 3.15). Außer dem Dichteverhältnis $\rho_K / \rho = 7{,}8$ sind dann zwei dimensionslose Kennzahlen relevant, und zwar eine Frequenzzahl $\rho \omega R_0^2 / \eta$ und eine Gedächtniszahl $\lambda \eta / \rho R_0^2$. Bei einer Kugel mit dem Radius $R_0 = 1\,\mathrm{cm}$ in einer wäßrigen Lösung mit den Stoffdaten $\rho = 10^3\ \mathrm{kg/m^3}$, $\eta = 10\,\mathrm{Pas}$ und $\lambda = 10\,\mathrm{s}$ erreicht diese Kennzahl den Wert 10^3. Die Abbildung macht den Gedächtniseinfluß deutlich: In einem gewissen Frequenzbereich fällt die relative Schwingungsamplitude der mitgenommenen Kugel umso größer aus, je größer die Gedächtniszahl ist.

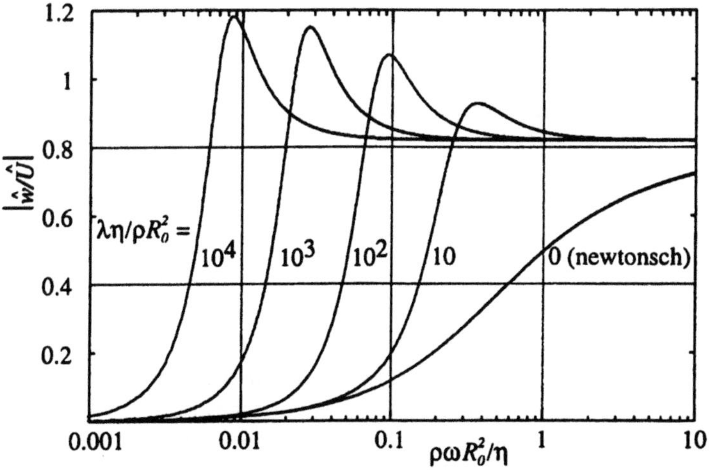

Abb. 6.9 Betragsgang im Fall einer Maxwell–Flüssigkeit für $\rho_K / \rho = 7{,}8$

6.2 Nichtlineare Effekte

6.2.1 Beschleunigung von Transportprozessen

In Abschnitt 4.1 wurde die stationäre Durchströmung eines kreiszylindrischen Rohrs unter Wirkung eines zeitlich konstanten Druckgefälles diskutiert – ein elementarer Vorgang, der für den Transport von Fluiden zentrale Bedeutung besitzt. Aus verschiedenen Gründen, z. B. im Hinblick auf eine ventillose Durchsatzsteuerung sind auch instationäre Rohrströmungen von Interesse. Wenn das Fluid nichtlineare Fließeigenschaften besitzt, kann nämlich der Durchsatz durch instationäre Maßnahmen, etwa durch Oszillationen der Rohrwand beeinflußt werden.

Bei strukturviskosen Fluiden werden dann teilweise erhebliche *Durchsatzsteigerungen* beobachtet, die man folgendermaßen qualitativ erklären kann: Durch die Schwingung der Wand werden die Geschwindigkeitsunterschiede im Fluid vergrößert. Dadurch erweitert sich das für die Strömung relevante Schergeschwindigkeitsintervall. Da die Viskosität eines strukturviskosen Fluids mit der Schergeschwindigkeit abnimmt, wird das Fluid durch die Wandbewegung im Mittel dünnflüssiger, so daß sich bei gegebenem Druckgefälle der Volumenstrom erhöht. Diese Argumentation anhand der stationären Fließeigenschaften ist allerdings nur bei niedrigen Schwingungsfrequenzen (kleinen Deborah–Zahlen) schlüssig. In ausgeprägt instationären Strömungen spielt auch das Gedächtnis des Fluids eine wesentliche Rolle.

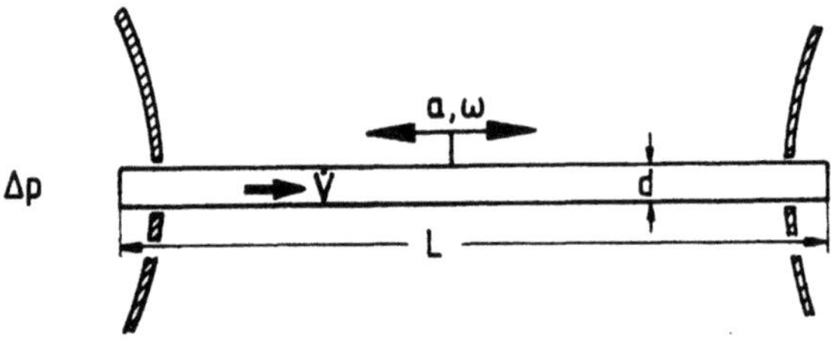

Abb. 6.10 Zur Veranschaulichung der instationären Rohrströmung

Wir betrachten den kinematisch einfachsten Fall einer ausgebildeten Poiseuille–Strömung gemäß Gl. (1.119), wobei sich das Fluid überall parallel zur Rohrachse bewegt und das Geschwindigkeitsfeld $u(r, t)$ außer von der Zeit t nur vom Achsabstand r abhängt. Einlaufvorgänge bleiben damit außer Betracht. Abb. 6.10 veranschaulicht die Modellbildung: Ein kreiszylindrisches Rohr der Länge L mit dem Innendurchmesser d verbindet zwei Kammern unterschiedlichen Drucks, wobei die Druckdifferenz Δp zeitlich konstant bleibt. Die Rohrwand oszilliert in axialer Richtung mit der Wegamplitude a und mit der Kreisfrequenz ω. Unter der Annahme, daß die Flüssigkeit an der Rohrwand haftet, unterliegt das Geschwindigkeitsfeld $u(r, t)$ dann der periodischen Randbedingung

$$u\left(d/2, t\right) = a\omega \cos \omega t \ . \tag{6.52}$$

Der durch das Rohr hindurchfließende Volumenstrom $\dot{V}(t)$ ergibt sich durch Integration der Geschwindigkeitsverteilung über die Querschnittsfläche gemäß Gl. (4.7). Im eingeschwungenen Zustand ist er eine periodische Funktion der Zeit mit der Periodendauer $2\pi/\omega$. Bei technischen Anwendungen interessiert vor allem der zeitliche Mittelwert, den wir mit $\langle \dot{V} \rangle$ bezeichnen wollen, wobei die spitze Klammer die zeitliche Mittelung anzeigt. Zum Vergleich wird der stationäre Volumenstrom $\dot{V}_s$ herangezogen, der sich ohne Schwingung der Rohrwand einstellt. Zur Beurteilung der Durchsatzsteigerung infolge der Wandoszillationen dient das dimensionslose Maß

$$I := \frac{\langle \dot{V} \rangle - \dot{V}_s}{\dot{V}_s} \ . \tag{6.53}$$

Ergibt sich für I beispielsweise der Wert 20 (wie in Abb. 6.11), so bedeutet dies, daß der Volumenstrom im instationären Fall 21mal so groß ist wie im stationären Vergleichsfall.

Wesentliche Einflußparameter sind außer a, ω und d noch das Druckgefälle $\Delta p / L$ sowie die Massendichte ρ und die viskoelastischen Stoffwerte der Flüssigkeit, insbesondere ihre Nullviskosität η_0 und die mittlere Relaxationszeit λ. Aus diesen Parametern können vier Dimensionslose gebildet werden, und zwar die relative Amplitude B, eine Druckzahl K, eine modifizierte Reynolds–Zahl S und die *Deborah–Zahl* De, das Verhältnis aus der Stoffeigenzeit und der Prozeßzeit,

$$B := \frac{2a}{d}, \quad K := \frac{\Delta p \, d \lambda}{L \, \eta_0}, \quad S := \frac{\rho \omega d^2}{\eta_0}, \quad De := \lambda \omega \ . \tag{6.54}$$

Abb. 6.11 zeigt quantitative Ergebnisse für eine wäßrige Polymerlösung, deren stationäre Fließeigenschaften in Abb. 3.11 dargestellt wurden. Der Effekt der Durchsatzsteigerung ist bei kleinen Druckzahlen beachtlich groß und wird schwächer, wenn K ansteigt (man beachte, daß der Bezugswert $\dot{V}_s$ in Gl. (6.53) mit K überlinear anwächst). Bei fester Druckzahl fällt I verständlicherweise umso größer aus, je größer die relative Oszillationsamplitude ist. Bei konstant gehaltenen Werten der Kennzahlen B, K und S/De (frequenzunabhängig) wächst I übrigens auch monoton mit der Frequenzzahl De an.

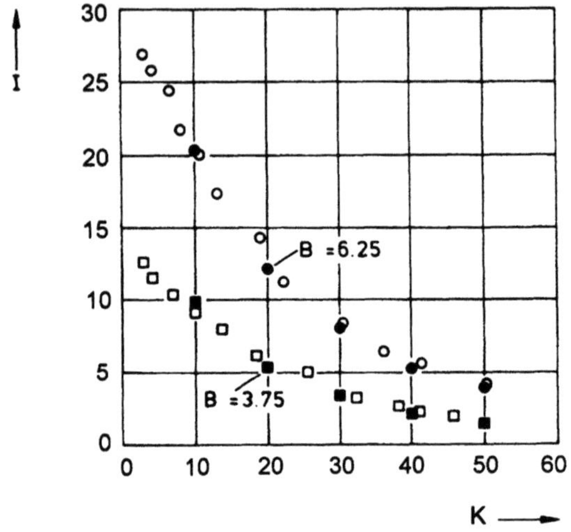

Abb. 6.11 Relative Durchsatzsteigerung aufgrund von Schwingungen der Rohrwand bei einer wäßrigen Polymerlösung, S = 0.48 und De = 97 (nach [17]), offene Symbole: experimentelle Daten, gefüllte Symbole: numerische Simulation

Eine theoretische Prognose für den mittleren Volumenstrom bei vorgegebenen Prozeßparametern erfordert jeweils die Berechnung des instationären Geschwindigkeitsfelds $u(r, t)$, aus dem dann die integrale Zielgröße $\langle \dot{V} \rangle$ extrahiert werden kann. Dazu ist die Bewegungsgleichung in axialer Richtung zu formulieren:

$$\rho \frac{\partial u(r,t)}{\partial t} = \frac{\Delta p}{L} + \frac{1}{r}\frac{\partial}{\partial r}\left[r\,\tau(r,t)\right]. \tag{6.55}$$

Sie verknüpft das Geschwindigkeitsfeld $u(r, t)$ mit dem Schubspannungsfeld $\tau(r, t)$ und ist durch die nichtlineare Stoffgleichung der Gedächtnisflüssigkeit zu ergänzen. Bei Verwendung eines faktorisierten Einfachintegralmodells lautet sie folgendermaßen (s. Abschnitt 3.6.2):

$$\tau(r,t) = -\int_0^\infty \frac{dG(s)}{ds}\, h(\gamma)\, \gamma \, ds\,. \tag{6.56}$$

Da es sich um eine Poiseuille–Strömung handelt, gilt im übrigen der kinematische Zusammenhang

$$\gamma(r,t,s) = \int_0^s \frac{\partial u(r, t-\bar{s})}{\partial r}\, d\bar{s} \tag{6.57}$$

(s. Gl. (1.116) in Verbindung mit Tab. 1.1). Nach Elimination der relativen Scherdeformation γ und der Schubspannung τ resultiert eine nichtlineare partielle Integrodifferentialgleichung für $u(r, t)$. Die numerische Berechnung der eingeschwungenen Lösung unter Beachtung der Randbedingung (6.52) erfordert eine bezüglich der Zeit unkonventionelle Diskretisierungsmethode.

Die Ingredienzien einer angemessenen numerischen Methode sollen hier nur summarisch genannt werden: räumliche Diskretisierung durch finite Elemente in Verbindung mit der schwachen Formulierung des Randwertproblems, Gewichtung der Residuen im Sinne von Galerkin, zeitliche Diskretisierung durch implizite Einschrittverfahren, Auswertung räumlicher Integrale durch Gaußsche Quadratur, Auswertung der Gedächtnisintegrale durch Runge–Kutta–Verfahren hoher Ordnung mit Schrittweitensteuerung (wegen des breiten Relaxationsspektrums, s. Tab. 3.2), in jedem Zeitschritt iterative Lösung des nichtlinearen algebraischen Gleichungssystems für die Knotenwerte, spannungsfreier Ruhezustands als Anfangsbedingung.

Abb. 6.11 zeigt, daß die theoretischen Prognosen durch numerische Simulation auf der Basis eines integralen Stoffmodells sehr gut mit dem experimentellen Befund übereinstimmen. Die numerische Simulation liefert natürlich nicht nur den integralen Mittelwert $\langle\dot{V}\rangle$, sondern das periodische Geschwindigkeitsfeld $u(r, t)$ im einzelnen. Abb. 6.12 veranschaulicht es innerhalb einer Schwingungsperiode für ausgewählte Werte der relevanten Kennzahlen.

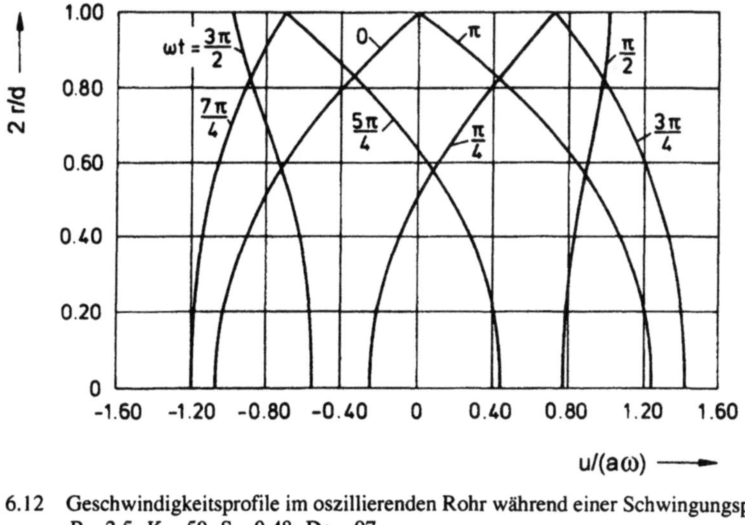

Abb. 6.12 Geschwindigkeitsprofile im oszillierenden Rohr während einer Schwingungsperiode; $B = 2.5$, $K = 50$, $S = 0.48$, $De = 97$

Um den Gedächtniseinfluß zu quantifizieren, liegt es nahe, die numerischen Berechnungen für eine inelastische Flüssigkeit mit den realen scherentzähenden Fließeigenschaften zu wiederholen, d. h. die Stoffgleichung (6.56) durch Gl. (3.10) mit $\dot{\gamma}(r, t) = \partial u(r, t) / \partial r$ zu ersetzen. Es liegt dann ein nichtlineares Diffusionsproblem vor, das mit Standardmethoden numerisch gelöst werden kann. Dabei berechnet man Volumenströme, die bis zu 35% unter den experimentellen Werten liegen. Der Effekt der Durchsatzsteigerung wird also nicht allein durch die Scherverdünnung hervorgerufen. Auch das Gedächtnis der Flüssigkeit trägt dazu in beträchtlichem Maße bei.

Am Rande sei noch erwähnt, daß nicht nur Wandoszillationen, sondern auch harmonische Druckschwankungen zu einer Durchsatzänderung führen, denn beide Situationen sind einander äquivalent. Ein mit der schwingenden Wand mitbewegter Beobachter registriert nämlich den gleichen zeitlich gemittelten Volumenstrom wie der ruhende Beobachter, da seine Führungsgeschwindigkeit im zeitlichen Mittel verschwindet. Für ihn ruht die Wand, dafür tritt eine zeitabhängige volumenbezogene Trägheitskraft der Größe $-\rho\partial(a\omega\cos\omega t)/\partial t$ auf, die einem zusätzlichen axialen Druckgefälle der Form $\rho a\omega^2 \sin\omega t$ entspricht. Ein solches, dem konstanten Wert $\Delta p/L$ überlagertes harmonisch oszillierendes Druckgefälle führt also zu derselben Durchsatzänderung wie die schwingende Wand.

Durch Oszillationen können auch mehrphasige Transportprozesse beeinflußt werden. Man stelle sich vor, Abb. 6.8 werde um 90° gedreht, so daß der Behälter in vertikaler Richtung schwingt, und die Kugel sei schwerer als die von ihr verdrängte Flüssigkeit. Sie fällt dann natürlich nach unten, und die Schwingung führt bei einer scherentzähenden Flüssigkeit zu einer *Beschleunigung der Sedimentation*. Abb. 6.13 zeigt ein repräsentatives experimentelles Ergebnis. Die Kennzahlen B, S und De sind ebenso definiert wie in Gl. (6.54), wobei d jetzt den Kugeldurchmesser bezeichnet.

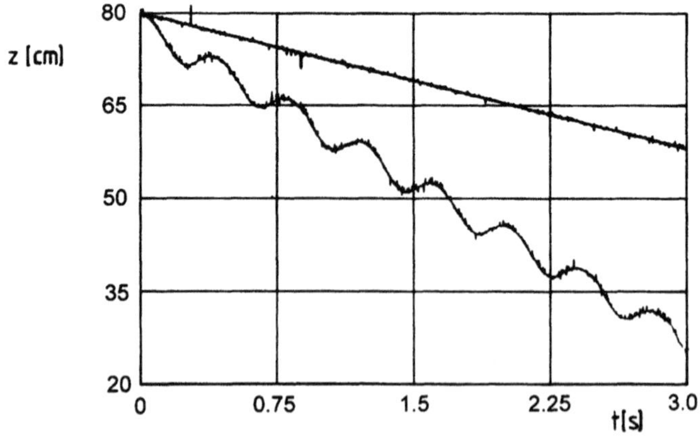

Abb. 6.13 Freier Fall einer Stahlkugel in einer wäßrigen PAA–Lösung mit und ohne Vertikalschwingung des Behälters; Weg–Zeit–Diagramm (Relativsystem) für $\rho_K/\rho = 7.8$, $a\omega^2/g = 1.78$, $B = 14.2$, $S = 0.1$, $De = 38.8$ (nach Stenger [18])

Die theoretische Nachbildung dieses Vorgangs ist eine schwierige Aufgabe. In der Bewegungsgleichung (6.50) müssen zwar nur konstante Schwerkraftterme hinzugefügt werden:

$$\rho_K V_K \dot{w}_K(t) = -F_W(t) + \left(\rho_K - \rho\right) V_K \left(g + \dot{U}_F(t)\right) . \tag{6.58}$$

Der Zusammenhang (6.48) gilt aber nicht mehr. Demnach ist zwar klar, daß die Widerstandskraft im zeitlichen Mittel das reduzierte Gewicht der Kugel kompensiert,

$$\langle F_W \rangle = \left(\rho_K - \rho\right) V_K \, g . \tag{6.59}$$

Um den Zusammenhang zwischen $\langle F_W \rangle$ und der mittleren Sinkgeschwindigkeit $\langle w_K \rangle$ herzustellen, ist es aber erforderlich, das instationäre mehrdimensionale Strömungsfeld unter Verwendung des nichtlinearen Stoffmodells zu berechnen, das die Gedächtnisflüssigkeit adäquat beschreibt. In Abschnitt 7.2.4 wird deutlich, daß dies ein anspruchsvolles numerisches Problem ist, zumal wenn die Deborah–Zahl die im Experiment realisierten Werte erreichen soll.

6.2.2 Erzwungene Schwingungen

Wir kehren noch einmal zu der Abb. 6.1 zurück, die das Prinzip eines Schwingungsdämpfers zeigt. Die viskoelastische Flüssigkeitsschicht sei wieder so dünn, daß deren Massenträgheit keine Rolle spielt. Die Schwingungsamplituden sind jetzt aber so groß, daß sich auch nichtlineare Reibungseigenschaften auswirken. Eine harmonische Fußpunkterregung führt dann nicht mehr zu einer harmonischen Schwingung der mitgenommenen Masse, und die früher verwendete komplexe Notation wird hinfällig.

Zur Beschreibung des Schwingungszustands der Masse m verwenden wir zweckmäßigerweise ihre relative Lagekoordinate $\xi(t)$ bezüglich des Erregers, dessen Wegkoordinate dem vorgegebenen Zeitgesetz $(U_1 / \omega) \sin \omega t$ folgt. Die Bewegungsgleichung der Masse lautet dann

$$m \ddot{\xi}(t) - m\, U_1\, \omega \,\sin \omega t = -A\, \tau(t) - \tilde{c}\, \xi(t) . \tag{6.60}$$

Außer der Schubspannung $\tau(t)$, die die Dämpferflüssigkeit überträgt, wird dabei auf der rechten Seite noch eine schwache elastische Rückstellkraft berücksichtigt.

Wir nehmen nun an, daß die Reibungseigenschaften der Gedächtnisflüssigkeit durch ein faktorisiertes Einfachintegral nach Art der Gl. (3.87) mit exponentieller Dämpfungsfunktion beschrieben werden können (s. Tab. 3.3). Die dabei benötigte relative Scherung hängt folgendermaßen mit der Lagekoordinate zusammen:

$$\gamma(t,s) = \frac{1}{h}\left[\xi(t) - \xi(t-s)\right] . \tag{6.61}$$

Bei spezieller Wahl der Gedächtnisfunktion $G(s)$ wird der Einfluß der Vorgeschichte besonders transparent. Wir setzen $G(s) = \eta_0\, \delta(s - \lambda)$ und nehmen damit an, das Fluid habe ein selektives Gedächtnis für einen Zeitpunkt, der um $\lambda\,[s]$ zurückliegt. Die Stoffkonstante λ spielt dann die Rolle einer *Totzeit.*

Zweckmäßigerweise führen wir nun noch dimensionslose Zeit– und Lagekoordinaten sowie dimensionslose Parameterkombinationen ein, insbesondere die Deborah–Zahl $De := \lambda\,\omega$. Das nichtlinear gedämpfte Schwingungssystem mit Totzeit wird dann durch die folgenden Gleichungen beschrieben:

$$\ddot{x}(t) + \alpha\left(1 - |\gamma|\right)e^{-|\gamma|}\; \dot{x}(t - De) + c\,x(t) = \beta \sin t \ , \tag{6.62}$$

$$\gamma(t, De) = x(t) - x(t - De) \ . \tag{6.63}$$

Zur Lösung dieses Systems genügen nicht etwa Vorgaben zu einem Anfangszeitpunkt $t = 0$. Vielmehr müssen $x(t)$ und $\dot{x}(t)$ im Zeitintervall $-De \leq t \leq 0$ vorgegeben werden.

Abb. 6.14 zeigt einige numerische Ergebnisse, die aus dem Ruhezustand heraus integriert wurden. Dargestellt sind eingeschwungene Zustände in einem Parameterbereich, für den der Fixpunkt $x = \dot{x} = 0$ des autonomen Systems (mit $\beta = 0$) instabil ist. Der obere Teil zeigt einen mit der linearen Theorie verträglichen *Grenzzyklus*: Die mitgenommene Masse schwingt nahezu harmonisch mit der Anregungsfrequenz. Bei geringfügiger Vergrößerung des Parameters α verzweigt sich aber der Attraktor mehrfach. Im unteren Teil der Abbildung liegt ein Grenzzyklus mit 5facher Anregungsperiode vor. Für $\alpha = 0.96$ führt der eingeschwungene Zustand im Phasenraum zu einem undurchsichtigen "Knäuel". Hier ist es sinnvoll, ein stroboskopisches Punktmuster des Attraktors anzusehen. Dabei lassen wir die Trajektorie im Phasenraum nur zu den Zeitpunkten $t_i = 2\pi i$ (i ganzahlig) aufblitzen, zu denen die Anregung periodisch wiederkehrt. Dieser *Poincaré–Attraktor* ist im vorliegenden Fall auffällig strukturiert (Abb. 6.14 Mitte) und zeigt damit an, daß die Schwingung nicht etwa chaotisch, sondern fastperiodisch erfolgt. Bei genauerer Betrachtung erkennt man, daß sie sich in Zeitintervallen der Länge 82π sogar wiederholt (Subharmonische der Ordnung 41). Für $\alpha = 1$ werden Subharmonische der Ordnung 69 berechnet. Diese nichtlinearen Schwingungserscheinungen sind im vorliegenden Fall Gedächtniseffekte. Ohne Gedächtnis, d. h. für $De \to 0$ reduziert sich nämlich das dynamische System (6.62), (6.63) auf einen gewöhnlichen linearen Schwinger mit newtonscher Dämpfung, und dessen Grenzzyklen besitzen stets die im oberen Teil der Abb. 6.14 skizzierte Gestalt.

Vermutlich besitzt das nichtlineare dynamische System mit Totzeit bei anderer Wahl der Systemparameter auch chaotisches Verhalten. In dem schmalen Fenster des Parameterraums, das hier numerisch durchleuchtet wurde, trat deterministisches Chaos nicht auf.

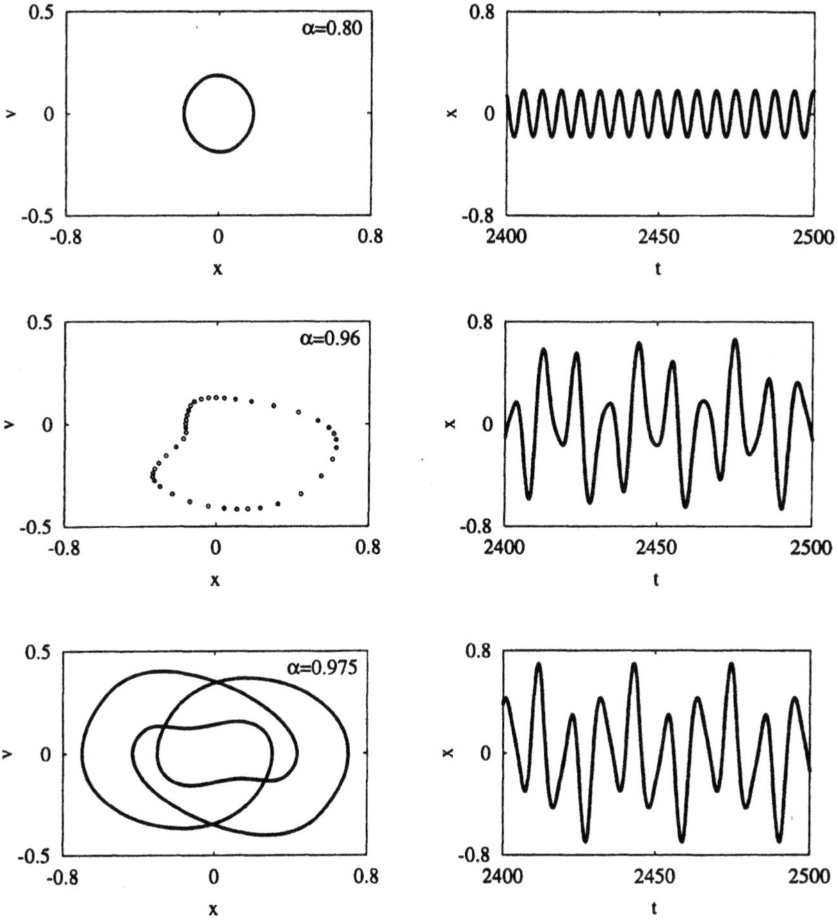

Abb. 6.14 Periodische und fastperiodische Schwingungen im Phasenraum ($v := \dot{x}$) und im Zeitverlauf für $De = 2\pi/3$, $\beta = 0.1$, $c = 0.1$; links Grenzzyklen der Periode 2π (oben) und der Periode 10π (unten) sowie der Poincaré–Schnitt eines fastperiodischen Attraktors (Mitte)

6.2.3 Atmende Blase

Zuvor wurden instationäre Scherströmungen betrachtet. Gedächtniseinflüsse gibt es aber natürlich auch bei Dehnströmungen. Wir betrachten exemplarisch die radialsymmetrische Bewegung einer Flüssigkeit außerhalb einer "atmenden" Kugel, z. B. einer Gasblase mit zeitlich veränderlicher Größe (s. Abb. 6.15).

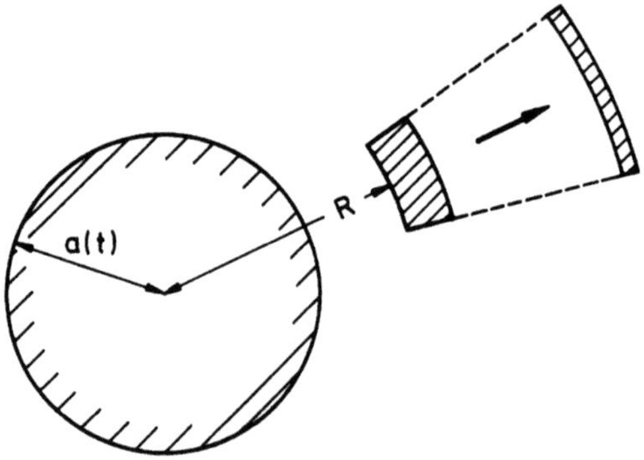

Abb. 6.15 Expandierende Blase

Unter der Voraussetzung, daß sich die materiellen Punkte rein radial verschieben, tritt nur die Geschwindigkeitskomponente $v_R(R, t)$ auf. Bei einer inkompressiblen Flüssigkeit nimmt aus Kontinuitätsgründen v_R mit wachsendem Abstand R vom Kugelzentrum wie $1/R^2$ ab. Unter Verwendung des Radius $a(t)$ der atmenden Kugel und der Geschwindigkeit $\dot{a}(t) := da/dt$, mit der sich ihre Oberfläche verschiebt, kann deshalb das Geschwindigkeitsfeld der Flüssigkeit in der Form

$$v_R(R, t) = \frac{a^2(t)\,\dot{a}(t)}{R^2} \tag{6.64}$$

dargestellt werden. Es ist klar, daß bei dieser Bewegung ein materielles Volumenelement ohne zu drehen in radialer Richtung gestaucht und in den beiden dazu senkrechten Richtungen gleichartig gedehnt wird, wenn die Blase expandiert (Abb. 6.15). Dementsprechend besitzen die relativen Verzerrungstensoren bezüglich einer den Kugelkoordinaten R, ϑ, φ zugeordneten Basis Diagonalform, wobei zwei Elemente übereinstimmen:

$$\mathbf{C}_t^{-1} \mathrel{\hat{=}} \begin{bmatrix} \lambda^{-2} & 0 & 0 \\ 0 & \lambda & 0 \\ 0 & 0 & \lambda \end{bmatrix}, \quad \mathbf{C}_t \mathrel{\hat{=}} \begin{bmatrix} \lambda^2 & 0 & 0 \\ 0 & \lambda^{-1} & 0 \\ 0 & 0 & \lambda^{-1} \end{bmatrix}. \tag{6.65}$$

In Anlehnung an (1.104) wird der doppelt auftretende Eigenwert von $\mathbf{C}_t^{-1}$ mit λ bezeichnet. Diese Größe ist dann zugleich die RR–Komponente des relativen Deformationsgradienten $\mathbf{F}_t$ und kann somit aus der Bewegungsgeschichte $R'(R,t,s)$ abgeleitet werden, die mit Gl. (1.102) berechnet wird. Das Ergebnis der Integration lautet

$$R'^3 - a^3(t-s) = R^3 - a^3(t) \tag{6.66}$$

und kann anschaulich interpretiert werden. Es besagt nämlich, daß das flüssige Volumen zwischen der Blase und der Kugelfläche, auf der sich ein materieller Punkt befindet, zu verschiedenen Zeiten gleich groß ist. Daraus folgt dann

$$\lambda(R,t,s) := \frac{\partial R'}{\partial R} = \left(\frac{R^3}{R^3 + a^3(t-s) - a^3(t)} \right)^{2/3} . \tag{6.67}$$

Man beachte, daß ein Fluidelement innerhalb der retardierten Zeit s effektiv einachsig oder äquibiaxial gedehnt wurde, je nachdem, ob $\lambda < 1$ oder $\lambda > 1$ gilt. Das Deformationsfeld ist aber nicht homogen, denn λ hängt auch vom Ort ab. Aus Gl. (6.67) entnimmt man übrigens folgenden Zusammenhang zwischen den partiellen Ableitungen:

$$\frac{1}{R}\frac{\partial \lambda}{\partial s} = \frac{a^2(t-s)\ \dot{a}(t-s)}{a^3(t-s) - a^3(t)} \frac{\partial \lambda}{\partial R} . \tag{6.68}$$

Bei der vorliegenden Dehnströmung treten analog zu (6.65) auch im Extraspannungstensor nur die Hauptdiagonalelemente τ_{RR}, $\tau_{\vartheta\vartheta}$ und $\tau_{\varphi\varphi}$ auf. Da es sich effektiv um eine eindimensionale Bewegung handelt, ist eine einzige maßgebliche Bewegungsgleichung auszuwerten. Sie lautet (s. Formelanhang; Volumenkräfte werden vernachlässigt):

$$\rho \left(\frac{\partial v_R}{\partial t} + v_R \frac{\partial v_R}{\partial R} \right) = -\frac{\partial p}{\partial R} + \frac{1}{R}\left(2\tau_{RR} - \tau_{\vartheta\vartheta} - \tau_{\varphi\varphi} \right) . \tag{6.69}$$

Der Beschleunigungsterm auf der linken Seite führt unter Verwendung von Gl. (6.64) zu einem einfachen Ausdruck in R, wobei außer $a(t)$ noch $\dot{a}$ und $\ddot{a}$ vorkommen. Unter der Voraussetzung, daß die Reibungseigenschaften der Gedächtnisflüssigkeit durch ein faktorisiertes Einfachintegralmodell nach Gl. (3.86) beschrieben werden können, gilt für die Normalspannungsdifferenz auf der rechten Seite

$$2\tau_{RR} - \tau_{\vartheta\vartheta} - \tau_{\varphi\varphi} = -2\int_0^\infty \frac{dG(s)}{ds} \left(\lambda^{-2} - \lambda \right) h(\lambda)\, ds . \tag{6.70}$$

Da auch die R–Abhängigkeit von λ explizit bekannt ist, kann Gl. (6.69) bezüglich R integriert werden. Der Summand mit den Reibungsspannungen ergibt dabei zunächst

$$\int_{\infty}^{a(t)} \frac{2\tau_{RR} - \tau_{\vartheta\vartheta} - \tau_{\varphi\varphi}}{R}\, dR = 2\int_0^{\infty} G(s) \int_{\infty}^{a(t)} \frac{1}{R}\frac{\partial}{\partial s}\left[\left(\lambda^{-2} - \lambda\right)h(\lambda)\right] dR\, ds \; .$$

Das innere Integral kann mit Hilfe der Gl. (6.68) beseitigt werden. Es resultiert dann der folgende Zusammenhang zwischen dem Flüssigkeitsdruck $p_a(t)$ an der Blase, dem Druck $p_\infty(t)$ in großer Entfernung von der Blase und der Geschichte des Blasenradius $a(t-s)$, $0 \le s < \infty$:

$$p_a(t) - p_\infty(t) = \rho\left[a(t)\,\ddot{a}(t) + \frac{3}{2}\dot{a}^2(t)\right] + 2\int_0^{\infty} G(s)\,\frac{\dot{a}(t-s)}{a(t)}\; q\left(\frac{a(t)}{a(t-s)}\right) ds, \quad (6.71)$$

wobei $q(x) := \left(1 + x^{-3}\right)h(x^2)$.

Zur Illustration betrachten wir eine Flüssigkeit mit den Stoffdaten der Abb. 3.22. Das Volumen der in ihr eingeschlossenen Blase werde so gesteuert, daß sich der Radius sinusförmig mit der Zeit ändert:

$$a(t) = a_0\left(1 + \varepsilon \sin \omega t\right) \; . \quad (6.72)$$

Abb. 6.16 veranschaulicht den zeitlichen Verlauf der zugehörigen Druckdifferenz in geeignet normierter Darstellung für $\varepsilon = 0.7$ in Abhängigkeit von der Deborah–Zahl $De := \overline{\lambda}\omega$, wobei $\overline{\lambda}$ die mittlere Relaxationszeit kennzeichnet. Dabei spielen die Trägheitsterme auf der rechten Seite der Gl. (6.71) nur eine untergeordnete Rolle. Die skizzierten Druckverläufe resultieren im wesentlichen aus dem integralen Reibungsterm. Im Fall einer newtonschen Flüssigkeit konstanter Viskosität μ reduziert er sich übrigens auf $4\mu\, \dot{a}(t)/a(t)$. Es ist deshalb verständlich, daß im Grenzfall $De = 0$ eine Symmetrie bezüglich der Zeitpunkte $\omega(t) = \pi/2$ und $\omega(t) = 3\pi/2$ besteht.

Der Gedächtniseinfluß wird im Vergleich mit dem newtonschen Druckverlauf ($De = 0$) deutlich. Bemerkenswerterweise werden positive Druckdifferenzen kleiner, wenn die Deborah–Zahl ansteigt, während sich negative Werte zunächst betragsmäßig vergrößern und später wieder verringern. Das hängt mit dem ungewöhnlichen Dehnverhalten der makromolekularen Flüssigkeit zusammen, denn bei einer äquibiaxialen Dehnung nimmt ihre Viskosität ab, bei einer einachsigen Dehnung beobachtet man aber eine nichtmonotone Verzähung (s. Abb. 3.22). Beide Dehnformen wechseln sich beim Atmen der Blase zyklisch ab. Außerdem ändert sich die Phase zwischen dem Geschwindigkeitsverlauf $\dot{a}(t)$ und dem Druckverlauf. Dieser Gedächtniseffekt wird schon im Grenzfall der linearen Viskoelastizität verständlich (Stichwort: komplexe Viskosität). Im übrigen zerstört das Gedächtnis für frühere Deformationszustände die oben erwähnten Symmetrien. Ähnlich wie in Abschnitt 5.5.5 führt die Viskoelastizität der Flüssigkeit auch hier zu Asymmetrien im Spannungsfeld, jetzt aber bezüglich der Zeit, obwohl die Kinematik mit Gl. (6.72) symmetrisch aufgeprägt wird.

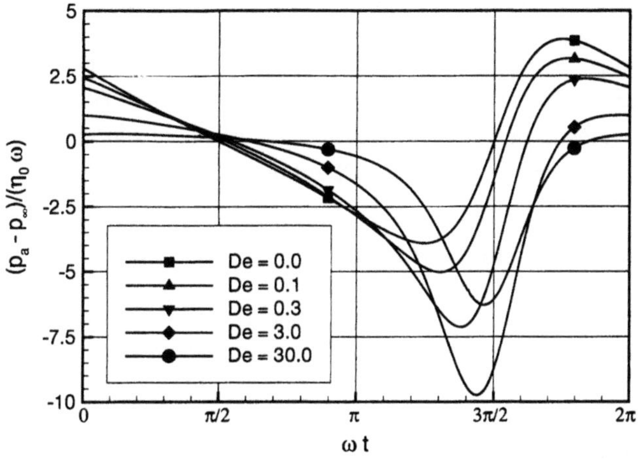

Abb. 6.16 Zeitlicher Verlauf der Druckdifferenz $p_a - p_\infty$ unter der Voraussetzung einer gemäß Gl. (6.72) periodisch atmenden Blase in Abhängigkeit von der Deborah–Zahl; $\varepsilon = 0.7$, $\rho\, a_0^2 / (\eta_0\, \overline{\lambda}) = 10^{-4}$

Es sind verschiedene Möglichkeiten denkbar, eine atmende Blase experimentell zu realisieren. In der Regel müßte im Zentrum Masse zu– und wieder abgeführt werden. Enthält aber die Blase eine konstante Menge eines Gases, so kann der Flüssigkeitsdruck p_a mit dem Radius a der Blase in Verbindung gebracht werden. Unter Berücksichtigung von Kapillarkräften, die sich insbesondere bei kleinen Blasen bemerkbar machen, gilt für den Gasdruck $p_G = p_a + 2\sigma / a$, wobei σ eine für die Phasengrenze charakteristische Stoffkonstante, die sogenannte *Oberflächenspannung* kennzeichnet. Handelt es sich darüber hinaus um ein ideales Gas, und ändert sich der Gaszustand reversibel–adiabatisch (isentrop), so bleibt bekanntlich das Produkt aus dem Gasdruck p_G und der mit dem Isentropenexponenten κ gebildeten Potenz des Gasvolumens V_G konstant. Berücksichtigt man noch, daß $V_G \sim a^3$ gilt, so ergibt sich $p_G \sim a^{-3\kappa}$. Insgesamt kann also folgender Zusammenhang hergestellt werden:

$$p_a(t) = p_{G0} \left(\frac{a_0}{a(t)} \right)^{3\kappa} - \frac{2\sigma}{a(t)} . \qquad (6.73)$$

Die Konstanten a_0 und p_{G0} sind Werte des Blasenradius und des Gasdrucks, die irgendwann, etwa zu Beginn der Bewegung gleichzeitig vorliegen. Nach Elimination der Druckfunktion $p_a(t)$ wird (6.71) zu einer nichtlinearen Integralgleichung für den zeitlichen Verlauf des Radius $a(t)$. Der Umgebungsdruck $p_\infty(t)$ repräsentiert dabei eine als bekannt anzusehende äußere Erregung; man denke z. B. an eine sprunghafte Druckänderung. Die sachgerechte Formulierung eines Anfangswertproblems, beginnend mit $t = 0$, verlangt dann übrigens die Vorgabe der Bewegungsgeschichte $a(t)$ für $t \leq 0$ sowie die Vorgabe der Anfangsgeschwindigkeit $\dot{a}(0)$. Die Integralgleichung zu lösen ist natürlich schwieriger als die bloße Auswertung des Integrals mit bekannter Funktion $a(t)$.

6.2.4 Transsonische Merkmale

Mehrdimensionale Strömungen viskoelastischer Flüssigkeiten besitzen unter gewissen Voraussetzungen ähnliche Merkmale wie transsonische Gasströmungen: Es kommt vor, daß sich der Typ der Feldgleichungen innerhalb des Strömungsgebiets ändert. Man erkennt das bereits bei Betrachtung ebener inkompressibler Strömungen, auf die wir uns deshalb der Einfachheit halber beschränken. Die kartesischen Geschwindigkeitskomponenten $u(x,y,t)$ und $v(x,y,t)$, das Druckfeld $p(x,y,t)$ und die Extraspannungskomponenten $\tau_{xx}(x,y,t)$, $\tau_{xy}(x,y,t)$ und $\tau_{yy}(x,y,t)$ sind dann durch die beiden Bewegungsgleichungen

$$\rho u_{,t} + \rho u u_{,x} + \rho v u_{,y} + p_{,x} - \tau_{xx,x} - \tau_{xy,y} = 0 , \tag{6.74}$$

$$\rho v_{,t} + \rho u v_{,x} + \rho v v_{,y} + p_{,y} - \tau_{xy,x} - \tau_{yy,y} = 0 \tag{6.75}$$

sowie durch die Kontinuitätsgleichung

$$u_{,x} + v_{,y} = 0 \tag{6.76}$$

miteinander gekoppelt. Zur Abkürzung werden dabei partielle Ableitungen durch den Index hinter dem Komma angezeigt. Von Volumenkräften wird abgesehen. Als rheologisches Stoffgesetz der Gedächtnisflüssigkeit fügen wir exemplarisch das *kontravariante Maxwell–Modell* hinzu, das als Spezialfall in der Klasse der Einfachintegralmodelle enthalten ist. Wir bevorzugen hier aber die äquivalente differentielle Form gemäß Gl. (3.92). Bei einem ebenen Spannungszustand besteht sie aus drei skalaren Gleichungen, die ausführlich folgendermaßen lauten:

$$\tau_{xx,t} + u\tau_{xx,x} + v\tau_{xx,y} - \left(2\tau_{xx} + 2\frac{\eta_0}{\lambda}\right)u_{,x} - 2\tau_{xy}u_{,y} = -\frac{\tau_{xx}}{\lambda}, \tag{6.77}$$

$$\tau_{xy,t} + u\tau_{xy,x} + v\tau_{xy,y} - \left(\tau_{yy} + \frac{\eta_0}{\lambda}\right)u_{,y} - \left(\tau_{xx} + \frac{\eta_0}{\lambda}\right)v_{,x} = -\frac{\tau_{xy}}{\lambda}, \tag{6.78}$$

$$\tau_{yy,t} + u\tau_{yy,x} + v\tau_{yy,y} - 2\tau_{xy}v_{,x} - \left(2\tau_{yy} + 2\frac{\eta_0}{\lambda}\right)v_{,y} = -\frac{\tau_{yy}}{\lambda}. \tag{6.79}$$

Die Beziehungen (6.74) – (6.79) bilden ein System quasilinearer partieller Differentialgleichungen erster Ordnung der Form

$$\mathbf{M}\,\mathbf{w}_{,t} + \mathbf{Q}(\mathbf{w})\,\mathbf{w}_{,x} + \mathbf{R}(\mathbf{w})\,\mathbf{w}_{,y} = \mathbf{c}(\mathbf{w}) \ . \qquad (6.80)$$

Dabei wurden die skalaren Feldgrößen $(u, v, p, \tau_{xx}, \tau_{xy}, \tau_{yy})$ zu einem Zustandsvektor **w** zusammengefaßt. **M** repräsentiert eine konstante Diagonalmatrix, die quadratischen Matrizen **Q** und **R** sowie der Vektor **c** auf der rechten Seite hängen aber von den Zustandsgrößen ab.

Die Eigenschaften des Differentialgleichungssystems werden wesentlich von seinen *Charakteristiken* geprägt. Für stationäre Strömungen ergibt eine Analyse der charakteristischen Richtungen $dy/dx = \beta$ zwei imaginäre Wurzeln $\beta_{1,2} = \pm i$ zufolge der Inkompressibilität, eine doppelte reelle Wurzel $\beta_{3,4} = v/u$ aufgrund der konvektiven Terme und zwei weitere Wurzeln gemäß

$$\beta_{5,6} = \frac{B}{A} \pm \frac{\sqrt{B^2 - AC}}{A} , \qquad (6.81)$$

$$A = \tau_{xx} + \frac{\eta_0}{\lambda} - \rho u^2, \quad B = \tau_{xy} - \rho u v , \quad C = \tau_{yy} + \frac{\eta_0}{\lambda} - \rho v^2 . \qquad (6.82)$$

Somit treten neben den Bahnlinien zwei weitere reelle Charakteristiken auf, falls $B^2 - AC > 0$ gilt. Das Kriterium kann in einem Teil der Strömungsebene erfüllt, im anderen Teil verletzt sein, so daß sich hinsichtlich dieses Charakteristikenpaars der Typ des Differentialgleichungssystems wie in einer transsonischen Gasströmung ändern kann.

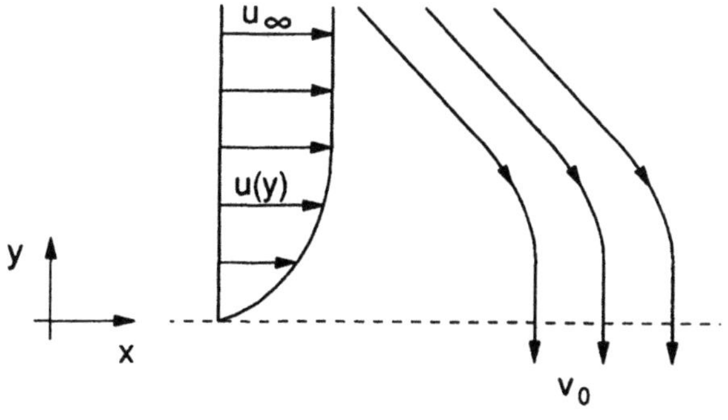

Abb. 6.17 Die Grenzschicht an einer ebenen Wand bei homogener Absaugung

Zur Illustration betrachten wir ein relativ einfaches, aber nicht triviales Beispiel. Es geht um die stationäre ausgebildete *Grenzschicht* an einer ebenen Platte unter der Bedingung homogener *Absaugung* ohne Druckgradient (Abb. 6.17). Die Zustandsgrößen hängen dann nur vom Wandabstand y ab, so daß in den Bilanz– und Stoffgleichungen etliche Summanden entfallen. Anhand der Gln. (6.76) und (6.75) erkennt man, daß die Geschwindigkeitskomponente senkrecht zur Wand und die zugehörige Normalspannungskomponente sogar räumlich konstant sind:

$$v = -v_0, \qquad p - \tau_{yy} = p_0 . \tag{6.83}$$

Die dann noch auszuwertende Bewegungsgleichung (6.74) reduziert sich auf $-\rho v_0 \, du/dy = d\tau_{xy}/dy$ und kann einmal integriert werden mit dem Ergebnis

$$\tau_{xy}(y) = \rho v_0 \left[u_\infty - u(y) \right] . \tag{6.84}$$

Wir nehmen im übrigen an, daß die Flüssigkeit genau in wandsenkrechter Richtung abgesaugt wird, so daß $u(0) = 0$ gilt, und fassen die Geschwindigkeit u_∞ außerhalb der Grenzschicht als gegebene Größe auf. Unter diesen Voraussetzungen sind die von den materiellen Punkten durchlaufenen Bahnen außerhalb der Grenzschicht geradlinig mit der Steigung $-v_0/u_\infty$, innerhalb gekrümmt und treffen senkrecht auf die Wand (s. Abb. 6.17). Die Wandschubspannung $\tau_{xy}(0) = \rho v_0 u_\infty$ hängt dann bemerkenswerterweise überhaupt nicht von den Reibungseigenschaften der Flüssigkeit ab!

Durch Integration der Stoffgleichungen (6.77) – (6.79) erhält man für das Geschwindigkeitsprofil und für die Normalspannungskomponenten das exakte analytische Ergebnis

$$u(y) = u_\infty \left[1 - \exp\left(-\frac{\rho v_0}{\eta_0 \Delta} y \right) \right], \tag{6.85}$$

$$\tau_{xx}(y) = \frac{2\lambda \rho^2 v_0^2 u_\infty^2}{\lambda \rho v_0^2 + \eta_0} \exp\left(-\frac{2\rho v_0}{\eta_0 \Delta} y \right), \qquad \tau_{yy} = 0 . \tag{6.86}$$

Die hier auftretende Konstante Δ hängt folgendermaßen von den Parametern ab:

$$\Delta = 1 - \frac{\lambda \rho v_0^2}{\eta_0} . \tag{6.87}$$

Zu dem exponentiellen Grenzschichtprofil (6.85) gehört die *Verdrängungsdicke* $\eta_0 \Delta / \rho v_0$. Im Sonderfall eines newtonschen Fluids gilt $\lambda = 0$ und somit $\Delta = 1$, sonst aber $\Delta < 1$. Man erkennt daran, daß die Grenzschicht bei einer Flüssigkeit mit Gedächtnis dünner als bei einer newtonschen Flüssigkeit der gleichen Nullviskosität ausfällt. Dieses Phänomen kann man anschaulich erklären, ausgehend von der bereits erwähnten Tatsache, daß verschiedene Flüssigkeiten unter sonst gleichen Bedingungen denselben Schubspannungswert an der Wand (nämlich

$\rho v_0 u_\infty$) erzeugen. Bei einem newtonschen Fluid entspricht dieser Spannung ein bestimmter Wert des Geschwindigkeitsgradienten du/dy an der Wand. In einer Flüssigkeit mit Gedächtnis orientiert sich die Wandschubspannung aber an früheren Werten des Geschwindigkeitsgradienten, die ein materieller Punkt gesehen hat, bevor er die Wand erreichte. Unter der idealisierten, qualitativ richtigen Vorstellung, daß sich das Gedächtnis in einer Totzeit λ äußert, wäre demnach der Geschwindigkeitsgradient du/dy im Abstand $v_0 \lambda$ von der Wand ebenso groß wie im newtonschen Vergleichsfall an der Wand selbst. So wird verständlich, daß die Grenzschicht durch das Erinnerungsvermögen zusammengedrängt wird.

Die hier betrachtete Strömung wird durch fünf dimensionsbehaftete Parameter ρ, η_0, λ, u_∞, v_0 beeinflußt, aus denen zwei dimensionslose Kennzahlen gebildet werden können, z. B.

$$\mathrm{De} := \frac{\lambda \rho v_0^2}{\eta_0}, \qquad \mathrm{M} := u_\infty \sqrt{\frac{\lambda \rho}{\eta_0}}. \tag{6.88}$$

Wenn man beachtet, daß $\eta_0/\rho v_0$ ein Maß für die Grenzschichtdicke ist und demzufolge $\eta_0/\rho v_0^2$ ein Maß für die Verweilzeit der materiellen Punkte in der Grenzschicht darstellt, so kann De als Verhältnis der Fluideigenzeit λ zu einer charakteristischen Prozeßzeit gedeutet und somit als *Deborah-Zahl* bezeichnet werden. Die *Mach-Zahl* M quantifiziert das Verhältnis der Strömungsgeschwindigkeit u_∞ zur Ausbreitungsgeschwindigkeit hochfrequenter Transversalwellen $\sqrt{\eta_0/\lambda\rho}$ (s. Gl. (6.25)).

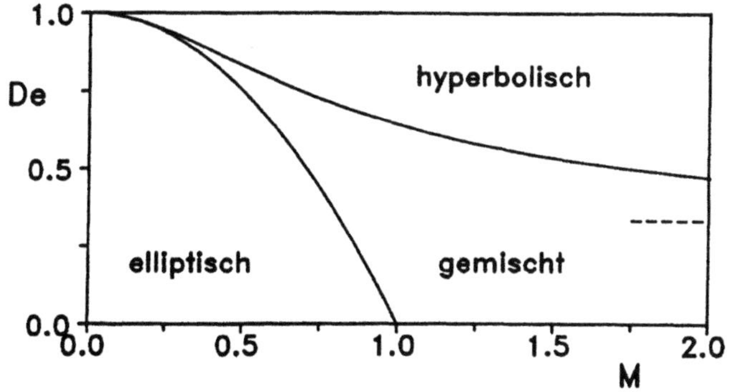

Abb. 6.18 Bereiche verschiedenen Typs im Raum der Kennzahlen

Die Auswertung des oben erwähnten Kriteriums für das Auftreten reeller Charakteristiken gemäß Gl. (6.81) erbringt das in Abb. 6.18 dargestellte Ergebnis. Für hinreichend kleine Werte der beiden Kennzahlen ($M^2 + De < 1$) sind die beiden

Wurzeln β_5 und β_6 überall im Strömungsfeld komplex und das Differentialgleichungssystem insofern "elliptisch". Für $M^2 + De > 1$ treten reelle Charakteristiken auf, u. z. überall im Feld, falls De hinreichend groß ist ("hyperbolisch"). Liegt aber De unterhalb eines kritischen Wertes $De^*(M)$, so existieren reelle Charakteristiken nur partiell in der Strömungsebene, so daß sich der Typ des Differentialgleichungssystems innerhalb der Strömung ändert. Abb. 6.19 zeigt die beiden Charakteristikenscharen für zwei Parameterkonfigurationen aus dem Bereich elliptisch–hyperbolisch "gemischter" Strömungszustände. Man erkennt unterschiedliche Eigenschaften für $y \to \infty$, und zwar besitzen die charakteristischen Richtungen dort gleiche oder verschiedene Vorzeichen, je nachdem ob $M < 1$ oder $M > 1$ gilt.

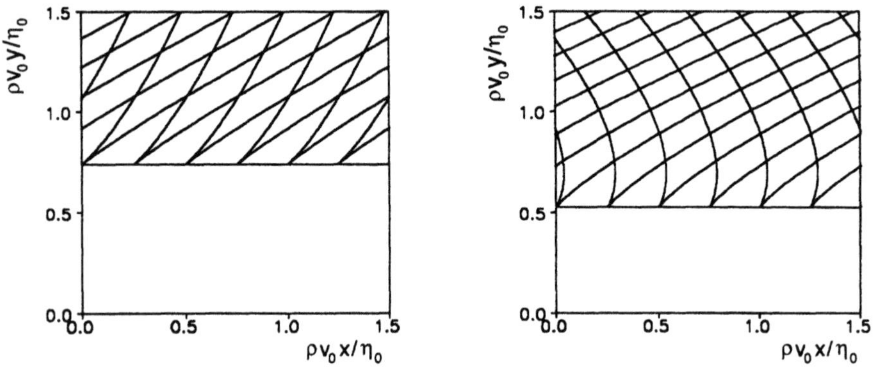

Abb. 6.19 Charakteristiken in der Strömungsebene für zwei "gemischte" Strömungszustände mit Typänderung; links: $M = 0.8$, $De = 0.5$; rechts: $M = 2.0$, $De = 0.1$

Nach Gl. (6.87) verschwindet die Grenzschichtdicke für $De \to 1$. Für $De > 1$ ist das analytische Ergebnis (6.85) offensichtlich nicht mehr sinnvoll; eine stationäre Strömung mit in x–Richtung unveränderlichen Zustandsgrößen existiert dann gar nicht mehr. Welche andere, kompliziertere Strömungsform sich unter homogener Absaugung stattdessen einstellt, soll hier nicht näher untersucht werden. Man kann jedenfalls davon ausgehen, daß die Lösung (6.83) – (6.86) der Feldgleichungen instabil wird, bevor die elastische Kennzahl De den Wert 1 erreicht. Anhand dieses Beipiels erkennt man also zugleich, daß laminare Strömungen, wie man sie aus der Hydrodynamik kennt, bei Flüssigkeiten mit Gedächtnis *instabil* werden können, wenn die elastische Kennzahl zu groß wird.

6.3 Bemerkungen zur Stabilitätstheorie

Stabilitätsuntersuchungen für Strömungen viskoelastischer Flüssigkeiten werden grundsätzlich mit denselben Methoden wie bei newtonschen Flüssigkeiten durchgeführt. Sie bringen aber ungewöhnliche Ergebnisse hervor, die es in der klassischen Hydrodynamik nicht gibt. Das kann schon anhand stationärer inkompressibler Strömungen aufgezeigt werden.

Neben der stationären Grundströmung (ohne Index), deren Stabilität untersucht werden soll, betrachtet man üblicherweise gestörte Strömungszustände (oberer Index ~), die kinematisch und dynamisch möglich sind. Das Geschwindigkeitsfeld **v**, das Druckfeld p und das Feld der Extraspannungen **T** fassen wir der Übersichtlichkeit halber wieder in einem Zustandsvektor **w** zusammen. Die Differenz des gestörten Zustands $\tilde{\mathbf{w}}$ und des Grundzustands **w** wird durch einen Strich gekennzeichnet:

$$\tilde{\mathbf{w}}(\mathbf{r}, t) = \mathbf{w}(\mathbf{r}) + \mathbf{w}'(\mathbf{r}, t) \ . \tag{6.89}$$

Das Ziel einer Stabilitätstheorie besteht darin, die Frage zu beantworten, ob eine Störungsbewegung zeitlich abklingt oder anwächst. Es ist deshalb instruktiv, ihre kinetische Energie zu betrachten, d. h. den Integralwert

$$K := \iiint_G \frac{\rho}{2} |\mathbf{v}'|^2 \, dV \ . \tag{6.90}$$

Wir nehmen dabei an, das von der Flüssigkeit erfüllte Grundgebiet G bleibe zeitlich konstant und der Geschwindigkeitsvektor **v** sei am Rand vollständig vorgegeben (Randbedingung erster Art, z. B. infolge der Haftbedingung). Unter diesen Voraussetzungen gilt für die zeitliche Änderung von K die beachtenswerte Gleichung

$$\frac{dK}{dt} = - \iiint_G \left[\rho \mathbf{v}' \cdot \mathbf{D} \cdot \mathbf{v}' + \mathrm{sp}(\mathbf{T}' \cdot \mathbf{D}')\right] dV \ . \tag{6.91}$$

Zur Herleitung schreiben wir zunächst zweckmäßigerweise die Bewegungsgleichungen und die Kontinuitätsgleichung der Grundströmung und der gestörten Strömung an:

$$\rho \frac{\partial \mathbf{v}}{\partial t} + \rho(\mathrm{grad}\ \mathbf{v}) \cdot \mathbf{v} = -\,\mathrm{grad}\ p + \mathrm{div}\ \mathbf{T} \ , \tag{6.92}$$

$$\rho \frac{\partial \tilde{\mathbf{v}}}{\partial t} + \rho(\mathrm{grad}\ \tilde{\mathbf{v}}) \cdot \tilde{\mathbf{v}} = -\,\mathrm{grad}\ \tilde{p} + \mathrm{div}\ \tilde{\mathbf{T}} \ , \tag{6.93}$$

$$\mathrm{div}\ \mathbf{v} = 0, \qquad \mathrm{div}\ \tilde{\mathbf{v}} = 0 \ . \tag{6.94}$$

Das Potential der Schwerkraft wird dabei dem Druck zugeschlagen.

Durch Subtraktion entsteht aus (6.92) und (6.93) folgende Differentialgleichung für die Störungsbewegung:

$$\rho \frac{\partial \mathbf{v}'}{\partial t} + \rho(\operatorname{grad} \mathbf{v}') \cdot \tilde{\mathbf{v}} + \rho(\operatorname{grad} \mathbf{v}) \cdot \mathbf{v}' = -\operatorname{grad} p' + \operatorname{div} \mathbf{T}' \ . \tag{6.95}$$

Wenn wir sie skalar mit $\mathbf{v}'$ multiplizieren und die kinematischen Zwangsbedingungen (6.94) sowie die Symmetrie des Spannungstensors berücksichtigen, erhalten wir die Beziehung

$$\frac{\rho}{2} \frac{\partial |\mathbf{v}'|^2}{\partial t} + \frac{\rho}{2} \operatorname{div}\left(|\mathbf{v}'|^2 \, \tilde{\mathbf{v}}\right) + \rho\, \mathbf{v}' \cdot \mathbf{D} \cdot \mathbf{v}' = -\operatorname{div}\left(p' \mathbf{v}'\right) + \operatorname{div}\left(\mathbf{v}' \cdot \mathbf{T}'\right) - \operatorname{sp}\left(\mathbf{T}' \cdot \mathbf{D}'\right) .$$

Bei Integration über das Grundgebiet resultiert die oben angegebene Gl. (6.91), denn die Volumenintegrale über die Divergenzterme können mit dem Gaußschen Satz in Randintegrale verwandelt werden, die aber verschwinden, weil am Rand $\mathbf{v}' = \mathbf{0}$ gilt.

Bei einer newtonschen Flüssigkeit konstanter Viskosität $\mu > 0$ nimmt der zweite Summand im Integranden der Gl. (6.91) die Gestalt einer positiv definiten quadratischen Form an, $\operatorname{sp}\left(\mathbf{T}' \cdot \mathbf{D}'\right) = 2\mu \operatorname{sp}\left(\mathbf{D}'^2\right)$. Im Vergleich damit besitzt der erste Summand die Größenordnung der Reynolds–Zahl Re der Grundströmung. Für kleine Werte von Re überwiegt also der zweite Term, und es gilt deshalb $dK/dt < 0$. Man schließt daraus auf Stabilität der Grundströmung bei hinreichend kleiner Reynolds–Zahl. Erst oberhalb eines gewissen kritischen Wertes für Re kann die Strömung einer newtonschen Flüssigkeit instabil sein.

In Verbindung mit viskoelastischen Stoffmodellen wird diese Argumentation hinfällig. Gl. (6.91) bleibt zwar weiterhin gültig. Der Ausdruck $\operatorname{sp}\left(\mathbf{T}' \cdot \mathbf{D}'\right)$ ist dann aber nicht mehr unbedingt positiv, und neben der Reynolds–Zahl beeinflussen noch andere Kennzahlen (Weissenberg–Zahl oder Deborah–Zahl) das Stabilitätskriterium. Tatsächlich können bereits schleichende Strömungen (mit $\mathrm{Re} \to 0$) instabil werden, wenn die "elastische" Kennzahl einen kritischen Wert übersteigt. Man spricht dann von *viskoelastischer Turbulenz*. Die Störungen, die dabei zur Instabilität führen, sind sogenannte Hadamard–Instabilitäten. Sie besitzen merkwürdige Eigenschaften.

6.3.1 Hadamard–Instabilitäten

In der Regel untersucht man die Stabilität einer Grundströmung vor allem gegenüber *kleinen Störungen*. Man nimmt dabei an, daß quadratische Glieder der Störungsgrößen gegenüber linearen Gliedern vernachlässigt werden können, und *linearisiert* deshalb die Feldgleichungen, z. B. das partielle Differentialgleichungssystem (6.80) bezüglich $\mathbf{w}'$. Wegen des Superpositionsprinzips genügt es dann zu prüfen, unter welchen Bedingungen Partialstörungen zeitlich angefacht werden.

Hadamard–Instabilitäten sind extrem kurze wellenartige Störungen mit katastrophalen Wachstumseigenschaften: Die Anfachungsrate ist proportional zur Wellenzahl, d. h. je kürzer die Welle um so schneller wächst ihre Amplitude. Die Koeffizienten der linearisierten Störungsgleichungen hängen naturgemäß vom Grundzustand $\mathbf{w}$ und damit vom Ort $\mathbf{r}$ ab. Sie können aber bei Betrachtung extrem kurzwelliger Störungen ($|\mathbf{k}| \to \infty$) in einer hinreichend kleinen Umgebung eines Punktes $\mathbf{r}_0$ "eingefroren" werden. Unterwirft man das lineare System mit nunmehr konstanten Koeffizienten dem Ansatz

$$\mathbf{w}' = \hat{\mathbf{w}}\, e^{i\mathbf{k}\cdot(\mathbf{r}-\mathbf{r}_0) - i\omega t} \tag{6.96}$$

mit reellem Wellenzahlvektor $\mathbf{k}$ und komplexer Frequenz ω (das Vorzeichen des Imaginärteils entscheidet über die Anfachung oder die Dämpfung der Störung), so resultiert ein homogenes Gleichungssystem für den Amplitudenvektor $\hat{\mathbf{w}}$. Die Auswertung der Determinantenbedingung gibt Aufschluß darüber, unter welchen Bedingungen und nach welcher Gesetzmäßigkeit die Störungen zeitlich angefacht werden. Für $|\mathbf{k}| \to \infty$ fließen dabei übrigens nur diejenigen Koeffizienten der Störungsgleichungen ein, die bei den höchsten Ableitungen von $\mathbf{w}'$ standen; im Fall eines quasilinearen Systems der Form (6.80) sind das $\mathbf{M}$, $\mathbf{Q}(\mathbf{w})$ und $\mathbf{R}(\mathbf{w})$. Randbedingungen spielen bei einer Analysis dieser Art naturgemäß keine Rolle.

Auf diese Weise findet man z. B. unter Verwendung eines *Johnson–Segalman–Modells*, das die Maxwell–Modelle als Spezialfälle enthält (s. Tab. 3.4), folgendes Kriterium für *Instabilität ebener Strömungen*:

$$\frac{1}{4}\left(\tau_{xx} - \tau_{yy}\right)^2 + \tau_{xy}^2 > \left(\frac{\eta_0}{\lambda} + \frac{a}{2}(\tau_{xx} + \tau_{yy})\right)^2 . \tag{6.97}$$

Es besagt insbesondere, daß in einer korotatorischen Maxwell–Flüssigkeit $(a = 0)$, deren Dehnviskosität konstant ist, ebene Dehnströmungen Hadamard–instabil sind, wenn die mit der Relaxationszeit λ und der Dehngeschwindigkeit $\dot{\varepsilon}$ gebildete Deborah–Zahl $\lambda\dot{\varepsilon}$ den Wert 0.5 übersteigt. Unter der Bedingung (6.97), auch wenn sie nur lokal erfüllt ist, werden die Störungen mit einer Wachstumsrate $\mathrm{Im}\,\omega \sim |\mathbf{k}|$ angefacht, die mit abnehmender Wellenlänge unbegrenzt zunimmt, und zwar nicht etwa nur diskrete Wellenmoden, sondern ein ganzes Spektrum großer Wellenzahlen. Es ist plausibel, daß dabei der evolutionäre Charakter der zeitabhängigen Feldgleichungen verloren geht.

Am Rande sei noch erwähnt, daß das Kriterium (6.97) auch für nichtlineare Stoffmodelle nach Art der Gl. (3.101) gilt, insbesondere für die in Tab. 3.5 genannten Beispiele. Sie unterscheiden sich nämlich von den maxwellartigen Grundmodellen nur durch Terme niedriger Differentiationsordnung, die bei der asymptotischen Analysis entfallen.

6.3.2 Stabilität ebener Schichtenströmungen

Seit langem ist bekannt, daß stationäre Scherströmungen nichtnewtonscher Flüssigkeiten schon bei kleinen Reynolds–Zahlen instabil werden können. Es kommt z. B. vor, daß der aus einer Düse austretende Strang einer extrudierten Polymerschmelze ungleichmäßig dick ist und der Durchsatz zeitlich schwankt, obwohl die treibende Druckdifferenz konstant bleibt. Es mag verschiedene Ursachen für diesen sogenannten *Schmelzenbruch* geben. Gelegentlich wird vermutet, daß er mit einem partiellen Wandgleiten einhergeht, so daß auch Randbedingungen einen Einfluß hätten. Im folgenden wird aufgezeigt, daß eine Scherströmung unabhängig von den Randbedingungen Hadamard–instabil wird, wenn die Weissenberg–Zahl einen kritischen Wert der Größenordnung 4 übersteigt.

Weil die relevanten Störungen kurzwellig sind, genügt eine lokale Betrachtung. Wir gehen deshalb von einer stationären Schichtenströmung mit konstanter Schergeschwindigkeit κ aus und überlagern ihr ebene Störungen, die sich aus Kontinuitätsgründen aus einer Stromfunktion $\Psi'(x,y,t)$ ableiten lassen (s. Gl. (1.133)). Insgesamt wird also folgendes Geschwindigkeitsfeld zugrunde gelegt:

$$u = \kappa y + \frac{\partial \Psi'(x,y,t)}{\partial y} , \qquad v = -\frac{\partial \Psi'(x,y,t)}{\partial x} . \tag{6.98}$$

Für das Weitere ist es von entscheidender Bedeutung, "richtige" Stoffgleichungen zu verwenden. Da wir von der Vorstellung kleiner Störungen ausgehen, handelt es sich um eine *fastviskosimetrische* Strömung. Es ist deshalb angemessen, in erster Linie die viskosimetrischen Stoffeigenschaften zu berücksichtigen, d. h. die Fließfunktion $F(\dot\gamma)$ und die erste Normalspannungsfunktion $N_1(\dot\gamma)$. (Die zweite Normalspannungsfunktion spielt bei ebenen Strömungen keine Rolle.) In einer viskoelastischen Flüssigkeit tritt mit den instationären Störungen natürlich auch das Gedächtnis hervor. Um die nachfolgenden Ausführungen transparent zu gestalten, werden solche Gedächtniseinflüsse aber ganz unterdrückt. Das so abgeleitete Stabilitätskriterium (Gl. (6.112)) würde sich auch nicht wesentlich ändern, wenn realistische Gedächtniseigenschaften berücksichtigt würden.

Wir betrachten also ein Flüssigkeitsmodell mit nichtlinearen Fließ– und Normalspannungseigenschaften, aber ohne Gedächtnis. Die Störungsbewegung induziert dann in linearer Näherung folgende Störungen der Extraspannungen, die zu den ungestörten Werten $F(\kappa)$ bzw. $N_1(\kappa)$ hinzukommen:

$$\tau'_{xy} = \hat\eta(\kappa)\left(\frac{\partial^2 \Psi'}{\partial y^2} - \frac{\partial^2 \Psi'}{\partial x^2}\right) - \frac{N_1(\kappa)}{\kappa}\frac{\partial^2 \Psi'}{\partial x\,\partial y} , \tag{6.99}$$

$$\tau'_{xx} - \tau'_{yy} = \frac{dN_1(\kappa)}{d\kappa}\left(\frac{\partial^2 \Psi'}{\partial y^2} - \frac{\partial^2 \Psi'}{\partial x^2}\right) + 4\eta(\kappa)\frac{\partial^2 \Psi'}{\partial x\, \partial y} \,. \tag{6.100}$$

Als Koeffizienten begegnen uns hier sowohl die Viskosität η als auch die differentielle Viskosität $\hat{\eta}$ (s. Abb. 3.6) und sinngemäß sowohl der Sekantenmodul N_1 / κ als auch der Tangentenmodul $dN_1 / d\kappa$ der Normalspannungsfunktion.

Zur Herleitung dieser beachtenswerten Stoffgleichungen notieren wir zunächst die Matrixdarstellung des Verzerrungsgeschwindigkeitstensors **D** für ebene Strömungen bezüglich einer kartesischen Basis (x–y–System):

$$2\mathbf{D} \mathrel{\hat=} \begin{bmatrix} 2\dfrac{\partial u}{\partial x} & \dfrac{\partial u}{\partial y} + \dfrac{\partial v}{\partial x} \\ \dfrac{\partial u}{\partial y} + \dfrac{\partial v}{\partial x} & -2\dfrac{\partial u}{\partial x} \end{bmatrix} . \tag{6.101}$$

Da nur dichtebeständige Flüssigkeiten interessieren, können wir aus Kontinuitätsgründen hier und im folgenden $\partial v / \partial y$ durch $-\partial u / \partial x$ ersetzen. Bezüglich einer geeignet gedrehten Basis (lokales $\xi - \varsigma -$System) besitzt der Tensor die Darstellung

$$2\mathbf{D} \mathrel{\hat=} \begin{bmatrix} 0 & \dot{\gamma} \\ \dot{\gamma} & 0 \end{bmatrix} . \tag{6.102}$$

Demnach kann bei einer ebenen inkompressiblen Strömung die momentane Deformation eines jeden Fluidteilchens als reine Scherung aufgefaßt werden. Die Größe der Schergeschwindigkeit $\dot{\gamma}$ ergibt sich aus der Überlegung, daß die Matrizen (6.101) und (6.102) denselben Determinantenwert besitzen, der bei der Drehung *invariant* bleibt:

$$\dot{\gamma}^2 = 4\left(\frac{\partial u}{\partial x}\right)^2 + \left(\frac{\partial u}{\partial y} + \frac{\partial v}{\partial x}\right)^2 . \tag{6.103}$$

Nun besteht zwischen den beiden Matrixdarstellungen eines symmetrischen Tensors **A** und dem Drehwinkel α folgender Zusammenhang:

$$\begin{bmatrix} A_{xx} & A_{xy} \\ A_{xy} & A_{yy} \end{bmatrix} = \begin{bmatrix} \cos\alpha & -\sin\alpha \\ \sin\alpha & \cos\alpha \end{bmatrix} \begin{bmatrix} A_{\xi\xi} & A_{\xi\varsigma} \\ A_{\xi\varsigma} & A_{\varsigma\varsigma} \end{bmatrix} \begin{bmatrix} \cos\alpha & \sin\alpha \\ -\sin\alpha & \cos\alpha \end{bmatrix} .$$

Hieraus entnehmen wir die Beziehungen

$$A_{xy} = A_{\xi\varsigma} \cos 2\alpha + \frac{1}{2}(A_{\xi\xi} - A_{\varsigma\varsigma}) \sin 2\alpha \,, \tag{6.104}$$

$$A_{xx} - A_{yy} = (A_{\xi\xi} - A_{\varsigma\varsigma}) \cos 2\alpha - 2A_{\xi\varsigma} \sin 2\alpha \,. \tag{6.105}$$

Ersetzt man die Tensorkomponenten durch die Ausdrücke in Gl. (6.101) und Gl. (6.102), so erhält man für den Winkel α zwischen der kartesischen und der "natürlichen" Basis:

$$\sin 2\alpha = -\frac{2}{\dot\gamma}\frac{\partial u}{\partial x}\,, \qquad \cos 2\alpha = \frac{1}{\dot\gamma}\left(\frac{\partial u}{\partial y}+\frac{\partial v}{\partial x}\right). \tag{6.106}$$

In einer Flüssigkeit, die mit der Geschwindigkeit $\dot\gamma$ geschert wird, ist nun bezüglich der natürlichen Basis mit folgenden Reibungsspannungen zu rechnen:

$$\tau_{\xi\varsigma} = F(\dot\gamma) + \ldots\,, \qquad \tau_{\xi\xi} - \tau_{\varsigma\varsigma} = N_1(\dot\gamma) + \ldots\,. \tag{6.107}$$

Die Punkte repräsentieren Summanden, die nicht nur von den momentanen Verzerrungsgeschwindigkeiten beeinflußt werden und somit das Gedächtnis widerspiegeln. Sie bleiben aber wie oben begründet außer Betracht. Unter Verwendung der Transformationsformeln (6.104), (6.105) und unter Berücksichtigung der Ergebnisse (6.106) erhält man daraus die Spannungskomponenten bezüglich der kartesischen Basis:

$$\tau_{xy} = \frac{F(\dot\gamma)}{\dot\gamma}\left(\frac{\partial u}{\partial y}+\frac{\partial v}{\partial x}\right) - \frac{N_1(\dot\gamma)}{\dot\gamma}\frac{\partial u}{\partial x} + \ldots\,, \tag{6.108}$$

$$\tau_{xx} - \tau_{yy} = \frac{N_1(\dot\gamma)}{\dot\gamma}\left(\frac{\partial u}{\partial y}+\frac{\partial v}{\partial x}\right) + \frac{4F(\dot\gamma)}{\dot\gamma}\frac{\partial u}{\partial x} + \ldots\,. \tag{6.109}$$

Setzt man hier den kinematischen Ansatz (6.98) ein und linearisiert bezüglich der Störgrößen, so resultieren schließlich die Zusammenhänge (6.99) und (6.100), die im folgenden benötigt werden. Das Auftreten der differentiellen Stoffwerte $\hat\eta$ und $dN_1/d\kappa$ wird verständlich, wenn man beachtet, daß in linearer Näherung für $\dot\gamma$ folgendes gilt:

$$\dot\gamma = \frac{\partial u}{\partial y}+\frac{\partial v}{\partial x} = \kappa + \frac{\partial^2\Psi'}{\partial y^2} - \frac{\partial^2\Psi'}{\partial x^2}\,. \tag{6.110}$$

Es gibt verschiedene Wege, aus den Stoffgleichungen (6.99), (6.100) in Verbindung mit den Bewegungsgleichungen für die Störungen ein Stabilitätskriterium abzuleiten. Wir können z. B. noch einmal zu Gl. (6.91) zurückkehren und uns den Integranden ansehen, nachdem der Ansatz (6.96) eingebracht wurde. Der Term $\mathrm{sp}(\mathbf{T}'\cdot\mathbf{D}')$ führt dann, von positiven Faktoren abgesehen, auf den Ausdruck

$$\hat\eta(\kappa)\left(k_x^2-k_y^2\right)^2 - \left(\frac{d N_1(\kappa)}{d\kappa} - \frac{N_1(\kappa)}{\kappa}\right)\left(k_x^2-k_y^2\right)k_x k_y + 4\eta(\kappa)k_x^2\,k_y^2\,. \tag{6.111}$$

Der andere Summand ergibt bis auf die gleichen Faktoren $\rho\mathbf{v}'\cdot\mathbf{D}\cdot\mathbf{v}' \sim \rho\kappa\, k_x\, k_y$. Er ist somit asymptotisch für $|\mathbf{k}|\to\infty$ von geringerer Ordnung und kann deshalb vernachlässigt werden. Die Stabilität gegen kurzwellige Störungen wird also vom Vorzeichen des Ausdrucks (6.111) entschieden. Das ist ein homogenes Polynom vierten Grades in den Komponenten k_x und k_y des Wellenzahlvektors. Bei genauerer Betrachtung erkennt man, daß es sich um eine quadratische Form bezüglich $k_x^2-k_y^2$ und $k_x\cdot k_y$ handelt. Sie ist positiv definit, wenn

$$\frac{1}{\sqrt{\eta(\kappa)\,\hat{\eta}(\kappa)}}\left|\kappa\frac{d}{d\kappa}\left(\frac{N_1(\kappa)}{\kappa}\right)\right| < 4\,. \tag{6.112}$$

Unter dieser Bedingung gilt also $dK/dt < 0$ für alle kurzwelligen Partialstörungen, d. h. die *Scherströmung* ist *Hadamard–stabil.* Ist aber die Ungleichung verletzt, so existiert ein Spektrum von Störungen, die angefacht werden.

Der Ausdruck auf der linken Seite setzt in gewisser Weise die erste Normalspannungsdifferenz und die Schubspannung ins Verhältnis und kann deshalb als *Weissenberg–Zahl* bezeichnet werden. Im Sonderfall einer Flüssigkeit mit konstanten Viskositätswerten $\left(\eta = \hat{\eta} = \eta_0\right)$ und mit einem konstanten Normalspannungskoeffizienten reduziert er sich jedenfalls gerade auf den Quotienten aus $N_1 = \nu_{10}\,\kappa^2$ und $F = \eta_0\,\kappa$. So läßt sich das Ergebnis folgendermaßen formulieren: Eine viskosimetrische Strömung wird instabil, wenn die geeignet definierte Weissenberg–Zahl den kritischen Wert 4 übersteigt. Dieses Stabilitätskriterium ist in guter Übereinstimmung mit experimentellen Befunden zum Einsetzen des Schmelzenbruchs bei der Extrusion durch Kapillaren und erklärt auch gewisse Anomalien der Meßergebnisse in Rotationsrheometern. Das Auftreten instabiler Störungen, die zu den Erscheinungen der viskoelastischen Turbulenz führen, kann also grundsätzlich durch eine Theorie erklärt werden, welche die Fließ– und Normalspannungseigenschaften korrekt berücksichtigt, Gedächtniseinflüsse aber vernachlässigt.

In diesem Zusammenhang sei nochmals darauf hingewiesen, daß zur Analyse nichtnewtonscher Strömungsvorgänge jeweils adäquate rheologische Stoffgleichungen gehören. Bei unkritischer "Wahl" würde man zur Stabilitätsuntersuchung einer Scherströmung möglicherweise Gl. (3.36) heranziehen, die im Fall konstanter Koeffizienten mit der Stoffgleichung (5.33) einer "Flüssigkeit zweiter Ordnung" übereinstimmt. Dann erweist sich aber bereits der Ruhezustand als instabil. Dieses unsinnige Ergebnis kommt dadurch zustande, daß die Gl. (5.33) bei der Anwendung auf kurzwellige und damit auch hochfrequente Vorgänge weit außerhalb ihres Gültigkeitsbereichs überstrapaziert wird. Sie ist zur Analyse langsamer und langsam veränderlicher Strömungs– und Deformationsprozesse bestimmt und dafür auch hervorragend geeignet (s. Abschn. 5.5).

Aufgaben

6.1 Der in Abb. 6.20 skizzierte Torsionsschwingungsdämpfer besteht aus einem kreiszylindrischen Gehäuse, das Drehschwingungen gegebener Amplitude Φ_1 und gegebener Kreisfrequenz ω ausführt, und aus einer Drehmasse mit dem Trägheitsmoment Θ, die durch ein im Spalt befindliches linear–viskoelastisches Öl der komplexen Viskosität $\eta'(\omega) - i\eta''(\omega)$ zu Schwingungen gleicher Frequenz angeregt wird. Die Spaltweiten h und s sind klein gegen die äußeren Abmessungen $r_0 - r_1$ bzw. L. Unter Vernachlässigung von Trägheitskräften in der Flüssigkeit liegt dann zwischen den Mantelflächen der Zylinder eine Couette-Strömung und zwischen den Deckflächen eine Torsionsströmung mit zeitlich periodischer Schergeschwindigkeit vor, und von Randeffekten in den Ecken und nahe der Achse kann abgesehen werden.

Überzeugen Sie sich davon, daß für die pro Schwingungsperiode dissipierte Arbeit W bei geeigneter Definition einer Bezugsenergie E_0 wiederum Gl. (6.12) mit der zugehörigen Abb. 6.2 gilt, und ermitteln Sie, wie die Gerätekonstante χ dann von Θ, h, s, r_0, r_1 und L abhängt.

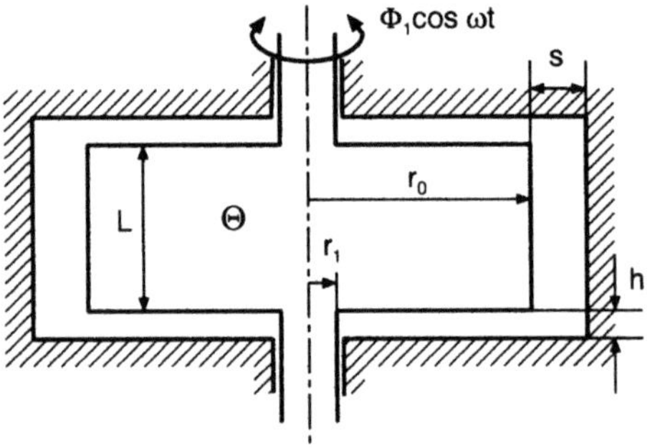

Abb. 6.20 Torsionsschwingungsdämpfer

6.2 Berechnen Sie für ein verallgemeinertes Maxwell-Fluid mit den rheologischen Parametern der Tab. 3.2 und mit der Massendichte $\rho = 1006 \ \mathrm{kg/m^3}$ die Eindringtiefe einer Transversalwelle für die Kreisfrequenzen $10^2 \ \mathrm{s^{-1}}$, $1 \ \mathrm{s^{-1}}$ und $10^{-2} \ \mathrm{s^{-1}}$ anhand des analytischen Ergebnisses in Abschnitt 6.1.2, sowie die Ausbreitungsgeschwindigkeit von Unstetigkeiten kleiner Amplitude anhand der Gl. (6.25).

6.3 In Anlehnung an die Ausführungen zum Rayleigh-Problem in Abschnitt 6.1.3 betrachten wir den folgenden instationären Vorgang: Eine volumenbeständige linear-viskoelastische Flüssigkeit mit der Dichte ρ und der Relaxationsfunktion

$$G(t) = \frac{\eta_0}{\lambda^2} \, t \, e^{-t/\lambda} \, H(t)$$

nimmt den Halbraum $y > 0$ ein und ruht bis zur Zeit $t = 0$. Danach soll auf den Rand bei $y = 0$ eine konstante Schubspannung $-\tau_0$ einwirken; der Druck in der Flüssigkeit ist räumlich konstant.

Bestimmen Sie den zeitlichen Verlauf der Geschwindigkeit $u(0,t)$, mit der dieser Rand dann in x-Richtung bewegt werden muß, und diskutieren Sie den Gedächtniseinfluß durch Vergleich mit einer newtonschen Flüssigkeit.

Hinweis: Überzeugen Sie sich davon, daß die instationäre Scherströmung, um die es hier geht, im Bildbereich (nach einer Laplace-Transformation) wieder der Gl. (6.36) genügt, und verwenden Sie diese Beziehung, um $\bar{u}(0,p)$ zu bestimmen. Die Rücktransformation führt im Zeitbereich zu einem Ergebnis der Form $u(0,t) = a\sqrt{t} + b/\sqrt{t}$.

Wie hängen die Konstanten a und b mit den Parametern ρ, η_0, λ und τ_0 zusammen?

6.4 Bei der Herleitung der nichtlinearen Schwingungsdifferentialgleichung (6.62) wurde angenommen, daß die Dämpferflüssigkeit ein selektives Gedächtnis für einen früheren Zeitpunkt besitzt (Totzeit λ). Wie ändert sich der Reibungsterm in Gl. (6.62), wenn die Flüssigkeit ein konstantes Gedächtnis endlicher Länge λ besitzt, d. h. wenn

$$G(s) = \frac{\eta_0}{\lambda} H(s) - \frac{\eta_0}{\lambda} H(s-\lambda)\,?$$

$H(s)$ ist die Heavisidesche Sprungfunktion (Stufe der Höhe 1 bei $s = 0$).

6.5 Prüfen Sie für ein kontravariantes Maxwell–Fluid, ob und unter welchen Bedingungen gegebenenfalls die ebene Grenzschichtströmung nach Art der Abb. 6.17 Hadamard–instabil ist. Sie benötigen dazu das Instabilitätskriterium (6.97) und die expliziten Darstellungen (6.84) – (6.86) der Extraspannungskomponenten.

6.6 Die Scherviskosität und der erste Normalspannungskoeffizient eines Silikonöls mit den in Abb. 3.20 wiedergegebenen Stoffeigenschaften sind annähernd konstant, und zwar $\eta \approx 61$ Pa s bzw. $\nu_1 \approx 0{,}64$ Pa s^2 (man beachte den Zusammenhang (3.75)). Bis zu welcher Schergeschwindigkeit ist dann das Stabilitätskriterium (6.112) erfüllt?

7 Numerische Strömungssimulation

7.1 Grundsätzliche Betrachtungen

Viele technische Geräte werden um– oder durchströmt, und die Strömungsvorgänge spielen für ihre Funktionsfähigkeit oft eine zentrale Rolle. Es besteht deshalb ein großes Interesse daran, auch komplexe Strömungsprozesse im Detail zu durchleuchten. Dabei spielen einerseits moderne Meßtechniken, z. B. die Laser–Doppler–Anemometrie oder die Particle–Image–Velocimetry eine wichtige Rolle, mit denen mehrdimensionale Strömungsfelder unter gewissen Voraussetzungen experimentell analysiert werden können. Andererseits geht man mehr und mehr dazu über, reale Strömungsvorgänge mit Hilfe digitaler Rechenanlagen numerisch zu simulieren.

Einige gute Gründe sprechen dafür, daß die Computersimulation eine vorteilhafte Alternative zum Experiment darstellt. Numerische Simulationen liefern detaillierte Informationen über das Strömungsfeld, auch über Strömungsgrößen, die nicht direkt meßbar sind. Sie ermöglichen, das Wesentliche eines Prozesses zu berücksichtigen und störende Einflüsse außer acht zu lassen. Sie können flexibler als Laborexperimente an geänderte Eingangsdaten angepaßt werden, so daß umfangreiche Parameterstudien möglich werden, sobald ein geeignetes Rechenprogramm vorliegt. Dadurch verkürzt sich in der Regel die Entwicklungszeit bei relativ geringen Kosten. Numerische Simulationen sind im übrigen auch dann einsetzbar, wenn Versuche zu gefährlich, zu teuer oder zu zeitraubend wären.

Dabei ähnelt die Ausführung eines Computerprogramms zur Strömungssimulation in mancher Hinsicht einem Experiment. Ausgehend von einem vorgegebenen Anfangszustand der Strömung wird deren zeitliche und räumliche Entwicklung unter Beachtung gewisser Randbedingungen berechnet und aufgezeichnet. Das Ergebnis eines solchen "numerischen Experiments" ist dabei von vorn herein ebenso wenig bekannt wie bei einem Laborexperiment.

Die numerische Simulation eines realen Strömungsvorgangs setzt natürlich voraus, daß er durch ein geeignetes theoretisches Modell erfaßt wurde. Den Ausgangspunkt bilden dabei die Bilanzgleichungen für das fluide Kontinuum, ein System partieller Differentialgleichungen, in Verbindung mit adäquaten Stoffgleichungen und den schon erwähnten Rand– und Anfangsbedingungen. Der weitere Weg zu einer numerisch berechneten *finiten Approximation* des Strömungsfelds ist im wesentlichen durch zwei Abschnitte gekennzeichnet, die *Diskretisierung* des ursprünglich kontinuierlichen Problems und die *Lösung* des daraus resultierenden, in der Regel großen nichtlinearen *Gleichungssystems* (Abb. 7.1). Innerhalb beider Abschnitte gibt es methodische Alternativen. Die Konstruktion stabiler

Approximationsverfahren hoher Genauigkeit, die zu möglichst robusten und effizienten Lösungsalgorithmen führen sollen, erfordert eine theoretisch fundierte Behandlung unterschiedlicher Teilprobleme. Dabei ist eine Zusammenarbeit zwischen Ingenieuren, angewandten Mathematikern und Informatikern ratsam. Um die beachtliche Leistungsfähigkeit der heute zur Verfügung stehenden Rechner nutzbar zu machen, ist es nämlich erforderlich, die Algorithmen auch so zu entwerfen und zu implementieren, daß sie den modernen Rechnerarchitekturen gerecht werden.

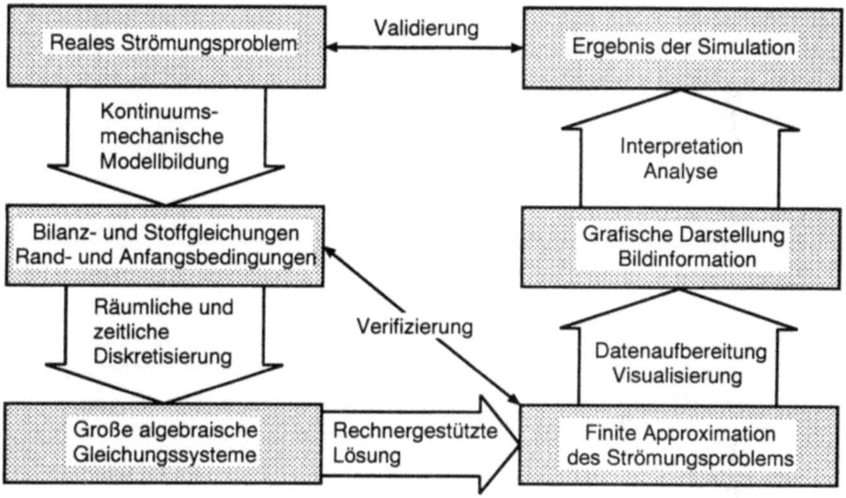

Abb. 7.1 Grundsätzlicher Ablauf der numerischen Simulation eines Strömungsproblems

Komplexe Strömungsvorgänge sind in der Regel dreidimensional und zeitabhängig. Bei der numerischen Simulation fallen enorme Datenmengen an, deren Auswertung besondere Hilfsmittel erfordert. Zeitlich veränderliche Vorgänge oder räumliche Vorgänge mit variablen Parametern können oft erst durch animierte Darstellung in farbiger Form richtig interpretiert werden. Zum "Postprocessing" einer numerischen Strömungssimulation gehört deshalb vor allem die anschauliche *Visualisierung* der berechneten Felddaten mit einer leistungsfähigen Grafiksoftware.

Wer numerisch simuliert, sollte nicht übersehen, daß er zwangsläufig nur eine Näherung erzeugt, denn in allen Abschnitten auf dem Weg vom realen Strömungsproblem zum Ergebnis der Simulation werden gewisse Fehler gemacht. In Korrespondenz mit Abb. 7.1 können wir grob zwischen Modellfehlern, Diskretisierungsfehlern, Lösungsfehlern, Auswertungsfehlern und Interpretationsfehlern unterscheiden. Deshalb ist insbesondere nachzuweisen, daß die Modellgleichungen richtig und genau genug gelöst werden (*Verifizierung*). Das kann eventuell anhand eines fiktiven Problems mit einer künstlichen Volumenkraft oder mit künstlich abgeänderten Rand– und Anfangsbedingungen geschehen, für das eine exakte Lösung existiert. Bei praxisrelevanten Anwendungen geht es darüber hinaus um die *Validierung* der Simulationsergebnisse anhand unabhängiger Informationen über den realen Strömungsprozeß, z. B. anhand experimentell ermittelter Kräfte, Momente oder Druckverläufe.

Im folgenden wird die Methode der finiten Elemente zur Simulation mehrdimensionaler inkompressibler Strömungen in ihren Grundzügen erläutert, und anhand ausgewählter Beispiele wird ihre Leistungsfähigkeit demonstriert. Wir beschränken uns dabei auf stationäre Strömungen, die ohne Berücksichtigung thermischer Aspekte analysiert werden können (s. Text im Anschluß an Gl. (2.41)). Es geht dann darum, innerhalb des Strömungsgebiets G die Bewegungsdifferentialgleichungen

$$\rho\,\mathbf{L}(\mathbf{v})\cdot\mathbf{v} = -\operatorname{grad} p + \operatorname{div}\mathbf{T}(\mathbf{v}) + \mathbf{f} \tag{7.1}$$

in Verbindung mit der kinematischen Zwangsbedingung der Inkompressibilität

$$\operatorname{div}\mathbf{v} = 0 \tag{7.2}$$

zu lösen. Als rheologische Stoffgleichungen sind die expliziten nichtlinearen Modelle zugelassen, die in Abschn. 3.6 behandelt wurden, insbesondere das Modell (3.81) für *verallgemeinerte newtonsche Flüssigkeiten* oder *Einfachintegralmodelle* nach Art der Gl. (3.84). Da die Reibungsspannungen $\mathbf{T}$ dann grundsätzlich eliminiert werden könnten, fassen wir das Geschwindigkeitsfeld $\mathbf{v}(\mathbf{r})$ und das Druckfeld $p(\mathbf{r})$ als *primitive Variablen* auf, d. h. als diejenigen Strömungsgrößen, die eigentlich berechnet werden sollen. Bei der anschließenden Datenaufbereitung können daraus noch andere relevante Feldgrößen erzeugt werden, z. B. Dreh– und Verzerrungsgeschwindigkeiten, Extraspannungen, die Dissipationsfunktion oder die Stromfunktion, sofern eine solche existiert.

Die Bilanz– und Stoffgleichungen sind durch adäquate Randbedingungen zu ergänzen. Typischerweise kennt man am Rand des Strömungsraums entweder den Geschwindigkeitsvektor $\mathbf{v}$ oder den Spannungsvektor $\mathbf{t}$ oder komplementäre Komponenten von $\mathbf{v}$ und $\mathbf{t}$. Es ergibt sich ein breites Anwendungsspektrum, wenn wir annehmen, daß der Rand Γ des Grundgebiets G stückweise glatt ist und aus drei disjunkten Teilen besteht, auf denen *kinematische*, *dynamische* bzw. *gemischte Randvorgaben* folgender Art gelten:

$$\mathbf{v} = \mathbf{v}_\Gamma(\mathbf{r}) \quad \text{auf } \Gamma_1\,, \tag{7.3}$$

$$\mathbf{t} = \mathbf{t}_\Gamma(\mathbf{r}) \quad \text{auf } \Gamma_2\,, \tag{7.4}$$

$$\mathbf{v}\cdot\mathbf{n} = 0 \quad \text{und} \quad \mathbf{t}\times\mathbf{n} = \mathbf{0} \quad \text{auf } \Gamma_3\,. \tag{7.5}$$

Sie passen z. B. zu einer undurchlässigen bewegten Wand, an der die Flüssigkeit haftet, zu einer freien Flüssigkeitsoberfläche bzw. zu einer Symmetrieebene im Strömungsfeld, auf der die Normalkomponente des Geschwindigkeitsvektors und die Schubspannungskomponenten verschwinden. In konkreten Fällen wird der ein oder andere Teilrand möglicherweise fehlen. Abb. 7.2 veranschaulicht noch einmal das mehrdimensionale nichtlineare Randwertproblem, das es bei einer numerischen Strömungssimulation näherungsweise zu lösen gilt.

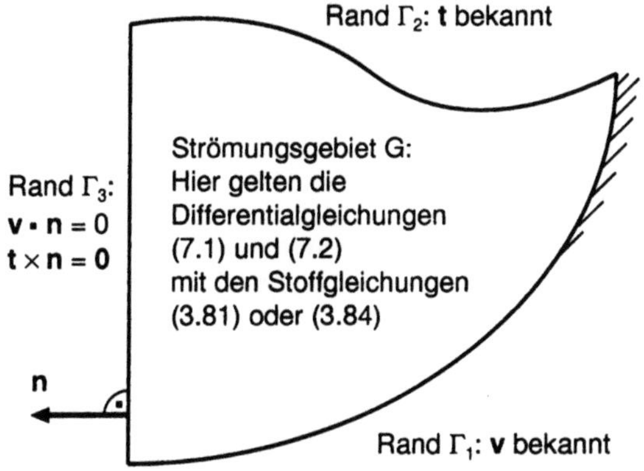

Abb. 7.2 Veranschaulichung der zu lösenden Randwertaufgabe

7.2 Das Konzept der Methode der finiten Elemente

7.2.1 Schwache Form des Randwertproblems

Die Methode der finiten Elemente zielt darauf, Approximationen für das Geschwindigkeitsfeld $\mathbf{v}(\mathbf{r})$ und das Druckfeld $p(\mathbf{r})$ zu erzeugen, die über dem gesamten Grundgebiet definiert sind und nicht nur in gewissen Gitterpunkten wie bei einem Differenzenverfahren. Das geschieht grundsätzlich dadurch, daß $\mathbf{v}(\mathbf{r})$ und $p(\mathbf{r})$ als Linearkombinationen geeigneter Basisfunktionen angesetzt werden, die a priori festgelegt werden. Zu berechnen sind dann die Koeffizienten des Ansatzes, soweit sie noch nicht durch die Randbedingungen fixiert sind. Mit einem solchen Ansatz sind die Bilanzgleichungen in der Regel nicht exakt erfüllt. Es resultiert vielmehr ein *Residuum*, wenn man den Ansatz dort einbringt. Damit die exakte Lösung über dem gesamten Strömungsgebiet möglichst gut approximiert wird, sind die noch freien Koeffizienten im Ansatz so festzulegen, daß das Residuum möglichst klein ausfällt und sich möglichst gleichmäßig über das Grundgebiet verteilt. Unter verschiedenen Strategien, die in Frage kommen, bewährt sich vor allem die *Methode der gewichteten Residuen.* Man verlangt dabei, daß das Residuum der Bilanzgleichungen über dem Grundgebiet G, gewichtet mit gewissen Gewichtsfunktionen, im integralen Mittel verschwindet.

Unter Verwendung vektorwertiger Gewichtsfunktionen $\mathbf{w}(\mathbf{r})$ und skalarer Gewichtsfunktion $q(\mathbf{r})$, die im einzelnen noch festzulegen sind, werden zur angenäherten Erfüllung der Bewegungsgleichungen (7.1) und der Kontinuitätsgleichung (7.2) also folgende Forderungen gestellt:

$$\iiint_G \left[\rho\, \mathbf{L}(\mathbf{v}) \cdot \mathbf{v} + \operatorname{grad} p - \operatorname{div} \mathbf{T}(\mathbf{v}) - \mathbf{f}\right] \cdot \mathbf{w}\, dG = 0 \;, \tag{7.6}$$

$$-\iiint_G q \operatorname{div} \mathbf{v}\, dG = 0 \;. \tag{7.7}$$

Die Zahl solcher Bedingungen korrespondiert mit der Zahl der unbestimmten Koeffizienten im Geschwindigkeits– und im Druckansatz.

Man beachte, daß im Ausdruck $\operatorname{grad} p$ erste Ableitungen des Druckfelds und im Ausdruck $\operatorname{div} \mathbf{T}(\mathbf{v})$ zweite Ableitungen des Geschwindigkeitsfelds vorkommen, so daß entsprechende Differenzierbarkeitseigenschaften der Ansatzfunktionen gewährleistet sein müßten, wollte man Gl. (7.6) in dieser Form auswerten. Mit einer partiellen Integration können aber die höchsten Ableitungen beseitigt werden.

Der Summand mit dem symmetrischen Extraspannungstensor $\mathbf{T}$ kann nämlich unter Beachtung elementarer vektoranalytischer Zusammenhänge und mit Hilfe des Gaußschen Integralsatzes folgendermaßen umgeformt werden:

$$-\iiint_G \mathbf{w} \cdot \operatorname{div} \mathbf{T}(\mathbf{v})\, dG = -\iiint_G \operatorname{div}(\mathbf{w} \cdot \mathbf{T}(\mathbf{v}))\, dG + \iiint_G \operatorname{sp}(\mathbf{T}(\mathbf{v}) \cdot (\operatorname{grad} \mathbf{w})^T)\, dG$$

$$= -\iint_\Gamma \mathbf{w} \cdot \mathbf{T}(\mathbf{v}) \cdot \mathbf{n}\, d\Gamma + \iiint_G \operatorname{sp}(\mathbf{T}(\mathbf{v}) \cdot \mathbf{D}(\mathbf{w}))\, dG \;.$$

Sinngemäß kann auch das Druckintegral partiell integriert werden:

$$\iiint_G (\operatorname{grad} p) \cdot \mathbf{w}\, dG = \iint_\Gamma p\; \mathbf{w} \cdot \mathbf{n}\, d\Gamma - \iiint_G p \operatorname{div} \mathbf{w}\, dG \;.$$

In der Summe erscheint dabei ein Randintegral über den Spannungsvektor $\mathbf{t} := -p\mathbf{n} + \mathbf{T} \cdot \mathbf{n}$, und zwar

$$\iint_\Gamma (p\; \mathbf{w} \cdot \mathbf{n} - \mathbf{w} \cdot \mathbf{T}(\mathbf{v}) \cdot \mathbf{n})\, d\Gamma = -\iint_\Gamma \mathbf{t} \cdot \mathbf{w}\, d\Gamma = -\iint_{\Gamma_2} \mathbf{t}_\Gamma \cdot \mathbf{w}\, d\Gamma \;.$$

Unter Beachtung der *dynamischen Randbedingungen* (7.4) und (7.5b) reduziert es sich auf ein Integral über denjenigen Teilrand, auf dem der Spannungsvektor vorgegeben ist, wenn man Gewichtsfunktionen mit folgenden Eigenschaften verwendet:

$$\mathbf{w} = \mathbf{0} \quad \text{auf } \Gamma_1 , \tag{7.8}$$

$$\mathbf{w} \cdot \mathbf{n} = 0 \quad \text{auf } \Gamma_3 . \tag{7.9}$$

Nach der partiellen Integration nimmt Gl. (7.6) schließlich folgende Gestalt an:

$$\iiint_G \left[\rho\, \mathbf{w} \cdot \mathbf{L}(\mathbf{v}) \cdot \mathbf{v} + \mathrm{sp}\,(\mathbf{T}(\mathbf{v}) \cdot \mathbf{D}(\mathbf{w})) - p \operatorname{div} \mathbf{w} - \mathbf{f} \cdot \mathbf{w}\right] dG - \iint_{\Gamma_2} \mathbf{t}_\Gamma \cdot \mathbf{w}\, d\Gamma = 0 . \tag{7.10}$$

Hier genügen nun schwächere Anforderungen an die Ansatzfunktionen als bei der Auswertung des Residuums der Bewegungsgleichungen, denn es kommen nur noch erste Ableitungen des Geschwindigkeitsfelds $\mathbf{v}(\mathbf{r})$ vor, und das Druckfeld $p(\mathbf{r})$ wird gar nicht mehr differenziert. Deshalb dürfen der Geschwindigkeitsgradient und das Druckfeld auch unstetig sein, solange die Integrale nur existieren. Man bezeichnet daher Gl. (7.10) in Verbindung mit Gl. (7.7) und den noch nicht berücksichtigten Randbedingungen als *schwache Form* des Randwertproblems.

Das Randintegral in Gl. (7.10) entfällt offenbar, wenn $\mathbf{t}_\Gamma = \mathbf{0}$ gilt. Eine solche homogene Spannungsrandvorgabe geht also – ebenso wie die Randbedingung (7.5b) – gar nicht explizit in die schwache Formulierung ein. Man spricht deshalb von *natürlichen Randbedingungen*. Bei genauerer Betrachtung erkennt man, daß sie nicht exakt, sondern mit den Bewegungsgleichungen nur approximativ im Sinne der gewichteten Residuen erfüllt werden. Die *kinematischen Randbedingungen* (7.3) und (7.5a) sind sogenannte *wesentliche* Bedingungen und werden zwangsweise erfüllt. Mit der schwachen Form des Randwertproblems wird es dann möglich, Approximationen ("schwache Lösungen") für das Geschwindigkeitsfeld und das Druckfeld zu erzeugen, die nur schwachen Differenzierbarkeitsanforderungen genügen müssen. Das vereinfacht die Wahl der Ansatzfunktionen.

Bei der Festlegung der Gewichtsfunktionen gibt es Alternativen, mit denen unterschiedliche Strategien der Fehlerverteilung verfolgt werden. Weit verbreitet ist das sogenannte *Galerkin–Verfahren*, bei dem die jeweiligen Ansatzfunktionen (im wesentlichen) zugleich als Gewichtsfunktionen verwendet werden. Dadurch wird gewährleistet, daß die Residuen der Bewegungsgleichungen und der Kontinuitätsgleichung orthogonal zu den Ansatzfunktionen für Geschwindigkeit und Druck sind.

Die zu behandelnde Aufgabe lautet nun also: Bestimme $\mathbf{v}(\mathbf{r}) \in V$ und $p(\mathbf{r}) \in P$ so, daß die Gleichungen (7.10) und (7.7) für alle Gewichtsfunktionen $\mathbf{w}(\mathbf{r}) \in V_0$ und $q(\mathbf{r}) \in P$ erfüllt sind. Dabei bezeichnen V und P geeignet zu wählende, endlichdimensionale Funktionenräume, in die die wesentlichen Randbedingungen (7.3) und (7.5a) mit aufgenommen werden. Der Unterschied zwischen V_0 und V

besteht lediglich darin, daß die Gewichtsfunktionen **w** anstelle von (7.3) auf Γ_1 die homogene Randbedingung (7.8) erfüllen müssen. Die Methode der finiten Elemente gibt diesem Grundkonzept einen konkreten algorithmischen Rahmen.

Wenn Spannungsrandbedingungen nach Art der Gl. (7.4) fehlen, kann der Druck in einer inkompressiblen Flüssigkeit nur bis auf eine additive Konstante bestimmt werden. Das macht eine Normierung des Druckes erforderlich, z. B. in der Form $p(\mathbf{r}_0) = 0$ an einem beliebigen Punkt $\mathbf{r}_0$ des Strömungsgebiets. Diese Bedingung ist dann in den Funktionenraum P mit aufzunehmen.

7.2.2 Räumliche Diskretisierung

Mit dem Begriff *Diskretisierung* ist zunächst ein geometrischer Aspekt verbunden: Das Strömungsgebiet G wird in eine endliche Anzahl geometrisch einfacher Teilgebiete G_e zerlegt, die sogenannten *finiten Elemente* (FE). Bei zweidimensionalen Grundgebieten eignen sich vor allem Dreiecke oder Vierecke, die auch krummlinig berandet sein dürfen und deshalb auch an gekrümmte Ränder angepaßt werden können. Dreidimensionale Grundgebiete unterteilt man sinngemäß in tetraederförmige oder quaderförmige finite Elemente. In jedem Element werden gewisse (Geschwindigkeits–)*Knoten* festgelegt, die die Interpolationsstützpunkte für die (Geschwindigkeits–)Ansatzfunktionen bilden. Bei Dreieckselementen verwendet man zweckmäßigerweise die Eckpunkte als Knoten und legt je einen weiteren Knoten ungefähr in die Mitte der Dreiecksseiten. Abb. 7.3 zeigt beispielhaft ein unstrukturiertes grobes Finite–Elemente–Netz, das aus Dreieckselementen mit 6 Knoten besteht. Benachbarte Elemente haben jeweils eine Dreiecksseite und die auf ihr liegenden Knoten gemeinsam.

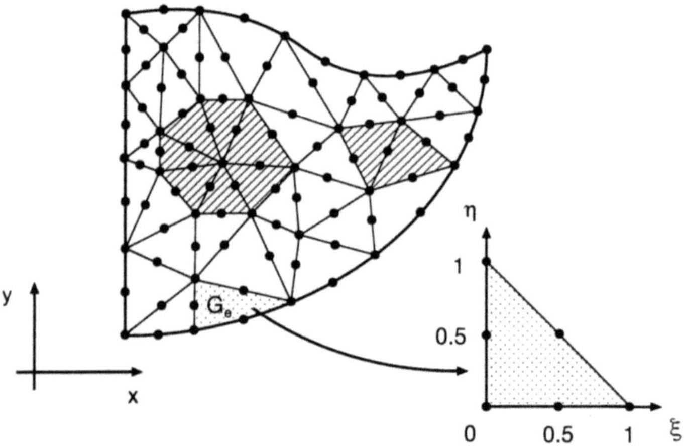

Abb. 7.3 FE–Netz aus 6–Knoten–Dreieckselementen mit den Trägern zweier globaler Formfunktionen, Veranschaulichung der Abbildung auf das normierte Referenzelement

Durch die *Netzgenerierung* werden also nicht nur die Lage und die Größe der finiten Elemente, sondern auch die Positionen der Geschwindigkeitsknoten festgelegt. Knoten und Elemente werden numeriert. Im folgenden wird die Gesamtzahl der Elemente mit n_E bezeichnet, die Zahl der Knoten im Grundgebiet einschließlich des Randes mit n_K und die Zahl der Knoten je Element mit n_{KE}. Zu Abb. 7.3 gehören z. B. $n_{KE} = 6$, $n_E = 41$ und $n_K = 98$. Im Hinblick auf eine Automatisierung des weiteren Prozesses ist es zweckmäßig, jedes Element auf ein normiertes *Referenzelement* abzubilden. So werden z. B. die 6–Knoten–Dreieckselemente in Abb. 7.3 auf ein gleichschenkliges Einheitsdreieck derart abgebildet, daß die Knoten dann "lokal" in den Ecken und in den Seitenmitten liegen. Dazu benötigt man eine Inzidenzliste, die es ermöglicht, der Nummer des Elements $e \in (1,\dots,n_E)$ und der Nummer des lokalen Knotens $i \in (1,\dots,n_{KE})$ die Nummer des globalen Knotens $k \in (1,\dots,n_K)$ zuzuordnen.

Der andere wesentliche Aspekt bei der Diskretisierung ist die Festlegung der *Ansatzfunktionen*. Sie wird hier der Einfachheit halber nur für ebene Strömungen ausgeführt. Die einzelnen Schritte können sinngemäß räumlich verallgemeinert werden. In jedem Element e werden die Geschwindigkeitskomponenten $u(x,y)$ und $v(x,y)$ als Linearkombinationen sogenannter *lokaler Formfunktionen* $N_i(\xi,\eta)$ angesetzt, die über dem Referenzelement definiert und zweckmäßigerweise folgendermaßen normiert werden:

$$N_i(\xi,\eta) = \begin{cases} 1 & \text{am lokalen Knoten } i \in (1,\dots,n_{KE}) , \\ 0 & \text{an allen anderen lokalen Knoten} . \end{cases} \tag{7.11}$$

Dafür eignen sich insbesondere Polynome niedrigen Grades, s. Tab. 7.1. Für das Geschwindigkeitsfeld wird also elementweise folgender Ansatz gemacht:

$$u^e(x,y) = \sum_{i=1}^{n_{KE}} u_i^e \; N_i(\xi,\eta) , \qquad v^e(x,y) = \sum_{i=1}^{n_{KE}} v_i^e \; N_i(\xi,\eta) . \tag{7.12}$$

Infolge der Normierung (7.11) erscheinen dabei die Funktionswerte u_i^e und v_i^e in den Knoten des Elements als Interpolationskoeffizienten. Man bezeichnet sie als *Knotenvariablen*, denn sie repräsentieren die Freiheitsgrade im Ansatz, die so zu bestimmen sind, daß eine schwache Lösung des Randwertproblems entsteht.

Die Abbildung des Referenzelements auf das $e-$te Element innerhalb des Grundgebiets gelingt z. B. mit folgender Koordinatentransformation:

$$x = \sum_{i=1}^{n_{KE}} x_i^e \; N_i(\xi,\eta) , \qquad y = \sum_{i=1}^{n_{KE}} y_i^e \; N_i(\xi,\eta) , \qquad (x,y) \in G_e . \tag{7.13}$$

Dabei bezeichnen x_i^e und y_i^e die Koordinaten der Geschwindigkeitsknoten, die dem Element G_e angehören. Weil hier dieselben lokalen Formfunktionen wie im Geschwindigkeitsansatz (7.12) verwendet werden, spricht man von einem *isoparametrischen* Element.

Tab. 7.1 Gebräuchliche FE–Ansätze in zweidimensionalen normierten Referenzelementen

Lage der Knoten	n_{KE}	Lokale Formfunktionen	Symbol
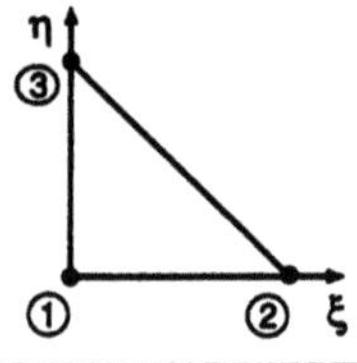	3	linear in ξ und η: $N_1 = 1 - \xi - \eta$, $N_2 = \xi$, $N_3 = \eta$	P_1
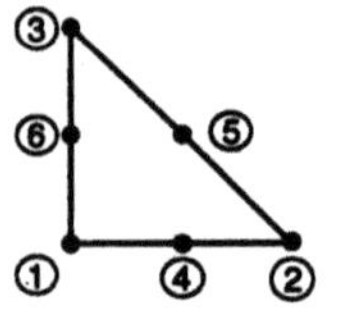	6	quadratisch: $N_1 = (1-\xi-\eta)(1-2\xi-2\eta)$, $N_2 = \xi(2\xi-1)$, $N_3 = \eta(2\eta-1)$, $N_4 = 4\xi(1-\xi-\eta)$, $N_5 = 4\xi\eta$, $N_6 = 4\eta(1-\xi-\eta)$	P_2
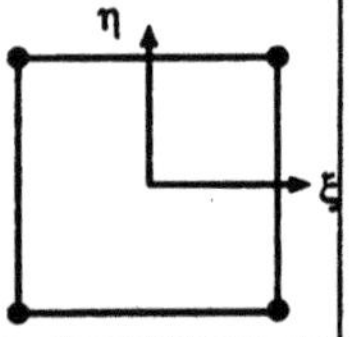	4	bilinear: $N_i = \frac{1}{4}(1+\xi_i\xi)(1+\eta_i\eta)$, $i \in (1,\ldots,4)$	Q_1
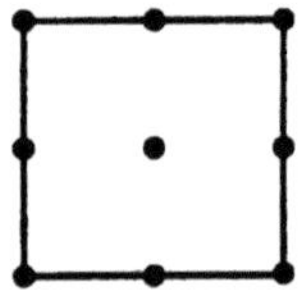	9	biquadratisch: $N_i = \frac{1}{4}\left[\xi_i\xi(1+\xi_i\xi) + 2(1-\xi_i^2)(1-\xi^2)\right] \cdot \left[\eta_i\eta(1+\eta_i\eta) + 2(1-\eta_i^2)(1-\eta^2)\right]$, $i \in (1,\ldots,9)$	Q_2

Beim Aneinanderfügen der Elementansätze (7.12) entsteht unter Berücksichtigung der Koordinatentransformation (7.13) eine globale Darstellung des Geschwindigkeitsfelds in der Form

$$u(x,y) = \sum_{k=1}^{n_K} u_k\, \phi_k(x,y) \ , \qquad v(x,y) = \sum_{k=1}^{n_K} v_k\, \phi_k(x,y) \ . \tag{7.14}$$

Dabei wurden die Beiträge aller Elemente knotenweise zusammengefaßt. Die Funktion $\phi_k(x,y)$, mit der die Knotenvariablen u_k und v_k effektiv multipliziert werden, heißt *globale Formfunktion*. Sie besitzt am Knoten mit der Nummer k den Wert 1, ist nur in denjenigen Elementen von null verschieden, die den Knoten k gemeinsam haben, und stimmt dort jeweils mit einer lokalen Formfunktion überein. Mit anderen Worten: Ihr Träger erstreckt sich nur über einen kleinen Teil des FE–Netzes mit dem Knoten k als "Zentrum", s. Abb. 7.3. Diese Eigenschaft führt dazu, daß bei einer Gewichtung der Residuen im Sinne von Galerkin algebraische Gleichungssysteme entstehen, deren Koeffizientenmatrizen nur dünn besetzt sind. Die globalen Formfunktionen $\phi_k(x,y)$ besitzen im übrigen die abgeschwächten Differenzierbarkeitseigenschaften, die in Zusammenhang mit Gl. (7.10) noch gefordert werden: Sie sind über dem FE–Netz stetig und elementweise einmal differenzierbar.

Mit dem Geschwindigkeitsfeld muß gleichzeitig auch das Druckfeld berechnet werden. Es ist deshalb erforderlich, in den finiten Elementen auch *Druckknoten* als Interpolationspunkte für die Druckapproximation festzulegen. Dabei ist aber zu beachten, daß die Ansätze für p und $\mathbf{v}$ passend zueinander gewählt werden müssen, um sicherzustellen, daß das diskretisierte Problem eindeutig lösbar wird. Die Verwendung derselben Ansätze für p und $\mathbf{v}$ führt nicht zum Erfolg, denn schon bei schleichenden Strömungen newtonscher Flüssigkeiten können dann singuläre Gleichungssysteme entstehen.

Stabile Diskretisierungen erreicht man unter gewissen Voraussetzungen mit *gemischten Ansätzen*, d. h. mit Polynomapproximationen verschiedener Ordnung für p und $\mathbf{v}$. Bewährt haben sich vor allem Elemente mit einem linearen Druckansatz in Verbindung mit quadratischen Geschwindigkeitsansätzen gemäß Abb. 7.4. Beim Aneinanderfügen der Elementansätze entsteht analog zu Gl. (7.14) eine globale Darstellung für das Druckfeld, in der die Knotenwerte p_j an den insgesamt m_K Druckknoten als Koeffizienten auftreten:

$$p(x,y) = \sum_{j=1}^{m_K} p_j \, \psi_j(x,y) \; . \tag{7.15}$$

Die zugehörigen Basisfunktionen $\psi_j(x,y)$ sind entweder nur innerhalb eines Elements von null verschieden und an seinem Rand unstetig $(Q_2 - P_1 - \text{Viereck})$, oder sie sind stetig, und ihr Träger erstreckt sich über mehrere Elemente $(P_2 - P_1 - \text{Dreieck})$. In beiden Fällen genügen die Ansätze für Druck und Geschwindigkeit insgesamt den Anforderungen der schwachen Formulierung, und man spricht deshalb von *konformen* gemischten FE–Ansätzen.

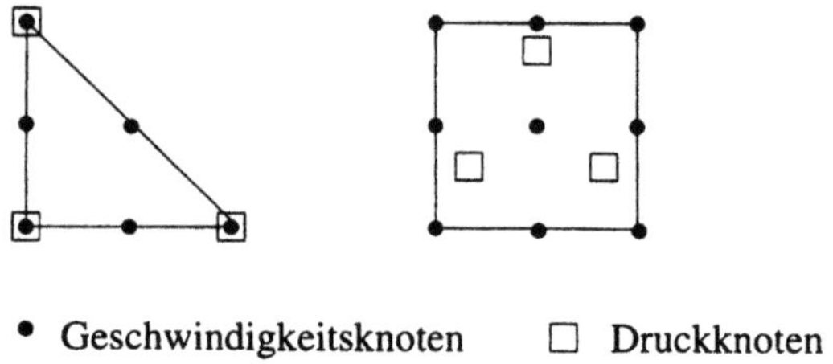

Abb. 7.4 Zwei Favoriten gemischter konformer Elemente: $P_2 - P_1$ – Dreieckselement und $Q_2 - P_1$ – Viereckelement

7.2.3 Das algebraische Problem

Mit den FE–Ansätzen (7.14) und (7.15) wird nun die schwache Form des Randwertproblems in ein algebraisches Gleichungssystem für die Knotenvariablen überführt. Dabei sind die kinematischen Randbedingungen (7.3) und (7.5a) zwangsweise zu erfüllen. Das geschieht dadurch, daß die Knotenwerte u_k, v_k auf den Teilrändern Γ_1 und Γ_3 den Randvorgaben entsprechend fixiert werden. Zur Bestimmung der dann noch "freien" Knotenvariablen werden die Bedingungen (7.10) und (7.7) herangezogen. Beim Galerkin–Verfahren verwendet man dabei als Gewichtsfunktionen alle globalen Formfunktionen, die zu den freien Knotenvariablen gehören. Sie besitzen die erforderlichen Eigenschaften (7.8) und (7.9), sind somit zulässig, und ihre Anzahl entspricht der Zahl der noch unbestimmten Freiheitsgrade. (Die globalen Formfunktionen, die zu den Geschwindigkeitsknoten auf dem Teilrand Γ_1 gehören, wären als Gewichtsfunktionen unzulässig!)

Auf diese Weise entsteht ein nichtlineares Gleichungssystem für die noch freien Knotenvariablen des Geschwindigkeitsfeldes und des Druckfeldes, die wir zweckmäßigerweise in Spaltenvektoren $\hat{\mathbf{v}}$ und $\hat{\mathbf{p}}$ zusammenfassen:

$$\mathbf{F}_1(\hat{\mathbf{v}}) + \mathbf{F}_2(\hat{\mathbf{v}}) + \mathbf{B}^T \hat{\mathbf{p}} = \mathbf{a}_v \ , \tag{7.16}$$

$$\mathbf{B}\,\hat{\mathbf{v}} \quad = \mathbf{a}_p \ . \tag{7.17}$$

Die Funktion $\mathbf{F}_1$ korrespondiert mit dem Beschleunigungsterm in Gl. (7.10), $\mathbf{F}_2$ mit dem Reibungsterm und die rechteckige Matrix $\mathbf{B}$ mit dem Divergenzoperator in den Gln. (7.10) und (7.7). Die rechten Seiten resultieren aus den beiden letzten Summanden in (7.10) und aus den erzwungenen Randvorgaben auf Γ_1.

Beim Aufbau des Gleichungssystems sind Integrationen über das Grundgebiet, gegebenenfalls auch über den Teilrand Γ_1 auszuführen. Als sehr vorteilhaft erweist sich dabei die Wahl von Ansatzfunktionen, die über dem FE–Netz weitgehend null sind, denn die Integrale erstrecken sich dann nur über diejenigen Elemente, die zum Träger der jeweiligen Gewichtsfunktion gehören. Die Berechnung eines jeden Elementbeitrags erfolgt zweckmäßigerweise im normierten Referenzelement. Das gelingt unter Beachtung der Koordinatentransformation (7.13), mit der auch die in den Integranden auftretenden ersten Ableitungen nach x und y in solche nach ξ und η umgerechnet werden können.

Im Referenzelement integriert man dann numerisch unter Verwendung einer Quadraturformel der Art

$$\iint_{\text{Ref.el.}} f(\xi,\eta)\,d\xi\,d\eta \cong \sum_{i=1}^{m} \alpha_i\, f(\xi_i,\eta_i)\ .$$

Danach wird der Integralwert durch eine gewichtete Summe von Funktionswerten des Integranden approximiert. Ökonomisch sind vor allem *Gaußsche Quadraturformeln*, deren Integrationsstützstellen (ξ_i,η_i) und Gewichte α_i so gewählt sind, daß sich ein maximaler Genauigkeitsgrad ergibt. Abb. 7.5 zeigt die Lage der Integrationsstützstellen innerhalb des Dreiecks und innerhalb des Rechtecks bei einer Gaußschen Quadratur, mit der Polynome bis zum siebten Grad exakt integriert werden.

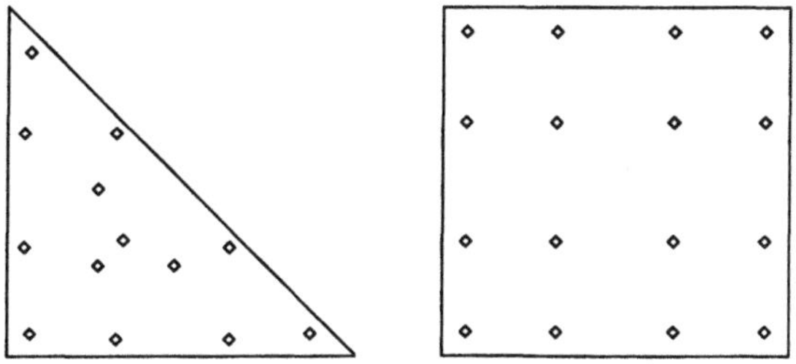

Abb. 7.5 Lage der Integrationsstützstellen innerhalb der Referenzelemente bei einer Gaußschen Quadratur mit dem Genauigkeitsgrad 7

Das weitere Vorgehen hängt vom rheologischen Stoffgesetz ab, das sich in der Funktion $\mathbf{F}_2(\hat{\mathbf{v}})$ der Gl. (7.16) niederschlägt. Wir betrachten hier zunächst die Klasse der *verallgemeinerten newtonschen Flüssigkeiten* mit dem nichtlinearen Stoffgesetz

$$\mathbf{T}(\mathbf{r}) = 2\,\eta(\dot{\gamma}^2)\,\mathbf{D}(\mathbf{r})\ , \qquad \dot{\gamma}^2 := 2\,\mathrm{sp}\,\mathbf{D}^2(\mathbf{r})\ . \tag{3.82}$$

Dabei sind die Reibungsspannungen an einem Integrationsstützpunkt nichtlinear mit dem symmetrischen Anteil des Geschwindigkeitsgradienten an der gleichen Stelle verknüpft, der durch Differentiation aus den Elementansätzen erzeugt werden kann. Deshalb kommen in den einzelnen Gleichungen des Systems (7.16), (7.17) nur die Knotenvariablen aus denjenigen Elementen vor, die zum Träger der jeweiligen Gewichtsfunktion gehören.

Zur iterativen Lösung des nichtlinearen Gleichungssystems kann unabhängig von den speziellen Fließeigenschaften ein Newton–Verfahren formuliert werden, das eine quadratische Konvergenz garantiert, wenn die Startwerte hinreichend nahe bei der Lösung liegen. Die dabei benötigten Ableitungen von $\mathbf{F}_1(\hat{\mathbf{v}})$ und $\mathbf{F}_2(\hat{\mathbf{v}})$ werden elementweise halbanalytisch aufgebaut, wobei außer der Viskositätsfunktion $\eta(\dot{\gamma}^2)$ auch deren Ableitung $d\eta / d\dot{\gamma}^2$ vorkommt. So wird es möglich, bei verschiedenen Anwendungen ein jeweils realistisches Stoffmodell, z. B. Gl. (3.17) einfließen zu lassen. Ausgehend von den Startwerten $\hat{\mathbf{v}}^0$ und $\hat{\mathbf{p}}^0$ hat man in jedem Newton–Schritt $(i = 1, 2, \ldots, I)$ ein lineares Gleichungssystem der Form

$$\begin{bmatrix} \mathbf{A} & \mathbf{B}^T \\ \mathbf{B} & \mathbf{0} \end{bmatrix} \begin{bmatrix} \delta\hat{\mathbf{v}} \\ \delta\hat{\mathbf{p}} \end{bmatrix} = \begin{bmatrix} \mathbf{b} \\ \mathbf{c} \end{bmatrix} \tag{7.18}$$

nach den Korrekturen $\delta\hat{\mathbf{v}} := \hat{\mathbf{v}}^i - \hat{\mathbf{v}}^{i-1}$ und $\delta\hat{\mathbf{p}} := \hat{\mathbf{p}}^i - \hat{\mathbf{p}}^{i-1}$ aufzulösen. Die Systemmatrix ist oft sehr groß, aber nur dünn besetzt, unsymmetrisch und indefinit. Die Anwendung von Eliminationsverfahren kommt wegen des hohen Rechenaufwands i. allg. nicht in Frage. Klassische Iterationsverfahren können aufgrund der Indefinitheit der Systemmatrix auch nicht eingesetzt werden. Die Lösung des linearen Teilproblems (7.18) erfordert deshalb besondere Maßnahmen. Dabei werden vor allem Strategien verfolgt, die zu einer *Entkopplung* der Geschwindigkeitsvariablen von den Druckvariablen führen.

Bei der Berechnung dreidimensionaler Strömungen geringer Reynolds–Zahl unter Berücksichtigung ausgeprägt nichtlinearer Fließeigenschaften bewährt sich z. B. ein modifizierter Penalty–Algorithmus. Die Lösung erfolgt dabei durch einen Iterationsprozeß $(j = 1, 2, \ldots, J)$, der unter Verwendung der Abkürzungen

$$\mathbf{A}_r := \mathbf{A} + r\ \mathbf{B}^T\mathbf{H}\mathbf{B}\ , \quad \mathbf{b}_r := \mathbf{b} + r\ \mathbf{B}^T\mathbf{H}\mathbf{c} \tag{7.19}$$

wie folgt abläuft: Ausgehend von einem Startwert $\delta\hat{\mathbf{p}}^0$ berechnet man zuerst die Geschwindigkeitsvariablen $\delta\hat{\mathbf{v}}^j$ durch Lösen des definiten Gleichungssystems

$$\mathbf{A}_r\delta\hat{\mathbf{v}}^j = \mathbf{b}_r - \mathbf{B}^T\delta\hat{\mathbf{p}}^{j-1}\ . \tag{7.20}$$

Anschließend erfolgt eine Druckkorrektur gemäß

$$\delta\hat{\mathbf{p}}^j = \delta\hat{\mathbf{p}}^{j-1} + \mu\,\mathbf{H}(\mathbf{B}\,\delta\hat{\mathbf{v}}^j - \mathbf{c})\ . \tag{7.21}$$

Dabei steht $\mathbf{H}$ für eine Wichtungsmatrix mit Diagonalform, die so gebildet wird, daß die Anteile $\mathbf{A}$ und $\mathbf{B}^T\mathbf{H}\mathbf{B}$ auf Elementebene von gleicher Norm sind. Das sorgt für eine Vorkonditionierung und führt gleichzeitig dazu, daß die Penaltyfaktoren r und μ relativ klein gewählt werden können, z. B. $r \approx 10$ und $\mu \approx 2r$. Das Subsystem (7.20) kann dann näherungsweise mit wenigen Schritten eines klassischen Iterationsverfahrens gelöst werden.

7.2.4 Verknüpfung mit integralen Stoffmodellen

Bei rheologisch einfachen Flüssigkeiten, die ein Gedächtnis für frühere Deformationszustände besitzen, hängt der Extraspannungstensor $\mathbf{T}(\mathbf{r})$ von der Geschichte des relativen Cauchyschen Verzerrungstensors $\mathbf{C}_t(\mathbf{r},s)$ desjenigen Fluidelements ab, das sich momentan am Ort $\mathbf{r}$ befindet. Als Stoffgleichungen kommen dann vor allem integrale Zusammenhänge nach Art der Gl. (3.84) in Betracht. In Abschnitt 3.6.2 wurde ausgeführt, daß mit solchen Einfachintegralmodellen bei geeigneter Wahl der darin auftretenden Stoffunktionen verschiedenartige rheometrische Stoffdaten simultan approximiert werden können (s. Abb. 3.22). Zur Vereinfachung der Darstellung berücksichtigen wir im folgenden nur den ersten Summanden mit der Gedächtnisfunktion m_1. Der mit m_2 multiplizierte Summand erweist sich nämlich bei genauerer Betrachtung als relativ unbedeutend und wird deshalb oft vernachlässigt. Er könnte aber ohne weiteres auch mitgeführt werden und wäre dann jeweils nur sinngemäß zu addieren.

Wir gehen also von einem rheologischen Stoffmodell der Form

$$\mathbf{T}(\mathbf{r}) = \int_0^\infty m_1(s,I,II)\left[\mathbf{C}_t^{-1}(\mathbf{r},s) - \mathbf{1}\right]ds \tag{7.22}$$

aus, wobei s den zeitlichen Abstand eines früheren Ereignisses von der Gegenwart und I und II die ersten beiden Invarianten des Tensors $\mathbf{C}_t^{-1}$ bezeichnen (s. Gl. (3.85)). Um die Extraspannungskomponenten am Ort $\mathbf{r}$ zu berechnen, ist es demnach erforderlich, das dort liegende Fluidelement auf seiner Bahn zurückzuverfolgen und seine relative Deformation aufzubauen. Auf der Basis des Eulerschen Geschwindigkeitsfelds $\mathbf{v}(\mathbf{r})$ geschieht das durch Integration der Anfangswertprobleme (1.102) und (1.103). Bei stationären Strömungen, auf die wir uns schon beschränkt hatten, entfallen dabei alle Argumente, die von der aktuellen Zeit t abhängen:

$$-\frac{\partial \mathbf{r}'(\mathbf{r},s)}{\partial s} = \mathbf{v}(\mathbf{r}') \ , \qquad \mathbf{r}'(\mathbf{r},0) = \mathbf{r} \ , \tag{7.23}$$

$$-\frac{\partial \mathbf{F}_t(\mathbf{r},s)}{\partial s} = \mathbf{L}(\mathbf{r}') \cdot \mathbf{F}_t(\mathbf{r},s) \ , \qquad \mathbf{F}_t(\mathbf{r},0) = \mathbf{1} \ . \tag{7.24}$$

Aus der Geschichte des relativen Deformationsgradienten $\mathbf{F}_t(\mathbf{r},s)$ wird dann die relative Verzerrungsgeschichte $\mathbf{C}_t(\mathbf{r},s) := \mathbf{F}_t^T(\mathbf{r},s) \cdot \mathbf{F}_t(\mathbf{r},s)$ erzeugt, die in der Stoffgleichung (7.22) vorkommt. Um das Gedächtnisintegral auszuwerten, löst man zweckmäßigerweise das Anfangswertproblem

$$\frac{\partial \mathbf{H}(\mathbf{r},s)}{\partial s} = m_1(s,I,II)\,(\mathbf{C}_t^{-1}(\mathbf{r},s) - \mathbf{1})\,, \qquad \mathbf{H}(\mathbf{r},0) = \mathbf{0} \tag{7.25}$$

simultan mit den zuvor notierten Differentialgleichungen (7.23) und (7.24). Benötigt wird letztlich der Grenzwert des Spannungsbeitrags $\mathbf{H}(\mathbf{r},s)$ für $s \to \infty$, denn $\mathbf{T}(\mathbf{r}) = \lim_{s\to\infty} \mathbf{H}(\mathbf{r},s)$.

Diese Prozedur muß für jeden Integrationsstützpunkt innerhalb der finiten Elemente durchgeführt werden. Der Extraspannungstensor $\mathbf{T}$ in einem solchen Punkt hängt somit von den Geschwindigkeitsknotenwerten aller Elemente ab, die von der zugehörigen Bahnlinie durchquert werden. Das resultierende nichtlineare algebraische Gleichungssystem für die freien Knotenwerte $(\hat{\mathbf{v}},\hat{\mathbf{p}})$ des FE–Ansatzes ist deshalb räumlich weitreichend gekoppelt. Nach der Linearisierung besitzt es zwar grundsätzlich wieder die Form (7.18). Die quadratische Blockmatrix $\mathbf{A}$ ist aber selbst bei schleichenden Strömungen weder symmetrisch noch dünn besetzt.

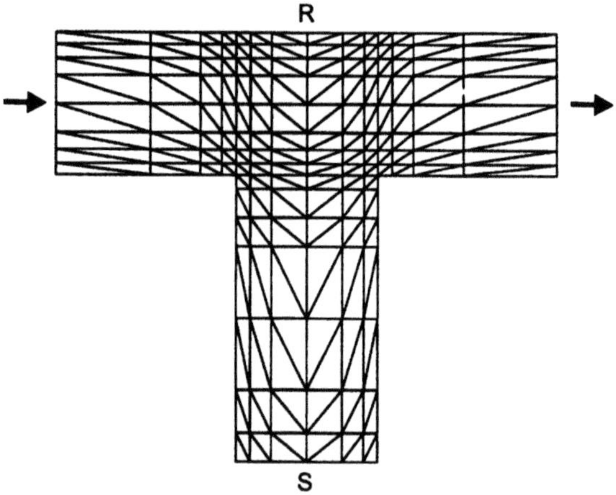

Abb. 7.6 Strukturiertes FE–Netz konformer $P_2 - P_1$ – Dreieckselemente zur numerischen Simulation der Druckloch–Strömung

Zur Illustration betrachten wir die ebene Strömung durch einen Kanal mit einer rechteckigen Nische, in der die eingeschlossene Flüssigkeit von der Hauptströmung angetrieben zirkuliert (Abb. 7.6). Bei diesem sogenannten Druckloch–Problem geht es eigentlich um die Differenz der Normalspannungen in den Punkten R und S, die wandbündig eingebrachte Druckaufnehmer anzeigen würden. Diese Normalspannungsdifferenz wird stark von der Elastizität der Flüssigkeit beeinflußt. Hier dient uns das Beispiel zur Veranschaulichung der Matrix des linearisierten Gleichungssystems.

Bei rein kinematischen Randvorgaben nach Art der Gl. (7.3) besitzt das skizzierte FE–Netz 559 freie Geschwindigkeitsknoten mit jeweils zwei Freiheitsgraden u, v und 183 Druckknoten. Ordnet man die Knotenvariablen $(\hat{\mathbf{v}},\hat{\mathbf{p}})$ lexikographisch von oben links nach unten rechts, und zwar zuerst die Komponenten u, dann die Komponenten v und schließlich die Druckvariablen, so ergibt sich für die Matrix des linearisierten Gleichungssystems (7.18) ein Besetzungsmuster wie in Abb. 7.7. Im Fall einer Flüssigkeit mit Gedächtnis ist die Blockmatrix **A**, die die Kopplung der Geschwindigkeitsvariablen untereinander widerspiegelt, bei weitem nicht mehr so dünn besetzt wie im Fall einer newtonschen oder einer verallgemeinerten newtonschen Flüssigkeit. Die Rechteckmatrix **B** ist aber in beiden Fällen dieselbe, denn sie wird vom Stoffgesetz gar nicht beeinflußt. Um die Matrix im rechten Teil der Abb. 7.7 numerisch aufzubauen, müssen ca. 36000 gewöhnliche Differentialgleichungen erster Ordnung integriert werden (308 Dreieckselemente à 13 Integrationsstützpunkte mit jeweils 9 Zustandsvariablen $x', y', F_{xx}, F_{xy}, F_{yx}, F_{yy}, H_{xx}, H_{xy}$ und H_{yy}).

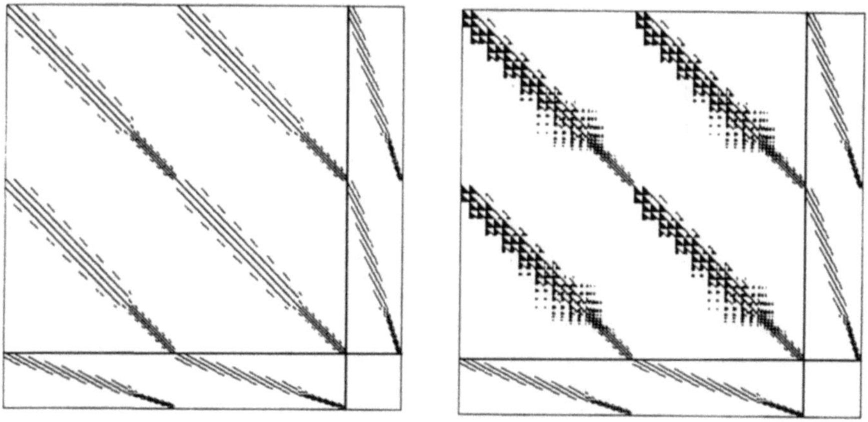

Abb. 7.7 Besetzungsmuster der Systemmatrix in Gl. (7.18) nach Broszeit [19]
links: newtonsches Fluid (De = 0), rechts: Flüssigkeit mit Gedächtnis (De = 1,26)

Schon bei relativ groben FE–Netzen sind so viele materielle Punkte numerisch zurückzuverfolgen, daß sich eine Aufteilung der zahlreichen Zeitintegrationen auf mehrere Prozessoren eines Parallelrechners lohnen kann.

Die *zeitliche Diskretisierung* der Anfangswertprobleme (7.23) – (7.25) muß aus mehreren Gründen sorgfältig durchgeführt werden. Bei der Steuerung der Zeitschrittweite sind nicht nur die relevanten Prozeßzeiten, sondern auch die unterschiedlichen Zeitskalen im Relaxationsspektrum zu berücksichtigen (s. Tab. 3.2). Außerdem ist zu beachten, daß konforme FE–Ansätze zwar eine stetige Geschwindigkeitsapproximation liefern. Der Geschwindigkeitsgradiententensor $\mathbf{L}(\mathbf{r})$, dessen Elemente die Koeffizienten der Gl. (7.24) bilden, ist aber an den Elementrändern unstetig. Um Integrationsverfahren hoher Ordnung (elementweise) anwenden zu können, ist es deshalb unerläßlich, auch die Zeitintervalle genau mitzuberechnen, in denen ein materieller Punkt innerhalb der finiten Elemente gewesen ist, die er durchlaufen hat. Mit einem FE–Ansatz kann im übrigen die Kontinuitätsgleichung $\operatorname{div}\mathbf{v}(\mathbf{r}) = 0$ nicht exakt, sondern nur in einer schwachen Form gemäß Gl. (7.7) befriedigt werden. Deshalb kann die Spur von $\mathbf{L}$ entlang einer numerisch erzeugten Bahnlinie nicht genau verschwinden. In der Lagrangeschen Betrachtungsweise verlangt die Inkompressibilitätsbedingung $\det \mathbf{F}_t(\mathbf{r},s) = 1$. Mit Gl. (7.24) ist aber folgende Evolution der Determinante verbunden:

$$\frac{\partial}{\partial s} \det \mathbf{F}_t = -(\mathrm{sp}\,\mathbf{L}) \det \mathbf{F}_t \,, \qquad \det \mathbf{F}_t\Big|_{s=0} = 1 \,. \tag{7.26}$$

Demnach ändert sich $\det \mathbf{F}_t$ exponentiell mit der retardierten Zeit s, wenn $\mathrm{sp}\,\mathbf{L}$ nur geringfügig von null verschieden ist. Aus Gl. (7.24) resultieren also numerische Verzerrungsinkompatibilitäten, die beseitigt werden müssen. Das gelingt (bei ebenen Strömungen) z. B. dadurch, daß die Koeffizientenmatrix $\mathbf{L}$ in Gl. (7.24) durch $\mathbf{L} - 0{,}5(\mathrm{sp}\,\mathbf{L})\,\mathbf{1}$ ersetzt wird.

Dieses Verfahren zur Auswertung des Gedächtnisintegrals muß schließlich in den äußeren Iterationsprozeß zur Lösung des nichtlinearen algebraischen Systems (7.16), (7.17) mit einbezogen werden. Dabei wäre die Anwendung des Newton–Verfahrens nicht mehr effizient, denn die Erzeugung der Funktionalmatrix $\partial \mathbf{F}_2 / \partial \hat{\mathbf{v}}$ erfordert bei einer Gedächtnisflüssigkeit ein Vielfaches der CPU–Zeit, die zur Berechnung der Reibungsbeiträge $\mathbf{F}_2$ selbst schon benötigt wird. Deshalb kommen nur ableitungsfreie Iterationsverfahren in Frage, die dann allerdings schwächere Konvergenzeigenschaften besitzen.

Bei stationären Strömungen über zweidimensionalen Grundgebieten kommt es vor, daß die materiellen Punkte zyklisch auf geschlossenen Bahnen umlaufen. Das geschieht z. B. innerhalb der Nische in Abb. 7.6. Das Studium der Kinematik solcher *Zirkulationsströmungen* führte zu der beachtenswerten Beziehung (1.152). Dort kennzeichnet $\Delta(\mathbf{r})$ die Umlaufzeit des materiellen Punkts, der sich aktuell am Ort $\mathbf{r}$ befindet, und der Index i zählt die durchlaufenen Zyklen. Demnach kann die zu früheren Umläufen gehörende Deformationsgeschichte eines Fluidelements aus derjenigen zusammengesetzt werden, die es während des letzten Umlaufs erfahren hat. Mit dieser Erkenntnis kann der numerische Aufwand zur Auswertung des Gedächtnisintegrals erheblich reduziert werden. Dazu zerlegen wir das uneigentliche Integral in Gl. (7.22) zweckmäßigerweise in eine Summe einzelner Anteile, die jeweils einen Umlauf erfassen, und weisen den zuletzt durchlaufenen Zyklus getrennt aus:

$$\int_0^\infty f(s)\,ds = \int_0^\Delta f(s)\,ds + \sum_{i=1}^\infty \int_0^\Delta f(\sigma + i\Delta)\,d\sigma \,. \tag{7.27}$$

Der Extraspannungstensor $\mathbf{T}$ am Ort $\mathbf{r}$ erscheint dann als Summe zweier Beträge,

$$\mathbf{T}(\mathbf{r}) = \mathbf{H}(\mathbf{r},\Delta) + \lim_{\sigma\to\Delta} \mathbf{B}(\mathbf{r},\sigma) \,. \tag{7.28}$$

Dabei repräsentiert $\mathbf{H}(\mathbf{r},\Delta)$ den Anteil zur Spannung, der aus dem Zeitintervall $[0,\Delta]$ resultiert, und $\mathbf{B}(\mathbf{r},\sigma)$ ist der Spannungsbeitrag aller Zeitintervalle $[i\Delta, i\Delta+\sigma]$, $i \geq 1$. Zu dessen Berechnung ist folgendes Anfangswertproblem zu lösen:

$$\frac{\partial \mathbf{B}(\mathbf{r},\sigma)}{\partial \sigma} = \sum_{i=1}^{\infty} m_i(\sigma + i\Delta, \mathrm{I}, \mathrm{II})\,(\mathbf{C}_t^{-1}(\mathbf{r},\sigma + i\Delta) - \mathbf{1})\ , \quad \mathbf{B}(\mathbf{r},0) = \mathbf{0}\ . \tag{7.29}$$

Somit gelingt die Auswertung des Gedächtnisintegrals für jeden Stützpunkt $\mathbf{r}$ grundsätzlich durch zwei Integrationsschritte über jeweils nur einen Umlauf: Zunächst sind die Systeme (7.23), (7.24) und (7.25) zu integrieren $(0 \le s \le \Delta)$. Danach ist der erste Summand in Gl. (7.28) bekannt, und es liegen die Voraussetzungen zur Anwendung des Zirkulationstheorems (1.152) vor, so daß die rechte Seite der Gl. (7.29) ausgewertet werden kann. Durch Integration über einen Umlauf $(0 \le \sigma \le \Delta)$ erhält man dann auch den zweiten Summanden in Gl. (7.28).

Der praktische Nutzen dieser Erkenntnis wird deutlich, wenn wir einmal annehmen, daß die Zirkulationszeit Δ mit der mittleren Relaxationszeit λ der Gedächtnisflüssigkeit übereinstimmt, so daß die Deborah–Zahl $\mathrm{De} := \lambda / \Delta$ den Wert 1 annimmt. Die Exponentialfunktion $\exp(-s/\lambda)$, die als Summand im Relaxationsspektrum vorkommt, ist dann erst nach ca. 9 Umläufen hinreichend stark abgeklungen, denn $\exp(-9) \approx 10^{-4}$. Bei rheologischen Daten wie in Tab. 3.2 fällt die längste Relaxationszeit noch viermal größer als λ aus. Das Gedächtnis reicht dann also ca. 36 Zyklen zurück. Und bei einer Erhöhung der Deborah–Zahl wächst die Zahl der Zyklen, über die man ohne Berücksichtigung des Zirkulationstheorems integrieren müßte, noch weiter an. Geht man aber wie oben beschrieben vor, so kommt man grundsätzlich und unabhängig von De mit Integrationen über jeweils nur einen Umlauf aus.

Iterative Algorithmen zur numerischen Strömungssimulation für Flüssigkeiten mit Gedächtnis konvergieren in der Regel nicht mehr, wenn die relevanten elastischen Kennzahlen (Deborah–Zahl oder Weissenberg–Zahl) zu groß gewählt werden. Die kritischen Werte sind oft sogar relativ niedrig, und zwar von der Ordnung $O(1)$. Eine vollständige Erklärung dieses *Problems der hohen Weissenberg–Zahlen* steht zwar noch aus. Vermutlich besteht aber ein Zusammenhang mit den Erkenntnissen des Abschnitts 6.3. Dort wurde gezeigt, daß schon bei schleichenden Strömungen viskoelastischer Flüssigkeiten instabile Störungen mit katastrophalen Wachstumseigenschaften auftreten können, wenn die elastischen Kennzahlen kritische Werte der Ordnung $O(1)$ übersteigen. Es ist plausibel, daß dann auch numerische Diskretisierungsverfahren versagen.

7.2.5 Datenaufbereitung und Visualisierung

Nach Abschluß der eigentlichen Berechnungen sind alle Knotenwerte des Druck– und des Geschwindigkeitsfelds bekannt, und es geht dann darum, die in der Regel großen Datenmengen geeignet zu visualisieren, um das numerische Ergebnis interpretieren zu können. Es liegt nahe, das Geschwindigkeitsfeld durch die Vektoren $\mathbf{v}(\mathbf{r}_k)$ zu veranschaulichen, die zu ausgewählten Punkten $\mathbf{r}_k$ des Strömungsgebiets, vorzugsweise zu den Knoten des FE–Netzes gehören und an ihnen "befestigt" werden. Abb. 7.8 veranschaulicht auf diese Weise die Strömung einer Gedächtnisflüssigkeit in einem kreiszylindrischen Gefäß, dessen Deckel rotiert ("torsionally driven cavity flow"). Genauer gesagt: das Vektordiagramm zeigt die sogenannte *Sekundärströmung* im ebenen Meridianschnitt zwischen dem Zylindermantel (rechts), dem Gefäßboden (unten), der Mittelachse (links) und dem rotierenden Deckel (oben). Mit einer Farbkodierung der Vektorpfeile, die aber in diesem Buch nicht möglich war, könnte auch die dritte Geschwindigkeitskomponente senkrecht zur Zeichenebene nach Betrag und Vorzeichen angezeigt werden. Bei der Skalierung des Vektorfelds muß man einen Kompromiß finden, um überlange und zu kurze Pfeile zu vermeiden.

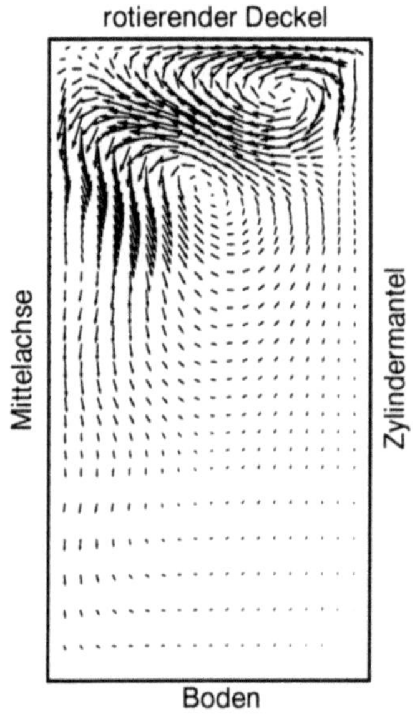

Abb. 7.8 Vektorfeld einer rotationssymmetrischen Strömung im ebenen Meridianschnitt; Gedächtnisflüssigkeit mit diskretem Relaxationsspektrum und exponentieller Dämpfungsfunktion, $Re = 5.6$, $De = 3.6$

Eine Alternative zur Darstellung des Vektorfelds besteht darin, aus der FE–Approximation für die Geschwindigkeitskomponenten ein Stromlinienbild zu erzeugen. Das gelingt z. B. mit Hilfe der *Stromfunktion* Ψ, sofern eine solche existiert. Bei einer inkompressiblen ebenen Strömung genügt sie der Poissonschen Differentialgleichung (1.136), deren rechte Seite nach der Strömungsberechnung grundsätzlich bekannt ist. (Um die Wirbelstärke $\omega(x,y)$ zu erzeugen, müssen die Geschwindigkeitskomponenten $u(x,y)$ und $v(x,y)$ differenziert werden.) Die Differentialgleichung für $\Psi(x,y)$ ist durch adäquate Randbedingungen zu ergänzen. Es hat sich bewährt, auch dieses Randwertproblem mit der Methode der gewichteten Residuen zu lösen. Die benötigte schwache Form des Randwertproblems lautet in der Nomenklatur des Abschnitts 7.2.1:

$$\iint_G \left(\frac{\partial \Psi}{\partial x}\frac{\partial w}{\partial x} + \frac{\partial \Psi}{\partial y}\frac{\partial w}{\partial y} - \omega\, w \right) dG - \int_\Gamma \frac{\partial \Psi}{\partial n}\, w\, d\Gamma = 0 \quad . \tag{7.30}$$

Zur Diskretisierung verwendet man zweckmäßigerweise noch einmal dasselbe Netz und dieselben Ansatzfunktionen wie bei der eigentlichen Strömungsberechnung. Der numerische Aufwand, der zur Erzeugung einer FE–Approximation für die Stromfunktion zusätzlich noch nötig ist, bleibt dann vergleichsweise gering.

Bei rotationssymmetrischen Strömungen muß die partielle Differentialgleichung (1.143) mit dem in Gl. (1.141) angegebenen elliptischen Differentialoperator E gelöst werden. Wenn man berücksichtigt, daß $\partial\Psi / \partial r = r\, v_z$ gilt, so erkennt man, daß auch hier eine zweidimensionale Poissongleichung mit bekannter rechter Seite vorliegt:

$$\frac{\partial^2 \Psi}{\partial r^2} + \frac{\partial^2 \Psi}{\partial z^2} = v_z - r\,\omega_\varphi \ . \tag{7.31}$$

So kann die für ebene Strömungen entwickelte Prozedur zur Berechnung der Stromfunktion ohne weiteres auch auf rotationssymmetrische Strömungen angewandt werden.

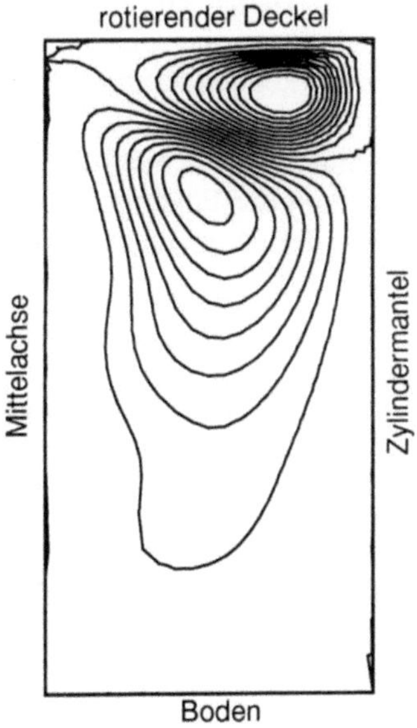

Abb. 7.9 Stromlinienbild der viskoelastischen Sekundärströmung mit äquidistanten Ψ – Werten , Re = 5.6 , De = 3.6

Abb. 7.9 zeigt einige Stromlinien $\Psi = \text{const}$ der rotationssymmetrischen Sekundärströmung, deren Vektorfeld in Abb. 7.8 veranschaulicht wurde. Definitionsgemäß spiegelt jede Stromlinie lokal die Richtung des Geschwindigkeitsvektors wider. Dessen Betrag kann anhand des Gradienten und somit aus dem Abstand benachbarter Stromlinien und der Differenz ihrer Stromfunktionswerte geschätzt werden (s. Gl. (1.133) oder (1.138)). Ein Stromlinienbild korrespondiert aber nicht etwa detailgetreu mit dem zugehörigen Vektorfeld. Bei einer konformen FE–Approximation für $\Psi(x,y)$ sind nämlich die Ableitungen $\partial\Psi / \partial x$ und $\partial\Psi / \partial y$, die den Geschwindigkeitskomponenten entsprechen (sollten), im Gegensatz zum Vektorfeld an den Elementrändern unstetig. Demzufolge knicken die "Höhenlinien" $\Psi = \text{const}$ an den Elementübergängen mehr oder weniger stark ab. Übliche Grafikwerkzeuge zur Darstellung von Höhenlinien interpolieren außerdem innerhalb finiter Subelemente linear, auch wenn zur Berechnung quadratische FE–Ansätze verwendet wurden. Beim "Postprocessing" werden die eigentlichen Berechnungsergebnisse also noch einmal etwas verändert.

Zur Veranschaulichung eines dreidimensionalen Strömungsfelds, für das keine skalare Stromfunktion existiert, ist es sinnvoll, in ausgewählten Schnittebenen Höhenlinien des Geschwindigkeitsbetrags (Isotachen) oder einzelner Geschwindigkeitskomponenten darzustellen. Dabei sind Grafikwerkzeuge hilfreich, mit denen die Schnittebenen aus wechselnden Perspektiven betrachtet oder durch den Strömungsraum verschoben werden können. Oft ordnet man den Intervallen zwischen je zwei Funktionswerten der zu visualisierenden Funktion und somit den Gebieten zwischen ihren Höhenlinien unterschiedliche Farb– oder Grauwerte zu. So entsteht eine analoge Darstellung der Funktion über der Schnittebene, in der man die Höhen und Tiefen anhand der Farbkodierung sofort sieht.

Aufschlußreich kann auch die Visualisierung einer Strömung in Lagrangescher Betrachtungsweise sein, indem man Bahnlinien oder Streichlinien darstellt. Sie entstehen aus dem Eulerschen Geschwindigkeitsfeld durch numerische Integration des Differentialgleichungssystems (1.10) mit unterschiedlichen Anfangsbedingungen. In Abschn. 7.3 wird unter anderem auch diese Visualisierungstechnik angewandt.

Aus der FE–Approximation des Geschwindigkeitsfelds kann man durch Differentiation weitere strömungsmechanisch relevante Feldgrößen ableiten, vor allem den Wirbelvektor und die Verzerrungsgeschwindigkeitskomponenten. So kann also z. B. auch die Verteilung der Wirbelstärke durch Isolinien veranschaulicht werden. Aus dem rheologischen Stoffgesetz gewinnt man schließlich die Extraspannungskomponenten. Im Fall eines Gedächtnisfluids muß dabei für jeden Stützpunkt nochmals die in Abschn. 7.2.4 beschriebene Prozedur aktiviert werden, die beim Aufbau des Gleichungssystems zur Erzeugung der FE–Lösung schon vielfach durchgeführt wurde. So gewinnt man durch Aufbereitung der Geschwindigkeitsdaten in Verbindung mit dem Druckfeld, das nach der eigentlichen Strömungsberechnung schon vorliegt, auch einen detaillierten Einblick in das mehrdimensionale Spannungsfeld (siehe z. B. Abb. 5.15).

Bei der Datenaufbereitung einer numerischen Strömungssimulation sind oft auch integrale Größen zu berechnen, z. B. die Kraft oder das Moment auf einen umströmten Körper. Wir betrachten beispielhaft einen Rührkessel nach Art der Abb. 2.11, jedoch ohne Zu– und Abfluß $(\dot{m} = 0)$. Um den Antrieb richtig dimensionieren zu können, ist es nötig, die Leistung P zu ermitteln, die das Rührorgan bei vorgegebener Drehzahl an die Flüssigkeit abgibt. Eine mechanische Energiebilanz für die gesamte Fluidmenge ergibt nun, daß dieser Leistungseintrag im stationären Betrieb ebenso groß ist wie die in der Flüssigkeit insgesamt dissipierte Leistung

$$P_{\text{Diss}} = \iiint_G \text{sp}\,(\mathbf{T} \cdot \mathbf{D})\,\text{dG} \ . \tag{7.32}$$

Dem Leistungseintrag wird üblicherweise eine dimensionslose *Newton–Zahl* Ne zugeordnet. Abb. 7.10 zeigt Berechnungsergebnisse für einen Scheibenrührer im Fall einer scherentzähenden Flüssigkeit. Dabei wurde die vom Rührorgan erzeugte Strömung für verschiedene Betriebsbedingungen numerisch simuliert und gemäß Gl. (7.32) ausgewertet, so daß die Abhängigkeit des Leistungsparameters Ne von den relevanten Prozeßparametern Re und De deutlich wird. Die Kennzahlen sind folgendermaßen definiert:

$$\text{Ne} := \frac{P}{\rho\, n^3\, d^5}\ , \qquad \text{Re} := \frac{\rho\, n\, d^2}{\eta_0}\ , \qquad \text{De} := \lambda n\ . \tag{7.33}$$

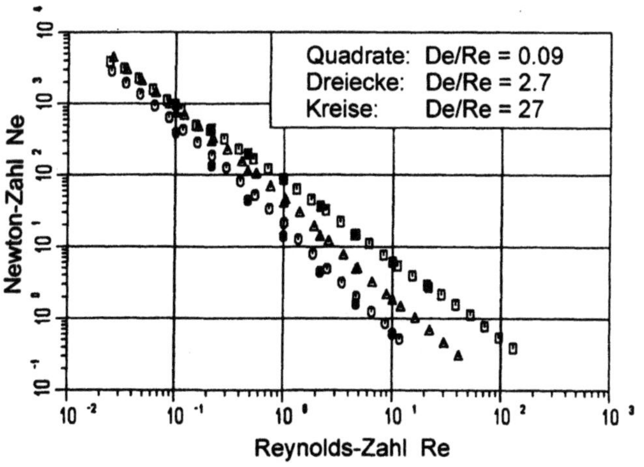

Abb. 7.10 Leistungseintrag eines Scheibenrührers in nichtlinear viskose Flüssigkeiten, offene Symbole: experimentelle Daten, geschlossene Symbole: theoretische Prognosen durch numerische Strömungssimulationen (nach Rubart [21])

Hier bezeichnen d den Durchmesser und n die Drehzahl des Rührorgangs, ρ die Dichte, η_0 die Nullviskosität und λ die charakteristische Eigenzeit der Flüssigkeit. Die Berechnungsergebnisse werden durch experimentelle Daten validiert. Dabei wurde das Drehmoment M an der Welle gemessen und der Leistungseintrag aus dem Zusammenhang $P = M \cdot n$ ermittelt.

7.3 Einige Berechnungsergebnisse

In Abschn. 7.2 wurde die Methode der finiten Elemente zur Berechnung inkompressibler Strömungen nichtnewtonscher Flüssigkeiten in ihren Grundzügen erläutert. Jetzt geht es darum, anhand einiger Beispiele den Nutzen solcher numerischer Simulationen zu veranschaulichen. Die Strömungsprobleme sind so ausgewählt, daß insgesamt deutlich wird, welche unterschiedlichen Informationen nach der eigentlichen Strömungsberechnung vorliegen oder durch ein "Postprocessing" noch erzeugt werden können. Auf die dabei entdeckten nichtnewtonschen Phänomene kann hier nicht im einzelnen eingegangen werden. Sie werden ausführlich in den Quellen diskutiert, die mit den dargestellten Berechnungsergebnissen genannt werden.

7.3.1 Schneckenextruder

Bei der Extrusion von Kunststoffen und zähflüssigen Lebensmitteln kommen Schneckenmaschinen unterschiedlicher Bauformen zum Einsatz. Wir betrachten exemplarisch eine zweigängige kämmende Gleichdralldoppelschnecke (Abb. 7.11). Sie besteht aus zwei identischen parallelen Wellen mit gegenseitigem Eingriff, die gleichsinnig mit konstanter Drehzahl n rotieren. Die linsenförmigen Profilquerschnitte sind in Achsrichtung mit der Gangsteigung L verschraubt. Zwischen den Kämmen der Profile und dem zylindrischen Gehäuse sowie zwischen beiden Wellen gibt es kleine Spiele.

Der betrachtete Schneckenabschnitt ist mit einer zähen Flüssigkeit gefüllt, die an den Schneckenkörpern und am Gehäuse haftet. Durch die Drehung der Wellen kommt ein Fluidtransport in z–Richtung auch gegen ansteigenden Druck zustande. Die Strömung ist dreidimensional und im Absolutsystem auch instationär. Unter gewissen Voraussetzungen sind aber die Zeit t und die axiale Koordinate z gekoppelt. Die kartesischen Geschwindigkeitskomponenten u, v und w hängen dann von den Querschnittskoordinaten x, y und der axialen Relativkoordinate $z' = z - Lnt$ ab, und es besteht eine Periodizität bezüglich z':

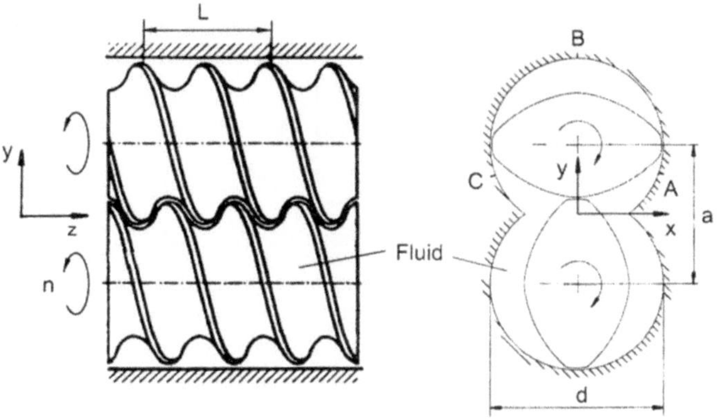

Abb. 7.11 Skizze einer zweigängigen Gleichdralldoppelschnecke

$$
\begin{aligned}
u(-x, -y, z' + L/4) &= -u(x, y, z') \;, \\
v(-x, -y, z' + L/4) &= -v(x, y, z') \;, \\
w(-x, -y, z' + L/4) &= w(x, y, z') \;.
\end{aligned}
\tag{7.34}
$$

Damit wird es möglich, numerische Berechnungen auf einen Schneckenabschnitt der Länge $L/4$ zu begrenzen. Das FE–Netz für den geometrisch komplexen Strömungsraum muß so beschaffen sein, daß die Kopplung der Endquerschnitte gemäß Gl. (7.34) paarweise an korrespondierenden Knoten vorgenommen werden kann (Abb. 7.12).

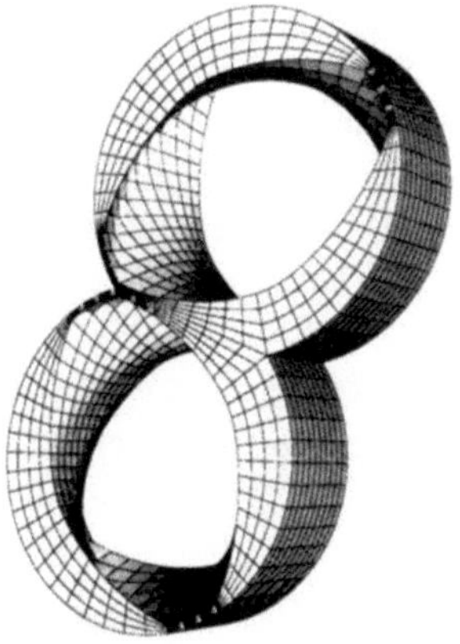

Abb. 7.12 FE–Netz konformer Quaderelemente mit jeweils 27 Geschwindigkeits– und 4 Druckknoten

Nach der Strömungsberechnung können das Geschwindigkeitsfeld und das Druckfeld im Detail analysiert werden. Abb. 7.13 zeigt exemplarisch Linien konstanter Axialgeschwindigkeit in drei verschiedenen Schnittebenen $z' = \text{const}$, d. h. zu verschiedenen Zeiten innerhalb ein und desselben Schneckenquerschnitts oder – bei anderer Interpretation – in verschiedenen Querschnittsebenen zur gleichen Zeit.

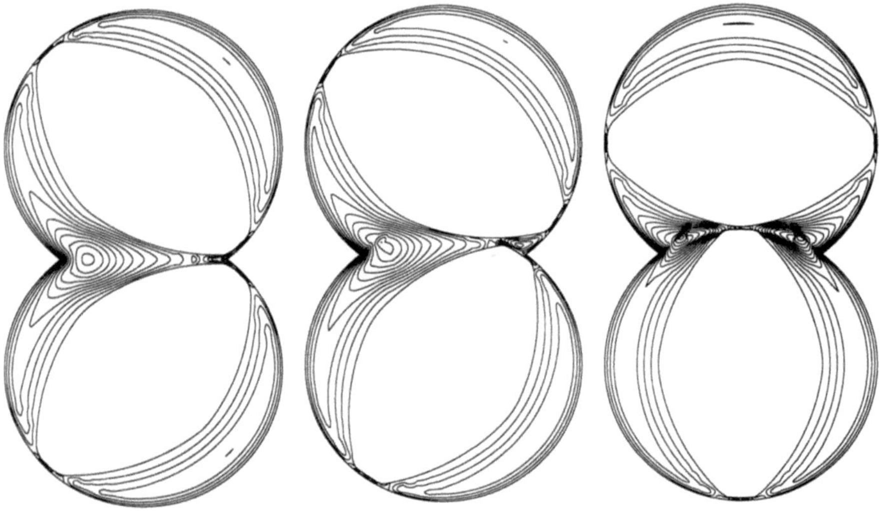

Abb. 7.13 Linien konstanter Geschwindigkeitskomponente w in ausgewählten Schnittebenen $z' = \text{const}$; Betrieb ohne Gegendruck, strukturviskose Flüssigkeit (Carreau–Yasuda–Modell), $De = 1$, $Re = 0$ [22]

Zur Veranschaulichung des Druckfelds werden drei raumfeste Punkte A, B und C am Gehäuse betrachtet, deren Lage in Abb. 7.11 angezeigt wurde. Aus der FE–Approximation im Relativsystem (x, y, z') kann man die zeitlichen Druckverläufe extrahieren, die dort befindliche Druckaufnehmer anzeigen würden. Da sich das Geschehen bei einer zweigängigen Schnecke schon nach einer halben Umdrehung wiederholt, genügt eine Darstellung innerhalb des dimensionslosen Zeitintervalls $0 \leq nt \leq 0{,}5$ (Abb. 7.14). Die starken Änderungen in den Druckverläufen lassen erkennen, wann die Kämme der Profile an den Kontrollpunkten vorbeilaufen. Bei vollständiger Drosselung $(\dot{V} = 0)$ sind die Druckschwankungen innerhalb eines Zyklus wesentlich größer als im Betrieb ohne Gegendruck $(\Delta p_L = 0)$.

Genau genommen ist die Druckapproximation nur elementweise stetig, so daß die Berechnungsergebnisse im betrachteten Zeitintervall eigentlich viele kleine Drucksprünge aufweisen sollten. Der Übersichtlichkeit halber wurden sie aber beim "Postprocessing" geglättet.

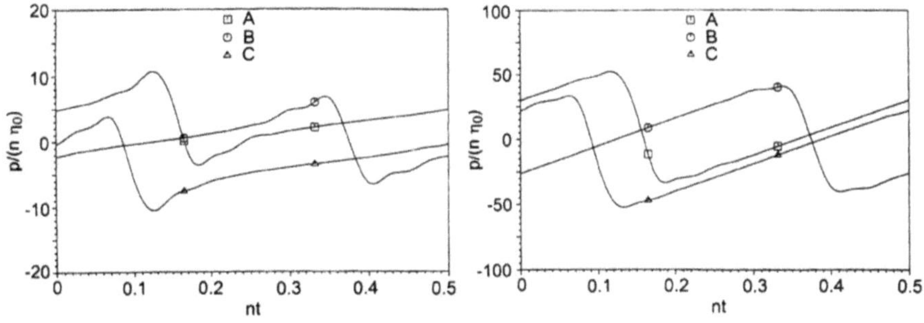

Abb. 7.14 Zeitliche Druckverläufe in ausgewählten Punkten am Gehäuse [22]; strukturviskose Flüssigkeit, $De = 1$, $Re = 0$; links: ohne Gegendruck, rechts: vollständig gedrosselt

Zur Charakterisierung der Fördereigenschaften eines Schneckenextruders benötigt man auch einige integrale Größen, insbesondere den Volumenstrom $\dot{V}$, der durch ,Integration der axialen Geschwindigkeitskomponente über den durchströmten Querschnitt zu berechnen ist:

$$\dot{V} = \iint_{A_Q} w \, dA \; . \tag{7.35}$$

Für den Betreiber einer solchen Maschine ist die *Durchflußkennlinie* wichtig, die darüber Aufschluß gibt, wie $\dot{V}$ vom mittleren axialen Druckanstieg $\Delta p_L / L$ beeinflußt wird. Um die Zahl der unabhängigen Parameter gering zu halten, werden bei der Darstellung der Kennlinie üblicherweise dimensionslose Größen $\dot{V}/(nd^3)$ und $\Delta p_L \, d/(L \eta_0 \, n)$ verwendet. Dabei dienen der Gehäuseinnendurchmesser d, die Drehzahl n der Wellen und die Nullviskosität η_0 der Flüssigkeit als Bezugsgrößen. Weitere relevante Prozeßparameter sind die Reynolds–Zahl $Re := \rho n d^2 / \eta_0$ und die Deborah–Zahl $De := \lambda n$, wobei λ die mittlere Relaxationszeit bezeichnet.

Abb. 7.15 zeigt die Ergebnisse umfangreicher Strömungsberechnungen für eine Einwellenschnecke im Vergleich mit experimentellen Daten. Das zähflüssige Fördergut besitzt ausgeprägte viskoelastische Stoffeigenschaften nach Art der Abb. 3.22. Bei den Berechnungen wurde deshalb ein Einfachintegralmodell mit einem diskreten Relaxationsspektrum und exponentieller Dämpfungsfunktion verwendet. Die numerische Simulation basiert im übrigen auf der Annahme einer stationären schraubensymmetrischen Strömung (s. Abschn. 1.5.3). Zur Auswertung des Gedächtnisintegrals wurde das in Abschn. 7.2.4 beschriebene Verfahren angewandt. Bei $De = 2.8$ traten erstmals die dort erwähnten Konvergenzprobleme auf. Die Reichweite des Gedächtnisses der Flüssigkeit entspricht dann schon ca. 100 Umdrehungen der Welle.

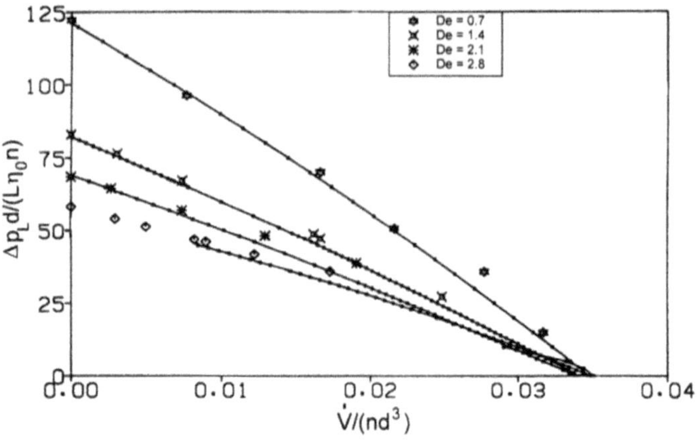

Abb. 7.15 Durchflußkennlinien einer Einwellenschnecke bei viskoelastischen Polymerflüssigkeiten, Re/ De = 2.71 ; Symbole: experimentelle Daten, Punkte: theoretische Prognosen durch numerische Strömungssimulationen (nach Broszeit [19])

7.3.2 Statischer Mischer

Zum Homogenisieren und zum Vermischen fluider Stoffströme werden unter anderem statische Mischelemente eingesetzt. Der hier betrachtete statische Mischer besteht aus mehreren identischen Segmenten, die jeweils um 90° gegeneinander verdreht hintereinander in einem Rohr fest eingebaut sind (Abb. 7.16). Jedes Segment besteht aus einem Gerüst schmaler Stege, die alternierend abwärts und aufwärts gerichtet sind. Durch dieses geometrisch komplexe Bauteil wird die Flüssigkeit unter Wirkung eines axialen Druckgefälles $\Delta p_L / L$ kontinuierlich hindurchgepreßt.

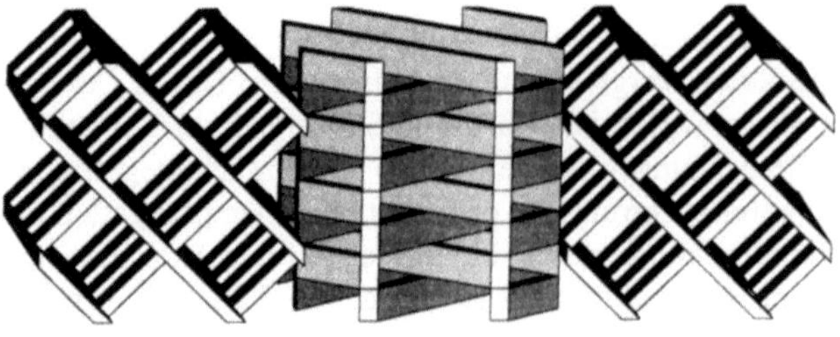

Abb. 7.16 Drei Segmente eines statischen Mischers vom Typ SMX in räumlicher Darstellung

Die bei der Kunststoffaufbereitung und in der Lebensmittelindustrie zu verarbeitenden Stoffe besitzen in der Regel nichtlineare Fließeigenschaften und sind oft so zäh, daß die Reynolds–Zahl klein bleibt. Die numerische Strömungssimulation erfolgt dann sinnvollerweise mit den Bewegungsgleichungen für *schleichende Strömungen*, d. h. unter Vernachlässigung der linken Seite in Gl. (7.1), in Verbindung mit einem Stoffmodell nach Art der Gl. (3.82).

Die Berechnungen liefern zunächst eine finite Approximation für das Eulersche Geschwindigkeitsfeld innerhalb des komplizierten Strömungsraums. Zum Studium des laminaren Mischvorgangs geht man dann aber zweckmäßigerweise zur Lagrangeschen Betrachtungsweise über und erzeugt durch "Postprocessing" die Bahnen materieller Punkte. Das geschieht durch numerische Integration des Differentialgleichungssystems

$$\frac{dx}{dt} = u(x,y,z), \quad \frac{dy}{dt} = v(x,y,z), \quad \frac{dz}{dt} = w(x,y,z) \qquad (1.10)$$

bei Vorgabe der Anfangspositionen (x_0, y_0, z_0) zur Zeit t_0. Abb. 7.17 zeigt beispielhaft vier solcher *Bahnlinien* im Inneren der Mischsegmente. Auf diese Weise kann die Ausbreitung eines passiven Zusatzstoffes (man denke an Farbpigmente) simuliert werden, der vor den Mischsegmenten kontinuierlich und kompakt zugeführt wird. Jede Bahnlinie repräsentiert eine Strähne des unterzumischenden Zusatzstoffes. Um den Mischerfolg veranschaulichen und bewerten zu können, muß eine hinreichend große Zahl solcher Strähnen berechnet werden. Der Fortschritt der Vermischung mit der Lauflänge wird deutlich, wenn man die Positionen der materiellen Punkte innerhalb der Querschnittsebenen aufzeichnet, in denen sich benachbarte Segmente berühren (Abb. 7.18).

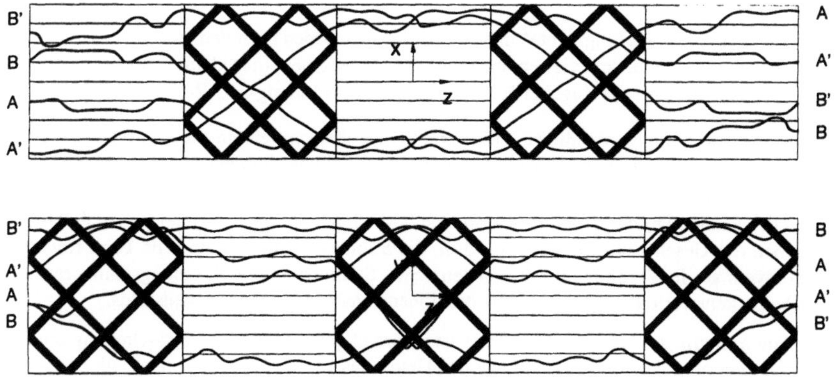

Abb. 7.17 Bahnlinien innerhalb des statischen Mischers bei Betrachtung von oben und von der Seite, strukturviskose Flüssigkeit, Re = 0 [23]

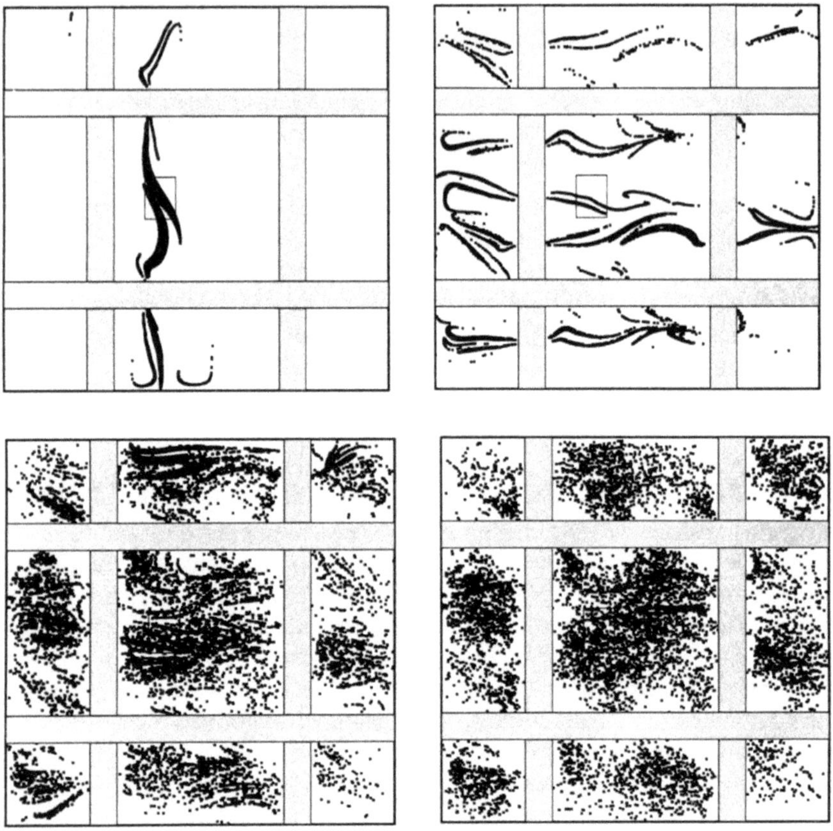

Abb. 7.18 Lage der "Farbpigmente" in den Querschnittsebenen nach dem ersten, dem zweiten, dem vierten und dem sechsten Segment (das kleine Rechteck markiert die Zugabefläche); strukturviskose Flüssigkeit, Re = 0 [23]

Schleichende Strömungen nichtlinear viskoser Flüssigkeiten mit einem rheologischen Stoffgesetz nach Art der Gl. (3.82) sind *kinematisch reversibel*. Die Feldgleichungen sind dann nämlich invariant gegenüber der Transformation $\mathbf{v}(\mathbf{r}) \to -\mathbf{v}(\mathbf{r})$, $p(\mathbf{r}) \to \text{const} - p(\mathbf{r})$. Bei einem Vorzeichenwechsel des axialen Druckgradienten ändert sich deshalb überall im Strömungsgebiet lediglich das Vorzeichen des Geschwindigkeitsvektors, d. h. die Strömung läuft wie ein Film beim Rückspulen zeitlich invers ab. In Verbindung mit geometrischen Symmetrien des Strömungsraums resultieren daraus bemerkenswerte Eigenschaften des dreidimensionalen Geschwindigkeitsfelds.

Der Strömungsraum des statischen Mischers ist invariant gegenüber einer 180°–Drehung um die y–Achse (Orientierung der Achsen und Lage des Ursprungs wie in Abb. 7.17). Deshalb erkennt man in der inversen Bewegung die ursprüngliche Strömung wieder! Das führt zu den folgenden Symmetrien für die kartesischen Komponenten des Eulerschen Geschwindigkeitsfelds:

$$u(-x, y, -z) = u(x, y, z) \; ,$$
$$v(-x, y, -z) = -v(x, y, z) \; , \tag{7.36}$$
$$w(-x, y, -z) = w(x, y, z) \; .$$

Demzufolge verlaufen die in Abb. 7.17 enthaltenen Bahnen A und A′ invers zueinander: Jede Position (x, y, z) längs A kehrt – mit einem Vorzeichenwechsel der Koordinaten x und z – auf der korrespondierenden Bahn A′ wieder, wenn man diese rückwärts durchläuft. Die Symmetrien (7.36) schlagen auch auf den Verzerrungsgeschwindigkeitszustand durch, z. B. auf die kinematische Feldgröße $\alpha := \mathrm{III}_D / (-\mathrm{II}_D)^{3/2}$, die den Anteil der Dehnung an der momentanen Gesamtdeformation der Fluidelemente quantifiziert (s. Tab. 1.2). Mit jedem Fluidelement, das mit $\alpha > 0$ gedehnt wird, korrespondiert ein räumlich entferntes Element, das mit $-\alpha$ gestaucht wird.

Analoge Symmetrien infolge der kinematischen Reversibilität entdeckt man übrigens auch im Geschwindigkeitsfeld eines Schneckenextruders (linker und rechter Teil der Abb. 7.13) und in den Drucksignalen der Abb. 7.14. Ausgehend vom Zeitpunkt $nt = 0.125$, sind nämlich die Druckverläufe in den Punkten A und C mit einem Vorzeichenwechsel zeitlich invers zueinander.

7.3.3 Periodische Wirbelablösung

Aus der Hydrodynamik newtonscher Flüssigkeiten ist das Phänomen der *Kármánschen Wirbelstraße* bekannt: Bei konstanter Anströmung eines Zylinders beobachtet man in einem gewissen Bereich der Reynolds–Zahl einen instationären Nachlauf, der durch eine periodische Wirbelablösung verursacht wird. In Analogie zu einer selbsterregten Schwingung ist zu erwarten, daß die Erscheinung durch nichtlineare Stoffeigenschaften wesentlich beeinflußt wird. Mit numerischen Strömungssimulationen können auch hier nichtnewtonsche Effekte aufgedeckt werden. Da die Strömung instationär ist, müssen in den Bewegungsgleichungen neben den konvektiven auch die lokalen Beschleunigungsanteile berücksichtigt werden. Das macht auch eine zeitliche Diskretisierung erforderlich, die bei einer nichtnewtonschen Flüssigkeit aber grundsätzlich ebenso erfolgen kann wie im newtonschen Vergleichsfall.

Zur Illustration dient die ebene Strömung einer strukturviskosen Flüssigkeit (Nullviskosität η_0, Eigenzeit λ, Dichte ρ) durch einen Kanal zwischen zwei parallelen Wänden (Abstand 4,1 d), in dem sich etwas unterhalb der Mitte ein Zylinder mit dem Durchmesser d befindet. Weit stromauf herrscht eine voll ausgebildete Druckströmung mit der mittleren Geschwindigkeit $\bar{u}$ (s. Abschn. 4.2.1). An den Kanalwänden und am Zylinder haftet die zähe Flüssigkeit. Die relevanten Kennzahlen sind $\mathrm{Re} := \rho \bar{u} d / \eta_0$ und $\mathrm{De} := \lambda \bar{u} / d$. Exemplarisch für $\mathrm{Re} = 100$ wird der Einfluß der Scherentzähung aufgezeigt, indem Berechnungsergebnisse für $\mathrm{De} = 1$ mit denen für $\mathrm{De} = 0$ (newtonscher Grenzfall) verglichen werden.

Wenn man aus dem instationären Geschwindigkeitsfeld einige *Streichlinien* extrahiert, wird die Wirbelstruktur im Nachlauf hinter dem Hindernis sichtbar (Abb. 7.19). Die periodischen Eigenschaften der Strömung werden deutlich, wenn man aus dem Spannungszustand den Widerstand auf das Hindernis berechnet und in seinem zeitlichen Verlauf darstellt (Abb. 7.20). Es ist aufschlußreich, dabei zwei Zylinder mit verschiedenen Querschnittsformen zu betrachten. Im Fall eines Kreiszylinders ändert sich die Wirbelstruktur beim Übergang von $De = 0$ zu $De = 1$ nicht grundlegend, und die berechnete Widerstandsabnahme erscheint bei einer scherverdünnenden Flüssigkeit plausibel. Überraschend sind dann aber die rheologischen Effekte im Fall eines halbkreisförmigen Zylinders (komplizierteres Wirbelmuster als bei einer newtonschen Flüssigkeit, komplizierteres Zeitverhalten, Widerstandszunahme trotz der Scherverdünnung).

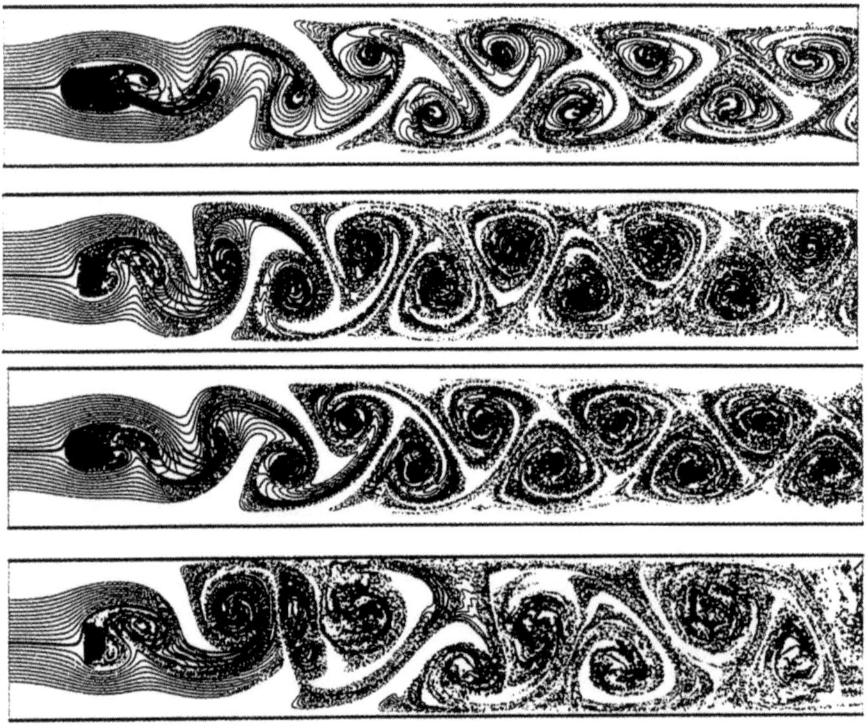

Abb. 7.19 Momentaufnahmen einiger Streichlinien bei $Re = 100$ nach Lund [24]; oben: newtonsche Flüssigkeit $(De = 0)$; unten: scherverdünnende Flüssigkeit $(De = 1)$

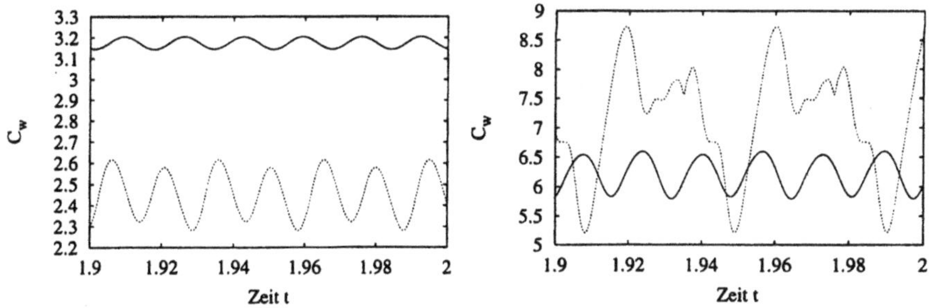

Abb. 7.20 Zeitlicher Verlauf des Widerstandsbeiwerts C_W im eingeschwungenen Zustand bei $Re = 100$ nach Lund [24]; links: Kreiszylinder, rechts: Halbkreiszylinder; durchgezogene Linien: $De = 0$, unterbrochene Linien: $De = 1$

7.4 Extremalprinzipe für verallgemeinerte newtonsche Fluide

7.4.1 Theoretische Grundlagen

Um mehrdimensionale inkompressible Strömungsvorgänge zu analysieren, bei denen elastische Stoffeigenschaften eine untergeordnete Rolle spielen, verwendet man zweckmäßigerweise das Stoffmodell (3.82) einer verallgemeinerten newtonschen Flüssigkeit. Die Verallgemeinerung im Vergleich zu einer newtonschen Flüssigkeit besteht darin, daß mit der Scherviskositätsfunktion $\eta(\dot{\gamma})$ weitgehend beliebige nichtlineare Fließeigenschaften berücksichtigt werden. Im folgenden ist es aber zweckmäßig, statt $\eta(\dot{\gamma})$ die zugehörigen Fließpotentiale $\Omega(\dot{\gamma})$ oder $\overline{\Omega}(\tau)$ zu verwenden, die in Abschnitt 3.2.3 definiert und in Abb. 3.9 veranschaulicht wurden. Bei mehrdimensionalen Strömungen sind die Argumente $\dot{\gamma}$ und τ mit den Invarianten des Verzerrungsgeschwindigkeitstensors $\mathbf{D}$ bzw. des Extraspannungstensors $\mathbf{T}$ zu identifizieren:

$$\dot{\gamma}^2 = 2\,\mathrm{sp}\,\mathbf{D}^2 \,, \qquad \tau^2 = \frac{1}{2}\,\mathrm{sp}\,\mathbf{T}^2 \,. \tag{7.37}$$

Der Zusammenhang (3.23) zwischen den beiden Fließpotentialen und der volumenbezogenen Dissipationsleistung lautet dann

$$\Omega + \overline{\Omega} = \mathrm{sp}(\mathbf{T} \cdot \mathbf{D}) \,, \tag{7.38}$$

und die Ungleichungen (3.25) und (3.26) sind sinngemäß zu verallgemeinern:

$$\Omega(\dot{\gamma}^*) - \Omega(\dot{\gamma}) \geq \mathrm{sp}\left[\mathbf{T} \cdot (\mathbf{D}^* - \mathbf{D})\right] , \tag{7.39}$$

$$\overline{\Omega}(\tau^{**}) - \overline{\Omega}(\tau) \geq \mathrm{sp}\left[\mathbf{D} \cdot (\mathbf{T}^{**} - \mathbf{T})\right]. \tag{7.40}$$

Aus ihnen resultieren zwei bemerkenswerte Extremalprinzipe für inkompressible Strömungen (mit $\operatorname{div} \mathbf{v} = 0$), bei denen die Trägheit der Flüssigkeit keine Rolle spielt; sei es, daß die materiellen Punkte ganz unbeschleunigt bleiben, sei es, daß die Reynolds–Zahl klein genug ist, um die Trägheitsglieder zu vernachlässigen. Solche *schleichenden Strömungen* genügen den verkürzten Bewegungsgleichungen

$$-\operatorname{grad} p + \operatorname{div} \mathbf{T} + \mathbf{f} = \mathbf{0} \quad \text{in } G, \tag{7.41}$$

die das lokale Gleichgewicht zwischen den Druck–, den Reibungs– und den Volumenkräften zum Ausdruck bringen. Es wird vorausgesetzt, daß die Volumenkraft $\mathbf{f}$, wie z. B. im Fall der Schwerkraft, vom Geschwindigkeitsfeld unabhängig ist. Außerdem gehen wir wieder davon aus, daß der die Flüssigkeit begrenzende Rand in drei Teile zerfällt, auf denen die Randbedingungen (7.3) – (7.5) vorgegeben sind (s. Abb. 7.2). Das wahre Strömungsfeld mit diesen Eigenschaften (ohne Index) wird nun mit Geschwindigkeitsfeldern $\mathbf{v}^*$ verglichen, die nur die kinematischen Bedingungen

$$\operatorname{div} \mathbf{v}^* = 0 \quad \text{in } G, \tag{7.42}$$

$$\mathbf{v}^* = \mathbf{v}_\Gamma \quad \text{auf } \Gamma_1, \quad \mathbf{v}^* \cdot \mathbf{n} = 0 \quad \text{auf } \Gamma_3 \tag{7.43}$$

richtig erfüllen. Unter diesen "zulässigen" Strömungsfeldern zeichnet sich die exakte Lösung der Randwertaufgabe durch die folgende Extremaleigenschaft aus:

$$\iiint_G \Omega(\dot{\gamma})\, dG - \iint_{\Gamma_2} \mathbf{t}_\Gamma \cdot \mathbf{v}\, d\Gamma - \iiint_G \mathbf{f} \cdot \mathbf{v}\, dG \leq$$
$$\iiint_G \Omega(\dot{\gamma}^*)\, dG - \iint_{\Gamma_2} \mathbf{t}_\Gamma \cdot \mathbf{v}^*\, d\Gamma - \iiint_G \mathbf{f} \cdot \mathbf{v}^*\, dG. \tag{7.44}$$

Zur Herleitung dieser Ungleichung aus der Konvexitätseigenschaft (7.39) formt man deren rechte Seite zunächst zweckmäßigerweise etwas um:

$$\mathrm{sp}\left[\mathbf{T} \cdot (\mathbf{D}^* - \mathbf{D})\right] = \operatorname{div}\left[\mathbf{S} \cdot (\mathbf{v}^* - \mathbf{v})\right] - (\mathbf{v}^* - \mathbf{v}) \cdot \operatorname{div} \mathbf{S}. \tag{7.45}$$

Da sowohl das exakte Geschwindigkeitsfeld $\mathbf{v}$ als auch die zulässigen Vergleichsfelder $\mathbf{v}^*$ divergenzfrei sind, d. h. $\mathrm{sp}\, \mathbf{D} = 0$ und $\mathrm{sp}\, \mathbf{D}^* = 0$, konnte dabei der Extraspannungstensor $\mathbf{T}$ durch den Gesamtspannungstensor $\mathbf{S}$ ersetzt werden. In Anbetracht der Gleichgewichtsbedingung (7.41) kann man außerdem $\operatorname{div} \mathbf{S}$ durch $-\mathbf{f}$ ersetzen. Nun wird über den gesamten Strömungsraum G integriert. Nach Anwendung des Gaußschen Integralsatzes und unter Beachtung der Randbedingungen, denen das wahre Strömungsfeld und die Vergleichsfelder genügen, resultiert aus dem

Divergenzterm ein Randintegral nur über den Teilrand Γ_2. Geringfügige weitere Umformungen führen dann schließlich zur Ungleichung (7.44).

Unter allen inkompressiblen Geschwindigkeitsfeldern, die den kinematischen Randbedingungen genügen, minimiert demnach das wahre Strömungsfeld (das auch die Bewegungsgleichungen und die dynamischen Randbedingungen befriedigt) den dreigliedrigen Leistungsausdruck in (7.44). Wenn auf dem Rand nirgends Spannungen vorgegeben sind (man denke an einen geschlossenen Behälter), entfällt das Integral über Γ_2. Spielen außerdem Volumenkräfte keine Rolle (konservative Kräfte können mit dem Druck vereinigt werden und entfallen deshalb ebenfalls), so bleibt

$$\iiint_G \Omega(\dot{\gamma})\, dG \le \iiint_G \Omega(\dot{\gamma}^*)\, dG\ . \tag{7.46}$$

Im Fall einer newtonschen Flüssigkeit ist das der Satz vom Minimum der gesamten Dissipationsleistung, denn $2\Omega(\dot{\gamma})$ entspricht dann der örtlichen Dissipationsleistungsdichte. Bei verallgemeinerten newtonschen Fluiden minimiert aber die Lösung des Randwertproblems nicht mehr die Dissipationsleistung, sondern den Integralwert des Fließpotentials $\Omega(\dot{\gamma})$!

Diesem Extremalprinzip auf der Basis zulässiger Geschwindigkeitsfelder kann ein komplementäres Prinzip für Spannungsfelder gegenübergestellt werden. Dabei sind Spannungszustände p^{**} und $\mathbf{T}^{**}$ zugelassen, welche den Gleichgewichtsbedingungen und den dynamischen Randbedingungen genügen:

$$-\operatorname{grad} p^{**} + \operatorname{div} \mathbf{T}^{**} + \mathbf{f} = \mathbf{0} \quad \text{in } G\ , \tag{7.47}$$

$$\mathbf{t}^{**} = \mathbf{t}_\Gamma \ \text{ auf } \Gamma_2\ , \qquad \mathbf{t}^{**} \times \mathbf{n} = \mathbf{0} \ \text{ auf } \Gamma_3\ . \tag{7.48}$$

Unter ihnen zeichnet sich das wahre Spannungsfeld dadurch aus, daß ein gewisser Leistungsausdruck maximal wird, der von den Randspannungen und dem komplementären Fließpotential $\overline{\Omega}(\tau)$ im Inneren der Flüssigkeit beeinflußt wird:

$$\iint_{\Gamma_1} \mathbf{t} \cdot \mathbf{v}_\Gamma\, d\Gamma - \iiint_G \overline{\Omega}(\tau)\, dG \ge \iint_{\Gamma_1} \mathbf{t}^{**} \cdot \mathbf{v}_\Gamma\, d\Gamma - \iiint_G \overline{\Omega}(\tau^{**})\, dG\ . \tag{7.49}$$

Ausgangspunkt für die Herleitung dieser Ungleichung ist die Konvexitätsbeziehung (7.40). Wegen $\operatorname{sp} \mathbf{D} = 0$ können die Extraspannungen $\mathbf{T}$ und $\mathbf{T}^{**}$ auf der rechten Seite durch die Gesamtspannungen $\mathbf{S}$ bzw. $\mathbf{S}^{**}$ ersetzt werden. Nach einer elementaren Umformung nimmt (7.40) dann folgende Gestalt an:

$$\overline{\Omega}(\tau^{**}) - \overline{\Omega}(\tau) \ge \operatorname{div}\left[(\mathbf{S}^{**} - \mathbf{S}) \cdot \mathbf{v}\right] - \mathbf{v} \cdot \operatorname{div}(\mathbf{S}^{**} - \mathbf{S})\ . \tag{7.50}$$

Der letzte Summand entfällt, weil beide Spannungszustände mit dem Volumenkraftfeld im Gleichgewicht sind (s. Gln. (7.41) und (7.47)). Integriert man nun über den gesamten Strömungsraum, formt die rechte Seite mit dem Gaußschen Integralsatz um und berücksichtigt dann die Randbedingungen, denen das wahre Strömungsfeld und die zum Vergleich zugelassenen Spannungsfelder genügen, so kommt man zur Ungleichung (7.49). Die dort auftretenden Randintegrale erstrecken sich – im Gegensatz zu (7.44) – über den Teilrand Γ_1, auf dem der Geschwindigkeitsvektor vorgegeben ist.

Mit den beiden Extremalprinzipen gelingt es bei gewissen Strömungsproblemen, Schranken für integrale Zielgrößen zu erzeugen, ohne das nichtlineare Randwertproblem genau zu lösen. Zu diesem Zweck macht man geeignete Ansätze für zulässige Geschwindigkeitsfelder und Spannungsfelder, die den kinematischen Bedingungen (7.42), (7.43) bzw. den dynamischen Bedingungen (7.47), (7.48) genügen und eine Anzahl freier Parameter enthalten, rechnet damit die Integrale aus und bestimmt die freien Parameter so, daß die relevanten Ausdrücke in den Ungleichungen möglichst klein bzw. möglichst groß werden. Damit reduziert sich die numerische Berechnung im wesentlichen auf ein algebraisches Optimierungsproblem mit wenigen Optimierungsparametern. I. allg. erhält man so natürlich nicht die exakte Lösung. Wenn die Ansätze aber "vernünftig" sind, gelangt man auf diese Weise schon mit relativ geringem numerischen Aufwand zu erstaunlich guten Schrankenwerten. Das soll anhand zweier nicht trivialer Beispiele verdeutlicht werden.

7.4.2 Schranken für den Druckverlust durchströmter Rohre

Bei der Laminarströmung einer newtonschen Flüssigkeit durch ein zylindrisches Rohr steigt der Volumenstrom bekanntlich proportional zum Druckgefälle. Im Fall einer nichtnewtonschen Flüssigkeit ist der Zusammenhang i. allg. nichtlinear. Für kreiszylindrische Rohre wird er explizit durch Gl. (4.8) in Verbindung mit Gl. (4.2) hergestellt. Bei gewissen Anwendungen kann es erforderlich werden, den Zusammenhang zwischen der Durchflußmenge und dem Druckgefälle auch für Rohre mit nicht kreisförmigen Querschnitten zu quantifizieren. Das gelingt näherungsweise mit Hilfe der beiden Extremalprinzipe, ohne das Strömungsfeld im einzelnen genau zu berechnen.

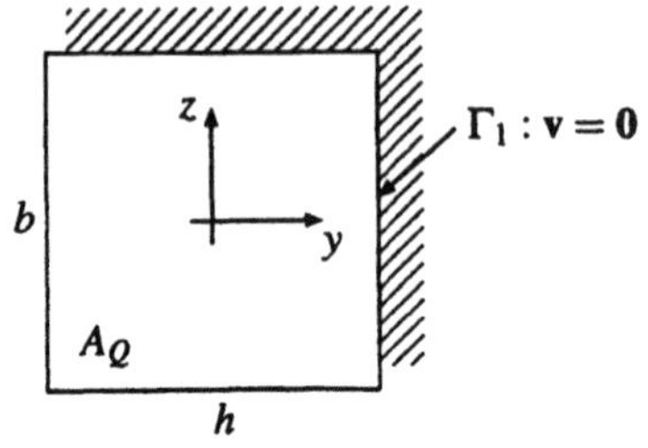

Abb. 7.21 Querschnitt des durchströmten Rohrs

Wir betrachten zur Illustration ein Rohr mit Reckteckquerschnitt (Abb. 7.21). Es liegt horizontal, so daß die Schwerkraft außer acht bleiben kann. Unter Wirkung eines konstanten axialen Druckgefälles $\Delta p / \ell$, das vorgegeben sein mag, stellt sich eine stationäre axiale Schichtenströmung mit dem Geschwindigkeitsfeld

$$\mathbf{v} = u(y, z)\, \mathbf{e}_x \tag{7.51}$$

ein. Die Zwangsbedingung der Inkompressibilität ($\operatorname{div} \mathbf{v} = 0$) ist damit bereits erfüllt. Zu dieser Kinematik gehört ein Verzerrungsgeschwindigkeitstensor $\mathbf{D}$, in dessen kartesischer Matrixdarstellung alle Hauptdiagonalelemente und das Nebendiagonalelement D_{yz} verschwinden. Bei einer verallgemeinerten newtonschen Flüssigkeit gilt Entsprechendes auch für den Tensor der Extraspannungen:

$$\mathbf{T} \mathrel{\hat{=}} \begin{bmatrix} 0 & \tau_{xy}(y,z) & \tau_{xz}(y,z) \\ \tau_{xy}(y,z) & 0 & 0 \\ \tau_{xz}(y,z) & 0 & 0 \end{bmatrix} . \tag{7.52}$$

Die Bewegungsgleichungen (7.41) reduzieren sich somit auf eine einzige wesentliche Beziehung:

$$\frac{\partial \tau_{xy}}{\partial y} + \frac{\partial \tau_{xz}}{\partial z} + \frac{\Delta p}{\ell} = 0 \ . \tag{7.53}$$

Sie macht deutlich, daß das konstante Druckgefälle, das die Strömung antreibt, einer axialen Volumenkraft äquivalent ist. Wir können deshalb $\mathbf{f} = (\Delta p / \ell)\, \mathbf{e}_x$ setzen und von Druckkräften im weiteren absehen.

Bei der Anwendung der Extremalprinzipe auf ein Strömungsgebiet der Länge ℓ heben sich dann Integrale über den Eintrittsquerschnitt bei $x = 0$ und über den Austrittsquerschnitt bei $x = \ell$ gegenseitig auf, weil dort die gleichen Strömungs– und Spannungszustände herrschen. Damit entfallen die Randintegrale in (7.44). Das dritte Integral auf der linken Seite erweist sich als Produkt aus dem Volumenstrom $\dot{V}$ und der Druckdifferenz Δp. Eine mechanische Energiebilanz besagt, daß diese hydraulische Leistung vollständig dissipiert wird (s. Text im Anschluß an Gl. (2.42)). Unter Beachtung des Zusammenhangs (7.38) resultiert somit die Ungleichung

$$\ell \iint_{A_Q} \overline{\Omega}(\tau)\, dy\, dz \geq \Delta p \iint_{A_Q} u^*\, dy\, dz - \ell \iint_{A_Q} \Omega(\dot{\gamma}^*)\, dy\, dz \ . \tag{7.54}$$

Unter der Voraussetzung, daß die zähe Flüssigkeit an der Rohrwand haftet, gilt außerdem $\mathbf{v}_\Gamma = \mathbf{0}$, so daß auch die Randintegrale in (7.49) entfallen. Damit liegen zweiseitige Schranken für den Integralwert $\ell \iint \overline{\Omega}\, dy\, dz$ des exakten Stromfeldes vor. Die untere und die obere Schranke sind unabhängig voneinander mit zulässigen Geschwindigkeitsfeldern bzw. mit zulässigen Spannungsfeldern zu berechnen. Die Einschließung ist insofern scharf, als beide Schranken zusammenfallen, wenn sie mit den exakten Feldern gebildet werden.

Hieraus lassen sich dann Schranken für die Verlustleistung $\dot{V}\,\Delta p$ und somit für den Volumenstrom bei vorgegebenem Druckabfall ableiten, wenn für die betreffende Flüssigkeit ein Zusammenhang zwischen $\overline{\Omega}$ und der Dissipationsfunktion $\mathrm{sp}(\mathbf{T}\cdot\mathbf{D})$ hergestellt werden kann. Wir betrachten exemplarisch die Klasse der Ostwald–de Waele–Flüssigkeiten mit potenzartiger Fließfunktion (s. Tab. 3.1). Für sie gilt

$$\Omega(\dot{\gamma}) = \frac{K}{1+n}\left|\dot{\gamma}\right|^{1+n} , \quad \overline{\Omega}(\tau) = \frac{nK}{1+n}\left|\frac{\tau}{K}\right|^{(1+n)/n} , \quad \mathrm{sp}(\mathbf{T}\cdot\mathbf{D}) = \frac{1+n}{n}\,\overline{\Omega} \,. \tag{7.55}$$

Damit resultiert schließlich die folgende Einschließung der hydraulischen Leistung:

$$\frac{1+n}{n}\,\Delta p \iint_{A_Q} u^*\, dy\, dz - \frac{K\ell}{n}\iint_{A_Q}\left|\dot{\gamma}^*\right|^{1+n} dy\, dz \le \dot{V}\,\Delta p \le \frac{\ell}{K^{1/n}}\iint_{A_Q}\left|\tau^{**}\right|^{(1+n)/n} dy\, dz \,. \tag{7.56}$$

Schon mit relativ einfachen zulässigen Ansätzen berechnet man daraus untere und obere Schranken, die sich nur wenig voneinander unterscheiden.

Abb. 7.22 entstand unter Verwendung der Geschwindigkeitsfelder

$$u^*(y,z) = \left(\frac{h^2}{4} - y^2\right)\left(\frac{b^2}{4} - z^2\right)\left(\alpha + \beta y^2 + \gamma z^2\right),$$

die der Haftbedingung an der Rohrwand genügen, und der zulässigen Spannungszustände

$$\tau^{**}_{xy}(y,z) = -\frac{\Delta p}{\ell}\, y\left(1 - \alpha + \beta y^2 - 3\gamma z^2\right),$$

$$\tau^{**}_{xz}(y,z) = -\frac{\Delta p}{\ell}\, z\left(\alpha - 3\beta y^2 + \gamma z^2\right)$$

mit jeweils drei Optimierungsparametern α, β und γ, wobei offensichtliche Symmetrien beachtet wurden.

Die erforderlichen numerischen Rechnungen sind – gemessen an einer genauen Lösung des nichtlinearen Randwertproblems mit Hilfe finiter Elemente – vergleichsweise wenig aufwendig. Im wesentlichen müssen Integrale ausgewertet werden (Gaußsche Quadratur hoher Ordnung), und es muß eine nichtlineare Parameteroptimierung durchgeführt werden. Selbst wenn die Optimierungsroutine nicht zum absoluten Bestwert führen sollte, liegen dann sichere Schrankenwerte vor.

Abb. 7.22 zeigt die Ergebnisse in dimensionsloser Form. Neben dem Fließindex n der Flüssigkeit und dem Seitenverhältnis h/b des Rechteckquerschnitts, für das ohne Beschränkung der Allgemeinheit $h/b \leq 1$ vorausgesetzt werden kann, ist nur noch eine weitere Dimensionslose relevant, und zwar die Druckverlustzahl

$$\Pi := \frac{\Delta p \, h^{1+n}}{\ell K \bar{u}^n} \qquad \text{mit} \qquad \bar{u} := \frac{\dot{V}}{h b} \,. \tag{7.57}$$

Dabei repräsentiert $\bar{u}$ die mittlere Strömungsgeschwindigkeit im Querschnitt. Für den Grenzfall $h/b \to 0$ (ebene Spaltströmung) kann man aus Gl. (4.30) das analytische Ergebnis $\Pi \to 2^{1+n}(2+1/n)^n$ ableiten. Im Vergleich damit läßt Abb. 7.22 deutlich den Einfluß der seitlichen Wände bei $z = \pm b/2$ erkennen, genauer: die erforderliche Erhöhung des axialen Druckgefälles, um im rechteckigen Querschnitt die gleiche mittlere Geschwindigkeit zu erreichen wie in einem sehr breiten Spalt gleicher Höhe. Auch wenn im rechten Teil der Abbildung die Schranken geringfügig divergieren, kann auf diese Weise der Druckverlust recht genau geschätzt werden, ohne aufwendige Strömungsberechnungen durchführen zu müssen.

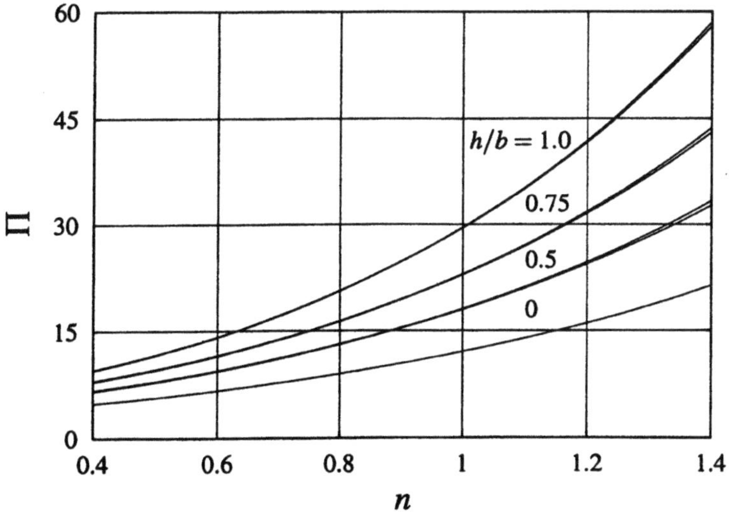

Abb. 7.22 Schranken für die Druckverlustzahl Π bei Rohren mit Rechteckquerschnitt in Abhängigkeit vom Seitenverhältnis h/b und vom Fließindex n der Flüssigkeit

7.4.3 Schranken für den Widerstand einer umströmten Kugel

Die nachfolgenden Überlegungen dienen dem Ziel, den Widerstand abzuschätzen, den eine Kugel bei stationärer, schleichender Umströmung durch eine strukturviskose Flüssigkeit erfährt. Wir gehen davon aus, daß die Strömung drallfrei und rotationssymmetrisch ist, und verwenden dieselben Bezeichnungen wie in Abb. 5.14 (Relativgeschwindigkeit w_∞, Kugelradius R_0, Kugelkoordinaten R, ϑ, φ). Die Bedingung der Inkompressibilität wird durch Verwendung der Stromfunktion $\Psi(R, \vartheta)$ erfüllt, aus der das Geschwindigkeitsfeld abzuleiten ist (s. Gl. (5.65)). Volumenkräfte bleiben außer acht; es geht hier um den Strömungswiderstand, nicht um den hydrostatischen Auftrieb, der bei einigen Anwendungen, z. B. bei der Sedimentation der Kugel unter Wirkung der Schwerkraft zusätzlich zu berücksichtigen wäre.

Bei der Anwendung der beiden Extremalprinzipe ist G der unendlich ausgedehnte Fluidraum außerhalb der Kugel. Ränder der Art Γ_2 und Γ_3 fehlen. Deshalb kann statt (7.44) die verkürzte Ungleichung (7.46) herangezogen werden. Um die komplementäre Beziehung (7.49) auswerten zu können, ist es zweckmäßig, die Strömung vorübergehend in einem Relativsystem zu betrachten, in dem die Flüssigkeit im Unendlichen ruht. Die Randintegrale erstrecken sich dann nur über die Kugeloberfläche. Unter der Voraussetzung, daß die zähe Flüssigkeit an ihr haftet, verschiebt sich dieser Flüssigkeitsrand mit der konstanten Geschwindigkeit $\mathbf{v}_\Gamma = -w_\infty \mathbf{e}_z$. Somit repräsentiert das erste Integral auf der linken Seite von (7.49) nichts anderes als das Produkt aus w_∞ und der gesuchten Widerstandskraft F_W. Dieser Leistungseintrag wird in der Flüssigkeit vollständig dissipiert. Unter Berücksichtigung des Zusammenhangs (7.38) kann die Ungleichung deshalb auch folgendermaßen notiert werden:

$$\iiint_G \Omega(\dot{\gamma})\, dG \geq F_W^{**} w_\infty - \iiint_G \overline{\Omega}(\tau^{**})\, dG \quad . \tag{7.58}$$

Dabei bezeichnet F_W^{**} die Widerstandskraft, die aus einem zulässigen Vergleichsspannungszustand an der Kugeloberfläche resultiert. In Verbindung mit (7.46) liegen damit zweiseitige Schranken für den Integralwert $\iiint \Omega\, dG$ des wahren Strömungsfeldes vor. Daraus können dann Schranken für die wahre Widerstandskraft abgeleitet werden, wenn es gelingt, die Dissipationsleistungsdichte durch das Fließpotential Ω abzuschätzen. Bei *strukturviskosen Flüssigkeiten* nimmt die Sekantensteigung der Fließkurve mit zunehmender Deformationsgeschwindigkeit monoton ab (s. Abb. 3.6). Für solche Flüssigkeiten gilt, was anhand der Abb. 3.9 sofort anschaulich verständlich wird:

$$\Omega \le \tau\dot{\gamma} = \mathrm{sp}\,(\mathbf{T}\cdot\mathbf{D}) \le 2\Omega \ . \qquad (7.59)$$

Damit gilt sicher folgende Einschließung für die Widerstandskraft, die eine Kugel bei schleichender Umströmung durch eine strukturviskose Flüssigkeit erfährt:

$$F_W^{**} - \frac{2\pi}{w_\infty}\int_{R_0}^{\infty}\int_0^{\pi} R^2 \sin\vartheta\ \overline{\Omega}(\tau^{**}(R,\vartheta))\ d\vartheta\ dR \le F_W \le$$

$$\frac{4\pi}{w_\infty}\int_{R_0}^{\infty}\int_0^{\pi} R^2 \sin\vartheta\ \Omega(\dot{\gamma}^*(R,\vartheta))\ d\vartheta\, dR \ . \qquad (7.60)$$

Zur Illustration der Leistungsfähigkeit dieser Aussage betrachten wir eine *Binghamsche Flüssigkeit* mit der Fließspannung τ_f und konstanter differentieller Viskosität $\hat{\eta}$ (s. Tab. 3.1). Zu ihr gehören die Fließpotentiale

$$\Omega(\dot{\gamma}) = \tau_f\,|\dot{\gamma}| + \frac{\hat{\eta}}{2}\,\dot{\gamma}^2 \ , \quad \overline{\Omega}(\tau) = \begin{cases} 0 & \text{für } |\tau| \le \tau_f \ , \\ \dfrac{1}{2\hat{\eta}}\left(|\tau| - \tau_f\right)^2 & \text{für } |\tau| > \tau_f \ . \end{cases} \qquad (7.61)$$

Zur Berechnung unterer Schranken kann der Spannungszustand (2.51) verwendet werden, der die Gleichgewichtsbedingungen (7.41) erfüllt und drei freie Parameter b, c, d enthält. Mit einer konventionellen Optimierungsstrategie werden diese Parameter so festgelegt, daß der Schrankenwert maximal wird. Um die erforderlichen Quadraturen numerisch ausführen zu können, wendet man zunächst zweckmäßigerweise die Transformation $X = R_0 / R$ an und bewegt sich dann im Intervall $0 \le X \le 1$.

Bei der Formulierung zulässiger kinematischer Ansätze ist zu berücksichtigen, daß in hinreichend großer Entfernung von der Kugel die Fließspannung nicht mehr überschritten wird, so daß dort eine Starrkörpertranslation (Blockströmung) vorliegt. Nur in einer gewissen Umgebung des umströmten Körpers wird das Binghamsche Material deformiert. Modelliert man den äußeren Rand dieser Zone der Einfachheit halber als Kugelfläche mit unbekanntem Radius R_0 / ε $(0 < \varepsilon < 1)$, und orientiert man sich ansonsten an dem bekannten newtonschen Strömungsfeld (s. Gl. (5.72)), so kommt man zu einem kinematischen Ansatz der Form

$$\Psi^*(R,\vartheta) = \frac{1}{2}\,w_\infty\,R^2\,F^*(X,\varepsilon)\,\sin^2\vartheta \quad \text{mit } X := \frac{R_0}{R} \ .$$

Er muß der Haftbedingung an der Kugel bei $X = 1$ genügen und einen glatten Übergang zur Blockströmung bei $X = \varepsilon$ gewährleisten. Das gelingt z. B. mit der Funktion

$$F^*(X,\varepsilon) = 1 - \frac{(X-\varepsilon)^2}{2(1-\varepsilon)^3}\left(-\frac{3-\varepsilon}{X} + (1+\varepsilon)\,X\right) .$$

Mit diesem zulässigen Geschwindigkeitsfeld wird die obere Schranke dann direkt ausgerechnet, und der Parameter ε wird so bestimmt, daß der Schrankenwert möglichst klein ausfällt.

Abb. 7.23 zeigt berechnete Schrankenwerte in normierter Darstellung. Eine Dimensionsanalyse ergibt, daß hier zwei Kennzahlen relevant sind, ein *Widerstandskoeffizient* C und die *Bingham–Zahl* Bi,

$$C := \frac{F_W}{6\pi\, \hat{\eta}\, w_\infty\, R_0}\,, \qquad Bi := \frac{2\,\tau_f\, R_0}{\hat{\eta}\, w_\infty}\,. \tag{7.62}$$

Bei vorgegebener Bingham–Zahl unterscheiden sich die berechneten Schrankenwerte für C wegen der Unschärfe der Abschätzung (7.59) mindestens um den Faktor 2, auch im Grenzfall $Bi \to 0$, in dem beide Ansätze der exakten Lösung entsprechen. So entsteht im Parameterraum zwangsläufig ein schmaler Korridor, in dem dann natürlich die Ergebnisse genauer Feldberechnungen liegen sollten, deren Erzeugung aber sehr viel aufwendiger ist. Auch wenn hier also die Schranken für den Strömungswiderstand grundsätzlich nicht zusammenfallen können, wird der praktische Nutzen der Extremalprinzipe deutlich: Es gelingt mit relativ geringem Aufwand, die interessierende integrale Größe in sichere Grenzen einzuschließen und den Einfluß relevanter Parameter im wesentlichen zu erkennen, ohne das Strömungsproblem jeweils genau zu lösen. Auch im Hinblick auf Anwendungen, bei denen die Stoffparameter (hier τ_f und $\hat{\eta}$) nur annähernd bekannt sind, ist ein theoretisch abgesichertes unscharfes Ergebnis nach Art der Abb. 7.23 wertvoll.

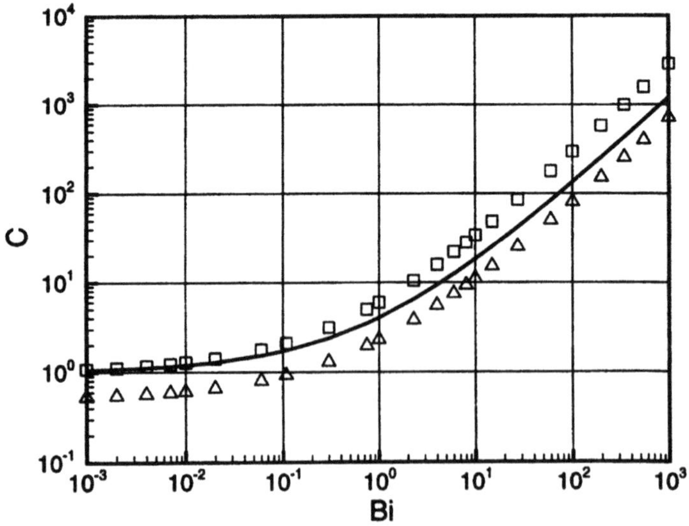

Abb. 7.23 Schranken für den Widerstandskoeffizienten C in Abhängigkeit von der Bingham–Zahl Bi (nach Wünsch [25]) und interpolierendes Ergebnis umfangreicher FE–Berechnungen (nach Beris u. a. [26])

Aufgaben

7.1 Um das Geschwindigkeitsfeld $u(y, z)$ der in Abschn. 5.6.1 erläuterten axialen Schichtenströmung zu berechnen, muß die nichtlineare partielle Differentialgleichung (5.81) unter Beachtung der Haftbedingung $u = 0$ am Rand des durchströmten Querschnitts gelöst werden. Wie lautet die schwache Form des Randwertproblems?

Bei einer Diskretisierung durch lineare isoparametrische Dreieckselemente (P_1 in Tab. 7.1) ist der Geschwindigkeitsgradient elementweise konstant und deshalb auch die Schergeschwindigkeit $\dot{\gamma}$ und der Viskositätskoeffizient $\eta(\dot{\gamma})$. Ermitteln Sie $\dot{\gamma}$ analytisch in Abhängigkeit von den Koordinaten (y_i^e, z_i^e) der Knoten eines Elements und von den lokalen Knotenvariablen u_i^e $(i = 1, 2, 3)$.

Durch den FE–Ansatz und mit Gewichtsfunktionen im Sinne von Galerkin soll die schwache Form des Randwertproblems in ein nichtlineares algebraisches Gleichungssystem überführt werden. Formulieren Sie den Beitrag eines P_1–Elements zu diesem Gleichungssystem.

7.2 Wir betrachten noch einmal die ebene Drucklochströmung, die in Zusammenhang mit Abb. 7.6 kurz beschrieben wurde. Am Rand des Grundgebiets wurden kinematische Randbedingungen nach Art der Gl. (7.3) verwendet. Im Fall der Gedächtnisflüssigkeit wurde außerdem eine viskosimetrische Vorgeschichte bis zum Eintritt in das Grundgebiet angenommen.

Die Diskretisierung mit $P_2 - P_1$–Dreieckselementen (Abb. 7.4) führt nach der Linearisierung auf ein Gleichungssystem der Form (7.18), dessen Besetzungsmuster in Abb. 7.7 gezeigt wurde. Warum zerfällt die Blockmatrix **A** in vier gleichartige Quadranten? Wie groß ist im Fall eines newtonschen Fluids die Anzahl der von null verschiedenen Elemente innerhalb einer Zeile der Systemmatrix mindestens/höchstens? Erklären Sie das grundsätzlich andere Besetzungsmuster im Fall einer Flüssigkeit mit Gedächtnis! Hinweis: Im durchströmten Kanal verlaufen die Bahnlinien annähernd geradlinig von links nach rechts, in der rechteckigen Nische sind sie eiförmig geschlossen.

Was ändert sich bei einer Verfeinerung der Elementierung, wenn jedes Dreieck durch Verbinden der Mittelknoten in vier kleinere Dreiecke zerlegt wird und in den kleineren Elementen die gleichen FE–Ansätze wie zuvor verwendet werden?

7.3 Das Eulersche Geschwindigkeitsfeld in einem statischen Mischer nach Art der Abb. 7.16 besitzt unter gewissen Voraussetzungen die Symmetrieeigenschaften (7.36). Überzeugen Sie sich davon, daß dann die Eigenwerte des Verzerrungsgeschwindigkeitstensors **D** an den Positionen (x, y, z) und $(-x, y, -z)$ betragsmäßig gleich sind, aber unterschiedliche Vorzeichen besitzen. Mit jedem Fluidelement, das momentan gedehnt wird, korrespondiert demnach ein Fluidelement, das in gleicher Weise gestaucht wird. Diskutieren Sie die Auswirkungen auf die Lage korrespondierender Verzerrungszustände in Abb. 1.7 und auf den räumlichen Mittelwert der Invariante III_D.

7.4 Die Fließeigenschaften einer makromolekularen Flüssigkeit können durch das Potenzgesetz nach Ostwald und de Waele mit $n = 0.4$ und $K = 16\ \mathrm{Pa\ s}^{0.4}$ approximiert werden. Die Flüssigkeit soll mit der mittleren Geschwindigkeit $\overline{u} = 0.15\ \mathrm{m/s}$ durch ein zylindrisches Rohr mit quadratischem Querschnitt (Kantenlänge $h = 5\ \mathrm{mm}$) gepreßt werden. Schätzen Sie unter Verwendung der Abb. 7.22 das erforderliche Druckgefälle ab.

7.5 Eine viskoelastische Flüssigkeit, die durch ein Bingham–Modell mit den Stoffparametern $\tau_f = 10.7\,\mathrm{Pa}$, $\hat{\eta} = 0.9\,\mathrm{Pa\,s}$ und $\rho = 1000\,\mathrm{kg/m^3}$ beschrieben werden kann, ruht in einem großen Behälter. In ihr befindet sich eine Kugel mit dem Radius $R_0 = 13\,\mathrm{mm}$, die unter Wirkung der Schwerkraft stationär mit der Geschwindigkeit $w_\infty = 3\,\mathrm{cm/s}$ in vertikaler Richtung absinkt. Schätzen Sie unter Verwendung der Abb. 7.23 den Strömungswiderstand der Kugel und daraus ihre Masse ab. Überprüfen Sie die Voraussetzung einer schleichenden Strömung.

7.6 Im Ringspalt zwischen zwei koaxialen Zylindern mit den Radien r_1 und $r_2 > r_1$ und mit der Länge $\ell >> r_2 - r_1$ befindet sich eine dilatante Flüssigkeit unter konstantem Druck, die an beiden Zylindern haftet. Ihre Fließeigenschaften entsprechen dem Potenzgesetz nach Ostwald und de Waele mit $n = 2$. Der äußere Zylinder ruht, der innere ist frei beweglich und wird mit konstanter Kraft F_1 in Achsrichtung gezogen. Dabei stellt sich eine stationäre *axiale Ringspaltströmung* ein (s. Abb. 1.18c).

Es geht nun darum, die Geschwindigkeit u_1 abzuschätzen, mit der sich der innere Zylinder verschiebt. Statt der Kraft F_1 verwendet man zweckmäßigerweise die zugehörige Schubspannung $\tau_1 := F_1 / (2\pi\, r_1\, \ell)$ am inneren Rand der Flüssigkeit, die hier also vorgegeben ist. Zeigen Sie, daß aus den Extremalprinzipen (7.44) und (7.49) die folgende Einschließung resultiert:

$$\frac{3}{2}\, u^*(r_1) - \frac{K}{2\, r_1\, \tau_1} \int_{r_1}^{r_2} r \left| \frac{d\, u^*(r)}{dr} \right|^3 dr \le u_1 \le \frac{1}{r_1\, \tau_1\, K^{1/2}} \int_{r_1}^{r_2} r \left| \tau^{**}(r) \right|^{3/2} dr \ .$$

Beachten Sie dabei, daß der äußere und der innere Zylinder für die Flüssigkeit Ränder der Art Γ_1 (mit $\mathbf{v}_\Gamma = \mathbf{0}$) bzw. Γ_2 (mit $\mathbf{t}_\Gamma = \tau_1\, \mathbf{e}_z$) sind, und berücksichtigen Sie die Stoffgleichungen (7.55).

Berechnen Sie daraus untere und obere Schranken für die relevante Kennzahl $u_1 (K/\tau_1)^{1/2} / r_1$ in Abhängigkeit vom Radienverhältnis r_2 / r_1 unter Verwendung der zulässigen Ansätze

$$u^*(r) = \alpha \ln \frac{r_2}{r} \ , \qquad \tau^{**}(r) = \frac{\tau_1\, r_1}{r} \ .$$

Die Auswertung der Integrale und die Optimierung der unteren Schranke bezüglich α können analytisch durchgeführt werden. Ist eine der beiden Schranken besser als die andere, eventuell sogar exakt?

Anhang A: Koordinatenunabhängige Definitionen der Begriffe Divergenz, Gradient und Rotation

Ein Flächenintegral der Form

$$\iint_A \mathbf{v} \cdot \mathbf{n} \, dA$$

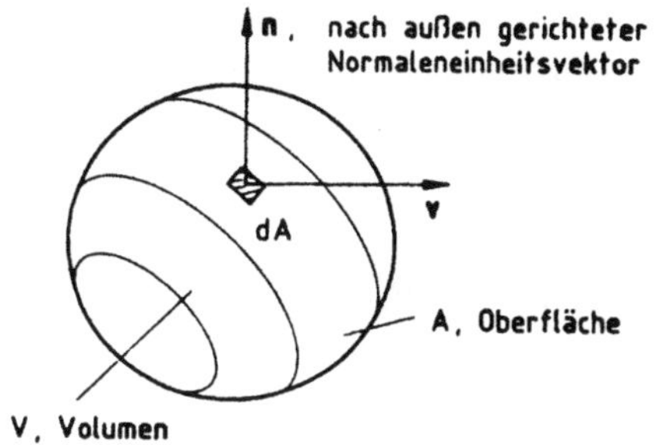

Abb. A.1
Zur Definition der Divergenz eines Vektorfelds **v**

bezeichnet man als den *Fluß* des Vektorfelds **v** durch die Fläche A mit dem Normaleneinheitsvektor **n**. Die *Divergenz eines Vektorfelds* **v** in einem Feldpunkt ist definiert als der Fluß durch eine den Punkt umhüllende geschlossene Fläche A, z.B. die Oberfläche einer Kugel, bezogen auf das eingeschlossene Volumen V im Grenzfall verschwindend kleinen Volumens (Volumenableitung),

$$\operatorname{div} \mathbf{v} := \lim_{V \to 0} \frac{1}{V} \iint_A \mathbf{v} \cdot \mathbf{n} \, dA \; . \tag{A.1}$$

In analoger Weise definieren wir die *Divergenz eines Tensorfelds* **T** als Volumenableitung des zugehörigen Flusses,

$$\operatorname{div} \mathbf{T} := \lim_{V \to 0} \frac{1}{V} \iint_A \mathbf{T} \cdot \mathbf{n} \, dA \; . \tag{A.2}$$

Man beachte, daß dabei im Flußintegral der Tensor **T** von rechts mit dem vektoriellen Flächenelement **n** dA multipliziert wird (*Rechtsdivergenz*). In kartesischer Indexnotation ist dann der letzte Index der Tensorkomponenten der Differentiationsindex. In der Literatur wird teilweise auch die Linksdivergenz verwendet, die zum Integranden $\mathbf{n} \cdot \mathbf{T}$ gehört. Sie entspricht in unserer Nomenklatur der Größe $\operatorname{div} \mathbf{T}^T$. Bei einem symmetrischen Tensor **T** ist der Unterschied zwischen beiden Definitionen irrelevant.

Bei Anwendung auf ein kugelsymmetrisches Tensorfeld der Form $\mathbf{T} = \Phi \mathbf{1}$ resultiert folgende Definition für den *Gradienten eines Skalarfelds* Φ:

$$\operatorname{grad} \Phi := \lim_{V \to 0} \frac{1}{V} \iint_A \Phi \, \mathbf{n} \, dA \; . \tag{A.3}$$

Der Vektor grad Φ steht in jedem Feldpunkt senkrecht auf der durch den Punkt verlaufenden Niveaufläche Φ = const. Er zeigt vom niedrigeren zum höheren Φ–Niveau, und sein Betrag stimmt mit der Richtungsableitung der Funktion Φ in Normalenrichtung überein. Seine Länge ist also um so größer, je dichter die Niveauflächen liegen.

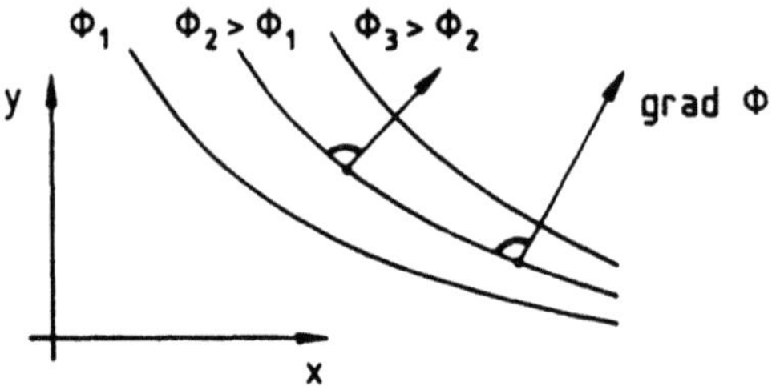

Abb. A.2 Zur Illustration des Vektorfelds grad Φ

Sinngemäß definieren wir den *Gradienten eines Vektorfelds* $\mathbf{v}$ durch die Volumenableitung

$$\operatorname{grad} \mathbf{v} := \lim_{V \to 0} \frac{1}{V} \iint_A \mathbf{v}\,\mathbf{n}\, dA \ . \tag{A.4}$$

Als Integrand tritt hier das dyadische Produkt $\mathbf{v}\,\mathbf{n}$, nicht das Skalarprodukt $\mathbf{v}\cdot\mathbf{n}$ auf, wobei der Normaleneinheitsvektor $\mathbf{n}$ von rechts mit dem Vektor $\mathbf{v}$ verknüpft wird (*Rechtsgradient*). In kartesischer Indexnotation erscheint dann der Differentiationsindex als letzter Index der Komponenten des Tensors grad $\mathbf{v}$.

Ein Umlaufintegral der Form

$$\oint_C \mathbf{v}\cdot d\mathbf{r}$$

bezeichnet man als *Zirkulation* des Vektorfelds $\mathbf{v}$ längs der geschlossenen Kurve C. Die *Rotation eines Vektorfelds* in einem Feldpunkt kann, ausgehend von Flächenelementen verschiedener Orientierung $\mathbf{n}$, die den Punkt enthalten, als Grenzwert der jeweiligen Zirkulationsdichten (flächenbezogen) definiert werden:

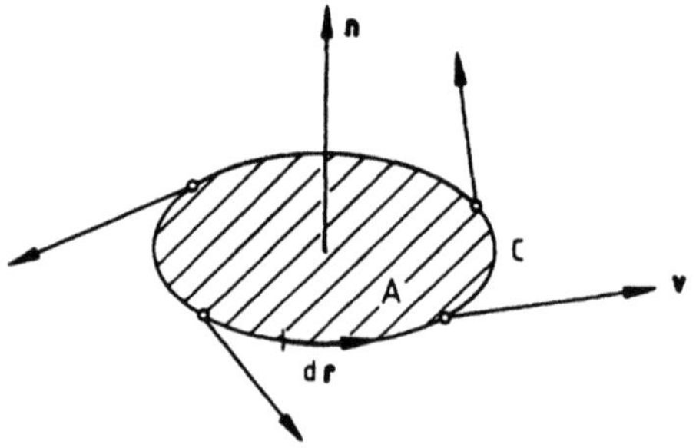

Abb. A.3 Zur Definition der Rotation eines Vektorfelds $\mathbf{v}$

$$\mathbf{n}\cdot \operatorname{rot} \mathbf{v} := \lim_{A \to 0} \frac{1}{A} \oint_C \mathbf{v}\cdot d\mathbf{r} \ . \tag{A.5}$$

Bei Wahl spezieller Koordinaten führt die Auswertung der rechten Seiten dieser definierenden Gleichungen für zweckmäßig gewählte Volumen– und Flächenelemente zu den in Anhang B enthaltenen Darstellungen.

Anhang B: Formelsammlung für spezielle Koordinatensysteme

Die Ausdrücke für div **v**, De/Dt und $\mathrm{sp}(\mathbf{A}\cdot\mathbf{D})$, die Komponenten der Vektoren grad **Φ**, rot **v** und div **T**, des Tensors grad **v**, des Deformationsgeschwindigkeitstensors **D**, der materiellen Zeitableitungen eines Vektors **b** und eines symmetrischen Tensors **A** sowie die Bewegungsgleichungen $\rho\mathbf{a} = -\,\mathrm{grad}\,p + \mathrm{div}\,\mathbf{T} + \mathbf{f}$ lauten bei Verwendung von

a) kartesischen Koordinaten x, y, z (Matrixdarstellungen beziehen sich auf die kartesische Basis $\mathbf{e}_x, \mathbf{e}_y, \mathbf{e}_z$)

$$\mathrm{grad}\,\boldsymbol{\Phi} \mathrel{\hat{=}} \begin{bmatrix} \dfrac{\partial\Phi}{\partial x} \\[2mm] \dfrac{\partial\Phi}{\partial y} \\[2mm] \dfrac{\partial\Phi}{\partial z} \end{bmatrix}, \qquad \mathrm{rot}\,\mathbf{v} \mathrel{\hat{=}} \begin{bmatrix} \dfrac{\partial w}{\partial y} - \dfrac{\partial v}{\partial z} \\[2mm] \dfrac{\partial u}{\partial z} - \dfrac{\partial w}{\partial x} \\[2mm] \dfrac{\partial v}{\partial x} - \dfrac{\partial u}{\partial y} \end{bmatrix},$$

$$\mathrm{div}\,\mathbf{v} = \frac{\partial u}{\partial x} + \frac{\partial v}{\partial y} + \frac{\partial w}{\partial z}, \qquad \frac{De}{Dt} = u\frac{\partial e}{\partial x} + v\frac{\partial e}{\partial y} + w\frac{\partial e}{\partial z} + \frac{\partial e}{\partial t},$$

$$\mathrm{grad}\,\mathbf{v} \mathrel{\hat{=}} \begin{bmatrix} \dfrac{\partial u}{\partial x} & \dfrac{\partial u}{\partial y} & \dfrac{\partial u}{\partial z} \\[2mm] \dfrac{\partial v}{\partial x} & \dfrac{\partial v}{\partial y} & \dfrac{\partial v}{\partial z} \\[2mm] \dfrac{\partial w}{\partial x} & \dfrac{\partial w}{\partial y} & \dfrac{\partial w}{\partial z} \end{bmatrix}, \qquad \mathrm{div}\,\mathbf{T} \mathrel{\hat{=}} \begin{bmatrix} \dfrac{\partial\tau_{xx}}{\partial x} + \dfrac{\partial\tau_{xy}}{\partial y} + \dfrac{\partial\tau_{xz}}{\partial z} \\[2mm] \dfrac{\partial\tau_{yx}}{\partial x} + \dfrac{\partial\tau_{yy}}{\partial y} + \dfrac{\partial\tau_{yz}}{\partial z} \\[2mm] \dfrac{\partial\tau_{zx}}{\partial x} + \dfrac{\partial\tau_{zy}}{\partial y} + \dfrac{\partial\tau_{zz}}{\partial z} \end{bmatrix},$$

$$\rho\left(u\frac{\partial u}{\partial x} + v\frac{\partial u}{\partial y} + w\frac{\partial u}{\partial z} + \frac{\partial u}{\partial t}\right) = -\frac{\partial p}{\partial x} + \frac{\partial\tau_{xx}}{\partial x} + \frac{\partial\tau_{xy}}{\partial y} + \frac{\partial\tau_{xz}}{\partial z} + f_x\,,$$

$$\rho\left(u\frac{\partial v}{\partial x} + v\frac{\partial v}{\partial y} + w\frac{\partial v}{\partial z} + \frac{\partial v}{\partial t}\right) = -\frac{\partial p}{\partial y} + \frac{\partial\tau_{yx}}{\partial x} + \frac{\partial\tau_{yy}}{\partial y} + \frac{\partial\tau_{yz}}{\partial z} + f_y\,,$$

$$\rho\left(u\frac{\partial w}{\partial x} + v\frac{\partial w}{\partial y} + w\frac{\partial w}{\partial z} + \frac{\partial w}{\partial t}\right) = -\frac{\partial p}{\partial z} + \frac{\partial\tau_{zx}}{\partial x} + \frac{\partial\tau_{zy}}{\partial y} + \frac{\partial\tau_{zz}}{\partial z} + f_z\,,$$

$$\mathbf{D} \mathrel{\hat{=}} \begin{bmatrix} \dfrac{\partial u}{\partial x} & \dfrac{1}{2}\left(\dfrac{\partial u}{\partial y} + \dfrac{\partial v}{\partial x}\right) & \dfrac{1}{2}\left(\dfrac{\partial u}{\partial z} + \dfrac{\partial w}{\partial x}\right) \\ \dfrac{1}{2}\left(\dfrac{\partial u}{\partial y} + \dfrac{\partial v}{\partial x}\right) & \dfrac{\partial v}{\partial y} & \dfrac{1}{2}\left(\dfrac{\partial v}{\partial z} + \dfrac{\partial w}{\partial y}\right) \\ \dfrac{1}{2}\left(\dfrac{\partial u}{\partial z} + \dfrac{\partial w}{\partial x}\right) & \dfrac{1}{2}\left(\dfrac{\partial v}{\partial z} + \dfrac{\partial w}{\partial y}\right) & \dfrac{\partial w}{\partial z} \end{bmatrix}$$

$$\mathrm{sp}(\mathbf{A} \cdot \mathbf{D}) = A_{xx}\frac{\partial u}{\partial x} + A_{yy}\frac{\partial v}{\partial y} + A_{zz}\frac{\partial w}{\partial z} + A_{xy}\left(\frac{\partial u}{\partial y} + \frac{\partial v}{\partial x}\right) + A_{xz}\left(\frac{\partial u}{\partial z} + \frac{\partial w}{\partial x}\right) + A_{yz}\left(\frac{\partial v}{\partial z} + \frac{\partial w}{\partial y}\right) ,$$

$$\left(\frac{D\mathbf{b}}{Dt}\right)_i = u\frac{\partial b_i}{\partial x} + v\frac{\partial b_i}{\partial y} + w\frac{\partial b_i}{\partial z} + \frac{\partial b_i}{\partial t} \qquad (i = x, y, z) ,$$

$$\left(\frac{D\mathbf{A}}{Dt}\right)_{ij} = u\frac{\partial A_{ij}}{\partial x} + v\frac{\partial A_{ij}}{\partial y} + w\frac{\partial A_{ij}}{\partial z} + \frac{\partial A_{ij}}{\partial t} \qquad (i, j = x, y, z) ,$$

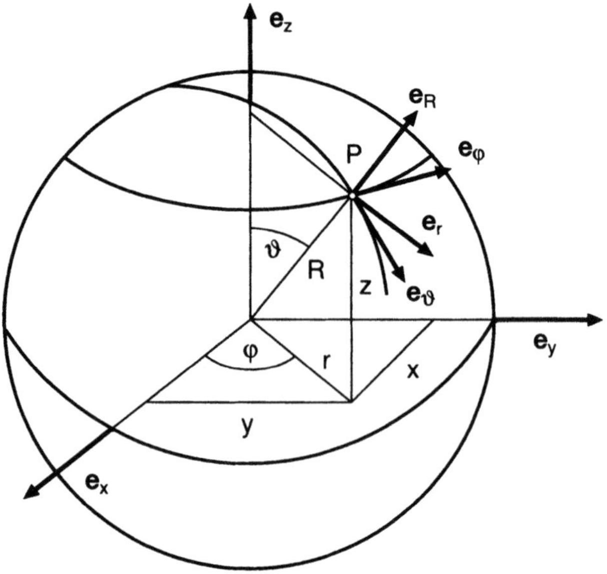

Abb. B.1 Kartesische Koordinaten x, y, z, Zylinderkoordinaten r, φ, z und Kugelkoordinaten R, ϑ, φ mit den zugehörigen Basisvektoren

b) Zylinderkoordinaten r, φ, z (Indizes r, φ, z kennzeichnen physikalische Komponenten, Matrixdarstellungen beziehen sich auf die orthonormierte Basis $\mathbf{e}_r, \mathbf{e}_\varphi, \mathbf{e}_z$)

$$x = r\cos\varphi, \quad y = r\sin\varphi,$$

$$d\mathbf{r} = dr\,\mathbf{e}_r + r\,d\varphi\,\mathbf{e}_\varphi + dz\,\mathbf{e}_z, \qquad dV = r\,dr\,d\varphi\,dz,$$

$$\operatorname{grad}\boldsymbol{\Phi} \mathrel{\hat=} \begin{bmatrix} \dfrac{\partial\Phi}{\partial r} \\ \dfrac{1}{r}\dfrac{\partial\Phi}{\partial\varphi} \\ \dfrac{\partial\Phi}{\partial z} \end{bmatrix}, \quad \operatorname{rot}\mathbf{v} \mathrel{\hat=} \begin{bmatrix} \dfrac{1}{r}\dfrac{\partial v_z}{\partial\varphi} - \dfrac{\partial v_\varphi}{\partial z} \\ \dfrac{\partial v_r}{\partial z} - \dfrac{\partial v_z}{\partial r} \\ \dfrac{1}{r}\dfrac{\partial}{\partial r}(r\,v_\varphi) - \dfrac{1}{r}\dfrac{\partial v_r}{\partial\varphi} \end{bmatrix},$$

$$\operatorname{div}\mathbf{v} = \frac{1}{r}\frac{\partial}{\partial r}(r\,v_r) + \frac{1}{r}\frac{\partial v_\varphi}{\partial\varphi} + \frac{\partial v_z}{\partial z}, \quad \frac{De}{Dt} = v_r\frac{\partial e}{\partial r} + \frac{1}{r}v_\varphi\frac{\partial e}{\partial\varphi} + v_z\frac{\partial e}{\partial z} + \frac{\partial e}{\partial t},$$

$$\operatorname{grad}\mathbf{v} \mathrel{\hat=} \begin{bmatrix} \dfrac{\partial v_r}{\partial r} & \dfrac{1}{r}\dfrac{\partial v_r}{\partial\varphi} - \dfrac{1}{r}v_\varphi & \dfrac{\partial v_r}{\partial z} \\ \dfrac{\partial v_\varphi}{\partial r} & \dfrac{1}{r}\dfrac{\partial v_\varphi}{\partial\varphi} + \dfrac{1}{r}v_r & \dfrac{\partial v_\varphi}{\partial z} \\ \dfrac{\partial v_z}{\partial r} & \dfrac{1}{r}\dfrac{\partial v_z}{\partial\varphi} & \dfrac{\partial v_z}{\partial z} \end{bmatrix}, \quad \operatorname{div}\mathbf{T} \mathrel{\hat=} \begin{bmatrix} \dfrac{1}{r}\dfrac{\partial}{\partial r}(r\,\tau_{rr}) + \dfrac{1}{r}\dfrac{\partial\tau_{r\varphi}}{\partial\varphi} + \dfrac{\partial\tau_{rz}}{\partial z} - \dfrac{\tau_{\varphi\varphi}}{r} \\ \dfrac{1}{r}\dfrac{\partial}{\partial r}(r\,\tau_{\varphi r}) + \dfrac{1}{r}\dfrac{\partial\tau_{\varphi\varphi}}{\partial\varphi} + \dfrac{\partial\tau_{\varphi z}}{\partial z} + \dfrac{\tau_{r\varphi}}{r} \\ \dfrac{1}{r}\dfrac{\partial}{\partial r}(r\,\tau_{zr}) + \dfrac{1}{r}\dfrac{\partial\tau_{z\varphi}}{\partial\varphi} + \dfrac{\partial\tau_{zz}}{\partial z} \end{bmatrix},$$

$$\rho\left(v_r\frac{\partial v_r}{\partial r}+\frac{1}{r}v_\varphi\frac{\partial v_r}{\partial\varphi}+v_z\frac{\partial v_r}{\partial z}-\frac{1}{r}v_\varphi^2+\frac{\partial v_r}{\partial t}\right)=-\frac{\partial p}{\partial r}+\frac{\partial\tau_{rr}}{\partial r}+\frac{1}{r}\frac{\partial\tau_{r\varphi}}{\partial\varphi}+\frac{\partial\tau_{rz}}{\partial z}+\frac{1}{r}\left(\tau_{rr}-\tau_{\varphi\varphi}\right)+f_r\ ,$$

$$\rho\left(v_r\frac{\partial v_\varphi}{\partial r}+\frac{1}{r}v_\varphi\frac{\partial v_\varphi}{\partial\varphi}+v_z\frac{\partial v_\varphi}{\partial z}+\frac{1}{r}v_r v_\varphi+\frac{\partial v_\varphi}{\partial t}\right)=-\frac{1}{r}\frac{\partial p}{\partial\varphi}+\frac{\partial\tau_{\varphi r}}{\partial r}+\frac{1}{r}\frac{\partial\tau_{\varphi\varphi}}{\partial\varphi}+\frac{\partial\tau_{\varphi z}}{\partial z}+\frac{1}{r}\left(\tau_{r\varphi}+\tau_{\varphi r}\right)+f_\varphi\ ,$$

$$\rho\left(v_r\frac{\partial v_z}{\partial r}+\frac{1}{r}v_\varphi\frac{\partial v_z}{\partial\varphi}+v_z\frac{\partial v_z}{\partial z}+\frac{\partial v_z}{\partial t}\right)=-\frac{\partial p}{\partial z}+\frac{\partial\tau_{zr}}{\partial r}+\frac{1}{r}\frac{\partial\tau_{z\varphi}}{\partial\varphi}+\frac{\partial\tau_{zz}}{\partial z}+\frac{1}{r}\tau_{zr}+f_z\ ,$$

$$\mathbf{D}\mathrel{\hat{=}}\begin{bmatrix}\dfrac{\partial v_r}{\partial r} & \dfrac{1}{2}\left(\dfrac{\partial v_\varphi}{\partial r}+\dfrac{1}{r}\dfrac{\partial v_r}{\partial\varphi}-\dfrac{v_\varphi}{r}\right) & \dfrac{1}{2}\left(\dfrac{\partial v_z}{\partial r}+\dfrac{\partial v_r}{\partial z}\right)\\ \dfrac{1}{2}\left(\dfrac{\partial v_\varphi}{\partial r}+\dfrac{1}{r}\dfrac{\partial v_r}{\partial\varphi}-\dfrac{v_\varphi}{r}\right) & \dfrac{1}{r}\dfrac{\partial v_\varphi}{\partial\varphi}+\dfrac{v_r}{r} & \dfrac{1}{2}\left(\dfrac{1}{r}\dfrac{\partial v_z}{\partial\varphi}+\dfrac{\partial v_\varphi}{\partial z}\right)\\ \dfrac{1}{2}\left(\dfrac{\partial v_z}{\partial r}+\dfrac{\partial v_r}{\partial z}\right) & \dfrac{1}{2}\left(\dfrac{1}{r}\dfrac{\partial v_z}{\partial\varphi}+\dfrac{\partial v_\varphi}{\partial z}\right) & \dfrac{\partial v_z}{\partial z}\end{bmatrix}\ ,$$

$$\begin{aligned}\mathrm{sp}(\mathbf{A}\cdot\mathbf{D})=&\ A_{rr}\frac{\partial v_r}{\partial r}+A_{\varphi\varphi}\left(\frac{1}{r}\frac{\partial v_\varphi}{\partial\varphi}+\frac{v_r}{r}\right)+A_{zz}\frac{\partial v_z}{\partial z}\\ &+A_{r\varphi}\left(\frac{\partial v_\varphi}{\partial r}+\frac{1}{r}\frac{\partial v_r}{\partial\varphi}-\frac{v_\varphi}{r}\right)+A_{\varphi z}\left(\frac{1}{r}\frac{\partial v_z}{\partial\varphi}+\frac{\partial v_\varphi}{\partial z}\right)+A_{zr}\left(\frac{\partial v_z}{\partial r}+\frac{\partial v_r}{\partial z}\right),\end{aligned}$$

$$\left(\frac{\mathbf{Db}}{\mathrm{Dt}}\right)_r = v_r \frac{\partial b_r}{\partial r} + \frac{1}{r} v_\varphi \left(\frac{\partial b_r}{\partial \varphi} - b_\varphi\right) + v_z \frac{\partial b_r}{\partial z} + \frac{\partial b_r}{\partial t} ,$$

$$\left(\frac{\mathbf{Db}}{\mathrm{Dt}}\right)_\varphi = v_r \frac{\partial b_\varphi}{\partial r} + \frac{1}{r} v_\varphi \left(\frac{\partial b_\varphi}{\partial \varphi} + b_r\right) + v_z \frac{\partial b_\varphi}{\partial z} + \frac{\partial b_\varphi}{\partial t} ,$$

$$\left(\frac{\mathbf{Db}}{\mathrm{Dt}}\right)_z = v_r \frac{\partial b_z}{\partial r} + \frac{1}{r} v_\varphi \frac{\partial b_z}{\partial \varphi} + v_z \frac{\partial b_z}{\partial z} + \frac{\partial b_z}{\partial t} ,$$

$$\left(\frac{\mathbf{DA}}{\mathrm{Dt}}\right)_{rr} = v_r \frac{\partial A_{rr}}{\partial r} + \frac{1}{r} v_\varphi \left(\frac{\partial A_{rr}}{\partial \varphi} - 2 A_{r\varphi}\right) + v_z \frac{\partial A_{rr}}{\partial z} + \frac{\partial A_{rr}}{\partial t} ,$$

$$\left(\frac{\mathbf{DA}}{\mathrm{Dt}}\right)_{r\varphi} = v_r \frac{\partial A_{r\varphi}}{\partial r} + \frac{1}{r} v_\varphi \left(\frac{\partial A_{r\varphi}}{\partial \varphi} + A_{rr} - A_{\varphi\varphi}\right) + v_z \frac{\partial A_{r\varphi}}{\partial z} + \frac{\partial A_{r\varphi}}{\partial t} ,$$

$$\left(\frac{\mathbf{DA}}{\mathrm{Dt}}\right)_{rz} = v_r \frac{\partial A_{rz}}{\partial r} + \frac{1}{r} v_\varphi \left(\frac{\partial A_{rz}}{\partial \varphi} - A_{\varphi z}\right) + v_z \frac{\partial A_{rz}}{\partial z} + \frac{\partial A_{rz}}{\partial t} ,$$

$$\left(\frac{\mathbf{DA}}{\mathrm{Dt}}\right)_{\varphi\varphi} = v_r \frac{\partial A_{\varphi\varphi}}{\partial r} + \frac{1}{r} v_\varphi \left(\frac{\partial A_{\varphi\varphi}}{\partial \varphi} + 2 A_{r\varphi}\right) + v_z \frac{\partial A_{\varphi\varphi}}{\partial z} + \frac{\partial A_{\varphi\varphi}}{\partial t} ,$$

$$\left(\frac{\mathbf{DA}}{\mathrm{Dt}}\right)_{\varphi z} = v_r \frac{\partial A_{\varphi z}}{\partial r} + \frac{1}{r} v_\varphi \left(\frac{\partial A_{\varphi z}}{\partial \varphi} + A_{rz}\right) + v_z \frac{\partial A_{\varphi z}}{\partial z} + \frac{\partial A_{\varphi z}}{\partial t} ,$$

$$\left(\frac{\mathbf{DA}}{\mathrm{Dt}}\right)_{zz} = v_r \frac{\partial A_{zz}}{\partial r} + \frac{1}{r} v_\varphi \frac{\partial A_{zz}}{\partial \varphi} + v_z \frac{\partial A_{zz}}{\partial z} + \frac{\partial A_{zz}}{\partial t} ,$$

c) Kugelkoordinaten R, ϑ, φ (Indizes R, ϑ, φ kennzeichnen physikalische Komponenten, Matrixdarstellungen beziehen sich auf die orthonormierte Basis $\mathbf{e}_R, \mathbf{e}_\vartheta, \mathbf{e}_\varphi$)

$$x = R\sin\vartheta\cos\varphi, \quad y = R\sin\vartheta\sin\varphi, \quad z = R\cos\vartheta,$$

$$d\mathbf{r} = dR\,\mathbf{e}_R + R\,d\vartheta\,\mathbf{e}_\vartheta + R\sin\vartheta\,d\varphi\,\mathbf{e}_\varphi, \quad dV = R^2\sin\vartheta\,dR\,d\vartheta\,d\varphi,$$

$$\operatorname{grad}\mathbf{\Phi} \mathrel{\hat{=}} \begin{bmatrix} \dfrac{\partial\Phi}{\partial R} \\ \dfrac{1}{R}\dfrac{\partial\Phi}{\partial\vartheta} \\ \dfrac{1}{R\sin\vartheta}\dfrac{\partial\Phi}{\partial\varphi} \end{bmatrix}, \quad \operatorname{rot}\mathbf{v} \mathrel{\hat{=}} \begin{bmatrix} \dfrac{1}{R\sin\vartheta}\dfrac{\partial}{\partial\vartheta}(\sin\vartheta\, v_\varphi) - \dfrac{1}{R\sin\vartheta}\dfrac{\partial v_\vartheta}{\partial\varphi} \\ \dfrac{1}{R\sin\vartheta}\dfrac{\partial v_R}{\partial\varphi} - \dfrac{1}{R}\dfrac{\partial}{\partial R}(R\, v_\varphi) \\ \dfrac{1}{R}\dfrac{\partial}{\partial R}(R\, v_\vartheta) - \dfrac{1}{R}\dfrac{\partial v_R}{\partial\vartheta} \end{bmatrix},$$

$$\operatorname{div}\mathbf{v} = \frac{1}{R^2}\frac{\partial}{\partial R}(R^2 v_R) + \frac{1}{R\sin\vartheta}\frac{\partial}{\partial\vartheta}(\sin\vartheta\, v_\vartheta) + \frac{1}{R\sin\vartheta}\frac{\partial v_\varphi}{\partial\varphi}, \qquad \frac{De}{Dt} = v_R\frac{\partial e}{\partial R} + \frac{1}{R}v_\vartheta\frac{\partial e}{\partial\vartheta} + \frac{1}{R\sin\vartheta}v_\varphi\frac{\partial e}{\partial\varphi} + \frac{\partial e}{\partial t},$$

$$\operatorname{grad}\mathbf{v} \mathrel{\hat{=}} \begin{bmatrix} \dfrac{\partial v_R}{\partial R} & \dfrac{1}{R}\dfrac{\partial v_R}{\partial\vartheta} - \dfrac{1}{R}v_\vartheta & \dfrac{1}{R\sin\vartheta}\dfrac{\partial v_R}{\partial\varphi} - \dfrac{1}{R}v_\varphi \\ \dfrac{\partial v_\vartheta}{\partial R} & \dfrac{1}{R}\dfrac{\partial v_\vartheta}{\partial\vartheta} + \dfrac{1}{R}v_R & \dfrac{1}{R\sin\vartheta}\dfrac{\partial v_\vartheta}{\partial\varphi} - \dfrac{\cot\vartheta}{R}v_\varphi \\ \dfrac{\partial v_\varphi}{\partial R} & \dfrac{1}{R}\dfrac{\partial v_\varphi}{\partial\vartheta} & \dfrac{1}{R\sin\vartheta}\dfrac{\partial v_\varphi}{\partial\varphi} + \dfrac{1}{R}v_R + \dfrac{\cot\vartheta}{R}v_\vartheta \end{bmatrix},$$

$$\operatorname{div}\mathbf{T} \mathrel{\hat{=}} \begin{bmatrix} \dfrac{1}{R^2}\dfrac{\partial}{\partial R}(R^2\,\tau_{RR}) + \dfrac{1}{R\sin\vartheta}\dfrac{\partial}{\partial\vartheta}(\sin\vartheta\;\tau_{R\vartheta}) + \dfrac{1}{R\sin\vartheta}\dfrac{\partial\tau_{R\varphi}}{\partial\varphi} - \dfrac{1}{R}(\tau_{\vartheta\vartheta}+\tau_{\varphi\varphi}) \\ \dfrac{1}{R^2}\dfrac{\partial}{\partial R}(R^2\,\tau_{\vartheta R}) + \dfrac{1}{R\sin\vartheta}\dfrac{\partial}{\partial\vartheta}(\sin\vartheta\;\tau_{\vartheta\vartheta}) + \dfrac{1}{R\sin\vartheta}\dfrac{\partial\tau_{\vartheta\varphi}}{\partial\varphi} + \dfrac{\tau_{R\vartheta}}{R} - \dfrac{\cot\vartheta}{R}\tau_{\varphi\varphi} \\ \dfrac{1}{R^2}\dfrac{\partial}{\partial R}(R^2\,\tau_{\varphi R}) + \dfrac{1}{R\sin\vartheta}\dfrac{\partial}{\partial\vartheta}(\sin\vartheta\;\tau_{\varphi\vartheta}) + \dfrac{1}{R\sin\vartheta}\dfrac{\partial\tau_{\varphi\varphi}}{\partial\varphi} + \dfrac{\tau_{R\varphi}}{R} + \dfrac{\cot\vartheta}{R}\tau_{\vartheta\varphi} \end{bmatrix} ,$$

$$\rho\left(v_R\frac{\partial v_R}{\partial R} + \frac{1}{R}v_\vartheta\frac{\partial v_R}{\partial\vartheta} + \frac{1}{R\sin\vartheta}v_\varphi\frac{\partial v_R}{\partial\varphi} - \frac{1}{R}v_\vartheta^2 - \frac{1}{R}v_\varphi^2 + \frac{\partial v_R}{\partial t}\right)$$

$$= -\frac{\partial p}{\partial R} + \frac{\partial\tau_{RR}}{\partial R} + \frac{1}{R}\frac{\partial\tau_{R\vartheta}}{\partial\vartheta} + \frac{1}{R\sin\vartheta}\frac{\partial\tau_{R\varphi}}{\partial\varphi} + \frac{1}{R}(2\tau_{RR} - \tau_{\vartheta\vartheta} - \tau_{\varphi\varphi}) + \frac{\cot\vartheta}{R}\tau_{R\vartheta} + f_R \;,$$

$$\rho\left(v_R\frac{\partial v_\vartheta}{\partial R} + \frac{1}{R}v_\vartheta\frac{\partial v_\vartheta}{\partial\vartheta} + \frac{1}{R\sin\vartheta}v_\varphi\frac{\partial v_\vartheta}{\partial\varphi} + \frac{1}{R}v_R v_\vartheta - \frac{\cot\vartheta}{R}v_\varphi^2 + \frac{\partial v_\vartheta}{\partial t}\right)$$

$$= -\frac{1}{R}\frac{\partial p}{\partial\vartheta} + \frac{\partial\tau_{\vartheta R}}{\partial R} + \frac{1}{R}\frac{\partial\tau_{\vartheta\vartheta}}{\partial\vartheta} + \frac{1}{R\sin\vartheta}\frac{\partial\tau_{\vartheta\varphi}}{\partial\varphi} + \frac{1}{R}(\tau_{R\vartheta} + 2\,\tau_{\vartheta R}) + \frac{\cot\vartheta}{R}(\tau_{\vartheta\vartheta} - \tau_{\varphi\varphi}) + f_\vartheta \;,$$

$$\rho\left(v_R\frac{\partial v_\varphi}{\partial R} + \frac{1}{R}v_\vartheta\frac{\partial v_\varphi}{\partial\vartheta} + \frac{1}{R\sin\vartheta}v_\varphi\frac{\partial v_\varphi}{\partial\varphi} + \frac{1}{R}v_R v_\varphi + \frac{\cot\vartheta}{R}v_\vartheta v_\varphi + \frac{\partial v_\varphi}{\partial t}\right)$$

$$= -\frac{1}{R\sin\vartheta}\frac{\partial p}{\partial\varphi} + \frac{\partial\tau_{\varphi R}}{\partial R} + \frac{1}{R}\frac{\partial\tau_{\varphi\vartheta}}{\partial\vartheta} + \frac{1}{R\sin\vartheta}\frac{\partial\tau_{\varphi\varphi}}{\partial\varphi} + \frac{1}{R}(\tau_{R\varphi} + 2\,\tau_{\varphi R}) + \frac{\cot\vartheta}{R}(\tau_{\vartheta\varphi} + \tau_{\varphi\vartheta}) + f_\varphi \;,$$

$$\mathbf{D} \mathrel{\hat{=}} \begin{bmatrix} \frac{\partial v_R}{\partial R} & \frac{1}{2}\left(\frac{\partial v_\vartheta}{\partial R} + \frac{1}{R}\frac{\partial v_R}{\partial \vartheta} - \frac{v_\vartheta}{R}\right) & \frac{1}{2}\left(\frac{\partial v_\varphi}{\partial R} + \frac{1}{R\sin\vartheta}\frac{\partial v_R}{\partial \varphi} - \frac{v_\varphi}{R}\right) \\ \frac{1}{2}\left(\frac{\partial v_\vartheta}{\partial R} + \frac{1}{R}\frac{\partial v_R}{\partial \vartheta} - \frac{v_\vartheta}{R}\right) & \frac{1}{R}\frac{\partial v_\vartheta}{\partial \vartheta} + \frac{v_R}{R} & \frac{1}{2}\left(\frac{1}{R}\frac{\partial v_\varphi}{\partial \vartheta} + \frac{1}{R\sin\vartheta}\frac{\partial v_\vartheta}{\partial \varphi} - \frac{\cot\vartheta}{R}v_\varphi\right) \\ \frac{1}{2}\left(\frac{\partial v_\varphi}{\partial R} + \frac{1}{R\sin\vartheta}\frac{\partial v_R}{\partial \varphi} - \frac{v_\varphi}{R}\right) & \frac{1}{2}\left(\frac{1}{R}\frac{\partial v_\varphi}{\partial \vartheta} + \frac{1}{R\sin\vartheta}\frac{\partial v_\vartheta}{\partial \varphi} - \frac{\cot\vartheta}{R}v_\varphi\right) & \frac{1}{R\sin\vartheta}\frac{\partial v_\varphi}{\partial \varphi} + \frac{v_R}{R} + \frac{\cot\vartheta}{R}v_\vartheta \end{bmatrix},$$

$$\begin{aligned} \mathrm{sp}(\mathbf{A}\cdot\mathbf{D}) = {} & A_{RR}\frac{\partial v_R}{\partial R} + A_{\vartheta\vartheta}\left(\frac{1}{R}\frac{\partial v_\vartheta}{\partial \vartheta} + \frac{v_R}{R}\right) + A_{\varphi\varphi}\left(\frac{1}{R\sin\vartheta}\frac{\partial v_\varphi}{\partial \varphi} + \frac{v_R}{R} + \frac{\cot\vartheta}{R}v_\vartheta\right) \\ & + A_{R\vartheta}\left(\frac{\partial v_\vartheta}{\partial R} + \frac{1}{R}\frac{\partial v_R}{\partial \vartheta} - \frac{v_\vartheta}{R}\right) + A_{\vartheta\varphi}\left(\frac{1}{R}\frac{\partial v_\varphi}{\partial \vartheta} + \frac{1}{R\sin\vartheta}\frac{\partial v_\vartheta}{\partial \varphi} - \frac{\cot\vartheta}{R}v_\varphi\right) + A_{\varphi R}\left(\frac{\partial v_\varphi}{\partial R} + \frac{1}{R\sin\vartheta}\frac{\partial v_R}{\partial \varphi} - \frac{v_\varphi}{R}\right), \end{aligned}$$

$$\left(\frac{\mathbf{Db}}{\mathrm{Dt}}\right)_R = v_R\frac{\partial b_R}{\partial R} + \frac{1}{R}v_\vartheta\left(\frac{\partial b_R}{\partial \vartheta} - b_\vartheta\right) + \frac{1}{R}v_\varphi\left(\frac{1}{\sin\vartheta}\frac{\partial b_R}{\partial \varphi} - b_\varphi\right) + \frac{\partial b_R}{\partial t},$$

$$\left(\frac{\mathbf{Db}}{\mathrm{Dt}}\right)_\vartheta = v_R\frac{\partial b_\vartheta}{\partial R} + \frac{1}{R}v_\vartheta\left(\frac{\partial b_\vartheta}{\partial \vartheta} + b_R\right) + \frac{1}{R}v_\varphi\left(\frac{1}{\sin\vartheta}\frac{\partial b_\vartheta}{\partial \varphi} - \cot\vartheta\, b_\varphi\right) + \frac{\partial b_\vartheta}{\partial t},$$

$$\left(\frac{\mathbf{Db}}{\mathrm{Dt}}\right)_\varphi = v_R\frac{\partial b_\varphi}{\partial R} + \frac{1}{R}v_\vartheta\frac{\partial b_\varphi}{\partial \vartheta} + \frac{1}{R}v_\varphi\left(\frac{1}{\sin\vartheta}\frac{\partial b_\varphi}{\partial \varphi} + b_R + \cot\vartheta\, b_\vartheta\right) + \frac{\partial b_\varphi}{\partial t},$$

$$\left(\frac{DA}{Dt}\right)_{RR} = v_R \frac{\partial A_{RR}}{\partial R} + \frac{1}{R} v_\vartheta \left(\frac{\partial A_{RR}}{\partial \vartheta} - 2 A_{R\vartheta}\right) + \frac{1}{R} v_\varphi \left(\frac{1}{\sin\vartheta}\frac{\partial A_{RR}}{\partial \varphi} - 2 A_{R\varphi}\right) + \frac{\partial A_{RR}}{\partial t} ,$$

$$\left(\frac{DA}{Dt}\right)_{R\vartheta} = v_R \frac{\partial A_{R\vartheta}}{\partial R} + \frac{1}{R} v_\vartheta \left(\frac{\partial A_{R\vartheta}}{\partial \vartheta} + A_{RR} - A_{\vartheta\vartheta}\right) + \frac{1}{R} v_\varphi \left(\frac{1}{\sin\vartheta}\frac{\partial A_{R\vartheta}}{\partial \varphi} - A_{\vartheta\varphi} - \cot\vartheta\, A_{R\varphi}\right) + \frac{\partial A_{R\vartheta}}{\partial t} ,$$

$$\left(\frac{DA}{Dt}\right)_{R\varphi} = v_R \frac{\partial A_{R\varphi}}{\partial R} + \frac{1}{R} v_\vartheta \left(\frac{\partial A_{R\varphi}}{\partial \vartheta} - A_{\vartheta\varphi}\right) + \frac{1}{R} v_\varphi \left(\frac{1}{\sin\vartheta}\frac{\partial A_{R\varphi}}{\partial \varphi} + A_{RR} - A_{\varphi\varphi} + \cot\vartheta\, A_{R\vartheta}\right) + \frac{\partial A_{R\varphi}}{\partial t} ,$$

$$\left(\frac{DA}{Dt}\right)_{\vartheta\vartheta} = v_R \frac{\partial A_{\vartheta\vartheta}}{\partial R} + \frac{1}{R} v_\vartheta \left(\frac{\partial A_{\vartheta\vartheta}}{\partial \vartheta} + 2 A_{R\vartheta}\right) + \frac{1}{R} v_\varphi \left(\frac{1}{\sin\vartheta}\frac{\partial A_{\vartheta\vartheta}}{\partial \varphi} - 2\cot\vartheta\, A_{\vartheta\varphi}\right) + \frac{\partial A_{\vartheta\vartheta}}{\partial t} ,$$

$$\left(\frac{DA}{Dt}\right)_{\vartheta\varphi} = v_R \frac{\partial A_{\vartheta\varphi}}{\partial R} + \frac{1}{R} v_\vartheta \left(\frac{\partial A_{\vartheta\varphi}}{\partial \vartheta} + A_{R\varphi}\right) + \frac{1}{R} v_\varphi \left(\frac{1}{\sin\vartheta}\frac{\partial A_{\vartheta\varphi}}{\partial \varphi} + \cot\vartheta\,(A_{\vartheta\vartheta} - A_{\varphi\varphi}) + A_{R\vartheta}\right) + \frac{\partial A_{\vartheta\varphi}}{\partial t} ,$$

$$\left(\frac{DA}{Dt}\right)_{\varphi\varphi} = v_R \frac{\partial A_{\varphi\varphi}}{\partial R} + \frac{1}{R} v_\vartheta \frac{\partial A_{\varphi\varphi}}{\partial \vartheta} + \frac{1}{R} v_\varphi \left(\frac{1}{\sin\vartheta}\frac{\partial A_{\varphi\varphi}}{\partial \varphi} + 2 A_{R\varphi} + 2\cot\vartheta\, A_{\vartheta\varphi}\right) + \frac{\partial A_{\varphi\varphi}}{\partial t} .$$

Quellenangaben

[1] Meissner, J.: Deformationsverhalten der Kunststoffe im flüssigen und festen Zustand. Kunststoffe 61 (1971) 576–582

[2] Laun, H. M.: Das viskoelastische Verhalten von Polyamid–6–Schmelzen. Rheol. Acta 18 (1979) 478–491

[3] Schwarz, S.: Elektrorheologische Fluide – Charakterisierung und Anwendungen. Fortschritt–Berichte VDI, Reihe 7: Strömungstechnik, Nr. 331, VDI–Verlag, Düsseldorf 1997

[4] Laun, H. M.; Bung, R.; Schmidt, F.: Rheology of extremely shear thickening polymer dispersions (passively viscosity switching fluids). J. Rheol. 35 (1991) 999–1034

[5] Ginn, R. F; Metzner, A. B.: Measurement of stresses developed in steady laminar shearing flows of viscoelastic media. Trans. Soc. Rheol. 13 (1969) 429–453

[6] Böhme, G.; Stenger, M.: Consistent scale–up procedure for the power consumption in agitated non–Newtonian fluids. Chem. Eng. Technol. 11 (1988) 199–205

[7] Laun, H. M.; Münstedt, M.: Elongational behaviour of a low density polyethylene melt. Rheol. Acta 17 (1978) 415–425

[8] Laun, H. M.: Description of the non–linear shear behaviour of a low density polyethylene melt by means of an experimentally determined strain dependent memory function. Rheol. Acta 17 (1978) 1–15

[9] Wagner, M. H.: Analysis of time–dependent non–linear stress–growth data for shear and elongational flow of a low–density branched polyethylene melt. Rheol. Acta 15 (1976) 136–142

[10] Papanastasiou, A. C.; Scriven, L. E.; Macosko, C. W.: An integral constitutive equation for mixed flows: viscoelastic characterization. J. Rheol. 27 (1983) 387–410

[11] Soskey, P. R.; Winter, H. H.: Large step shear strain experiments with parallel–disk rotational rheometers. J. Rheol. 28 (1984) 625–645

[12] Wagner, M. H.; Demarmels, A.: A constitutive analysis of extensional flows of polyisobutylene. J. Rheol. 34 (1990) 943–958

[13] Phan–Thien, N.; Tanner, R. I.: A new constitutive equation derived from network theory. J. Non–Newt. Fluid Mech. 2 (1977) 353–365

[14] Phan–Thien, N.: A nonlinear network viscoelastic model. J. Rheology 22 (1978) 259–283

[15] Giesekus, H.: A simple constitutive equation for polymer fluids based on the concept of deformation–dependent tensorial mobility. J. Non–Newt. Fluid Mech. 11 (1982) 69–109

[16] Böhme, G.; Wünsch, O.: Deterministisches Chaos als Ziel technischer Mischprozesse. Uniforschung, Forschungsmagazin der UniBw Hamburg 8 (1998) 19–27

[17] Böhme, G.; Voß, R.: Unsteady shear flow of nonlinear viscoelastic fluids with finite elements. J. Non–Newt. Fluid Mech. 23 (1987) 321–333

[18] Stenger, M.: Beschleunigung von Sedimentationsprozessen in strukturviskosen Flüssigkeiten. Fortschritt–Berichte VDI, Reihe 7: Strömungstechnik, Nr. 247, VDI–Verlag, Düsseldorf 1994

[19] Broszeit, J.: Numerische Simulation stationärer Strömungen in Flüssigkeiten mit Gedächtnis. Fortschritt–Berichte VDI, Reihe 7: Strömungstechnik, Nr. 271, VDI–Verlag, Düsseldorf 1995

[20] Böhme, G.; Rubart, L.; Stenger, M.: Vortex breakdown in shear–thinning liquids: experiment and numerical simulation. J. Non–Newt. Fluid Mech. 45 (1992) 1–20

[21] Rubart, L.: Ein Mehrgitterverfahren für gemischte Finite–Elemente–Systeme mit Anwendung auf nicht–newtonsche Strömungsprobleme. Verlag an der Lottbek, Ammersbek 1992

[22] Böhme, G.; Wünsch. O.: Analysis of shear–thinning fluid flow in intermeshing twin–screw extruders. Archive Appl. Mech. 67 (1997) 167–178

[23] Wünsch, O.; Böhme, G.: Numerical simulation of 3d viscous fluid flow and convective mixing in a static mixer. Archive Appl. Mech. 70 (2000) 91–102

[24] Lund, C.: Ein Verfahren zur numerischen Simulation instationärer Strömungen mit nichtlinear–viskosen Fließeigenschaften. Fortschritt–Berichte VDI, Reihe 7, Nr. 344, VDI–Verlag, Düsseldorf 1998

[25] Wünsch, O.: Schwingungsinduzierte Sedimentation in viskoplastischen Fluiden. Fortschritt–Berichte VDI, Reihe 7: Strömungstechnik, Nr. 240, VDI–Verlag, Düsseldorf 1994

[26] Beris, A. N.; Tsamopoulos, J. A.; Armstrong, R. C.; Brown, R. A.: Creeping motion of a sphere through a Bingham plastic. J. Fluid Mech. 158 (1985) 219–244

Ergänzende und weiterführende Literatur

1 Monographien zu einzelnen Teilgebieten

Barnes, H. A.; Hutton, J. F.; Walters, K.: An Introduction to Rheology. Elsevier, Amsterdam 1989

Bird, R. B.; Armstrong, R. C.; Hassager, O.: Dynamics of Polymeric Liquids, Vol. 1: Fluid Mechanics. John Wiley & Sons, New York 1987 (2nd ed.)

Bird, R. B.; Curtiss, C. F.; Armstrong, R. C.; Hassager, O.: Dynamics of Polymeric Liquids, Vol. 2: Kinetic Theory. John Wiley & Sons, New York 1987

Boger, D. V.; Walters, K.: Rheological Phenomena in Focus. Elsevier, Amsterdam 1993

Chhabra, R. P.: Bubbles, Drops and Particles in Non–Newtonian Fluids. CRC Press, Boca Raton, Ann Arbor 1993

Chhabra, R. P.; Richardson, J. F.: Non–Newtonian Flow, Fundamentals and Engineering Applications. Butterworth–Heinemann, Oxford 1999

Crochet, M. J.; Davies, A. R.; Walters, K.: Numerical Simulation of Non–Newtonian Flow. Elsevier, Amsterdam 1991 (3rd ed.)

Ferziger, J. H.; Peric, M.: Computational Methods for Fluid Dynamics. Springer–Verlag, Berlin, Heidelberg 1999 (2nd ed.)

Giesekus, H.: Phänomenologische Rheologie. Springer–Verlag, Berlin, Heidelberg 1994

Gresho, P. M.; Sani, R. L.: Incompressible Flow and the Finite Element Method. John Wiley & Sons, Chichester, New York 1998

Joseph, D. D.: Fluid Dynamics of Viscoelastic Liquids. Springer–Verlag, New York 1990

Larson, R. G.: Constitutive Equations for Polymer Melts and Solutions. Butterworths, Boston 1988

Leal, L. G.: Laminar Flow and Convective Transport Processes. Butterworth–Heinemann, Boston, London 1992

Middleman, S.: Modeling Axisymmetric Flows. Academic Press, San Diego, New York 1995

Ottino, J. M.: The Kinematics of Mixing: Stretching, Chaos, and Transport. Cambridge University Press, Cambridge 1989

Pahl, M.; Gleißle, W.; Laun, H.–M.: Praktische Rheologie der Kunststoffe und Elastomere. VDI–Verlag, Düsseldorf 1995 (4. Aufl.)

Panton, R. L.: Incompressible Flow. John Wiley & Sons, New York 1996 (2nd ed.)

Pearson, J. R. A.: Mechanics of Polymer Processing. Elsevier, London 1985

Retting, W.; Laun, H. M.: Kunststoff–Physik. Carl Hanser–Verlag, München, Wien 1991

Schäfer, M.: Numerik im Maschinenbau. Springer–Verlag, Berlin, Heidelberg, New York 1999

Tanner, R. I.: Engineering Rheology. Clarendon Press, Oxford 1985

Whorlow, R. W.: Rheological Techniques. Ellis Horwood, New York, London 1992 (2nd ed.)

Wünsch, O.: Strömungsmechanik des laminaren Mischens. Habilitationsschrift, Universität der Bundeswehr, Hamburg 1999

Yarin, A. L.: Free Liquid Jets and Films: Hydrodynamics and Rheology. Longman Scientific & Technical, Essex 1993

2 Übersichtsartikel

Baranger, J.; Guillopé, C.; Saut, J.–C.: Mathematical analysis of differential models for viscoelastic fluids. In: Rheology of Polymer Melt Processing (J.–M. Piau, J.-F. Agassant, eds.), Elsevier, Amsterdam 1996, 199–236

Bird, R. B.; Wiest, J. M.: Constitutive equations for polymeric liquids. Annual Review of Fluid Mechanics 27 (1995) 169–193

Böhme, G.; Rubart, L.: Einblick in die theoretische Analyse der Strömungen viskoelastischer Flüssigkeiten. Mitteilungen der Gesellschaft für Angewandte Mathematik und Mechanik (GAMM) 16 (1993) 59–97

Denn, M. M.: Issues in viscoelastic fluid mechanics. Annual Review of Fluid Mechanics 22 (1990) 13–34

Keunings, R.: Simulation of viscoelastic fluid flow. In: Computer Modeling for Polymer Processing (C. L. Tucker III, ed.). Hanser Verlag, München 1989, 402–470

Shaqfeh, E. S. G.: Purely elastic instabilities in viscometric flows. Annual Review of Fluid Mechanics 28 (1996) 129–185

Sachverzeichnis

MIX
Papier aus verantwortungsvollen Quellen
Paper from responsible sources
FSC® C105338

FSC
www.fsc.org

If you have any concerns about our products,
you can contact us on
ProductSafety@springernature.com

In case Publisher is established outside the EU,
the EU authorized representative is:
Springer Nature Customer Service Center GmbH
Europaplatz 3, 69115 Heidelberg, Germany

Printed by Libri Plureos GmbH
in Hamburg, Germany